LA
CHIMIE USUELLE

APPLIQUÉE

A L'AGRICULTURE ET AUX ARTS

PAR

LE DR STÖCKHARDT

CONSEILLER AULIQUE DE SAXE

PROFESSEUR DE CHIMIE A L'ACADÉMIE ROYALE AGRONOMIQUE ET FORESTIÈRE DE THARAND, ETC.

TRADUIT DE L'ALLEMAND SUR LA ONZIÈME ÉDITION

PAR

F. BRUSTLEIN

PRÉPARATEUR DU COURS DE CHIMIE AGRICOLE AU CONSERVATOIRE DES ARTS ET MÉTIERS

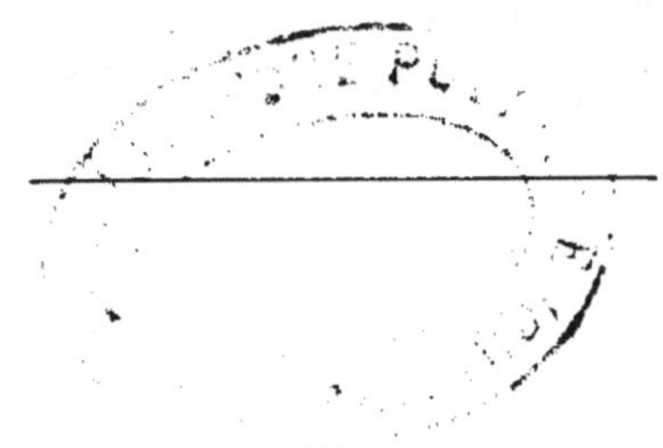

PARIS

LIBRAIRIE AGRICOLE DE LA MAISON RUSTIQUE

26, RUE JACOB, 26.

—

1861

LA

CHIMIE USUELLE

APPLIQUÉE

A L'AGRICULTURE ET AUX ARTS

PARIS. — IMP. SIMON RAÇON ET COMP., RUE D'ERFURTH, 1.

PRÉFACE

———

Il serait inutile d'insister ici sur la valeur de
l'ouvrage que nous nous proposons de faire connaître en France : onze éditions successives et toujours à la hauteur de la science, des traductions
faites aux États-Unis, en Angleterre, en Hollande,
en Suède, en Danemark, en Russie, en Bohême,
suffisent pour en attester le mérite.

On ne manque pas, en France, d'excellents traités de chimie; mais le livre de M. Stöckhardt a un
cachet particulier : il convient à l'enseignement
général en même temps qu'il s'adresse à deux
classes déjà fort nombreuses de lecteurs : les uns
qui veulent avoir de la science une idée sommaire,
sans être pourtant trop superficielle; les autres,

parmi lesquels on compte les agriculteurs, qui, par position, se trouvent dans la nécessité d'acquérir en chimie des connaissances précises et pratiques sans le secours d'un maître. Ce double but ne peut être atteint qu'à l'aide d'un livre comme celui dont nous offrons la traduction, écrit par un homme profondément versé dans la science dont il s'agit d'exposer les éléments. On remarquera, en effet, avec quelle simplicité de ressources le savant professeur de Tharand aborde les expériences les plus délicates, avec quelle clarté il explique, en les rendant familières, les théories les plus importantes. Aussi ne doit-on pas considérer cet ouvrage comme un simple manuel, car il embrasse la chimie dans son ensemble, et en fait ressortir l'importance, non-seulement dans les phénomènes de la nature, mais aussi dans les applications aux arts industriels. L'auteur a intitulé son livre ÉCOLE DE CHIMIE. Nous n'avons pas cru devoir conserver ce titre : c'est le seul changement que nous nous soyons permis ; nous nous sommes efforcé de conserver la forme simple et populaire qui caractérise le texte allemand.

Déjà nous avions formé le projet de traduire l'*École de Chimie*, quand, en 1859, nous eûmes le plaisir de voir M. Stöckhardt chez M. Boussingault, où il nous autorisa à entreprendre cette traduction. L'éminent professeur allemand n'avait pas voulu traverser la France sans visiter Bechelbronn et le Liebfrauenberg, où ont été exécutés les nombreux travaux qui ont contribué si puissamment aux progrès de la science agricole.

F. BRUSTLEIN.

Liebfrauenberg, 8 octobre 1860.

PREMIÈRE PARTIE

CHIMIE INORGANIQUE

NOTIONS PRÉLIMINAIRES

RÉACTIONS CHIMIQUES

1. Transformations ou réactions chimiques. Personne n'ignore que, sous le marteau du forgeron, des battitures se détachent du fer rougi; que les instruments ou les objets en fer, abandonnés à l'air humide, se couvrent d'une couche épaisse de rouille; que le raisin écrasé produit du vin qu'on peut convertir en vinaigre; que le bois dans la cheminée, l'huile dans la lampe allumée, se consument; enfin que toutes les matières animales et végétales, soumises aux influences atmosphériques, s'altèrent avec le temps, entrent en putréfaction et finissent par disparaître. — Les battitures, la rouille, sont du fer transformé : le fer est dur, d'un blanc grisâtre, brillant; chauffé, il devient noir, terne, cassant; à l'air humide il devient brun et pulvérulent. Le vin résulte de la transformation du moût, le goût sucré du jus de raisin ne s'y fait plus sentir, c'est un liquide spiritueux, généreux, enivrant. Le vinaigre est du vin transformé dont l'esprit est devenu acide; il ne produit plus l'ivresse : au contraire, il nous rafraîchit et nous calme. Le bois, l'huile que le foyer et la lampe ont absorbés se retrouvent dans l'air, mais l'un et l'autre à l'état gazeux; la transformation s'est opérée avec émission de chaleur et de lumière et production de feu. La décomposition lente des substances animales et végétales se fait d'une manière analogue : elles se transforment, pendant la putréfaction, en gaz dont quelques-uns ont une odeur fort désagréable.

Ces phénomènes, dont la production est souvent accompagnée d'une émission de chaleur et de lumière, changent le poids, la forme, la dureté, la couleur, le goût, l'odeur, en un mot toutes les propriétés d'un corps pour en faire un corps nouveau jouissant de propriétés nouvelles; on leur a donné le nom de *transformations chimiques.*

2. **Généralité des réactions chimiques.** Partout où nous jetons nos regards, sur la terre, dans l'air, et jusque dans la profondeur des eaux, nous voyons s'opérer des transformations chimiques. Les roches les plus dures, après avoir perdu leur couleur et leur consistance, se divisent et forment la terre arable.

Une graine, un tubercule, la pomme de terre, par exemple, confiée à cette terre, se ramollit bientôt, devient sucrée, puis pâteuse; en même temps surgit un germe qui, sous l'influence de la lumière, se transforme en une belle plante verte, élaborant des corps nouveaux que l'on ne retrouve ni dans la terre ni dans l'air où la plante a puisé sa nourriture. Cette plante doit sa consistance à un tissu délicat de cellules et de tubes appelé cellulose. Dans la séve qui circule à l'intérieur de ces cellules nous trouvons du blanc d'œufs, l'albumine; dans les feuilles une couleur verte, la chlorophylle; dans les tubercules mûrs une matière farineuse, la fécule. Ces substances n'ont aucune action nuisible sur la santé; mais si, au lieu de végéter à la lumière, le tubercule avait donné naissance dans l'obscurité à ces tiges maladives, étiolées, que l'on voit souvent dans les celliers, loin de produire des substances utiles, il aurait élaboré un poison, la solanine.

Le tubercule de la pomme de terre constitue un de nos principaux aliments. La fécule qu'il renferme est insoluble dans l'eau, elle subit une transformation dans l'estomac et passe dans le sang à l'état liquide. Le sang se rend dans les poumons, où il est mis en contact avec l'air, et où il change de couleur; l'air est altéré dans sa constitution, et en même temps se produit la chaleur nécessaire à la vie des animaux. De ces faits nous devons conclure que, non-seulement autour de nous, mais à l'intérieur même de notre corps, il s'opère des réactions chimiques.

3. **Force vitale et réactions chimiques.** Tant qu'il y a vie, soit dans une plante, soit dans un animal, les phénomènes chimiques sont soumis à une force supérieure, mystérieuse, l'*action vitale.* C'est elle qui détermine la formation des substances nécessaires à l'entretien et à la reproduction de l'être vivant; c'est elle encore qui développe un nombre considérable de substances dont jusqu'ici la production artificielle a été impossible, telles que le bois, le sucre, l'amidon, la graisse, la gélatine, la viande, etc., substances que l'on a désignées sous le

nom de *organiques*, parce qu'elles dérivent des êtres vivants organisés, par opposition avec les matières *inorganiques* ou *minérales*, qu'on peut produire artificiellement par la combinaison des éléments qui les constituent.

Dès que la vie a abandonné le végétal et l'animal, les phénomènes chimiques agissent seuls; les feuilles du tubercule que nous avons vu pousser jaunissent, tombent et se transforment en une matière noire pulvérulente, l'*humus*, qui disparaît elle-même peu à peu, ne laissant qu'un peu de cendres qui n'auront pu se volatiliser. Mais ces mêmes phénomènes dont l'accomplissement naturel exige plusieurs années s'opéreront en quelques minutes si l'on vient à jeter les feuilles dans le feu. Les réactions chimiques sont en tout point analogues dans les deux cas; le temps seul diffère : elles sont rapides par la combustion à une température élevée, lentes au contraire par la décomposition à une température basse. Ce qui nous apparaît ici comme une destruction n'est en réalité qu'une transformation : les substances, rendues imperceptibles à nos yeux, se retrouvent en totalité sous une autre forme dans l'atmosphère, d'où elles seront soutirées, fixées et rendues visibles de nouveau par les phénomènes chimiques qui s'opèrent dans les plantes vivantes.

4. Utilité des connaissances chimiques. L'étude de la chimie n'offre pas seulement un intérêt philosophique, elle est aussi très-importante par les applications pratiques que nous pouvons faire de cette science. C'est la chimie qui enseigne au pharmacien à préparer les médicaments; au médecin à les appliquer; c'est elle qui non-seulement révèle au mineur l'existence des métaux dans les roches, mais qui lui donne aussi le moyen de les extraire; c'est à la chimie associée à la physique que les arts doivent les progrès inouïs réalisés depuis un peu plus d'un demi-siècle, progrès qui nous ont dotés de tant d'avantages inconnus à nos pères ! Enfin il est incontestable que la chimie est indispensable à l'agriculteur : n'est-ce pas elle, en effet, qui lui apprend à connaître la composition de sa terre, les aliments propres aux diverses plantes qu'il y cultive et les moyens d'en accroître et d'en maintenir la fertilité ?

5. Affinité. Si l'on chauffe un poids déterminé de fer assez longtemps pour qu'il se couvre d'une épaisse couche de battitures, on pourra constater que le poids du métal a augmenté. Il s'y est donc ajouté une substance pesante provenant de l'air. Cette substance est un gaz appelé oxygène, passé à l'état solide en se combinant avec le fer. On peut, à l'aide de certaines réactions chimiques, le faire revenir à l'état gazeux. Si on laisse ces battitures en contact prolongé avec l'air humide, on les verra se transformer en rouille : elles se seront combinées alors avec de l'eau et une proportion plus forte d'oxygène. Les battitures sont un composé de fer et d'oxygène, la rouille un composé de fer, d'oxygène et d'eau alliés si étroitement, qu'on ne retrouve plus aucune des propriétés des corps constituants : ils sont combinés chimiquement. La force qui les unit a reçu le nom d'*affinité*, et l'on dit des corps qui se combinent facilement qu'ils ont beaucoup d'affinité l'un pour l'autre; tel est le cas pour le fer et l'oxygène à la chaleur rouge; pour le fer, l'oxygène et l'eau à une température basse. Une pièce d'or, dans les mêmes conditions, ne sera altérée ni dans sa couleur, ni dans son poids, ce qui démontre que l'or n'a pas une grande affinité pour l'oxygène.

6. **Expériences chimiques.** Une force ne peut ni se voir ni se saisir; nous la percevons uniquement par les effets qu'elle produit. Quand nous voulons savoir si un barreau d'acier est aimanté, nous l'approchons d'une aiguille, et, selon que celle-ci est attirée ou non, nous en concluons la présence ou l'absence du magnétisme; il faut suivre la même voie pour apprendre à connaître les actions chimiques et l'affinité des corps entre eux. Chaque expérience est une question que nous adressons à un corps; la réponse nous est fournie par un phénomène que nos sens peuvent percevoir. Plus haut, nous avons demandé si le fer et l'or ont pour l'oxygène une grande affinité : le fer transformé en battitures a donné une réponse affirmative; l'or, qui n'a subi aucune altération, a répondu négativement. Chaque transformation, chaque propriété nouvelle que nous découvrons dans un corps est une lettre de l'alphabet chimique, avec lequel le commençant doit se familiariser en l'épelant, c'est-à-dire en s'exerçant à faire des expériences. C'est là le but de ce livre, dans lequel on a réuni de préférence des expériences qui peuvent s'exécuter facilement, sans danger et à peu de frais, tout en étant propres à faire comprendre les lois de la chimie et à les fixer dans la mémoire.

7. Les questions principales que le chimiste peut se poser lorsqu'il étudie les corps de la nature sont au nombre de quatre.

A. De quoi les corps sont-ils formés? Prenons un os, pour exemple : mis au feu, il se transforme en un résidu de cendre blanche et légère (cendre d'os); chauffé dans un vase clos, il donne une matière noire, légère (noir animal); plongé dans l'eau bouillante ou la vapeur d'eau, il reste blanc et perd de son poids parce qu'il abandonne à l'eau une matière soluble, nommée gélatine; dans l'acide chlorhydrique, il devient transparent, et se dissout en partie, laissant une matière fibreuse, transparente, qui, dans l'eau bouillante, se résout en gélatine, laquelle, soumise à l'action de la chaleur dans un vase clos, se carbonise, tandis qu'elle brûle et disparaît à l'air libre. Ces quelques expériences nous démontrent que les os sont formés d'une matière minérale et de gélatine combustible; que c'est la gélatine carbonisée qui noircit le charbon d'os, qu'elle se dissout dans l'eau, mais non dans l'acide chlorhydrique. La gélatine et les cendres d'os forment la *composition immédiate* des os; en poursuivant les transformations chimiques nous pouvons dans ces deux corps en découvrir d'autres en nombre plus considérable : dans les cendres d'os nous trouverons du phosphore, un métal (calcium) et de l'oxygène; dans la gélatine, outre le charbon (carbone), trois autres corps : l'oxygène, l'hydrogène, l'azote. Quant à ceux-ci, l'état actuel des connaissances humaines ne permet pas de les décomposer; aussi les a-t-on nommés *corps simples* ou *éléments*. On en connaît aujourd'hui 62, et ce nombre peut s'accroître encore. Cette séparation des corps composés a reçu le nom d'*analyse*.

B. Synthèse. Quelles transformations subissent les corps en contact? Le phosphore retiré des os est lumineux à l'air et se transforme peu à peu en un liquide acide en se combinant avec l'oxygène de l'air de la même manière que le fer chauffé. Cette combinaison s'opère avec une vive lumière si l'on chauffe légèrement le phosphore, et, dans ce cas, il se produit une substance acide différente de la précédente. Cette substance, mise en contact avec de la chaux, produit un corps qui a la plus grande analogie avec les cendres d'os : ce sont en effet des cendres d'os artificielles. Le nombre des corps que l'on peut produire par la combinaison des différents éléments est illimité; ils jouissent souvent de propriétés différentes, selon que la combinaison s'est opérée à chaud ou à froid, dans l'eau ou dans l'air, avec des quantités de matière plus ou moins grandes. Cette *recomposition* des corps se nomme *synthèse*.

C. Application. Quelle application utile peut-on tirer des connaissances chimiques? Quand le chimiste a découvert un corps nouveau, une propriété nouvelle à un corps déjà connu, quelque méthode nouvelle de composition ou de décomposition, il abandonne sa découverte à l'industrie, à l'agriculture, qui cherchent à en tirer parti dans l'application. La propriété du phosphore de s'enflammer à une température peu élevée l'a fait employer dans la fabrication des allumettes, ses propriétés toxiques sont utilisées pour la destruction des animaux parasites. Dans les graines de céréales on trouve constamment des cendres d'os (phosphates) ainsi que les éléments de la gélatine : le chimiste a conclu de là que les os concassés devaient être un engrais puissant pour les céréales; l'agriculture l'a prouvé en les employant avec succès. On a reconnu au charbon d'os la propriété de retenir certains principes en dissolution dans les liquides : aussitôt on l'a employé pour rendre potables des eaux corrompues; le raffineur s'en sert pour décolorer les sirops, le distillateur pour purifier l'alcool, etc., etc. Cette partie forme la *chimie appliquée*.

D. Science. Quelles sont les causes des transformations chimiques et suivant quelles lois celles-ci ont-elles lieu? Si, comme cela doit être, on fait les expériences chimiques la balance à la main, on reconnaîtra bientôt que de deux corps mis en présence et ayant entre eux une grande affinité, il restera, tantôt de l'un, tantôt de l'autre, un excès qui ne sera pas entré en combinaison. Si, par des expériences ultérieures, l'on détermine le rapport dans lequel ces corps doivent être mêlés pour qu'il ne reste d'excès ni d'un côté ni de l'autre et qu'on répète ces essais sur tous les corps, on pourra se convaincre que toutes les combinaisons s'opèrent dans des proportions fixes, et qu'à chaque corps est assignée une mesure de poids, plus ou moins grande, selon laquelle il entre constamment en combinaison. C'est là ce qu'on appelle une *loi de la nature*. Beaucoup de ces lois ont été déterminées, et servent au chimiste de guide dans ses travaux. Ce sont elles qui nous donnent la faculté de prévoir les transformations chimiques, de poser des questions *justes* par la voie de l'expérience, et de vérifier si les réponses sont exactes. Une explication des réactions chimiques, basée sur les lois naturelles et permettant à notre esprit de se représenter comment les choses se sont passées, s'appelle une *théorie*.

DÉTERMINATION DES POIDS ET DES VOLUMES.

8. Balance. La balance est aussi indispensable au chimiste que la boussole au marin. C'est à l'emploi de la balance que nous sommes redevables des lois fondamentales de la chimie moderne; elle sert en même temps de guide et de contrôle dans les expériences chimiques, nous permet de déterminer la véritable composition des corps, et de reconnaître si les questions posées, les réponses obtenues et les conclusions que nous en tirons sont justes ou erronées. On ne peut donc assez recommander au commençant de s'aider de la balance, même dans les cas les plus simples. Un petit trébuchet, tel qu'on en trouve dans les pharmacies, suffit pour toutes les expériences décrites dans cet ouvrage.

Ce trébuchet est composé d'un *fléau* en cuivre jaune traversé perpendiculairement en son milieu par un prisme en acier, le *couteau*, dont la partie inférieure, tranchante, repose sur une surface plane et dure, la *chape*, de telle manière que le fléau, aux extrémités duquel on suspend les plateaux, puisse osciller facilement. Il est important que le couteau soit placé un peu au-dessus du centre de gravité, comme dans la figure 1, *a*. En posant le fléau en équilibre sur une forte aiguille, on peut déterminer son centre de gravité : il a pour siége le point de contact du fléau en équilibre et de l'aiguille. Si le couteau est au-dessous de ce point, comme dans la fig. 1, *b*, il n'y aura pas équilibre, la balance sera folle, et, au lieu d'osciller, elle tombera du côté le plus chargé; s'il est au centre de gravité même, la balance restera en équilibre

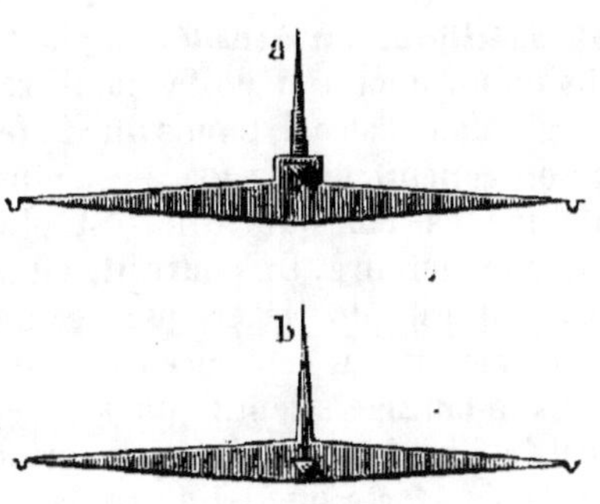

Fig. 1.

dans toutes les positions; enfin, et c'est le cas le plus ordinaire, si le couteau est trop élevé au-dessus de ce point, l'instrument perd beaucoup de sa sensibilité et devra être changé [1].

9. **Double pesée, ou méthode de Borda**. Les balances étant rarement d'une justesse suffisante, surtout quand on veut arriver à une grande précision, on a recours, pour obtenir un résultat exact, à une méthode indiquée par un physicien français du dix-huitième siècle, Borda. Le corps dont on veut connaître le poids étant posé sur un des plateaux de la balance, on en fait la *tare*, c'est-à-dire qu'on met dans l'autre plateau des corps pesants quelconques, généralement des grains de plomb, jusqu'à ce que l'équilibre entre les deux plateaux soit établi. Cela fait, on enlève le corps à peser et on lui substitue les poids nécessaires pour le rétablissement de l'équilibre : on arrive ainsi à une pesée très-exacte, malgré les imperfections de l'instrument. Quand on veut prendre un poids déterminé d'une substance, on fait la tare des poids, que l'on remplace ensuite par la matière à peser, de manière à rétablir l'équilibre.

Le poids d'un corps déterminé sur la balance, soit par pesée directe, soit par double pesée, s'appelle le *poids absolu* de ce corps.

---

[1] Il ne suffit pas que le couteau soit placé légèrement au-dessus du centre de gravité, il faut encore que les tranchants des crochets de suspension aux deux extrémités du fléau soient sur une même ligne droite avec celui du couteau: c'est le moyen d'éviter que le centre de gravité ne soit déplacé par les poids dont on chargera les plateaux.

DENSITÉ.

10. Poids spécifique ou densité. La glace surnage à la surface de
l'eau, tandis qu'un morceau de fer tombera au fond ; mais la glace
sera submergée dans l'alcool, tandis que le fer surnagera sur le mercure; d'où l'on conclut que la glace est plus légère que l'eau, mais
plus pesante que l'alcool; que le fer est plus lourd que l'eau, mais
plus léger que le mercure. On pourrait, en suivant ce raisonnement,
dire que l'alcool est plus léger que l'eau et est moins capable de
porter; que le mercure au contraire est plus lourd et qu'il porte davantage. Dans le langage scientifique la même idée s'exprime plus
correctement, et l'on dit que tel corps a un *poids spécifique*, une *densité* plus ou moins forte que tel autre, ce qui signifie que, pour un
même volume, les poids sont différents. Dire que la glace est plus
légère que le fer, le mercure plus lourd que l'eau, revient à dire
qu'un décimètre cube de glace pèse moins qu'un décimètre cube de
fer, qu'un litre de mercure pèse plus qu'un litre d'eau. Il n'en est
pas ainsi quand on prend le poids absolu d'un corps : alors son volume n'entre plus en considération.

Pour déterminer combien de fois le mercure est plus pesant que
l'eau, le fer plus pesant que la glace, il suffit de peser des volumes
égaux de ces corps et de comparer ensuite les poids entre eux. Si
l'on avait cinq vases égaux, chacun d'une capacité de 100 centimètres cubes, c'est-à-dire pouvant contenir 100 gr. d'eau, et si on les
remplissait exactement et sans vides, l'un d'alcool, les autres de
glace, d'eau, de fer, de mercure, on trouverait par la pesée les poids
suivants :

ALCOOL.	GLACE.	EAU.	FER.	MERCURE.
80 grammes.	95 grammes.	100 grammes.	750 grammes.	1360 grammes.

Pour plus de facilité on est convenu de prendre pour unité la densité de l'eau, parce que c'est le corps le plus universellement répandu;
dans le cas ci-dessus on s'est demandé combien de fois l'alcool, la
glace, sont plus légers ; le fer, le mercure, plus pesants que l'eau : ce
qui revient à demander combien de fois 100 est contenu en 80, 95,

750 et 1360? En divisant par 100 l'on arrive aux nombres suivants, qui expriment les densités :

$$\text{Alcool} \quad \frac{80}{100} = 0,80 \quad \text{densité de l'alcool, l'eau étant 1.}$$
$$\text{Glace} \quad \frac{93}{100} = 0,93 \quad \text{»} \quad \text{de la glace,} \quad \text{»}$$
$$\text{Fer} \quad \frac{750}{100} = 7,50 \quad \text{»} \quad \text{du fer,} \quad \text{»}$$
$$\text{Mercure} \quad \frac{1360}{100} = 13,60 \quad \text{»} \quad \text{du mercure,} \quad \text{»}$$

Ces nombres expriment la *densité* ou le *poids spécifique* des corps ; dire que la densité de l'alcool est 0,80, c'est dire que 80 parties en poids (grammes ou kilogrammes) d'alcool occupent le même volume que 100 parties en poids (grammes ou kilogrammes) d'eau. Dire que la densité du mercure est 13,6 signifie que 13,6 unités de poids de mercure occupent le même volume que 1 d'eau, le mercure étant 13,6 fois plus pesant.

11. Détermination de la densité des liquides. Expérience. Pour déterminer la densité d'un liquide, il faut tarer un flacon vide et sec, c'est-à-dire en prendre le poids ; puis le peser de nouveau après l'avoir exactement rempli d'eau : la différence entre les chiffres des deux pesées représentera le poids de l'eau. On vide alors le flacon, on le fait sécher, et on remplace l'eau par de l'alcool, du jus de betterave, du sirop, du vin, ou tout autre liquide dont on veut connaître la densité : une nouvelle pesée indique la quantité de liquide entré dans le flacon; on divise ce poids par celui de l'eau dans les mêmes conditions, et le quotient sera la densité cherchée. Il est préférable, quand on le peut, de faire usage dans ces expériences d'un flacon contenant juste 10 ou 100 grammes d'eau, afin d'éviter les calculs.

12. Détermination de la densité des solides. Expérience. Un flacon plein d'eau étant taré, on ajoute 15 grammes dans le plateau aux poids, et dans l'autre plateau assez de petits clous pour rétablir l'équilibre. Cela fait, on enlève le flacon du plateau, et on y introduit les clous, qui feront écouler leur volume d'eau; puis on dessèche bien le flacon à l'extérieur, et on le pèse. La perte éprouvée dans ce cas sera de 2 grammes, poids par lequel il faut diviser celui du fer dont on cherche la densité.

On aura donc $\frac{15}{2} = 7,50$ pour la densité du fer des clous.

Quand la substance dont on cherche la densité est soluble dans l'eau, on remplace celle-ci par un liquide dont la densité est connue et qui n'a aucune action sur cette substance. Le rapport au poids de l'eau sera fourni par une proportion.

1.

13. Détermination de la densité des corps solides volumineux.
Expérience. Si l'on a à déterminer la densité d'une matière solide
qui, à cause de son volume, ne peut être introduite facilement dans
un flacon, un morceau de fer, par exemple, on attache, au moyen
d'un fil très-mince, le corps au-dessous du plateau d'une balance
ordinaire, on en prend le poids absolu, que nous supposerons ici de
15 grammes, comme précédemment, puis on fait plonger le fer à un
ou deux centimètres sous l'eau (fig. 2); aussitôt la balance trébuchera
du côté opposé, et, pour rétablir l'équilibre, il faudra retirer 2 grammes
du plateau *a*; on aura ainsi enlevé un poids équivalent à celui de
l'eau déplacée par 15 grammes de fer. En divisant 15 par 2, nous
trouverons 7,50 pour la densité du fer, comme ci-dessus. La même
perte de poids s'observe, que l'eau ait été expulsée du flacon ou simplement déplacée; on en trouvera l'explication dans la loi naturelle
suivante.

Fig. 2.

14. Principe d'Archimède. *Tout corps plongé dans un liquide
perd une partie de son poids exactement égale à celui du liquide
déplacé.* C'est une loi de la nature. Si le poids de l'eau déplacée par
un corps immergé est moindre que le poids de ce même corps dans
l'air, ce corps tombera au fond; dans le cas contraire, il *surnagera*.
D'après cette loi, on peut faire surnager des corps bien plus lourds
que l'eau en étendant leur volume : on construit des vaisseaux en
fer, quoique ce métal pèse près de 8 fois autant que l'eau; un verre
à boire vide, quoique sa densité soit 2 ou 3 fois plus forte, flottera

sur l'eau; un morceau de fer de 10 grammes, par exemple, perdra sensiblement dans l'eau 1 huitième de son poids ; si, en le martelant, on en fait un vase creux occupant 8 fois le volume primitif du métal, ce vase surnagera en plongeant jusqu'au bord, parce qu'il déplacera 10 grammes d'eau; si l'on double encore le volume de ce vase, de manière qu'il déplace 20 grammes d'eau, c'est-à-dire un poids double du sien, il n'enfoncera qu'à la moitié de sa hauteur, et on pourra même le charger de 10 grammes sans qu'il soit submergé.

15. Aréomètres ou densimètres. Un même corps plongé dans divers liquides s'y enfonce plus ou moins, suivant la densité plus ou moins grande de ces liquides : c'est ce que nous avons observé déjà pour l'eau et le mercure. On a donc un moyen facile de déterminer rapidement la densité d'un liquide, en observant la profondeur plus ou moins grande à laquelle s'y enfonce un corps qu'il supporte. On se sert à cet effet d'instruments en verre creux dont la forme est indiquée par la figure 3, et qui ont reçu le nom d'*aréomètres* ou *densimètres*. La partie intermédiaire, renflée, les fait surnager, la partie inférieure, chargée de petit plomb ou de mercure, les maintient dans la position verticale, et enfin la tige supérieure sert à mesurer la profondeur à laquelle plonge l'instrument : cette tige renferme, dans ce but, une bande de papier gradué sur laquelle il suffit de lire les indications. Les instruments dont on se sert pour connaître les degrés des esprits ou alcools, des huiles, des lessives, des sirops, etc., sont des densimètres. Si l'on plonge un alcoomètre (fig. 3, *a*) dans l'eau, il n'enfoncera que jusqu'au signe 0°, placé à la partie inférieure de l'échelle ; dans l'alcool pur (alcool absolu), beaucoup plus léger que l'eau, il plongera jusqu'au signe 100°, situé à l'extrémité supérieure. Un pèse-lessive (fig. 3, *b*), au contraire, portera le signe 0° correspondant à l'eau pure au haut de l'échelle, parce que, les lessives étant plus denses que l'eau, l'instrument doit y enfoncer moins, et d'autant moins que la lessive est plus concentrée. Le 0° de l'échelle de ces instruments, qui ont reçu différents noms selon les matières en vue desquelles on les a gradués, correspond en général à la densité de l'eau pure ; il sera placé au bas de l'échelle dans les

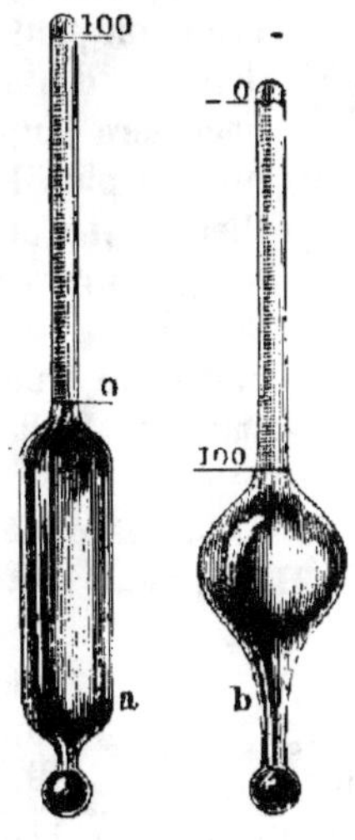

Fig. 3.

instruments servant aux liquides plus légers que l'eau, et au haut de la tige dans ceux employés pour les liquides plus lourds. La gra-

duation de la plupart de ces instruments étant arbitraire, on se sert
de tables spéciales dans lesquelles sont indiquées les densités auxquelles correspondent les degrés indiqués par l'aréomètre.

16. **Influence de la température sur la densité.** EXPÉRIENCE. Si
l'on emplit un vase cylindrique d'esprit-de-vin dont on vérifie les
degrés au moyen de l'alcoomètre, on verra que cet esprit, placé dans
un endroit chaud, paraîtra plus riche d'après les indications de l'é-
chelle graduée, parce que la chaleur, en le dilatant, l'aura rendu plus
léger (22). La densité de tous les corps est moindre à chaud qu'à
froid ; il est donc important, quand on veut connaître la densité
d'une substance, de tenir compte de la température ; on est convenu
de prendre pour point de départ la température de 15° (24).

Pour rendre les instruments plus commodes, on met souvent à
profit le mercure, qui sert à la fois de lest et de thermomètre. La
petite échelle (*a*, fig. 4) de cet instrument indique alors la température
du liquide, tandis qu'en *b* on lit sa densité. Pour plus
de facilité on combine de telle manière la correspon-
dance des degrés de l'échelle thermométrique avec
ceux de l'instrument, qu'on n'ait qu'à les ajouter si la
température est au-dessous de la moyenne, et à les
retrancher si elle est au-dessus.

L'or étant 19 fois et l'argent 10 fois plus lourd que
l'eau, on peut s'assurer facilement, en en prenant la
densité, de la pureté de ces deux métaux : leur alliage sera toujours plus léger que l'or pur. Le laiton est
un peu plus léger que le cuivre rouge ; l'alcool, l'é-
ther, sont d'autant moins denses qu'ils sont plus purs ;
le contraire a lieu pour les lessives, les sirops, les acides, dont la valeur augmente avec la densité. On voit
par là de quelle importance est souvent la connaissance de la densité des corps pour juger de leur pureté.

Fig. 4.

17. **Densité de différents solides et liquides par
rapport à celle de l'eau distillée à + 4°, prise pour unité.**

Solides.		Solides.	
Platine forgé.	20,337	Fer en barre.	7,788
Or fondu.	19,258	Fonte.	7,053
Plomb fondu.	11,352	Étain fondu.	7,291
Argent fondu.	10,474	Zinc fondu.	6,861
Cuivre rouge fondu.	8,788	Marbre.	2,837
Laiton.	8,383	Cristal de roche.	2,653

	Solides.			Solides.
Houille.	1,329	Pommier.		0,733
Hêtre.	0,852	Sapin.		0,657
Frêne	0,845	Peuplier.		0,389
Orme.	0,800	Liége.		0,240

	Liquides.			Liquides.
Mercure.	13,598	Huile d'olive		0,915
Acide sulfurique.	1,841	Vin.		0,994
Lait.	1,030	Alcool absolu.		0,792
Eau de mer.	1,026	Ether.		0,715

LES ANCIENS ÉLÉMENTS.

18. Les corps et les forces. De même que nous admettons en nous un *corps* visible et un *esprit* invisible, de même on distingue dans la nature des *corps* que nous pouvons voir, saisir, peser, et des *forces* qui agissent sur ces corps, qui leur commandent pour ainsi dire. Ces forces ne manifestent leur présence que par les effets qu'elles produisent, elles n'ont aucun poids.

19. État des corps. Les corps innombrables que nous trouvons à la surface du globe se divisent en trois grandes classes : ils sont *solides*, *liquides* ou *gazeux*; voilà les trois *états* sous lesquels nous apparaissent toutes les substances.

Cohésion. Il est plus difficile de réduire en fragments un morceau de fer que de diviser en gouttes une certaine quantité d'eau, d'où il faut conclure que les parties infiniment petites dont la réunion constitue le morceau de fer sont retenues entre elles avec plus de force que celles qui forment l'eau. La cause de cette différence est due à une force qui agit sur les parties infiniment petites des corps, force qui a reçu le nom de *cohésion*. La cohésion est plus forte dans les solides que dans les liquides, et est complétement nulle dans les gaz.

Les anciens éléments. Parmi les corps solides, le plus commun est la terre; parmi les liquides, l'eau; parmi les gaz, l'air atmosphérique : c'est ce qui avait fait supposer aux anciens que tout corps solide dérivait de la terre, tout liquide de l'eau, tout gaz de l'air; et ils avaient donné le nom d'*éléments* à ces trois substances. Aujourd'hui nous savons que ces matières résultent de la combinaison de corps plus simples : le nom d'éléments ne peut plus leur être appliqué, mais elles peuvent nous servir à représenter les trois états des corps.

20. Forces. Les *forces de la nature* nous sont inconnues en elles-mêmes, quoique nous soyons convaincus de leur présence et de leur action par les effets qu'elles produisent. Un morceau de fer lancé en l'air retombe : nous attribuons sa chute à une force, l'*attraction*; exposé à l'air humide, il se couvre de rouille en se combinant avec l'oxygène de l'air : c'est l'effet d'une force chimique, l'*affinité*; celle-ci sera détruite par une autre force, l'*électricité*, au moyen de laquelle nous pouvons remettre le fer en liberté; un morceau de fer pouvant se mouvoir librement sera maintenu, par la force *magnétique*, dans une direction constante du nord au sud; au moyen d'une autre force, la *chaleur*, on peut faire passer le métal à l'état liquide, le fondre, etc. On voit, par ce qui précède, qu'on admet plusieurs forces différentes; il est possible cependant qu'elles aient toutes une même origine, de même que la volonté, le jugement, l'imagination, dérivent d'une source unique, l'esprit humain.

Comme symbole de ces forces, nous pouvons prendre le quatrième élément des anciens, le *feu*; il n'a plus aucune signification comme élément chimique, car ce n'est qu'un phénomène provoqué dans la plupart des cas par une réaction chimique pendant laquelle il y a apparition de lumière et production de chaleur.

La chaleur, l'eau, l'air et les réactions chimiques. Dans la plupart des réactions chimiques les trois anciens éléments, la chaleur (le feu), l'eau et l'air, jouent un rôle important : la chaleur est un moyen puissant pour activer les transformations, l'eau est le dissolvant le plus ordinaire pour les solides et les gaz. Il faut aussi tenir compte de l'air, parce que c'est dans ce milieu que nous produisons presque tous les phénomènes, dans lesquels il intervient souvent, soit pour les activer, soit pour les retarder. Nous commencerons donc par étudier ces trois éléments physiques.

L'EAU ET LA CHALEUR

21. L'eau dans la nature. L'eau des mers couvre les trois quarts de la surface de notre globe, et les continents sont sillonnés en tous sens par l'eau des rivières et des fleuves. L'eau est solide dans les régions polaires, liquide dans les climats plus chauds, où elle traverse l'atmosphère sous forme de vapeur, se réunit en nuages et retombe en pluie sur la terre. Ainsi la nature nous offre l'eau sous

les trois états, et il est facile de voir que la cause en est aux différences de température. L'eau se prête donc très-bien à toutes les
expériences que nous aurons à faire pour étudier les principaux
effets de la chaleur.

DILATATION PAR LA CHALEUR. — THERMOMÈTRE.

22. Dilatation des liquides. Expérience. Après avoir taré un
ballon, c'est-à-dire après l'avoir équilibré sur la balance avec des
plombs ou des poids, on le remplit d'eau froide jusqu'au bord, puis
on le pèse de nouveau pour connaître le poids de l'eau introduite.
On pose ensuite ce ballon sur un trépied (fig. 5) pour le chauffer à
la lampe, d'abord avec précau-
tion, en promenant la flamme
dans tous les sens de manière à
chauffer uniformément le verre.
L'eau ne tarde pas à déborder;
on a soin de l'essuyer pour éviter
la rupture du vase, puis, quand
le liquide sera près de bouillir,
on verra, en retirant le feu, le
niveau baisser lentement jusqu'au
refroidissement complet. En mettant de nouveau le flacon sur la
balance, on constatera une perte
équivalant à 1/22ᵉ environ du
poids primitif de l'eau.

Dans cette expérience nous
avons chauffé le fond du ballon,
qui a transmis sa chaleur au li-

Fig. 5.

quide. L'eau, dilatée par cette chaleur, et prenant un volume plus
considérable, devait donc nécessairement déborder en partie. Nous
en concluons que l'eau chaude est plus légère que l'eau froide, et,
en effet, tandis qu'un litre d'eau froide pèse à peu de chose près
1 kilogramme, le poids d'une même quantité d'eau bouillante n'est
que de 955 grammes.

. Tous les liquides se comportent comme l'eau, et non-seulement
les liquides, mais aussi les solides et les gaz : on peut donc considérer
comme une loi de la nature ce fait, que les corps se dilatent par la
chaleur et se contractent par le refroidissement. Cette dilatation est
loin d'être identique pour tous les corps ; les uns se dilatent plus, les
autres moins, pour une même élévation de température : l'alcool, par

exemple, se dilate 2 1/2 fois plus que l'eau et le mercure 2 1/2 fois moins que cette dernière. Cette influence de la température doit être prise en considération quand on vend ou achète, à la mesure, de grandes quantités de liquides : ainsi 100 litres d'eau-de-vie ou d'alcool, mesurés pendant un temps très-chaud, peuvent se réduire de 4 à 5 litres en hiver; augmentation de même quantité aurait lieu dans le cas contraire.

23. Expérience. On rendra plus sensible le fait de la *dilatation de l'eau par la chaleur* en adaptant à une fiole un bouchon qu'on aura préalablement ramolli, en le battant doucement avec un morceau de bois uni, afin de le faire appliquer hermétiquement contre les parois du col sans un grand effort pour le faire entrer. Dans ce bouchon on pratique, au moyen d'une lime ronde (queue-de-rat), un trou cylindrique dans lequel on introduit à frottement un tube de verre d'un faible diamètre. Cela fait, on remplira d'eau la fiole de manière que le niveau se trouve en *a* (fig. 6) quand elle sera bouchée,

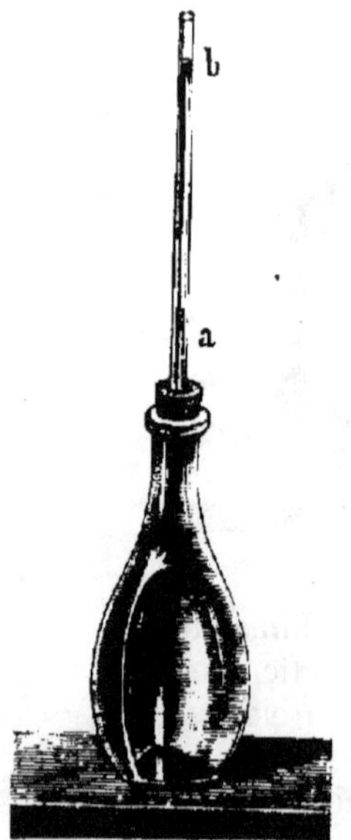

Fig. 6.

puis on fera chauffer l'appareil comme précédemment. L'eau expulsée par la chaleur dans la première expérience s'élèvera ici dans le tube, et cela d'autant plus que le tube sera plus étroit [1]. Par ce moyen on rendra sensibles les plus faibles variations de volume, ce qui permettra de connaître l'accroissement ou la diminution de la température, en un mot de *mesurer* la chaleur. Ce dernier résultat s'obtient avec des instruments spéciaux appelés thermomètres.

24. **Thermomètres**. On pourrait facilement se servir de la dilatation de l'eau dans l'expérience précédente pour mesurer la température : il suffirait de marquer sur le tube le point où s'élève l'eau quand elle entre en ébullition, et celui où elle descendrait si l'on plongeait l'appareil dans la glace fondante, puis de diviser l'espace intermédiaire en degrés. Cependant on a remplacé avec avantage l'eau par le mercure, lequel bout à une température beaucoup plus élevée, se solidifie à une température

---

[1] Sous la première impression de la chaleur, on verra le niveau *a* baisser : cette anomalie apparente est due à la dilatation du verre, qui s'échauffe avant de transmettre la chaleur au liquide.

plus basse, s'échauffe plus rapidement que l'eau, et donne par conséquent des indications beaucoup plus rapides.

L'appareil dans lequel on introduit le mercure peut se comparer
à la fiole et à son tube, que l'on aurait soudés ensemble au lieu de
les ajuster au moyen d'un bouchon. L'on met dans ce récipient une
quantité suffisante de mercure ; on en soude l'ouverture et on le
plonge d'abord dans de la glace fondante ; le point où le mercure
reste stationnaire est marqué : c'est le point de congélation ; le point
d'ébullition sera celui où parvient le mercure quand on tient l'appareil suspendu dans la vapeur d'eau bouillante. L'intervalle compris
entre ces deux points pourra être partagé en autant de divisions que
l'on voudra et former ainsi une graduation ou échelle. On prolonge
ces divisions au-dessous du point de congélation et au-dessus du point
d'ébullition. Il est fâcheux qu'on ait fait usage de plusieurs modes
de graduation ; ceux qu'on emploie sont les trois suivants : la division
en 80 parties d'après Réaumur (R), celle en 100 parties ou centésimale de Celsius (C), et celle en 180 parties de Fahrenheit (F). La figure 7 permet de saisir facilement les différences qui distinguent
ces trois espèces de thermomètres.

D'après R le point de congél. de l'eau est à   0°, celui d'ébull., à 80°
  »   C   »   »   »   à   0°   »   à 100°
  »   F   »   »   »   à + 32°   »   à 212°

L'échelle de Fahrenheit, dont le point de congélation est à + 32°
et le point d'ébullition à 212°, est usi-
tée généralement en Angleterre et dans
l'Amérique du Nord ; l'échelle de Réaumur, marquant 0° au point de congélation et 80° au point d'ébullition, est
communément employée en Allemagne ; enfin l'échelle centésimale, dont
on se sert de préférence en France et
dans les sciences, est celle que nous
adoptons ici. Pour comparer ces différentes échelles entre elles et les réduire, il suffit de se rappeler que

$$4° \text{ R} = 5° \text{ C} = 9° \text{ F.}$$

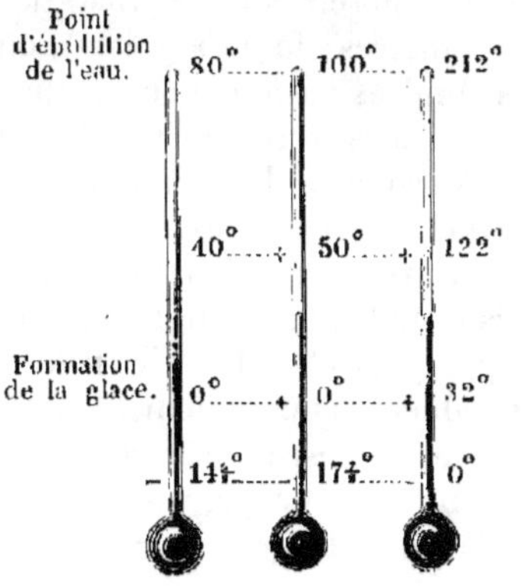

Fig. 7.

Cependant, si l'on veut convertir des
degrés F au-dessus du point de congélation en degrés C et R, il faut
retrancher 32° avant de faire la transformation, et les ajouter au
contraire dans l'opération inverse. Les degrés au-dessus de 0° ou ne

sont indiqués par aucun signe, ou bien ils le sont par le signe + ;
les degrés au-dessous de 0° sont toujours précédés du signe —.

Dans les expériences chimiques, on se sert de *thermomètres cylindriques* (fig. 8) gradués jusqu'à 500° : cette forme permet de les
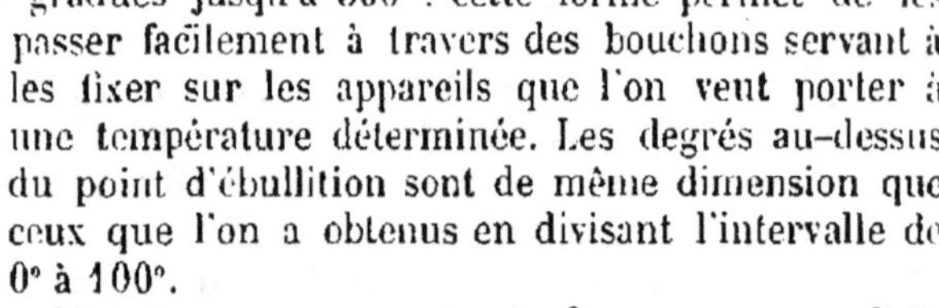
passer facilement à travers des bouchons servant à
les fixer sur les appareils que l'on veut porter à
une température déterminée. Les degrés au-dessus
du point d'ébullition sont de même dimension que
ceux que l'on a obtenus en divisant l'intervalle de
0° à 100°.

25. **Thermomètre à alcool.** Le mercure se solidifie à — 40° ; dans les régions polaires on a observé des
températures inférieures à — 50°, et on peut en
produire artificiellement approchant de — 100° ;
dans les deux cas il faut remplacer le mercure par
l'alcool, qui ne se solidifie pas aux plus basses températures que nous puissions produire ; on le colore en rouge avec un peu d'orseille, afin de mieux
distinguer la colonne [1].

26. **Pyromètres.** Comme le mercure bout à 560°,
les thermomètres dans la construction desquels il
entre ne permettent pas de déterminer des températures plus élevées. On fait alors usage d'instruments appelés *pyromètres*, dont les indications reposent sur la dilatation d'une barre de métal peu

Fig. 8.

fusible (pyromètres de Brongniart), ou sont fournies par le retrait
de petits cylindres en argile sèche (pyromètres de Wedgwood). Au
moyen des miroirs concaves ou de certaines réactions chimiques,
on parvient à produire des températures évaluées à plus de 2000° C.

27. **Dilatation des solides.** Une marmite, introduite par la porte
d'un four en frottant des deux côtés, ne pourra plus en être retirée une fois chaude, parce qu'elle aura augmenté de volume ; le cercle en fer appliqué à chaud sur les roues serre, en se refroidissant, les
jantes, et adhère énergiquement au bois, dont il retient toutes
les parties : ce fer s'est donc raccourci, a diminué de volume par le
refroidissement. Ces changements dans le volume des solides prouvent assez clairement que ceux-ci se comportent comme les liquides,

---

[1] Au-dessus de 0°, ces thermomètres ne donnent des indications exactes qu'autant qu'ils auront été gradués sur les indications d'un thermomètre à mercure
étalon ; comme l'alcool bout à 78°, sa dilatation est très-irrégulière : c'est ce
qui arrive pour tous les liquides quand leur température approche du point
d'ébullition.

qu'ils sont dilatés par la chaleur et se contractent par le refroidissement. Ceci, une fois connu, nous met à même de nous expliquer
bien des phénomènes que nous observons. Les pendules suspendues
contre les murs retardent en été, parce que la chaleur, allongeant
le balancier, le fait osciller plus lentement ; elles avancent au contraire en hiver, parce que le balancier, contracté par le froid, exé-
cute des oscillations plus rapides. Un piano rend des sons plus aigus
dans une chambre froide que dans une chambre chauffée, parce
que les cordes, en se raccourcissant sous l'influence du froid, se
tendent davantage. C'est à cause de la dilatation à laquelle est sujet
le métal qu'il faut avoir soin de ne pas joindre exactement bout à
bout les rails des voies ferrées, de ne pas murer solidement les
tuyaux de conduite pour la vapeur, de ne pas souder les unes aux
autres les plaques de zinc destinées à recouvrir un toit et qui se
déchireraient par le refroidissement ou se déjetteraient au soleil.

Quant aux corps fragiles, tels que le verre ou la porcelaine, une dilatation ou une contraction trop rapide entraîne souvent leur rupture.

EXPÉRIENCE. Entourez la circonférence d'une bouteille de deux
bandes de papier parallèles *a* et *b* (fig. 9), séparées entre elles par
l'épaisseur d'un tuyau de plume
et faisant chacune plusieurs fois le
tour de la bouteille, de manière à
former une rainure. Attachez solidement ces deux bandes avec du
fil. Faites passer dans la rainure
une ficelle à laquelle vous impri-
merez un mouvement rapide de
va-et-vient jusqu'à ce qu'elle se
rompe. Versez alors immédiatement
de l'eau froide dans la rainure, et
la bouteille se séparera en deux,
comme coupée avec un couteau.
De cette manière, avec des flacons,
même avec des bouteilles à vin,
on peut fabriquer des vases pro-

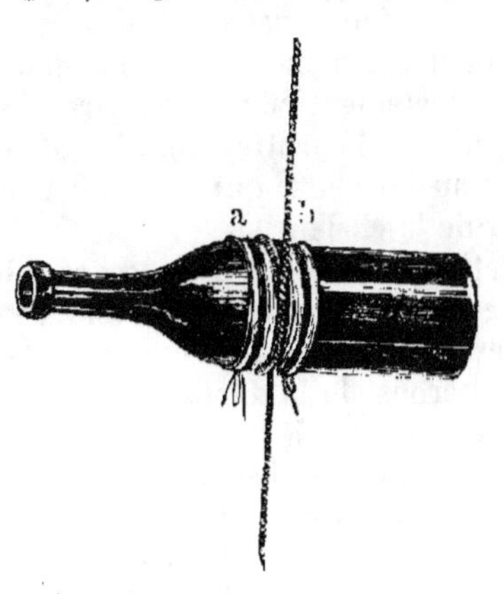

Fig. 9.

pres à recueillir les gaz ou à recevoir des liquides pour des dissolutions, des précipitations ou toute autre réaction chimique.

Personne n'ignore que deux corps frottés vivement l'un contre
l'autre s'échauffent ; tout le monde connaît la sensation de brûlure
qu'on éprouve en se laissant glisser le long d'une corde qu'on
tient dans ses mains ; enfin, il n'est personne qui n'ait été à même
de remarquer qu'une roue de machine ou de voiture, tournant avec

une grande vitesse, devient bientôt très-chaude si elle est mal graissée. Le frottement de la ficelle sur le verre détermine un développement de chaleur, et, la partie de la bouteille où ce frottement a lieu devenant brûlante, le chanvre de la ficelle contracte une odeur de brûlé et finit par se rompre. La chaleur a dilaté le verre, lequel se contractera dès qu'on le mettra en contact avec l'eau froide; mais la contraction se fait d'abord sur la partie externe et si rapidement, que les parties intérieures, ne pouvant y participer, entraînent la rupture violente du verre, et cela d'autant plus facilement qu'il sera plus épais. Si on laissait la bouteille se refroidir lentement, elle resterait entière.

Outre son utilité directe, cette expérience nous fournit deux enseignements dont il sera bon de se souvenir : d'abord, que les vases en verre ou en porcelaine destinés à aller au feu, tels que fioles, cornues, capsules, etc., doivent avoir les parois et surtout le fond très-minces; et ensuite que, pendant les opérations, il faut toujours avoir soin de les chauffer et de les refroidir graduellement et avec précaution.

Cette manière de chauffer le verre par le frottement opéré avec une ficelle peut fournir aux chimistes et aux pharmaciens un moyen commode pour déboucher les flacons dont les bouchons de verre tiendraient trop fortement pour être retirés comme à l'ordinaire. La chaleur dégagée par le frottement de la ficelle dilate le col et donne plus de jeu au bouchon, qui n'a point encore eu le temps de subir l'influence de la chaleur[1].

La dilatation des solides est aussi variable que celle des liquides, mais elle est constamment plus faible; ce sont les métaux qui, parmi les premiers, éprouvent les changements les plus considérables.

Nous traiterons de la dilatation des gaz lorsque nous étudierons l'air atmosphérique (97).

28. Dilatation par le refroidissement. L'eau présente une exception remarquable à cette loi générale en vertu de laquelle les corps se contractent par le refroidissement et se dilatent par la chaleur.

Expérience. Au moyen d'une fiole un peu plus grande que celle qui nous a servi précédemment dans l'expérience 23, on monte un appareil semblable (fig. 10); dans le bouchon, on percera un second trou destiné à recevoir un thermomètre a plongeant dans le liquide, dont il indique la température. Quand la fiole sera bouchée, l'eau

---

[1] On peut produire aussi cette dilatation en chauffant le col du flacon avec précaution sur la lampe à alcool quand les liquides contenus à l'intérieur ne sont pas inflammables ou très-volatils.

arrivera au haut du tube *b*. On fixera contre ce tube un papier sur
lequel on marquera le niveau de l'eau chaque fois que la température aura baissé d'un degré. L'appareil étant placé dans un vase et
entouré de neige, on verra le niveau de l'eau baisser jusqu'à ce que
le thermomètre soit descendu à + 4°; à
partir de ce moment, l'abaissement de la
température n'entraînera plus celui du niveau de l'eau, comme on pourrait le croire :
on verra au contraire le liquide remonter
dans le tube, jusqu'au moment où l'eau passera à l'état solide. A 0° l'eau aura atteint le
trait marqué précédemment à + 8°. C'est
donc à + 4° que l'eau est à son maximum
de densité, phénomène que ne présentent
pas les autres liquides, dont la densité augmente à mesure que la température s'a-
baisse.

29. Formation de la glace. Cette anomalie remarquable excite encore bien plus
notre étonnement quand nous songeons aux
conséquences d'une pareille propriété : en
hiver, la température de l'eau de la mer,
des lacs, des cours d'eau, est abaissée à la

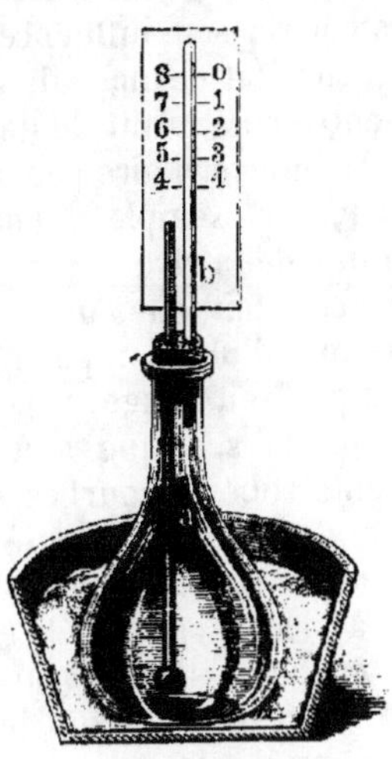

Fig. 10.

surface au contact de l'air; l'eau refroidie augmente de densité, tombe
au fond, et est remplacée par l'eau plus chaude qui remonte à la
surface, se refroidit et est déplacée à son tour par le liquide moins
dense venant du fond. Si la densité de l'eau augmentait jusqu'au
point de congélation, ce mouvement continuerait jusqu'à ce que
toute la masse eût acquis la température de 0°, et alors le moindre
refroidissement suffirait pour faire geler jusque dans les plus grandes profondeurs l'eau des lacs et des rivières.

Heureusement il ne peut en être ainsi, car les mouvements provo-
qués sous l'eau par le refroidissement cessent aussitôt que le liquide
a atteint + 4°; l'eau, continuant à se refroidir à la surface, surnagera parce qu'elle sera plus légère. La congélation de l'eau n'aura
donc lieu qu'à la surface, et la couche de glace augmentera graduellement d'épaisseur par le refroidissement. A des profondeurs peu considérables l'eau se maintient constamment à + 4° ou à peu près.

FUSION DES SOLIDES PAR LA CHALEUR.

50. La chaleur liquéfie les solides. Nous avons vu que la chaleur dilate les corps ; son influence sur les solides produit encore un autre effet : leur état change, ils deviennent liquides, ils *fondent*. Plusieurs d'entre eux, avant de devenir tout à fait liquides, prennent un état pâteux intermédiaire pendant lequel il est facile de les agglomérer : le fer, par exemple, qu'on soude à blanc ; le verre, qui se travaille comme de la cire.

EXPÉRIENCE. Maintenez un tube de verre dans la partie supérieure de la flamme d'une lampe à alcool et tournez-le entre les doigts jusqu'à ce qu'il soit rouge ; ce point atteint, vous pourrez facilement le courber dans tel sens que vous voudrez. C'est ainsi que l'on prépare les différents tubes recourbés employés dans les expériences chimiques. Pour des tubes de forte dimension on se sert d'une lampe à double courant donnant une température plus élevée que la lampe ordinaire à alcool, ou plutôt encore de la lampe d'émailleur. Les tubes se coupent aisément avec une lime triangulaire, à l'aide de laquelle on fait un trait sur le verre : en appuyant légèrement des deux côtés, on détermine la rupture du tube.

La plupart des corps passent immédiatement de l'état solide à l'état liquide, comme la glace, le plomb, etc.

51. Point de fusion. EXPÉRIENCE. Si l'on place sur un poêle, modérément chauffé, l'un à côté de l'autre, un vase plein de neige, et un autre plein de suif, et que l'on plonge de temps en temps un thermomètre dans la masse en fusion, en agitant chaque fois avec précaution, on observera que, dans le premier vase, le thermomètre se maintiendra à 0°, et dans le second à 38° environ aussi longtemps qu'il y aura de la glace ou du suif non fondu. Ce n'est qu'après la liquéfaction complète que le thermomètre dépassera ces deux points. La température à laquelle se maintient un corps, pendant qu'il passe à l'état liquide, est appelée le *point de fusion*. Il varie suivant les corps, et se trouve tantôt au-dessus, tantôt au-dessous de 0° : pour le plomb, par exemple, il est à + 300° environ ; pour l'argent, à + 1000° ; le mercure, au contraire, commence à se liquéfier à — 40°. Si l'on transporte au froid les deux vases renfermant la glace et le suif fondus, le suif prendra l'état solide vers + 35° environ, et l'eau seulement à 0°. La solidification des corps s'opère donc à une température peu différente de celle à laquelle ils prennent l'état liquide.

Bien des corps, le charbon, par exemple, n'ont pas encore pu être fondus; d'autres, comme l'alcool, n'ont pas pu être solidifiés. Il est probable que, le jour où on parviendra à produire des températures plus élevées ou plus basses, on pourra fondre tous les solides et congeler tous les liquides.

32. Chaleur latente. EXPÉRIENCE. *La chaleur disparaît pendant la fusion.* Si l'on place dans un endroit uniformément chauffé à une température élevée, sur un poêle en fonte par exemple, deux vases semblables, renfermant l'un 1 kilogr. de neige, l'autre 1 kilogr. d'eau à 0°, et qu'on les retire tous deux dès que la neige sera fondue, on pourra déjà constater avec la main que l'eau provenant de la neige est restée froide, tandis que celle de l'autre vase est très-chaude : un thermomètre marquera 0° dans la première et + 75° dans la seconde. Les deux vases ont reçu du poêle la même quantité de chaleur, l'eau et la neige marquaient toutes deux avant l'opération 0°; que sont devenus les 75° que nous ne retrouvons pas dans l'eau de neige? A cela on ne peut répondre qu'une chose : c'est que cette chaleur a été absorbée par la neige, à laquelle elle a permis de prendre l'état liquide.

EXPÉRIENCE. Si l'on verse dans le vase renfermant 1 kilog. d'eau chauffée à 75° 1 kilog. de neige à 0° et qu'on y plonge le thermomètre quand la fusion sera opérée, on verra le mercure descendre à 0°. La neige aura, dans ce cas encore, absorbé les 75° de chaleur et se sera liquéfiée.

33. Émission de chaleur par la solidification. EXPÉRIENCE. Cependant cette chaleur n'est pas absorbée par l'eau, elle y est seulement cachée, *latente,* et le sera tant que l'eau restera liquide; elle ne reparaîtra que si le liquide repasse à l'état solide. C'est ce qu'il est facile de prouver en arrosant 100 gr. de chaux vive avec 50 gr. d'eau : la chaux augmentera de volume, s'échauffera et tombera en poussière; placée sur la balance, on trouvera qu'elle a augmenté de 50 gr. environ. 100 gr. de chaux vive auront donc fourni 150 gr. de chaux en poudre (chaux éteinte), l'eau qui manque a disparu à l'état de vapeur. Il n'y a que l'eau combinée chimiquement avec la chaux qui ait pu en augmenter le poids; de plus cette eau ne peut exister qu'à l'état solide dans la chaux éteinte, qui est une poudre sèche. L'eau, pour prendre l'état solide, a dégagé toute la chaleur qu'elle avait absorbée en se liquéfiant; en outre, il y a eu combinaison chimique de deux corps ayant entre eux une grande affinité. Ces deux causes expliquent la forte élévation de température. *La disparition de chaleur s'observe partout où un corps solide se liquéfie; l'émission de chaleur, au contraire, chaque fois qu'un liquide passe à* *l'état solide;* on peut de cette manière facilement s'expliquer pourquoi, au printemps, le temps reste froid tant que la neige n'a pas complétement disparu, et pourquoi la température s'adoucit pendant la chute de la neige.

Quand nous faisons chauffer ou refroidir un corps, nous percevons par nos sens ou nous constatons au moyen du thermomètre une élévation.ou un abaissement de température; la chaleur dont nous pouvons ainsi percevoir la présence est la *chaleur apparente* ou *libre*. Les liquides doivent leur état à une certaine quantité de chaleur dont il nous est impossible de démontrer la présence et qui se dégage quand le liquide se solidifie; on l'a appelée *chaleur latente*. On pourrait donc considérer un liquide comme le résultat de la combinaison d'un solide avec la chaleur latente.

ÉBULLITION ET ÉVAPORATION DES LIQUIDES.

34. Ébullition de l'eau. Personne n'ignore que l'eau, à une certaine température, entre en ébullition.

EXPÉRIENCE. On introduit dans un tube d'essai de l'eau tenant en suspension un peu de sciure de bois. Ce tube, maintenu entre les doigts par son extrémité supérieure, est placé sur une lampe à alcool; mais il faut avoir la précaution, au commencement, de le tourner en tous sens au milieu de la flamme afin d'en chauffer uniformément les parois(fig. 11). Bientôt on verra un mouvement se produire à l'intérieur du tube, la sciure monter le long de la paroi supérieure et redescendre en suivant la paroi inférieure. Cette évolution est accomplie par l'eau, dont une partie, chauffée au contact de la flamme, devient plus légère, tandis que la partie froide, plus dense, tombe au fond.

Fig. 11.

En raison de ce mouvement il est aisé de comprendre pourquoi les liquides chauffent plus rapidement quand le feu est appliqué en dessous.

Les *tubes d'essai* sont des tubes en verre mince, ouverts à une extrémité, tandis que l'autre est terminée par une demi-sphère en verre peu épais, mais égal, pour éviter les ruptures au contact de la chaleur. Pour les maintenir on se sert d'un support très-simple en bois, représenté par la figure 12.

Expérience. *Phénomène de l'ébullition de l'eau.* Si l'on répète l'expérience précédente dans un ballon (fig. 13) et sans introduire de sciure de bois,

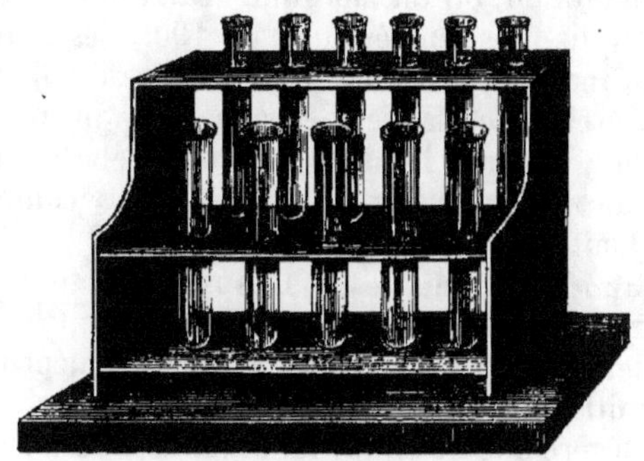

Fig. 12.

afin de conserver à l'eau toute sa limpidité, on verra bientôt se former contre les parois du vase une grande quantité de petites bulles, lesquelles augmentent peu à peu de volume, se détachent, montent à la surface du liquide et se dégagent à l'air. Ces bulles ne sont autre chose que de l'air dilaté par la chaleur et chassé de l'eau qui le tenait en dissolution. Toutes les eaux de sources, de puits ou de rivière, tiennent en dissolution une certaine quantité d'air, qui leur donne cette saveur fraîche dont l'eau qui a subi l'ébullition est dépourvue, même après refroidissement. Quand l'eau sera assez chaude pour que le ballon ne puisse plus être tenu dans la main, on verra de grosses bulles se dégager du fond, s'élever en diminuant de volume, et disparaître avant d'avoir atteint la surface du liquide : ces bulles sont de l'eau à l'état gazeux, de la vapeur d'eau, formée au contact de la paroi direc-

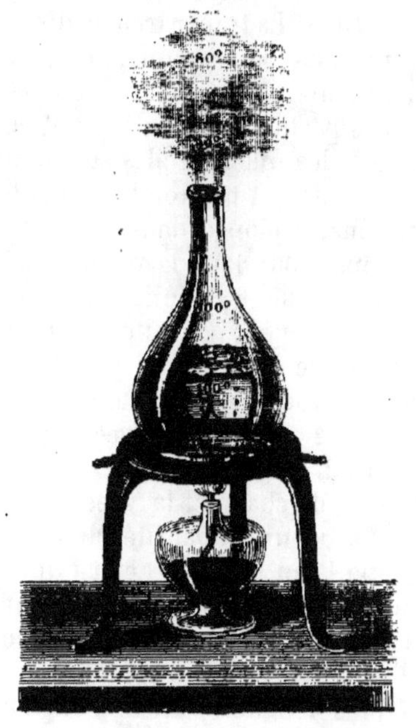

Fig. 13.

tement chauffée par la flamme, et qui reprend l'état liquide en se condensant dans la partie du liquide dont la température est moins élevée. La condensation successive de ces bulles de vapeur donne lieu à ce bruit que l'on remarque quand l'eau est près d'entrer en ébullition; on dit alors que *l'eau chante*. Lorsque la totalité de l'eau a acquis une température de 100°, les bulles ne se condensent plus, mais elles montent à la surface du liquide, persistent un moment, crèvent et laissent échapper la vapeur : l'eau bout. L'eau bout à 100°; d'autres liquides entrent en ébullition plus facilement, comme l'alcool, d'autres plus difficilement, comme le mercure : le premier bout à 80°, le second à 360°.

35. **Vaporisation de l'eau**. L'espace qui se trouve au-dessus de l'eau bouillante dans le ballon (fig. 13) parait vide, mais il est en réalité plein de vapeur d'eau, celle-ci ayant déplacé l'air qui l'occupait primitivement. La vapeur, à volume égal, est environ 1700 fois plus légère que l'eau qui lui a donné naissance, car, transformée en vapeur, l'eau occupe un volume 1700 fois plus considérable. Dans le ballon la vapeur d'eau est transparente et invisible comme l'air; au dehors elle forme des vapeurs blanches, que l'on pourrait produire de même dans le ballon en y soufflant de l'air froid au moyen d'un tube. La transparence disparait par le refroidissement; la vapeur reprend son premier état et se transforme en gouttelettes d'eau d'une ténuité telle, qu'elles se tiennent en suspension dans l'air. Les particules d'eau flottant en grande masse dans l'atmosphère forment les nuages, elles se réunissent en gouttes de plus en plus fortes et finissent par tomber sous forme de pluie.

Un thermomètre plongé dans l'eau bouillante marque 100°, il indique de même 100° dans la vapeur, et, quand bien même on prolongerait indéfiniment l'ébullition et on augmenterait la flamme, il ne variera pas. On peut constater ici le même phénomène que pendant la fusion de la neige : il y a disparition de chaleur et par la même raison. L'eau, pour se maintenir à l'état de vapeur, exige une certaine quantité de chaleur avec laquelle elle puisse se combiner à l'état latent. L'eau pouvant être considérée comme une combinaison de glace et de chaleur, la vapeur sera la combinaison de cette même glace avec une quantité plus considérable encore de chaleur dégagée quand l'eau reprend l'état liquide.

36. **Ébullition par la vapeur**. EXPÉRIENCE. A travers un bouchon s'adaptant hermétiquement à une fiole, on fait passer la plus courte branche d'un tube recourbé comme le représente la figure 14, tandis que la plus longue branche plonge au fond d'un verre cylindrique, un verre à boire, par exemple. Dans chacun des deux vases mis en communication, on introduit 200 gr. d'eau à 0° ou du moins très-froide ; puis on chauffe graduellement jusqu'à l'ébullition l'eau

contenue dans la fiole, et on laisse l'opération suivre son cours jusqu'à ce qu'il se produise des bouillonnements dans l'eau du verre.
Si l'on a observé le temps qui s'est écoulé avant que l'eau arrivât à
l'ébullition et celui qui s'est écoulé depuis ce dernier moment jusqu'à ce que l'eau du verre entrât aussi en ébullition, on verra que
ces deux espaces de temps sont à peu près égaux. La vapeur, ne
trouvant pas d'autre issue que le tube plongeant au fond du verre,
a dû se condenser dans l'eau froide jusqu'à ce que celle-ci parvînt
à 100°, point d'ébullition.

Fig. 14.

Chaleur latente de la vapeur d'eau. L'expérience terminée, si l'on
remet les deux vases sur la balance on constatera que la fiole a
perdu en poids environ 40 gr., tandis que le verre aura augmenté
d'autant. Cette quantité d'eau a été vaporisée dans le premier récipient et condensée dans le second. Ces 40 gr. de vapeur d'eau, dont
la température était 100°, ont porté à l'ébullition, c'est-à-dire à 100°,
200 gr. d'eau primitivement à 0°; d'où peuvent provenir ces 500°
de chaleur? Ils se trouvaient *à l'état latent dans la vapeur, qui les
a dégagés en se condensant.* Ils ont été produits par la flamme de
l'alcool, comme on l'a remarqué plus haut. En supposant qu'il ait
fallu 10 minutes pour porter à l'ébullition l'eau de la fiole et autant

pour faire bouillir l'eau du verre, il s'ensuit que la quantité de chaleur suffisante pour porter à l'ébullition 200 grammes d'eau n'a pu transformer en vapeur que 40 gr. du liquide, et la totalité de la chaleur fournie à l'eau pendant les secondes 10 minutes est devenue latente dans la vapeur. Si donc 40 gr. d'eau, pour se transformer en vapeur, exigent 500° de chaleur, ils doivent en abandonner une quantité équivalente en se condensant et pourront porter de 0° à 100° 5 fois autant, ou 200 gr. d'eau.

La propriété qu'a la vapeur d'eau de porter avec elle et d'abandonner par la condensation des quantités considérables de chaleur l'a fait employer à chauffer des substances dont on craint l'altération par une température trop élevée, comme cela arriverait dans une chaudière au contact du feu. La vapeur, quand il n'y a pas pression, n'a jamais plus de 100°. C'est ainsi qu'on l'emploie aujourd'hui pour la distillation des spiritueux, la cuisson de certains aliments, la préparation d'infusions, de décoctions ou d'extraits, de même que pour le blanchiment et la teinture des tissus, le chauffage des appartements, des séchoirs, etc.

Le changement d'état des corps sous l'influence de la chaleur peut être représenté de la manière suivante :

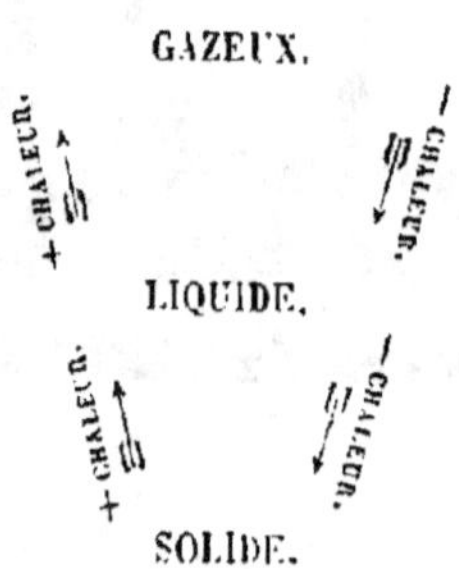

La direction des flèches indique, d'un côté, en montant, l'absorption de la chaleur et le changement d'état à partir de l'état solide; de l'autre, le dégagement de cette chaleur latente et le retour à l'état primitif.

37. Évaporation lente. De l'eau placée à l'air libre dans une soucoupe ne tardera pas à disparaître, et plus rapidement en été qu'en hiver : elle s'*évaporera* de la même manière que sur le feu, mais sans mouvement et sans bouillonnement, parce que la vapeur se forme uniquement à la surface du liquide. Cette vapeur se répand

dans l'atmosphère, où elle est invisible; l'air peut renfermer ainsi
d'autant plus de vapeur d'eau qu'il est plus chaud ; mais cette quantité est déterminée et invariable pour une température donnée. Ainsi
100 volumes d'air à 0° peuvent renfermer 1/3 de volume de vapeur
d'eau, à 10° ils pourront en contenir 1 1/4, à 20° 2 1/8, et ainsi de
suite. Si l'air ne renferme pas toute la vapeur d'eau que comporte
sa température, par exemple, quand 100 volumes d'air à 20° n'en
contiennent que 1 ou 1 1/2 volume, il en absorbera avec avidité, et
les corps humides exposés dans une pareille atmosphère se dessèche-
ront rapidement : on dit dans ce cas que l'air est sec. S'il contient
au contraire toute la vapeur d'eau que sa température lui permet
de prendre ou de dissoudre, comme cela se dit vulgairement, alors
l'air est humide, c'est-à-dire saturé de vapeur d'eau, et les corps
mouillés ne s'y dessécheront que lentement ou pas du tout. Quand,
dans une pareille atmosphère, survient, par une cause quelconque,
une nouvelle quantité de vapeur d'eau ou quand elle y est refroidie,
une partie de l'eau se sépare sous forme liquide et forme un brouillard ou un nuage, selon que ce phénomène a lieu près ou loin de
nous. C'est ainsi qu'en hiver nous voyons notre haleine produire une
vapeur blanche dans l'air froid, et qu'après un orage ou une nuit
froide nous voyons de la vapeur ou un brouillard s'élever au-dessus
des rivières.

38. Point de rosée. Si le refroidissement de l'air est occasionné
par un corps solide froid, la vapeur condensée se réunit à sa surface
sous forme de gouttelettes liquides, telles qu'on en peut remarquer
sur une bouteille apportée d'un endroit frais dans une chambre
chaude, ou sur les vitres de cette même chambre quand il fait froid
dehors. La température à laquelle ce phénomène commence à se
produire s'appelle le *point de rosée;* c'est un indice qu'à cette température l'air serait saturé de vapeur d'eau.

Expérience. *Détermination du point de rosée.* On remplit au quart
un verre à parois peu épaisses avec de l'eau ayant séjourné assez
longtemps dans l'endroit où l'on veut faire l'expérience pour en avoir
acquis la température. On place dans ce verre un thermomètre
(fig. 15), puis on ajoute successivement par petites portions de l'eau
très-froide ou de la glace jusqu'à ce que l'extérieur du verre se
couvre d'un léger dépôt de rosée. La température indiquée alors
par le thermomètre pourra être considérée comme le point de rosée
de l'air au moment de l'expérience. Si la différence entre la température du point de rosée et celle de l'air ambiant est grande, on
pourra espérer du beau temps; si, au contraire, une faible addition
d'eau froide suffit pour atteindre ce point, on pourra s'attendre à

de la pluie, parce que l'air, dans ces conditions, est presque saturé de vapeur d'eau, dont le moindre refroidissement provoquera la condensation.

Fig. 15.

Les instruments au moyen desquels on mesure le degré d'humidité de l'air se nomment *hygromètres*. Beaucoup de corps, tels que la potasse, l'acide sulfurique, le sucre de raisin, possèdent la propriété d'attirer l'humidité de l'air, dans laquelle ils se dissolvent; d'autres, comme les cordes en boyaux, les cheveux dégraissés, etc., s'allongent ou se raccourcissent selon que l'air est plus ou moins chargé de vapeur d'eau.

39. Accélération de l'évaporation. Outre la chaleur, il existe un autre moyen d'accélérer l'évaporation : c'est de produire un *courant d'air*. L'air saturé d'humidité est ainsi enlevé de la surface du liquide et remplacé par d'autre plus sec, capable par conséquent de s'incorporer plus rapidement et en plus forte proportion la vapeur émise constamment par l'eau [1]. C'est pourquoi la terre se dessèche si rapidement quand un vent violent succède à la pluie; c'est par la même raison qu'il faut, dans les séchoirs, veiller à l'écoulement de l'air saturé d'eau et le remplacer par de l'air relativement sec.

40. Froid produit par l'évaporation. L'évaporation lente exige de la chaleur dans les mêmes proportions que la volatilisation plus rapide (34); on le démontre facilement par l'expérience suivante.

Expérience. On remplit d'eau jusqu'à la moitié un petit ballon que l'on entoure extérieurement d'une enveloppe de ouate reliée au col (fig. 16). Si, après avoir mouillé la ouate en l'immergeant dans l'eau, on attache solidement le vase par le col à une forte ficelle et qu'on lui imprime un mouvement de rotation comme on ferait d'une fronde, on constatera au bout d'un certain temps, au toucher, et mieux encore au moyen du thermomètre, un abaissement de la température de l'eau renfermée dans le ballon. Si, au lieu d'eau, on humecte la ouate avec de l'éther, corps très-volatil, on transformera facilement l'eau en glace, même en été, en imprimant au ballon un mouvement de rotation. L'éther s'évapore plus rapi-

---

[1] On atteint le même but en desséchant, au moyen d'un corps avide d'eau, l'air dans une atmosphère confinée, sous une cloche par exemple. Les corps desséchants dont on se sert ordinairement sont : la chaux vive, l'acide sulfurique ou le chlorure de calcium.

dement que l'eau ; l'un et l'autre, pour se maintenir à l'état de vapeur, exigent une certaine quantité de chaleur qui devient latente
et qu'ils empruntent à l'eau du ballon, dont ils
abaissent la température[1]. Le froid dû à l'évaporation devient très-sensible quand on sort d'un
bain, quand on porte des habits humides ou bien
encore quand on arrose un plancher. C'est cet
abaissement de température qui permet à l'homme de résister à la chaleur des climats les plus
ardents, et même de supporter pendant quelque
temps, dans un air sec, une température de 100°
sans que la chaleur du corps dépasse 38° à 40°.
C'est ainsi que l'on refroidit les aliments en soufflant dessus; et si, en hiver, on se réchauffe les
mains en soufflant dedans, cela est dû en partie
à l'air chaud expiré des poumons et en partie
à la vapeur, dont la condensation sur la peau
détermine le dégagement de la chaleur latente.

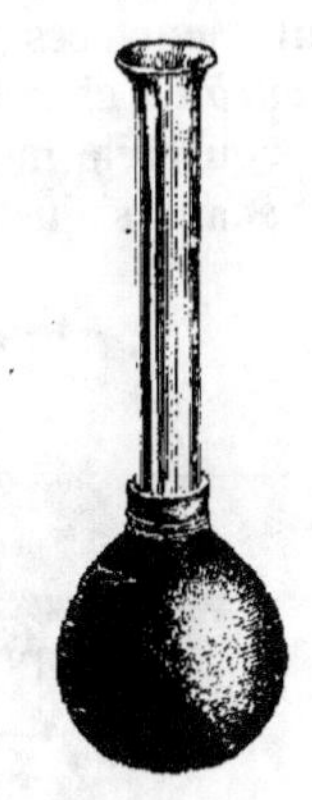

Fig. 16.

41. Distillation. Quand la condensation de la vapeur a lieu dans
un vase, on peut recueillir l'eau qui en provient.

Expérience. On remplit à moitié d'eau une petite cornue disposée
sur un fourneau ou un trépied, et on y adapte un ballon (fig. 17).
Sous l'impression de la chaleur l'eau entre en ébullition, la vapeur
traverse le col de la cornue et vient se condenser dans le ballon,
maintenu à cet effet dans une terrine d'eau froide et recouvert
même de papier ou de linge humecté. Cette opération n'est autre chose
qu'une distillation, et l'eau recueillie est de l'*eau distillée*. Cette
eau est plus pure que l'eau de source, car dans cette dernière il se
trouve toujours des matières salines non volatiles qui se déposent dans
la cornue. La nature opère sur une échelle immense une distillation
analogue : l'eau s'évapore à la surface des terres et des mers, se condense dans les hautes régions, et retombe sous forme de pluie, de
neige, de rosée, etc. L'eau de pluie recueillie loin des villes peut,
dans certains cas, remplacer l'eau distillée; mais il faut avoir soin de
ne pas la recueillir dès le commencement de la pluie, car alors elle
contient encore des poussières, de l'ammoniaque, de l'acide carbonique, etc.

---

[1] Cette propriété a été mise à profit dans les pays chauds pour obtenir facilement de l'eau fraîche : les alcarrazas sont des bouteilles en terre poreuse, laissant
suinter l'eau à travers leurs parois; la volatilisation du liquide exsudé produit
le refroidissement de l'eau, qui devient ainsi une boisson agréable.

La distillation permet de séparer des corps dont la volatilité est
différente : c'est ainsi qu'on sépare l'alcool, corps très-volatil, de
l'eau, qui l'est moins. Pour la distillation en grand, la cornue et
le ballon sont remplacés par un alambic, composé des pièces suivantes : la *cucurbite*, chaudière ordinairement en cuivre, surmontée
du *chapiteau*, couvercle muni d'un tuyau de dégagement légèrement
ascendant et venant s'ajuster à un tube métallique contourné en

Fig. 17.

spirale et présentant par ce moyen une grande longueur dans un
espace restreint : c'est le réfrigérant, nommé aussi *serpentin*, à
cause de sa forme. Il traverse une colonne d'eau froide qui ne
tarde pas à s'échauffer pendant l'opération, mais qu'on a soin de
renouveler par un courant d'eau froide arrivant par la partie inférieure.

DIFFUSION DE LA CHALEUR.

42. Conductibilité de la chaleur. EXPÉRIENCE. Dans un tube d'essai on introduit de l'eau presque jusqu'au bord, puis, avec beaucoup de précaution, on chauffe le liquide dans la partie supérieure
du tube (fig. 18) ; au bout d'un certain temps on verra l'eau entrer
en ébullition à la surface, tandis qu'elle restera froide au fond du
tube. Si l'on répète la même expérience avec du mercure, on sentira
la chaleur se propager jusque dans les couches inférieures du liquide,
et bientôt même on ne pourra plus tenir le tube dans les doigts.
Les particules de mercure se communiquent donc réciproquement

la chaleur, ce qui n'a pas lieu ou du moins se fait avec une extrême
lenteur pour l'eau. Les corps où la chaleur se propage rapidement,
comme le mercure, sont appelés *bons conducteurs de la chaleur*,
tandis que d'autres, comme l'eau, sont de *mauvais conducteurs*.
Parmi les premiers nous pouvons ranger les métaux en général, et,
parmi les seconds, la pierre, le verre, le bois, la neige, l'eau, et principalement les gaz et les corps poreux, tels que le drap, la toile,
le papier, les cendres, etc.

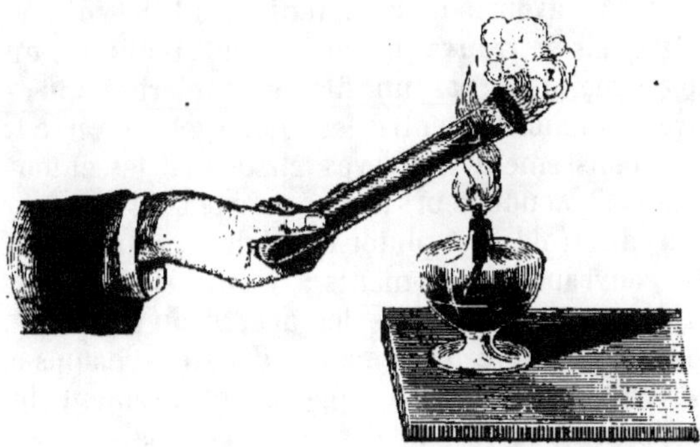

Fig. 18.

Bons conducteurs. Les bons conducteurs s'échauffent rapidement
et se refroidissent de même, comme on l'observe facilement avec
les poêles en fonte. Un morceau de fer parait plus chaud au soleil et plus froid à l'ombre qu'un morceau de bois placé dans les
mêmes conditions ; cette illusion s'explique de cette manière : dans
le premier cas, le fer permet à la chaleur d'arriver plus rapidement
au point de contact pour se communiquer à la main; dans le cas
inverse, la chaleur de la main est promptement absorbée, parce
qu'elle se répartit tout de suite dans la masse de fer ; phénomènes
qui n'ont pas lieu avec le bois, mauvais conducteur.

Mauvais conducteurs. Les mauvais conducteurs s'échauffent lentement et conservent longtemps la chaleur acquise. C'est ainsi que
les fourneaux en briques ou en terre cuite restent chauds très-long-
temps. Les mauvais conducteurs servent, dans beaucoup de cas, à
modérer l'action de la chaleur ou à ralentir le refroidissement : l'on
entoure de cendres ou l'on place sur un bain de sable les vases en
verre ou en porcelaine (fig. 14 et 17), afin d'en prévenir la rupture,
que pourrait occasionner le contact immédiat du feu. Si l'on veut
introduire un liquide très-chaud dans un vase froid, il faut procéder d'abord par petites portions, qu'on agite de manière à chauffer

uniformément et graduellement les parois. Quand on retire un vase du feu, il est prudent de le poser sur un corps mauvais conducteur, comme la paille (rond de paille), le bois, le papier, le drap, etc., sur la brique si le corps est très-chaud. L'oubli de ces précautions entraînerait souvent des ruptures, par suite d'un refroidissement trop rapide; un courant d'air froid suffit quelquefois pour les occasionner. Pour se garantir des brûlures quand on a à manier des corps métalliques chauds, on entoure ceux-ci d'une garniture en bois à l'endroit où le contact doit avoir lieu. Pour tenir des tubes d'essai ou des ballons dans lesquels se trouve un liquide en ébullition, on les entoure d'un papier maintenu par un fil, de manière à interposer un corps mauvais conducteur entre les doigts et le verre [1]. Nous ralentissons le refroidissement des corps chauds en les entourant d'autres corps mauvais conducteurs : nous pouvons de la même manière nous garantir du froid, ou plutôt empêcher notre corps de se refroidir en le couvrant de vêtements ; même effet se produit en hiver quand on entoure de paille les arbres ou les puits, quand une couche de neige couvre les semailles dans les champs et en beaucoup d'autres circonstances. On appelle vulgairement les substances qui conduisent mal la chaleur des corps chauds.

43. Chaleur rayonnante. Les corps ne peuvent se communiquer réciproquement leur chaleur par la conductibilité que lorsqu'ils sont en contact. Cependant nous ressentons de la chaleur alors même que nous sommes placés à quelque distance du feu ou d'un poêle; le soleil chauffe notre globe, quoiqu'il en soit à une distance immense : dans ce cas, l'élévation de la température est due à la *chaleur rayonnante.*

Élévation de la température par la chaleur rayonnante. EXPÉRIENCE. Si l'on expose au soleil 3 verres à parois peu épaisses remplis d'eau froide et entourés, l'un de papier argenté bien brillant, l'autre de papier blanc, le troisième de papier noir non glacé, on constatera, au bout d'un certain temps, en plongeant le thermomètre successivement dans chacun des vases, que l'eau est à la température la plus élevée dans le verre entouré de papier noir, et à la moindre dans celui que recouvre le papier argenté, quoique les trois verres se soient trouvés au soleil dans les mêmes conditions, en apparence du moins. Les différences observées proviennent de ce que les métaux

---

[1] On peut se servir dans le même but de bouchons creusés, maintenus par un fil d'archal, de pinces en bois entaillé ou de pinces en fer munies de bouchons. A défaut de pinces, on peut piquer deux bouchons entaillés aux deux pointes d'une paire de ciseaux.

polis ont la propriété de n'absorber que difficilement la chaleur :
ils renvoient, *réfléchissent*, les rayons lumineux et calorifiques,
tandis que les corps noirs absorbent la presque totalité de ces rayons,
ce qui produit en eux une élévation plus rapide de la température.
Ceci nous explique pourquoi les habits noirs sont plus chauds que
les habits blancs, pourquoi la neige fond plus rapidement quand
on y répand de la terre ou de la suie, pourquoi les fruits mûrissent plus vite sur les arbres disposés en espaliers contre des murs
de couleur obscure, etc.

Refroidissement par rayonnement. Si maintenant on fait l'opération inverse, c'est-à-dire si l'on verse de l'eau chaude dans les 3 verres, on observe que l'eau se refroidit le plus rapidement dans le verre
entouré de papier noir et le moins vite dans le verre recouvert de
papier argenté, parce que les corps mats, à surface inégale, perdent
plus facilement leur chaleur par rayonnement que les corps polis et
surtout que les métaux : ainsi le café se tiendra chaud plus longtemps dans une cafetière polie que dans une cafetière couverte de
noir de fumée, un poêle en poterie vernissée se refroidira moins vite
qu'un poêle dont la terre ne serait point recouverte d'une couche
vitreuse, un poêle en fonte polie qu'un poêle en fonte rugueuse, etc.

La couleur blanche et la surface polie des glaciers, en les empêchant d'absorber la totalité des rayons solaires, contribuent en partie
à leur conservation.

44. Rosée et gelée. Quand la surface de la terre a été échauffée
par le soleil, elle communique une partie de sa chaleur à l'air, et,
pendant le jour, la température des couches atmosphériques inférieures sera constamment un peu plus élevée que celle des couches
plus éloignées du sol. Après le coucher du soleil, il n'en est plus
ainsi : la terre rayonne alors vers les espaces célestes, dont la température est très-basse, et sa surface éprouve un refroidissement. Ce
refroidissement n'est pas aussi rapide pour l'atmosphère, qui conserve pendant la nuit une température supérieure à celle de la surface du sol, excepté aux points où elle se trouve en contact immédiat avec la terre. Si celle-ci est assez froide pour amener l'air au
point de rosée (38), l'eau se déposera sous forme de gouttelettes à
la surface du sol ou des plantes qui y croissent, exactement de la
même manière que nous l'avons vue se déposer sur une bouteille
fraîche dans la chambre chaude : il se formera de la rosée. Si pendant
la nuit la terre est refroidie jusqu'au point de congélation, l'eau déposée se solidifie et donne lieu à la gelée.

Le rayonnement de la terre vers les astres a lieu dans toute son
intensité quand le ciel est clair et l'atmosphère sans mouvement ;

le vent et les nuages l'empêchent : aussi n'observe-t-on de fortes rosées qu'après les nuits calmes et sereines. Les nuages agissent comme un écran, ils renvoient à la terre les rayons de chaleur émis par elle et l'empêchent ainsi de se refroidir. Les paillassons, le fumier, les couvertures de toute espèce dont le jardinier se sert, au printemps et à l'automne, pour garantir les plantes de la gelée, n'agissent pas autrement.

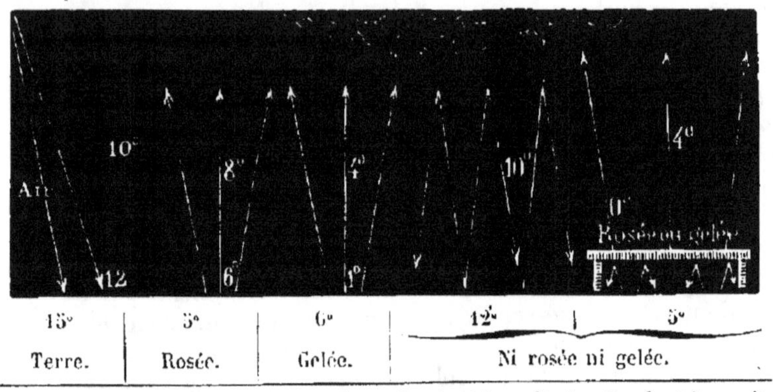

15°	5°	6°	12°	5°
Terre.	Rosée.	Gelée.	Ni rosée ni gelée.	
Au jour.	Pendant les nuits sereines et calmes.	Pendant la nuit et avec des nuages ou du vent.	Pendant les nuits claires, mais sur les terrains abrités.	

Fig. 19.

La direction des flèches (fig. 19) fera aisément comprendre la marche des rayons calorifiques dans ces diverses circonstances.

DISSOLUTION ET CRISTALLISATION

45. L'eau dissout les matières solides. Beaucoup de corps solides introduits dans l'eau disparaissent sans que le liquide perde sa limpidité : on dit alors que le corps est en *dissolution,* que cette substance est *soluble* dans l'eau. L'eau de pluie qui traverse la terre ou qui pénètre entre les fissures des rochers se charge de substances solubles qu'elle trouve sur son passage, aussi les eaux de sources abandonnent-elles toujours, en s'évaporant, un résidu qui y était en dissolution. Ce résidu, surtout quand il est composé de calcaire, devient insoluble à l'eau et forme souvent sur les parois des ustensiles, mais surtout sur celles des chaudières à vapeur, des incrustations qu'il faut avoir soin de détruire, car elles sont très-dangereuses. Certaines sources sont tellement chargées de substances salines, qu'il suffit d'y plonger des objets pendant peu de temps pour qu'ils se couvrent d'incrustations : telles sont les sources de Carlsbad, en Bohème, et de Saint-Allyre, en Auvergne.

Les eaux qui tiennent en dissolution, quelquefois en très-petite quantité, des substances capables d'agir comme médicaments, telles que du fer, du soufre, de l'iode, de l'arsenic, des sels, etc., ont reçu le nom d'eaux minérales. L'eau de la mer est très-chargée de matières salines, elle en contient 35 gr. par kilog.

46. Corps peu solubles. EXPÉRIENCE. On introduit dans un flacon ou dans une bouteille quelconque en verre transparent 4 à 5 grammes de chaux éteinte (35) sur laquelle on verse un demi-litre d'eau ; on bouche le flacon, on l'agite pendant quelques instants, et on laisse ensuite le dépôt se former et l'eau s'éclaircir. Cela fait, en agissant avec précaution, on pourra *décanter*, c'est-à-dire faire couler une certaine quantité du liquide sans le troubler. L'eau ainsi obtenue est de l'*eau de chaux*. La chaux est peu soluble : 1 partie de chaux en exige près de 800 d'eau pour être dissoute ; s'il y en a un excès, celui-ci se dépose au fond du liquide. On constatera facilement au goût que l'eau ainsi obtenue tient de la chaux en dissolution : elle a une saveur *alcaline*, un *goût de lessive*. On divise cette eau de chaux en deux portions, dont l'une, conservée dans un flacon bouché, restera parfaitement limpide et ne subira aucune modification ; l'autre, exposée à l'air, dans un verre à boire ordinaire, se troublera, puis se couvrira d'une pellicule qui deviendra de plus en plus épaisse et finira par tomber au fond, pour être remplacée par une autre. Au bout de quelques jours, quand les pellicules auront cessé de se produire et que l'eau sera redevenue limpide, on pourra s'assurer, en la goûtant, qu'elle n'est plus calcaire. La chaux qui était en dissolution a subi à l'air une modification chimique qui l'a rendue insoluble, et elle s'est *précipitée* au fond du liquide.

47. Tournesol. EXPÉRIENCE. Le tournesol en pain que l'on trouve dans le commerce est composé d'une matière colorante bleue et d'une partie terreuse qui retient cette couleur. Pour préparer une teinture de tournesol, il faut broyer environ 15 grammes de ces pains, auxquels on ajoute 200 grammes d'eau ; on fait bouillir, dans une petite marmite en terre ou en cuivre, pendant 20 minutes ou une demi-heure : l'eau se colorera en bleu foncé, tandis que la ma-

tière terreuse restera en suspension. On pourrait, comme précédemment, la séparer, après dépôt, par décantation ; mais on arrive plus
rapidement à son but par la *filtration*. A cet effet, on découpe dans
une feuille de papier non collé, *papier à filtrer*, une pièce circulaire, que l'on plie d'abord en deux, puis en quatre; on ouvre
l'un des cornets ainsi formés (fig. 20) et on l'applique dans un entonnoir [1].

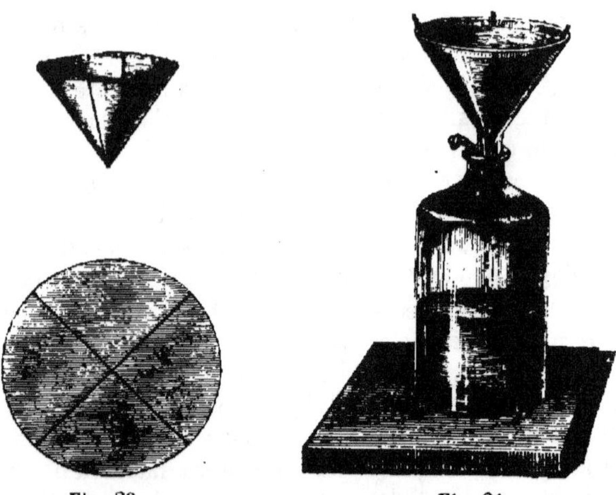

Fig. 20.   Fig. 21.

Pour que le liquide passe plus rapidement, on peut disposer sur
l'entonnoir quatre baguettes en bois ou en verre qui empêchent le
filtre de coller contre les parois de l'entonnoir, que l'on place sur
un flacon (fig. 21), en ayant soin d'introduire un corps résistant, un
copeau de bois, une allumette, entre sa partie effilée et le goulot de
la bouteille, afin de permettre la sortie de l'air. Le filtre, qui ne doit
jamais arriver jusqu'au bord de l'entonnoir, est humecté avant de
recevoir la substance qu'on veut éclaircir. Le papier à filtrer doit
être composé exclusivement de filaments de coton ou de chanvre bien

[1] On prépare des filtres qui permettent d'opérer plus rapidement et évitent
l'emploi des baguettes sur l'entonnoir. Pour cela, quand le papier coupé (fig. 20)
est plié en deux, on divise ce demi-cercle en seize plis égaux, chacun alternativement dans un sens opposé, de manière que, les seize plis égaux étant formés, le demi-cercle puisse se ramasser comme un éventail. Cela fait, on sépare
le papier, qui est double, et on donne un pli rentrant à chacune des deux faces
formant l'extrémité de l'éventail fermé. On obtient ainsi un cornet ayant 34 plis
tant rentrants que sortants ; le papier, simple de tous les côtés et ne collant
pas contre l'entonnoir, permet une filtration très-rapide.

feutrés, laissant entre eux des interstices qui permettent aux liquides de passer, mais qui retiennent les matières solides. Dans le papier à écrire, ces pores sont obstrués par la colle ou l'empois, ce qui le rend impropre à la filtration.

48. Papier de tournesol bleu. EXPÉRIENCE. La dissolution bleue étant obtenue, on en verse une portion dans une assiette, puis on y plonge des bandes de papier à filtrer ou de papier à lettre blanc. Si le papier, une fois séché, n'a pas une teinte assez foncée, on recommence l'opération jusqu'à ce qu'on ait atteint une coloration suffisamment prononcée. Le papier ainsi préparé se conserve dans une boîte très-propre ou dans un bocal. Plongé dans du vinaigre, du jus de citron ou tout autre acide, il rougit et fournit ainsi un moyen facile de reconnaître dans un liquide la présence d'un acide libre.

Papier de tournesol rouge. EXPÉRIENCE. On opère comme précédemment après avoir donné au tournesol une teinte rouge au moyen de quelques gouttes de jus de citron. Le *papier rouge de tournesol* ainsi obtenu servira à reconnaître la présence des corps en quelque sorte opposés aux acides, les alcalis, qui ramènent au bleu le papier rouge, comme on peut s'en assurer en le plongeant dans de l'eau de chaux ou dans de la cendre humectée.

49. Corps très-solubles. EXPÉRIENCE. Dans 100 centimètres cubes d'eau froide on ajoute successivement, et en agitant constamment, du salpêtre en poudre aussi longtemps qu'il se dissout; il en faut environ 50 grammes; ce qu'on ajoutera en plus se déposera au fond de l'eau, et la dissolution sera *saturée à froid.* Si l'on chauffe cette solution jusqu'à l'ébullition en ajoutant encore du salpêtre, il en faudra cette fois près de 250 grammes avant que le liquide soit saturé. Un thermomètre plongé dans cette *solution saturée à chaud* et bouillante s'élèvera à 110°, tandis que dans l'eau pure il ne marquera que 100°; c'est que *les dissolutions salines entrent en ébullition à une température plus élevée et se congèlent à une température plus basse que l'eau.* Tous les corps solubles dans l'eau se comportent comme le salpêtre et ne peuvent être dissous que dans certaines limites; la plupart sont plus solubles à chaud qu'à froid, quelques-uns le sont moins.

50. Cristallisation. EXPÉRIENCE. *Cristallisation par refroidissement.* Si l'on verse la dissolution obtenue précédemment dans une capsule en porcelaine préalablement chauffée, dans laquelle on l'abandonne au repos jusqu'à complet refroidissement, les 200 grammes de salpêtre ajoutés en second lieu se sépareront de nouveau, non pas sous forme de poudre, mais en prismes parfaitement réguliers. Ces

prismes ont 6 faces et sont terminés en forme pyramidale, à la façon d'un toit (fig. 22); ce sont des *cristaux* de salpêtre. Chaque
cristal présente des faces, des arêtes, des angles, comme s'il était
formé de morceaux triangulaires, carrés, hexagonaux ou polygo-
naux, ou comme s'il était le produit de la taille. Cette régularité

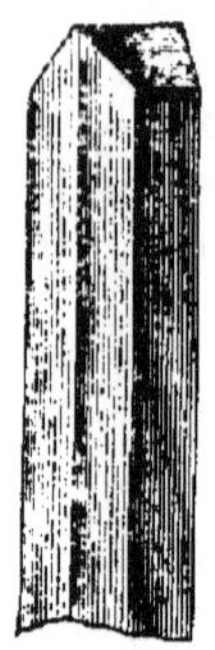
Fig. 22.

se retrouve non-seulement à l'extérieur, mais même
à l'intérieur du cristal, comme on l'observe quelquefois quand il est transparent et qu'on le tourne lentement à la lumière dans tous les sens, ou bien encore en le brisant en fragments qui reproduisent
souvent en partie ou en totalité la forme du cristal
primitif. Nous retrouvons par conséquent dans la
nature inorganique une force mystérieuse analogue
à celle qui fait bâtir à l'abeille des cellules hexagona-
les, ou qui fait produire constamment à la pomme
de terre des fleurs pentagonales avec cinq étamines.
Cette force oblige les parties infiniment petites des
corps, les *molécules*, comme on les appelle, à se
grouper suivant certaines lois de manière à produire toujours une
forme régulière et constante. Ce groupement ne peut avoir lieu que
dans les corps liquides ou gazeux, parce qu'alors seulement les molécules peuvent se *mouvoir librement*; il faut en outre un certain
laps de temps, car les cristaux sont toujours d'autant plus réguliers
qu'ils se sont formés plus lentement. Les beaux cristaux que nous
rencontrons dans le sein de la terre ont peut-être mis des milliers
d'années à se former.

51. Cristallisation troublée. EXPÉRIENCE. Le liquide (*eaux mères*)
au milieu duquel ont été obtenus les cristaux de salpêtre est décanté
et évaporé à une température douce jusqu'à ce qu'il se forme une
pellicule saline à la surface; on l'enlève alors du feu, et on l'*agite*
avec une tige en verre ou en bois jusqu'au refroidissement; de
cette manière on obtiendra encore des cristaux, mais tellement
petits, qu'on ne peut les distinguer qu'à l'aide d'un grossissement :
ils forment le *salpêtre en poudre*. Le liquide ainsi traité était une
dissolution de salpêtre saturée à froid et renfermant par conséquent
encore 50 gr. environ de ce sel. Par l'évaporation on a chassé l'eau
de manière à n'en conserver que la quantité nécessaire pour maintenir le salpêtre en dissolution à chaud : aussi voit-on se former
à la surface, où le liquide est refroidi, une pellicule saline indiquant l'état de saturation. Si on laissait la solution se refroidir comme
précédemment, on obtiendrait encore des cristaux; mais, en remuant
le liquide, on empêchera l'agglomération de ces cristaux ou on les

brisera au moment de leur formation, et on obtiendra une poudre d'autant plus ténue que l'agitation aura été plus rapide. La *cristallisation aura été troublée*. On trouve un exemple de cet effet dans la fabrication du sucre, dont la solution, refroidie tranquillement, fournit le sucre candi, tandis que, par l'agitation, elle donne le sucre blanc que l'on moule en pains.

52. Cristallisation par évaporation. EXPÉRIENCE. On introduit dans de l'eau bouillante autant de sel marin pulvérisé qu'elle peut en dissoudre, puis on laisse refroidir; aucune cristallisation n'a lieu, parce que le sel marin est presque aussi soluble dans l'eau froide que dans l'eau chaude. Si ensuite l'on évapore rapidement, à l'aide de la lampe ou du charbon, une moitié de cette solution, tandis que l'autre, exposée dans un endroit modérément chaud, est abandonnée à une évaporation lente, on obtiendra dans le premier cas des grains de sel irréguliers, tandis que, dans l'autre, le sel formera au bout de quelques jours des cristaux cubiques bien définis.

53. Séparation par la cristallisation. EXPÉRIENCE. Si l'on dissout dans une certaine quantité d'eau tiède, sans la saturer, parties égales de sel marin et de salpêtre, et que l'on expose la solution dans un endroit chaud de façon à faire évaporer l'eau, on verra les deux sels, qui étaient mêlés très-intimement dans le liquide, se séparer de la manière la plus nette et la plus complète. Le salpêtre cristallisera en longues aiguilles ou prismes, comme lorsqu'il était seul, et ne contiendra pas trace de sel marin; le sel, de son côté, se déposera en cubes exempts de salpêtre. Il ne s'est manifesté ici aucune attraction de l'un des sels pour l'autre, et ils se sont séparés, lors de l'évaporation de l'eau, en cristaux réguliers, comme s'il n'y avait eu que l'un des deux sels en dissolution.

54. Eau de combinaison. Sous nos latitudes, l'eau ne passe à l'état solide que pendant l'hiver, et elle forme alors, soit dans la neige, soit dans la glace, des cristaux d'une parfaite régularité. Elle se trouve cependant aussi à l'état solide dans une infinité de corps où, au premier abord, on ne supposerait pas son existence; ainsi 1 kilogr. de rouille renferme 252 gr. d'eau; 1 kilogr. de chaux éteinte 243 gr.; 1 kilogr. de plâtre moulé 209 gr. Cette eau est combinée chimiquement avec les corps pour lesquels elle a une grande affinité. Les combinaisons de l'eau avec certains corps se nomment des *hydrates*, elle entre dans la constitution de plusieurs sels cristallisés, comme on peut le démontrer pour le sel de Glauber.

EXPÉRIENCE. Si l'on expose à une chaleur douce 20 gr. de *sel de Glauber cristallisé*, il perdra rapidement sa transparence et se réduira, s'*effleurira*, en une poudre blanche pesant 10 gr. à peine. Il ne s'est dégagé que de l'eau, et cependant les cristaux de sel de Glauber ont perdu en même temps leur forme et leur transparence, qu'ils devaient à la présence du liquide. L'eau nécessaire à la formation des cristaux de certains sels a reçu le nom d'*eau de cristallisation*. Les cristaux de salpêtre ou de sel marin traités de la même manière ne diminuent pas de poids et ne perdent ni leur forme, ni leur transparence ; ils ne contiennent point d'eau de cristallisation.

COMPOSITION DE L'EAU,

Découverte par Lavoisier en 1783.

55. L'électricité et l'eau. Outre cette électricité dont la manifestation puissante nous apparaît dans les éclairs, et que nous pouvons produire en petit par le frottement de certains corps les uns sur les autres, nous pouvons en produire une d'un genre différent dont les effets se manifestent d'une manière permanente et sans secousses : le galvanisme, appelé ainsi du nom de celui qui le découvrit, Galvani. On distingue aujourd'hui ces deux genres d'électricité, quoique en réalité ils ne soient que les manifestations diverses d'une force unique. On appelle *électricité statique* celle qui se développe sur les corps par le frottement, s'y accumule et en jaillit avec bruit sous forme d'étincelles ; et *électricité dynamique* celle qui, généralement, est produite par des réactions chimiques et donne lieu aux *courants électriques*. Cette dernière est devenue d'une grande importance en chimie, car elle permet de ramener à leurs éléments toutes les combinaisons chimiques conductrices de l'électricité. L'électricité dynamique décompose l'eau très-facilement ; on peut l'obtenir dans une infinité de circonstances, car elle se produit chaque fois qu'il y a décomposition ou combinaison chimique ; elle résulte même souvent du simple contact de deux corps, qu'ils soient solides, liquides ou gazeux. Un des plus anciens appareils galvaniques est la pile de Volta (fig. 23), où l'électricité est développée par le contact de deux métaux différents, du zinc et du cuivre ordinairement. Une plaque de zinc, recouverte d'une plaque de cuivre, forme un *couple*. On réunit un certain nombre de ces couples et on les range les uns au-dessus des autres, et tous dans la même position, en les séparant par un morceau de drap humecté d'eau salée, de telle sorte que, la plaque inférieure étant en zinc, celle qui termine la colonne à la partie supérieure soit toujours en cuivre, ou réciproquement. Le zinc et le cuivre placés aux deux extrémités forment les deux pôles. Le pôle zinc produit l'électricité + (positive), le pôle cuivre l'électricité —

(négative), quand la pile est isolée du sol par du verre, de la résine ou du bois (fig. 23). On munit les deux extrémités de fils métalliques, les *conducteurs*, ordinairement en cuivre, au moyen desquels on conduit le courant électrique là où on veut l'appliquer. Si l'on rapproche ces deux fils à une faible distance il en jaillit des étincelles; le courant galvanique se manifeste, comme l'électricité de la machine électrique, par une production de lumière.

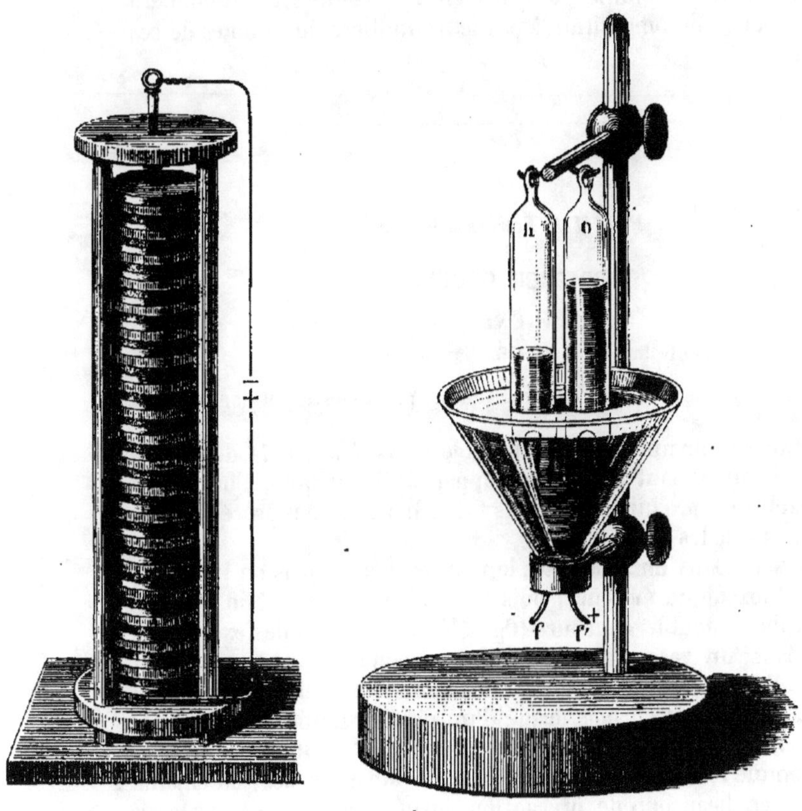

Fig. 23.   Fig. 24.

Pour décomposer l'eau au moyen de cette pile, on attache un fil de platine à l'extrémité de chacun des conducteurs; ces fils de platine pénètrent dans un vase plein d'eau (fig. 24), et sur chacun d'eux on renverse un petit tube d'essai rempli d'eau. Il se formera bientôt sur chaque fil de platine de petites bulles de gaz qui se réuniront dans le tube en déplaçant l'eau : le fil communiquant avec le pôle zinc (+) fournira moitié moins de gaz que l'autre, et ce gaz, recueilli dans le tube, rallumera une allumette pour peu qu'elle ait encore un point incandescent, c'est l'oxygène (O); le gaz recueilli sur le pôle cuivre (—), au contraire, éteindra un corps enflammé, mais il pourra s'allumer lui-même, c'est l'hydrogène (H). Voilà donc les éléments de l'eau : nous voyons qu'elle est composée de 1 volume d'oxygène et de 2 volumes d'hydrogène; 1 volume d'eau donnera naissance par la décomposition à plusieurs milliers de volumes de ces deux gaz.

MÉTALLOÏDES

PREMIER GROUPE

OXYGÈNE (O)

Équivalent = 8 ou 100. Densité = 1,1057.

Découvert en 1774, presque en même temps, par Priestley et par Scheele.

56. Pour obtenir une quantité notable d'oxygène par la décomposition de l'eau, il faut se servir d'appareils électriques d'une force considérable; on produit ce gaz plus facilement par des procédés chimiques tels que les suivants :

Expérience. Dans un tube assez long et en verre épais on introduit 13^{gr},5 de bioxyde de mercure, puis on y adapte un bouchon traversé par un tube à double courbure (fig. 25), dont l'une des extrémités plonge dans un vase plein d'eau. On suspend le tube au moyen d'une ficelle ou d'un fil de fer, ou mieux encore on le fixe dans un support, instrument en bois formé d'un pied et d'une tige verticale sur laquelle glisse une pince à vis qui maintient le tube de dégagement, comme l'indique la figure. L'appareil ainsi disposé, on chauffe le tube avec beaucoup de précaution jusqu'à ce que le bioxyde ait disparu; ce corps, de rouge qu'il était, deviendra noir, et en même temps il se dégagera par l'extrémité du tube des bulles de gaz que l'on recueillera dans un petit flacon. Pour recueillir ce gaz il faut remplir exactement le flacon d'eau, boucher le goulot avec le pouce ou la main, et le renverser dans l'eau sur l'extrémité du tube de dégagement; les bulles de gaz, en vertu de leur légèreté, s'élèveront dans la partie supérieure du flacon, d'où elles déplaceront l'eau.

Quand le flacon est plein de gaz, on le ferme hermétiquement sous l'eau avec un bouchon, et, pour éviter toute déperdition, on le place, renversé, dans un verre à boire plein d'eau. On pose de la même manière un second flacon sur le tube, puis un troisième, etc., jusqu'à la fin du dégagement gazeux. Les premières bulles que l'on voit sortir sont de l'air dilaté par la chaleur et expulsé de l'appareil ; peu après se dégage l'oxygène, une des parties constituantes du bioxyde de mercure. On reconnaît aisément ce gaz en y plongeant une allumette n'ayant plus qu'un point incandescent : elle s'y rallume et

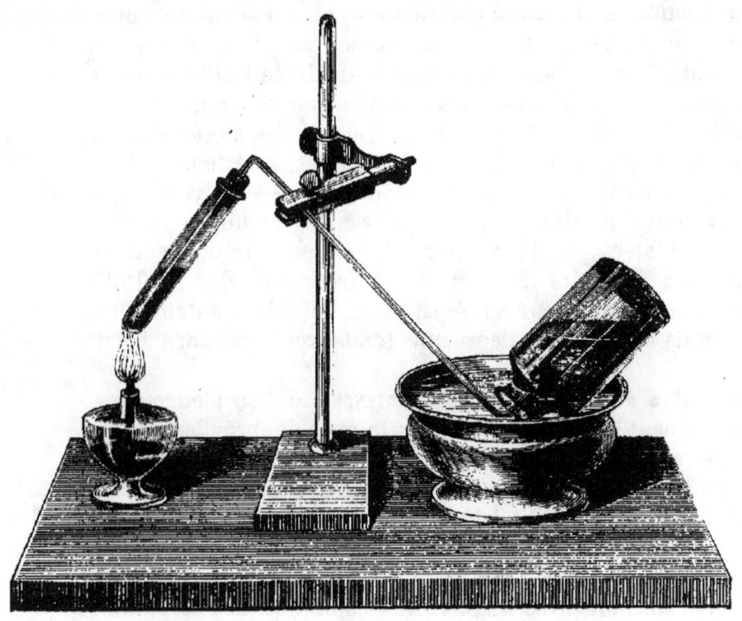

Fig. 25.

brûle avec une flamme très-vive. Pendant le dégagement de l'oxygène on voit se déposer sur le tube de petites gouttelettes à reflet métallique : c'est le mercure qui, en combinaison avec l'oxygène, formait le bioxyde de mercure. Quand celui-ci sera complétement décomposé, on retirera le tube de l'eau, on le laissera refroidir, puis, au moyen d'une barbe de plume, on fera tomber au fond le mercure fixé contre les parois ; s'il n'en a pas été perdu par volatilisation, il pèsera $12^{gr},5$, et le gramme manquant représente le poids de l'oxy-

gène dégagé. La poudre rouge qui vient d'être décomposée était donc
le résultat de la combinaison d'un métal avec un gaz, deux corps
qui ont entre eux peu d'analogie. Si on les remet en présence dans
certaines circonstances, ils se combinent de nouveau pour former
l'oxyde rouge, substance dans laquelle, au premier abord, on ne
supposerait pas plus la présence du mercure que celle de l'oxygène,
dont les caractères ont totalement disparu.

57. Influence de la chaleur sur les combinaisons chimiques.
Cette expérience fait voir que la chaleur seule peut opérer la séparation de deux corps chimiquement combinés. Cela peut s'expliquer
de la manière suivante : l'affinité chimique ne peut agir sur les corps
que lorsqu'ils se trouvent en contact intime, quand les molécules
qui les constituent se touchent : une chaleur modérée facilite souvent
ce rapprochement ; une chaleur trop élevée, au contraire, tend à
détruire l'affinité, en dilatant les corps outre mesure, c'est-à-dire en
éloignant trop les molécules les unes des autres. A la température
ordinaire, les molécules de mercure et d'oxygène sont assez rapprochées pour que l'affinité chimique puisse les retenir en combinaison ; mais, dilatées par la chaleur, il arrivera un moment où
elles seront assez éloignées les unes des autres pour que l'affinité
soit détruite : les deux corps se sépareront, et cela d'autant plus
facilement, qu'ils ont tous les deux une tendance à prendre l'état
gazeux.

58. Combustion dans l'oxygène. EXPÉRIENCE. Si l'on plonge dans
le flacon renfermant l'oxygène une baguette en bois incandescente à
son extrémité, on la verra s'enflammer tout à coup se consumer rapidement, puis s'éteindre. Le même phénomène a lieu avec un
morceau d'amadou allumé : il y brûlera avec une vive lumière, tandis
qu'à l'air sa combustion est très-lente. C'est que l'oxygène, à une
certaine température, possède une grande affinité pour les éléments
du bois et de l'amadou, avec lesquels il se combine très-énergique-
ment en produisant une émission de chaleur et de lumière. Aussitôt
que tout l'oxygène est entré en combinaison la combustion cesse,
le bois brûlé, c'est-à-dire combiné avec l'oxygène, se trouve dans
le flacon sous forme gazeuse ; il est impropre à la combustion, et
les corps allumés qu'on y plonge s'éteignent rapidement. Si l'on
agite le flacon, ou mieux encore si on le remplit d'eau pour le vider
immédiatement, on aura déplacé les gaz résultant de la combustion,
qui seront remplacés par de l'air atmosphérique renfermant de l'oxygène, et un fragment de bois allumé continuera à y brûler pendant
un certain temps. La combustion cependant sera beaucoup plus
lente et émettra une lumière beaucoup moins vive que dans l'oxy-

gène, parce que ce gaz n'entre que pour 1 cinquième dans la composition de l'air atmosphérique.

59. Préparation de l'oxygène par le chlorate de potasse. Expérience. Pour obtenir des quantités d'oxygène plus considérables, on introduit dans l'appareil précédent 8 gr. de *chlorate de potasse*, et l'on chauffe de la même manière : le sel entrera en fusion et paraîtra bouillir bientôt après. Alors on modère un peu la flamme de la lampe, afin que le liquide ne s'élève pas trop haut dans le tube. Si, vers la fin, le liquide se solidifie à la partie supérieure, on en approchera la flamme pour le faire couler au fond du tube. Le gaz est recueilli dans des flacons contenant près d'un demi-litre, dans lesquels on laissera environ 20 centimètres cubes d'eau. Aussitôt que le dégagement cesse on retire l'appareil de l'eau. Le dégagement gazeux sera beaucoup plus rapide et l'opération plus facile, si l'on a le soin de mêler au chlorate de potasse la moitié ou le tiers de son poids de peroxyde de manganèse.

60. Cuve à eau. Comme il serait peu commode, quand on veut recueillir les gaz, de tenir constamment les flacons dans la main, on évite cet inconvénient en coupant une tuile ou mieux une ardoise ou une lame de plomb, sur une largeur de 10 cent. et une longueur suffisante pour qu'elle puisse reposer sur les parois inclinées du vase à quelques centimètres au-dessous de la surface de l'eau (fig. 26). Dans le milieu de cette *planchette* on perce un trou sous lequel vient s'engager le tube de dégagement, tandis que le flacon, renversé dessus, a son goulot appuyé sur l'ouverture même de la planchette. On aura ainsi une cuve à eau très-simple et propre à la manipulation des gaz.

Fig. 26.

61. Gazomètre. Pour recueillir et conserver des quantités de gaz assez considérables, on se sert, dans les laboratoires, d'un appareil qui a reçu le nom de *gazomètre*. La figure 27 représente un appareil de ce genre au moment où le gaz y est introduit. A cet effet, on commence par remplir d'eau le gazomètre au moyen d'un entonnoir et en ouvrant les deux robinets, tandis qu'on aura soin de tenir bouchée la tubulure qui se trouve à la partie inférieure du vase; quand celui-ci est plein d'eau et que les deux robinets sont fermés, on débouche la tubulure inférieure, d'où l'eau ne peut s'échapper à cause de la pression atmosphérique; on engage un peu

avant dans cette ouverture le tube qui amène le gaz; ce gaz se rend
dans la partie supérieure de l'appareil et déplace l'eau, qui s'é-

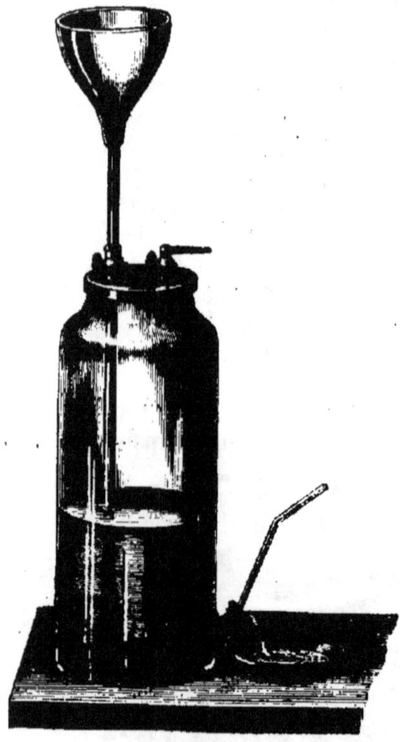

coule; dès que le gazomètre
est plein, on bouche hermétiquement la tubulure. Pour retirer le gaz, il faut d'abord remplir d'eau l'entonnoir, ouvrir
le robinet placé au-dessous,
puis le second robinet muni
d'un tube de verre ou de
caoutchouc : on aura ainsi un
courant continu de gaz que
l'on pourra recueillir facilement sur la cuve à eau. Pour
qu'il fût plus aisé de comprendre les détails de l'appareil,
on l'a représenté en verre dans
la figure; d'ordinaire il est en
zinc ou mieux encore en cuivre; mais la disposition est la
même.

**62. Quantité d'oxygène ob-
tenue avec le chlorate de potasse.** Les 8 gr. de chlorate de
potasse introduits dans le tube
renferment à l'état de combinaison 3 gr. d'oxygène qui se
dégagent sous l'influence de la
chaleur. Le bioxyde de mercure, ne contenant que 8

Fig. 27.

pour 100 d'oxygène, donnera pour le même poids une quantité de
ce gaz cinq fois moindre que le chlorate de potasse. Recueilli dans
des bouteilles d'un demi-litre, le gaz dégagé (expér. 59) devrait,
théoriquement, en remplir quatre, c'est-à-dire deux litres; mais on
n'obtient pas cette quantité, car la décomposition est rarement
complète.

Le chlorate de potasse, quand il est broyé trop vivement, surtout
s'il contient une matière combustible, charbon, sucre, soufre, etc.,
ou lorsqu'il est mis en contact avec l'acide sulfurique, peut donner
lieu à des *explosions dangereuses;* dans l'expérience que nous venons de décrire, il est inutile de broyer le sel et aucun danger
n'est à craindre. L'expérience suivante démontrera clairement la

transformation subie par le chlorate de potasse sous l'influence de
la chaleur.

Transformation du chlorate de potasse. EXPÉRIENCE. L'on reprend par l'eau chaude le résidu resté dans le tube d'essai, lors de
l'expérience 59, de manière à le dissoudre. La solution, exposée à un
endroit chaud, s'évaporera lentement et laissera déposer des cristaux
cubiques (chlorure de potassium). Le chlorate de potasse était cristallisé en lame; après avoir été chauffé, il cristallise en cubes : cette
différence dans la forme cristalline nous indique déjà qu'il y a eu
une modification, et, en effet, le sel qui reste ne renferme plus
d'oxygène, comme on peut le voir par l'équation suivante.

Le chlorate de potasse est composé de :

Acide chlorique { Oxygène. . . . . ⟩
          { Chlore. . . . . ⟩ Oxygène (dégagé).
et potasse.   { Oxygène. . . . ⟩
         { Potassium. . . ⟩ Chlorure de potassium (resté dans le tube).

63. Combustion du charbon. EXPÉRIENCE. Au bout d'un fil de fer
on fixe un fragment de charbon de bois qu'on allume à une bougie
et qu'on plonge ensuite dans un flacon plein d'oxygène : le charbon
brûlera en projetant une vive lumière. Dès qu'il est éteint, on se
hâte de le retirer et on introduit dans le flacon une bande de papier bleu de tournesol (48) humectée : elle prendra aussitôt une
teinte rouge vineuse. La combustion du charbon a donc donné naissance à un acide qui a été nommé *acide carbonique.* Le flacon sera
bien bouché, agité, et mis de côté pour
être conservé.

**64. Combustion du soufre dans l'oxy-
gène.** EXPÉRIENCE (fig. 28). On attache
au bout d'un fil de fer un peu plus long
que dans l'expérience précédente une
mèche soufrée que l'on introduit dans
le flacon après l'avoir allumée : elle
brûlera avec une belle flamme bleue.
Le gaz demeuré dans le flacon après la
combustion du soufre a une odeur suffocante et provoque la toux, il rougit immédiatement le papier de tournesol, et
constitue aussi un acide, l'*acide sulfu-*

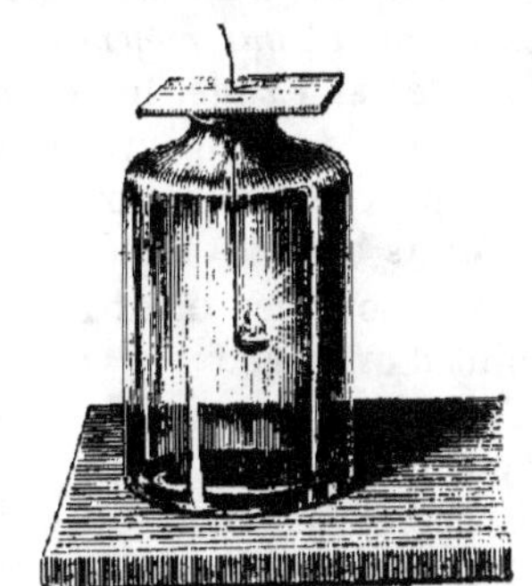

Fig. 28.

reux. Le flacon est bouché et conservé comme le précédent pour les
expériences ultérieures.

65. Combustion du phosphore dans l'oxygène. EXPÉRIENCE (fig. 29).
Dans un morceau de craie supporté par un fil de fer fixé lui-même
à une planchette ou un morceau de liége plat, on creuse une cavité
en forme de godet, puis on y place gros comme un pois, tout au
plus, de phosphore coupé *sous l'eau* avec des ciseaux, à cause de
l'inflammabilité de cette substance, puis desséché rapidement, sans
contact avec les doigts, entre deux feuilles de papier à filtrer. On

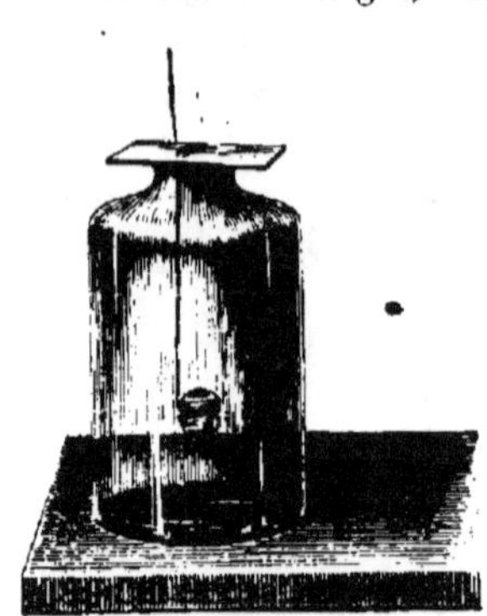

Fig. 29.

introduit la capsule en craie ainsi disposée dans le flacon, de façon qu'elle se
trouve un peu plus près du fond que
de l'orifice. Si alors on vient à toucher
avec un fil de fer chauffé le fragment
de phosphore, ce dernier s'allumera et
brûlera avec un éclat extraordinaire,
en même temps que le flacon se remplira d'abondantes vapeurs blanches,
résultat de la combinaison du phosphore avec l'oxygène ; elles rougissent
le papier bleu de tournesol, car elles
sont formées par un acide auquel on a
donné le nom d'acide phosphorique. Au
bout de quelque temps on les verra se dissiper; elles se dissou-
dront dans l'eau, qui deviendra sensiblement acide au goût.

66. Acides. De même que le charbon, le soufre et le phosphore,
beaucoup de corps simples, dépourvus de saveur comme les deux
premiers, acquièrent des propriétés *acides* en se combinant avec
l'oxygène, lequel a, pour cette raison, été ainsi nommé de deux
mots grecs signifiant *qui engendre les acides*. De là viennent aussi
les mots *oxyder* et *oxyde*, le premier s'appliquant au fait même de
la combinaison d'un corps avec l'oxygène, le second à la substance
résultant de cette combinaison. Les acides du genre de ceux qui
ont été produits dans les expériences précédentes sont souvent appelés *oxacides* pour les distinguer d'un autre genre d'acides où il
n'entre point d'oxygène.

67. Sodium et oxygène. EXPÉRIENCE (fig. 30). Si l'on fixe solidement au bout d'un fil de fer un fragment de sodium métallique et
qu'on le suspende pendant plusieurs heures dans un flacon plein
d'oxygène, il se transformera en une matière blanche très-soluble
dans l'eau. La solution aura un goût de lessive, sera alcaline comme
l'eau de chaux, et n'aura pas d'influence sur un papier bleu de
tournesol, mais elle ramènera au bleu un papier rouge : il s'est
formé une combinaison que l'on considère comme l'opposé des

acides, et qu'on appelle *oxyde de sodium*. La solution est conservée pour une expérience ultérieure.

Le sodium a pour l'oxygène une telle affinité, qu'il se combine rapidement avec lui quand on le laisse exposé à l'air; aussi est-il indispensable de le conserver au sein d'un liquide dans la composition duquel il n'entre point d'oxygène; on se sert ordinairement pour cela d'huile de naphte.

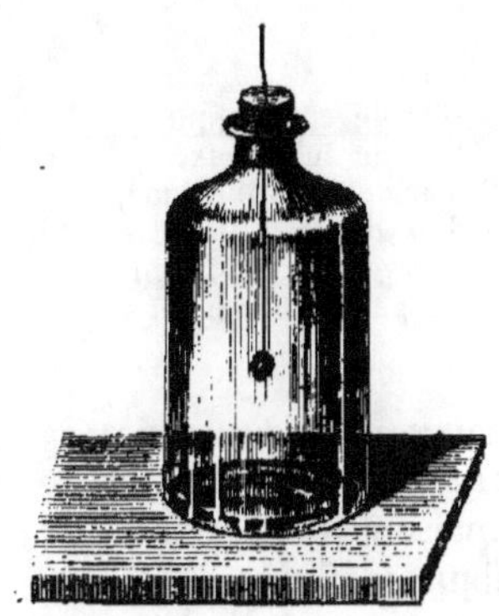

Fig. 30.   Fig. 31.

68. Fer et oxygène (fig. 31). On enroule un fil de fer mince sur un crayon de manière à former une hélice dont on fixe la partie supérieure dans une planchette ou un morceau de liége, comme au § 65; à l'extrémité inférieure on attache un morceau d'amadou qu'on allume, puis on plonge rapidement l'hélice dans l'oxygène; la chaleur développée par la combustion de l'amadou rougit le fer, qui continuera à brûler en faisant jaillir des étincelles, car à cette température le fer se combine vivement avec l'oxygène. Le métal brûlé ou oxydé (battitures) fond, et les globules qui se détachent sont tellement chauds, qu'ils s'incrustent dans le verre au fond du flacon malgré la couche d'eau qu'ils traversent; la chaleur est produite, comme dans les cas précédents, par la combinaison chimique. L'oxyde de fer est insoluble dans l'eau, et c'est pour cette raison qu'il n'a pas d'action sur le papier de tournesol rouge ou bleu; s'il était soluble il se comporterait comme le sodium, et ramènerait au bleu le papier rouge.

69. Bases. Les combinaisons oxygénées qui n'ont pas de réaction acide, mais, qui au contraire, se comportent comme les oxydes de sodium ou de fer, ont reçu le nom de *bases* ou d'*oxydes basiques*.

La plupart résultent de la combinaison des métaux avec l'oxygène.

70. Loi des combinaisons chimiques. Les expériences précédentes sur l'*oxydation* amènent naturellement cette question : *Combien* l'oxygène contenu dans le flacon, a-t-il pu brûler de charbon, de soufre, etc. ? Question à laquelle nous répondons : Des quantités diff'rentes pour chacune des substances.

En supposant qu'il y ait eu 8 décigr. d'oxygène dans chaque flacon, ce qui est bien près de la vérité, on trouvera que la combinaison s'est opérée entre :

8 déc. d'oxygène et 3 déc. de charbon pᵉ en former 11 d'acide carbonique.
8 » » 8 » de soufre » 16 d'acide sulfureux.
8 » » 6,4 » de phosphore » 14,4 d'acide phosphorique.
8 » » 23 » de sodium » 31 d'oxyde de sodium.
8 » » 21 » de fer » 29 d'oxyde de fer magn.
8 » » sont combinés avec 1 décigramme d'hydrogène et forment 9 décigrammes d'oxyde d'hydrogène ou d'eau.

L'acide carbonique peut être obtenu par plusieurs procédés; mais toujours il contiendra 3 parties de charbon pour 8 d'oxygène; la même régularité s'observe dans les autres combinaisons de l'oxygène et en général dans toutes les combinaisons chimiques définies. C'est une loi de la nature, que *les combinaisons chimiques se font dans des rapports déterminés et invariables de volume ou de poids.*

71. Neutralisation, sels. Expérience. Le liquide du flacon (65) a rougi le papier bleu de tournesol : il avait un goût acide; celui du flacon (67), au contraire, a ramené au bleu le papier rouge : il avait un goût de lessive, il était alcalin. Si l'on verse d'abord lentement, puis enfin goutte à goutte, le liquide qui bleuit dans celui qui rougit le tournesol, et qu'on y plonge fréquemment des papiers colorés, il arrivera un moment où ni le papier rouge ni le papier bleu ne changeront plus de couleur; au goût, le liquide ne sera plus ni acide, ni alcalin; mais il aura la saveur d'une eau faiblement salée, il sera *neutre.* L'acide phosphorique s'est combiné avec l'oxyde de sodium, et il en est résulté un corps n'ayant aucune analogie avec les deux dont il est formé. Pour s'en convaincre, il suffit d'exposer le liquide obtenu dans un endroit chaud jusqu'à ce que l'eau se soit évaporée : on verra le corps nouveau se déposer sous forme de petits cristaux. Une combinaison de ce genre, formée par un acide et une base, est un *sel.* Celui qui a été obtenu dans cette expérience, le phosphate de soude, est un sel *soluble :* introduit dans l'eau, il y disparaît sans laisser aucune trace visible de sa présence.

72. Sel insoluble. Expérience. Si dans le flacon qui renferme de *l'acide carbonique*, produit lors de l'expérience 63, on verse de l'*eau*

de chaux (46) et qu'on imprime ensuite au flacon quelques secousses, le liquide deviendra laiteux, et, après un moment de repos, il
s'y déposera une poudre blanche. La chaux, étant une base analogue à l'oxyde de sodium, se combinera avec l'acide carbonique, et
les propriétés basique et acide des deux corps seront neutralisées;
il se formera un sel (le carbonate de chaux ou craie) insoluble dans
l'eau, dont il se sépare en *se précipitant*. On s'apercevra facilement,
pendant l'expérience, de la disparition de l'acide carbonique gazeux,
car la main avec laquelle on bouche le goulot du flacon pour l'agiter sera attirée fortement vers l'intérieur, et, dès qu'on la retirera, il
se produira une rentrée d'air pour remplacer le gaz absorbé.

73. **Sel peu soluble.** Expérience. Le même phénomène aura lieu
si l'on verse de l'eau de chaux dans le flacon contenant le résultat
de l'expérience 64; on ne percevra plus l'odeur piquante de l'acide
sulfureux, qui se sera combiné avec la chaux. Le sel ainsi formé (sulfite de chaux) est très-peu soluble dans l'eau.

74. **Sel de fer.** Expérience. Dans le flacon qui a servi à la combustion du fer (68), on verse 5 ou 6 gr. d'*acide sulfurique;* l'eau
s'échauffe légèrement, et, après un contact prolongé et de fréquentes
secousses, l'oxyde de fer formé disparaît en partie. Ici encore il
se produit un sel; l'oxyde de fer, qui est une base, se combine
avec l'acide sulfurique, et le liquide est coloré en jaune par le sel de
fer dissous.

75. **Différents degrés d'oxydation. — Ozone.** L'oxygène se combine avec tous les éléments, dans des proportions différentes pour
chacun d'eux, mais toujours en quantité invariable et déterminée à
l'avance. La quantité d'oxygène fixée par les corps peut varier selon
les circonstances dans lesquelles la combinaison a lieu; elle est
plus grande en général sous l'influence de la chaleur, souvent aussi
quand l'oxygène est pur et en excès. On a remarqué que l'oxygène
resté pendant quelque temps en contact avec du phosphore humide
ou à travers lequel on a fait passer des étincelles électriques acquiert
une propriété oxydante beaucoup plus énergique que celle qu'il possède dans son état ordinaire. Cette propriété est due à la présence
d'une très-faible quantité d'oxygène dans un état particulier encore
peu connu; on a donné le nom d'*ozone* à ce gaz, qui peut s'obtenir
aussi en décomposant l'eau par la pile, ou encore par une réaction
tout à fait chimique, en décomposant le bioxyde de barium par l'acide sulfurique monohydraté.

Beaucoup de corps absorbent, sous l'influence de la chaleur, des
quantités d'oxygène plus fortes qu'à la température ordinaire; il en
est de même dans beaucoup d'autres circonstances. Cette absorption

plus ou moins forte d'oxygène se fait toujours dans des proportions déterminées, elle produit les différents *degrés d'oxydation* et donne naissance, avec les mêmes éléments, à des substances douées de propriétés différentes.

76. Degrés d'oxydation des acides. Le soufre se combine avec l'oxygène et forme l'*acide sulfureux* quand il brûle dans ce gaz pur ou à l'air; exposé à l'air pendant longtemps, et mieux encore dans d'autres circonstances que nous étudierons plus tard, il absorbera moitié plus d'oxygène et passera à l'état d'*acide sulfurique*.

Le phosphore qui brûle avec flamme dans l'air ou dans l'oxygène produit de l'*acide phosphorique;* mais si, au lieu de l'enflammer, on le laisse se consumer lentement dans l'humidité, il se formera de l'*acide phosphoreux*, qui ne contient que les $\frac{5}{8}$ de l'oxygène de l'acide phosphorique.

Ainsi que dans ces deux exemples, on a généralement affecté la terminaison *ique* à l'adjectif de l'acide le plus oxygéné, et la terminaison *eux* à l'acide renfermant le moins d'oxygène. Quand on trouva plus de deux acides oxygénés pour certains corps, il fallut les désigner par un nom spécial rappelant leur origine : c'est ce qu'on a fait en plaçant la particule *hypo* (sous) devant l'adjectif à terminaison en *eux*, quand l'acide était à un degré d'oxydation inférieur à ceux déjà connus, et devant l'adjectif à terminaison en *ique*, quand le degré d'oxydation était intermédiaire; la particule *hyper* (sur) ou simplement *per* fut ajoutée devant l'adjectif à terminaison en *ique* pour l'acide le plus oxygéné.

Un exemple fera facilement comprendre l'ordre adopté; nous nous servirons des combinaisons formées par le chlore et l'oxygène; elles nous offrent sous ce rapport la série la plus complète.

Acide hypochloreux	contenant	1	d'oxygène.
» chloreux	»	3	»
» hypochlorique	»	4	»
» chlorique	»	5	»
» hyperchlorique	»	7	»

77. Degrés d'oxydation des bases. Outre le bioxyde de mercure (56), il existe une autre combinaison, noire, de ce métal avec l'oxygène, dans laquelle ce dernier corps entre pour une quantité moitié moindre. Il en est de même pour beaucoup de métaux. Lorsqu'on ne connaissait que deux degrés d'oxydation des métaux, on appelait protoxyde le moins riche en oxygène et peroxyde celui qui contenait la plus forte proportion de ce gaz; mais, quand on eut découvert pour les oxydes, comme pour les acides, des degrés d'oxydation multiples, il fallut aussi y approprier des noms. Dans les oxydes, le rapport entre les quantités progressives d'oxygène est $1 : 1\frac{1}{2} : 2 : 3$; on a ajouté au mot oxyde un autre mot exprimant ces rapports; ainsi on dira : protoxyde, sesquioxyde, deutoxyde ou bioxyde, trioxyde d'un métal. Les degrés les plus élevés d'oxydation des métaux ne se conduisent plus en général comme des bases, on les appelle quelquefois peroxydes, souvent même ce sont de véritables acides.

78. L'oxygène se combine en rapports simples. Si l'on compare entre elles les différentes quantités d'oxygène avec lesquelles un même corps peut se combiner, on trouvera toujours un rapport simple, par exemple :

Acides sulfureux et sulfurique	::	$2 : 3$
Acides phosphoreux et phosphorique	::	$3 : 5$
Protoxyde et bioxyde de mercure	::	$1 : 2$
Protoxyde et sesquioxyde de fer	::	$2 : 3$

Cette simplicité dans les rapports existe non-seulement pour les oxydes, mais pour toutes les combinaisons chimiques.

79. Oxygène du bioxyde de manganèse. Les métaux à un degré élevé d'oxydation abandonnent facilement une partie de leur oxygène quand ils sont soumis à une forte chaleur ou en présence de certains acides. Le peroxyde le plus répandu dans la nature et aussi le plus connu est le *bioxyde de manganèse;* il sert à la préparation en grand de l'oxygène; pour cela on en chauffe au rouge de fortes quantités dans une grande bouteille en fer forgé. Décomposé par la chaleur seule, le bioxyde de manganèse abandonne $\frac{1}{3}$ de son oxygène, et il reste une combinaison de sesquioxyde et de protoxyde de manganèse; chauffé au contraire avec de l'acide sulfurique, le bioxyde de manganèse abandonne la moitié de son oxygène, et il reste du protoxyde de manganèse combiné avec l'acide sulfurique, avec lequel il forme un sel.

80. Air vital. L'oxygène est indispensable à tout être vivant. Si l'air qui entre dans les poumons ne contenait pas d'oxygène, ou même n'en contenait pas assez, il y aurait asphyxie. Les chimistes qui l'ont découvert lui ont donné, en raison de cette propriété, le nom d'*air vital*. On l'a aussi nommé *air du feu* quand on eut reconnu que la combustion n'était autre chose qu'un phénomène d'oxydation aux dépens de l'oxygène de l'air. Le symbole de l'oxygène est O, la première lettre de son nom. On est convenu, pour abréger, de désigner chaque corps par une lettre qui d'ordinaire est la première de son nom latin; quand plusieurs noms ont la même initiale, on ajoute, comme moyen de distinction, une autre lettre en petit caractère, ordinairement la première, la seconde ou la troisième après l'initiale.

HYDROGÈNE (H).

Équivalent = 1 ou 12,5. Densité = 0,069.

Découvert au commencement du dix-huitième siècle; ses propriétés ont été signalées et étudiées par Cavendish en 1766.

81. Décomposition de l'eau par le sodium. EXPÉRIENCE. De l'eau qu'on a fait bouillir pendant $\frac{1}{4}$ d'heure environ, pour en expulser l'air, et qu'on a laissée refroidir dans un vase bouché à l'abri du contact de l'air, est introduite dans une cuve de petite dimension; on en remplit également un tube d'essai qu'on bouche ensuite avec le doigt pour le retourner sur l'eau. Si l'on introduit rapidement sous ce tube un fragment de sodium gros comme une lentille, piqué au bout d'un fil de fer (fig. 32), le métal se détachera du fil, et s'élèvera dans le tube, parce qu'il est plus léger que l'eau; en même temps aura lieu un abondant dégagement de gaz qui déplacera en un instant toute l'eau du tube. Ce gaz est l'*hydrogène*, qui, dans l'eau, était en combinaison avec l'oxygène. Nous avons vu (67) que le sodium a une grande affinité pour l'oxygène; cette affinité est si forte, en effet, que, dans cette expérience, l'oxygène est enlevé à l'eau et l'hydrogène mis en liberté. Avant de retirer le tube de l'eau on le bouche avec le pouce, puis, après l'avoir retourné, si on le débouche

Fig. 32.

près de la flamme d'une bougie ou d'une allumette, on verra se produire une flamme accompagnée quelquefois d'un léger bruit, car l'hydrogène est un gaz *combustible*. Un papier rouge de tournesol, appliqué contre les parois mouillées de ce tube, bleuira : il s'est formé de l'oxyde de sodium, comme cela a eu lieu précédemment

quand le métal était exposé à l'air ou dans l'oxygène ; cet oxyde se
trouve en dissolution dans l'eau.

82. Décomposition de l'eau par le fer rouge. La décomposition
opérée par le sodium à la température ordinaire a lieu avec le fer
quand il est chauffé au rouge. A travers un canon de fusil ouvert aux
deux extrémités, rempli de pointes de Paris et chauffé au rouge dans
un fourneau (fig. 33), on fait passer un courant de vapeur en por-

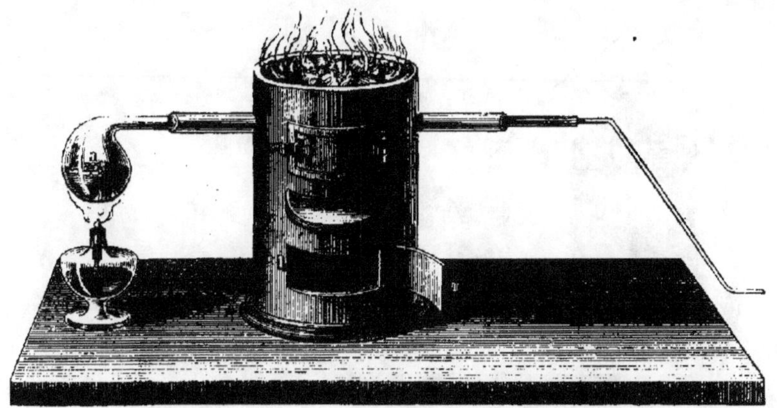

Fig. 55.

tant à l'ébullition de l'eau contenue dans une cornue *a* adaptée au
tube de fer. A cette température le métal formera, avec l'oxygène de
l'eau, de l'oxyde magnétique de fer (battitures), l'hydrogène sera mis
en liberté et pourra être recueilli sous des cloches ou dans des flacons. C'est là l'expérience classique au moyen de laquelle *Lavoisier*
démontra, il y a environ quatre-vingts ans, que l'eau n'est pas un
corps simple, mais qu'elle est le résultat de la combinaison de deux
gaz, l'oxygène et l'hydrogène.

**83. Décomposition de l'eau par le fer en présence de l'acide sul-
furique.** La décomposition de l'eau par le fer s'opère à la température ordinaire quand ce métal se trouve en présence d'un corps
ayant une grande affinité pour l'oxyde de fer. C'est ce qui a lieu quand
le fer se trouve en contact avec l'eau en présence de l'acide sulfurique.

Expérience. Dans un flacon de dimension convenable on introduit
10 gr. de limaille de fer ou de petites pointes de Paris ; on verse
dessus environ 1 décilitre et demi d'eau remplissant à moitié le flacon, puis 20 gr. environ d'acide sulfurique ; on ferme alors le flacon
avec un bouchon que traverse un tube de dégagement plongeant

dans une cuve à eau (fig. 54). Bientôt on verra des bulles de gaz se
former, puis une effervescence se produira dans le flacon, dans
lequel le liquide s'échauffera. L'effervescence est due au dégagement
de l'hydrogène, qui s'échappe à travers le tube abducteur. Cinq minutes après que le gaz aura commencé à bien se dégager, on pourra
le recueillir sur la cuve à eau dans des flacons, exactement comme
on l'a fait pour l'oxygène.

Fig. 54.

Il est *indispensable*, dans les expériences où l'on produit un dégagement d'hydrogène, de ne recueillir ou de n'allumer ce gaz qu'après
que *tout l'air* aura été expulsé du flacon, autrement on s'exposerait
à de violentes explosions.

84. Mélange d'acide sulfurique et d'eau. Expérience. L'acide sulfurique introduit dans de l'eau produit toujours une augmentation de température, et cette augmentation sera plus considérable
encore si c'est l'eau qui est versée dans l'acide. Cette production
de chaleur peut amener quelquefois la rupture du flacon où l'on
mélange ces deux corps. Pour éviter cet accident, on prépare souvent le mélange à l'avance : on fait alors usage d'un verre à parois
minces refroidi à l'extérieur (fig. 55). L'eau y est introduite d'abord,
puis on y verse lentement l'acide sulfurique en agitant constamment
avec une baguette en verre. Le mélange refroidi sera conservé pour
les expériences : c'est de l'acide sulfurique dilué, qui ne s'échauffera plus quand on le mettra en contact avec une nouvelle quantité
d'eau.

85. Expériences avec l'hydrogène. Expérience *a*. On allume l'hy-

drogène en débouchant le flacon, dans lequel on verse en même
temps de l'eau (fig. 36). L'eau n'éteindra pas la flamme, elle l'acti-
vera au contraire en chassant le gaz hors du flacon, dans l'intérieur
duquel l'hydrogène ne brûlera pas, parce qu'il a besoin pour cela du
contact de l'air atmosphérique.

Fig. 35.   Fig. 36.

L'hydrogène est plus léger que l'air. Expérience *b*. Après avoir dé-
bouché un flacon plein d'hydrogène, on renverse par-dessus un verre
à boire pendant une minute environ : ce verre, approché d'une bougie, produira une flamme accompagnée d'une légère détonation. Le
gaz, comme on voit, s'est élevé du flacon dans le verre : il est donc
plus *léger* que l'air ordinaire. Quant au flacon, il ne faut pas l'approcher immédiatement d'une bougie, car, s'il y restait un peu d'hydrogène, il y aurait une explosion capable d'amener la rupture du
vase ; mais au bout de dix minutes il ne restera plus trace de gaz
inflammable.

L'hydrogène est le gaz le plus léger que nous connaissions : il pèse
$14\frac{1}{2}$ fois moins que l'air atmosphérique, aussi s'en est-on servi dans
l'origine pour gonfler les aérostats. Aujourd'hui on n'emploie plus
à cet effet que le gaz à éclairage.

L'hydrogène s'enflamme au contact du platine. Expérience *c*. Si,
au lieu d'ajuster un tube recourbé sur le flacon où le dégagement
d'hydrogène est en activité, on ferme ce flacon avec un bouchon traversé par un tube effilé à son extrémité supérieure, ou même par
un tuyau de pipe en terre (fig. 57), le gaz brûlera à l'extrémité du
tube avec une flamme peu éclairante, mais en tout point analogue

à celle d'une bougie. Pour allumer ce gaz on peut se servir, au lieu de feu, de platine très-divisé et facile à préparer rapidement en quantité suffisante pour faire cette expérience : pour cela on imprègne un papier à filtrer, attaché au bout d'un fil de fer, de quelques gouttes d'une solution concentrée de platine (chlorure de platine), et on brûle le papier sur une lampe à esprit-de-vin jusqu'à ce qu'il ne reste plus qu'une cendre grise agglomérée. Cette cendre est formée de platine **excessivement divisé**, appelé mousse ou éponge de platine ; dans cet état, ce métal jouit de la propriété d'enflammer l'hydrogène au **contact de l'air** ; on en a tiré parti pour la fabrication des *briquets à hydrogène*.

Fig. 57.

Fig. 58.

Le briquet à gaz hydrogène se compose d'un cylindre en verre *b* (fig. 38) fixé et mastiqué hermétiquement au robinet *e*, placé sur le milieu du couvercle qui ferme le vase *c* ; dans l'intérieur de ce cylindre est suspendu un morceau de zinc assez gros. Le vase *c* étant ouvert, on y verse de l'acide sulfurique étendu d'eau, puis on remet le couvercle. Le liquide n'entrera pas dans le cylindre *b* avant qu'on ouvre le robinet *e*. Alors la pression du liquide extérieur expulsera l'air, et le remplacera par l'eau acidulée. Le zinc, en contact avec l'acide, donne lieu à un dégagement d'hydrogène qu'on laissera se produire jusqu'au moment où l'on supposera tout l'air expulsé. Le robinet *c* étant alors fermé, le gaz continuera à se dégager tant que le liquide acide restera en contact avec le zinc, et le cylindre se remplira d'hydrogène. Si alors on ouvre de nouveau le robinet *e*, l'hydrogène, pressé par la colonne extérieure de liquide, s'élance en jet sur l'éponge de platine fixée en *f*, pendant que l'eau acidulée, remontant dans le cylindre, donne lieu à un nouveau dégagement de gaz. L'éponge de platine possède au plus haut degré la faculté de condenser l'oxygène de l'air; elle a la même action sur l'hydrogène, et les molécules des deux gaz se trouvent tellement rapprochées dans les pores du métal, qu'elles entrent en combinaison : il se produit de l'eau, et la chaleur dégagée est assez forte pour porter le platine à l'incandescence et allumer le jet d'hydrogène. Au moyen de l'éponge de platine on parvient à combiner directement des gaz qui, autrement, resteraient sans action les uns sur les autres.

86. Mélange détonant. Chaleur dégagée par la combustion de l'hydrogène. EXPÉRIENCE. Cette expérience démontre avec évidence l'intensité de la chaleur produite par la combinaison de l'hydrogène avec l'oxygène. Dans l'ouverture d'une grande vessie, qu'on humecte préalablement pour l'assouplir, on fixe solidement, avec du lacet, un col de bouteille dont on a usé sur une pierre la partie cassée, pour éviter qu'elle coupe la vessie; puis on choisit deux bouchons pouvant fermer hermétiquement cette ouverture. L'un d'eux sera traversé par un tube courbé de façon à pouvoir amener l'oxygène de l'appareil décrit (59) dans la vessie vide d'air, qu'on remplira facilement ainsi d'oxygène. Dès que cette vessie est gonflée, on la serre rapidement avec un lacet derrière le col, et on enlève le premier bouchon pour le remplacer par l'autre, à travers lequel passe un tube de verre effilé à son extrémité (fig. 39), sur l'ouverture duquel on applique un petit morceau de cire, afin de prévenir la fuite du gaz. On obtient aisément le rétrécissement d'un tube de verre en le chauffant sur la lampe à alcool et en le tournant entre les doigts jusqu'à ce qu'il soit ramolli à l'endroit où il se trouve dans la flamme ; à ce moment on tire légèrement les extrémités du tube, et on le casse au moyen d'un léger trait de lime à l'endroit où l'on juge le diamètre intérieur convenable; on a soin de chauffer à la lampe les arêtes vives du verre pour les arrondir par la fusion. On arrive plus facilement au but, mais d'une manière plus coûteuse, en

Fig. 39.

ajustant à la vessie un robinet en laiton portant un tube effilé de même métal. Disposée de cette façon et remplie d'oxygène, la vessie est placée sur des briques (fig. 40) de façon que la pointe effilée du

tube se trouve juste à la hauteur de la flamme de l'hydrogène
dégagé par l'appareil décrit plus haut. Si l'on appuie légèrement
avec la main sur la vessie, il se produit un courant d'oxygène assez
fort, entraînant dans sa direction la flamme, qui est presque
imperceptible, car elle brûle avec moins d'éclat encore que précédemment, quoiqu'elle produise la chaleur la plus intense qu'on puisse
obtenir : un fil de platine, qui résiste au plus violent feu de forge,
y fond très-aisément. Un morceau de craie taillé en pointe et maintenu dans la flamme, lui communique un éclat extraordinaire, *lumière de Drummond*. Un ressort de montre ou un fil de fer y
brûle avec la même vivacité que dans l'oxygène (68). D'où provient cette chaleur? Elle résulte de la combinaison énergique de
deux substances. *Toutes les combinaisons chimiques dégagent de
la chaleur.*

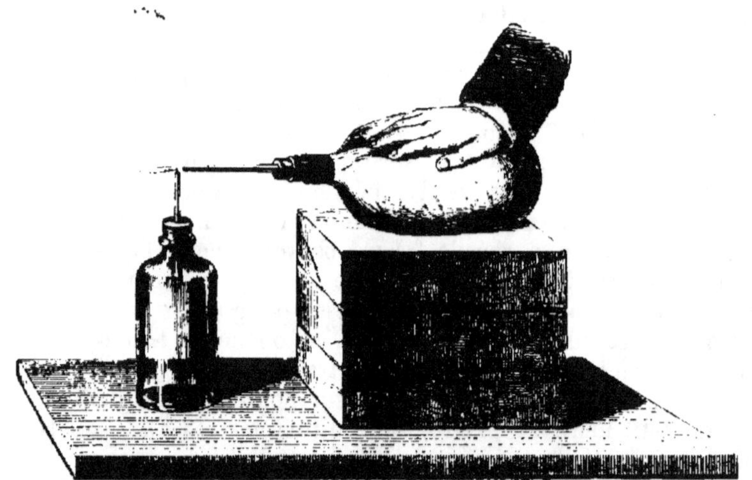

Fig. 40.

Les expériences très-précises de Gay-Lussac et de Humboldt ont
démontré que 1 volume d'oxygène se combine avec 2 volumes d'hydrogène pour former l'eau; c'est dans ces mêmes proportions que
nous avons vu ces deux gaz se produire lors de la décomposition de
l'eau par l'électricité. Cependant ces 3 volumes de gaz ne donnent
que 2 volumes de vapeur d'eau : il y a donc condensation de $\frac{1}{3}$ du
volume primitif. Si, pour former de l'eau, on mélangeait les deux
gaz dans les proportions voulues et qu'on y mît le feu, la combinaison aurait lieu sur toute la masse des gaz à la fois, et il se pro-

duirait une détonation tellement violente, qu'elle entraînerait la rupture des vases. C'est pour cette raison que ce mélange a reçu le nom de *gaz détonant*. L'appareil qui sert à produire cette température si élevée par la combustion de l'hydrogène dans l'oxygène ne présente aucun danger, car le mélange des deux gaz n'a lieu que successivement et par petites quantités : c'est, en petit, une image imparfaite du chalumeau à gaz, au moyen duquel on est parvenu à fondre de notables quantités des métaux les plus réfractaires. Le gaz détonant peut être considéré comme de l'eau avant sa combinaison; l'eau qui résulte de cette combinaison n'est autre chose que de l'hydrogène brûlé.

87. La combustion de l'hydrogène produit de l'eau. EXPÉRIENCE. On peut facilement démontrer que la combustion de l'hydrogène produit de l'eau : il suffit pour cela de renverser sur la flamme d'un appareil à hydrogène un verre, une cloche ou un grand flacon (fig. 41) : on voit bientôt l'eau, qui se trouve à l'état de vapeur en raison de la haute température, se déposer sur les parois du vase sous forme de rosée et s'écouler dès qu'une certaine quantité s'est accu-

Fig. 41.

mulée. On pourrait de cette manière, en combinant 100 litres d'oxygène avec 200 litres d'hydrogène, produire près de 160 gr. d'eau pure.

Les résultats obtenus par voie d'analyse aussi bien que ceux qui ont été fournis par la synthèse, prouvent que l'eau est composée

En volume :	*En poids :*
de 1 vol. d'oxygène	de 8 parties d'oxygène
et 2 » d'hydrogène,	et 1 partie d'hydrogène,
produisant : 2 » de vapeur d'eau ;	produisant : 9 parties d'eau.

L'hydrogène étant 16 fois plus léger que l'oxygène, la grande différence entre les rapports de volume et de poids se comprend aisément. La propriété qu'a le gaz que nous venons d'étudier de produire de l'eau en se combinant avec l'oxygène lui a valu le nom d'*hydrogène* (générateur d'eau); son symbole est $=$ H.

88. Formules chimiques. Le *symbole chimique*, formé d'ordinaire, comme nous l'avons déjà dit, de la première lettre du nom latin des corps, n'est pas seulement une abréviation commode, il représente en même temps un poids déterminé de ces corps et précisément celui sous lequel, comparés à l'un d'eux pris pour unité, ils entrent en combinaison. Le symbole représente toujours le nombre indiqué en tête de l'étude de chaque corps sous le nom d'équivalent. Ainsi O n'indique pas seulement de l'oxygène, mais encore 8 unités de poids (kilogrammes, grammes, milligrammes) de ce corps ; H signifie toujours 1 partie d'hydrogène. Pour indiquer que deux corps sont combinés on écrit leurs symboles l'un à côté de l'autre, ce qui constitue la formule : ainsi HO représente non-seulement l'eau, mais encore 1 partie (1 équivalent) d'hydrogène associée à 8 parties (1 équivalent) d'oxygène, ou, ce qui revient au même, 1 partie en poids H unie à 8 parties en poids O. Pour une combinaison plus compliquée, un sel par exemple, la formule de la base et celle de l'acide sont en général séparées par une virgule; quand il y a deux composés différents en présence, mais non combinés, on relie les deux formules par le signe $+$. Lorsqu'un corps entre pour plus d'un équivalent dans une combinaison, sa formule est surmontée d'un exposant indiquant le nombre d'équivalents entrés en combinaison [1] : ainsi HO représentant l'eau, HO^2 représentera une combinaison plus oxygénée de l'hydrogène (l'eau oxygénée, découverte par M. Thénard), et indiquera que pour un équivalent d'hydrogène il est entré en combinaison 2 équivalents d'oxygène. Si, au contraire, le chiffre est placé en coefficient devant la formule, il ne s'appliquera plus à un seul élément, mais à la combinaison entière : ainsi 2HO représentera 2 équivalents d'eau, c'est-à-dire 2 H combinés avec 2 O, etc. Dans la notation chimique, on est convenu de placer toujours en avant l'élément ou le composé électro-négatif. Il est indispensable, en commençant l'étude de la chimie, de bien se familiariser avec les formules.

89. Réaction déterminant le dégagement d'hydrogène au moyen du fer et de l'acide sulfurique. Il reste à examiner les changements éprouvés par le fer pendant qu'il décomposait l'eau, pour en dégager l'hydrogène sous l'influence de l'acide sulfurique.

Expérience. Le liquide qui, dans l'expérience 83, reste dans le fla-

---

[1] Cet exposant est placé quelquefois au bas de la lettre ; quelle que soit sa position, il a toujours la même signification et la même valeur.

con après que le dégagement gazeux a cessé, est versé dans une capsule de porcelaine, porté à l'ébullition, puis filtré. Il restera sur le filtre une matière noire composée principalement de charbon contenu dans le fer. Le fer lui-même a complétement disparu : il est dissous et se trouve dans le liquide filtré, non plus à l'état de fer, mais sous la forme d'un sel qui se déposera après le refroidissement en cristaux verts limpides. La formation de ce sel peut se représenter de la manière suivante :

Eau. { Hydrogène.
      { Oxygène. .
Fer. . . . . > Protoxyde de fer. .
Acide sulfurique. . . . . > Le sel de fer.

Le sel de fer obtenu dans cette expérience a reçu le nom de sulfate de protoxyde de fer, ou vitriol vert. Le fer n'a pu se combiner directement avec l'acide sulfurique, car en chimie inorganique on admet, et c'est une règle qui souffre peu d'exceptions, qu'*un corps simple se combine toujours avec un corps simple, et un corps composé toujours avec un corps composé*; mais la combinaison peut avoir lieu quand le fer, transformé en oxyde, est devenu un corps composé. L'oxygène nécessaire se trouve dans l'eau; cependant le fer seul n'est pas assez puissant pour s'en emparer; mais l'acide sulfurique, qui cherche à se combiner avec une base, intervenant, il se formera aux dépens de l'oxygène de l'eau une base, le protoxyde de fer, qui s'unira immédiatement à l'acide sulfurique. L'hydrogène, mis en liberté, se dégagera à l'état gazeux. Les forces analogues à celle de l'acide sulfurique, dans le cas présent, ont reçu autrefois le nom d'affinités ou de forces *prédisposantes*.

On remplace souvent avec avantage le fer par le zinc pour produire un dégagement d'hydrogène.

AIR.

90. Atmosphère. Le globe terrestre est entouré d'une couche d'air à laquelle on a donné le nom d'*atmosphère*. Sa hauteur est évaluée à 50 ou 60 kilom. L'air atmosphérique est incolore, transparent et invisible; nous ne pouvons le saisir, et cependant nous sommes avertis de sa présence par la résistance qu'il nous oppose dans certains cas. On peut se convaincre facilement que l'air jouit des propriétés de la matière et occupe réellement les espaces appelés vulgairement vides. Pour cela on ajuste, au moyen d'un bouchon, un entonnoir sur le col d'un flacon vide, de manière à intercepter toute communication à l'extérieur (fig. 42) : l'eau versée dans l'en-

Fig. 42.

tonnoir ne pénètre point dans le fla-con, parce que l'air contenu dans ce dernier, n'ayant aucune issue, ne peut être déplacé ; il ne cédera sa place à l'eau que si on soulève légèrement le bouchon. On peut rendre cette preuve plus évidente encore en comparant le poids d'un ballon plein d'air et celui de ce même ballon après qu'on y a fait le vide à l'aide de la machine pneu-matique : le poids est beaucoup moindre dans le second cas. L'air pèse environ 800 fois moins que l'eau ; malgré sa grande légèreté, il exerce sur la terre une pression considérable dont on ne se rend pas compte tout d'abord parce que les corps subissent cette pression de tous les côtés, mais qui devient évidente quand on soustrait l'une des faces d'un corps à son action : l'autre face aura alors une pression très-considérable à supporter, comme cela arrive pour une cloche vide sur la machine pneumatique.

91. Pression de l'atmosphère. Expérience. On entoure d'étoupe en-duite de suif le bout d'une tige en bois de manière à former un piston entrant à frottement dans un tube d'essai en verre fort. Ce même tube renferme une certaine quantité d'eau qu'on porte à l'ébullition : la vapeur expulse l'air du tube ; quand celui-ci n'est plus rempli que de vapeur, on y applique le piston préparé, puis on éloigne le feu : le piston descendra peu à peu dans le tube à mesure que celui-ci se

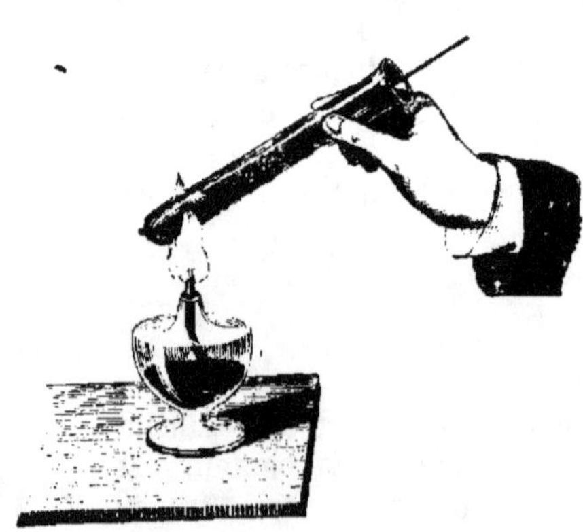

Fig. 43.

refroidira, et enfin il viendra reposer sur la surface même de l'eau.

La chaleur fera remonter le piston dans le tube (fig. 45), le refroidissement subit dans l'eau le fera redescendre aussitôt. L'abaissement de la température entraîne la condensation de la vapeur d'eau, dont la pression agit en sens inverse de celle de l'atmosphère, qui fait descendre le piston dans le tube. Dans les premières machines à vapeur, le piston s'élevait et s'abaissait successivement en vertu des mêmes forces.

92. **Aspiration des liquides; tube de sûreté.** La pression de l'air est la cause de l'aspiration qui se produit souvent dans les opérations chimiques.

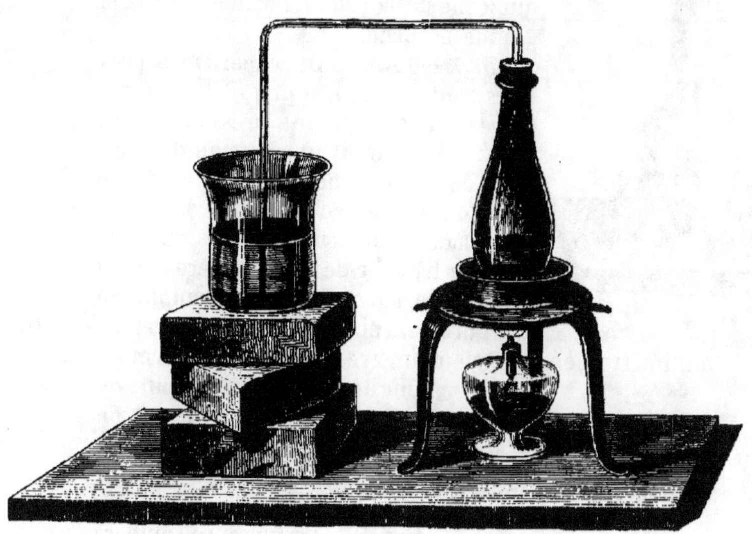

Fig. 44.

Expérience. Si l'on porte l'eau à l'ébullition pendant quelque temps, comme nous l'avons déjà fait, dans l'appareil fig. 44, on verra, en éloignant le feu, la pression de l'air faire remonter lentement, dans la grande branche du tube, le liquide, qui bientôt se précipitera dans la fiole et la remplira complétement. Tant que le liquide est en ébullition, la vapeur d'eau exerce une pression plus forte que celle de l'air et le chasse hors de l'appareil; la vapeur elle-même est poussée au dehors par celle qui se forme au sein de l'eau; mais, dès qu'on retire le feu, la vapeur commence à se condenser, la contre-pression qu'elle opposait à l'air diminue avec la température, et bientôt la pression atmosphérique fait remonter le liquide dans le tube; une

fois arrivée dans la fiole, la vapeur d'eau est condensée instantanément par l'eau froide : de là cette absorption si rapide.

L'aspiration du liquide est surtout à craindre quand on dégage dans
l'eau des gaz qui y sont très-solubles. On prévient facilement tout
danger en introduisant dans le bou-
chon de la fiole (fig. 45) un second tube,
appelé *tube de sûreté*, qui plonge au
fond du liquide, et à travers lequel l'air
entrera de préférence, parce qu'il aura
à vaincre une résistance moins grande
que celle de la colonne soulevée dans la
grande branche.

93. Baromètre. Des expériences précises ont démontré que l'atmosphère
exerce sur la terre une pression égale à
celle qu'exercerait une couche de mercure de 76 centimètres ou une couche
d'eau de $10^m.33$, c'est-à-dire 13.6 fois
plus haute. L'instrument qui sert à mesurer la hauteur de l'atmosphère a reçu
le nom de *baromètre*. On remplit de
mercure un tube de 90 centimètres de

Fig. 45.

long, de 6 millimètres environ de diamètre intérieur, et fermé à
l'une de ses extrémités; puis on
le bouche avec le pouce et on
le retourne dans un vase très-
solide renfermant une certaine
quantité du même métal (figure 46). Le mercure tombera
en *s* dans l'intérieur du tube,
mais il ne s'écoulera pas, et la
hauteur de la colonne de *ab*
en *s* sera de 76 centimètres.
Le tube étant fermé à la partie

supérieure et le mercure ne supportant pas en *s* la pression atmosphérique, celle-ci, qui, au contraire, s'exerce sur la surface *ab*,
maintiendra le mercure à cette hauteur. Le mercure renfermé dans
le tube forme un contre-poids à l'atmosphère, d'où l'on conclut que
l'air exerce sur la terre une pression égale à celle d'une couche de
mercure de 76 centimètres de hauteur. Si le tube était ouvert ou
rompu à la partie supérieure, le mercure baisserait aussitôt et se
mettrait de niveau avec *ab*. La partie du tube qui se trouve au-

dessus de la surface *s* du mercure est vide d'air; on l'appelle vide de
Toricelli, du nom de l'inventeur du baromètre. D'ordinaire le tube
barométrique est recourbé (fig. 47) et soudé à un réservoir cylindrique ou sphérique destiné à remplacer le vase *ab* (fig. 46).
Ici, comme précédemment, la pression de l'air ne s'exerce que d'un
côté, sur le mercure contenu dans le réservoir, et la hauteur de
la colonne depuis le niveau 0 du mercure est aussi de 76 centimètres.

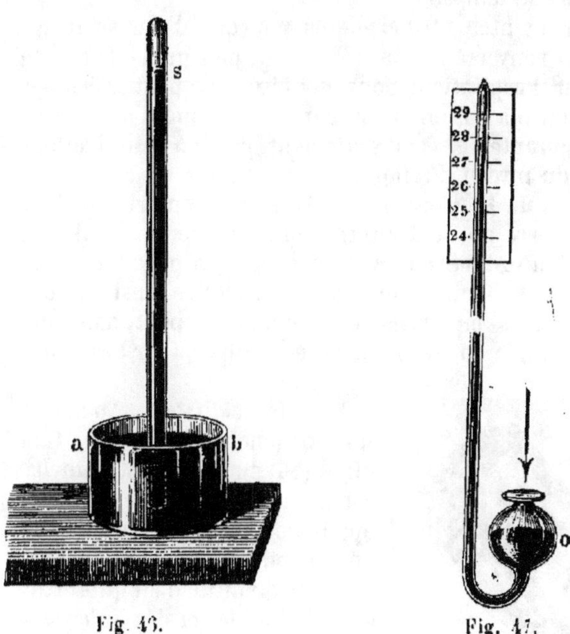

Fig. 46.   Fig. 47.

Si l'on met des poids dans l'un des plateaux d'une balance, elle
trébuche de ce côté; si on les enlève, elle trébuche dans l'autre
sens. Même chose a lieu pour le baromètre : quand l'air devient plus
dense, la colonne barométrique s'élève; dans le cas contraire, elle
descend. Pour mieux se rendre compte de la hauteur, on adapte
le long du tube une échelle divisée en centimètres et en millimètres.
Quand la hauteur du mercure est à 76 centimètres, l'air exerce la
pression moyenne, celle qu'on a observée au bord de la mer ; quand
cette hauteur devient plus forte ou plus faible, on dit que le baromètre monte ou qu'il descend.

Sous nos climats les vents du nord et de l'est font monter le baromètre, tandis que les vents du sud et de l'ouest le font baisser. Les

premiers, venant des régions froides ou ayant traversé de vastes continents, sont en général secs et peuvent se charger de beaucoup d'humidité, tandis que les seconds, venant des pays chauds ou ayant traversé les mers, amènent un air chargé de vapeur d'eau dont le moindre refroidissement détermine la condensation, la pluie : il pleut donc plus souvent par les vents du sud et de l'ouest que par les vents du nord et de l'est, et c'est pourquoi l'on consulte le baromètre pour connaître le temps.

Il serait superflu maintenant d'expliquer pourquoi l'eau se maintient dans un flacon renversé sur la cuve à eau, pourquoi elle monte dans une pipette par l'aspiration, pourquoi le vin ne peut s'écouler d'un tonneau dont on n'a pas enlevé la bonde, pourquoi l'eau s'élève dans une pompe aspirante, et cela seulement jusqu'à une hauteur de $10^m.33$ à partir du niveau du liquide, etc., etc.

94. Augmentation de la pression de l'air. En comprimant l'air dans un espace resserré on peut y introduire plus de gaz qu'il n'en renferme à la pression ordinaire de l'atmosphère; on peut forcer cet air à s'échapper par une petite ouverture et produire ainsi un courant d'air continu. Nous en avons un exemple en petit dans nos soufflets, et un exemple en grand dans les pompes à air des hauts fourneaux.

Fig. 48.

Expérience. *Pissette*. Au moyen d'un bouchon on fixe un tube effilé (86) sur le goulot d'un flacon à moitié plein d'eau; puis, appliquant la bouche sur le tube. on introduira en soufflant une certaine quantité d'air qui sortira sous forme de jet dès qu'on cessera de souffler. Si, après avoir comprimé l'air, on retourne immédiatement le flacon (fig. 48) de manière à interposer l'eau entre l'orifice et l'air, celui-ci, pressant sur le liquide, le projettera au dehors sous forme de jet. Cette pissette est souvent employée pour laver les précipités recueillis sur un filtre. Un réservoir à air analogue est adapté aux pompes à incendie pour y régulariser la pression exercée sur le liquide et le faire sortir en un jet continu pendant que les pistons l'amènent par jets successifs. La figure 49 représente une pissette plus commode, permettant de déterminer un jet d'eau continu et d'opérer avec de l'eau chaude. Deux tubes passent à travers le bouchon d'une fiole : l'un, plus court, sert à insuffler l'air pour produire la pression , l'autre, *a*, plongeant au fond de l'eau, est effilé à l'extrémité pour donner issue au liquide sous forme d'un jet mince et continu.

95. Influence de l'air sur l'ébullition. La pression atmosphérique a une grande influence sur l'ébullition de l'eau et celle des liquides en général. Si l'on fait bouillir de l'eau pendant que le baromètre est très-bas, elle marquera moins de 100° au thermomètre, et plus, si la colonne barométrique s'élève au delà de 76 centimètres.

L'eau entre rapidement en ébullition quand la pression est diminuée.
Expérience. De l'eau remplissant à moitié une fiole est chauffée jusqu'à

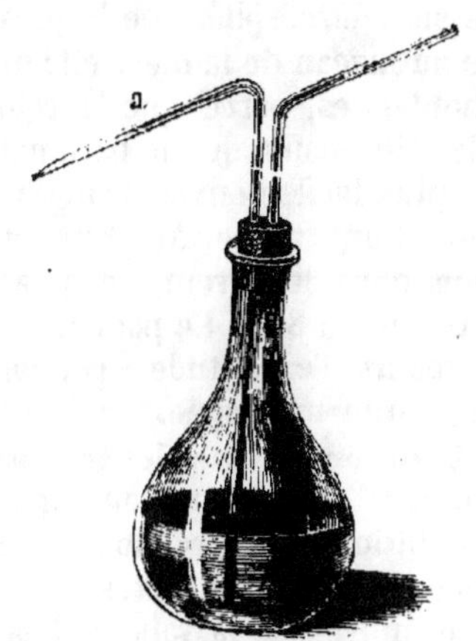

Fig. 49.

complète ébullition. Alors on bouche solidement la fiole avec un bon bouchon et on l'enlève du feu. L'ébullition cessera aussitôt; mais on peut la déterminer de nouveau en versant de l'eau froide sur la partie vide de la fiole (fig. 50) : si le vase a été hermétiquement bouché, l'eau bouillira encore quand elle ne marquera plus que 20° au thermomètre. La fiole ne contient plus d'air, car il a été expulsé par la vapeur et n'a pas pu rentrer lors du refroidissement parce que le bouchon y mettait

Fig. 50.

obstacle : l'eau ne supporte donc plus la pression atmosphérique, ce qui lui permet de commencer à bouillir à 20°. L'espace vide au-dessus du liquide est rempli de vapeur qui, d'abord, exerce une pression assez forte pour empêcher l'eau de bouillir ; mais, en refroidissant la fiole, on détermine la condensation de cette vapeur, la pression est diminuée, et le liquide, produisant une nouvelle quantité de vapeur, entre en ébullition. Dans beaucoup d'industries, et notamment dans la fabrication du sucre, on concentre les sirops en les faisant bouillir dans le vide afin de pouvoir opérer plus rapidement ou à une température plus basse.

La pression atmosphérique la plus forte à la surface du globe se rencontre au niveau de la mer; elle diminue à mesure qu'on s'élève sur les montagnes, parce que la colonne d'air à supporter devient plus faible. Il s'ensuit que le baromètre est toujours plus bas et que l'eau bout plus facilement au haut d'une montagne que dans la plaine ou au fond d'une vallée. Au sommet du mont Blanc le mercure ne s'élève plus dans le baromètre qu'à 47 centimètres et l'eau y commence à bouillir à 84°. Le point d'ébullition peut donc servir, avec beaucoup moins d'exactitude cependant que le baromètre, à apprécier la hauteur d'une montagne.

96. L'ébullition est retardée sous une forte pression. De même que l'eau bout plus facilement sous une faible pression, elle entre plus tard en ébullition si la pression devient plus forte. Il n'est pas nécessaire pour cela que cette pression soit exercée par l'air : on peut la produire au moyen de la vapeur d'eau elle-même en l'empêchant de s'échapper, ce qu'on obtient généralement au moyen de couvercles assujettis avec des vis. Un petit appareil de ce genre s'appelle un *digesteur* ou une *marmite de Papin* : c'est, en petit, une *chaudière à vapeur;* l'eau peut y être portée à 200° et même au delà, si les parois sont assez fortes, tandis qu'en vase ouvert elle n'atteint jamais plus de 100°. Quand une chaudière renferme deux fois plus de vapeur qu'elle n'en pourrait contenir si elle était ouverte, ou, ce qui revient au même, si la pression de la vapeur à l'intérieur peut faire équilibre à deux fois la hauteur de 76 centimètres de mercure, on dit que la pression est de deux atmosphères. Quand la quantité de vapeur devient 3, 4, 5, 10, 20 fois plus considérable, on dira que la pression est de 3, 4, 5, 10, 20 atmosphères. On a souvent recours à des pressions semblables pour faire désagréger par l'eau les matières solides : ainsi l'eau bouillant à la température ordinaire attaque à peine les os à leur surface, tandis qu'à 110° ou 120° elle pénètre l'intérieur de l'os et dissout la presque totalité de la gélatine.

97. L'air et la chaleur. *L'air est dilaté par la chaleur.* La chaleur dilate l'air comme elle dilate les matières solides et liquides, seulement l'augmentation du volume de l'air est beaucoup plus considérable.

Expérience. On renverse dans un verre plein d'eau une boule de verre mince, munie d'un tube de faible dimension (fig. 54), puis on chauffe la boule au moyen d'une lampe : on voit bientôt l'air se dégager du tube, traverser l'eau et s'échapper : la boule ne suffit donc plus pour contenir l'air, qui occupe un espace plus considérable que lorsqu'il était froid. L'air chaud devient plus léger que l'air froid;

Fig. 51.

si l'on éloigne la lampe, la température s'abaisse, le gaz se contracte, et, à la place de l'air dégagé, il montera de l'eau dans la boule.

98. Courant d'air. La différence de poids entre l'air chaud et l'air froid explique un grand nombre de phénomènes observés journellement. Quand on fait du feu dans un poêle, l'air qui entoure ce poêle s'échauffe, s'élève, et est remplacé par de l'air froid qui s'échauffe et s'élève à son tour : il se produit ainsi dans l'air une circulation continue. L'atmosphère tout entière qui entoure notre globe est constamment maintenue en mouvement par un phénomène analogue. La température élevée des régions équatoriales détermine le mouvement ascensionnel de l'air, qui se dirige vers les pôles dans les hautes régions de l'atmosphère; il est remplacé sur la terre par de l'air moins chaud, attiré de proche en proche de ma-

Fig. 52.

nière à former un courant d'air froid dirigé des pôles vers l'équateur, où il rétablit l'équilibre constamment troublé. Ces courants réguliers, dont la direction est infléchie de l'est à l'ouest par le mouvement de rotation de la terre, ont reçu le nom de *vents alizés.*

Expérience de Franklin. Dans une chambre chaude on peut aisément constater la différence de température vers la partie supérieure et vers le plancher de la pièce. Si l'on y entr'ouvre une porte communiquant à une chambre froide, il se produit un double courant d'air dont la direction est rendue sensible à l'aide de trois bougies placées dans l'ouverture de la porte (fig. 52). La flamme en *c*, à la partie supérieure, se dirige vers la chambre froide, en *a* au contraire vers la pièce chauffée, et en *b*, au milieu, la flamme reste verticale : l'air chaud, léger, s'échappe donc par la partie supérieure, tandis que l'air froid, plus dense, entre par le bas. Quand du soleil on passe à l'ombre, on remarque de même un léger courant d'air : là où le soleil donne, l'air s'échauffe au contact **du sol**, s'élève, et l'air resté froid à l'ombre prend sa place. Par la même raison un courant d'air se produit là où il y a du feu, dans les cheminées, les poêles, les lampes. On a un exemple de la légèreté de l'air chaud dans l'application qui en a été faite aux ballons appelés *montgolfières*, dont l'ascension était déterminée par de l'air échauffé au moyen d'un feu placé sous l'ouverture du ballon.

99. **Gaz.** On n'admettait autrefois qu'un corps gazeux, l'air atmosphérique; mais la chimie en a découvert d'autres en nombre considérable, qu'on appelle des *gaz.* Ils sont plus ou moins denses, quelques-uns sont de violents poisons, certains d'entre eux brûlent, d'autres entretiennent la combustion; il y en a enfin qui ne brûlent pas, qui n'entretiennent pas la combustion, dans lesquels les corps allumés s'éteignent, etc.

Ces gaz sont quelquefois combinés avec d'autres corps et forment des matières solides ou liquides : tels sont l'oxygène dans l'oxyde de mercure, l'hydrogène et l'oxygène dans l'eau, etc. Quelques gaz, soumis à une forte pression, à une basse température, prennent l'état liquide; d'autres, au contraire, n'ont pas encore pu être amenés à cet état, et ont reçu le nom de *gaz permanents.* Les gaz, comme les solides et les liquides (17), ont des densités différentes que l'on exprime par des nombres; seulement ici ce n'est plus l'eau, mais l'air, qui sert d'unité pour la comparaison.

Vapeurs. Beaucoup de corps, sous l'influence de la chaleur, prennent l'état gazeux, les uns facilement, comme l'alcool, l'eau; d'autres moins aisément, comme le mercure, le soufre; mais, en se refroidissant, ils abandonnent cet état, qu'on désigne par le nom de *vapeur*, et reprennent la forme solide ou liquide.

COMPOSITION DE L'AIR.

Déterminée par Lavoisier et Scheele en 1777, et plus exactement par Gay-Lussac et Humboldt en 1801.

100. Composition de l'air. Il a été dit plus haut que l'air n'est pas un élément; nous allons voir maintenant de quoi il se compose.

Expérience. Une petite éponge fixée au bout d'un fil de fer et imbibée d'alcool est disposée sur l'eau (fig. 53), de telle sorte qu'elle se soutienne à quelque distance au-dessus du niveau du liquide; après avoir allumé l'alcool, on renverse sur l'éponge un flacon vide, de manière que le goulot plonge à une certaine profondeur sous l'eau. La flamme ne tarde pas à s'éteindre, le volume diminue, et il entre dans le flacon une quantité d'eau égale à celle de l'air que la combustion a fait disparaître. Le gaz disparu n'est autre que l'oxygène combiné avec l'alcool. On ferme le flacon avec la main, on l'agite, et on l'ouvre de nouveau sous l'eau : il en pénètre encore un peu dans l'intérieur. Quant au gaz resté dans le flacon, un corps allumé s'y éteindrait, un animal y mourrait; cette dernière propriété lui a fait donner le nom d'*azote*[1]. Il constitue les $\frac{4}{5}$ de l'air atmosphérique, composé en nombres ronds, en volume, de 4 parties d'azote et 1 d'oxygène. Ces deux corps ne sont pas combinés dans l'air, ils s'y trouvent simplement *mélangés*; toute autre preuve à part, on en trouve une dans ce fait, qu'en les mêlant il ne se

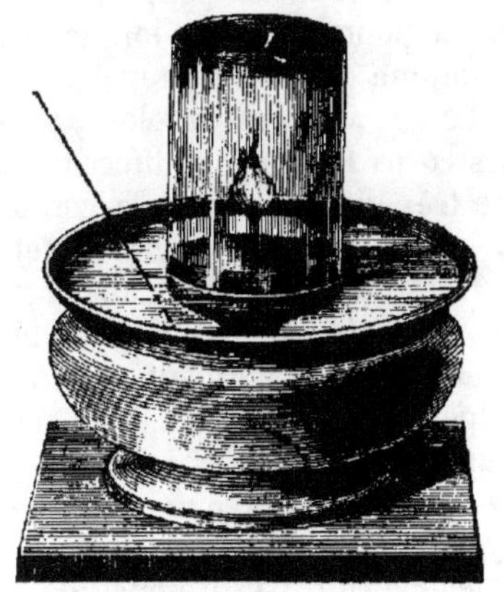

Fig. 53.

produit aucune condensation, aucune modification de leurs propriétés respectives, et que l'eau seule suffit pour modifier leurs

[1] On obtient l'azote plus pur par le moyen suivant : sur un morceau de bouchon creusé et surnageant sur l'eau, on dispose un fragment de phosphore qu'on allume, puis on renverse dessus un grand verre (verre à bière). Les fumées blanches produites par l'acide phosphorique ne tardent pas à disparaître, et on a le gaz azote à l'état de pureté.

rapports, car, agitée avec l'air, elle ne dissout pas les deux gaz dans
les proportions où ils se trouvent dans l'air, mais elle absorbe plus
d'oxygène que d'azote.

AZOTE (Az ou N, de nitrogène).

Équivalent = 14 ou 175. Densité = 0,972.

Découvert par Rutherford en 1772. En 1775, Lavoisier et Scheele
reconnurent qu'il était à l'état de liberté dans l'air.

101. Azote. L'azote (qui prive de la vie) a été à tort appelé ainsi,
car il n'a sur les fonctions vitales aucun effet nuisible : nous l'in-
spirons et nous l'expirons pendant la respiration sans en éprouver
aucun malaise; seulement il n'aide pas la vie, il est inerte, tandis
que l'oxygène seul est actif et indispensable. Beaucoup d'agents, s'ils
intervenaient purs dans les fonctions de notre corps, auraient un
effet nuisible : ainsi l'alcool pur est un poison, tandis que, mêlé à 4
ou 5 fois son volume d'eau, dans le vin, par exemple, il devient
salutaire; il en est de même pour l'air : dans une atmosphère d'oxygène pur on ne pourrait rester longtemps en vie, tandis que, mêlé à
4 fois son volume de gaz inerte, il constitue l'air dont nos organes
ont besoin. Le gaz azote est incolore, sans aucune odeur ni saveur ;
c'est un des corps les plus indifférents que l'on connaisse, car on
n'arrive que très-difficilement à le combiner directement avec d'autres corps; on se sert en général à cet effet de combinaisons déjà
existantes. Il est très-répandu dans la nature organique. Les composés azotés sont indispensables au développement des végétaux,
d'où il passent dans les animaux. L'azote se trouve en combinaison
dans le salpêtre ou nitre : de là le nom de nitrogène qu'on lui
donne quelquefois.

102. L'air renferme de la vapeur d'eau et de l'acide carbonique.
Outre l'oxygène et l'azote, l'air contient aussi de l'*acide carbonique*
et de la *vapeur d'eau*. La présence de cette dernière est suffisamment prouvée par la pluie, la neige, la rosée, etc. Quant à l'acide
carbonique, on peut aisément constater sa présence en exposant à
l'air l'eau de chaux telle qu'on l'a préparée précédemment (46). La
chaux possède la propriété d'attirer l'acide carbonique, avec lequel
elle se combine et produit cette pellicule blanche d'un sel insoluble
(carbonate de chaux) formée à la surface du liquide. Nous verrons
bientôt qu'il faut chercher l'origine de cet acide carbonique dans la
combustion ou la décomposition de toutes les matières animales ou

végétales. Il se produit aussi aux dépens de l'oxygène de l'air, pendant la respiration de l'homme et des animaux; ce qui oblige à renouveler l'air, à *ventiler* les habitations, où, sans cette précaution, l'air serait bientôt assez vicié pour qu'on cessât de pouvoir y vivre.

L'air atmosphérique contient pour 100 parties en volume :

En moyenne, 79 d'azote,
» 21 d'oxygène,
» 0,04 d'acide carbonique,

et des quantités variables de vapeur d'eau.

L'air renferme encore d'autres substances, car il est le réceptacle de toutes les émanations et de toutes les poussières qui s'élèvent à la surface du globe : ces dernières sont visibles quand un rayon de soleil pénètre dans une chambre obscure; mais ces substances existent dans l'air en quantité si faible, qu'il est impossible, le plus souvent, de les peser ou même d'évaluer leur proportion, à l'exception pourtant de l'ammoniaque et de l'acide nitrique, dont la présence est constante dans l'atmosphère et qui sont utiles à la végétation, soit que les plantes les absorbent directement de l'atmosphère, soit, ce qui parait plus probable, qu'elles se trouvent incorporées au sol par la pluie ou la rosée.

CARBONE (C)

Équivalent = 6 ou 75. Densité du diamant = 3,5.

Connu de toute antiquité sous forme de charbon résultant des matières organiques, reconnu dans le diamant en 1773, dans le graphite en 1779.

103. Toutes les substances organiques contiennent du carbone. Un morceau de bois fortement chauffé devient d'abord brun, puis noir, il se *carbonise;* s'il est allumé, puis éteint dans l'eau, il est encore noir, carbonisé; chauffé dans un vase fermé, même à une température très-élevée, il laisse encore du charbon. Dans le premier cas, la température n'était pas assez forte pour opérer la combustion, le refroidissement l'a empêchée dans le second, et dans le troisième c'est l'oxygène qui a fait défaut. *Toutes les matières animales ou végétales se transforment en charbon par une combustion incomplète.* Le charbon étant infusible même aux températures les plus élevées, sa structure varie avec celle du corps dont il provient. Cette différence de texture donne souvent au charbon des propriétés toutes particulières (charbon de bois, noir de fumée, coke, noir animal, etc.). Le charbon n'est pas un produit de la calcination des substances organiques : il y préexistait combiné à d'autres matières, dont la plupart ont disparu par suite de l'élévation de la température. On peut facilement s'en convaincre en comparant le poids, toujours plus faible, du charbon-à celui de la substance qui le contenait.

Le carbone se trouve aussi en grande abondance dans le règne minéral. Il constitue presque à lui seul la houille, l'anthracite, restes puissants de la végétation des premiers âges du globe. Pur ou presque pur dans le diamant et le graphite, il entre, combiné avec l'oxygène, dans la formation de toutes les roches calcaires.

104. Charbon de bois. (Carbone associé à une faible quantité d'hydrogène et d'oxygène.)

Expérience. Si l'on recouvre peu à peu d'un tube d'essai un copeau de bois allumé (fig. 54), on voit le bois brûler avec flamme à l'extérieur et laisser un résidu de charbon à l'intérieur du tube. C'est par une opération analogue qu'on obtient en grand le charbon de bois. On dispose des bûches sur une aire bien plane en une *meule* circulaire au centre de laquelle est ménagée une cheminée; la meule est recouverte de terre, de gazon ou de *fraisil* (terre mêlée de charbon provenant d'une opération antérieure), et, pour y mettre le feu, on introduit dans la cheminée des charbons déjà allumés. Des ouvertures ou *évents*, disposés à différentes hauteurs de la meule, pour donner passage à une certaine quantité d'air, empêchent ces charbons de s'éteindre et permettent aux produits gazeux de se dégager. L'arrivée de l'air ne doit pas se prolonger au delà

Fig. 54.

du temps nécessaire à la carbonisation du bois. Dès qu'elle est opérée sur un point, on y bouche toutes les ouvertures et l'on en pratique d'autres où cela est nécessaire. Quand tout le bois est carbonisé on ferme les évents pour éteindre le feu; la masse, une fois refroidie, ne présente plus, lors de l'ouverture de la meule, que du charbon qui a conservé la structure du bois et représente en poids $\frac{1}{4}$ environ de la matière employée.

105. Expériences avec le charbon de bois. *Le charbon de bois absorbe les gaz et les vapeurs.* Expérience *a*. Un charbon récemment calciné, laissé pendant 24 heures dans un endroit humide, augmente sensiblement de poids, parce qu'il jouit de la propriété d'absorber de l'air et de la vapeur d'eau. Si ensuite on le plonge dans l'eau chaude, on le voit se couvrir d'une infinité de petites bulles de gaz : c'est l'air renfermé dans ses pores qui se trouve dilaté par la chaleur, et en partie aussi déplacé par l'eau. De là provient le petillement du charbon quand on le jette au feu : sous l'influence d'une température élevée, le gaz et l'eau sont rapidement dilatés, et, ne trouvant pas d'issue, font crépiter le charbon.

La propriété du charbon d'absorber l'humidité est souvent utilisée pour l'emballage des objets en acier poli qu'on veut préserver de la rouille.

Concassé, le charbon peut servir aussi à absorber les mauvaises émanations dans les chambres de malades.

Le charbon absorbe les couleurs. Expérience *b*. On réduit en poudre du charbon récemment calciné et on le place dans un filtre sur un entonnoir (fig. 55). Si l'on verse sur ce charbon du vin rouge ou de l'eau colorée par quelques gouttes d'encre, il s'écoule par le bas un liquide incolore ou du moins ne conservant qu'une teinte très-faible de la coloration primitive; la matière colorante a été retenue par le charbon. On tire parti de cette propriété dans les raffineries de sucre, où le charbon (charbon animal) sert à décolorer les sirops.

Fig. 55.

Le charbon absorbe les odeurs. Expérience *c*. En filtrant sur du charbon une eau trouble et corrompue, on obtient un liquide incolore, limpide et potable. Dans les grandes villes, où l'on est souvent obligé d'avoir recours pour l'alimentation à l'eau des fleuves, on la purifie simplement en la filtrant sur du charbon. On peut de la même manière corriger le goût de moisi contracté par du blé en mêlant intimement ce dernier à du poussier de charbon, avec lequel on le laisse en contact pendant plusieurs semaines. Le charbon peut empêcher ou retarder la putréfaction des matières animales ou végétales. L'eau renfermée dans des tonneaux carbonisés à l'intérieur reste potable pendant plusieurs années ; dans un cellier, les pommes de terre se conservent plus longtemps sans germer si on a soin de les entourer de charbon en poudre ; la viande même entre plus lentement en putréfaction dans le charbon, ou du moins n'émet aucune odeur fétide, parce que les gaz dégagés sont immédiatement absorbés.

Expérience *d*. Les eaux-de-vie de pomme de terre, de betterave, perdent de leur goût désagréable quand elles ont été en contact avec le charbon, parce qu'il possède la propriété d'absorber et de retenir dans ses pores les substances qui communiquent un mauvais goût à l'eau-de-vie. La bière, dans les mêmes circonstances, perd une partie de son amertume : le charbon absorbe les huiles essentielles du houblon.

106. **Capillarité.** La cause de cette propriété particulière que possède le charbon d'attirer et de retenir diverses substances réside dans sa texture poreuse et spongieuse. Si l'on verse de l'eau sur un morceau de verre, une faible couche du liquide demeure adhérente, le verre reste mouillé : il possède donc la propriété de retenir l'eau. Ce phénomène est plus sensible dans des tubes d'un diamètre intérieur très-faible, comparable à l'épaisseur d'un cheveu, et appelés pour cette raison tubes capillaires. L'eau s'y élève au-dessus du niveau extérieur du liquide, et cela d'autant plus que le diamètre intérieur du tube est plus faible et que la courbe formée par le liquide est plus concave (fig. 56). On a donné à ces phénomènes le nom de *phénomènes capillaires* ou de *capillarité*; on désigne souvent par ce dernier terme la force qui produit ces phénomènes. C'est la capillarité qui détermine l'ascension de l'huile dans la mèche d'une lampe, celle de l'eau dans le papier à filtrer, dans un morceau de sucre, dans les murs, etc. C'est ainsi que tous les corps poreux, c'est-à-dire offrant une infinité de tubes capillaires d'une ténuité extrême, attirent les substances liquides et gazeuses. Un fragment de charbon de la grosseur d'une noisette renferme des milliers de cloisons qui, si elles étaient développées,

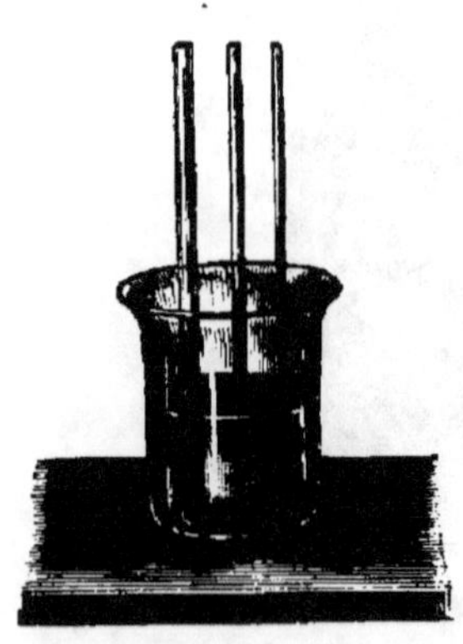

Fig. 56.

produiraient une surface couvrant au delà de mille fois celle du fragment de charbon. La force attractive de cette surface est si considérable, qu'elle permet au fragment de charbon d'absorber 80 à 90 fois son volume de certains gaz. Il est probable que les gaz condensés ainsi sous un volume 80 à 90 fois plus petit prennent l'état liquide dans les pores du charbon.

Inflammation spontanée. La condensation de l'oxygène et de l'hydrogène dans l'éponge de platine (85, *c*), corps encore plus poreux que le charbon, élève la température jusqu'à l'incandescence. La température dans le charbon de bois pendant l'absorption des gaz est beaucoup plus faible; cependant dans une grande masse de charbon en poudre elle peut s'élever assez pour déterminer l'inflammation spontanée de la matière, comme l'ont prouvé certains accidents arrivés surtout dans les fabriques de poudre.

Combinaisons provoquées par les corps poreux. L'hydrogène et l'oxygène mélangés simplement n'entrent pas en combinaison directe, mais il y a formation d'eau dès que les deux gaz sont mis en contact avec l'éponge de platine. C'est ce qu'on s'explique facilement si l'on se rappelle que l'affinité chimique ne peut se manifester qu'au contact immédiat des corps qui sont en présence. Dans certains corps poreux les gaz peuvent être réduits à $\frac{1}{80}$ de leur volume, et dans l'éponge de platine même à $\frac{1}{800}$: les molécules se trouvent ainsi de 80 à 800 fois plus rapprochées et peuvent entrer en combinaison.

107. Aspects divers du carbone. Sans parler du charbon de bois, le carbone présente les aspects les plus variés.

Noir de fumée (carbone renfermant quelques matières empyreumatiques). Le noir de fumée est du charbon excessivement divisé résultant de la combustion imparfaite de certains composés gazeux du carbone, tels que le gaz à éclairage, ou de celle de la houille, du bois, des huiles, des résines, etc., quand la quantité d'air est insuffisante pour accomplir la combustion. Un noir de fumée plus particulièrement fin a reçu le nom de noir de lampe (116). On débarrasse facilement ce charbon des produits empyreumatiques par une calcination en vase clos ou par un traitement à l'alcool. Le noir de fumée est une de nos principales couleurs noires (encre de Chine, d'imprimerie, lithographique, etc.).

Coke (carbone avec une quantité variable de matière minérale). Grisâtre, d'un aspect brillant et métallique, le coke s'allume difficilement et brûle sans fumée en développant une chaleur très-intense. Il constitue un combustible d'une grande utilité pour les hauts fourneaux et les locomotives. On obtient le coke en calcinant la houille en vase clos, notamment dans la fabrication du gaz à éclairage par le charbon de terre (118).

Charbon d'os ou *charbon animal* (carbone mêlé aux cendres d'os et contenant un peu d'azote). On l'obtient en calcinant les os en vase clos. Quoique le charbon animal ne renferme que $\frac{1}{10}$ de son poids de carbone (les autres $\frac{9}{10}$ sont des cendres d'os), il possède néanmoins un pouvoir décolorant si considérable, qu'on le préfère à tout autre charbon pour la décoloration des sirops et des liquides en général.

Le règne minéral nous présente en outre le carbone sous deux autres aspects qui diffèrent complétement des diverses espèces de charbons que nous avons examinées : ce sont le graphite et le diamant.

Graphite. Le graphite ou plombagine (carbone *noir* cristallisé), que l'on trouve en masse gris noirâtre d'un aspect métallique, possède la propriété de se fixer si solidement sur les corps, qu'on en fait des crayons dits de mine de plomb et qu'on l'emploie pour donner un éclat métallique à certains objets en fonte. Le graphite est si mou et si onctueux, qu'on le mêle à la graisse destinée au graissage des voitures et des machines, etc.; il est en même temps si réfractaire, qu'on en fait des creusets capables de résister aux températures les plus élevées (creusets de Passau).

Diamant. Le diamant (carbone *incolore* cristallisé) est le plus dur des corps connus. Il n'a pas la moindre analogie apparente avec le charbon, mais il brûle dans l'oxygène, et le résultat de la combustion est de l'acide carbonique pur en quantité égale à celle que fournirait le même poids de carbone du charbon de bois ou du coke. Pour qu'un corps puisse prendre la forme cristalline, il faut qu'il soit en fusion ou en dissolution; or le charbon reste infusible à la plus haute température qu'on puisse produire, et on ne connaît aucun liquide qui le dissolve. Si l'on réussissait un jour à trouver le moyen de liquéfier le carbone, on parviendrait probablement à faire du diamant artificiel.

108. Dimorphisme et polymorphisme. Le carbone nous fait voir clairement comment un seul et même corps peut prendre les formes et les aspects les plus divers. Dans le charbon de bois, le coke, le charbon animal, il est noir, sans forme déterminée, *amorphe* et facilement combustible; dans le graphite, il est noir, cristallisé en lame et d'une combustion très-difficile; dans le diamant, au contraire, il est incolore, cristallisé sous forme de deux pyramides quadrangulaires juxtaposées par la base, et également difficile à brûler. On dit d'un corps qu'il est *dimorphe* (deux formes) quand il a la propriété de prendre deux formes, et *polymorphe* (plusieurs formes) quand il peut en prendre plusieurs.

Allotropie. On désigne souvent aussi sous le nom d'*allotropie* (différence d'état) la faculté que possèdent certains corps simples de prendre des formes, des aspects variés, et de jouir même de propriétés différentes sans éprouver aucune altération dans leur composition.

La cause de cette allotropie réside dans le groupement des parties infiniment petites ou molécules qui constituent les corps. Les filaments du coton, qui deviennent parallèles dans le peignage, sont irrégulièrement entrecroisés dans le papier, comme dans la ouate, mais plus légèrement dans celle-ci; tordus, ils produisent les fils qui, régulièrement entrecroisés, forment des tissus différents de noms et d'aspect, suivant la manière dont ces fils sont disposés. Ce que l'homme produit artificiellement, la nature l'opère au moyen des forces physiques et chimiques, d'une manière en même temps plus délicate, plus simple et plus variée. Nos yeux, même armés des instruments grossissants les plus puissants, ne nous permettent pas de distinguer le groupement moléculaire : nous ne pouvons donc affirmer l'exactitude de cette façon de présenter les choses; mais nous la maintiendrons néanmoins, car elle est très-utile pour expliquer d'une manière en même temps simple et facile les différences que nous observons dans les corps.

109. Carbone et oxygène. Un charbon abandonné à l'air ou dans le sol ne subit aucune modification : il ne se combine par conséquent ni avec l'oxygène de l'air, ni avec célui de l'eau. Mais il n'en est pas ainsi à la chaleur rouge : à cette température, tout le monde le sait, le charbon brûle, disparaît et ne laisse qu'un léger résidu de cendres. La chaleur développée pendant cette combustion est produite par la combinaison du carbone avec l'oxygène. Le résultat de la combustion est un gaz, le gaz *acide carbonique*, qui forme, avec l'eau de chaux, un précipité blanc (carbonate de chaux) dont il a déjà été question. L'acide carbonique est composé de 1 équivalent de carbone et de 2 équivalents d'oxygène; il aura donc pour formule $= CO_2$, répondant à 22 d'acide. On peut le préparer de la manière suivante.

Acide carbonique. Expérience. 108 décig. de bioxyde de mercure mêlés à 4 décig. de charbon en poudre sont introduits dans un tube d'essai, adapté à l'appareil représenté fig. 57, et chauffé comme pour l'expérience 56. Une bougie allumée s'éteindra dans le gaz recueilli : ce n'est donc plus de l'oxygène. Si on agite ce gaz avec de l'eau de chaux, celle-ci se trouble, et le doigt avec lequel on bouche le goulot est attiré vers l'intérieur du flacon ou plutôt est pressé par l'air atmosphérique, ce qui prouve que le gaz est absorbé par l'eau de chaux et que le vide se produit dans le flacon. Le bioxyde de mercure chauffé a dégagé de l'oxygène, comme dans l'expérience 56; mais ici le gaz se trouve en contact avec le charbon chauffé, avec lequel il se combine pour le transformer en acide carbonique. Le mercure reste dans le tube à l'état métallique avec une partie du c=arbon, dont 3 décig. seulement sont entrés en combinaison avec 8 décig. d'oxygène : la même proportion exactement que lors de la combustion du charbon dans le gaz oxygène (63 et 70). 3 décig. de carbone

Fig. 57.

peuvent donc retenir la même quantité d'oxygène que 100 décig. de mercure, ou (70) que 8 décig. de soufre, 6 décig. de phosphore, 23 de sodium ou 20 de fer. Ces nombres ont reçu le nom d'*équivalents* : ainsi 3 décig. de carbone équivalent chimiquement à 100 de mercure, à 8 de soufre, etc. Nous disons dans le même sens d'une machine à vapeur qui accomplit journellement le travail de 4 chevaux ou de 24 hommes que le travail de cette machine équivaut à celui de 4 chevaux ou de 24 hommes. L'étude de l'acide carbonique sera reprise plus tard (164).

110. Oxyde de carbone. Quand l'air arrive en quantité suffisante lors de la combustion du carbone, il se forme constamment de l'acide carbonique $= CO_2$; mais, si la quantité d'air est insuffisante,

3 décig. de charbon ne prendront que 4 décigr. d'oxygène au lieu de 8, et il se produira un gaz que l'on pourrait considérer comme de l'acide carbonique à moitié formé, c'est l'*oxyde de carbone* $= CO$. L'oxyde de carbone est très-délétère, il se produit quand le charbon brûle lentement sous les cendres ou sans courant d'air, ou encore quand le charbon est en grand excès : ainsi les réchauds et les *braseros* dont on fait usage pour chauffer les chambres dans les climats où les hivers ne sont pas rigoureux, donnent lieu à des dégagements d'oxyde de carbone très-préjudiciables à la santé. Il en est de même quand, dans les climats froids, on ferme la clef du poêle avant que le charbon soit consumé : on empêche ainsi un accès suffisant de l'air, et l'oxyde de carbone formé, ne pouvant plus s'échapper par la cheminée, est refoulé dans les appartements. Aussi les accidents de ce genre ne sont-ils pas rares dans les pays où l'on fait usage de poêles.

L'oxyde de carbone, produit d'une combustion incomplète, brûle à l'air avec une flamme bleue et se transforme en acide carbonique en s'assimilant une quantité d'oxygène égale à celle avec laquelle il était déjà en combinaison : CO devient CO^2. La flamme bleue que l'on remarque souvent sur un feu fraîchement recouvert de charbon ou sur une grande masse de combustible incandescent est produite par la combustion du gaz oxyde de carbone.

COMBUSTION.

Attribuée jusqu'en 1780 à une substance comburante, appelée phlogistique; reconnue par Lavoisier comme un phénomène d'oxydation.

111. Condition première de la combustion, tirage. Toutes les combustions opérées suivant le cours ordinaire des choses résultent de la combinaison rapide des matières combustibles avec l'oxygène de l'air, et doivent être considérées comme des phénomènes d'oxydation. Les combustibles brûlés ou oxydés, c'est-à-dire combinés avec l'oxygène, sont pour la plupart gazeux et forment la fumée ; ils sont devenus impropres à la combustion. Il en résulte que, pour obtenir une bonne combustion, il faut constamment amener de l'*air nouveau* sur le combustible et éloigner l'*air qui a servi*, c'est-à-dire la fumée. On obtient ce double effet en déterminant un courant d'air, le *tirage*.

Expérience. Un petit bout de bougie allumé introduit sous un verre de lampe ordinaire ne tarde pas à s'éteindre, parce que l'accès de l'air extérieur est intercepté ; il s'éteint de même si le verre, quoique soulevé par le bas et permettant l'accès de l'air, est recouvert par une planchette, parce qu'alors l'écoulement de l'air vicié par la combustion est impossible. Si le verre de lampe est posé sur

deux petits supports en bois ou en brique et ouvert par le haut
(fig. 58), la bougie continuera à brûler, et on pourra s'assurer, en
approchant de la partie inférieure du verre une mèche fumante, que
la fumée est attirée avec l'air dans le bas, et s'échappe par la partie
supérieure avec l'air qui a servi à la combustion et qui est devenu
plus léger au contact de la flamme.

On peut approcher sans inconvénient la main assez près de la
flamme d'une bougie brûlant à l'air libre ; si, au contraire, la bougie
est placée sous un verre de lampe, la chaleur ne sera supportable
qu'à une bien plus grande distance de la flamme. Dans le premier
cas, l'air chaud se disperse un peu dans tous les sens ; dans le second, il est retenu par le verre, d'où il résulte que l'air s'écoule par
la partie supérieure d'autant plus vite qu'il sera plus chaud, et en
faisant arriver alors sur la flamme un courant d'air plus rapide. Les
verres de lampe, en produisant le tirage, déterminent une combustion plus active et plus complète, par conséquent une flamme plus
brillante et plus claire. La cheminée est pour le feu ce que le verre
est pour la flamme d'une lampe : elle produit le tirage. On a reconnu
que les cheminées étroites tirent mieux que les cheminées larges : en
effet, l'air, étant plus chaud, s'écoule plus rapidement, amène sur le
feu une quantité d'air plus considérable, et détermine une combustion plus active.

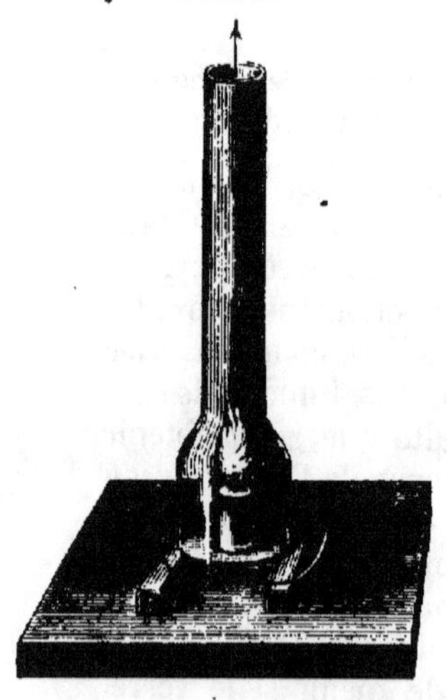

Fig. 58.

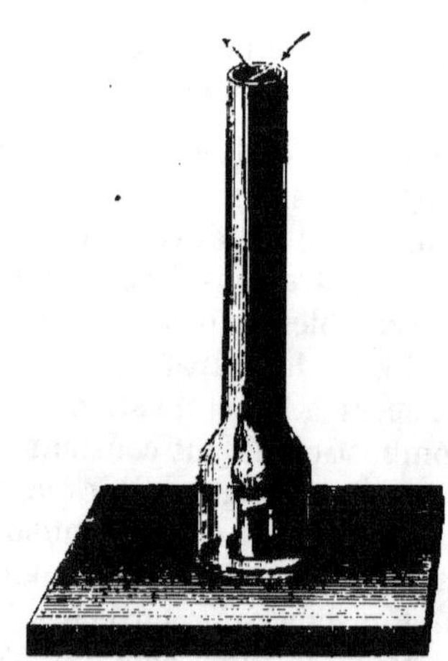

Fig. 59.

Expérience. Si, au moyen d'une planchette en bois, l'on divise en deux
chambres le haut du verre de lampe au-dessus de la flamme (fig. 59),

la bougie continuera à brûler, quoique l'air ne puisse pas arriver par la partie inférieure. On aura l'explication de ce phénomène en approchant de la partie supérieure du verre une mèche fumante : on verra la fumée descendre d'un côté et remonter de l'autre dans la direction qu'indiquent les flèches (fig. 59); il se produit donc un double courant d'air de haut en bas et de bas en haut qui amène sur la bougie l'oxygène nécessaire à la combustion ; ce mouvement se trahit d'ailleurs par le vacillement continuel de la flamme.

112. Double courant d'air. Dans une lampe à mèche pleine ou dans une bougie, l'air ne peut arriver qu'à la partie extérieure de la flamme, à la surface de laquelle s'achève la combustion, tandis qu'au milieu il reste un petit noyau obscur. Si l'on donne accès à l'air dans l'intérieur de la flamme, le noyau obscur disparaîtra et la lumière sera plus vive et plus claire : on y parvient aisément au moyen d'une mèche circulaire, creuse à l'intérieur, formant alors un anneau où l'air arrive à la face interne aussi bien qu'à l'extérieur. (Voyez fig. 60 la direction des flèches.) Les lampes où existe cette disposi-

Fig. 60.

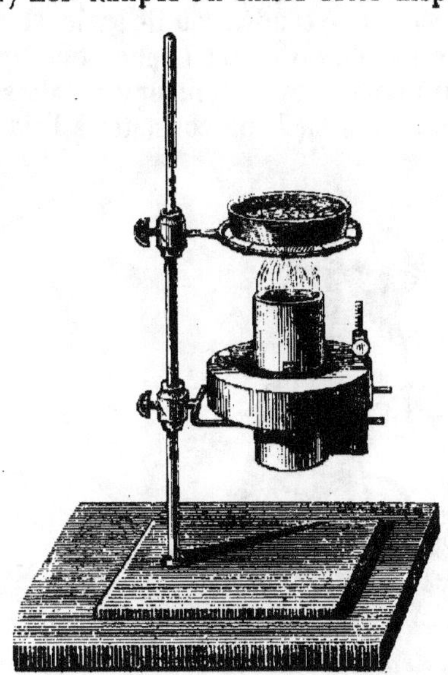

Fig. 61.

tion ont reçu le nom de lampes d'Argand, du nom de l'inventeur. La lampe à alcool, à double courant, de Berzélius (fig. 61), présente une disposition analogue : on s'en sert en chimie pour obtenir des températures plus élevées que celles fournies par une lampe à alcool ordinaire. La lampe de Berzélius est en cuivre jaune, et fixée sur une tige métallique le long de laquelle elle peut glisser ; cette tige est armée en outre de cercles de différentes dimensions destinés à supporter les creusets, capsules, etc., que l'on veut chauffer. Lorsqu'on s'en sert, il est indispensable de laisser entre la mèche et le corps à chauffer un espace suffisant pour permettre l'écoulement facile de l'air, autrement on perdrait la majeure partie des avantages de l'appareil. Quand la lampe est vide ou peu s'en faut, il est prudent de l'éteindre avant d'y introduire de nouvel alcool, car non-seulement il pourrait s'enflammer pendant qu'on l'introduit, mais, comme on ne voit pas d'avance quand le réservoir est plein, l'alcool qui déborderait pourrait, en s'enflammant, donner lieu à des accidents.

113. **Deuxième condition de la combustion.** Pour qu'un corps s'enflamme et continue à brûler, *il doit être porté à une température déterminée, à laquelle il faut le maintenir.*

Expérience. On place sur le feu ou sur une lampe à alcool un petit pot (fig. 62) rempli de cendres ou de sable, et on met dessus quelques allumettes : celles-ci, ou plutôt le phosphore qui est au bout, ne s'allumera qu'au moment où la température du sable sera arrivée à 65° ou 70°, ce qu'il sera facile de constater à l'aide d'un thermomètre.

Fig. 62.   Fig. 63.

114. **Combustion lente et combustion vive.** Expérience. On enroule un fil de platine très-mince autour d'un corps cylindrique, un crayon, par exemple, de manière à former une hélice. Ce fil de pla-

tine, porté jusqu'à l'incandescence sur une lampe à esprit-de-vin, puis plongé rapidement dans un verre légèrement chauffé au fond duquel on aura versé quelques centimètres cubes d'alcool fort, restera incandescent, tandis qu'à l'air il se refroidirait promptement (fig. 63). L'alcool subit dans ce cas une combustion lente en se combinant avec une faible quantité d'oxygène, et la chaleur développée est suffisante pour maintenir le fil de platine au rouge. Au-dessus du verre on percevra une odeur légèrement acide très-agréable, provenant d'une nouvelle combinaison formée entre l'alcool et l'oxygène d'où résulte une substance que l'on peut considérer comme de l'alcool à moitié brûlé. L'alcool allumé brûle *vivement*, *intégralement*, et les produits de la combustion n'ont aucune odeur. On voit par conséquent se former des combinaisons différentes selon que la combustion est vive ou lente, c'est-à-dire complète ou incomplète. Des phénomènes analogues s'observent pour les autres corps combustibles : la mauvaise odeur que répandent les cheveux, le papier gris ou le drap brûlé, le lait versé sur le feu, provient d'une combustion incomplète; les corps complétement brûlés ne dégagent aucune mauvaise odeur.

Si l'on répète l'expérience précédente en remplaçant l'alcool par l'éther, celui-ci s'enflamme dès que le fil de platine atteint le rouge blanc; l'éther ne s'allume pas à la température rouge : celle-ci est donc insuffisante pour produire la combustion vive de l'éther, qui n'a lieu qu'après une élévation de température plus considérable, le rouge blanc. De même que le phosphore ne s'enflamme que vers 70°, et l'éther à une température beaucoup plus élevée encore, de même *tous les corps combustibles ne brûlent avec vivacité que lorsqu'ils ont atteint un degré particulier de chaleur* plus ou moins élevé selon la nature des substances. Les corps en combustion que l'on refroidit au-dessous de ce degré de chaleur s'éteignent. Le fer incandescent continue à brûler dans l'oxygène, mais non dans l'air. Dans le premier cas, la combustion vive maintient le fer à la température voulue, tandis qu'à l'air la combustion, 5 fois plus lente, ne développe pas assez de chaleur pour s'entretenir. Le charbon de terre et surtout le coke exigent, pour brûler, une température plus élevée que le bois; aussi faut-il avoir soin de les maintenir toujours réunis en masse dans le foyer si l'on veut prévenir un refroidissement trop considérable à la suite duquel ils s'éteindraient; le bois au contraire, même éparpillé dans le foyer, continuera à brûler. Un charbon allumé s'éteint beaucoup plus rapidement sur une plaque de fer que sur du bois : le fer, étant bon conducteur, absorbe plus rapidement la chaleur que le bois, qui est mauvais conducteur.

On peut même au moyen du fer produire un refroidissement capable d'éteindre la flamme d'une bougie ou d'une lampe à alcool.

Expérience. Si l'on couvre une bougie allumée d'une toile métallique, d'un morceau de tamis fin, jusqu'à moitié de la flamme, on verra celle-ci s'abaisser comme si on avait interposé une plaque de tôle, et elle ne traversera pas les mailles de la toile métallique, qui ne laissera passer que la fumée (fig. 64). Cette fumée cependant n'est

pas impropre à la combustion, comme on peut s'en assurer en l'allumant au-dessus de la toile métallique. Si elle n'a pas continué à brûler au-dessus du tissu de fil de fer, c'est que ce tissu a refroidi la flamme et en a abaissé la température au-dessous du point nécessaire à la combustion; si l'on chauffe cette fumée en y introduisant un corps allumé, elle recommence à brûler, ce qu'elle fait parfois spontanément, quand la toile métallique est chauffée au rouge blanc, parce qu'alors le refroidissement de la flamme n'a plus lieu.

Le célèbre chimiste anglais Davy a tiré parti de cette propriété de la toile métallique pour mettre les ouvriers des mines de houille à l'abri des explosions qui y étaient fréquentes. Dans beaucoup de mines, en effet, il se dégage à travers les fissures de la houille un gaz

Fig. 64.

inflammable (gaz des marais, hydrogène protocarboné) qui se répand dans l'air et forme avec lui un véritable mélange détonant. La lampe de l'ouvrier mineur déterminait la combinaison des deux gaz et produisait une explosion toujours mortelle. Davy imagina d'entourer la flamme d'une toile métallique : dès lors le gaz détonant s'enflamme dans l'intérieur de la lampe, mais ne peut communiquer le feu au mélange extérieur : le mineur, averti, a le temps de s'éloigner de la galerie, où on renouvelle l'air par des moyens appropriés. Cet instrument si ingénieux a été appelé, du nom de son inventeur, lampe de sûreté de Davy.

115. Produits de la combustion complète. L'hydrogène, en brûlant, donne de l'eau (87); la combustion du charbon dégage de l'acide carbonique (63, 109). Ces deux substances sont les produits ordinaires qui se forment quand on brûle les combustibles ha-

bituellement en usage, car ils sont composés en majeure partie d'hy·
drogène et de carbone, et c'est grâce à ces corps qu'ils entrent en
combustion.

EXPÉRIENCE. Sur la flamme d'une bougie on renverse un flacon
vide (fig. 65), de telle manière que les gaz chauds s'élèvent dans l'intérieur; bientôt les parois du verre deviennent opaques et se recouvrent d'une couche d'eau condensée provenant de la vapeur produite pendant la combustion : la fumée contient donc de la *vapeur
d'eau*. On s'explique maintenant pourquoi il se dépose de l'eau à
l'extérieur d'un vase-froid chauffé sur la lampe à alcool. Si l'on verse
de l'eau de chaux dans le flacon retiré de dessus la flamme, on la
voit se troubler, devenir laiteuse, puis déposer une poudre blanche
(carbonate de chaux) : la fumée contient donc aussi de l'*acide carbonique*; elle renferme en outre de l'azote, partie constituante de
l'air nécessaire à l'entretien de la combustion, et qui, restant inaltéré,
doit se retrouver en totalité dans la fumée. Sauf quelques matières
solides et charbonneuses entraînées par les gaz, la *fumée* qui s'é-
chappe des cheminées de nos habitations, et qui provient de la combustion du bois ou de la houille, a la même composition que la
fumée invisible qui s'élève d'une lampe à alcool ou à huile.

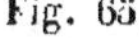

Fig. 65.   Fig. 66.

116. Combustion incomplète. EXPÉRIENCE. En soufflant une chandelle de suif dont la mèche est très-longue, on pourra rallumer à
une certaine distance la fumée abondante qui s'en dégage (fig. 66).
Cette fumée se compose des gaz combustibles produits par le suif à

une température élevée ; c'est du suif à moitié brûlé et qui répand
une odeur *très-désagréable*. La chandelle une fois soufflée, la température n'est plus assez élevée pour déterminer une combustion
complète ; celle-ci recommence dès qu'on chauffe la fumée, c'est-à-
dire quand on y introduit un corps enflammé. Le suif brûlé complétement, c'est-à-dire transformé en eau et en acide carbonique,
ne répand aucune odeur.

EXPÉRIENCE. Le même phénomène se produit lorsqu'on *refroidit*
une flamme, quand par exemple on tient sur une lampe à huile ordinaire, allumée, une cuiller en fer de manière à rabattre la flamme
(fig. 67). Le fer non-seulement déterminera un abaissement de température, parce qu'il est bon conducteur de la chaleur, mais il empêchera en même temps l'accès de l'air : une partie du carbone ne

Fig. 67.

pourra plus brûler et formera sur la cuiller une couche de suie. C'est
de cette manière qu'on obtient le *noir de lampe*, employé par les
horlogers pour marquer les cadrans. Une chandelle de suif brûlant
dans un air calme produit une fumée invisible et inodore ; mais,
dès qu'on souffle légèrement sur la flamme ou qu'on l'agite dans
tous les sens de manière à la refroidir, la fumée devient noire et
répand une mauvaise odeur. Pour fumer rapidement la viande on
brûle du bois vert, humide, qui répand une fumée noire et abondante, parce qu'il ne s'échauffe pas à plus de 100° aux endroits où
il est encore mouillé : la combustion n'a donc lieu qu'à une température très-basse et demeure incomplète.

117. Gaz combustibles et flamme. EXPÉRIENCE. Pour se mieux
rendre compte des produits de la combustion incomplète, on introduit dans un tube d'essai des copeaux minces de bois sec. On le
chauffe sur une lampe après avoir fermé le haut du tube au moyen
d'un bouchon traversé par un petit tube de verre ou par le tuyau

d'une pipe en terre (fig. 68). Les produits gazeux s'échappent à travers ce tube, et si on en approche une bougie ils brûlent avec une flamme très-éclairante. Avant d'être allumés, ces gaz exhalent une odeur très-désagréable, qui disparaît complétement pendant la combustion. *La flamme n'est donc autre chose que le résultat de la combustion de produits gazeux.* Les corps qui ne dégagent pas de gaz pendant la combustion brûlent sans flamme. Il reste dans le tube une certaine quantité de charbon que le manque d'air a empêché de brûler. C'est de la même manière qu'on prépare le *gaz à éclairage*, en chauffant de la houille, des résines, etc., dans de grandes cornues en terre ou en fer bien closes. Une bougie, une lampe, est en petit un appareil à gaz.

Fig. 68.

118. Gaz produit par la houille. Expérience. On répète l'expérience précédente en remplaçant le bois par de la *houille* en petits fragments : le gaz produit sera conduit sous l'eau au moyen d'un tube, à l'extrémité duquel on le recueillera dans un flacon (fig. 69), comme on l'a déjà fait précédemment. Ce gaz est incolore et brûle avec une flamme semblable à celle de l'hydrogène, mais beaucoup plus éclairante; il se compose principalement d'hydrogène combiné avec une certaine quantité de carbone (hydrogène carboné). Pendant la combustion les parties constituantes du gaz à éclairage se combinent avec l'oxygène de l'air et se transforment en eau et en acide carbonique. Dans le tube il reste un résidu de charbon assez pur : c'est le coke, que nous connaissons déjà. Si l'on voulait préparer des quantités de gaz plus considérables, on remplacerait le tube par une cornue.

Hydrogènes carbonés. Le carbone forme avec l'hydrogène un nombre considérable de composés différents dont les deux plus connus sont : le gaz léger, *hydrogène protocarboné* (C^2H^4), qui se dégage dans les mines de houille et se produit partout où des matières vé-

gétales sont en décomposition sous l'eau (gaz des marais, 445); et
le gaz *hydrogène bicarboné* (C^4H^4), appelé aussi gaz oléfiant (502),
plus lourd que le précédent, qui contient une forte proportion d'hydrogène. Le mélange de ces deux corps constitue en grande partie
le gaz à éclairage.

Fig. 69.

119. Goudron et vinaigre de bois. On chauffe des fragments de
bois dans une cornue mise en communication avec un flacon immergé dans l'eau et muni d'un bouchon percé de deux trous : l'un
destiné à recevoir le tube abducteur de la cornue qui va plonger au
fond du flacon, et l'autre, un bout de tube permettant le dégagement des gaz combustibles (fig. 70). En même temps que s'échappe
le gaz à éclairage, se condense dans le flacon un produit qui se
sépare en deux liquides différents : l'un, noir et résineux, surnage,
l'autre est moins coloré et plus liquide. Le premier est du *goudron
de bois :* il est résineux, insoluble par conséquent dans l'eau; le second a reçu le nom de vinaigre de bois : il a un goût acide, et, en
effet, il constitue un acide, comme on peut en juger par sa *réaction*
sur le papier bleu de tournesol. Le *gaz à éclairage*, le *goudron* et

le *vinaigre de bois* ne préexistaient pas dans le bois; ils ont été formés de ses éléments (carbone, hydrogène, oxygène) sous l'influence de la chaleur. Ces nouveaux composés sont les *produits* de la combustion incomplète (distillation sèche) du bois. L'hydrogène domine dans le gaz à éclairage, l'oxygène dans le vinaigre de bois, le carbone dans le goudron. Ces trois substances ne sont qu'à moitié brûlées, elles peuvent subir à l'air une combustion plus complète et se transformer, de même que le bois qui leur a donné naissance, en acide carbonique et en eau. Dans les poêles et les cheminées, il

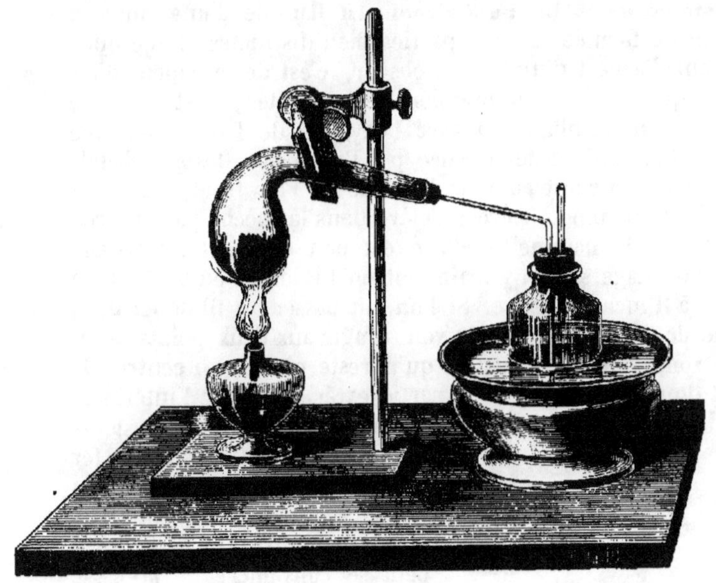

Fig. 70.

y a toujours une certaine quantité de bois qui brûle incomplétement, il en résulte des produits qui se déposent sous forme de suie dans les tuyaux et les cheminées. La suie contient beaucoup de charbon, du goudron, et même du vinaigre de bois.

Distillation sèche. La décomposition partielle des corps par la chaleur, en vase clos, opération pendant laquelle il se forme souvent des produits liquides, a reçu le nom de *distillation sèche*; les liquides produits ont en général, avant leur purification, une odeur et un goût particuliers de brûlé (empyreumatique).

120. Ordre suivant lequel a lieu la combustion. On a vu par ce qui précède que l'hydrogène brûle très-facilement et avec flamme, le carbone plus difficilement et sans flamme ; on peut s'expliquer maintenant pourquoi les combustibles ne brûlent avec flamme qu'au commencement de la combustion et sont seulement incandescents vers la fin : l'hydrogène, ou plutôt les produits gazeux très-hydrogénés qui se forment, brûlent immédiatement avec flamme, et ce n'est qu'en second lieu que s'opère la combustion sans flamme du charbon solide. On observe cette succession dans tous les combustibles, où il entre de l'hydrogène et du carbone. Les allumettes en sont un exemple.

121. Flamme de la lampe à alcool. La flamme d'une lampe à esprit-de-vin est formée de deux parties bien distinctes : l'une intérieure, ayant l'aspect d'un noyau obscur, c'est de la vapeur d'alcool ; l'autre qui enveloppe la première de tous côtés, c'est la même vapeur, mais en combinaison avec l'oxygène de l'air. La forme effilée de la flamme est déterminée par l'ascension des gaz chauds produits pendant la combustion et l'arrivée de l'air froid à la partie inférieure de la flamme. L'alcool s'élève dans la mèche par la force capillaire (106) ; la flamme produite est peu éclairante, mais elle le devient davantage si l'on y maintient un fil de fer ou tout autre corps porté à l'incandescence. Si l'on fait passer un fil de fer dans l'axe même de la flamme, on le voit rougir aux deux points où il traverse la zone extérieure, tandis qu'il reste obscur au centre : la flamme est donc plus chaude à la partie extérieure qu'à l'intérieur. Le point de la flamme où la température est le plus élevée est in-

Fig. 71.

diqué par la position du fil de fer (fig. 71) : les corps que l'on veut chauffer ne doivent jamais y être introduits plus avant. On peut se convaincre de la basse température du centre de la flamme en y introduisant un fragment de bois, une allumette, par exemple, dont on aura enlevé le phosphore : on la verra s'allumer à l'extérieur de la flamme, tandis que le bois restera blanc ou ne s'allumera que beaucoup plus tard dans la partie obscure.

122. Flamme de la bougie. Dans la flamme d'une bougie, d'une chandelle, d'une lampe à huile, on distingue clairement trois zones différentes : au centre a (fig. 72), le noyau obscur de gaz à éclairage (suif décomposé) ; immédiatement après, la partie éclairante b, produite par l'hydrogène en combustion, charge de particules de charbon incandescent au rouge blanc; enfin, à l'extérieur, une zone c à peine visible, dans laquelle s'opère la combustion du charbon. En supposant une section de la flamme passant par ces trois couches, on pourra se représenter le phénomène d'une manière assez exacte au moyen de la figure 73. Le cercle intérieur est formé par le carbure d'hydrogène ou gaz à éclairage, dont l'hydrogène brûle en *premier* lieu; l'intensité de la chaleur porte le charbon à l'incandescence dans la seconde zone, et enfin dans le cercle extérieur s'opère la combustion du charbon. Le charbon porté à l'incandescence dans la seconde zone de la flamme permet à celle-ci de *luire* de la même manière que le fil de fer incandescent rendait éclairante la flamme de l'alcool. Si l'on introduit dans la flamme une lame métallique froide, une partie du charbon incandescent sera assez refroidie pour ne plus pouvoir brûler, et le métal se couvrira

Fig. 72.

de noir de fumée. Un fil de fer d'un certain diamètre, maintenu dans la flamme, rougira dans les parties externes, et non-seulement il n'arrivera pas à cette température à l'intérieur, mais encore il se couvrira d'une couche de noir de fumée.

Ces diverses expériences nous démontrent que l'*éclat* de la flamme est toujours dû à un corps solide, ordinairement du charbon, qui y est porté à l'incandescence. Si la chaleur n'est pas intense, la flamme est rougeâtre, parce que le carbone n'est chauffé qu'au rouge; elle est blanche et éclatante, au contraire, si la température

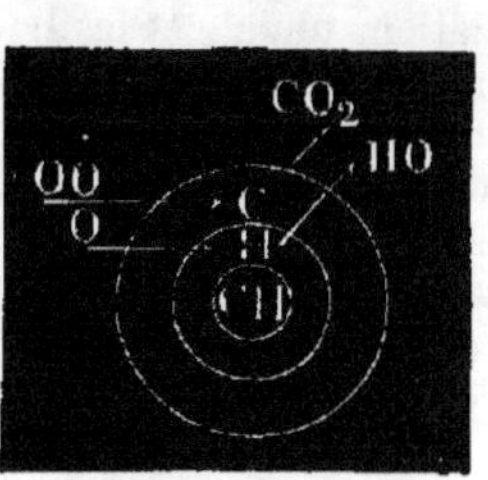

Fig. 73.

de la flamme est assez forte pour porter le carbone au rouge blanc.

Les quatre corps qui viennent d'être étudiés composent presque essentiellement les plantes et les organes du corps des animaux; on peut, pour cette raison, leur donner le nom d'*organogènes* (producteurs des substances organiques).

RÉSUMÉ.

(1) **De même** que nous distinguons en nous un corps et une âme, on distingue dans la nature la *matière* et les *forces*.

(2) Tous les corps sont pesants. Le poids absolu indique combien un corps pèse dans l'air; le poids spécifique, combien de fois tel corps est plus ou moins léger qu'un égal volume d'un autre corps.

(3) On connaît les corps sous trois états différents d'agrégation : ils sont solides, liquides ou gazeux.

(4) La terre peut servir de symbole pour les solides, l'eau pour les liquides, l'air pour les gaz. Le feu (lumière et chaleur) sera le symbole des forces mises en jeu par la nature.

(5) Les particules infiniment petites dont la réunion constitue les corps sont maintenues ensemble par une force qui les unit, la *cohésion;* c'est dans les solides que son action est le plus énergique, elle est nulle dans les gaz.

(6) L'action de cette force est diminuée par la chaleur et augmentée par le refroidissement : sous l'influence de la chaleur, les corps se dilatent, leurs particules s'éloignent les unes des autres; le refroidissement, au contraire, les contracte, et le corps occupe un plus petit espace.

(7) La chaleur modifie l'état d'agrégation des corps : elle liquéfie les corps solides et transforme en gaz les liquides (évaporation, ébullition).

(8) Par le refroidissement les corps gazeux peuvent prendre l'état liquide (distillation, pluie), et les liquides se solidifier (glace).

(9) Pendant la fusion ou l'évaporation des corps une certaine quantité de chaleur entre en combinaison, devient latente (production de froid). La solidification des liquides ou la condensation des corps gazeux met de la chaleur en liberté (production de chaleur).

(10) Tous les corps renferment de la chaleur latente, les liquides moins que les gaz.

(11) Les corps solides peuvent se liquéfier par voie de dissolution. S'ils se séparent de la solution sous une forme régulière, ils *cristallisent*. La formation des cristaux exige le libre mouvement des molécules.

(12) Les corps gazeux qui prennent facilement l'état liquide par le refroidissement se nomment *vapeurs;* ceux qui ne se liquéfient pas ou qui se liquéfient très-difficilement ont reçu le nom de *gaz*.

(13) La cohésion des corps peut-être détruite par des moyens mécaniques; mais la substance en elle-même, sa composition, ne subit aucune modification. Ce sont les *transformations mécaniques*.

(14) Par suite de certaines modifications les corps peuvent perdre leurs propriétés, leur aspect, et se transformer de telle manière, qu'on ne reconnaît plus aucun caractère de la substance primitive : ce sont les *transformations chimiques*.

(15) On considère comme cause de ces modifications une *force* agissant dans les divers corps avec plus ou moins d'énergie, l'*affinité*. Dans

les corps sans vie cette force agit seule et librement; dans les êtres vivants, plantes ou animaux, elle est dirigée par la force vitale.

(16) L'affinité n'agit qu'au contact, quand les molécules se touchent le plus intimement possible.

(17) Elle est d'autant plus forte que l'antagonisme est plus grand entre les deux corps, et d'autant plus faible que les corps ont plus d'analogie par leurs propriétés.

(18) Les transformations chimiques peuvent être de deux sortes : elles ont lieu ou par la combinaison de corps simples produisant une substance composée (synthèse), ou par la séparation des corps composés en leurs éléments (analyse).

(19) L'analyse conduit à des corps dont la séparation ultérieure est impossible dans l'état actuel de nos connaissances : ce sont les *corps simples*. On en connaît 61. Un corps simple ne peut être transformé en un autre corps simple.

(20) Le courant électrique ou galvanique peut, s'il est fort, séparer en leurs éléments tous les composés conducteurs de l'électricité.

(21) Tantôt la chaleur augmente, tantôt elle diminue l'affinité des corps entre eux; on s'en sert pour produire des combinaisons et des décompositions.

(22) Toutes les combinaisons chimiques s'opèrent par *poids* ou par *volumes* déterminés. Cette loi régit également les combinaisons diverses qui peuvent exister entre deux mêmes corps (degrés d'oxydation, etc.).

(23) Presque toutes les combinaisons chimiques donnent lieu à un dégagement de *chaleur* qui va souvent jusqu'à l'*incandescence* (combustion).

(24) Ce que nous appelons vulgairement combustion n'est autre chose que la combinaison du carbone et de l'hydrogène avec l'oxygène de l'air, une *oxydation*.

(25) *Oxyder* signifie combiner un corps avec l'oygène; le corps combiné avec l'oxygène reçoit le nom d'*oxyde* (dans le sens le plus étendu).

(26) Il y a deux espèces d'oxydes jouissant de propriétés diamétralement opposées : les *acides* et les *bases*. Les métalloïdes, en se combinant avec l'oxygène, produisent de préférence des acides, et les métaux des bases (oxydes dans le sens le plus restreint).

(27) Les bases et les acides ont entre eux une grande affinité; quand ils sont en présence, les propriétés acides des uns et les propriétés basiques des autres disparaissent, dans la plupart des cas, d'une manière complète (neutralisation). Le corps qui en résulte est un *sel*.

(28) Les corps simples ou éléments sont désignés par les initiales de leurs noms latins, c'est avec ces lettres qu'on écrit les *formules chimiques*, qui permettent de représenter d'une manière abrégée la composition des substances.

DEUXIÈME GROUPE DES MÉTALLOÏDES.

SOUFRE (S).

Équivalent = 16 ou 200. Densité = 2,045.

Connu de toute antiquité.

123. Le soufre n'a ni saveur ni odeur. Le soufre jaune, qu'à cause de son inflammabilité on emploie dans l'usage domestique pour allumer le feu, est dépourvu de saveur. Il est insipide, parce qu'il est insoluble dans l'eau. Un morceau de soufre ne subit aucune modification ni dans l'eau froide ni dans l'eau chaude, il ne s'y dissout pas. On trouve en général de la saveur aux corps qui sont solubles dans l'eau et par conséquent aussi dans la salive, comme le sucre, le sel ; mais jamais aux corps insolubles, tels que la pierre, le charbon, l'amidon, etc. Le soufre est sans odeur, parce qu'il ne produit pas de vapeur à la température ordinaire. Nous ne percevons l'odeur d'un corps qu'autant qu'il est volatil, c'est-à-dire qu'il émet des vapeurs ou des gaz capables d'affecter la muqueuse nasale.

124. Le soufre est fusible. Si dans un petit pot en terre cuite on chauffe, au **moyen** de la lampe à alcool, 50 ou 100 gr. de soufre, ce dernier entre en fusion dès qu'il atteint une température un peu plus élevée que celle de l'eau bouillante à 110°, et forme un liquide brunâtre très-coulant. Si l'on en verse une partie dans de l'eau froide, il se transforme en soufre solide jaune, qui, bien desséché et remis dans le petit pot, tombera au fond : le soufre solide est donc plus dense que le soufre liquide; il en est de même pour presque tous les corps. La glace fait exception : elle surnage sur l'eau.

125. Cristallisation des corps en fusion. Le soufre est *cristallisable*. On laisse refroidir le vase qui contient le soufre jusqu'à ce qu'il se soit formé à la surface du liquide une croûte solide, que l'on perce ensuite en retournant le pot pour laisser écouler le soufre resté liquide à l'intérieur. En cassant le vase après le refroidissement, on verra l'espace vide que l'on vient de produire tapissé par une foule de cristaux longs, prismatiques, ayant la forme indiquée par la fig. 74, et que l'on appelle un *prisme rhomboïdal oblique*. C'est là la seconde méthode pour obtenir les corps régulièrement cristallisés; elle se distingue de la cristallisation du salpêtre et du sel marin (50, 52) en ce que ces derniers ont pris la forme liquide au

moyen d'un dissolvant, tandis que le soufre a été liquéfié à l'aide de
la chaleur seule.

Texture cristalline. Le soufre qu'on laisse refroidir sans décanter
la partie encore liquide après un refroidissement partiel se prend
en une masse solide qui néanmoins est formée de cristaux comme
précédemment, mais en si grande quantité, qu'ils se touchent de
tous les côtés, s'enchevêtrent les uns dans les autres et *forment
une masse* compacte qui ne laisse aucun vide entre eux. Un morceau
de ce soufre, brisé, offre une cassure à reflets brillants : c'est l'effet
de la lumière réfléchie par les parois polies des petits cristaux. Les
corps de cette nature ont reçu le nom de *cristallins;* on dit qu'ils
ont une texture cristalline.

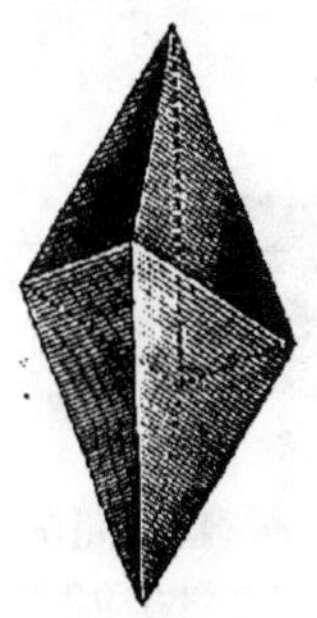

Fig. 74.   Fig. 75.

126. Dimorphisme du soufre. Dans le sein de la terre, surtout
dans les contrées où des volcans ont été ou sont encore en activité,
on trouve fréquemment des dépôts assez considérables de soufre
(soufre natif); des fissures sont parfois tapissées de cristaux ma-
gnifiques, que l'action lente de la nature a peut-être mis des milliers d'années à produire.

Ces cristaux de soufre naturel ont une configuration toute différente de celle que présentent les cristaux obtenus par voie de fusion. Ils ont la forme de deux pyramides quadrangulaires, réunies
par leurs bases (fig. 75) ; on les appelle *octaèdres rhomboïdaux,*
parce qu'ils ont huit faces triangulaires, et que la base des deux pyramides est un parallélogramme. On obtient le soufre sous cette
même forme quand les cristaux se déposent, à la température ordinaire, par l'évaporation lente d'une dissolution dans le sulfure de
carbone. Le soufre jouit ainsi de la même propriété que nous avons
reconnue au carbone à propos du diamant et du graphite : il prend
également deux formes cristallines distinctes; il est *dimorphe.*

6.

127. Soufre amorphe. EXPÉRIENCE. Les formes du soufre cependant ne se réduisent pas à deux seulement : il jouit de la propriété d'en prendre une troisième, qui n'est plus une forme régulière. On remplit de soufre pulvérisé un tube maintenu sur la flamme d'une lampe à esprit-de-vin (fig. 76); le volume de la matière diminue au point que, lors de la fusion, le tube n'est plus qu'à moitié plein. Le soufre fondu est d'abord très-liquide, comme de l'eau, à 115°; si on continue à le chauffer, il devient de plus en plus visqueux, et il arrive un moment, 200°, où on pourra retourner le tube sans rien perdre. Chauffé davantage, il redevient un peu plus fluide; versé alors dans l'eau froide, il se coagule en une masse molle, élastique, qui ne reprend sa dureté qu'au

Fig. 76.

bout de quelques jours. Le soufre, dans cet état, où il ressemble à du verre fondu, est appelé, de même que tous les corps quand ils ont une texture vitreuse, *amorphe*, sans forme, parce qu'on ne peut y distinguer aucune forme déterminée. La gomme, la résine, la gélatine, etc., sont des corps amorphes à cassure vitreuse.

État allotropique du soufre. Par des fusions et des refroidissements brusques fréquemment répétés, on peut produire pour le soufre un état *allotropique*, état où ses propriétés sont sensiblement différentes de celles qu'il possède habituellement. Les plus remarquables de ces modifications sont le soufre *noir* et le soufre *rouge*.

128. Fleur de soufre. EXPÉRIENCE. Chauffé davantage dans le tube d'essai, vers 400°, c'est-à-dire quatre fois la température de l'eau bouillante, le soufre entre en ébullition et se transforme en une vapeur d'un brun rougeâtre, c'est le *soufre en vapeur :* il peut par conséquent, de même que l'eau, passer par les trois états d'agrégation (solide, liquide et gazeux). Le soufre solide est deux fois plus dense que l'eau, la vapeur de soufre à 500° est 6 1/2 fois plus dense que l'air atmosphérique. Dans l'intérieur du tube, la vapeur de soufre est d'un brun rouge et transparente; à l'extérieur, elle se présente sous la forme d'une fumée jaune, parce que dans l'air froid le soufre reprend l'état solide. Dirigée au moyen d'un tube *large* et *court* dans un verre entouré d'eau froide, cette vapeur s'y condense en une poudre très-ténue qui a reçu le nom de *fleur de soufre*. Pour l'industrie la condensation se fait dans de grandes chambres froides. L'opération qui consiste à volatiliser un corps pour le condenser sous forme solide s'appelle une *sublimation*. Dans la distillation la vapeur condensée est liquide, dans la sublimation elle est solide.

Soufre en canon. Si on ne refroidit pas le récipient, comme ci-dessus, ce dernier s'échauffera peu à peu assez pour que le soufre se condense à l'*état liquide*. C'est de cette manière qu'on purifie le soufre en grand : les partiés terreuses fixes restent dans la chaudière, tandis que le soufre se volatilise et est condensé dans de grandes chambres murées. Le soufre devenu liquide est reçu dans des formes en bois légèrement coniques, où il est moulé en *canons*.

129. Soufre précipité. Dans une petite capsule (fig. 77) contenant une faible quantité de lessive de soude (lessive des savonniers), on verse 1 ou 2 gr. de fleur de soufre; après un certain temps d'ébullition, une partie du soufre est dissoute et le liquide prend une teinte brune. La solution, abandonnée au repos, s'éclaircit; décantée dans un verre, étendue d'eau avec addition de vinaigre ou d'un autre acide jusqu'à ce qu'elle rougisse le tournesol bleu, elle se trouble

Fig. 77.

et prend un aspect laiteux, dû au soufre mis en liberté dans un état de division tel, que les particules se tiennent en suspension dans l'eau pendant quelque temps avant de se déposer. On recueille sur un filtre, on lave avec un peu d'eau, et on a alors du soufre à l'état de division le plus prononcé où on puisse l'obtenir : c'est le *soufre précipité*. Cette ténuité est due au liquide interposé entre les particules infiniment petites du soufre au moment où il a été mis en liberté. Dans cet état de division le soufre est sensiblement blanc, avec une teinte jaunâtre; il reprend sa couleur naturelle par la fusion. On se sert souvent de la *précipitation* en chimie pour obtenir des corps très-divisés; ils sont généralement alors à l'état de *poudre amorphe*.

La dissolution du soufre dans la liqueur alcaline n'a pas lieu aussi simplement que celle du sucre ou d'un sel dans l'eau. Il se forme comme produits accessoires, aux dépens des éléments de l'eau, différentes combinaisons du soufre : l'une d'elles notamment, l'acide sulfhydrique, HS, est gazeuse et produit cette odeur désagréable que l'on perçoit en ajoutant du vinaigre à la dissolution : le vinaigre se combine avec l'alcali de la lessive, qui, dès lors, ne peut plus tenir le soufre en dissolution.

130. **Combustion du soufre.** Expérience. Chauffé en vase ouvert, dans une cuiller en fer par exemple, ou mis en contact avec un corps allumé, le soufre brûle avec une flamme bleue, c'est-à-dire se combine avec l'oxygène de l'air et produit, comme nous l'avons déjà vu précédemment (64), un gaz d'une odeur suffocante, l'acide sulfureux, SO^2. Cet acide, en fixant encore un équivalent d'oxygène, se transforme en acide sulfurique, corps dont on fait grand usage dans les arts.

La propriété du soufre de s'allumer et de continuer à brûler à une température peu élevée le fait employer dans beaucoup de cas comme intermédiaire pour porter des corps d'une combustion plus difficile à une température assez élevée pour qu'ils s'enflamment (mèches soufrées, allumettes, poudre à canon, feu d'artifice, etc.).

131. Le soufre est, après l'oxygène, le corps qui a le plus d'affinité pour les autres éléments, avec la majeure partie desquels il peut entrer en combinaison.

Combustion du cuivre dans le soufre. Expérience. On fait bouillir quelques grammes de soufre dans un tube d'essai (fig. 78); quand celui-ci est plein de vapeur, on y plonge une lame de cuivre très-mince : celle-ci devient aussitôt incandescente et perd son éclat; quand on la retire, elle est cassante et pèse environ 1/4 de son poids en plus. Le corps nouveau ainsi obtenu, cristallin et d'une couleur grise, est du *sulfure de cuivre*. Les deux corps sont intimement combinés entre eux et ont perdu tous les deux leurs propriétés caractéristiques. La température élevée produite pendant

Fig. 78.

cette combinaison confirme cette loi que tous les corps dégagent de la chaleur en se combinant; mais chez la plupart cette émission n'est pas assez forte pour produire incandescence ou combustion.

On peut, de la même manière, convertir presque tous les métaux en sulfures. Ces corps se trouvent du reste en grande quantité dans la nature, où ils constituent quelquefois des minerais très-important-tants. Ils ont reçu différents noms, galène, blende, pyrites, etc., selon les métaux qui se trouvent combinés avec le soufre. La matière jaune, dure et brillante que l'on trouve souvent dans la houille n'est autre chose que du sulfure de fer; le cinabre est du sulfure de mercure, etc. Le sulfure de cuivre forme un minerai très-important ; associé souvent au sulfure de fer, il forme la *pyrite cuivreuse* ou le *cuivre panaché*.

Sulfure de fer. Expérience. 75 gr. de limaille de fer, intimement mélangés avec 50 gr. de fleur de soufre et humectés avec 50 gr. environ d'eau, sont placés dans une petite terrine, à un endroit chaud; la masse ne tarde pas à s'échauffer, l'eau s'évapore, et il reste au bout d'une demi-heure une poudre noire où il n'y a plus ni fer ni soufre : les deux corps sont entrés en combinaison pour produire le *sulfure de fer*. Sans eau, ce mélange ne se combinerait pas, à moins d'une température très-élevée ; l'eau détermine la combinaison parce qu'elle met en contact plus intime les particules de fer et de soufre : elle n'agit que comme intermédiaire, sans entrer elle-même dans le nouveau composé.

Degrés de sulfuration. Le soufre a une grande analogie avec l'oxygène. Comme lui il a la propriété de se combiner avec d'autres corps en proportions différentes, mais constantes pour chacun des composés. Quand il y a excès de l'une ou de l'autre substance, cet excès reste sans entrer dans la combinaison. On connaît aujourd'hui sept combinaisons différentes, et dont on a déterminé la composition, entre le soufre et le fer. Pour les désigner, on place devant le mot *sulfure* les mêmes particules que devant le mot oxyde pour les composés oxygénés, ainsi on dit :

Le sous-sulfure de fer,
Le protosulfure de fer,
Le sesquisulfure de fer,
Le bisulfure de fer,
Le persulfure de fer.

Les formules s'écrivent comme celles des oxydes, en remplaçant O par S, symbole du soufre.

HYDROGÈNE SULFURÉ OU ACIDE SULFHYDRIQUE (HS).

Sa composition a été déterminée, en 1796, par Berthollet.

132. Soufre et hydrogène. Expérience. Dans un flacon de 150 cent. cubes environ on introduit 20 gr. de sulfure de fer, FeS, et 20 gr. d'acide sulfurique dilué (84) ; on ferme aussitôt le vase au moyen d'un bouchon traversé par un tube à deux courbures, dont la longue branche plonge au fond d'un autre flacon plein d'eau (fig. 79).

Fig. 79.

L'air contenu dans le premier flacon est tout d'abord expulsé, puis il se dégage un gaz ayant une odeur très-désagréable, tout à fait semblable à celle des œufs pourris. Ce gaz a reçu le nom d'*hydrogène sulfuré* ou *acide sulfhydrique*. La réaction est la même que celle qui a lieu lors de la préparation de l'hydrogène au moyen du fer (83). L'eau est décomposée; l'oxygène se porte sur le fer et le transforme en protoxyde, qui s'unit à l'acide sulfurique pour former le sulfate de fer; l'hydrogène se combine avec le soufre mis en liberté et l'entraîne sous forme gazeuse. L'hydrogène, qui est un gaz permanent, jouit de la propriété de faire prendre l'état gazeux à des corps fixes ou peu volatils quand ceux-ci se combinent

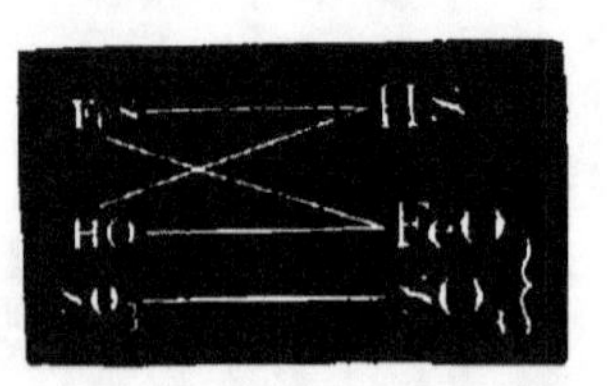

avec lui. Le carbone même, que l'on ne peut pas fondre, encore moins volatiliser, devient un gaz très-léger quand il est combiné avec l'hydrogène dans le gaz des marais.

Solubilité de l'hydrogène sulfureux. Quand le dégagement gazeux cesse, on ajoute de l'acide sulfurique pour le provoquer de nouveau. On reconnaît que l'eau du second flacon (fig. 79) est saturée d'a-cide sulfhydrique, si, quand on l'agite, le doigt avec lequel on bouche le goulot, loin d'être attiré à l'intérieur, est au con-traire repoussé en dehors; 1 vo-lume d'eau tient alors en disso-lution 2 1/2 volumes d'hydro--gène sulfuré.

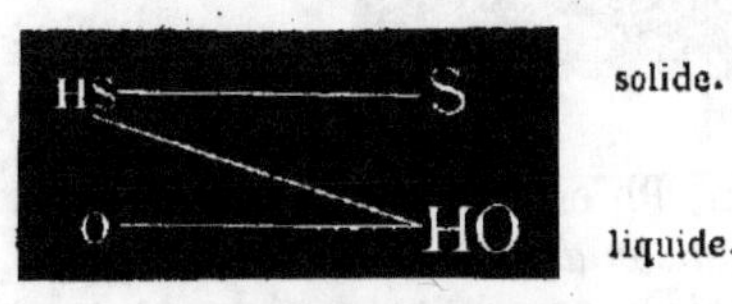

Cette solution se conserve dans de petits flacons pleins et bien bouchés, autrement l'oxygène de l'air se combinerait peu à peu avec l'hydrogène de l'acide sulfhydrique pour former de l'eau, tandis que le soufre se déposerait en poudre très-ténue.

L'hydrogène sulfuré est combustible. Si pendant le dégagement on retire le flacon plein d'eau, le gaz peut être allumé à l'extré-mité du tube : il brûle avec une flamme bleue, l'odeur fétide dis-paraît et est remplacée par l'o-deur piquante du soufre brûlé. Les deux corps qui entrent dans la composition de l'hydrogène sulfuré se combinent avec l'oxy-

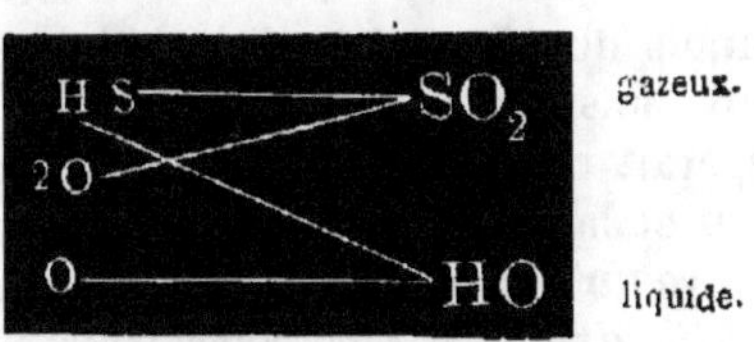

gène de l'air, ils brûlent; le soufre donne naissance à de l'aci de sul-fureux, et l'hydrogène à de l'eau.

L'hydrogène sulfuré est toxique. Le gaz hydrogène sulfuré esl un poison, aussi faut-il autant que possible se garder d'en respirer. A ce effet, on se place, pour faire cette expérience, dans un endroit très-aéré, ou bien on maintient devant sa bouche une toile imprégnée d'alcool.

L'hydrogène sulfuré est un acide; il rougit le papier bleu de tour-nesol et peut se combiner avec certaines bases. On l'appelle quelque-fois acide hydrothionique (du grec ὕδωρ, eau, et θεῖον, soufre), mais le plus souvent acide sulfhydrique. On voit que l'oxygène ne jouit pas seul de la propriété d'engendrer des acides : l'hydrogène peut en produire aussi, mais avec un très-petit nombre de corps seule-ment.

133. Expériences avec l'hydrogène sulfuré. *Combinaison avec les métaux.* EXPÉRIENCE *a.* Si, sur une pièce d'argent ou de cuivre, une lame de plomb et une autre de fer, on verse quelques gouttes d'une solution d'acide sulfhydrique, on voit bientôt les trois premiers mé-taux se ternir et devenir com-plétement noirs : ils se combi-

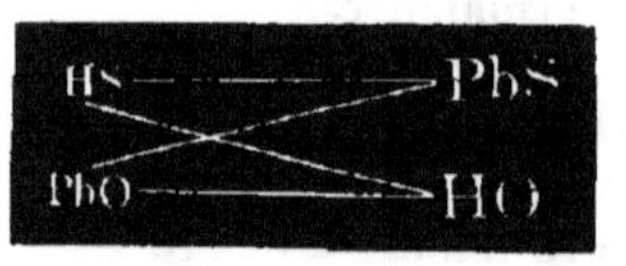

gazeux. nent avec le soufre et donnent naissance à des sulfures, tandis que l'hydrogène est mis en li-solide. berté ; le fer, au contraire, ne subit pas le moindre change-ment. Dans la représentation de la réaction, Pb est le symbole du plomb.

Combinaison avec les oxydes métalliques. **Expérience** *b.* Dans un tube d'essai on introduit une pincée de litharge (oxyde de plomb), dans un autre un peu de rouille calcinée, puis dans les deux un peu d'a-cide sulfhydrique. La litharge

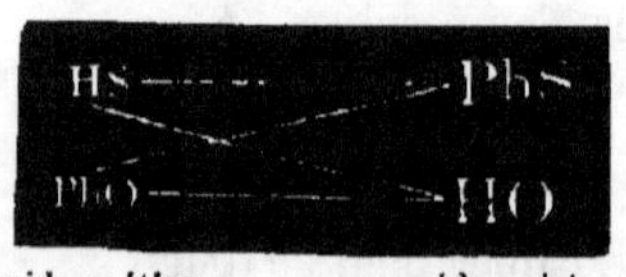

solide. noircit aussitôt dans le pre-mier tube, il se fait un échange entre les deux com-liquide. posés, l'hydrogène abandonne son soufre au plomb de la li-tharge, tandis que l'oxygène de celle-ci se porte sur l'hydrogène. On obtient ainsi du sulfure de plomb et de l'eau, et la mauvaise odeur disparaît complétement. Dans le second tube la désinfection n'a pas lieu et la couleur de la rouille ne subit aucun changement, ce qui prouve qu'il n'y a aucune transformation chimique.

Acide sulfhydrique et sels. **Expérience** *c.* On répète la même ex-périence en substituant à la litharge une faible quantité d'acétate de plomb et à la rouille un peu de sulfate de fer (et quelques gouttes de vinaigre) ; les deux sels sont dissous dans une grande quantité d'eau.

solide. En présence de l'acide sulf-hydrique le résultat sera le même que dans l'expé-rience précédente. L'acétate liquide. de plomb est composé d'acide acétique et d'oxyde de plomb; celui-ci, malgré son état extrême de division, est transformé en sulfure noir qui se dépose au fond du vase, ou, s'il est en petite quantité, il donne seulement une teinte brune au liquide, dans lequel l'acide acétique demeure en liberté.

Expérience *d.* Si l'on ajoute un peu d'eau de chaux ou de soude à la solution de sulfate de fer, qui est restée limpide malgré l'acide sulfhydrique, elle prend aussitôt une teinte très-foncée : la base que l'on vient d'ajouter a donc déterminé la réaction qui ne pouvait s'opérer directement. L'acide sulfurique a pour le protoxyde de fer une grande affinité, aussi n'est-il déplacé que lorsqu'il y a eu présence une autre base avec laquelle il tend à se combiner. La soude et la chaux sont de ce nombre : l'on peut les considérer comme des bases plus énergiques

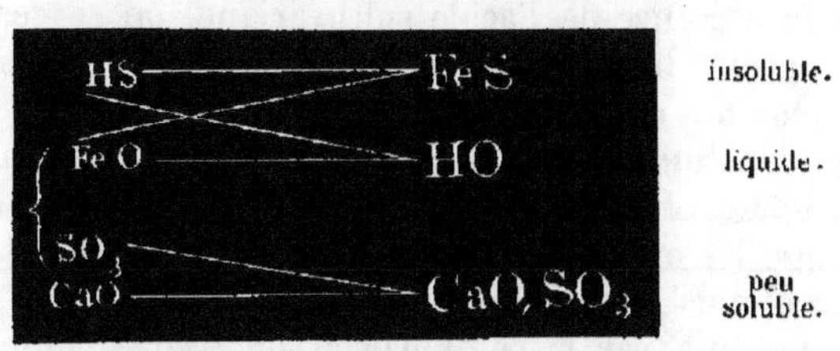

que le protoxyde de fer. Celui-ci, mis en liberté en présence de l'acide sulfhydrique, subit la même transformation et passe à l'état de sulfure, comme le plomb précédemment. La chaux est de l'oxyde de calcium, sa formule est CaO. Nous pouvons tirer de ces trois expériences les enseignements suivants :

a) Le soufre a également par voie humide, c'est-à-dire en dissolution, une grande affinité pour les métaux; il transforme les métaux, leurs oxydes et leurs sels en sulfures.

b) *L'acide sulfhydrique est un réactif.* La plupart des sulfures métalliques sont insolubles dans l'eau ; ils nous offrent ainsi un moyen facile de les précipiter dans leurs dissolutions, d'où on les sépare ensuite par la filtration. Si à du vinaigre contenant du cuivre (vert-de-gris) on ajoute de l'acide sulfhydrique, le métal se précipite sous forme de poudre noire, sulfure de cuivre, et le liquide filtré en sera exempt. Beaucoup de sulfures métalliques sont noirs, d'autres affectent diverses couleurs : le sulfure d'antimoine est orangé; le sulfure d'arsenic, jaune; le sulfure de zinc, blanc. C'est en grande partie sur ces différences de couleurs qu'est basé l'emploi de l'acide sulfhydrique comme *réactif*, c'est-à-dire pour produire des réactions caractéristiques qui permettent de distinguer beaucoup de métaux. Un vin blanc contenant du plomb deviendra noir ou du moins brun par une addition d'acide sulfhydrique (pour les vins rouges la réaction directe n'est plus possible : elle est masquée par la couleur).

c) Beaucoup de métaux sont précipités directement à l'état de sulfures par l'addition de l'acide sulfhydrique; tels sont : le cuivre, l'argent, l'or, le plomb, le mercure, l'étain, l'antimoine, l'arsenic. D'autres ne se précipitent qu'en présence d'une base; tels sont : le fer, le zinc, le manganèse, le cobalt, le nickel. L'acide sulfhydrique peut donc servir à *séparer* les différents métaux; aussi l'emploie-t-on à cela avec succès dans l'analyse chimique.

134. Composition de l'acide sulfhydrique. La formule donnée plus haut pour l'acide sulfhydrique est = HS ou 1 équivalent d'hydrogène combiné avec 1 équivalent de soufre. On remarque tout de suite la complète analogie entre cette formule et celle de l'eau. Pour constater la présence de l'acide sulfhydrique, on se sert de petites bandes de papier blanc, imbibées préalablement d'une solution d'acétate de plomb : elles prennent une teinte brune ou noire si on les plonge dans un milieu contenant de l'hydrogène sulfuré.

135. L'acide sulfhydrique se dégage des corps en putréfaction. L'on sait que les matières animales en voie de putréfaction dégagent une odeur d'œufs pourris, qui n'est autre que celle de l'acide sulfhydrique produit par la combinaison du soufre contenu dans la plupart des matières animales avec l'hydrogène de l'eau. Cette émanation enlève leur éclat à beaucoup de métaux, notamment le cuivre et l'argent : il se forme à leur surface une couche de sulfure. Le soufre existe aussi dans certains produits végétaux, surtout dans les graines de légumineuses, telles que les pois, les haricots, etc., ainsi que dans certaines plantes à goût âcre, comme la moutarde, le raifort. Ces matières en putréfaction émettent de même de l'acide sulfhydrique.

136. Sources naturelles d'acide sulfhydrique. Le gaz acide sulfhydrique se trouve aussi quelquefois en dissolution dans les *eaux de source*; on le reconnaît aisément à l'odeur et à la saveur de ces eaux. Beaucoup de sources de ce genre sont célèbres : telle est la source chaude d'Aix-la-Chapelle, dont les *eaux sulfureuses* sont employées en médecine. Un bout de tuyau pourri peut quelquefois, dans une conduite en bois, communiquer une odeur sulfureuse à une eau qui contiendrait du plâtre; il suffit dans ce cas de changer le tuyau pour rendre l'eau potable.

137. Sulfure de carbone. Le sulfure de carbone, CS^2, appelé autrefois alcool du soufre, est un liquide très-mobile, inodore, très-volatil et d'une odeur nauséabonde. On l'obtient en faisant passer du soufre en vapeur sur de la braise chauffée au rouge blanc; c'est une véritable combustion du charbon dans la vapeur de soufre. Le sulfure de carbone dissout facilement le soufre et le phosphore, ce qui l'a fait employer pour l'analyse de la poudre; on en fait quelquefois usage en médecine pour des frictions. Quand on veut le conserver, même en vase clos, il faut le couvrir d'une couche d'eau qui en empêche la volatilisation [1].

[1] Le sulfure de carbone, fabriqué aujourd'hui en grand, est beaucoup employé pour la vulcanisation et la dissolution du caoutchouc; on s'en sert aussi pour l'extraction des matières grasses.

SÉLÉNIUM (Se).

Découvert par Berzélius en 1817.

TELLURE (Te).

Découvert par Müller de Reichenstein en 1782.

Ces deux corps, qui ont avec le soufre la plus grande analogie, sont
très-rares; leurs combinaisons sont en tout point semblables à celles
du soufre.

PHOSPHORE (Ph).

Équivalent = 31 ou 387,5. Densité = 1.84.

Découvert en 1669 par Brandt, et plus tard par Kunkel dans l'urine; en
1769 par Gahn et Scheele dans les os.

138. Précautions qu'exige le phosphore. Dans les expériences
sur le phosphore, il faut surtout éviter qu'il ne s'enflamme à un
moment inopportun, car il continue à brûler avec vivacité, et les
blessures qu'il fait sont dangereuses et difficiles à guérir. Le phosphore, surtout en été, peut s'enflammer spontanément quand il est
abandonné à lui-même sur un papier, ou au contact des doigts; aussi
est-il indispensable de le conserver et de le diviser sous l'eau. Quand
on veut le retirer du liquide, il faut le maintenir avec des pinces
ou le piquer au bout d'un canif ou d'un fil de fer, en ayant soin
de n'en jamais prendre de grandes quantités à la fois et de tenir
constamment à côté de soi un vase rempli d'eau pour y plonger le
phosphore dans le cas où il s'enflammerait.

139. Propriétés du phosphore. Les propriétés du phosphore ont
une grande analogie avec celles du soufre, qu'il ne fait pour ainsi
dire qu'exagérer. Il n'en est pas de même sous le rapport des combinaisons, qui rangent le phosphore avec l'arsenic et l'azote. Le
phosphore fond, bout, distille et brûle de la même manière que le
soufre, mais plus facilement et bien plus rapidement. Il est cassant
en hiver; mou comme de la cire, au contraire, dans la saison chaude.
Pur, il est à peu près incolore; mais, au bout de quelque temps,
il jaunit et se recouvre d'une couche blanche contenant de l'eau
de combinaison. Insoluble dans l'eau, le phosphore se dissout dans
l'éther, le sulfure de carbone et les huiles. Le phosphore est un poison violent, aussi est-il employé fréquemment pour détruire les ani-

maux nuisibles : la pâte phosphorée, dite mort-aux-rats, est composée de 1 partie de phosphore avec 9 d'eau et 8 de farine de seigle.

Phosphore rouge. Le phosphore incolore, exposé pendant quelque temps à la lumière ou à une température de 250°, subit une profonde modification, il passe à l'état allotropique. Sa couleur est alors d'un noir rougeâtre quand il est en morceaux, et d'un rouge écarlate, analogue au cinabre, lorsqu'il est réduit en poudre fine. Dans cet état, il a presque totalement perdu son inflammabilité, sa solubilité, et cesse d'être phosphorescent; mais il reprend ses propriétés et son état normal à une température plus élevée.

140. Expériences avec le phosphore. *Solubilité dans l'éther.* Expérience *a.* On introduit dans un tube environ 10 cent. cubes d'éther, un fragment de phosphore de la grosseur d'une lentille, et on agite à plusieurs reprises après avoir bouché. On laisse les deux substances en contact pendant quelques jours, puis on décante le liquide, qui contient en dissolution environ 7 centigrammes de phosphore.

Phosphorescence. Expérience *b.* Si l'on verse sur la main quelques gouttes de cette dissolution en les étendant par un frottement léger, l'éther se volatilise et le phosphore reste dans un état de division extrême. Il se combine d'autant plus facilement avec l'oxygène qu'il est plus divisé; pendant la combustion, il se produit des fumées blanches et une émission de lumière très-visible dans l'obscurité (phosphorescence). C'est à cette propriété que le phosphore doit son nom, composé de deux mots grecs qui signifient *porte lumière*. L'éclat devient plus fort si l'on frotte les deux mains l'une contre l'autre, parce que le renouvellement incessant des points de contact active la combustion avec l'oxygène. La chaleur dégagée dans ce cas n'est pas assez forte pour déterminer l'inflammation du phosphore; on appelle ces phénomènes d'oxydation qui se produisent à une basse température des *combustions lentes.* Les mains ainsi phosphorescentes émettent une odeur alliacée et prennent un goût acide, le produit de la combinaison du phosphore avec l'oxygène étant un acide, l'*acide phosphoreux,* formé de 1 équivalent de phosphore uni à 3 équivalents d'oxygène. Quand on veut obtenir des quantités un peu considérables de cet acide, on expose à l'air, dans un endroit frais, des fragments de phosphore humide jusqu'à ce qu'ils se soient transformés en un liquide limpide et incolore. Une partie toutefois de l'acide phosphoreux produit s'est combinée à une quantité d'oxygène plus considérable et est devenue de l'acide phosphorique, de sorte que le liquide obtenu est en réalité un mélange de ces deux acides.

Combustion vive. Expérience *c.* On imbibe un morceau de sucre de la dissolution éthérée préparée plus haut, puis on le jette dans l'eau bouillante : dans ces conditions l'éther et le phosphore prennent l'état gazeux et s'élèvent à la surface de l'eau, où ils s'*enflamment* en se combinant avec l'oxygène de l'air. La combustion est rapide et complète; le phosphore se combine avec une quantité d'oxygène plus considérable que précédemment : 1 équivalent en prend 5 d'oxygène pour former l'*acide phosphorique*, produit constant, nous l'avons vu, de la combustion vive du phosphore.

Expérience *d*. Si l'on verse quelques gouttes de la solution éthérée sur un morceau de papier mince et non collé, celui-ci s'enflamme spontanément dès que l'éther est volatilisé, et brûle d'autant plus rapidement que l'état de division du phosphore est plus grand.

Expérience *e*. Un fragment de phosphore de la grosseur d'une lentille placé sur un papier et recouvert d'une légère couche de noir de fumée ou de charbon en poudre s'*enflamme spontanément*. C'est le charbon très-divisé qui détermine la combustion : en vertu de sa porosité, il attire l'oxygène de l'air et le transmet au phosphore, dont il empêche en outre le refroidissement, parce qu'il est mauvais conducteur de la chaleur.

141. Inflammation du phosphore par le frottement. Frotté contre un corps dur, le phosphore s'enflamme, la chaleur produite devenant assez forte pour le faire brûler; cette propriété a été mise à profit pour la préparation des allumettes. La pâte inflammable se prépare avec une dissolution concentrée et chaude (70°) de gomme arabique; on y introduit petit à petit des fragments de phosphore et l'on broie jusqu'au refroidissement du mélange. Comme une pareille substance, une fois sèche, ne permet pas l'accès de l'air, il fallait y incorporer une matière propre à fournir au phosphore l'oxygène nécessaire à sa combustion; aussi y introduit-on généralement du bioxyde de manganèse, du nitre ou du minium. On prépare une pâte convenable avec 7 parties de phosphore, 16 de gomme arabique, 16 d'eau, 2 de nitre et 2 de minium. Nous avons vu (113) qu'il suffisait, pour l'inflammation des allumettes, d'une température de 65 à 70° que l'on produit aisément par le frottement; la chaleur dégagée par le phosphore allumé décompose la gomme, et la combustion peut continuer aux dépens de l'oxygène de l'air. Les allumettes introduites dans l'usage domestique sous le nom d'allumettes au *phosphore amorphe* sont préparées d'une manière analogue; mais le mélange inflammable est formé presque exclusivement de chlorate de potasse (208 *d*); ces allumettes ne s'enflamment directement par le frottement qu'autant qu'il a lieu sur une surface enduite d'une légère couche de phosphore rouge. Elles ont l'avantage de ne pas contenir un poison violent et de ne pas s'enflammer spontanément.

142. Combustion du phosphore sous l'eau. EXPÉRIENCE. Dans un verre à moitié rempli d'eau très-chaude on introduit un fragment de phosphore de la grosseur d'une lentille : le phosphore entre en fusion, mais il ne peut s'enflammer, parce qu'une épaisse couche d'eau le sépare du contact de l'air; mais, si l'on fait arriver de l'air au fond du verre au moyen d'un tube dans lequel on souffle avec précaution pour éviter les projections (fig. 80), il se produit une véritable combustion, et dans l'obscurité on aperçoit une émission de lumière. Dans cette réaction, en raison de la faible quantité d'oxygène, le degré d'oxydation sera encore moindre que lors de la combustion lente à l'air; il en résulte une poudre d'un jaune rougeâtre nageant dans le liquide. Cette combinaison a reçu le nom d'oxyde de phosphore; mais c'est un mélange qui contient du phosphore rouge allotropique (159).

Fig. 80.

145. Combustion du phosphore dans un tube. EXPÉRIENCE. On obtient cette même combinaison rouge en chauffant doucement jusqu'à l'*inflammation* un petit fragment de phosphore introduit dans la partie médiane d'un tube de 50 cent. environ de longueur (fig. 81). Dès que le phosphore est allumé on éloigne la lampe; si alors on maintient le tube horizontalement, la combustion sera très-lente, parce que les vapeurs blanches formées d'acides phosphorique et phosphoreux, s'écoulant lentement, empêchent l'accès de l'air, et il se dépose en même temps à la paroi supérieure du tube une grande quantité de phosphore rouge. La combustion deviendra plus rapide si l'on incline le tube, et elle acquerra plus d'intensité encore si l'on fait prendre au tube la position verticale, parce qu'alors le courant d'air est plus rapide. On peut donc à volonté, dans cette expérience, transformer le phosphore en acide phosphoreux par la combustion lente, en oxyde de phosphore par une combustion incomplète, ou en acide phosphorique par la combustion vive. Cette expérience peut en même temps donner une idée du tirage dans une cheminée.

144. Préparation du phosphore. Autrefois on retirait le phosphore de l'urine; depuis la découverte de Scheele on emploie les os

Fig. 81.

pour cette préparation. Les os sont composés principalement de gélatine, de chaux et d'acide phosphorique (PhO^5).

Acide phosphorique.
La *gélatine* est éliminée par l'incinération (elle est brûlée).
La *chaux* est séparée au moyen de l'acide sulfurique (il se forme du sulfate de chaux).
L'*oxygène* (O^5) est éliminé au moyen du charbon (par la calcination il se forme de l'oxyde de carbone).
Le phosphore (Ph) reste.

Comme le phosphore est un corps volatil et facilement inflammable, on en opère la calcination en vase clos, généralement dans des cornues en terre dont le col plonge sous l'eau, où viennent se condenser les vapeurs du phosphore obtenu ainsi par distillation. L'oxyde de carbone, joint à une petite quantité d'hydrogène phosphoré et de carbures d'hydrogène qui se produisent pendant la réaction, s'échappe à travers l'eau. Le charbon, à une température élevée, jouit de la propriété de *réduire* les oxydes, c'est-à-dire d'enlever l'oxygène à la plupart des acides et des bases pour former avec lui de l'oxyde de carbone (CO) qui se dégage. C'est en réduisant les minerais, qui sont des oxydes pour la plupart, avec du charbon, que nous obtenons la majeure partie de nos métaux.

HYDROGÈNE PHOSPHORÉ (PhH^3).

145. Hydrogène phosphoré. On introduit dans une fiole de 50 cent. cubes environ 10 gr. de chaux éteinte, un fragment de phosphore gros comme un pois, et de l'eau jusqu'au col; puis on y adapte, au moyen d'un bouchon, un tube recourbé plongeant sous l'eau. On place cette fiole dans un bain d'eau saturée de sel marin, 1 partie de sel pour 3 d'eau (fig. 82), puis on chauffe avec une lampe jusqu'à ébullition de l'eau salée (149) : on voit alors se dégager un

Fig. 82.

gaz qui s'enflamme spontanément. Ce gaz est un mélange de combinaisons d'hydrogène et de phosphore dans lequel domine le composé (PhH^3). Recueilli dans un flacon, ce gaz ne s'allume qu'au contact de l'air en débouchant le flacon. Pendant la combustion, le phosphore et l'hydrogène se combinent avec l'oxygène de l'air et donnent naissance à de l'acide phosphorique (PhO^5) et de l'eau ($5HO$). L'acide phosphorique s'élève en fumée blanche formant au-dessus de l'eau un anneau très-régulier quand l'air n'est pas agité. Le gaz, avant la combustion, a une odeur alliacée.

146. Affinité prédisposante. Lors de la préparation de l'hydrogène sulfuré (132), le fer s'est combiné avec l'oxygène, tandis que le soufre s'est uni à l'hydrogène mis en liberté. Le phosphore jouit à lui seul de la propriété de décomposer l'eau en s'unissant à ces deux éléments. Avec l'oxygène il donne naissance à deux acides (acide phosphoreux et hypophosphoreux) qui demeurent, tandis qu'avec l'hydrogène il se forme des composés gazeux qui s'échappent. Le phosphore, il est vrai, ne jouit de cette propriété qu'en présence d'une base puissante, telle que la potasse ou la chaux, avec laquelle les acides oxygénés peuvent entrer en combinaison. La chaux, dans l'expérience précédente, n'a eu sur l'eau aucune action directe; mais elle a une forte tendance à s'unir à un acide, et son affinité pour l'acide qui pourra se former détermine une décomposition que l'affinité seule du phosphore pour l'oxygène ne pouvait opérer. Cette intervention d'une substance pouvant déterminer entre deux corps une combinaison dans laquelle elle n'entre pas, mais à laquelle elle s'unira quand cette combinaison sera formée, a reçu le nom d'action ou d'affinité *prédisposante*. La particule *pré*, avant, exprime qu'il y a affinité pour un corps qui n'existe pas encore, mais dont les éléments sont en présence, et qui se formera en raison de cette affinité.

147. Si l'on se reporte avec attention à la préparation de l'*hydrogène* (83) et de l'hydrogène sulfuré (132), on ne saurait douter dans ces deux cas de l'intervention de l'affinité prédisposante de l'acide sulfurique. Cet acide possède une grande affinité pour les bases et peut se combiner avec elles : en effet, si le fer s'unit à l'oxygène de l'eau, l'hydrogène, mis en liberté, se dégagera alors seul dans le premier cas; dans le second, au contraire, il sera combiné avec le soufre que le fer met en liberté au moment où il s'unit à l'oxygène.

148. **Lois des combinaisons chimiques.** On pourrait se demander pourquoi l'acide sulfurique ne s'unit pas directement au fer ou la chaux au phosphore. Cela ne peut avoir lieu, parce que le fer et l'oxygène sont des corps simples, l'acide sulfurique et la chaux, au contraire, des corps composés, et que, d'après une loi déjà énoncée plus haut, en chimie inorganique les *corps simples ne peuvent s'unir en général qu'à d'autres corps simples, et les corps composés qu'à d'autres corps composés*. L'acide sulfurique, corps composé, ne peut donc s'unir directement au fer, mais seulement au protoxyde du même métal, qui est un corps composé ; de même la chaux ne peut s'unir au phosphore tant que celui-ci n'a pas formé un corps composé avec l'oxygène.

149. **Bain-marie.** Pour dégager l'hydrogène phosphoré, on a immergé la fiole dans l'eau salée : c'était en vue de prévenir l'inflam-

mation du phosphore dans le cas où la fiole viendrait à se rompre sous l'impression de la chaleur. L'eau saturée de sel marin dans les proportions indiquées ne bout qu'à 109° : il se produit par conséquent dans l'intérieur de la fiole une ébullition plus vive que si l'eau extérieure n'était qu'à 100°. Un appareil de ce genre, propre à chauffer les substances dans de l'eau pure ou saturée d'un sel, a reçu le nom de *bain-marie*. On s'en sert souvent pour la préparation des extraits ou pour dessécher des substances qui seraient altérées par une température plus élevée.

Le phosphore et le soufre sont remarquables par la facilité avec laquelle ils s'enflamment; aussi pourrait-on leur appliquer le nom de *pyrogènes* [1].

RÉSUMÉ.

(1) Les corps simples ne se combinent en général qu'entre eux; il en est de même des corps composés.

(2) Pour que deux corps réagissent l'un sur l'autre, il faut que l'un d'eux soit liquide ou gazeux.

(3) Quand des corps en dissolution ou à l'état de vapeur dans l'air prennent rapidement l'état solide, ils se précipitent dans un grand état de division (fleur de soufre, soufre précipité).

(4) Tous les corps poreux ou extrêmement divisés absorbent ou condensent les gaz; plusieurs le font assez énergiquement pour déterminer la combinaison des gaz (éponge de platine, charbon, noir de fumée).

(5) La *combustion* ou *oxydation incomplète* se produit quand il n'y a pas assez d'air; la *combustion lente* quand les phénomènes ont lieu à la température ordinaire; la *combustion complète* et rapide quand la combinaison se fait à une température élevée et dans un excès d'air.

(6) En chimie, un corps plus énergique peut déplacer de leurs combinaisons ceux qui le sont moins, et, en prenant leur place, produire alors une décomposition par *simple déplacement* (ces actions cependant sont soumises à des conditions qui peuvent modifier l'ordre des phénomènes).

(7) La *double décomposition* a lieu quand deux combinaisons échangent réciproquement un de leurs éléments.

(8) Si une double décomposition ne s'opère que sous l'influence d'une troisième substance (d'ordinaire une base ou un acide puissant), elle a lieu par l'effet d'une affinité prédisposante.

(9) *Désoxyder* ou *réduire*, c'est opérer en sens inverse de l'oxydation,

---

[1] L'arsenic est un métalloïde qui a, par ses propriétés, la plus grande analogie avec le phosphore. L'étude de ce corps suivra celle des métaux.

c'est-à-dire soustraire à une combinaison l'oxygène qui entrait dans sa composition.

(10) Pour reconnaître une substance et la distinguer, il faut, dans la plupart des cas, en mettre une dissolution en contact avec un agent qui puisse donner naissance à une substance insoluble facile à reconnaître, à un *précipité*, ou bien produire des transformations perceptibles à nos sens, telles que le changement de couleur, d'odeur, etc. De pareils agents ont reçu le nom de *réactifs*, et le phénomène produit se nomme *réaction*.

(11) Les corps solubles seuls ont de la *saveur*, les substances volatiles seules ont de l'*odeur*.

TROISIÈME GROUPE DES MÉTALLOÏDES.

CHLORE (Cl).

Équivalent = 35,5 ou 443,75. Densité = 2,44.

Découvert en 1774 par Scheele et nommé *acide muriatique déphlogistiqué*. Reconnu corps simple par Davy en 1810.

150. Préparation du chlore. EXPÉRIENCE. On chauffe doucement dans une fiole munie d'un tube de dégagement (fig. 83) un mélange composé de 10 gr. de bioxyde de manganèse en poudre et de 50 gram. d'acide chlorhydrique : il se dégage un gaz verdâtre que l'on peut recueillir de la manière décrite au § 56. Ce gaz a reçu le nom de chlore (du grec *chloros*, qui signifie jaune verdâtre), en raison de sa couleur verte. On en emplit plusieurs petits flacons. Si, dans l'un de ceux-ci, on ne met que $\frac{2}{3}$ seulement de gaz et $\frac{1}{3}$ d'eau que l'on agite ensemble en bouchant le goulot avec le doigt,

Fig. 83.

le flacon adhère bientôt au doigt : il s'est formé à l'intérieur un vide
que l'air tend à remplir. Ce vide a été produit par l'absorption du
chlore qui s'est dissous dans l'eau; aussi remarque-t-on la disparition
complète de la couleur verte dans la partie supérieure du flacon.
1 volume d'eau dissout · 2 volumes de chlore; la solution est de
l'eau de chlore.

Réaction pendant la préparation du chlore. L'acide chlorhydrique,
que l'on retire généralement du sel marin, est une combinaison de
chlore et d'hydrogène, par conséquent un hydracide; si l'on soustrait à ce dernier l'hydrogène, le chlore est mis en liberté de la
manière suivante : quand l'acide chlorhydrique et le bioxyde de
manganèse (MnO^2) sont en présence, l'oxygène du manganèse se
combine avec l'hydrogène de l'acide chlorhydrique pour former de
l'eau, en même temps le manganèse et le chlore, tous deux mis
en liberté, se combinent pour former du *bichlorure de manganèse*
($MnCl^2$); le bichloruré perd la moitié de son chlore à une température peu élevée : il ne reste donc que du protochlorure de manganèse, et le chlore libre se dégage.

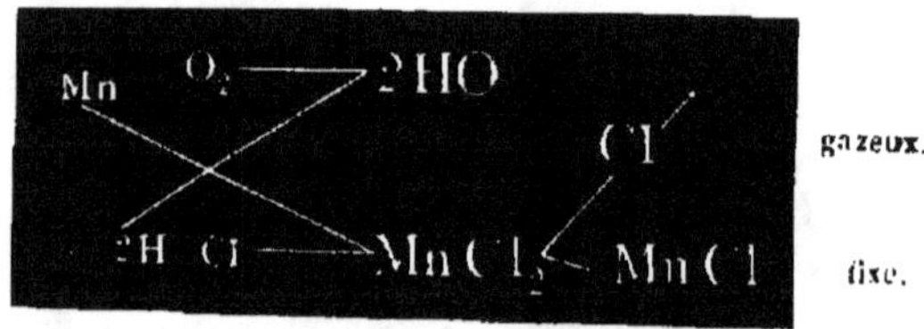

État naissant. Dès que l'oxygène est dégagé du bioxyde de manganèse au moyen de la chaleur, il ne peut plus enlever l'hydrogène
à l'acide chlorhydrique avec lequel il est mis en contact : il ne produit
plus de chlore. L'oxygène ne jouit de cette propriété qu'au moment
où il naît, c'est-à-dire où il se sépare d'une combinaison; mis en
liberté, il a perdu une grande partie de son énergie et s'engage avec
plus de difficulté dans des combinaisons nouvelles. Quand l'oxygène
agit sans se dégager, on dit qu'il agit à *l'état naissant.* Tous les corps
simples jouissent de cette propriété, et on la met souvent à profit
pour déterminer la combinaison de corps qui n'ont entre eux qu'une
très-faible affinité et qu'on ne pourrait combiner directement.

Outre le bioxyde de manganèse, tous les corps qui cèdent facilement une partie de leur oxygène peuvent servir à la préparation du
chlore par l'acide chlorhydrique : tels sont le bichromate de potasse,
le minium, etc.

151. Préparation du chlore avec le sel marin. Le chlore qui se trouve dans l'acide chlorhydrique provient du sel marin, qui en contient plus de la moitié de son poids. On peut préparer ce gaz directement avec le sel en chauffant doucement 25 gr. de sel, 16 de bioxyde de manganèse, 65 d'acide sulfurique et 30 d'eau; l'acide sulfurique dégage, du sel marin, de l'acide chlorhydrique qui agit alors sur le bioxyde de manganèse comme précédemment.

Le chlore, introduit dans les voies respiratoires, est un *poison;* aussi faut-il prendre quelques précautions pour éviter de le respirer pendant qu'on le prépare et dans les expériences où l'on en fait usage. On peut s'en garantir facilement en agitant fréquemment dans l'air un morceau de drap imbibé d'alcool et d'ammoniaque, ou en répandant un peu de cet alcali par terre : le chlore entre alors en combinaison et perd son effet délétère; mieux vaut encore se mettre à l'air, si cela est possible.

152. Odeur et saveur du chlore. Expérience *a*. Pour connaître l'odeur du chlore il faut flairer avec précaution l'eau de chlore et non pas le gaz; l'eau de chlore peut être goûtée sans danger. L'odeur du chlore est piquante et asphyxiante, son goût est âcre et astringent.

Expérience *b*. Si l'on débouche au grand air, en le maintenant droit, un flacon contenant du chlore gazeux, celui-ci ne s'échappe pas; si, au contraire, on retourne l'orifice du flacon, le gaz s'écoule et est rapidement remplacé par l'air atmosphérique. Le chlore gazeux est deux fois et demie plus dense que l'air.

Expérience *c*. Une bande de papier de tournesol plongée dans le chlore gazeux est immédiatement décolorée; un peu d'eau de chlore introduite dans du vin rouge ou de l'encre les décolore rapidement. *Le chlore blanchit, il détruit toutes les couleurs organiques animales ou végétales.* Cette propriété l'a fait employer pour le blanchiment des toiles, du coton, du papier et d'autres substances, et, par ce moyen, on arrive promptement à un résultat que l'on n'aurait obtenu qu'après un temps très-long par les moyens ordinaires et en exposant ces matières à l'air. Non-seulement ce procédé de blanchiment est très-rapide, mais il ne nuit aucunement à la qualité des tissus si l'on a la précaution de bien éliminer le chlore après l'avoir employé. Cette opération cependant ne se fait pas aussi facilement qu'on le croit généralement. Si l'on néglige de faire disparaître le chlore, ou si l'on fait usage d'une eau de chlore trop forte, non-seulement on détruit la couleur, mais on altère en même temps la fibre textile; toutefois ces accidents sont le fait de ceux qui emploient mal le chlore, et non celui de la substance elle-même. Sous le nom d'*antichlore* (174) on emploie maintenant une substance à l'aide de laquelle il est facile d'éliminer les moindres traces de chlore qui subsisteraient encore dans les tissus. Le blanchiment, du reste, ne se fait plus avec le chlore gazeux ou l'eau de chlore directement, mais avec une combinaison chlorée, le chlorure de chaux (hypochlorite de chaux), d'où le chlore se dégage facilement, même par la simple exposition à l'air.

Le chlore détruit les odeurs et les miasmes. EXPÉRIENCE *d.* Si l'on verse un peu d'eau de chlore sur des matières organiques en putréfaction (eaux croupies d'un vase à fleur, purin, œufs pourris), toute odeur désagréable disparaît aussitôt : de même qu'il détruit les couleurs, le chlore décompose aussi les combinaisons volatiles à odeur désagréable qui se dégagent pendant la putréfaction; il agit de la même manière sur les miasmes répandus dans l'air pendant les maladies contagieuses et sur les mauvaises émanations qui se fixent dans les habits des personnes pendant leur séjour dans des chambres de malades. Le chlore est un puissant moyen de désinfection pour purifier un air chargé d'exhalaisons putrides et pour retarder les progrès de la putréfaction dans les matières organiques. On purifie les tonneaux moisis en les lavant avec de l'eau de chlore et ensuite avec un lait de chaux. Des caves dans lesquelles le lait ou la bière tournent peuvent aussi être purifiées pour longtemps par des fumigations au chlore, un badigeonnage à l'eau de chlore, ou, ce qui vaut mieux encore, au chlorure de chaux.

Influence de la lumière sur l'eau de chlore. EXPÉRIENCE *e.* Un petit flacon rempli d'eau de chlore et renversé dans une tasse pleine d'eau n'éprouve aucun changement à l'*obscurité*. Si, au contraire, on l'expose au *soleil*, on voit se réunir dans le haut du flacon un gaz incolore dans lequel une allumette mal éteinte brûle avec vivacité : ce gaz est de l'oxygène. Après quelques jours d'exposition à la lumière solaire l'eau aura perdu toute odeur de chlore, un papier bleu de tournesol

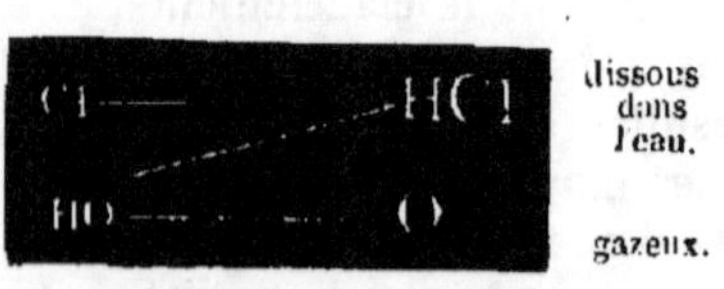

n'y blanchira plus, il deviendra rouge. Comme il n'y avait que trois corps en présence, les deux éléments de l'eau et le chlore, il est évident que ce dernier s'est combiné avec l'hydrogène de l'eau et a mis l'oxygène en liberté. Le chlore, s'étant combiné de préférence avec l'hydrogène, fait voir qu'il a pour lui *plus d'affinité que pour l'oxygène*, et fournit un nouvel exemple du simple déplacement d'un corps par un autre. Pour conserver le chlore on se sert de flacons en verre noir, ou de flacons en verre ordinaire, mais recouverts de papier noir.

La grande affinité du chlore pour l'hydrogène peut servir à expliquer l'action désinfectante et décolorante de ce corps : toutes les matières, animales et végétales, contiennent de l'hydrogène que le chlore leur enlève en tout ou en partie, détruisant ainsi les composés avec lesquels il se trouve en contact. En perdant de l'hydrogène les couleurs s'effacent, les matières odorantes ne dégagent plus d'odeur, les miasmes perdent leurs propriétés délétères, les corps insolubles sont parfois rendus solubles.

Le chlore est un oxydant. Expérience *f.* Dans un tube d'essai on dissout un peu de sulfate de protoxyde de fer dans une petite quantité d'eau aiguisée de quelques gouttes d'acide sulfurique, puis on ajoute de l'eau de chlore (fig. 84) : la solution prend aussitôt une teinte jaune. Dans ce cas il s'est encore opéré une décomposition de l'eau, l'hydrogène s'est uni au chlore, mais l'oxygène, se trouvant en présence du protoxyde de fer, corps déjà oxydé il est vrai, mais néanmoins avide d'oxygène, n'a pas été mis en liberté, il s'est fixé au protoxyde, et, après la réaction, le liquide contient du sulfate de sesquioxyde de fer.

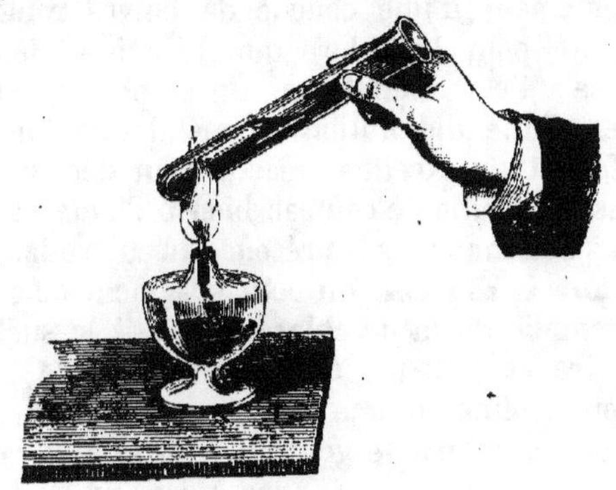

Fig. 84.

Le chlore fournit donc un puissant *moyen d'oxydation* et permet de transformer facilement un sel à base de protoxyde en un sel à base plus oxygénée.

Le chlore dissout l'or. Expérience *g.* Des fragments d'or fin battu,

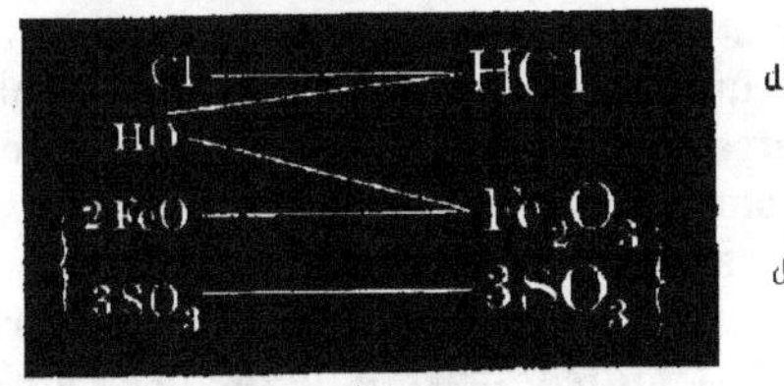

jetés dans l'eau de chlore, ne tardent pas à disparaître, et le liquide prend une teinte jaune due à une combinaison directe du chlore avec l'or, le chlorure d'or, qui est soluble dans l'eau. Le chlore a une *grande affinité* pour les métaux, avec lesquels il forme des combinaisons ayant les caractères des sels; ces combinaisons ont reçu le nom de chlorures, et la plupart d'entre elles sont solubles dans l'eau.

Chloruration des métaux. EXPÉRIENCE *h.* Si, dans un flacon rempli de chlore gazeux, on projette de l'antimoine en poudre, ce métal, devenu incandescent, tombe en formant une vraie pluie de feu, due à sa combinaison énergique avec le chlore. Les fumées blanches qui se produisent dans le flacon sont du *chlorure d'antimoine* qui a pris naissance. Si l'on plonge dans un flacon rempli de chlore un fil de laiton au bout duquel est enroulé un peu d'or faux battu, le fil devient incandescent et brûle dans le chlore, c'est-à-dire qu'il se combine avec lui. Le laiton étant un alliage de zinc et de cuivre, il se forme du chlorure de zinc et du chlorure de cuivre, tous deux solubles dans l'eau, à laquelle le dernier communique une teinte verte.

Le fer déplace le cuivre. EXPÉRIENCE *i.* Si l'on plonge dans la dissolution ainsi obtenue une lame de couteau bien-brillante, elle se couvre rapidement d'une couche de cuivre rouge. Le fer, ayant plus d'affinité pour le chlore que le cuivre, déplace ce dernier, qui se dépose à l'état métallique. On emploie quelquefois ce moyen pour retirer d'une dissolution un métal que l'on remplace par un autre. Le fer est un excellent réactif pour découvrir la présence du cuivre, aussi une lame de couteau bien brillante est-elle le moyen le plus simple pour constater la présence du cuivre dans les fruits confits.

153. Chlore et sodium. Un petit fragment de sodium, jeté dans une tasse remplie d'eau de chlore, s'agite à la surface comme dans l'eau ordinaire et finit par disparaître; mais le liquide n'aura pas une réaction alcaline comme au § 67, ne bleuira pas le papier de tournesol, et n'aura pas le goût de lessive : il sera salé (si la quantité de chlore est suffisante). Exposé dans un endroit chaud, il déposera, après évaporation, de petits cristaux cubiques composés de chlore et de sodium. Les deux éléments, en se combinant, ont donné naissance à un sel, le chlorure de sodium, ou sel de cuisine.

154. Chloruration. Le chlore présente avec l'oxygène et le soufre cette analogie, qu'il peut, comme eux, se combiner avec les corps simples en diverses proportions, et produire ainsi différents degrés de chlorures, comme il en existe pour les oxydes et les sulfures. A chaque oxyde métallique correspond en général un sulfure ou un chlorure dont le nom est précédé des mêmes particules. Il y a le *protochlorure,* le *sesquichlorure* et le *deuto* ou *bichlorure;* le tableau suivant représente bien cette analogie; la lettre M désigne le métal :

Protoxyde	MO	Protosulfure	MS	Protochlorure	MCl
Sesquioxyde	M^2O^3	Sesquisulfure	M^2S^3	Sesquichlorure	M^2Cl^3
Bioxyde	MO^2	Bisulfure	MS^2	Bichlorure	MCl^2

IODE (I)

Équivalent = 127 ou 1587,5. Densité = 4,948.

Découvert par Courtois en 1811. Reconnu corps simple par Gay-Lussac.

155. **Iode.** L'iode est un corps solide à éclat semi-métallique analogue à celui de la plombagine; son odeur rappelle un peu celle du chlore, sa saveur est styptique; il colore la peau en jaune quand on le touche.

Solubilité de l'iode. EXPÉRIENCE. 1 gr. d'iode, agité dans un flacon avec 10 gr. d'alcool fort, doit se dissoudre en totalité, s'il est pur. La solution, d'un brun foncé, a reçu le nom de teinture d'iode. L'iode est peu soluble dans l'eau, il la colore en jaune brunâtre et lui communique une saveur astringente.

Volatilité. EXPÉRIENCE. Si l'on chauffe sur une lame de fer quelques grains d'iode, ils fondent et donnent naissance à des vapeurs d'un beau violet. Ces vapeurs tombent, parce qu'elles sont neuf fois plus denses que l'air; ce corps leur doit son nom, qui signifie violet. En faisant l'expérience dans un ballon ou dans une fiole, on verra mieux les vapeurs d'iode, qui se déposent par le refroidissement sur les parois du vase en petits cristaux brillants; c'est une preuve qu'un corps peut prendre une forme cristalline régulière en passant directement de l'état gazeux à l'état solide.

Coloration de l'amidon. EXPÉRIENCE. Si, après refroidissement, on ajoute une goutte de teinture d'iode à une petite pincée d'amidon qu'on aura préalablement fait bouillir dans un tube d'essai avec 10 cent. cubes d'eau, le liquide prend une belle teinte bleue due à une combinaison de l'iode avec l'amidon. La chaleur fait disparaître cette coloration, qui revient par le refroidissement. Une goutte de cette teinture d'iode dans un grand verre plein d'eau colore encore celle-ci en violet en présence de l'amidon. Ce métalloïde est un réactif précieux pour découvrir les plus faibles traces d'amidon, et, réciproquement, l'amidon est un excellent agent pour rechercher l'iode. Une goutte de teinture d'iode sur de la farine, du pain, de la pomme de terre, etc., sur toute matière amylacée, les colore en bleu.

BROME (Br).

Équivalent = 80 ou 1250. Densité = 2,97.

Découvert par M. Balard en 1826 dans l'eau de mer.

156. **Brome.** Le brome est un liquide d'un rouge brun foncé, presque noir en masse un peu forte. Son nom, qui signifie mauvaise odeur, lui a été donné parce qu'il répand dans l'air, à la température ordinaire, des vapeurs jaunes d'une odeur pénétrante et repoussante, analogue à celle du chlore. Il colore la peau et l'amidon en jaune.

L'iode et le brome ont avec le chlore la plus grande analogie; comme lui, ils ont une grande affinité pour l'hydrogène et se combinent avec les métaux pour former des iodures et des bromures qui, de même que les chlorures, se comportent comme des sels. Une plaque d'argent poli, maintenue sur de la vapeur d'iode ou de brome, devient d'abord jaune, puis violette, et enfin bleue, colorations dues à la combinaison du métal avec ces corps. La faible couche d'iodure ou de bromure d'argent qui a pris naissance se décompose presque instantanément au soleil, lentement à l'ombre, et se conserve dans l'obscurité; c'est sur cette propriété qu'est fondée la reproduction des objets au daguerréotype. On emploie aussi l'iode et le brome en médecine pour combattre le goitre, les scrofules, etc.

Ces deux corps accompagnent presque toujours le chlore; là où s'est accumulée une grande quantité de sel, soit dans les salines, soit dans l'eau de mer ou des sources salées, on en trouve toujours de faibles quantités en combinaison avec des métaux. Les plantes marines jouissent de la propriété de soutirer ces combinaisons à l'eau de mer, aussi est-ce des cendres de ces végétaux qu'on retire l'iode et le brome. Ces deux substances sont des poisons.

FLUOR (Fl).

Équivalent = 19 ou 237,5.

Fluor. Le fluor est un corps analogue au chlore, mais qu'on n'a pas encore réussi à isoler. Le minerai cristallisé en cube, appelé *spath-fluor,* est composé de fluor et de calcium (fluorure de calcium).

CYANOGÈNE (C²Az ou Cy).

Découvert par Gay-Lussac en 1815 et considéré comme radical composé.

157. Cyanogène. Le bleu de Prusse est composé de trois corps :
le fer, le carbone et l'azote; ces deux derniers sont engagés dans
une combinaison que l'on pourrait considérer comme *corps simple*
d'après ses caractères; c'est ce qui nous détermine à ranger cette
combinaison parmi les métalloïdes sous le nom de *cyanogène* Le cyanogène fait exception à cette règle, qu'un corps simple ne se combine qu'avec un autre corps simple, et un corps composé avec un
autre corps composé. Il se comporte envers les autres corps comme
le chlore, l'iode, le brome et le fluor; il est gazeux; en se combinant avec l'hydrogène il donne naissance à un acide, l'acide cyanhydrique, poison violent, et forme des cyanures avec les métaux. Les
cyanures sont analogues aux sels. Le cyanogène forme avec le fer
une combinaison d'une belle couleur bleue; de là son nom tiré du
grec, *cyanos*, bleu.

Les quatre métalloïdes, chlore, iode, brome, fluor, ainsi que le
cyanogène, se distinguent par les caractères suivants :

1ᵉ Ils ont plus d'affinité pour l'hydrogène que pour l'oxygène, avec.
lequel on ne peut les combiner directement.

2° Ils donnent naissance à des acides en se combinant avec l'hydrogène (hydracides).

3° Leurs combinaisons avec les métaux sont des sels. Ils ont reçu
le nom de *sels haloïdes,* pour les distinguer des sels formés par la
combinaison d'un oxacide avec une base.

C'est cette dernière propriété qui a fait donner à ces corps simples
le nom de *halogènes.*

RÉSUMÉ.

(1) Les cristaux peuvent se former : 1° dans une *solution,* par le refroidissement (nitre) ou l'évaporation (sel marin); 2° pendant la solidification des matières en *fusion,* et 3° par la condensation de vapeurs qui
prennent l'état solide (neige, iode).

(2) Certains corps affectent des formes régulières dans les cristaux;
d'autres, au contraire, n'ont aucune forme déterminée : ils sont *amorphes*
(vitreux, pulvérulents). Beaucoup de corps peuvent prendre plusieurs

formes déterminées ou indéterminées : on les dit alors dimorphes, polymorphes (charbon, soufre).

(3) Outre des matières solides l'eau peut dissoudre des gaz (chlore, acide sulfhydrique, etc.), et cela en quantité d'autant plus forte qu'elle est plus froide. ·

(4) La lumière peut, comme la chaleur, déterminer ou détruire des combinaisons chimiques.

(5) C'est au moment où un corps se dégage d'une combinaison, à l'état naissant, qu'il possède le plus de tendance à s'unir à un autre corps.

(6) Il y a des corps composés qui peuvent exceptionnellement se combiner avec des corps simples, comme s'ils étaient corps simples eux-mêmes (cyanogène).

QUATRIÈME GROUPE DES MÉTALLOÏDES.

BORE (B). ·

Équivalent = 11 ou 137,5. Densité = 2,68.

Isolé en 1808 par Gay-Lussac et Thénard. Obtenu dans ces derniers temps en quantité notable à l'état amorphe et à l'état cristallisé par MM. Wœhler et Deville.

SILICIUM (Si).

Équivalent = 14 ou 175. Densité = 2,49.

Isolé par Berzélius en 1823.

158. Bore et silicium. Ces deux substances ne se trouvent dans la nature que combinées avec l'oxygène : le bore assez rarement et à l'état d'acide borique, le silicium partout et à l'état de silice, qui constitue une grande partie du globe. On n'avait encore isolé ces deux corps qu'à l'état de poudre grise amorphe ; ce n'est que dans ces derniers temps qu'on a obtenu le bore en cristaux opaques semblables au graphite et en cristaux transparents ayant la dureté du diamant, avec lequel ils ont du reste la plus grande analogie. A l'état d'acides borique et silicique, le bore et le silicium forment, avec beaucoup de bases, des sels fusibles et vitreux, quand ils sont amorphes (verre, émail, scories).

RÉSUMÉ DES MÉTALLOÏDES.

(1) Les métalloïdes, sauf quelques exceptions, ne jouissent pas de l'éclat métallique.

(2) Ils sont en général mauvais conducteurs de la chaleur et de l'électricité (ceux qui sont cristallisés exceptés). Les métaux, au contraire, sont bons conducteurs.

(3) Dans toute décomposition par la pile d'une combinaison d'un métalloïde et d'un métal, le métalloïde se rend toujours au pôle positif (pôle zinc), et le métal au pôle négatif (pôle cuivre). Les pôles attirant les corps doués de l'électricité qui leur est opposée, les métalloïdes sont électro-négatifs et les métaux électro-positifs.

(4) Les métalloïdes se combinent presque tous avec l'hydrogène, quelques-uns donnent naissance à des hydracides ; les métaux, au contraire, ne se combinent pas avec l'hydrogène.

(5) Les métalloïdes, en se combinant avec l'oxygène, ne forment avec lui que des oxydes neutres ou à réactions acides, *oxacides*, et jamais de bases. Les métaux, en se combinant avec l'oxygène, donnent tous naissance à des bases, quelquefois aussi à des acides.

(6) D'après leur état d'agrégation à la température ordinaire, il y a :

     9 métalloïdes solides : **C. S. Se. Te. Ph. As. I. B. Si.**

     1 métalloïde liquide : **Br.**

     5 métalloïdes gazeux : **O. H. Az. Cl. Fl. (Cy).**

(7) D'après leurs analogies, on peut distinguer les métalloïdes en quatre groupes :

1er groupe, organogènes, qui engendrent les matières organiques : **O. H. Az. C**

2e	»	pyrogènes,	» le feu : **S. Ph. Se. Te.**
3e	»	halogènes,	» des sels : **Cl. I. Br. Fl. (Cy.).**
4e	»	hyalogènes,	» du verre : **B. Si.**

ACIDES

PREMIER GROUPE. — Acides oxygénés ou combinaisons des métalloïdes avec l'oxygène.

AZOTE ET OXYGÈNE.

Acide azotique ou nitrique (HO, AzO^5 ou HO, NO^5). — Découvert par Raymond Lulle vers 1225. Cavendish en fit connaître les principes constituants en 1784, et Gay-Lussac la véritable composition en 1816.

159. Préparation de l'acide azotique monohydraté (HO, AzO^5). Expérience. On introduit dans une petite cornue 20 grammes de salpêtre, puis un poids égal d'acide sulfurique, et on laisse la cornue relevée pendant quelque temps pour permettre à l'acide retenu dans le col de s'écouler. Le col étant à peu près sec, on l'introduit dans un ballon, après avoir placé la cornue sur un bain de sable (fig. 85). On immerge le ballon sous l'eau, pour éviter que la température ne

Fig. 85.

s'y élève. Le col de ce ballon est relié à celui de la cornue par une bande de papier humide ; de plus, pendant qu'on chauffe le bain de sable, il faut verser à plusieurs reprises de l'eau froide sur le ballon, où se condense un liquide jaunâtre, fumant, plus dense que l'eau, *l'acide azotique*. Le salpêtre est un sel formé d'acide azotique et d'une base. Cette base n'est autre que l'oxyde de potassium ou potasse, dont la formule est KO. L'acide sulfurique étant plus fort, c'est-à-dire ayant pour la potasse plus d'affinité que l'acide azotique, déplace ce dernier, qui, sous l'influence de la chaleur, se transforme

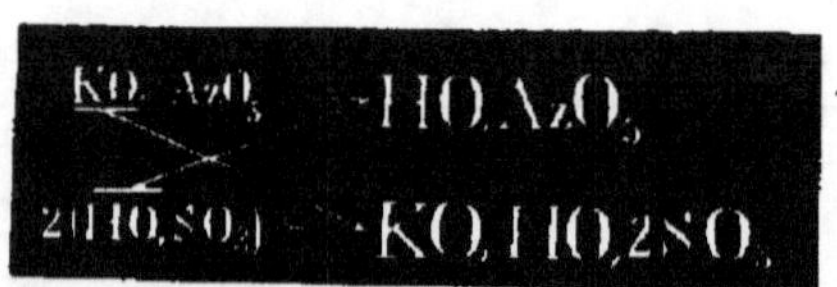

$$KO,AzO_5 \qquad HO,AzO_5 \qquad \text{volatil.}$$
$$2(HO,SO_3) \qquad KO,HO,2SO_3 \qquad \text{fixe.}$$

en vapeurs et va se condenser dans le ballon refroidi. Théoriquement, la moitié de l'acide sulfurique que nous avons employé suffirait pour déplacer l'acide azotique ; mais alors ce dernier se décomposerait en grande partie. Le sel qui reste dans la cornue à la fin de l'opération a une réaction très-acide, c'est le *bisulfate* de potasse ; si l'on n'avait employé que 10 grammes d'acide sulfurique, le sel obtenu serait au contraire du *sulfate neutre* de potasse.

Composition de l'acide azotique. L'acide azotique se compose des mêmes éléments que l'air, mais en proportions différentes. Ainsi l'air renferme 4 volumes d'azote pour 1 d'oxygène, et l'acide azotique renferme la même quantité d'azote combinée avec 10 volumes d'oxygène, ou, plus exactement, 2 volumes Az ou N (1 équivalent) unis à 5 volumes O (5 équivalents); tandis que ces deux gaz ne sont que mélangés dans l'air, ils sont combinés dans l'acide azotique. C'est là un exemple frappant des modifications qu'éprouvent les corps quand ils se combinent chimiquement. Dans le premier cas, les deux gaz forment l'air nécessaire à l'entretien de la vie, dans le second, un de nos acides les plus énergiques.

On pourrait croire facile la production directe de l'acide azotique par la combinaison des éléments de l'air, mais il n'en est pas ainsi; l'azote gazeux est un des corps les plus indifférents de la chimie, aussi ne parvient-on à le fixer directement, et même en très-petite quantité, que par des moyens énergiques, l'étincelle électrique, par exemple.

On ne peut obtenir l'acide azotique pur (anhydre) que par des réactions difficiles et en s'entourant de précautions excessives. Celui qu'on prépare généralement par le procédé que nous venons d'indiquer renferme toujours, pour 1 équivalent d'acide, 1 équivalent, soit 17 pour 100, d'eau, que l'on ne peut lui enlever directement sans le décomposer en oxygène et en un autre composé azoté; même chose arrive pour beaucoup de matières organiques. Cette eau a reçu le nom d'*eau de constitution*, parce qu'elle est nécessaire à l'existence du corps; c'est en cela qu'elle diffère de l'eau de cristallisation, dont les corps n'ont besoin que pour affecter une forme régulière. L'acide préparé plus haut est *monohydraté*, c'est-à-dire qu'il contient 1 équivalent d'eau pour 1 équivalent d'acide. Dans l'industrie, la préparation se fait dans de grands cylindres en fonte, et l'acide obtenu est généralement 3 à 4 fois plus faible que le précédent.

160. Expériences avec l'acide azotique. EXPÉRIENCE *a*. Une goutte d'acide azotique dans 50 cent. cubes d'eau rendra celle-ci sensiblement acide; cette réaction, même à un état de dilution plus considérable, a encore de l'influence sur le papier bleu de tournesol.

EXPÉRIENCE *b*. Pour détruire la réaction acide, on peut employer l'ammoniaque, qui est une *base* : elle a le goût de lessive, reste sans action sur le papier bleu de tournesol et bleuit le papier rouge ; son odeur est très-pénétrante.

EXPÉRIENCE *c*. Si l'on ajoute avec précaution, et par petites portions, de l'acide azotique à 15 grammes d'ammoniaque étendue d'eau, jusqu'à ce que le liquide devienne sans action et sur le papier rouge et sur le papier bleu, on observera que le goût acide ou alcalin des deux liquides a disparu ; il reste une solution douée d'une saveur *salée*. On a opéré la *neutralisation* des deux corps. Le liquide, évaporé et séché à une température douce, laissera pour résidu un sel blanc, l'azotate d'ammoniaque, d'où l'on peut facilement dégager soit l'acide, soit l'alcali.

Un des caractères des acides est de perdre leurs propriétés et de *donner naissance à des corps nouveaux appelés sels quand ils se combinent avec les bases.*

Action de l'acide azotique sur les oxydes métalliques. Expérience d. Du plomb fortement chauffé à l'air pendant quelque temps se transforme, par sa combinaison avec l'oxygène, en une matière lamelleuse d'un jaune rougeâtre, la litharge. Une petite quantité de litharge introduite dans un tube d'essai avec un peu d'acide azotique, et chauffée doucement, se dissoudra presque en totalité. La solution, filtrée à chaud, laissera déposer par le refroidissement des cristaux blancs de nitrate de plomb. Cette réaction prouve que l'oxyde de plomb est une base et qu'il se combine avec les acides pour former des sels. Le sel ainsi obtenu est soluble dans l'eau pure.

L'acide azotique dissout la plupart des oxydes métalliques et donne naissance à des sels qui sont tous solubles dans l'eau. Cette propriété est souvent utilisée pour dissoudre la couche d'oxyde qui se forme à la surface des métaux.

Action de l'acide azotique sur les métaux. Expérience e. Si, au lieu de litharge, on introduit dans l'acide azotique quelques grains de plomb, ceux-ci ne tardent pas à se dissoudre en donnant naissance à d'abondantes vapeurs rouges d'une odeur asphyxiante désagréable. Ces vapeurs sont formées par un corps moins oxygéné que l'acide azotique, l'acide hypoazotique; l'oxygène perdu s'est porté sur le plomb et l'a transformé en oxyde. Une partie de l'acide azotique se décompose, tandis que l'autre se combine avec la base produite, et forme le même sel que celui obtenu précédemment avec la litharge. Sa solution, évaporée jusqu'à formation d'une pellicule, laissera déposer des cristaux blancs, en tout point semblables aux premiers.

L'acide azotique agit donc de deux manières : il oxyde d'abord le plomb, et se combine ensuite avec lui. On dit que le métal s'est dissous ; cependant ce n'est pas là une vraie dissolution comme celle du sel ou du sucre, dont la substance ne subit aucun changement; car, ici, ce n'est plus du plomb, mais de l'azotate d'oxyde de plomb, qui s'est dissous dans l'eau. Il en est de même de tous les métaux dissous dans l'acide azotique, tels que l'argent, le mercure, le cuivre, le fer, etc. Cet acide n'attaque pas l'or : aussi l'emploie-t-on souvent pour séparer ce métal d'avec d'autres, comme l'argent, le cuivre, etc.

Action de l'acide azotique sur les métalloïdes. Expérience f. L'acide azotique agit sur les métalloïdes de la même manière que sur les métaux, il les oxyde : le carbone, qui y est porté à l'ébullition, se transforme en acide carbonique, le soufre en acide sulfurique, le phosphore en acide phosphorique, etc., toujours avec dégagement de vapeurs rouges d'acide hypoazotique.

Action de l'acide azotique sur les matières organiques. Expérience *g.* Les matières organiques, telles que la laine, les plumes, le bois, l'indigo, etc., sont oxydées et décomposées par l'ébullition avec l'acide azotique. C'est une véritable combustion par voie humide. Plongées pendant un temps très-court dans cet acide froid, les matières organiques azotées prennent une couleur jaune : cette propriété est quelquefois mise à profit pour jaunir le bois ou la soie ; l'acide azotique produit aussi des taches jaunes sur les mains ou sur les habits qui en reçoivent quelques gouttes. Plusieurs matières organiques dépourvues d'azote, mais particulièrement le coton, éprouvent un notable changement quand on les immerge pendant un temps très-court dans l'acide azotique monohydraté : c'est ainsi que du coton, lavé et séché après cette immersion, s'enflamme comme de la poudre et même plus facilement encore (435). L'acide azotique monohydraté est décomposé par les rayons directs du soleil et se colore en jaune. De l'eau colorée avec une goutte de solution d'*indigo* et portée à l'ébullition est immédiatement décolorée par l'addition d'une goutte d'acide azotique. Cette réaction sert à faire reconnaître la présence de l'acide azotique, et, aujourd'hui, l'indigo fournit le moyen le plus parfait non-seulement pour rechercher, mais aussi pour doser les plus petites quantités de cet acide.

Nous avons vu que l'acide azotique se décompose facilement et dégage de l'oxygène qui, à l'état naissant, a une grande tendance à s'unir à d'autres corps : aussi cet acide est-il un des oxydants les plus énergiques et le plus généralement employés.

Déflagration. Expérience *h.* Les azotates se décomposent presque aussi facilement que l'acide azotique lui-même. Si l'on jette sur des charbons ardents l'azotate obtenu en *d* ou *e* après l'avoir réduit en poudre, il se décompose promptement et laisse pour résidu de petits grains de plomb. L'acide est décomposé en azote et en oxygène. Cet oxygène, ainsi que celui de l'oxyde de plomb, se combine avec le charbon et donne naissance à de l'acide carbonique : c'est de la production rapide de ce dernier corps que provient le sifflement qui fait dire que les azotates *fusent* quand on les projette sur des charbons incandescents.

161. Acides hypoazotique et azoteux. *Acide hypoazotique* (AzO^4). Ce corps se forme comme produit accessoire pendant les phéno-

mènes d'oxydation au moyen de l'acide azotique. A la température
ordinaire Il se présente en vapeurs rouges très-asphyxiantes et qui,
à une température basse, se condensent en un liquide jaune brunâtre. Il faut éviter l'inhalation de ces vapeurs : elles sont préjudi-
ciables aux organes de la respiration. L'acide azotique peut dissoudre
de grandes quantités d'acide hypoazotique : il prend alors une couleur brune presque noire. Quand on l'étend d'eau, la solution subit diverses colorations, vert, bleu, et finit par devenir incolore.

L'acide hypoazotique, considéré pendant longtemps comme un
acide particulier, paraît n'être qu'une combinaison de l'acide azotique, AzO^5, avec l'acide azoteux, AzO^3; en effet, il ne donne jamais naissance à des hypoazotates, mais à un mélange d'azotate et
d'azotite.

Acide azoteux, AzO^3. Composé très-difficile à obtenir et d'une
grande instabilité ; c'est un liquide bleu qui bout en se décomposant
à — 10°.

162. **Bioxyde d'azote**, AzO^2. Dans un petit flacon muni d'un tube
de dégagement (fig. 86), on introduit des fragments de cuivre ou de
la monnaie de billon, puis de l'acide azotique du commerce, jusqu'à
ce que se produise une effervescence due au dégagement d'un gaz que
l'on recueillera sur la cuve à eau en en laissant échapper les premières
bulles. Ce gaz, appelé *deutoxyde* ou *bioxyde d'azote*, est composé de

Fig. 86.

2 volumes (1 équivalent) d'azote et de 2 volumes (2 équivalents)
d'oxygène. Le flacon bouché sous l'eau paraît vide; ouvert au contact
de l'air, il se remplira immédiatement de vapeurs rouges. Le bioxyde

d'azote absorbe, dans ce cas, 2 équivalents d'oxygène de l'air et se transforme en acide hypoazotique; de AzO^2, il devient AzO^4. On tire parti de cette réaction pour la fabrication de l'acide sulfurique (172). C'est toujours à l'état de bioxyde que l'azote se dégage dans les phénomènes d'oxydation par l'acide azotique ; les vapeurs rouges ne prennent naissance qu'au contact de ce gaz avec l'air atmosphérique. La réaction, du reste, est facile à comprendre : l'acide azotique, AzO^5, abandonne au cuivre 5 équivalents d'oxygène et devient AzO^2; l'oxyde de cuivre forme, avec l'excès d'acide, de l'azotate de cuivre que l'on obtiendra en beaux cristaux bleus en faisant évaporer le liquide dans lequel le métal s'est dissous.

163. **Protoxyde d'azote**, AzO. Le protoxyde d'azote est formé de 2 volumes (1 équivalent) d'azote et de 1 volume (1 équivalent) d'oxygène; c'est un gaz incolore, inodore, qui peut entretenir la combustion et la respiration; dans ce dernier cas, il jouit de propriétés enivrantes qui lui ont valu le nom de gaz *hilariant;* c'est un anesthésique qui n'est pas sans dangers. On obtient facilement ce gaz en décomposant par la chaleur dans l'appareil (fig. 69) l'azotate d'ammoniaque sec (préparé § 160, expérience *c*) : le résultat est de l'eau et du protoxyde d'azote.

La série des cinq composés oxygénés de l'azote prouve l'exactitude de cette loi de Gay-Lussac que, *dans toute combinaison des gaz, leurs volumes sont toujours entre eux en rapports simples.* Nous savons qu'il en est ainsi pour les équivalents. Ainsi :

$$
\begin{aligned}
2 \text{ volumes Az ou } 1 \text{ équivalent} &+ 5 \text{ volumes O ou } 5 \text{ équivalents} = AzO^5 \\
2 \quad\text{»}\quad\text{»}\quad 1 \quad\text{»} &+ 4 \quad\text{«.}\quad\text{»}\quad 4 \quad\text{»} = AzO^4 \\
2 \quad\text{»}\quad\text{»}\quad 1 \quad\text{»} &+ 3 \quad\text{»}\quad\text{»}\quad 3 \quad\text{»} = AzO^3 \\
2 \quad\text{»}\quad\text{»}\quad 1 \quad\text{»} &+ 2 \quad\text{»}\quad\text{»}\quad 2 \quad\text{»} = AzO^2 \\
2 \quad\text{»}\quad\text{»}\quad 1 \quad\text{»} &+ 1 \quad\text{»}\quad\text{»}\quad 1 \quad\text{»} = AzO
\end{aligned}
$$

2 volumes ou 1 équivalent d'azote correspond à 14 unités de poids; 1 volume ou 1 équivalent d'oxygène à 8 de ces mêmes unités.

CARBONE ET OXYGÈNE.

Acide carbonique (CO^2), appelé *air fixe* par Black en 1757; composition déterminée par Lavoisier en 1781. Il a été liquéfié par Faraday en 1823 et solidifié par Thilorier en 1835.

164. **Acide carbonique.** Nous avons déjà vu que le carbone, en brûlant dans un excès d'oxygène, donne naissance au gaz acide carbonique (115), et nous avons constaté la présence de ce gaz au

moyen de l'eau de chaux, qu'il trouble en formant avec cette base un sel blanc insoluble, le carbonate de chaux. La craie, la pierre calcaire, le marbre, ne sont autre chose que du carbonate de chaux et peuvent servir à préparer des quantités considérables de gaz acide carbonique pur.

Expérience. Dans un flacon de 250 cent. cubes environ, à moitié rempli d'eau rendue acide par l'addition de 20 grammes d'acide azotique, on jette quelques fragments de craie ou de pierre calcaire, puis on adapte à ce flacon un tube abducteur plongeant dans la cuve à eau (fig. 86). Une vive effervescence se manifeste, et le gaz dégagé peut être recueilli comme à l'ordinaire. L'acide azotique, étant plus énergique que l'acide carbonique, rend libre ce dernier et s'unit à la chaux (60) pour former avec elle de l'azotate de chaux, CaO,AzO^5, sel très-soluble que l'on peut obtenir à l'état solide en évaporant la dissolution claire restée dans le flacon.

$$\begin{array}{lll} CaO,CO_2 & \longrightarrow & CO_2 \quad \text{(gazeux.)} \\ HO,AzO_5 & \longrightarrow & CaO,AzO_5 \\ & & HO \end{array} \quad \text{(fixe.)}$$

Expérience. On répète la même préparation en substituant à l'acide azotique 20 grammes d'acide sulfurique concentré (HO,SO^3), que l'on mélangera préalablement avec 4 fois son poids d'eau (84). Dans ce cas, il y aura encore dégagement d'acide carbonique, mais avec formation de sulfate de chaux. Le liquide restera trouble, parce que le sel produit (CaO,SO^3) est très-peu soluble dans l'eau : c'est du plâtre, qu'il n'y a plus qu'à recueillir sur un filtre, à laver et à sécher.

$$\begin{array}{lll} CaO,CO_2 & \longrightarrow & CO_2 \quad \text{(gazeux.)} \\ HO,SO_3 & \longrightarrow & CaO,SO_3 \\ & & HO \end{array} \quad \text{(fixe.)}$$

Expérience. Une solution d'azotate de chaux, à laquelle on ajoute peu à peu de l'acide sulfurique, se trouble, devient laiteuse et dépose une matière blanche. C'est encore du plâtre, car l'acide sulfurique, plus énergique que l'acide azotique, s'est uni à la chaux en le déplaçant.

$$\begin{array}{lll} CaO,AzO & & HO,AzO \quad \text{(très-soluble.)} \\ HO,SO_3 & & CaO,SO_3 \quad \text{(peu soluble.)} \end{array}$$

165. Expériences avec l'acide carbonique. Expérience *a.* Un papier

bleu de tournesol, humecté et maintenu dans le gaz acide carbonique, prend une teinte rouge vineuse; il redeviendra bleu à l'air,
parce que l'acide, étant volatil, s'évapore.

Expérience *b*. Une bougie ou tout autre corps allumé s'éteint dans
le gaz acide carbonique; un animal y meurt : ce gaz est donc impropre à la combustion et à là respiration.

Expérience *c*. En renversant sur un flacon plein d'air un autre
flacon plein d'acide carbonique, on verra au bout de quelque temps
une bougie allumée, plongée dans le vase inférieur, s'y éteindre,
tandis qu'elle continuerait à brûler dans l'autre : l'acide carbonique,
plus dense que l'air, est tombé au fond, comme l'aurait fait de l'eau,
et l'air atmosphérique l'a remplacé dans le flacon supérieur. Une
bougie sur laquelle on verse de l'acide carbonique, au moyen d'un
flacon à large goulot rempli de ce gaz, s'éteint rapidement.

Diffusion des gaz. Expérience *d*. En répétant l'expérience *c*, mais
avec cette différence que le flacon plein d'acide carbonique sera placé
sous le flacon rempli d'air (fig. 87), on peut se convaincre au bout
de quelque temps, en agitant les deux
flacons avec de l'eau de chaux que le
mélange gazeux est le même dans
chacun d'eux. Cette propriété qu'ont
les gaz, même de densités très-différentes, de se mêler entre eux, a reçu
le nom de *diffusion des gaz*. Elle joue
un grand rôle dans les phénomènes de
la nature; c'est grâce à elle que l'atmosphère, bien que soumise à des
causes incessantes d'altération, présente néanmoins partout une même
composition.

Solubilité de l'acide carbonique.
Expérience *e*. Si l'on remplit à moitié
d'eau froide un flacon plein d'acide
carbonique, le doigt qui en ferme l'o-
rifice se trouvera attiré vers l'intérieur
de la bouteille, ce qui prouve qu'il s'y
est produit un vide. Le gaz acide carbonique s'est dissous dans l'eau ;
celle-ci, à la température ordinaire,
et à l'air libre, en dissout un volume

Fig. 87.

égal au sien; et, sous pression, elle se charge d'autant de fois son
volume de gaz qu'il y a d'atmosphères de pression; elle acquiert alors

un goût sensiblement acide et la propriété de mousser, due à l'acide carbonique qui se dégage tumultueusement. Des eaux de ce genre surgissent quelquefois naturellement du sein de la terre, à Selters, par exemple, et sont utilisées comme médicaments; car l'acide carbonique, délétère dans les organes respiratoires, n'a aucun effet nuisible dans l'appareil digestif, et est souvent, au contraire, considéré comme salutaire pour ces organes; on l'emploie même aujourd'hui à l'état gazeux en bains et en douches, pur ou mélangé à l'air, pour combattre certaines maladies, notamment celles qui affectent les yeux. La mousse du vin de Champagne, de la bière, etc., est due à l'acide carbonique produit pendant la fermentation et comprimé dans des vases hermétiquement fermés.

Pour la préparation des eaux *gazeuses artificielles* on fait usage de différents appareils; celui qui est représenté (fig. 88) peut servir à expliquer le système. C'est une cruche en grès séparée en deux parties d'inégales grandeurs, B et C, par une cloison A. On emplit d'eau la partie supérieure jusqu'en C, et on la bouche, puis on introduit en B, par l'ouverture *b*, une petite quantité d'eau et un mélange de bicarbonate de soude et d'acide tartrique, puis on ferme rapidement. L'acide carbonique dégagé traverse les petites ouvertures *a* ménagées dans la cloison, se dissout en traversant le liquide ou s'accumule à sa surface, sur laquelle il exerce une pression assez forte pour faire jaillir l'eau au dehors, à travers un tube plongeant jusqu'au fond, dès qu'on appuie la main sur le piston. Avant de faire usage de cet appareil, il est prudent de s'assurer si les ouvertures *a* ne sont point obstruées, car, si le gaz, comprimé dans la partie B, ne trouvait pas d'issue, il pourrait déterminer l'explosion de l'appareil.

Fig. 88.

Expérience *f*. En versant du *vinaigre* sur un morceau de *craie* on provoque le dégagement de l'acide carbonique. L'acide acétique du vinaigre, quoiqu'il soit lui-même très-faible, ne laisse pas que de déplacer l'acide carbonique, à cause de l'extrême tendance de ce dernier à prendre l'état gazeux. Comprimé à 0° sous une pression de 36 atmosphères, l'acide carbonique passe à l'*état liquide* et produit alors, en reprenant l'état gazeux, un abaissement de température évalué à — 100°, et assez fort pour lui faire prendre à lui-même l'*état solide* et lui donner l'aspect de la neige.

166. Décomposition de l'acide carbonique. L'expérience suivante démontre clairement que l'acide carbonique, qui est un gaz incolore, contient du carbone. On adapte à un flacon, où se produit un dégagement d'acide carbonique (164), un tube d'un assez gros diamètre, dans lequel on introduit, après l'avoir essuyé avec du papier à filtrer, un fragment de potassium de la grosseur d'un pois (fig. 89), et que l'on chauffe ensuite avec une lampe. Le potassium est un métal analogue au sodium; il a une telle affinité pour l'oxygène, que, sous l'influence de la chaleur, il l'enlève même à l'acide carbonique. Il se forme de l'oxyde de potassium ou potasse (KO), base énergique qui se combine immédiatement avec une partie de l'acide carbonique et forme du carbonate de potasse coloré en noir par le charbon que le potassium a mis en liberté. Si l'on plonge le tube dans l'eau, le carbonate de potasse se dissout, mais le charbon reste et peut être recueilli sur un filtre. La réaction du liquide sera alcaline, car l'acide carbonique n'est pas assez énergique pour dé-

Fig. 89.

truire le caractère alcalin des bases puissantes, telles que la potasse. On peut constater aisément la présence de l'acide carbonique, car un acide plus fort le dégagera avec effervescence.

L'acide carbonique est composé de 1 équivalent ou 6 parties en poids de carbone associé à 2 équivalents ou 16 parties en poids d'oxygène $= CO^2$.

167. Sources d'acide carbonique. L'acide carbonique se *produit* constamment et partout à la surface du globe, mais particulièrement :

a) Dans les contrées volcaniques, comme à Naples, dans la *grotte du Chien*, dans les cavernes de Pyrmont et les fissures des volcans des Andes, d'où il s'en échappe des quantités considérables.

b) Par la *combustion* des matières organiques.

c) Par la *respiration* des hommes et des animaux ; il est aisé de

s'en convaincre en faisant passer, au moyen d'un tube, l'air sortant
des poumons à travers de l'eau de chaux : celle-ci se trouble et laisse
déposer du carbonate de chaux. L'air inspiré abandonne au sang une
partie de son oxygène; celui-ci se combine avec les matières organiques qu'il brûle, et est rejeté à l'état d'acide carbonique; aussi est-il
nécessaire, dans les endroits où se trouve une nombreuse réunion
de personnes et dans ceux où brûle une grande quantité de lu-
mières, de faire échapper constamment l'air vicié chargé de gaz acide
carbonique et de le remplacer par de l'air frais venant du dehors.
Tel est le but de la ventilation.

d) Par la fermentation qui a lieu lors de la préparation des liqueurs alcooliques. Le sucre se transforme en alcool, qui reste dans
le liquide et lui communique ses propriétés enivrantes, tandis que
l'acide carbonique se dégage.

e) Par la décomposition et la putréfaction des matières végétales
et animales. Tous les corps organisés renferment du carbone, qui,
pendant la combustion lente au contact de l'air, s'unit à l'oxygène
et donne naissance à de l'acide carbonique. Il s'en produit donc sur
la terre, dans la mer, dans l'atmosphère, partout enfin où il y a des
êtres organisés. Tout l'acide carbonique qui naît dans ces diverses
circonstances est recueilli par l'atmosphère; s'il s'y accumulait, l'air
finirait par être tellement vicié, qu'il deviendrait impropre à la respiration, et cela d'autant plus rapidement, que la presque totalité de
l'oxygène nécessaire à la formation de l'acide carbonique est sou-
tirée à l'atmosphère. Heureusement les choses ne se passent pas
ainsi : l'acide carbonique étant un des principaux aliments des plantes, celles-ci, en s'assimilant le carbone sous l'influence de la lumière
solaire, mettent l'oxygène en li-
berté (fig. 90).

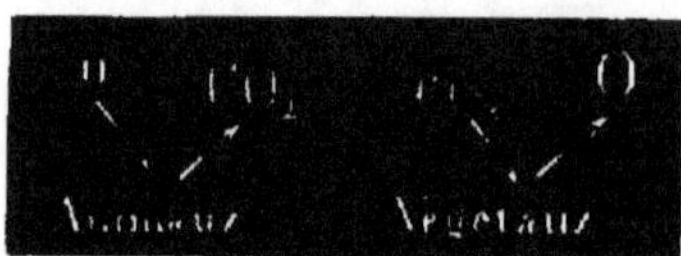

Fig. 90.

Réactif de l'acide carbonique.
Pour reconnaître l'acide carbonique libre, on se sert habituellement d'eau de chaux (115); pour
le rechercher dans les corps solides, on vérifie si ces corps produisent une effervescence avec les acides et si le gaz dégagé est inodore.

L'oxyde de carbone a été étudié déjà (110).

SOUFRE ET OXYGÈNE.

Acide sulfurique (SO³).

168. Acide sulfurique. L'acide sulfurique est un des corps les plus importants de la chimie, car non-seulement il donne naissance, en s'unissant aux bases, à des sels journellement employés, mais il sert à la préparation d'une foule d'autres substances, comme nous l'avons vu pour l'hydrogène, le phosphore, le chlore, l'acide carbonique, etc., etc. Il est employé souvent dans les ménages pour donner du brillant aux métaux, il coopère à la fabrication du cirage, etc. Dans les arts on n'emploie que l'acide sulfurique liquide ou huile de vitriol ; on en a de deux espèces : 1° l'*acide fumant* ou de *Nordhausen*, d'une consistance plus épaisse que 2° l'*acide sulfurique des chambres de plomb*. On peut préparer l'acide sulfurique solide de la manière suivante :

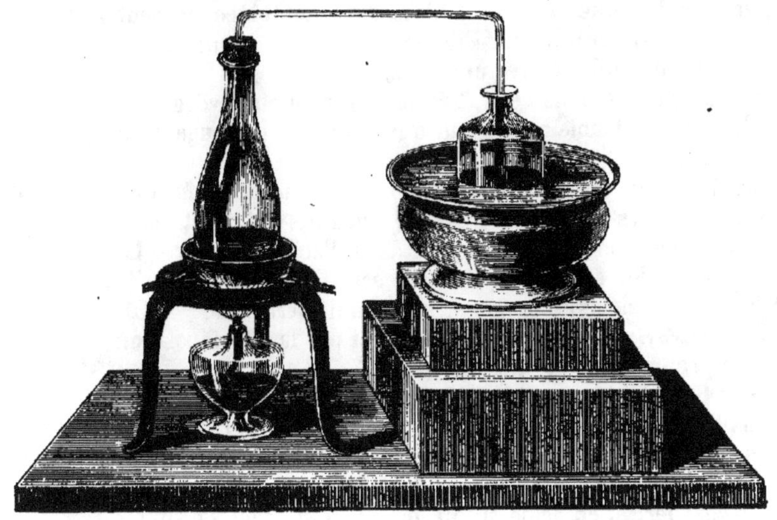

Fig. 91.

169. Acide sulfurique anhydre. Expérience. Dans une fiole placée sur un bain de sable et reliée par un tube à deux courbures à un flacon plongé dans de l'eau aussi froide que possible, on introduit 20 gr. environ d'acide fumant de Nordhausen (fig. 91). On

chauffe jusqu'à ce que l'acide entre légèrement en ébullition; il se
dégage alors des vapeurs qui se répandent à l'air sous forme de fumées blanches, épaisses, d'un goût acide et piquant, mais qui se condensent dans le flacon en aiguilles fines et soyeuses. C'est l'*acide
sulfurique anhydre*. On arrête la distillation quand l'acide cesse de
bouillir et que le tube s'échauffe au point de ne plus pouvoir être
tenu dans la main. Le résidu demeuré dans la fiole ne fume plus
à l'air, c'est de l'acide sulfurique ordinaire; pour le distiller, il faudrait une température près de 10 fois plus élevée, car, tandis que
l'acide hydraté ne bout qu'à 325°, l'acide anhydre se transforme déjà
en vapeur entre 30° et 35°. Aussi l'ébullition cesse-t-elle quand il
s'est dégagé.

Expériences avec l'acide sulfurique anhydre. Expérience *a*. Si, avec
une baguette en verre, on dépose au fond d'un flacon une petite
quantité de l'acide qu'on vient de préparer, ce flacon se remplit de
fumées blanches, et les cristaux, absorbant l'humidité de l'air, se ·
changent en un liquide fumant; mais ce caractère se perd dès que
la quantité d'eau devient plus forte : les vapeurs disparaissent, et il
reste de l'acide sulfurique ordinaire. L'eau ainsi combinée ne peut
d'aucune manière être enlevée directement à l'acide : il faut que ce
dernier soit d'abord combiné avec une base.

Expérience *b*. Projeté dans l'eau, l'acide sulfurique anhydre produit un sifflement semblable à celui qui a lieu quand on plonge dans
l'eau un fer rouge.

Expérience *c*. L'acide anhydre se dissout dans l'acide sulfurique
hydraté et donne alors naissance à l'acide fumant, qui n'est autre
chose qu'une dissolution d'acide anhydre dans l'acide ordinaire. La
composition de l'acide sulfurique anhydre est 16 (1 équivalent) de
soufre et 24 (2 équivalents) d'oxygène; sa formule sera donc $= SO^3$.

170. Acide sulfurique fumant. On l'obtient par la décomposition
du sulfate de protoxyde de fer (89).

Expérience. Chauffé dans un tube (fig. 81), un cristal de protoxyde
de fer devient d'abord blanc en perdant son eau. Chauffé davantage,
il prend une teinte brune; en même temps il se dégage de l'acide sulfureux, car une partie de l'acide se décompose en oxygène qui s'unit
au fer pour l'oxyder, et en acide sulfureux qui se dégage. Le sulfate
basique de sesquioxyde de fer ainsi obtenu abandonne, sous l'influence d'une température élevée, son acide sulfurique, qui se dégage alors à l'état anhydre. Pour la fabrication en grand, cette calcination se fait dans des cornues en grès, et l'acide anhydre est reçu
dans l'acide sulfurique hydraté, qui en devient fumant. Sa consistance épaisse et sa provenance (du vitriol de fer) ont valu autrefois

à cet acide le nom d'huile de vitriol; le nom d'acide sulfurique de Nordhausen lui vient de la ville qui en a approvisionné l'Allemagne pendant des siècles. La densité de l'acide fumant est 1,9.

L'acide de Nordhausen exposé à l'air laisse échapper des fumées blanches dues à l'acide anhydre très-volatil dont les vapeurs se combinent avec l'eau de l'atmosphère, et qui, se transformant en acide hydraté 10 fois moins volatil, ne peuvent plus se maintenir à l'état gazeux. La vapeur d'eau se condensant dans l'air nous a déjà présenté le même phénomène. L'acide sulfurique, aussi longtemps qu'on ne sut le tirer que du sulfate de fer, fut un produit rare et cher; c'est en Angleterre qu'on découvrit, il y a plus de cent ans, un procédé de préparation au moyen du soufre même.

171. Acide sulfurique monohydraté, HO,SO^5. Le charbon et le phosphore s'unissent, pendant leur combustion, à la plus forte proportion d'oxygène qu'ils puissent prendre et donnent naissance aux acides carbonique et phosphorique. Il n'en est pas de même du soufre, qui ne prend que les 2/3 de l'oxygène nécessaire à sa transformation en acide sulfurique. 16 parties de soufre, en brûlant, s'unissent à 16 parties d'oxygène et donnent naissance à l'acide sulfureux, SO^2, qu'il faudra combiner avec un troisième équivalent d'oxygène à l'aide d'un corps qui pourra facilement le lui céder ; c'est l'acide azotique qu'on emploie à cet effet.

Formation de l'acide sulfurique. Un fragment de soufre allumé, placé dans une capsule maintenue par un fil de fer, est plongé dans un flacon plein d'air et qui contient un peu d'eau (fig. 92). Le soufre brûle avec la flamme bleue bien connue et le flacon se remplit de gaz acide sulfureux (64). Quand le soufre est éteint, on le retire et on le remplace par un copeau de bois, ou, mieux encore, par un charbon imbibé d'acide azotique concentré : des vapeurs rouges ont bientôt rempli le flacon. Ces vapeurs, qu'on reconnaît aisément comme de l'acide hypoazotique, indiquent que l'acide azotique a subi une réduction; il a abandonné une partie de son oxygène à l'acide sulfureux et l'a transformé en acide sulfurique qui se dépose au fond du flacon. En répétant plusieurs fois cette opération, on peut préparer en peu de temps une assez grande quantité d'acide sulfurique.

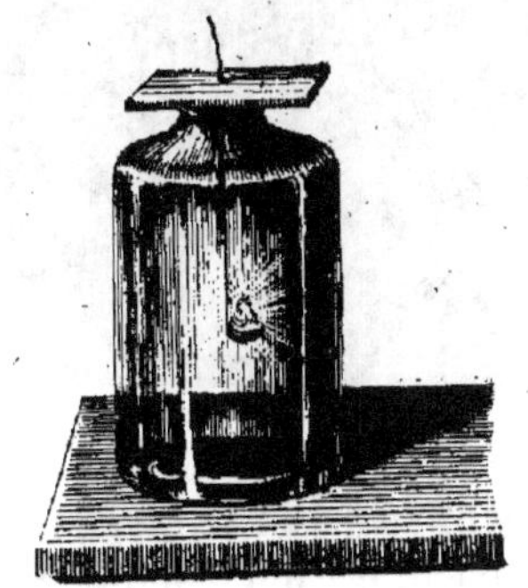

Fig. 92.

EXPÉRIENCE. Si à une partie du liquide obtenu l'on ajoute quelques gouttes de dissolution d'un sel de baryte (chlorure de barium), le liquide se trouble et laisse déposer une poudre blanche de *sulfate de baryte*, totalement insoluble dans l'eau et dans les acides. Ce réactif est si sensible, qu'il peut troubler même un verre d'eau qui ne contiendrait qu'une goutte de l'acide sulfurique étendu préparé plus haut; aussi est-il toujours employé pour rechercher l'acide sulfurique.

172. **Fabrication de l'acide sulfurique.** En grand, l'acide sulfurique se produit par les mêmes réactions que celles que nous venons de décrire; seulement l'oxydation a lieu dans d'immenses chambres de plomb Le soufre est brûlé sur un foyer, et l'acide sulfureux, avec un excès d'air, se rend dans les chambres de plomb, où l'on entretient une cascade continue d'acide azotique. Cet acide cède à l'acide sulfureux une partie de son oxygène et se transforme en bioxyde d'azote. Le bioxyde d'azote, AzO^2, en contact avec l'air, se combine avec 2 équivalents d'oxygène (162) et devient acide hypoazotique, AzO^4, qui peut de nouveau abandonner à l'acide sulfureux la moitié de son oxygène. Ces réductions et ces oxydations successives se continuent aussi longtemps qu'il y a de l'air dans les chambres de plomb; c'est pourquoi on fait constamment écouler l'azote, lequel entraîne avec lui une partie des vapeurs nitreuses, qu'on s'efforce de retenir le plus possible en leur faisant traverser du coke imbibé d'acide sulfu-

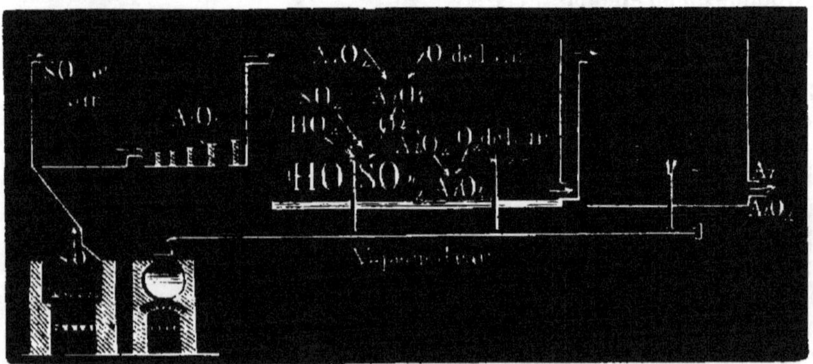

Fig. 93.

rique, où elles se dissolvent en grande partie. La présence d'un *excès de vapeur d'eau* est une condition indispensable à la production de ces phénomènes : aussi fait-on arriver sur plusieurs points des chambres de plomb la vapeur d'un générateur; cette vapeur se condense avec l'acide sulfurique sur les parois des chambres et s'accumule dans le fond. La figure 93 pourra donner une idée de ce phénomène.

Cette propriété oxygénante du bioxyde d'azote a permis de réduire à 1 kilogr. la quantité d'acide azotique nécessaire à la formation de 30 kilogr. d'acide sulfurique produits par 10 kilogr. de soufre; si l'oxygène de l'acide azotique agissait seul, il faudrait 12 kilogr. de cet acide pour produire 30 kilogr. d'acide sulfurique. Il existe aujourd'hui des fabriques où l'on fait journellement plus de 100 quintaux d'acide sulfurique. Autrefois on ne se servait que d'une chambre unique d'une grande capacité (fig. 94); le nitrate de soude que l'on employait était placé avec de l'acide sulfurique sur un trépied dans le foyer A, où s'opérait la combustion du soufre. L'acide azotique était entraîné dans la chambre C avec l'acide sulfureux, pendant qu'en B il se produisait de la vapeur d'eau amenée par les conduits *bb*. Les gaz inutiles s'échappaient par la cheminée S.

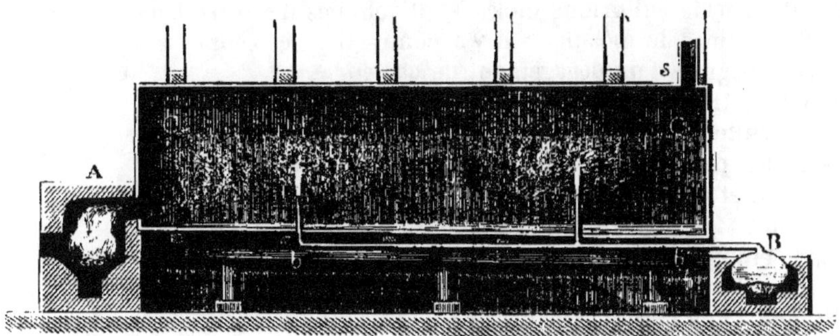

Fig. 94.

L'acide qui se réunit dans les chambres de plomb est très-dilué; on le concentre d'abord dans de grandes chaudières en plomb, puis dans des appareils en platine : l'eau s'évapore en entraînant une très-petite quantité d'acide sulfurique. Quand l'acide a acquis une densité de 1,84, on en arrête la concentration et on le reçoit dans de grandes bouteilles en grès appelées dames jeannes ou touries. L'acide sulfurique ainsi préparé ne peut pas être concentré davantage. Il demeure *monohydraté*, c'est-à-dire qu'il contient, chimiquement combinées, 40 parties d'acide (1 équivalent) et 9 parties d'eau (1 équivalent).

173. Expériences avec l'acide sulfurique. Expérience *a*. L'acide sulfurique abandonné à l'air augmente constamment de poids; *il attire avidement l'humidité de l'air*, et une exposition prolongée pendant plusieurs mois peut lui faire acquérir un poids double.

Expérience *b*. Un morceau de bois, plongé dans l'acide sulfurique, brunit, puis devient complétement noir, et se charbonne comme par l'incinération. L'acide sulfurique a pour l'eau une telle affinité, qu'il détermine la combinaison entre l'hydrogène et l'oxygène de la matière organique et met le carbone en liberté. L'épuration de l'huile repose sur cette propriété de l'acide sulfurique, qui carbonise les matières étrangères à l'huile. *L'acide sulfurique détruit et carbonise la majeure partie des substances organiques.*

EXPÉRIENCE *c.* Une goutte d'acide sulfurique versée sur du papier l'attaque lentement ; mais, si on y ajoute une goutte ou deux d'eau, la décomposition devient plus rapide, car *l'acide sulfurique, en se combinant avec l'eau, produit un fort dégagement de chaleur.* Aussi faut-il, quand on se laisse tomber de l'acide sulfurique sur la main, avoir soin de l'essuyer rapidement avec un papier ou un linge sec, puis de laver à grande eau.

50 volumes d'acide sulfurique mêlés à 50 volumes d'eau ne donnent que 97 volumes de mélange : il y a contraction, et celle-ci est toujours accompagnée d'un dégagement de chaleur.

EXPÉRIENCE *d.* On triture de l'indigo en poudre avec 8 fois son poids d'acide sulfurique fumant, jusqu'à ce que le mélange soit bien intime. Au bout de quelques jours l'indigo sera dissous ; on pourra l'étendre d'eau et obtenir ainsi la belle couleur bleue avec laquelle on teint la laine. L'acide sulfurique monohydraté ne dissout qu'imparfaitement l'indigo.

EXPÉRIENCE *e.* De l'acide fumant exposé au froid commence à se congeler à 0°, tandis que l'acide monohydraté ne se solidifie qu'à — 34°.

EXPÉRIENCE *f.* Une solution de carbonate de soude neutralisée par l'acide sulfurique étendu, puis évaporée jusqu'à saturation, laisse déposer, par le refroidissement, de larges cristaux, très-solubles dans l'eau et doués d'une saveur amère. L'acide carbonique du carbonate de soude, NaO,CO^2, est déplacé par l'acide sulfurique, qui, avec la base, forme du sulfate de soude (sel de Glauber). Presque toutes les eaux de sources renferment des sulfates solubles ; quant aux sulfates insolubles, ils se rencontrent souvent en masses énormes (plâtre).

EXPÉRIENCE *g.* 20 gr. de litharge réduite en bouillie avec de l'eau et mêlés avec 10 gr. d'acide sulfurique donnent naissance à une matière blanche *insoluble,* résultat de la combinaison de l'oxyde de plomb avec l'acide sulfurique, le *sulfate de plomb.*

EXPÉRIENCE *h.* 20 gr. d'oxyde de cuivre, tel qu'on le voit se détacher par petites plaques du cuivre chauffé au rouge, mêlés à 80 gr. d'eau et 25 gr. d'acide sulfurique, produisent une liqueur colorée en bleu et déposent de beaux cristaux bleus, très-solubles, de sulfate de cuivre (vitriol bleu). L'acide sulfurique, employé pour nettoyer les métaux et notamment le cuivre, sert seulement à dissoudre la légère couche d'oxyde qui s'est formée à la surface de ces métaux et qui les prive de leur brillant.

Expérience *i*. Un clou de fer placé au fond d'un tube d'essai et humecté d'une vingtaine de gouttes d'acide sulfurique n'est pas attaqué. L'acide concentré n'attaque pas rapidement le fer; mais, si l'on y ajoute quatre ou cinq fois son volume d'eau, le fer se dissout, il se produit une effervescence due à l'hydrogène dégagé, et il reste dans le tube du sulfate de protoxyde de fer (89). Le métal est oxydé aux dépens de l'oxygène de l'eau, et non aux dépens de l'oxygène de l'acide. Il en est de même pour le zinc et l'étain; aussi fait-on usage, pour dissoudre ces métaux, d'acides étendus. Il y en a d'autres, au contraire, qui ne sont attaqués que par l'acide concentré, tels que le cuivre, l'argent, etc., comme nous le verrons en traitant de l'acide sulfureux.

Expérience *k*. De l'acide sulfurique étendu de 2000 fois son volume d'eau active la végétation si on en arrose une prairie : c'est probablement qu'il rend solubles certaines matières qui deviennent alors susceptibles de contribuer à l'alimentation des végétaux. Ce même acide, étendu d'une quantité d'eau dix fois moindre, produirait un effet inverse et pourrait être employé pour dégarnir d'herbe les chemins qui en sont envahis.

Acide sulfureux (SO^2).

174. Acide sulfureux. Ce gaz ne se produit pas seulement pendant la combustion du soufre, on peut aussi l'obtenir en enlevant à l'acide sulfurique un équivalent d'oxygène.

Préparation. Expérience. Dans la fiole de l'appareil (fig. 91) on introduit 15 grammes de cuivre en petits morceaux et 60 grammes d'acide sulfurique. On fera passer le gaz acide sulfureux qui se dégagera au travers d'un flacon contenant 100 cent. cubes d'eau (en prenant les précautions indiquées § 92). Cette eau en dissoudra une grande quantité, prendra un goût acide et une odeur piquante analogue à celle du soufre brûlé. 1 volume d'eau dissout 40 volumes d'acide sulfureux. Quand l'eau est saturée, on retire le flacon et on le remplace par un autre contenant une dissolution de carbonate de soude, qui absorbera l'acide sulfureux pour former du sulfite de soude, tandis que l'acide carbonique se dégagera. Évaporée à la fin de l'opération, cette eau laissera déposer des cristaux blancs connus sous le nom d'*antichlore*; ils sont ainsi désignés parce qu'ils servent à faire disparaître dans les tissus les dernières traces de chlore qui pourraient y subsister encore après le blanchiment. A l'état de pureté, ce sel n'a aucune odeur; quand on l'humecte avec de l'acide sulfurique, celui-ci déplace l'acide sulfureux, qui se trahit par son odeur.

Blanchiment par l'acide sulfureux. Expérience. Une infusion de bois de campêche, préparée en agitant quelques copeaux de ce bois avec de l'eau chaude, est instantanément décolorée par l'addition de quelques gouttes d'acide sulfureux. Cet acide détruit les couleurs végétales. On blanchit la paille, la laine, la soie, les cordes en boyau, principalement les matières animales, au moyen de l'acide sulfureux. A cet effet, on suspend ces matières, humectées d'eau, dans des pièces plus ou moins grandes où l'on fait pénétrer de l'acide sulfureux produit par la combustion du soufre. On peut, par une expérience intéressante, se convaincre de la puissance décolorante de l'acide sulfureux : il suffit de suspendre une fleur à couleurs vives au-dessus d'une mèche soufrée allumée. Mais, si l'on ajoute à l'infusion de campêche décolorée quelques gouttes d'acide sulfurique, on voit reparaître la teinte colorée. La couleur n'est donc pas détruite de la même manière que par le chlore; elle forme avec l'acide sulfureux une combinaison qu'un acide plus fort décompose de nouveau.

Expérience. Les corps allumés s'éteignent quand on les plonge dans une atmosphère d'acide sulfureux comme ils s'éteignent dans l'acide carbonique ou dans l'azote, parce que ces corps ne contiennent pas d'oxygène libre ou facile à mettre en liberté. C'est ce qui explique pourquoi l'on jette du soufre dans le foyer d'une cheminée, où le feu a pris : ce soufre en combustion absorbe tout l'oxygène de l'air qui entre dans le foyer, et le feu, se trouvant dans une atmosphère d'acide sulfureux, doit nécessairement s'éteindre.

175. Il nous reste à étudier la transformation qu'a subie le cuivre avec lequel a été préparé l'acide sulfureux.

Expérience. Quand le résidu de la fiole est refroidi, on y ajoute de l'eau par petites portions, on chauffe doucement jusqu'à l'ébullition, et on laisse bouillir jusqu'à ce que tout le sel soit dissous. La solution est foncée et trouble, parce qu'il y reste quelques impuretés, notamment du charbon contenu dans le métal ; on l'éclaircit par la filtration. Lentement refroidi, le liquide dépose de beaux cristaux bleus de *sulfate de cuivre*, le même sel qu'on a obtenu en dissolvant directement l'oxyde de cuivre. L'oxygène qui a servi à l'oxydation du métal a été fourni par l'acide sulfurique. Une moitié de cet acide s'est décomposée en oxygène qui s'est uni au cuivre pour l'oxyder et en acide sulfureux, tandis que l'autre moitié s'est combinée avec l'oxyde formé. Si le cuivre pouvait, comme le fer, se dissoudre dans l'acide étendu, il faudrait une quantité de dissolvant moitié moindre ; aussi est-il plus économique, pour préparer le sulfate de

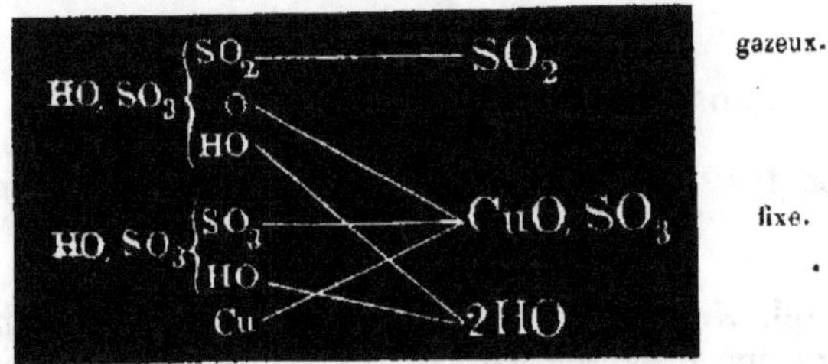

cuivre, d'oxyder préalablement le métal au contact de l'air. L'argen et le mercure se comportent comme le cuivre, ils ne se dissolvent que dans les acides concentrés.

Décomposition de l'acide sulfurique par le charbon. Quand on veut préparer de grandes quantités d'acide sulfureux, on décompose *l'acide sulfurique* en le chauffant avec du *charbon* en poudre. Le charbon prend à l'acide 1 équivalent d'oxygène et se transforme en oxyde de carbone qui se dégage en même temps que l'acide sulfureux.

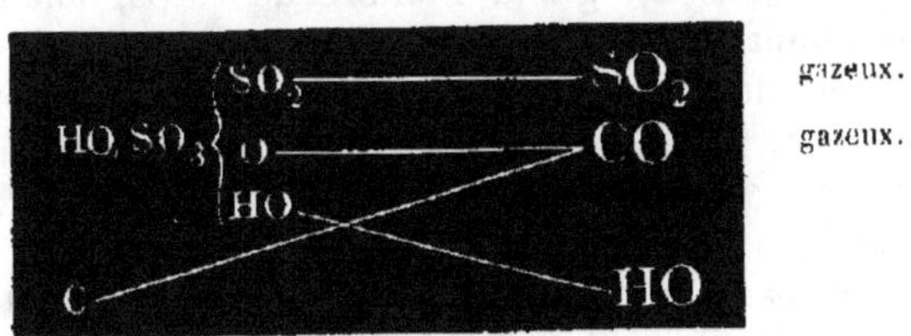

Dans les deux composés oxygénés du soufre que nous venons d'étudier, le soufre est toujours combiné avec l'oxygène dans les rapports suivants :

16 de soufre (1 équivalent) avec 24 d'oxyg. (3 équivalents) = SO^3
16 » » avec 16 » (2 équivalents) = SO^2

Le soufre forme en outre avec l'oxygène 5 autres combinaisons acides dont la plupart n'ont qu'un intérêt scientifique ; ce sont :

L'acide hyposulfureux,
L'acide hyposulfurique trisulfuré,

L'acide hyposulfurique bisulfuré,
L'acide hyposulfurique monosulfuré,
L'acide hyposulfurique.

Leur étude n'offrirait ici que fort peu d'intérêt.

PHOSPHORE ET OXYGÈNE.

Acide phosphorique (PhO^5). — Trouvé dans les os par Scheele et Gahn
en 1769.

176. Acide phosphorique. Quand le phosphore brûle avec flamme
à l'air ou dans l'oxygène, il donne naissance à des fumées blanches,
acides, d'*acide phosphorique*. 31 parties de phosphore ou 1 équivalent s'unissent à 40 parties ou 5 équivalents d'oxygène : la formule
sera donc PhO^5. Si la combustion a eu lieu dans un vase fermé et
sec, on verra s'y déposer une poudre blanche (acide phosphorique
anhydre) qui attire l'humidité de l'air et devient liquide ; l'acide
phosphorique anhydre est en effet déliquescent et par conséquent
très-soluble ; projeté dans l'eau, il produit un bruit analogue à celui
qu'y produirait un fer rouge. On peut obtenir aussi l'acide phosphorique en faisant bouillir le phosphore dans l'acide azotique ; l'oxydation a lieu alors aux dépens de l'oxygène de ce dernier acide. L'acide
phosphorique se trouve dans un grand nombre de corps, notamment dans les os des animaux.

Expérience. Un os sec, dont on connaît le poids, jeté dans le feu,
devient tout d'abord noir, puis blanc au bout d'un certain temps ; si
on le pèse alors on verra qu'il a perdu 1/3 de son poids. Cela provient de ce que la matière organique, la gélatine, qui entre dans la
constitution des os, a disparu, et que ses éléments, brûlés, combinés
avec l'oxygène, se sont dégagés sous forme gazeuse ; le résidu constitue les *cendres d'os*, composées principalement de phosphate de
chaux. Après avoir pulvérisé ces cendres, on en pèse 25 gr. qu'on
humecte avec 16 gr. d'acide sulfurique étendus de 120 gr. d'eau, et
on les expose pendant plusieurs jours dans un endroit chaud, en
agitant fréquemment le mélange. Quand l'action a été suffisamment
prolongée, on verse le liquide sur une toile : la partie claire qui
passe contient tout l'acide phosphorique (phosphate acide de chaux),
tandis que l'acide sulfurique, uni à la chaux, forme une masse
blanche qu'on lave à grande eau pour la conserver après l'avoir fait
sécher (164). L'acide sulfurique déplace donc l'acide phosphorique
par voie humide ; l'inverse a lieu sous l'influence d'une température

élevée. Calciné avec de l'acide phosphorique, le plâtre perd son acide sulfurique, parce que l'acide phosphorique peut résister à une température très-élevée sans se volatiliser.

Pour préparer le phosphore, on évapore le liquide acide et les eaux de lavage jusqu'à consistance sirupeuse; on en fait avec du charbon en poudre une pâte qu'on introduit, lorsqu'elle est bien sèche, dans des cornues en grès où se fait la décomposition.

Cette préparation nous offre un exemple de la différence des affinités quand les conditions changent : l'acide sulfurique, qui déplace l'acide phosphorique par voie humide, est lui-même chassé par ce dernier à une température élevée. L'acide phosphorique étant un acide fixe, on peut le chauffer jusqu'à ce qu'il se transforme en une masse vitreuse.

Réactifs de l'acide phosphorique. Pour reconnaître la présence de l'acide phosphorique dans un liquide, il faut y détruire les carbonates au moyen de l'acide azotique, rendre la liqueur alcaline avec de l'ammoniaque, puis ajouter quelques gouttes d'une solution d'argent (nitrate d'argent) qui donne naissance à un précipité jaune (phosphate d'argent). Si l'acide phosphorique a été calciné, le précipité sera blanc, parce que l'acide a éprouvé alors une modification. On peut aussi reconnaître la présence de l'acide phosphorique dans un liquide exempt de fer et d'alumine en précipitant par l'ammoniaque : il se formera un précipité blanc de phosphate de chaux. Si la solution ne renfermait pas de chaux, on commencerait par ajouter un sel de magnésie avant de faire usage de l'ammoniaque : l'acide phosphorique forme avec ces deux bases un sel blanc qui précipite en petits cristaux insolubles dans un excès d'ammoniaque (251).

Le corps d'un homme adulte contient

4ᵏ,5 à 6	kilog.	d'os secs renfermant :
5 à 4	»	de cendres d'os, ou
2,5 à 3,5	»	de phosphate de chaux, soit :
1,1 à 1,5	»	d'acide phosphorique, contenant
0,5 à 0,65	»	de phosphore.

L'acide phosphorique existe aussi dans le sang, par conséquent dans toutes les parties du corps. Cet acide n'a d'autre origine que les plantes dont les hommes et les animaux se nourrissent. Le pain, les céréales, les légumineuses, les graines de toutes les plantes, contiennent de l'acide phosphorique. Une terre privée d'acide phosphorique ou n'en renfermant qu'une petite quantité ne permettrait aucune végétation ou ne donnerait naissance qu'à des plantes chétives. Aussi le phosphate de chaux des os constitue-t-il un puissant en-

grais. Nous verrons plus tard que l'acide phosphorique seul ne suffirait pas à la vie d'une plante.

Acide phosphoreux (PhO³).

177. Acide phosphoreux. Cet acide, qui ne renferme que 3 équivalents d'oxygène pour 1 de phosphore, se produit généralement
quand le phosphore se consume lentement à l'air à une température
basse.

Combiné avec un équivalent d'oxygène, le phosphore forme un
acide très-avide d'oxygène, l'acide *hypophosphoreux ;* la matière
rouge produite pendant la combustion imparfaite du phosphore (142.
143) a une composition encore indéterminée ; elle contient du phosphore allotropique (139).

L'acide phosphorique, PhO⁵, est composé de 31 parties (1 équivalent) de phosphore et de 40 parties (5 équivalents) d'oxygène, tandis
que l'acide phosphoreux, PhO⁵, ne contient, pour la même quantité
de phosphore, que 24 parties (3 équivalents) d'oxygène.

CHLORE ET OXYGÈNE.

178. Le chlore n'a pas une grande affinité pour l'oxygène, et ses
acides oxygénés ne se forment en général qu'en présence de bases
énergiques auxquelles ils s'unissent au moment de leur formation ;
ils sont néanmoins au nombre de cinq.

1. L'*acide hypochloreux*, ClO, composé de 2 volumes (1 équivalent) de chlore combinés à 1 volume (1 équivalent) d'oxygène. Cet
acide est remarquable par la propriété qu'il possède de détruire les
couleurs organiques, car il se dédouble facilement en oxygène libre
et en chlore ; c'est lui qui agit dans le chlorure de chaux (hypochlorite de chaux).

2 et 3. L'*acide chloreux*, ClO³, et l'*acide hypochlorique*, ClO⁴, qui
ne sont pas employés.

4. L'*acide chlorique*, ClO⁵, formé par 1 équivalent de chlore combiné avec 5 équivalents d'oxygène. Cette grande proportion d'oxygène,
qui se dégage sous l'influence de la chaleur, fait qu'on emploie souvent les chlorates pour préparer l'oxygène ou pour oxyder d'autres
corps. Le composé de cet acide le plus connu et que l'on fabrique
en grand dans l'industrie est le chlorate de potasse, dont nous avons
déjà eu occasion de parler.

5. L'*acide perchlorique*, ClO⁷, n'est qu'un produit de labora-
toire ; c'est le plus stable de tous les acides du chlore.

Le *brome* et l'*iode* donnent avec l'oxygène des combinaisons analogues à celles du chlore et très-peu stables aussi.

Le *fluor* n'a pas encore pu être combiné avec l'oxygène.

CYANOGÈNE ET OXYGÈNE.

179. Le cyanogène, C^2Az, quoique formé de deux éléments, se comporte vis-à-vis des autres subtances comme un corps simple ; s'il peut donner directement naissance à des sels, il peut aussi se combiner avec l'oxygène. L'une de ces combinaisons est remarquable par la violence avec laquelle elle se décompose en produisant une détonation. Elle a reçu le nom d'*acide fulminique* ; ce dernier, combiné avec les oxydes de mercure ou d'argent, forme le fulminate de mercure et le fulminate d'argent, qui se détruisent au moindre choc. Nous en avons un exemple dans les amorces des armes à feu, qui contiennent quelques milligrammes seulement de fulminate. La détonation est due à l'expansion rapide de l'azote et de l'oxyde de carbone produits pendant la décomposition. L'autre combinaison du cyanogène, l'*acide cyanique*, est aussi très-instable, mais ne se décompose pas avec explosion ; une goutte de cet acide, déposée sur la peau, y détermine la formation d'une ampoule.

Ces deux acides sont composés des mêmes éléments en égale proportion, mais groupés différemment ; c'est pour cette raison qu'on les appelle *isomères*.

BORE ET OXYGÈNE.

180. Acide borique, BO^3. Dans une petite capsule (fig. 95) on dissout 20 gr. de borax dans 50 gr. d'eau bouillante et on y ajoute successivement de l'acide chlorhydrique jusqu'à ce que la liqueur soit fortement acide. Par le refroidissement l'acide borique se dépose sous forme de lames minces que l'on purifie en les dissolvant dans de l'eau pure et en les faisant cristalliser de nouveau. Le borax est une combinaison de soude et d'acide borique ; ce dernier, que

Fig. 95.

l'acide chlorhydrique déplace et qui est très-peu soluble dans l'eau froide, cristallise par le refroidissement. La majeure partie de l'acide

9.

borique que l'on emploie est tirée de la Toscane, où il se dégage du sol, avec d'autres produits, par des crevasses, *suffioni* ; on le dirige dans des bassins pleins d'eau, *lagoni :* l'acide se dissout, en même temps que la chaleur des gaz qui s'échappent de ces crevasses concentre la dissolution.

Expérience. On courbe en forme de crochet ou d'anneau l'extrémité d'un fil de platine d'une certaine longueur ; on le chauffe au rouge, puis on le plonge rapidement dans l'acide borique en poudre. Les petits cristaux qui viennent adhérer au platine sont maintenus à l'extrémité du dard produit dans la flamme d'une lampe à alcool, au moyen du chalumeau (fig. 96). Ils se boursouflent tout d'abord

Fig. 96.

en perdant leur eau de cristallisation, puis ils entrent en fusion, et l'on finit par obtenir une petite boule incolore et transparente d'acide borique fondu. L'acide borique, étant fixe, ne se volatilise qu'à une température excessivement élevée. Les oxydes métalliques fondus avec l'acide borique produisent des verres différemment colorés, suivant les oxydes. La plupart des combinaisons de l'acide borique deviennent vitreuses par la fusion, ce qui les fait employer pour les émaux.

181. **Chalumeau.** Le chalumeau est un instrument fréquemment employé en chimie pour brûler, volatiliser, fondre, oxyder ou réduire de petites quantités de matière. Le dard produit par le courant d'air est composé de deux flammes distinctes : l'une, *intérieure*, pe-

tite, bleue, appelée *flamme réduisante ;* l'autre, grande, extérieure et jaunâtre, appelée *flamme oxydante.* Quand on veut réduire un oxyde, on le tient dans la flamme bleue, très-chargée de carbone ; dans le cas contraire, on maintient le métal à l'extrémité du dard, où afflue l'oxygène de l'air. Pour s'exercer, on place dans une cavité très-légère, pratiquée dans un charbon sans fissures, un petit fragment de plomb que l'on oxyde d'abord à la flamme extérieure pour le réduire ensuite dans la flamme intérieure. Il faut s'habituer à souffler, non pas avec les poumons, mais avec les joues, qui doivent rester constamment gonflées, tandis que la respiration se fait par le nez, comme à l'ordinaire : on y parvient facilement, et alors on peut produire un jet continu et prolongé d'air sans se fatiguer.

182. Volatilisation de l'acide borique. EXPÉRIENCE. L'acide borique broyé en poudre fine fait brûler l'alcool avec une flamme verte. On reconnaît ainsi la présence de cet acide. La coloration de la flamme est due à une petite quantité d'acide borique qui se volatilise avec l'alcool, quoique par lui-même il soit fixe. Un phénomène analogue a lieu quand on fait bouillir une dissolution aqueuse d'acide borique ; mais il est plus sensible avec l'alcool, parce que l'acide forme avec ce dernier corps une combinaison qui distille. Il arrive souvent que des corps fixes sont entraînés avec les vapeurs d'un liquide très-volatil dans lequel ils sont en dissolution. Ainsi la vapeur d'eau peut entraîner avec elle la silice, qui n'est certainement pas volatile ; ainsi encore l'eau de mer, en s'évaporant, entraîne de petites quantités de sel qui retombent avec la pluie.

L'acide borique, que les acides faibles déplacent par voie humide, est plus énergique encore que l'acide phosphorique aux températures élevées.

SILICIUM ET OXYGÈNE.

183. Acide silicique ou silice, SiO^3. La silice, si fréquente à la surface du globe, constitue un véritable acide. On la trouve à l'état presque pur dans le quartz, dans certains grès, dans la pierre à fusil, etc., et à l'état tout à fait pur dans le *cristal de roche,* où elle prend la forme régulière de cristaux à 6 pans (fig. 97) d'une limpidité telle, quelquefois, qu'on peut les tailler comme pierre précieuse. L'opale, l'agate, le jaspe, la calcédoine, sont formés d'acide silicique coloré par des oxydes métalliques ; dans le sable il a généralement une couleur jaune ou rouge, due à l'oxyde de fer. La silice fait feu au briquet, elle est insoluble dans l'eau et les acides (l'acide fluorhydrique excepté). Il paraîtra peut-être étonnant d'assimiler aux acides une

matière aussi inerte que la silice ; pourtant elle forme, avec les
bases, des sels aussi bien caractérisés que ceux des autres acides.

Fig. 97.

ExPÉRIENCE. Une petite quantité de sable, en
poudre très-fine, bouillie pendant plusieurs heures
dans une dissolution concentrée de potasse caustique, où l'on a soin de remplacer l'eau à mesure
qu'elle s'évapore, communique au liquide une
teinte opaline due à une très-faible quantité de silice qui se dissout et se combine avec la potasse.
Cette solution, exactement neutralisée avec de
l'acide chlorhydrique étendu, laisse déposer une
matière blanche demi-transparente (silice gélatineuse). Si le liquide était étendu de 10 à 12 fois son
volume d'eau, cette séparation n'aurait pas lieu, la
silice resterait en dissolution. La silice soluble, évaporée et desséchée même à une température peu élevée, perd la
propriété de se dissoudre de nouveau dans l'eau. Nous connaissons
donc la silice sous deux états : l'un *insoluble :* telles sont les roches
quartzeuses ; et l'autre *soluble :* c'est à cet état qu'elle se trouve
dans l'eau et dans les plantes. Presque toutes les eaux courantes et
toutes les plantes contiennent une faible quantité de silice qu'on
retrouve dans le résidu laissé par l'évaporation de l'eau ou dans les
cendres de la plante. Les végétaux les plus riches en silice sont les
graminées, dont elle forme pour ainsi dire la charpente qui soutient
les tiges. Quand le sol est trop pauvre en silice soluble, la paille des
céréales n'acquiert pas assez de consistance, et la verse est à craindre. Les prêles contiennent tant de silice, qu'on s'en sert souvent
pour user le bois destiné à être poli. On trouve aussi de la silice
dans le règne animal : les coquilles de plusieurs infusoires microscopiques en sont exclusivement formées.

Les propriétés acides de la silice ne deviennent évidentes qu'à une
température très-élevée, elles sont alors plus énergiques que celles
de l'acide borique, car la silice n'est volatile à aucune température et
n'a encore été fondue qu'au chalumeau à gaz détonant. Les combinaisons de la silice avec les bases nous sont principalement connues
à l'état amorphe dans le verre ; cependant elles prennent facilement
des formes cristallines par le refroidissement lent : les roches primitives en sont la preuve, et le talent du verrier consiste à empêcher la formation de ces cristaux.

RÉSUMÉ DES OXACIDES.

(1) Presque toutes les combinaisons des métalloïdes avec l'oxygène sont *acides* (oxacides).

(2) La plupart des combinaisons oxygénées des métaux sont des *bases*.

(3) Les acides *rougissent* la teinture bleue de tournesol, les bases *bleuissent* la teinture rouge (quand elles sont solubles).

(4) Les acides et les bases diffèrent au goût (quand ils sont solubles).

(5) Un acide qui se combine avec une base donne naissance à un *sel*, en même temps les propriétés acides de l'un et alcalines de l'autre disparaissent; les divers sels ont des saveurs différentes quand ils sont solubles; insolubles, ils sont insipides.

(6) Le caractère des acides est de *donner naissance à des sels quand ils se combinent avec les bases;* les corps qui jouissent de cette propriété sont des acides même quand ils sont insolubles et insipides, et réciproquement pour les bases.

(7) La plupart des acides dans l'état où l'on en fait usage sont combinés avec une certaine quantité d'eau (hydratés). Quelques-uns ne peuvent être obtenus sans eau de constitution. Les *acides étendus* sont ceux auxquels on a ajouté une quantité d'eau indéterminée.

(8) Le même corps, en se combinant en plusieurs proportions avec l'oxygène, peut donner naissance à des acides différents.

(9) Les acides n'ont pas tous la même affinité pour les bases : on distingue les acides *énergiques* et les acides *faibles;* ceux-ci sont déplacés de leurs combinaisons par les premiers.

(10) Les acides fixes sont plus puissants à des températures élevées (par voie sèche) et plus faibles à la température ordinaire (voie humide) que les acides volatils. Les conditions d'affinité varient avec la température.

(11) Les acides que nous avons étudiés ont été appelés *oxacides*, car c'est à l'oxygène qu'ils doivent leurs propriétés acides.

(12) Les sels formés par ces acides avec les bases sont appelés quelquefois *oxysels.*

DEUXIÈME GROUPE. — Hydracides, ou combinaisons des corps halogènes avec l'hydrogène.

184. L'hydrogène, en se combinant avec plusieurs métalloïdes, jouit de la propriété de les convertir en acides. Les 4 corps halogènes : chlore, brome, iode, fluor, auxquels on peut joindre le cyanogène, donnent naissance aux hydracides les plus énergiques. L'oxygène peut former avec un même corps plusieurs acides différents, mais l'hydrogène ne donne avec ce même métalloïde qu'un seul acide.

CHLORE ET HYDROGÈNE.

Acide chlorhydrique (HCl). — Appelé autrefois *esprit de sel, acide marin, acide muriatique,* il a été défini comme gaz par Priestley en 1772. Sa véritable composition a été établie par Gay-Lussac et Thénard.

185. Acide chlorhydrique. EXPÉRIENCE. Si l'on verse de l'acide sulfurique dans une capsule en porcelaine au fond de laquelle se trouve un peu de *sel marin*, il se produit une vive effervescence pendant laquelle se dégage un gaz d'une odeur piquante, d'un goût acide, et rougissant le papier bleu de tournesol préalablement humecté ; c'est le gaz *acide chlorhydrique*. On le reconnaît facilement au moyen d'une baguette trempée dans l'ammoniaque, qui y produit d'abondantes vapeurs blanches. L'odeur de l'acide et celle de l'ammoniaque disparaissent, et il se forme un sel (le chlorhydrate d'ammoniaque) dont les particules solides et inodores se soutiennent dans l'air. On peut de cette manière constater facilement dans l'air la présence de vapeurs chlorhydriques, ou, réciproquement, de vapeurs ammoniacales, et détruire ces vapeurs, car elles rendent la respiration pénible et sont nuisibles à la santé.

Préparation de l'acide chlorhydrique. EXPÉRIENCE. Dans une fiole, placée sur un bain de sable et contenant un mélange de 10 gr. d'eau avec 30 gr. d'acide sulfurique préalablement refroidi, on introduit 20 gr. de sel marin, puis on y adapte rapidement un tube à deux courbures dont la grande branche plonge dans un flacon contenant environ 40 gr. d'eau (fig. 98). Si l'on chauffe le bain de sable, le gaz acide chlorhydrique se dégage, mais avec moins de vivacité que précédemment, parce que l'acide chlorhydrique est étendu d'eau.

La grande branche du tube ne doit plonger qu'à une faible profondeur sous l'eau, autrement un refroidissement accidentel pourrait déterminer l'aspiration dans la fiole de tout le liquide contenu dans le flacon. Le gaz acide chlorhydrique a en effet pour l'eau une telle affinité, que, si le dégagement se ralentit un instant, il se dissout plus vite qu'il ne se forme ; il se fait un vide, et la pression de l'air fait remonter le liquide dans la fiole (92). Un gaz, en se dissolvant, c'est-à-dire en prenant l'état liquide, abandonne une partie de sa chaleur latente, et réchauffe l'eau ; or, le gaz étant moins soluble dans l'eau chaude que dans l'eau froide, il faut refroidir le flacon pour obtenir une solution concentrée d'acide chlorhydrique. Si le liquide, en augmentant de volume, s'élève dans le récipient de manière à faire plonger le tube trop avant, on abaisse un peu le flacon en retirant une des planchettes qui le supportent.

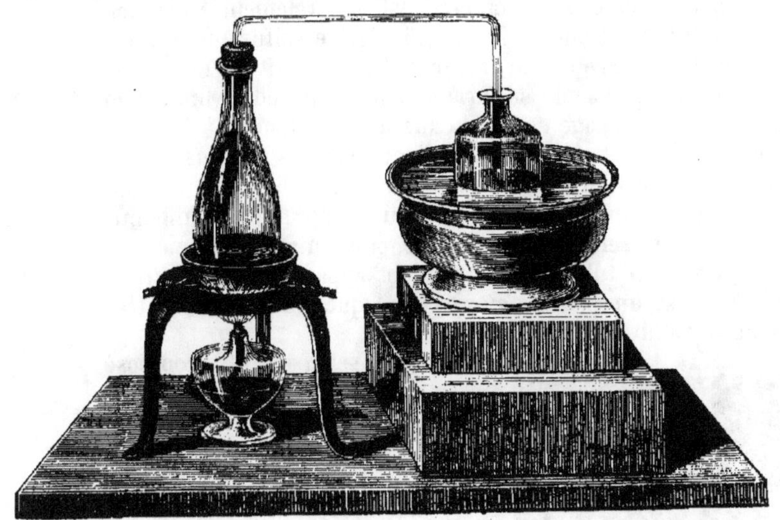

Fig. 98.

L'eau dissout 500 fois son volume de gaz chlorhydrique à 0° et 460 fois à + 20°; cette solution répand à l'air des vapeurs blan-

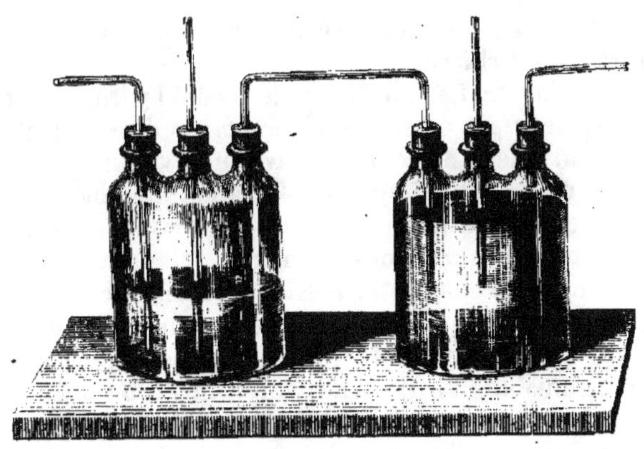

Fig. 99.

ches d'acide qui se dégage. Portée à l'ébullition, une dissolution concentrée d'acide chlorhydrique perd une grande quantité de ce gaz, et il reste une combinaison définie d'acide et d'eau, plus dense que cette dernière et bouillant à 110°.

L'acide chlorhydrique du commerce est généralement coloré en jaune; il contient de l'acide sulfureux, de l'acide sulfurique, du fer, plus rarement du chlore ou de l'arsenic. On l'obtient en décomposant le sel marin par l'acide sulfurique dans de grands cylindres en fonte. Le gaz qui se dégage est reçu dans des bombonnes à 3 tubulures remplies d'eau et reliées entre elles ; ces vases ont une disposition analogue à celle que représente la figure 99, mais ils sont incomparablement plus grands. Quand l'eau de la première bombonne est saturée, le gaz se rend dans la seconde, puis dans la troisième, etc. Les flacons à 2 ou 3 tubulures s'appellent appareils de *Woolf*; le tube du milieu est un *tube de sûreté* par lequel se fait une rentrée d'air quand il y a absorption.

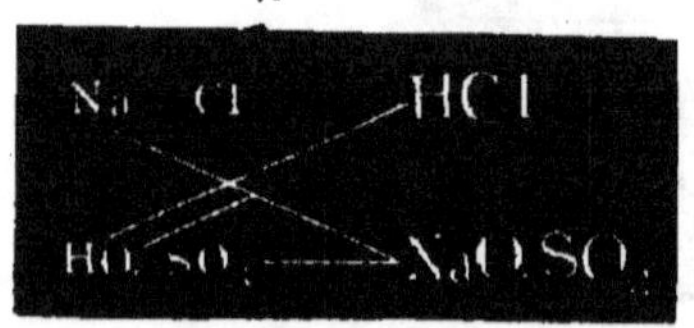

Le sel marin est composé de chlore et de sodium ; en présence de l'acide sulfurique le métal du chlorure décompose l'eau, donne naissance à une base, la soude, qui s'unit à l'acide sulfurique, tandis que le chlore et l'hydrogène, mis en liberté et ayant l'un pour l'autre une grande affinité, se combinent entre eux. Le sulfate de soude (sel de Glauber), qui reste sous forme d'une masse blanche, sert à la fabrication du carbonate de soude.

L'acide chlorhydrique, HCl, est composé de 1 équivalent d'hydrogène uni à 1 équivalent de chlore.

Si on remplit, *dans l'obscurité*, un flacon de moitié hydrogène et de moitié chlore, ces deux gaz ne se combineront pas directement; mais la combinaison aura lieu, au contraire, avec une violente détonation, si un rayon direct du soleil frappe sur le flacon, qui volera en éclats. Cette expérience, très-dangereuse, offre la preuve que la lumière intervient dans certaines réactions chimiques.

186. Expériences avec l'acide chlorhydrique. Expérience *a*. Si l'on verse de l'acide chlorhydrique dans une fiole contenant quelques pointes de Paris, il se produit une vive effervescence, due au dégagement d'un gaz inflammable, l'hydrogène. Au contact du métal, l'acide chlorhydrique se dédouble en chlore qui s'unit au métal, et en hydrogène qui se dégage. La combinaison du chlore avec le fer, le *protochlorure de fer*, FeCl, est soluble ; dissous dans un peu d'eau chaude, filtré, puis exposé dans un endroit frais, il se dépose en cristaux verts.

L'acide chlorhydrique agit de la même manière sur beaucoup d'autres métaux.

Expérience *b*. Si, au lieu de fer, c'est de la rouille qui se trouve dans le flacon, elle se dissout sans effervescence; l'hydrogène, se trouvant en présence de l'oxygène du fer, forme de l'eau. La solution n'est plus claire, comme précédemment, elle est brune, cristallise difficilement, et laisse par l'évaporation une masse brune de *sesquichlorure de fer*, Fe^2Cl^3, combinaison qui contient plus de chlore que la précédente.

Expérience *c*. Une dissolution de protochlorure de fer, à laquelle on ajoute de l'eau de chlore, change de couleur, devient brune, et laisse par l'évaporation du sesquichlorure de fer; le chlore, qui s'est combiné avec le protochlorure, l'a converti en sesquichlorure.

Expérience *d*. Si à une dissolution de soude on ajoute petit à petit de l'acide chlorhydrique, il arrive un moment où le liquide ne sera ni alcalin ni acide. L'acide chlorhydrique peut donc neutraliser les bases comme les oxacides. Évaporée, la dissolution laissera déposer des cristaux cubiques, que l'on reconnaîtra facilement au goût pour du sel marin. L'oxygène de la base s'est combiné comme précédemment avec l'hydrogène de l'acide pour former de l'eau, tandis que le chlore et le sodium ont donné naissance au sel. Si au lieu de soude on emploie du carbonate de soude, la réaction est la même et l'acide carbonique se dégage avec effervescence.

Expérience *e*. Dans un grand verre d'eau pure où on laisse tomber une goutte d'acide chlorhydrique, quelques gouttes d'une solution d'argent (azotate d'argent) produisent un précipité blanc, ce qui n'a pas lieu dans l'eau distillée pure. Ce précipité est dû au chlorure d'argent qui s'est formé; il est insoluble dans l'eau. L'azotate d'argent est le meilleur réactif pour rechercher le chlore.

L'acide chlorhydrique, quand il est étendu de 800 à 900 fois son volume d'eau, a sur la terre la même action fertilisante que l'acide sulfurique (173).

187. **Sels haloïdes.** Les 3 autres métalloïdes et le cyanogène, que nous avons appelés halogènes, se comportent comme le chlore et donnent naissance, en s'unissant aux métaux, à des sels qu'on a nommés *haloïdes*.

Comme nous l'avons vu, ces sels se forment :

1° Quand un corps halogène se trouve en présence d'un métal (156);

2° Par l'action d'un halogène sur un oxyde métallique (152);

3° Par la dissolution d'un métal dans un hydracide (186);

4° Par la dissolution d'un oxyde dans un hydracide (186).

En considérant la formation de ces sels dans les deux derniers cas, on pourrait se demander pourquoi l'on n'admet pas que l'hydracide se combine directement avec la base, comme l'acide sulfurique, par exemple, avec l'oxyde de fer. Mais les sels haloïdes ne contiennent essentiellement que le métal uni au corps halogène : à l'état sec, on n'y trouve plus ni hydrogène ni oxygène. Quand un de ces sels contient de l'eau, ou lorsqu'il est en dissolution, on peut tout aussi bien admettre qu'il est formé par la combinaison directe du métal et du chlore que par celle de l'acide chlorhydrique avec l'oxyde; l'oxygène et l'hydrogène peuvent être considérés comme appartenant simplement à l'eau. Du sel marin en dissolution pourra être également considéré comme du sel marin et de l'eau (NaCl+HO) ou comme du chlorhydrate de soude (NaO,HCl). Autrefois on regardait les chlorures comme des chlorhydrates, de là les noms de chlorhydrate de chaux, de baryte, de fer, etc. Pour désigner les différentes combinaisons du chlore avec un métal, on place devant le mot chlorure les particules *proto, sesqui, bi* ou *per*, qui ont la même valeur que devant le mot oxyde (154).

188. **Eau régale**. EXPÉRIENCE. Dans deux fioles contenant l'une 10 gr. d'acide azotique, l'autre 15 gr. d'acide chlorhydrique, on introduit de l'or fin battu. On peut porter les deux liquides à l'ébullition sans que le métal se dissolve; mais il disparaîtra aussitôt que le contenu de l'une des fioles sera versé dans l'autre. Cette propriété de dissoudre l'or et les métaux précieux a valu à ce mélange le nom d'*eau régale*. En évaporant la dissolution d'or, il restera un sel d'un jaune orangé, composé de chlore et d'or. L'acide chlorhydrique n'est pas décomposé par l'or comme il l'est par le fer; aussi la présence d'un corps qui mette le chlore en liberté est-elle nécessaire, et l'action de l'acide azotique devient facile à expliquer quand on se rappelle celle du bioxyde de manganèse lors de la préparation du chlore. Une partie de l'oxygène de l'acide azotique se combine avec l'hydrogène de l'acide chlorhydrique, et produit de l'acide hypoazotique et du chlore :

$$HO,AzO^5 + HCl = 2HO + AzO^4 + Cl$$

Acide   Acide   Acide
azotique.   chlorhydrique.   Eau.   hypoazotique.   Chlore.

Le chlore, se trouvant à l'état naissant en présence de l'or, entre en combinaison avec lui. L'eau régale agit en même temps comme chlorurant et comme oxydant : elle produit un chlorure avec un métal, et transforme le soufre en acide sulfurique.

BROME, IODE, FLUOR ET HYDROGÈNE.

189. Acide bromhydrique, acide iodhydrique. Ces deux acides s'obtiennent en décomposant par l'acide sulfurique les bromures et les iodures. Leurs caractères chimiques sont ceux de l'acide chlorhydrique, et leurs combinaisons sont analogues à celles de ce corps. Les bromures et les iodures se trouvent en faible proportion dans l'eau de mer, et souvent dans les sources salées ou dans les salines.

190. Acide fluorhydrique. EXPÉRIENCE. Dans un mortier en fer (fig. 100) frotté avec un papier huilé, ou mieux dans une petite caisse en plomb, on mêle 10 gr. de spath-fluor en poudre et assez d'acide sulfurique pour former une pâte, puis on recouvre le vase d'une lame de verre, enduite d'une légère couche de cire, sur laquelle, au moyen d'une pointe, on a tracé en creux, en enlevant la cire, des traits ou des dessins. Après quelques heures, on retire la lame de verre et on la débarrasse, par la

Fig. 100.

chaleur ou avec de l'essence de térébenthine, de la cire qui la couvre encore : on trouvera le verre corrodé dans tous les endroits où la pointe avait d'abord enlevé la cire.

Le spath-fluor est du fluorure de calcium, qui, sous l'influence de l'acide sulfurique, se décompose à la manière du sel marin, en donnant naissance à de l'acide fluorhydrique. Cet acide jouit de la propriété de dissoudre la silice et d'attaquer par conséquent les matières qui en contiennent, telles que le verre ou la porcelaine.

On se sert beaucoup aujourd'hui de l'acide fluorhydrique pour faire des dessins sur verre et les graduations sur les vases employés en chimie.

Le gaz acide fluorhydrique est soluble dans l'eau ; on l'obtient liquide en condensant sa vapeur à une température basse : il est alors fumant et très-dangereux à manier, car la plus faible quantité produit des brûlures terribles. La préparation de l'acide fluorhydrique se fait toujours dans des vases en plomb ou en platine.

Le fluorure de calcium existe en petite quantité dans les dents et les os des hommes et des autres mammifères.

CYANOGÈNE ET HYDROGÈNE.

191. Acide cyanhydrique, HCy. L'analogie entre le cyanogène et les métalloïdes se manifeste encore dans la combinaison de ce corps avec l'hydrogène; il donne naissance à un hydracide, l'acide cyanhydrique ou prussique, dont une goutte suffit pour déterminer la mort d'un animal de petite taille. Cet acide se prépare comme les précédents, en décomposant un cyanure par l'acide sulfurique; il se dégage à l'état gazeux, mais il se dissout facilement dans l'eau ou dans l'alcool. La solution est incolore, et elle se reconnaît facilement à l'odeur d'amandes amères qu'elle exhale. La préparation de ce corps est très-dangereuse et ne doit jamais être confiée à des personnes peu expérimentées. L'acide cyanhydrique existe en quantité très-faible dans l'amande amère et dans l'amande des fruits à noyaux.

Avec les bases, l'acide cyanhydrique donne naissance à de l'eau et à des cyanurés dont les plus connus sont le prussiate jaune de potasse (ferrocyanure de potassium), le bleu de Prusse (cyanure ou ferrocyanure de fer), et le cyanure de potassium, très-employé dans la dorure.

RÉSUMÉ DES HYDRACIDES.

(1) Les haloïdes, chlore, brome, iode, fluor et cyanogène, forment des acides non-seulement avec l'oxygène, mais encore avec l'hydrogène.

(2) Les haloïdes ont plus d'affinité pour l'hydrogène que pour l'oxygène, ils se combineront toujours avec le premier de préférence au second.

(3) L'hydrogène ne s'unit aux halogènes que dans une seule proportion, et ne produit avec chacun de ces corps qu'un seul hydracide.

(4) Les hydracides ont tous une composition analogue, ils sont formés d'un équivalent d'hydrogène uni à un équivalent du métalloïde.

(5) Les hydracides forment avec les métaux des *chlorures, bromures*, etc., tandis que l'hydrogène se dégage.

(6) Les combinaisons des haloïdes avec les métaux ont tous les caractères des sels, on leur a donné le nom de sels *haloïdes*.

(7) Avec les bases les hydracides donnent naissance à un sel haloïde et à de l'eau.

(8) En dissolution dans l'eau, un sel haloïde peut être considéré indifféremment comme formé par la réunion de deux corps simples ou par celle de l'hydracide avec une base.

(9) Beaucoup de métaux peuvent se combiner en plusieurs proportions avec les haloïdes et produire des sels qui correspondent aux divers oxydes.

(10) D'autres métalloïdes, le soufre, le sélénium, le tellure, forment de même, avec l'hydrogène, des hydracides. Le plus connu est celui du soufre, *l'acide sulfhydrique ;* il n'est pas aussi énergique que les hydracides formés par les halogènes.

CONSIDÉRATIONS SUR LES COMBINAISONS DES MÉTALLOÏDES AVEC L'OXYGÈNE ET L'HYDROGÈNE.

192. Les combinaisons de l'hydrogène avec les haloïdes ont été étudiées ensemble, parce qu'elles ont entre elles la plus grande analogie; toutes elles sont des acides énergiques. Les autres métalloïdes se combinent de même avec l'hydrogène, sans donner naissance à des acides, excepté le soufre (133) et ses analogues, qui forment avec lui des acides très-faibles. Non-seulement l'azote ne forme pas d'acide avec l'hydrogène, mais sa combinaison hydrogénée constitue l'une des bases les plus énergiques, l'ammoniaque. Presque tous les autres composés hydrogénés des métalloïdes ne sont ni acides ni basiques; ils sont indifférents, comme l'eau, les hydrogènes carbonés.

Les combinaisons des métalloïdes avec l'oxygène sont pour la plupart des acides; quelques-unes cependant sont indifférentes, comme le protoxyde et le bioxyde d'azote, l'oxyde de carbone, l'oxyde de phosphore, toujours les *moins* oxygénées. Les propriétés acides paraissent augmenter avec la proportion d'oxygène, et les acides les plus énergiques de chaque corps sont en même temps les plus oxygénés. Comme les combinaisons oxygénées et hydrogénées des métalloïdes constituent une partie des corps

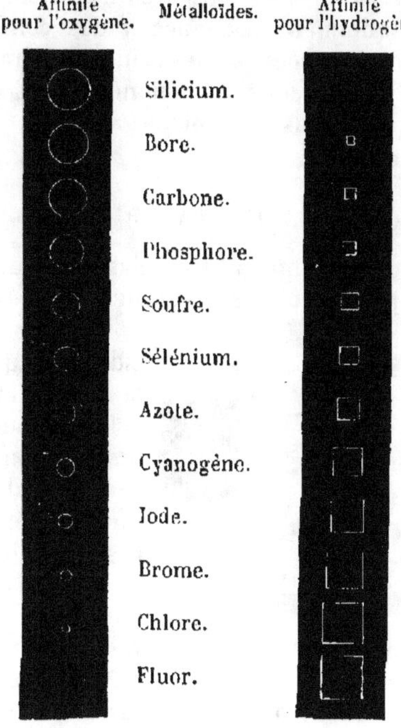

Fig. 101.

les plus intéressants de la chimie minérale, nous avons essayé de représenter, par une figure, l'affinité respective de ces corps pour l'oxygène et pour l'hydrogène. La dimension de chaque cercle ou de chaque carré est proportionnée à l'affinité qu'a pour l'oxygène ou pour l'hydrogène le corps auquel il correspond. Il est facile de voir, en jetant les yeux sur la figure 101, que l'affinité augmente pour l'un à mesure qu'elle diminue pour l'autre.

TROISIÈME GROUPE. — Acides organiques.

193. Les oxacides et les hydracides ont reçu le nom d'acides minéraux, parce qu'ils existent dans le règne minéral, ou qu'on les prépare artificiellement avec des minéraux. Outre ces acides, il y en a beaucoup d'autres qu'on rencontre tout formés dans les végétaux et les animaux (acides citrique, tartrique, formique), ou que l'on produit artificiellement avec des matières organiques (acides lactique, acétique); on les appelle *acides organiques*, en raison de leur origine. Ces composés donnent naissance à des combinaisons analogues à celles qui sont formées par les acides minéraux. Nous n'étudierons ici que trois de ces acides, un volatil et deux fixes; les autres trouveront leur place dans la chimie organique.

ACIDE-TARTRIQUE (Ho,T̄).

194. L'acide tartrique a tout l'aspect d'un sel, il cristallise en prismes obliques, incolores, à saveur acide très-prononcée.

Fig. 102.

EXPÉRIENCE. Un petit cristal d'acide tartrique, chauffé sur une lame de platine dans la flamme de la lampe à alcool (fig. 102), entre en fusion, brunit, devient noir et répand une odeur semblable à celle du caramel. Pendant la carbonisation, il se dégage de la vapeur d'eau, ce qui prouve que l'acide renferme de l'*hydrogène* et de l'*oxygène*. Le résidu noir laissé sur la lame est du *charbon* que l'on brûle facilement en continuant à chauffer. L'acide tartrique en combustion donne les mêmes produits que le bois : il est en effet constitué avec les mêmes éléments, carbone, hydrogène et oxygène, mais dans des proportions différentes. *Tous les acides végétaux sont formés de car-*

*bone, d'hydrogène et d'oxygène, et tous se carbonisent sous l'in-
fluence de la chaleur*. Ces deux caractères suffisent pour distinguer
les acides organiques des acides inorganiques, qui, en général, ne
sont composés que de deux éléments et n'éprouvent dans le feu ni
combustion ni carbonisation.

Expérience. L'acide tartrique entre en dissolution dans une petite
quantité d'eau chaude ; il est très-soluble. Si on étend de beaucoup
d'eau la dissolution, il s'y dépose à la longue des flocons muci-
lagineux et le liquide perd son acidité : l'acide tartrique a fermenté
et s'est décomposé. Même chose arrive à tous les acides organiques
en dissolution étendue.

Expérience. Une dissolution d'acide tartrique à laquelle on ajoute
de l'ammoniaque par petites quantités perd son acidité ; il arrive un
moment où le liquide n'est ni acide ni alcalin, car l'acide tartrique
peut être neutralisé comme le serait un acide minéral et donne naissance à des sels. Dans le cas présent, c'est du tartrate d'ammoniaque, sel très-soluble.

Expérience. Si l'on ajoute, à une dissolution assez concentrée de
carbonate de potasse, de l'acide tartrique jusqu'à neutralisation, l'a-
cide carbonique se dégage, mais le liquide n'éprouve aucun changement, le tartrate neutre de potasse ($KO,\bar{T}$) étant un sel très-soluble.
Si l'on continue à ajouter de l'acide tartrique, le liquide se trouble
et laisse déposer une grande quantité de petits cristaux transparents,
peu solubles dans l'eau, d'un goût acide et contenant deux fois autant d'acide que le sel neutre. Ces cristaux sont formés de *bitartrate
de potasse* ($KO,HO,\bar{T}^2$); c'est le tartre qui se dépose dans les tonneaux
et auquel on donne le nom de crème de tartre, quand il est purifié
et en poudre. La potasse nous fournit donc un moyen de reconnaître
l'acide tartrique quand il est en solution concentrée.

Préparation de l'acide tartrique. On prépare l'acide tartrique avec
le tartre qui se dépose en incrustations rouges ou d'un blanc sale
sur les parois des tonneaux où l'on conserve le vin. Il est aisé d'i-
soler l'acide tartrique en le déplaçant par l'acide sulfurique ; mais, le
nouveau sel formé étant soluble, la séparation en serait difficile. Pour
obvier à cet inconvénient, on unit d'abord l'acide carbonique à une
base qui forme avec l'acide sulfurique un sel insoluble. On fait bouillir
le tartrate avec de la craie ; il se forme du tartrate de chaux, sel blanc
et insoluble, qu'on lave pour le mettre en digestion avec de l'acide
sulfurique étendu d'eau dans un endroit chaud : l'acide minéral déplace l'acide organique, forme avec la chaux du sulfate insoluble, et
l'acide tartrique dissous peut être obtenu par cristallisation après la
concentration.

Ces détours sont souvent nécessaires en chimie pour séparer deux corps qui sont également solubles (dans l'eau ou dans un autre liquide).

Expérience. Chauffé sur une lame de platine, le bitartrate de potasse que nous avons préparé brûle en répandant une odeur de caramel, absolument comme l'acide seul; mais il reste après l'incinération un sel blanc ayant un goût de lessive et faisant effervescence avec les acides. Cela tient à ce que l'acide organique brûle, tandis que la base minérale reste; la combustion donne naissance à de l'acide carbonique, qui s'unit à la potasse pour former le carbonate. Tous les sels à acides organiques (quand la base est alcaline ou alcalino-terreuse) brûlent en laissant pour résidu un carbonate.

195. Formation des acides organiques. On peut aisément décomposer l'acide sulfurique en oxygène et en soufre avec lesquels on reconstitue l'acide sulfurique; cette opération ne serait pas aussi facile pour l'acide tartrique, car les acides organiques *ne peuvent pas, en général, être reproduits directement au moyen de leurs éléments.* On a réussi cependant à préparer de cette manière l'acide formique. La plupart des autres acides ne s'obtiennent que par la décomposition des matières organiques; l'acide tartrique, qu'on n'a pas pu jusqu'ici produire artificiellement, a été préparé récemment par la décomposition du sucre de lait et de la gomme au moyen de l'acide azotique. On ignore comment les acides organiques prennent naissance dans les plantes, qui les élaborent avec le carbone et les éléments de l'eau; la force qui fait produire de l'acide tartrique à la vigne, de l'acide citrique au citron, de l'acide malique à la pomme, est inconnue : on l'appelle la *force vitale.*

Au lieu de donner les formules complètes, quelquefois assez longues, des acides organiques, on abrége par une formule conventionnelle surmontée d'un trait : ainsi la formule de l'acide tartrique sera $\bar{T}$; en réalité, elle serait $C^8H^4O^{10},2HO$.

ACIDE OXALIQUE ($\overline{Ho},\bar{O}$).

196. Préparation de l'acide oxalique. Expérience. En chauffant ensemble dans une capsule de porcelaine 10 gr. de sucre, 60 gr. d'acide azotique et 40 gr. d'eau jusqu'à ce qu'il n'y ait plus dégagement de vapeurs rouges, il se dépose dans le liquide, après le refroidissement, des cristaux en prismes rhomboïdaux obliques (fig. 103), qu'on purifie par une nouvelle cristallisation. Ces cristaux renferment 1 équivalent d'eau de constitution; c'est un poison, l'*acide oxalique.*

Décomposition de l'acide oxalique. Si on fait bouillir dans une
fiole 2 gr. d'acide oxalique avec 6 gr. d'acide sulfurique fumant ou
16 gr. d'acide monohydraté, il se dégage un mélange
de deux gaz, dont l'un trouble l'eau de chaux et peut
être retenu au moyen d'un lait de chaux : c'est
l'acide carbonique, CO_2; l'autre s'échappe et peut
être recueilli ; il brûle avec une flamme bleue
quand on l'allume : c'est de l'oxyde de carbone, CO.
Quand le dégagement gazeux cesse, l'acide fumant
est transformé en acide sulfurique ordinaire ; il
s'est combiné avec l'eau de l'acide oxalique, lequel s'est dédoublé en acide carbonique et en oxyde
de carbone. On peut le considérer comme formé de :

Fig. 105.

$$1 \text{ équivalent } \quad CO_2$$
$$\text{et } 1 \text{ équivalent } \quad CO$$

formant 1 équivalent C_2O_3.

En comparant entre elles la composition du sucre et celle de l'acide
oxalique, on voit que le sucre contient plus de carbone et en outre
de l'hydrogène; ce dernier et une partie du carbone ont subi, au
moyen de l'oxygène de l'acide azotique, une combustion incomplète
par voie humide et se sont transformés en eau et en acide carbonique. Dans un morceau de bois l'hydrogène brûle en premier lieu,
tandis que le carbone ne s'oxyde que plus tard (120), et le sucre,
dont la composition est analogue à celle du bois, brûle dans le même
ordre pendant la combustion par voie humide dans l'acide azotique.
Le sucre imparfaitement brûlé ou l'acide oxalique reste, parce que
la quantité d'acide azotique est trop faible pour déterminer une combustion complète. L'acide oxalique bouilli avec l'acide azotique est
complétement transformé en acide carbonique.

197. **Expériences avec l'acide oxalique.** EXPÉRIENCE *a*. Un cristal
d'acide oxalique chauffé sur une lame de platine dans la lampe à
alcool fond, brûle et se dissipe entièrement sans laisser de résidu; le
produit de la combustion est de l'acide carbonique, $C_2O_3 + O$ de l'air
$= 2CO_2$.

EXPÉRIENCE *b*. Si l'on ajoute à une dissolution chaude et concentrée
de carbonate de potasse une solution chaude et concentrée d'acide
oxalique jusqu'à neutralisation, il se forme de l'*oxalate neutre de potasse* (KO, C_2O_3), sel très-soluble. Si l'on ajoute une nouvelle quantité
d'acide égale à la première, on obtient, après le refroidissement, des

cristaux durs et acides de *bioxalate de potasse;* 1 équivalent de potasse peut se combiner à 1, 2 et même 4 équivalents d'acide oxalique. Le bioxalate de potasse ou *sel d'oseille* se trouve tout formé dans certaines plantes, surtout dans l'*oxalis acetosella,* d'où on peut facilement l'extraire; de là son nom d'acide oxalique.

EXPÉRIENCE *c.* De l'oxalate de potasse chauffé sur une lame de platine se transforme en carbonate : l'acide oxalique se décompose en acide carbonique qui se combine avec la base, et en oxyde de carbone qui se dégage.

EXPÉRIENCE *d.* Après avoir agité du plâtre en poudre avec de l'eau, laissé déposer et décanté, on aura une solution contenant environ 1/500ᵉ de plâtre. Si l'on ajoute à cette solution quelques gouttes d'acide oxalique, elle se trouble au bout d'un instant et laisse déposer de l'oxalate de chaux. L'acide oxalique a une plus grande affinité pour la chaux que l'acide sulfurique, parce qu'il donne naissance à un sel complétement insoluble. La réaction cependant est lente, précisément en raison de la grande énergie de l'acide sulfurique ; la précipitation est bien plus rapide quand l'acide oxalique a été préalablement neutralisé par l'ammoniaque. Alors la réaction ne se fait plus par déplacement, mais par double décomposition, et l'acide sulfurique se porte sur l'ammoniaque.

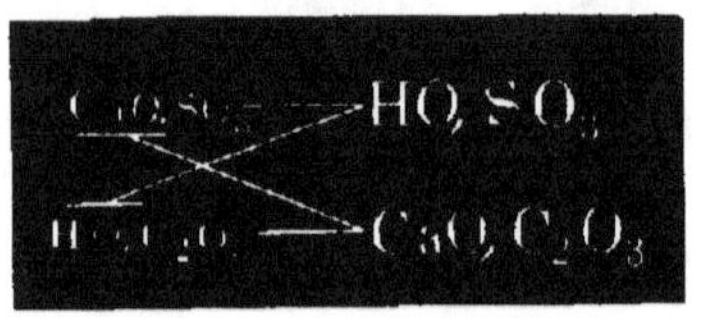

$$CaO,SO^3 \; + \; AzH^3,HO,C^2O^3 \; = \; AzH^3,HO,SO^3 \; + \; CaO,C^2O^3$$

Sulfate   Oxalate   Sulfate   Oxalate
de chaux.   d'ammoniaque.   d'ammoniaque.   de chaux.

L'acide oxalique est le meilleur réactif pour découvrir la chaux dans un liquide qui n'est pas acide.

EXPÉRIENCE *e.* On plonge dans une solution faible de sulfate de protoxyde de fer un papier à filtre blanc, puis on l'humecte d'ammoniaque; l'ammoniaque se combine avec l'acide sulfurique et met en liberté du protoxyde de fer d'un blanc verdâtre, qui brunit à l'air en se transformant en sesquioxyde. C'est d'une manière analogue qu'on teint souvent le coton en brun ou en jaune au moyen de l'oxyde de fer. Si l'on vient à toucher en quelques endroits ce papier à filtre avec une dissolution très-concentrée d'acide oxalique, la couleur disparaît aux endroits touchés et le papier redevient blanc. L'acide oxalique dissout facilement le sesquioxyde de fer, qu'on peut enlever par des lavages : l'on produit ainsi des dessins blancs sur un fond

jaune. Cette propriété explique l'emploi fréquent de l'acide oxalique
dans la teinture des tissus, et comment on s'en sert pour enlever les
taches jaunes que l'encre laisse sur le linge ou sur le papier, la base
de l'encre étant de l'oxyde de fer. Il est aisé de comprendre aussi que
si on cherche à enlever des taches d'encre sur des tissus colorés en
jaune ou en brun, on détruira en même temps la couleur.

ACIDE ACÉTIQUE ($C^4H^4O^6$) ou ($HO,\bar{A}$).

198. Préparation de l'acide acétique. L'acide acétique, qui n'est
autre chose que l'acide du vinaigre, est aussi un produit du règne
végétal, où toutefois il n'existe pas tout formé. Il prend naissance
pendant la décomposition à l'air des matières sucrées en présence des
substances azotées, et pendant la distillation du bois en vase clos. Le
sucre se transforme en alcool, puis en acide acétique, en absorbant
l'oxygène de l'air. Nous étudierons cette transformation après le
sucre et l'alcool; il suffit ici que nous sachions préparer, avec le vinaigre, l'acide acétique concentré.

L'acide acétique est volatil : on peut s'en assurer en faisant bouillir
du vinaigre, dont les vapeurs sont sensiblement acides, quoiqu'il ne
contienne que 10 pour 100 environ d'acide acétique. Cet acide ne
pouvant être obtenu par concentration, on a recours au procédé
suivant :

EXPÉRIENCE. Dans un demi-litre de vinaigre on introduit environ
50 gr. de litharge (oxyde de plomb). Après avoir à plusieurs reprises
agité le mélange, qu'on laisse digérer pendant quelques heures dans
un endroit chaud, on décante, puis on concentre à un petit volume
le liquide clair, qui dépose par le refroidissement des cristaux d'acétate de plomb. L'oxyde de plomb, en se combinant avec l'acide acétique, l'a empêché de se volatiliser avec l'eau.

EXPÉRIENCE. On fond, au moyen d'un chalumeau, une petite quantité d'acétate de plomb sur un charbon (fig. 108); le sel commencera par fondre dans son eau de cristallisation, puis l'acide acétique
brûlera en se charbonnant comme l'acide tartrique d'un tartrate, et
il restera un grain de plomb, car l'oxyde de plomb, mis en liberté,
est réduit au contact du charbon, avec lequel son oxygène forme de
l'oxyde de carbone.

Distillation de l'acide acétique. EXPÉRIENCE. 20 gr. d'acide sulfurique
étendus de 20 gr. d'eau et refroidis sont versés sur 40 gr. d'acétate
de plomb en poudre contenus dans une fiole placée sur un bain de
sable et reliée, au moyen d'un tube à deux courbures, avec un flacon

refroidi dans l'eau (fig. 104). On chauffe à une température douce jusqu'à distillation d'environ 30 gr. de liquide. L'acide acétique, déplacé par l'acide sulfurique, qui forme avec l'oxyde de plomb un sel blanc insoluble, est distillé et condensé avec un peu d'eau dans le récipient refroidi.

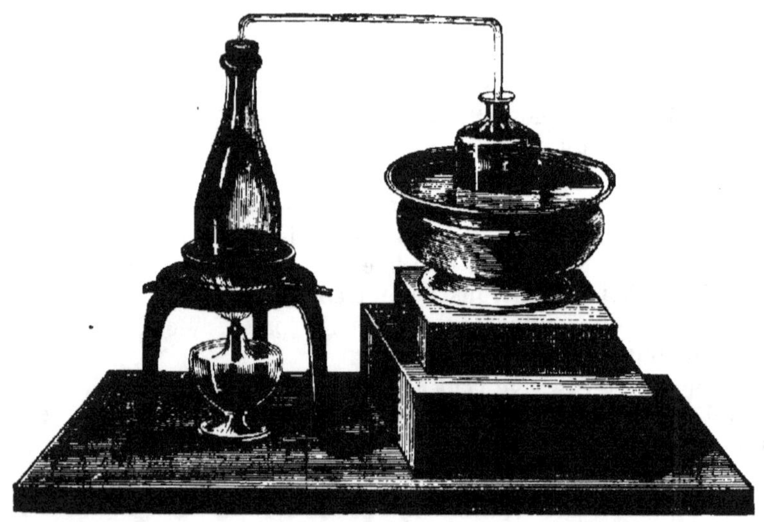

Fig. 104.

L'acide acétique a une odeur forte et pénétrante; quand il est pur, il cristallise à une température peu élevée.

L'acide acétique concentré dissout les essences; c'est sur cette propriété que repose la fabrication des vinaigres de toilette.

Action de l'acide acétique sur la viande. EXPÉRIENCE. Un morceau de viande de bœuf plongé dans l'acide acétique devient peu à peu mou et gélatineux. Le vinaigre ordinaire agit de la même manière sur la viande, mais beaucoup plus lentement.

L'acide acétique le plus concentré est toujours monohydraté, c'est-à-dire qu'il contient 1 équivalent d'eau de constitution qu'il n'abandonne qu'en se combinant avec une base; sa formule abrégée est $HO,\bar{A}$. On reconnaît facilement un acétate, en le chauffant avec de l'acide sulfurique, à l'odeur caractéristique de l'acide acétique.

RÉSUMÉ.

(1) Les acides organiques dérivés des végétaux contiennent tous du carbone, de l'hydrogène et de l'oxygène [1].

(2) Ils sont élaborés par les végétaux, où ils se trouvent en général combinés avec des bases.

(3) On n'a pas encore réussi à obtenir directement, par la combinaison de ses éléments, l'un des trois acides que nous avons étudiés.

(4) Certains acides organiques végétaux se préparent artificiellement avec des substances tirées du règne végétal.

(5) Tous les acides organiques se charbonnent et brûlent sous l'influence de la chaleur (ce qui n'a pas lieu avec les acides minéraux).

(6) La plupart des acides organiques ne peuvent pas exister sans eau de constitution, qui y joue le rôle d'une base.

(7) Les acides organiques forment avec les bases des *sels* analogues à ceux du règne minéral.

(8) Les sels à acides organiques sont décomposés par la chaleur; la base reste seule ou se combine avec une partie de l'acide carbonique formé.

199. Radicaux. On appelle *radicaux* certains groupements plus ou moins complexes, qui se comportent comme des corps simples. Le métalloïde, qui donne naissance à des acides avec l'oxygène et avec l'hydrogène, peut être considéré comme le principe essentiel, le *radical* de ces composés. Dans les acides organiques formés de 3 substances, que l'on attribue l'acidité à l'oxygène ou à l'hydrogène, l'élément acidifié n'en sera pas moins composé de 2 substances; c'est cet élément composé qui a reçu le nom de radical. On pourrait, d'après cela, distinguer les acides minéraux des acides organiques en disant que les premiers ont un *radical simple*, et les seconds un *radical composé*. Les acides cyanique et fulminique font naturellement partie de la seconde classe, parce que leur radical est composé d'azote et de carbone.

Cette distinction s'étend aux bases et aux sels : le composé, qui joue dans une base complexe le rôle d'un métal, est tout aussi bien le radical de cette base qu'un autre composé est le radical d'un acide.

200. Point de saturation. De nombreuses expériences nous ont fait voir que les acides sont neutralisés, saturés par les bases ; chaque acide exige à cet effet une quantité constante d'une même base, mais

---

[1] L'acide oxalique paraissait faire une exception; mais on a découvert, dans ces derniers temps, que l'hydrogène entrait dans sa composition : sa véritable formule est $= C^4H^2O^8$.

variant pour deux bases différentes. Nous allons examiner quelles sont les conditions de saturation d'un acide.

Au moyen de recherches très-exactes, on a déterminé que 40 parties d'acide sulfurique, pour.être saturées, en exigent 47 de potasse, 28 de chaux, 36 de protoxyde de fer, 111,5 d'oxyde de plomb. Des recherches ultérieures ont démontré que ces quantités si différentes de bases contiennent toutes une même quantité d'oxygène, 8 parties, ainsi :

Acide sulfurique.   Oxygène.
    40 parties sont neutralisées par 47 parties de potasse contenant : 8
    40   »   »   »   28   »   de chaux   »   8
    40   »   »   »   36   »   de protoxyde de fer   8
    40   »   »   ».   111,5 »   d'oxyde de plomb   8

De là on a tiré cette loi : qu'une base, pour saturer l'acide sulfurique, doit se combiner avec lui en quantité telle, qu'il y ait 8 parties d'oxygène dans la base pour 40 parties d'acide sulfurique.

On a pu de cette manière déterminer le point de saturation de tous les acides. Si 40 parties d'acide sulfurique exigent dans la base 8 parties d'oxygène, il en sera de même de 54 parties d'acide azotique, de 22 d'acide carbonique, qui exigeront aussi 8 parties d'oxygène.

Au lieu de comparer les quantités d'acides et l'oxygène de la base, on a établi la comparaison entre l'oxygène de l'acide et celui de la base, et on a trouvé que :

Dans 40 parties d'acide sulfurique il y a 24 parties d'oxygène contre 8 dans la base.
    » 54   »   d'acide azotique   »   40   »   »   8   »
    » 22   »   d'acide carbonique   16   »   »   8   »

Or 24, 40, 16, sont des multiples exacts de 8; de là cette première loi, que : *dans un sel neutre l'oxygène de l'acide et celui de la base sont toujours en rapport simple;* puis cette autre, que :

    Dans un sulfate neutre l'oxygène de l'acide est à celui de la base :: 3 : 1
    Dans un azotate neutre   »   »   »   :: 5 : 1
    Dans un carbonate neutre   »   »   »   :: 2 : 1

Le mot *neutre* ne signifie pas ici que le sel n'a aucune réaction sur la teinture de tournesol, car le carbonate de potasse, tout en étant neutre, bleuit le tournesol rouge de même que le sulfate d'alumine neutre rougit le tournesol bleu.

L'eau se comporte comme une base envers les acides avec lesquels elle est combinée. Dans l'acide sulfurique, HO,SO^3, l'oxygène de l'acide est à celui de la base :: 3 : 1; dans l'acide azotique, HO,AzO^5 :: 5 : 1, etc.

MÉTAUX LÉGERS.

PREMIER GROUPE. — Métaux alcalins.

POTASSIUM (K).

Équivalent = 39,1 ou 489. Densité = 0,865.

Découvert par Davy en 1807.

201. Carbonate de potasse. Expérience. Dans un filtre en papier placé sur un entonnoir (fig. 105), on introduit autant de cendres que possible, puis on verse dessus peu à peu de l'eau chaude de manière à les laver. L'eau qui s'écoule est colorée, a un goût de lessive et bleuit le papier de tournesol. Évaporée dans une cap-sule de porcelaine, cette solution laisse un résidu brun, le salin, qui devient blanc par l'incinération dans un creu-set et forme le carbonate de potasse ou potasse du commerce. Dans les contrées très-boisées, comme la Rus-sie, l'Amérique, etc., on prépare la potasse en grand, d'une manière ana-logue, pour les besoins des arts.

Les cendres (607) contiennent tou-tes les matières minérales que les plan-tes ont enlevées au sol; ces substan-

Fig. 105.

ces, n'étant pas volatiles, résistent à l'incinération; la partie soluble est entraînée avec l'eau (potasse, sels solubles), tandis que les ma-tières insolubles (silice, sels insolubles, charbon) restent sur le filtre.

Purification de la potasse. Expérience. On dissout 50 gr. de po-tasse du commerce dans 50 cent. cubes d'eau, puis on abandonne la solution à elle-même. Le lendemain on sépare, par la filtration, un dépôt blanc formé principalement de silice. Le liquide clair, concen-tré à la moitié de son volume, est de nouveau abandonné au repos pendant un jour; il laisse alors déposer en cristaux les sels moins solubles. Si l'on évapore à sec, en agitant constamment, le liquide séparé du dépôt par décantation ou par filtration, on obtient une masse blanche et friable de carbonate de potasse purifié.

Le carbonate de potasse est très-soluble; il se dissout le premier et ne se sépare du liquide qu'en dernier lieu ; les substances auxquelles il est mêlé ou bien n'entreront pas en dissolution ou se sépareront de nouveau par la cristallisation avant que la solution de carbonate soit assez concentrée pour cristalliser. C'est par ces deux méthodes qu'on sépare les substances inégalement solubles.

202. **Expériences avec la potasse.** *Le carbonate de potasse est déliquescent.* Expérience *a.* Du carbonate de potasse mis dans deux capsules de porcelaine, dont l'une est placée dans une chambre et l'autre dans une cave, s'humecte dans la première capsule et devient liquide dans la seconde. Dans les deux cas, le sel attire l'humidité de l'air, plus forte dans la cave que dans la chambre. Le carbonate de potasse est donc *déliquescent,* c'est-à-dire qu'il attire l'eau de l'air et s'y dissout.

Le carbonate de potasse dissout les matières grasses. Expérience *b.* Si l'on fait bouillir, dans un petit pot ou dans une capsule, quelques chiffons sales de coton ou de fil avec une dissolution de 10 gr. de carbonate de potasse dans 100 cent. cubes d'eau, le liquide se colore, et les tissus, passés à l'eau, deviennent clairs et même blancs. Les matières qui salissent le linge sont les poussières de l'atmosphère qui se fixent sur les tissus quand ils sont gras. Le carbonate de potasse dissout ces matières grasses; de là ses nombreuses applications dans le blanchissage des tissus et le dégraissage.

Expérience *c.* On peut se convaincre aisément que la potasse du commerce ou carbonate de potasse est un sel formé d'acide carbonique et de potasse : il suffit d'y ajouter un acide minéral ou même du vinaigre; il se dégage un gaz dans lequel une bougie s'éteint et qui n'est autre que du gaz acide carbonique. Cet acide n'est pas assez énergique pour faire disparaître les propriétés alcalines de la base ; mais, si l'on y ajoute du vinaigre jusqu'à neutralisation, la réaction alcaline disparaît et on obtient, par l'évaporation, des cristaux d'acétate de potasse. Le peu d'énergie de l'acide carbonique et la facilité avec laquelle il reprend son état gazeux pourraient faire supposer qu'on l'élimine facilement par la chaleur : il n'en est pourtant pas ainsi, car le carbonate de potasse résiste, sans se décomposer, aux températures les plus élevées.

Dans la potasse du commerce le carbonate n'est pas pur : il est constamment associé à d'autres sels, tels que le silicate et le sulfate de potasse, le chlorure de potassium, etc., qui en altèrent la valeur; aussi est-il souvent utile de savoir reconnaître la proportion réelle de carbonate de potasse qui s'y trouve.

Essai des potasses du commerce. Pour connaître la valeur de la

potasse du commerce ou pour en comparer plusieurs sortes entre
elles, on prend de chacune un poids déterminé que l'on sature par
un même acide : celle qui en exige le plus est la
meilleure, car le carbonate, qui seul a de la valeur,
est aussi le seul sel qui soit décomposé par l'addition d'un acide. Si l'on a souvent à faire des essais
de ce genre, on se sert d'un instrument gradué pour
mesurer l'acide ajouté, et on prépare cet acide de
telle manière, qu'une division de la burette (fig. 106)
correspond à un poids déterminé de carbonate de
potasse : dans ce cas, la quantité d'acide employé
indiquée par l'échelle graduée déterminera la quantité en centièmes de carbonate contenu dans la potasse essayée.

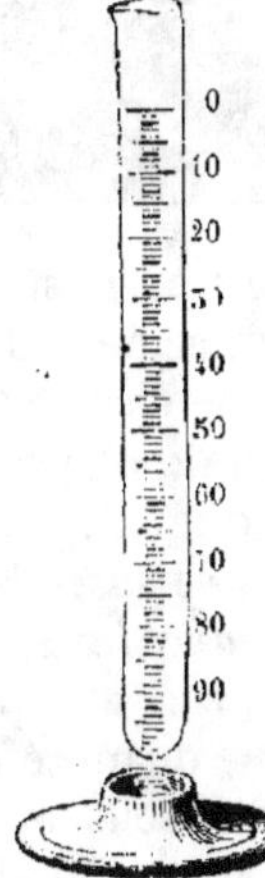

Fig. 106.

Bicarbonate de potasse ($KO,HO,2CO^2$). Si dans
une dissolution concentrée de carbonate de potasse
on fait passer un courant continu d'acide carbonique, ce gaz est absorbé, et il se dépose dans le vase
des cristaux incolores et transparents, contenant
2 équivalents d'acide combinés avec 1 équivalent de potasse, plus
1 équivalent d'eau. C'est du bicarbonate, par conséquent un sel acide.
Le second équivalent d'acide carbonique et l'eau se dégagent par la
chaleur; la décomposition a déjà lieu dans l'eau bouillante.

203. Potasse ou oxyde de potassium (KO). On obtient cet oxyde
en soustrayant au carbonate de potasse son acide carbonique.

Préparation de la potasse. EXPÉRIENCE. On plonge, pendant un instant, dans l'eau 20 gr. de chaux,
puis on abandonne cette chaux
sur une assiette jusqu'à ce qu'elle
soit tombée en poudre. Pendant
ce temps, on dissout dans une
petite marmite en fonte (fig. 107)
20 gr. de carbonate de potasse
dans 200 cent. cubes d'eau, puis
on fait bouillir et on ajoute petit
à petit à la solution les 20 gr. de
chaux en poudre. Après une
heure d'ébullition, on laisse le

Fig. 107.

mélange un instant au repos et on s'assure si quelques gouttes du
liquide ne font plus effervescence dans l'acide chlorhydrique étendu
de son volume d'eau. S'il se manifeste encore un dégagement de
gaz, on continue à faire bouillir en ajoutant même de nouveau un

peu de chaux ; sinon, on retire le feu, on couvre la marmite, et, après le refroidissement, on décante le liquide clair dans un flacon bien bouché : on a ainsi une *lessive de potasse* caustique. L'acide carbonique uni primitivement à la potasse s'est porté sur la chaux, comme on peut s'en assurer en traitant par un acide le dépôt blanc tombé au fond de la dissolution, le carbonate de chaux étant insoluble.

$$CaO,HO \longrightarrow KO,HO \quad \text{soluble.}$$
$$KO,CO_2 \longrightarrow CaO,CO_2 \quad \text{insoluble.}$$

On pourrait, d'après cela, supposer que la chaux est une base plus énergique que la potasse, ce qui n'est pas; mais *une base faible peut enlever à une base plus puissante son acide quand elle est susceptible de former avec lui un sel insoluble.* Dans le cas présent, cette action est limitée, car, si la proportion d'eau est trop faible, il entre en dissolution une quantité de chaux trop petite relativement au carbonate de potasse dissous et la réaction est empêchée par l'*influence de la masse.* De même aussi un acide faible déplace souvent un acide plus énergique quand cet acide faible peut donner naissance avec la base à une substance insoluble [1].

Hydrate de potasse. Expérience. Si l'on évapore jusqu'à consistance huileuse, dans un vase en fer ou en argent, une partie de la lessive qui vient d'être préparée, elle forme après le refroidissement une masse blanche caustique appelée *potasse à la chaux.* Chauffée davantage, cette potasse perd le reste de son eau jusqu'à 1 équivalent, et il reste de la *potasse monohydratée*, KO,HO, qui subit sans se décomposer la fusion ignée et qui peut être coulée. Dans cet état, elle reçoit souvent le nom de pierre à cautère.

La potasse ou oxyde de potassium est formée de 1 équivalent de potassium et de 1 équivalent d'oxygène ; elle est toujours combinée avec 1 équivalent d'eau que l'on ne peut chasser par la chaleur. Cette eau joue le rôle d'un acide. L'eau est un corps *indifférent;* elle peut se comporter *comme un acide avec les bases fortes et comme une base avec les acides énergiques* (200).

204. **Expériences avec la potasse.** Expérience *a.* Un fragment d'hydrate de potasse abandonné à l'air devient humide, puis se liquéfie complétement; si, au bout de quelques jours, on y ajoute un acide, il y aura effervescence. La potasse est très-déliquescente, elle attire l'humidité de l'air, ainsi que l'acide carbonique, avec lequel elle forme de nouveau du carbonate de potasse.

---

[1] Ces lois ont été découvertes par Berthollet.

Expérience *b*. On introduit de la lessive de potasse dans deux tubes ; dans l'un on fait bouillir un peu de papier à filtrer blanc, dans l'autre du papier à filtrer gris : les deux papiers entreront en dissolution ; mais le second, qui contient de la laine (matière animale) plus rapidement que le premier, formé exclusivement de fibres végétales. La potasse est un caustique très-violent, surtout pour les matières animales. Son action dissolvante sur la peau est très-sensible : elle rend les doigts glissants.

Expérience *c*. Un petit fragment de suif bouilli dans un tube d'essai avec une lessive de potasse se combine avec elle et forme du savon. Les savons préparés avec de la potasse restent liquides ; on les appelle savons mous.

Expérience *d*. Si l'on fond au chalumeau sur un charbon (fig. 108)

Fig. 108.

un mélange de sable fin et d'hydrate de potasse, les deux substances entrent en fusion et se combinent, en formant un petit globule à aspect vitreux après refroidissement. Peu de potasse et beaucoup de silice produisent une matière insoluble, le verre ordinaire (226); peu de silice et beaucoup de potasse forment un silicate de potasse soluble, *verre soluble*. Ce corps, dissous, est quelquefois employé pour imprégner le bois, qu'il empêche de brûler avec flamme.

Expérience *e*. Si dans une dissolution de sulfate de cuivre on verse goutte à goutte une dissolution de potasse, qui constitue la base la plus énergique, cette dernière dissolution déplace l'oxyde de cuivre, qui se précipite à l'état d'hydrate sous forme de flocons bleus, et qu'on peut recueillir sur un filtre. Cette méthode est souvent employée pour précipiter les oxydes métalliques de leurs dissolutions.

205. Préparation du potassium. Si on enlève à la potasse son oxygène, le potassium est mis en liberté; il a, dans cet état, une telle affinité pour l'oxygène, qu'il faut, pour le conserver, le tenir immergé dans un liquide exempt de ce gaz, l'huile de naphte, par exemple.

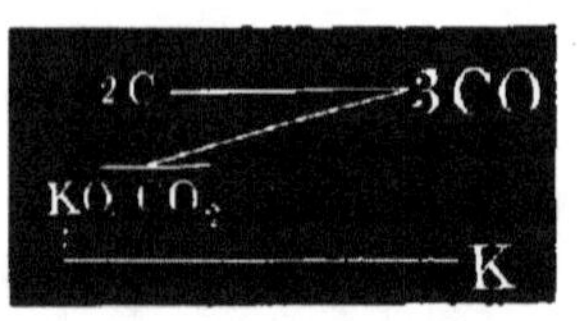

La préparation du potassium ne se fait pas à l'aide de la potasse; ce métal s'obtient au moyen de la décomposition du carbonate de potasse par le charbon.

La réaction s'opère à une température très-élevée dans des bouteilles en fer battu : le carbone s'unit à l'oxygène de la base et à une partie de celui de l'acide en donnant naissance à de l'oxyde de carbone. Le potassium, volatil à cette température, se dégage avec l'oxyde de carbone et quelques produits secondaires, et se condense dans un récipient refroidi contenant de l'huile de naphte ; il a l'aspect de l'argent et la consistance de la cire.

Le potassium, à une température modérée, peut soustraire l'oxygène à l'acide carbonique (166); à une température élevée, au contraire, le carbone enlèverait l'oxygène à la potasse. On observe souvent en chimie ces différences dans les affinités, quand les corps sont soumis à certaines conditions physiques dont l'une des principales est la chaleur.

Expérience. Si l'on projette dans un vase plein d'eau un fragment de potassium, ce dernier surnage et brûle avec une flamme rouge en s'agitant sur l'eau et en produisant un bruit analogue à celui d'un fer rouge plongé dans l'eau. Quand la flamme cesse, le potassium a disparu, ou plutôt il se trouve dans l'eau à l'état d'oxyde de potassium ou potasse, comme il est facile de s'en assurer au moyen d'un papier rouge de tournesol, qui y bleuit. Le métal, en se combinant avec l'oxygène de l'eau, produit une température assez élevée pour enflammer l'hydrogène, qui devient libre ; la coloration de la flamme est due à une petite quantité de vapeur de potassium.

Un morceau de potassium, récemment coupé, présente une surface métallique brillante, qui se ternit rapidement au contact de l'oxygène de l'air. Un fragment de potassium, exposé à l'air humide, se transforme en peu de temps en hydrate de potasse, en absorbant l'oxygène et l'eau de l'atmosphère.

206. Sels de potasse. Les sels prennent naissance, comme il a été dit, par la combinaison d'une base avec un oxacide ou un hydracide (oxysels et sels haloïdes). Le nombre d'acides connus qui peuvent se combiner avec la potasse étant considérable, nous ne nous occuperons ici que des combinaisons généralement employées en chimie ou dans les arts.

Sulfate de potasse, KO,SO^3. On dissout dans 80 gr. d'eau 20 gr. de carbonate de potasse, que l'on neutralise avec de l'acide sulfurique étendu, puis on évapore la solution jusqu'à ce qu'il se forme une petite pellicule cristalline à la surface du liquide, c'est-à-dire jusqu'à ce que la solution soit saturée à chaud et laisse déposer des cristaux par suite de l'abaissement de la température à la surface du liquide. Retirée alors du feu et refroidie, elle dépose des cristaux prismatiques à 6 faces, terminés en pyramides (fig. 109). Ces cristaux sont formés de sulfate de potasse, sel peu soluble et d'une saveur amère, qu'on extrait aujourd'hui en grande quantité des eaux mères des salines du Midi.

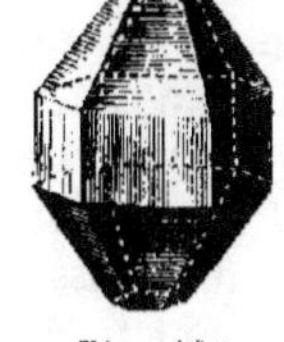

Fig. 109.

Bisulfate de potasse, $KO,HO,2SO^3$. On obtenait autrefois ce sel comme produit accessoire dans la fabrication de l'acide azotique au moyen de l'azotate de potasse (159). Il est moins stable que le sulfate neutre de potasse; le second équivalent d'acide sulfurique se dégage à une température élevée.

207. Azotate de potasse ou salpêtre, KO,AzO^5. Si l'on neutralise 20 gr. de carbonate de potasse, dissous dans 40 gr. d'eau bouillante, par de l'acide azotique, on obtient, par le refroidissement et après avoir filtré, des cristaux prismatiques très-allongés d'azotate de potasse (fig. 110). Leur saveur est fraîche, piquante et amère ; ils n'éprouvent à l'air aucune altération.

Fig. 110.

Expériences avec l'azotate de potasse. Expérience *a*. Si l'on chauffe dans un tube de l'azotate de potasse, ce dernier entre en fusion ignée et peut être coulé en plaques sur une pierre froide. Chauffé davantage, il abandonne de l'oxygène et un mélange d'azote et d'oxygène ; cette décomposition cependant n'a lieu qu'à une température très-élevée et ne peut se faire dans des vases en verre ou en terre, car les métaux eux-mêmes sont alors rapidement attaqués par la potasse.

Expérience *b*. Si l'on projette des cristaux d'azotate de potasse sur des charbons ardents, ils fusent, ils se décomposent, comme sous l'influence de la chaleur, en oxygène, en azote et en potasse. L'oxygène, en contact avec le charbon allumé, produit de l'acide carbonique, dont une partie se combine avec la potasse, et il reste sur le charbon une masse blanche de carbonate de potasse; on peut facilement s'en assurer au moyen du papier de tournesol et d'un acide. La facilité avec laquelle l'azotate de potasse cède son oxygène aux corps enflammés l'a fait employer dans la préparation des substances facilement combustibles (amadou, mèches), que l'on plonge dans une solution d'azotate de potasse, afin qu'après dessiccation ils soient pénétrés de cristaux.

Expérience *c*. Si l'on broie ensemble dans un mortier 24 gr. d'azotate de potasse en poudre, 4 gr. de charbon et 4 gr. de soufre pulvérisés, le mélange n'est autre chose que de la poudre à tirer en poussière. Si l'on allume une petite quantité de cette poudre, elle brûle avec rapidité en fusant vivement. On humecte le reste du mélange avec quelques gouttes d'eau, et on le broie jusqu'à formation d'une pâte bien homogène. Quand cette pâte est presque sèche, on la divise incomplétement dans un mortier et on la passe au travers de deux tamis à mailles de grosseurs différentes pour séparer d'un côté les fragments qui sont trop gros et de l'autre la poussière. Les petits grains intermédiaires constituent la poudre à tirer.

Expérience *d*. Cette poudre, allumée, s'embrase et détone beaucoup plus rapidement que la poudre pulvérisée, parce que les petits grains laissent entre eux des espaces qui permettent au feu de se propager plus librement. Le résultat théorique de la décomposition de la poudre serait de l'acide carbonique, du sulfure de potassium et de l'azote, comme on le voit dans l'équation suivante :

$$KO,AzO^5 \; + \; 3C \; + \; S \; = \; 3CO^2 \; + \; Az \; + \; KS$$

Azotate de potasse. — Charbon. — Soufre. — Acide carbonique. — Azote. — Sulfure de potassium.

Dans cette hypothèse, l'oxygène de la potasse se serait porté sur le carbone pour former de l'acide carbonique. Mais la décomposition réelle n'est pas aussi simple que la théorie l'indique, car il se forme toujours des produits accessoires, entre autres du sulfate et du carbonate de potasse, qui restent avec le sulfure de potassium. Les gaz qui prennent naissance, et qui occupent presque instantanément plusieurs milliers de fois le volume de la poudre, sont principalement

composés d'*acide carbonique* et d'*azote*, mélangés à une petite quantité d'oxyde de carbone, d'hydrogène et d'acide sulfhydrique. Quand
la décomposition de la poudre a lieu en vase clos, dans un fusil, par
exemple, il se produit une détonation due à l'expansion subite des
gaz, qui chassent la balle devant eux, ou font éclater l'arme. Le résidu noir laissé par la poudre brûlée attire l'humidité de l'air et répand une odeur d'acide sulfhydrique (213); si la décomposition a eu
lieu sur une plaque de fer, cette plaque prend une teinte noire, due
à la formation d'un peu de sulfure de fer (133). C'est ce qui a lieu
dans les canons de fusils.

EXPÉRIENCE *e*. Si l'on chauffe dans une cuiller en fer fixée dans un
bouchon (fig. 111), 4 gr. de limaille de fer mêlés à 2 gr. d'azotate
de potasse, il arrive un moment où le mélange devient rapidement
incandescent : le fer est oxydé par l'oxygène du sel, tandis que l'azote se dégage. La potasse qui reste est soluble dans l'eau. L'azotate
de potasse peut être employé dans certains cas pour produire des
oxydes métalliques.

Fig. 111.

La propriété de l'azotate de potasse de se décomposer en présence
de certains métaux a été utilisée pour préparer la potasse pure, en
calcinant dans un creuset de cuivre un mélange d'azotate de potasse
et de fragments de cuivre.

f. L'acide sulfurique déplace l'acide azotique dans l'azotate de potasse (159).

g. L'azotate de potasse préserve les matières animales de la putréfaction ; on le fait généralement intervenir dans la salaison de la
viande.

Nitrification. L'azotate de potasse se produit naturellement aux
Indes, en Égypte, dans l'île de Ceylan, en Espagne, dans certaines

localités de la France et de l'Italie, etc., où il suffit de lessiver les terres salpêtrées pour en retirer le sel. En Amérique, dans une plaine assez élevée au-dessus du niveau de la mer, on trouve un dépôt de sable et d'argile qui contient de 25 à 65 pour 100 d'azotate de potasse, que l'on peut extraire directement par le lessivage. Autrefois, quand chaque pays était obligé de produire son salpêtre, on faisait des *nitrières artificielles*. A cet effet, on mêlait à de la terre des substances riches en azote, du sang, de l'urine, etc., et des matières alcalines, cendres fraîches ou lessivées, marne, etc. Ces mélanges étaient disposés en tas abrités de la pluie, maintenus constamment humides, et dans lesquels on avait ménagé l'accès de l'air. Les matières riches en azote se transforment, pendant la putréfaction, en ammoniaque, qui, en présence d'une base forte et de l'oxygène de l'air, se transforme à son tour en eau et en acide azotique retenu par la base. Quand les matières azotées pourrissent seules, elles ne produisent que de l'ammoniaque; la formation de l'acide azotique paraît être déterminée par la présence d'une base forte (243). Quand une nitrière est construite depuis dix mois ou un an, et qu'on la suppose assez *nitrifiée*, on en lessive la terre au moyen de l'eau; celle-ci dissout les azotates alcalins et terreux, que l'on décompose ensuite par le carbonate de potasse. Les terreaux et les composts, dans lesquels on a trouvé récemment des quantités considérables d'acide azotique, doivent être assimilés aux nitrières. C'est aux produits salpêtrés que les terreaux contiennent qu'ils doivent une grande partie de leurs propriétés fertilisantes.

208. **Chlorate de potasse**, KO,ClO^5. Ce sel, dont la richesse en oxygène est la même que celle de l'azotate de potasse, se décompose beaucoup plus facilement en dégageant la totalité de son oxygène.

Expériences avec le chlorate de potasse. Expérience *a.* La chaleur décompose le chlorate de potasse en chlorure de potassium et en oxygène; aussi l'emploie-t-on souvent à la préparation de ce gaz (59).

Expérience *b.* Le chlorate de potasse, projeté sur des charbons ardents, fuse avec plus de vivacité encore que l'azotate de potasse. Il ne peut être employé dans la fabrication de la poudre : son explosion trop rapide fatigue les armes; on l'emploie au contraire trèssouvent dans les feux d'artifice. Il faut s'entourer de beaucoup de précautions quand on le mélange au charbon et surtout au soufre, car le frottement seul peut déterminer l'explosion du mélange; et même quand on veut réduire le chlorate de potasse en poudre, il est prudent de l'humecter légèrement; le mélange avec d'autres substances se fait souvent à la main.

Expérience *c.* Si l'on met au fond d'un verre quelques cristaux de

chlorate de potasse, que l'on humecte avec de l'alcool, il suffit d'y
laisser tomber quelques gouttes d'acide sulfurique pour enflammer
le mélange. L'inflammation est produite par la chaleur dégagée pendant la décomposition de l'acide chlorique mis en liberté par l'acide
sulfurique.

EXPÉRIENCE *d*. Si l'on mêle entre les doigts du chlorate de potasse
et de la fleur de soufre, le mélange s'enflamme quand on le projette
dans l'acide sulfurique. C'est ce qui a lieu tous les jours dans les
ménages, voici dans quelles circonstances : dans les allumettes où
le phosphore n'intervient pas, le mélange explosif est formé de chlorate de potasse et de soufre, et coloré en rouge avec un peu de cinabre ; en approchant ces allumettes de l'asbeste imbibé d'acide sulfurique, qui sert de briquet, l'explosion a lieu et détermine l'inflammation de l'allumette. L'asbeste intervient uniquement comme support
de l'acide sulfurique, pour empêcher qu'on n'y plonge l'allumette
trop avant. Le mélange explosif est composé de 10 parties de soufre,
8 de sucre, 5 de gomme, 2 de cinabre, et 30 de chlorate de potasse,
le tout mis en pâte avec de l'eau. L'acide sulfurique est souvent remplacé par le phosphore amorphe pour déterminer l'inflammation de
ces allumettes (141).

e. Chauffé avec des métaux, le chlorate de potasse les oxyde comme
l'azotate.

f. L'acide chlorhydrique produit avec le chlorate de potasse un dégagement de chlore : l'acide chlorhydrique est décomposé par l'oxygène du sel, comme il est décomposé par celui du bioxyde de manganèse ou de l'acide azotique ; le chlore du sel n'intervient pas dans la
réaction.

Préparation du chlorate de potasse. Si l'on fait passer un courant
de chlore à travers la potasse,
il se forme deux sels : le
chlorure de potassium et le
chlorate de potasse ; la réaction est indiquée par la formule ci-jointe. Le chlorate
de potasse est moins soluble

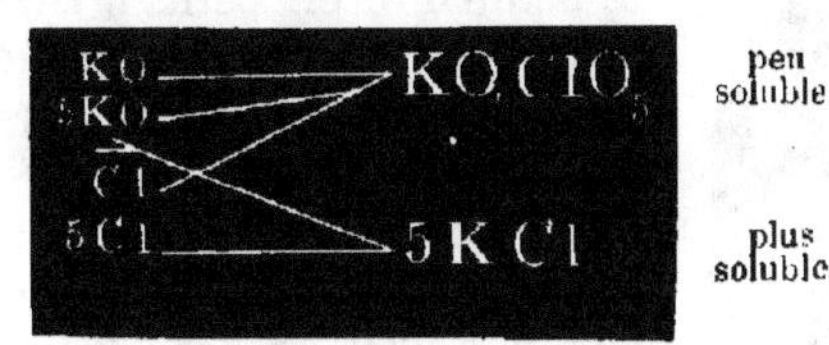

que le chlorure de potassium, ce qui permet de séparer les deux sels
par la cristallisation. Quand on opère en grand, la potasse est
remplacée par un lait de chaux : l'hypochlorite de chaux, qui prend
naissance (244), bouilli en présence du chlorure de potassium, se
transforme en chlorate de chaux, lequel échange ses principes avec
le sel de potasse ; il se forme du chlorure de calcium très-soluble et
du chlorate de potasse peu soluble.

Le *silicate de potasse* existe en forte proportion dans beaucoup de roches primitives et dans le verre (204).

209. **Chlorure de potassium**, KCl. Ce sel se forme quand on décompose le carbonate de potasse par l'acide chlorhydrique; sa saveur est analogue à celle du sel marin, mais amère; il cristallise en cubes (fig. 112). On obtient souvent dans les arts le chlorure de potassium comme produit accessoire; les cendres de varech en contiennent près de 1/3 de leur poids; on l'emploie dans la fabrication de l'alun, du salpêtre et du chlorate de potasse.

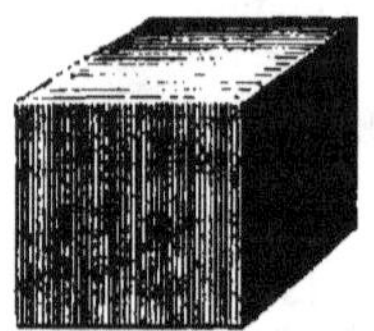

Fig. 112.

210. **Iodure de potassium**, KI. Ce sel, très-soluble, cristallise en cubes comme le chlorure : il est fréquemment employé en médecine.

EXPÉRIENCE. On peut s'assurer de l'existence de l'iode dans ce sel en le décomposant par l'acide sulfurique, en présence du bioxyde de manganèse : il se dégage des vapeurs rouges d'iode; la réaction, du reste, est la même que lors de la préparation du chlore avec le sel marin. On atteint le même but en décomposant une solution d'iodure par quelques gouttes d'eau de chlore en présence de l'amidon : il se produit une belle coloration bleue (155).

211. **Bitartrate de potasse**, KO,HO,T^2. Beaucoup de fruits, tels que ceux du tamarinier, les raisins imparfaitement mûrs, doivent leur saveur acide au bitartrate de potasse (194) qu'ils contiennent. Ce sel est peu soluble; il se dépose à la longue dans les tonneaux sous forme de cristaux gris ou rouges, selon la couleur du vin : c'est le

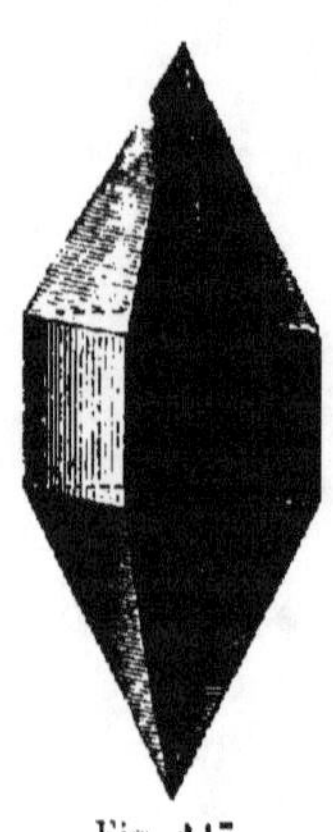

Fig. 115.

tartre. Purifié par la cristallisation, il se dépose en beaux cristaux incolores (fig. 115). Le bitartrate de potasse se sépare d'une solution saturée et bouillante en petits cristaux blancs, qui surnagent au-dessus du liquide, ce qui leur a valu le nom de crème de tartre. Il se sépare en petits cristaux d'une solution de potasse à laquelle on ajoute de l'acide tartrique; il se décompose par la chaleur et laisse pour résidu du carbonate de potasse pur que l'on prépare fréquemment par ce procédé.

Tartrate neutre de potasse, KO,T. Pour préparer ce sel, il suffit de mettre en digestion 40 gr. de bitartrate dans une solution de 20 gr. de carbonate de potasse, avec 100 cent. cubes d'eau. La liqueur, filtrée, dépose, après la concentration, de beaux cristaux prismatiques

de tartrate neutre de potasse ; si l'on évapore à sec, on obtient le sel
en poudre blanche. Le tartrate neutre de potasse est très-soluble dans
l'eau, les acides faibles lui enlèvent le second équivalent de base. Une
solution un peu concentrée, additionnée de vinaigre, dépose des cristaux de bitartrate, tandis que le second équivalent de potasse forme
de l'acétate. Au second équivalent de potasse du tartrate neutre,
remplacé par l'eau dans le bitartrate, on peut substituer d'autres
bases, telles que la soude, l'ammoniaque, le fer, l'antimoine, et former
ainsi des sels doubles, dont le plus connu est le tartre stibié ou tartrate double d'antimoine et de potasse, employé en médecine comme
vomitif.

212. **Bioxalate de potasse, ou sel d'oseille,** $KO,2HO,C^2O^3$. Les
feuilles de l'*oxalis acetosella* ont une saveur acide qu'elles doivent à
un sel dont la base est encore la potasse, mais où l'acide tartrique
est remplacé par l'acide oxalique. Là où l'oxalis croît en abondance,
il suffit d'en exprimer le jus pour obtenir, par l'évaporation, de
beaux cristaux de sel d'oseille, qu'on purifie par une nouvelle cristallisation ; nous avons parlé de ce sel au § 197; on l'emploie en teinture; il sert aussi à enlever les taches de rouille et d'encre.

213. **Sulfure de potassium.** Le soufre forme avec le potassium
plusieurs combinaisons, dont deux seulement ont de l'importance.
Le *monosulfure de potassium*, KS, est souvent employé en chimie
pour reconnaitre les métaux, qu'il précipite à l'état de sulfures diver-
sement colorés. On le prépare en calcinant le sulfate de potasse avec
du charbon; dans ce cas, il est généralement mêlé à d'autres sulfures. On l'obtient plus pur en faisant passer un courant d'acide sulfhydrique à travers une dissolution de potasse, que l'on ajoute après
saturation complète à une égale quantité de la même solution de potasse. Le composé KS,HS, qui se forme dans le premier liquide, se
décompose en présence de la potasse, KO, en $2KS+HO$. Ce sel cristallise après la concentration.

Pentasulfure de potassium, KS^5. Expérience. Dans un creuset en
terre, muni de son couvercle, ou dans une cuiller en fer recouverte
d'une plaque de même métal, on chauffe ensemble : 5 gr. de soufre
et 5 gr. de carbonate de potasse. Il se produit une effervescence due
au dégagement de l'acide carbonique, et il reste une matière fondue
de couleur brune, qu'on coule sur une pierre ou une plaque de fer.
Si le mélange s'enflamme, on le couvre pour empêcher l'accès de
l'air. La masse, refroidie, prend, au bout de quelque temps, une
teinte jaune, et dégage une odeur d'œufs pourris : c'est le *foie
de soufre;* il se compose d'un mélange de pentasulfure de potassium
et de sulfate de potasse, $3KS^5+KO,SO^3$. Sous l'influence de la cha-

leur, le soufre enlève à la potasse son oxygène pour former du sulfate de potasse ; le potassium, devenu libre, s'unit au soufre et l'acide carbonique se dégage.

Expérience. Si dans un tube on décompose une petite quantité d'une solution de foie de soufre à l'aide de quelques gouttes d'acide sulfurique, il se produit un dégagement abondant d'acide sulfhydrique et un précipité de soufre. Sous l'influence de l'acide sulfurique, le potassium décompose l'eau, forme, avec l'oxygène, de la potasse qui s'unit à l'acide sulfurique, une partie du soufre se combine avec l'hydrogène, devenu libre, et le reste se précipite.

$$KS^5 \;+\; HO,SO^3 \;=\; KO,SO^3 \;+\; HS \;+\; S^4$$

Pentasulfure de potassium.	Acide sulfurique monohydraté.	Sulfate de potasse.	Acide sulfhydrique.	Soufre.

Le foie de soufre est employé principalement pour les *bains de Baréges artificiels;* on ne le prépare pas toujours avec la même proportion de soufre, aussi contient-il souvent des composés moins sulfurés que le pentasulfure.

214. Les sels de potasse comme engrais. Les sels de potasse ont une grande influence sur la fertilité du sol, surtout pour les plantes dont les cendres sont riches en potasse, comme la vigne, la pomme de terre, la betterave, etc. On sait aujourd'hui que les plantes ne peuvent prospérer, même dans les terrains les plus riches, s'il leur manque certains principes minéraux (potasse, chaux, acide phosphorique, etc.). Quand on veut rechercher quelles sont les substances nécessaires au complet développement d'une plante, il suffit d'analyser les cendres d'un sujet dont la croissance a été régulière. La vigne, la betterave, ne réussiront pas plus dans une terre exempte de potasse que les pois ou le trèfle dans un sol privé de chaux. L'emploi des engrais minéraux (chaux, plâtre, cendres) est basé sur l'utilité des substances minérales dans la végétation. Les fumiers et les purins renferment toujours, outre les matières organiques, des phosphates, des sels alcalins et d'autres substances minérales qui ajoutent à leur valeur. Une terre dans laquelle on cultiverait toujours de la betterave, et à laquelle on ne donnerait pas des engrais riches en potasse, finirait par être trop dépourvue d'alcali pour continuer à nourrir des betteraves; une autre terre pourrait de même être trop pauvre en chaux pour faire venir à bien du trèfle ou des pois ; et néanmoins les pois et le trèfle pourraient réussir dans le premier de ces deux terrains, et la betterave dans le second. Cette différence dans les besoins des plantes explique en partie l'usage généralement adopté de faire *alterner* les cultures.

SODIUM (Na).

Équivalent = 23 ou 287,5. Densité = 0,972.

Découvert par Davy en 1807.

215. Chlorure de sodium ou sel marin. EXPÉRIENCE. Si à 60 gr. d'eau à la température ordinaire on ajoute 20 gr. de sel marin, ce sel se dissoudra complétement si on agite le liquide ; mais une nouvelle quantité de sel ajoutée n'entrera plus en dissolution. Il en sera de même si l'on porte la solution à l'ébullition, ou si l'on opère avec de l'eau bouillante, car le chlorure de sodium offre cette particularité, qu'il n'est pas, comme la plupart des autres sels, plus soluble dans l'eau chaude que dans l'eau froide. Une solution de sel marin, exposée dans un endroit chaud, s'évapore, et laisse déposer des cristaux cubiques (fig. 114), lesquels seront très-petits et fins comme

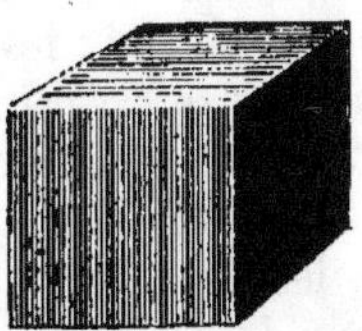

Fig. 114.

de la poudre si, pendant l'évaporation, le liquide a été constamment agité, de manière à troubler la cristallisation.

EXPÉRIENCE. Une solution saturée de sel marin, exposée à l'air en hiver, par une température très-basse (—12°), laisse déposer des cristaux prismatiques contenant plus de la moitié de leur poids d'eau de cristallisation. Un de ces cristaux, pris dans la main, s'y liquéfiera en produisant une grande quantité de petits cristaux cubiques. Cette expérience fait voir clairement :

1) Comment un corps peut affecter des formes différentes selon la température à laquelle il cristallise : à la température ordinaire le sel cristallise en cubes anhydres, à —12° en prismes hydratés.

2) Que la température a une grande influence sur les affinités : au-dessus de 0° le sel n'a pour l'eau aucune affinité, il se combine avec elle, au contraire, à quelques degrés au-dessous du point de congélation.

3) Que la chaleur détruit facilement certaines combinaisons : la chaleur de la main suffit pour détruire l'affinité du sel marin pour l'eau.

EXPÉRIENCE. Si l'on chauffe quelques cristaux de sel sur une lame de platine, ils *crépitent* tout d'abord, une partie même est projetée au loin ; puis, quand la lame est rouge, le sel entre en fusion. La crépitation est produite par de l'eau simplement interposée entre les cristaux : la chaleur dilate cette eau, la réduit même en vapeur, et celle-ci fait éclater les agglomérations cristallines.

11.

La préparation du sel marin a été indiquée déjà deux fois : la première au moyen du sodium et du chlore (153); la seconde par la dissolution de la soude dans l'acide chlorhydrique (186); sa composition est donc suffisamment connue. Sa formule est NaCl.

216. Production du sel. La terre et la mer offrent le sel marin en abondance; aussi pouvons-nous facilement nous le procurer en grande quantité. Le sel forme quelquefois dans le sein de la terre des couches immenses : on le détache par blocs au moyen de la mine; il est alors en masse compacte et reçoit le nom de *sel gemme*. Dans beaucoup de mines on se contente de faire un large trou de sonde jusqu'à la couche de sel; cette ouverture reçoit une pompe qui plonge jusqu'au fond : les eaux douces amenées dans la partie supérieure du puits se saturent de sel, tombent au fond et sont ramenées à la surface par la pompe. D'autres fois l'eau salée surgit naturellement du sol, après avoir traversé des couches où elle s'est saturée de sel. Dans les deux cas la concentration est nécessaire pour obtenir des cristaux de sel.

Les eaux des sources salées naturelles sont généralement moins chargées de sel que l'eau retirée des puits de sonde : comme l'exploitation en deviendrait onéreuse s'il fallait les évaporer sur le feu, on a recours, dans ce cas, à l'évaporation à l'air libre dans les *bâtiments de graduation.*

On appelle ainsi de grands murs en fagots d'épines ayant de 10 à 12 mètres de haut sur une longeur indéterminée; ils sont recouverts d'un toit et placés toujours perpendiculairement au vent dominant. L'eau salée, amenée par des pompes dans le haut de ce bâtiment, s'écoule de branche en branche à travers les fagots et présente ainsi à l'air une surface d'évaporation considérable. Toutes les sources salées contiennent du plâtre, qui est peu soluble et se dépose sur les branches du bâtiment de graduation. Quand l'eau a été suffisamment saturée dans ce bâtiment, on l'amène dans des chaudières où on la fait évaporer en l'agitant constamment. Il se dépose alors, par la concentration, un sulfate double de chaux et de soude qui a reçu le nom de *schlot*, puis le sel marin commence à cristalliser.

Après qu'on a successivement concentré beaucoup d'eau salée, le liquide qui reste dans la chaudière (les eaux mères) se charge de sels étrangers, chlorures de magnésium et de calcium, bromures, iodures, qui accompagnent souvent le sel marin. Quand le chlorure de magnésium commence à se déposer, on arrête la concentration et on perd les eaux mères. Lorsqu'on emploie la chaux pour précipiter la magnésie avant la concentration, il arrive quelquefois qu'il ne se fait pas d'eaux mères : on peut, dans ce cas, continuer la concentration.

Dans les pays baignés par la mer, dans l'ouest de la France et dans le midi, on obtient le sel marin en laissant évaporer l'eau de mer à l'air libre dans d'immenses bassins appelés *marais salants*. L'eau de mer contient par litre 25 à 27 gr. de sel marin; ce sel est en général moins pur que celui des salines.

217. Le sel marin se rencontre à peu près partout dans la nature; presque toutes les terres et toutes les sources, et, par suite, toutes les plantes en contiennent. Il est pour ainsi dire indispensable aux hommes et aux animaux, qui le trouvent déjà dans la viande et dans les plantes dont ils se nourrissent; les plantes le tirent elles-mêmes du sol. Le sel en proportion un peu forte n'est pas favorable à la végétation; en petite quantité son action peut quelquefois être utile. Le sel marin jouit de la propriété d'empêcher la putréfaction des matières animales et végétales; aussi s'en sert-on pour saler la viande, les poissons, le beurre et même certains légumes.

218. **Sulfate de soude ou sel de Glauber**, NaO,SO^5+10HO. De même que presque tous les sels de potasse se préparent au moyen du carbonate, on peut dire aussi que presque tous les sels de soude dérivent du sel marin. Ce sel cependant est plus difficile à décomposer que le carbonate de potasse : il faut lui faire subir plusieurs transformations avant de l'obtenir à l'état de carbonate. La première consiste à transformer le sel marin en *sulfate de soude,* que l'on obtient, comme il a été dit (185), pendant la préparation de l'acide chlorhydrique au moyen du sel marin et de l'acide sulfurique. Le sulfate de soude est souvent appelé sel de Glauber, du nom d'un médecin français à qui il servit à démontrer la production artificielle de composés salins. Il existe tout formé dans beaucoup d'eaux minérales : les sources de Carlsbad, de Pullna, en contiennent; en Espagne, on en trouve des quantités considérables combinées avec le sulfate de chaux. Le sulfate de soude cristallise en prismes à 4 ou 6 pans (fig. 115); il a un goût amer et salé; on l'emploie souvent en médecine.

Fig. 115.

EXPÉRIENCE. Le sulfate de soude cristallisé, exposé à l'air à une température douce, *s'effleurit* et finit par tomber complétement en poussière; il a perdu alors plus de la moitié de son poids. Il renferme, en effet, plus de la moitié de son poids d'eau de cristallisation qui lui permet de conserver sa forme régulière et sa transparence. — Les sels sont ou déliquescents, comme le carbonate de potasse, ou inaltérables, comme l'azotate de potasse, ou enfin efflorescents, comme le sulfate de soude.

Expérience. Un cristal de sulfate de soude, chauffé sur un charbon au moyen du chalumeau, se dissout dans son eau de cristallisation, puis il sèche et subit enfin la fusion ignée. Les sels anhydres n'é-prouvent que cette dernière fusion.

Expérience. Dans une petite fiole, contenant 50 gr. d'eau maintenue à la température de 33°(fig. 116), on ajoute successivementdu sulfate de soude cristallisé jusqu'à ce que la solution en soit saturée, ce qui a lieu quand on a ajouté en sulfate de soude environ 3 fois le poids de l'eau. Cette dissolution, portée alors à l'ébullition, laisse déposer des cristaux de sulfate de soude anhydre; refroidie, elle dépose des cristaux hydratés. C'est là un exemple de l'influence de la température sur les affinités chimiques. La solubilité du sulfate de soude augmente rapidement jusqu'à 33°, puis elle diminue sensiblement jusqu'à l'ébullition.

Expérience. Si l'on dissout dans l'eau des cristaux de sulfate de soude, la température s'abaisse; elle s'élève, au contraire, si l'on dissout le sel effleuri. On verra le même phénomène

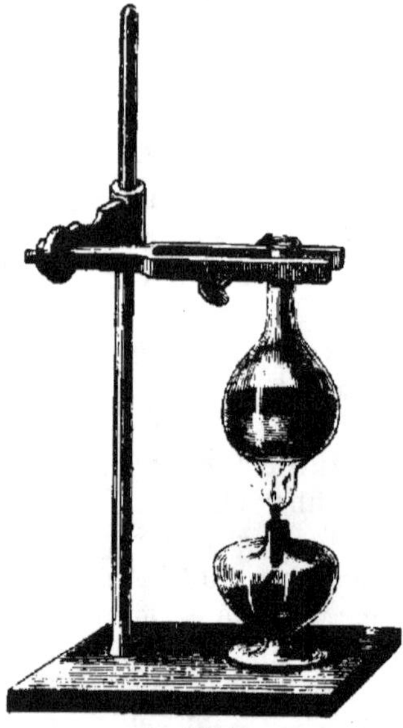

Fig. 116.

se répéter plus tard avec le carbonate de soude cristallisé ou calciné. La chaleur dégagée provient de l'eau qui se combine avec le sulfate et le carbonate de soude anhydre; on voit le même effet se produire quand on éteint la chaux (33).

219. **Sulfure de sodium**, NaS. Expérience. Un mélange intime de sulfate de soude anhydre et de charbon en poudre, chauffé au chalumeau sur un charbon (fig. 108), dans la flamme réduisante, entre en fusion en produisant une espèce d'effervescence; il reste une matière noire dont une partie se dissout dans l'eau. Le charbon, à la température rouge, soustrait l'oxygène de l'acide sulfurique et de la soude, et forme de l'oxyde de carbone, qui se dégage, tandis que le soufre et le sodium restent combinés; le charbon a réduit le sulfate de soude.

La solution de sulfure de sodium, additionnée de quelques gouttes d'acide chlorhydrique, produit un dégagement d'acide sulfhydrique

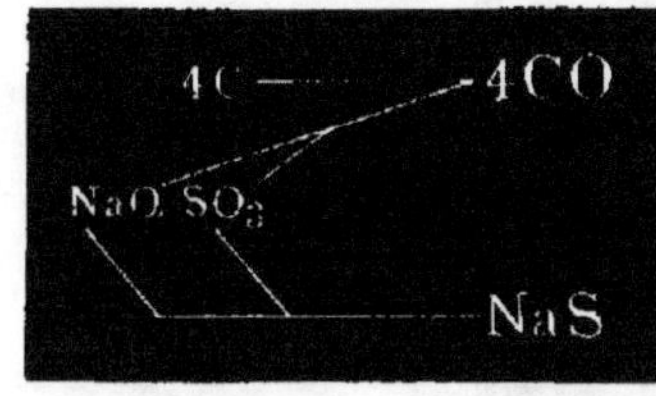

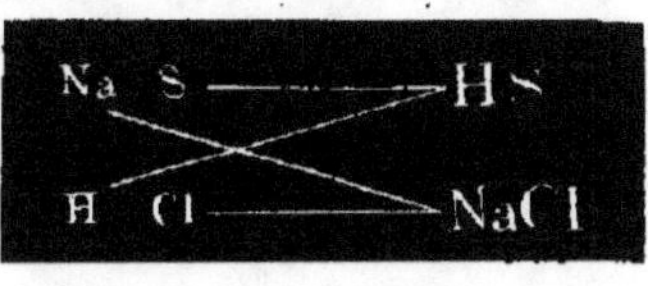

comme le sulfure de potassium; la solution, évaporée, dépose des cristaux de sel marin.

220. Carbonate de soude, $NaO,CO^2 + 10HO$. Obtenu, pour la première fois avec le sel marin, par Leblanc, en 1793.

Expérience. On répète l'expérience précédente en ajoutant au mélange une petite quantité de craie. On fait bouillir dans l'eau la matière à moitié fondue qu'on obtient, puis on la filtre : sur le filtre il reste du charbon et une matière grisâtre qui dégage de l'acide sulfhydrique si on l'humecte avec un acide; c'est une combinaison insoluble de sulfure de calcium et de chaux. Le liquide, filtré, laisse déposer, par l'évaporation, des cristaux à réaction alcaline, qui font effervescence avec un acide : c'est le carbonate de soude. Le soufre du sulfure de sodium obtenu dans l'expérience précédente s'est porté, dans celle-ci, sur la chaux, qui a abandonné au sodium son oxygène et son acide carbonique.

Le sodium a plus d'affinité pour le chlore que pour l'oxygène; aussi ne peut-on pas convertir directement le sel marin en soude; mais on peut transformer le sel marin en oxysel au moyen de l'acide sulfurique. Cet acide, qui est un des plus énergiques, ne se laisse pas déplacer par les autres; on lui enlève son oxygène au moyen du charbon, tandis que le soufre reste combiné avec le sodium. Le soufre enfin est enlevé par le calcium, qui forme avec lui et la chaux une combinaison (oxysulfure de calcium) entièrement insoluble. Ce procédé, il est vrai, ne donne pas directement de la soude, mais du carbonate; mais l'acide carbonique est déplacé par tous les acides et peut facilement être enlevé au moyen de la chaux.

La soude jouit de propriétés analogues à celles de la potasse, qu'elle peut remplacer avantageusement dans beaucoup de cas, comme dans le blanchissage, la fabrication du verre et celle du savon; aussi sa préparation se fait-elle en grand dans les fabriques de produits chimiques. L'opération est la même que pour la préparation en petit : on mêle le sulfate de soude au charbon et au carbonate de chaux, seulement on opère sur quelques centaines de kilogr. de sulfate à la fois. La décomposition a lieu dans des fours pareils à celui représenté figure 117; *a* est la porte du foyer, *b* le gril, *c* le cendrier, *d* la sole, sur laquelle le mélange est versé et remué constamment avec des ringars; *e* la voûte du four, dans laquelle est pratiquée une ouverture pour l'introduction du mélange; *gh* la cheminée, *ii* sont les ouvertures par où l'on remue et l'on retire le mélange à la

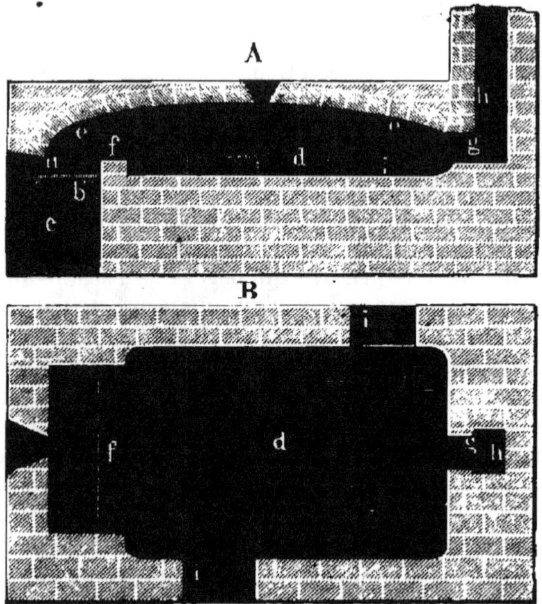

Fig. 117.

fin de l'opération, dont le succès dépend en partie de la construction du four. L'échauffement n'a lieu que par la flamme du foyer, et de façon que les cendres du combustible ne se trouvent pas mêlées à la matière. Autrefois le carbonate de soude se tirait uniquement des cendres de certaines plantes marines, fucus, varechs, et d'une plante terrestre, la barille.

Le carbonate de soude est formé de 1 équivalent de soude uni à 1 équivalent d'acide carbonique. Dans les arts on l'emploie à deux états : ou cristallisé (cristaux de soude), il renferme alors 10 équivalents d'eau, c'est-à-dire 63 pour 100; ou calciné et anhydre; dans ce cas, il est en poudre blanche. Il faut tenir compte de cette différence quand on emploie l'un de ces sels à la place de l'autre. Le carbonate de soude est très-soluble dans l'eau; beaucoup d'eaux minérales en contiennent; les eaux de la source de Carlsbad, entre autres, en renferment une forte proportion, et le sel de Carlsbad, obtenu par l'évaporation de ces eaux, est un mélange de carbonate et de sulfate de soude.

Bicarbonate de soude, $NaO,HO,2CO^2$. Le bicarbonate de soude est beaucoup moins soluble que le carbonate; on s'en sert souvent quand on veut produire un abondant dégagement d'acide carbonique, qu'il contient en proportion deux fois aussi forte que le carbonate neutre. On prépare le bicarbonate de soude à Vichy dans de vastes chambres où l'on expose les cristaux de soude concassés à l'acide carbonique, qui se dégage des eaux gazeuses naturelles. Il est employé souvent avec les acides tartrique ou citrique pour la préparation des limonades gazeuses; on mêle à cet effet 2 parties d'acide tartrique en poudre à 3 parties de bicarbonate de soude. C'est de ce mélange qu'on fait usage aujourd'hui pour produire l'acide carbonique dans les appareils à eau gazeuse. Le bicarbonate de soude se décompose par la chaleur comme le bicarbonate de potasse.

221. Soude caustique, NaO,HO. La préparation de la soude caustique se fait de la même manière que celle de la potasse, avec la chaux éteinte (203). On obtient ainsi la *lessive de soude*, qu'on évapore jusqu'à consistance huileuse; elle se solidifie par le refroidissement et produit la *soude à la chaux*, d'où l'on chasse l'excès d'eau par la fusion ignée; il reste alors de l'*hydrate de soude*, NaO,HO. L'hydrate de soude est très-caustique; il se combine avec les graisses et forme les savons durs. Avec la silice la soude produit du verre; elle se prête en général aux mêmes usages que la potasse, à laquelle on la substitue dans bien des circonstances.

222. Sodium, Na. Ce métal se prépare aujourd'hui en grand par le même procédé que celui qui a été décrit pour le potassium, en décomposant le carbonate de soude par le charbon; la décomposition est beaucoup plus facile que celle du carbonate de potasse. L'action du sodium sur les matières oxygénées est la même que celle du potassium, moins énergique cependant; l'hydrogène ne s'enflamme pas pendant la décomposition de l'eau, à moins qu'on n'empêche le métal de s'agiter à la surface du liquide; l'hydrogène brûle alors avec une flamme jaune. Le procédé au moyen duquel on transforme aujourd'hui le sel marin en carbonate de soude est encore, sauf quelques améliorations, celui qu'a imaginé Leblanc.

223. Phosphate de soude neutre, $2NaO,HO,PhO^5+24HO$. C'est le seul phosphate de soude que l'on prépare et que l'on emploie géné-

ralement dans les laboratoires ; le phosphate basique qui contient
3 équivalents de soude et le phosphate acide qui n'en contient qu'un
sont rarement employés.

Expérience. Si l'on neutralise 20 gr. de carbonate de soude par le
biphosphate de chaux que nous avons obtenu (176), il se forme un
précipité blanc de carbonate de chaux que l'on sépare par décantation;
le liquide, évaporé jusqu'à saturation, laisse déposer des cristaux de
phosphate de soude contenant 24 équivalents d'eau. Une partie de la
solution de phosphate de soude à laquelle on ajoute quelques gouttes
de dissolution d'un sel d'argent forme un précipité jaune de phosphate
d'argent *tribasique*, $3AgO,PhO^5$.

Expérience. Les cristaux que l'on vient de préparer s'effleurissent
rapidement dans un endroit chaud. Le phosphate en poudre obtenu
ainsi, calciné au rouge dans un creuset de porcelaine (fig. 118),

Fig. 118.

puis dissous dans l'eau et évaporé, laisse déposer des cristaux
beaucoup moins riches que les
précédents en eau de cristallisation. Ils ne précipitent plus en
jaune, mais en blanc, la dissolution d'un sel d'argent, et produisent du phosphate d'argent *bibasique*, $2AgO,PhO^5$. On a donné à
ce phosphate de soude le nom de
pyrophosphate de soude, parce
qu'il a été modifié par la chaleur. Cet exemple fait voir com-
bien la calcination peut diminuer l'affinité d'un sel pour l'eau et
même transformer ses propriétés en éliminant 1 équivalent d'eau
qui joue le rôle d'une base. L'acide phosphorique est *triatomique*,
c'est-à-dire qu'il peut se combiner à 3 équivalents de base, et,
selon la préparation, donner naissance à trois ordres de sels différents.

1) Le phosphate de soude tribasique ou neutre, $2NaO,HO,PhO^5$,
dans lequel l'eau peut être remplacée par 1 équivalent de base (phosphate basique) ou 1 équivalent de soude par 1 équivalent d'eau (phosphate acide) ;.

2) Le pyrophosphate de soude, $2NaO,PhO^5$;

3) Le métaphosphate de soude, NaO,PhO^5.

224. Azotate de soude, NaO,AzO^5. Expérience. Une solution chaude
de carbonate de soude, neutralisée par l'acide azotique, laisse déposer
des cristaux incolores, rhomboédriques, d'azotate de soude (nitre

cubique) (fig. 119). Cet azotate fuse sur le charbon comme l'azotate
de potasse, avec lequel il a la plus grande analogie. On en trouve des
gisements considérables dans l'Amérique méridionale, au Chili et au
Pérou, d'où on l'expédie en Europe. Il sert à la fabrication de l'acide
azotique, et son prix élevé empêche seul de l'utiliser en agriculture,
où il constituerait un puissant engrais. L'azotate
de soude ne peut servir à la fabrication de la poudre, parce qu'il attire l'humidité de l'air.

225. **Borate de soude**, $NaO,2BO^3 + 10HO$. Les
cristaux durs et transparents connus sous le nom
de borax sont une combinaison de soude et d'acide
borique contenant 10 équivalents d'eau, près de
la moitié de leur poids; ils ont une réaction alcaline.

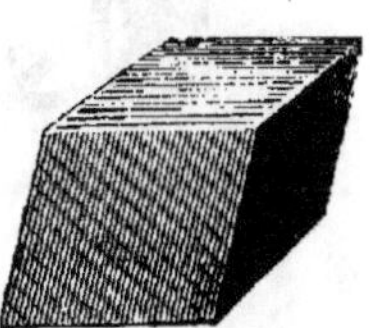

Fig. 119.

Expérience. Si l'on chauffe au chalumeau un peu de borax adhérent au bout d'un fil de platine, il se boursoufle en perdant son eau
de cristallisation et fond ensuite en une petite boule vitreuse, incolore et transparente. Ce globule, humecté et trempé dans la litharge,
se couvre de quelques paillettes d'oxyde de plomb, qui se dissout
dans le borax par une nouvelle fusion sans en altérer la couleur ni
la transparence. Si l'on remplace la litharge par d'autres oxydes
métalliques, le borax se colore différemment avec les divers oxydes.
Le fer le colore en vert-bouteille ou en jaune rougeâtre, selon qu'il
est à l'état de protoxyde ou de sesquioxyde, l'oxyde de cobalt le colore en bleu intense, l'oxyde de chrome en vert-émeraude, l'oxyde de
cuivre en vert clair, le manganèse en petite quantité en violet. Les
oxydes se dissolvent de la même manière dans les vernis des pote-
ries, les émaux, etc., qui contiennent en général du borax ou de l'a-
cide borique.

On emploie souvent le borax dans les essais au chalumeau pour
distinguer les oxydes métalliques, avec lesquels il prend des colorations différentes. Dans la métallurgie on s'en sert pour décaper les
métaux qu'il faut souder à des températures élevées.

Expérience. On place un fragment d'étain et un fil de fer sur une
pièce de cuivre maintenue dans la flamme d'une lampe à alcool
(fig. 120). L'étain fond, mais n'adhère ni au fer ni au cuivre; on
peut séparer les trois métaux après le refroidissement. Si l'on répète
l'expérience après avoir saupoudré de borax en poudre la pièce de
cuivre et le fil de fer légèrement humectés, les trois métaux seront
intimement soudés après le refroidissement. Ce fait s'explique ainsi :
les métaux ne pouvant se souder que lorsqu'ils sont en contact immédiat, la plus légère couche d'oxyde interposée entre eux s'oppose

à l'adhérence; or le borax dissout les oxydes, met les métaux à nu et les préserve même de l'oxydation ultérieure en formant autour d'eux une couche légère; on peut alors les souder sans difficulté. Le borax

Fig. 120.

était autrefois importé d'Asie, où on le trouve à l'état naturel (tinkal); aujourd'hui, c'est une province italienne, la Toscane, qui a pour ainsi dire le monopole de cette fabrication.

226. **Silicate de soude. Verre**. La silice, qui a une grande analogie avec l'acide borique, forme avec la soude, et même avec d'autres bases (chaux, alumine, oxyde de plomb, de fer), des combinaisons qui subissent la fusion vitreuse; on les connaît généralement sous les noms de verres, émaux, scories, etc.

Expérience. Si l'on chauffe au chalumeau un fil de platine recourbé à son extrémité (fig. 96) et qu'on le plonge rapidement dans du carbonate de soude anhydre en poudre, une partie du sel adhère au fil et peut être fondue en globule. Si ensuite on plonge, pendant qu'il est encore chaud, ce globule dans du sable quartzeux en poudre fine, il se recouvre de silice que l'on peut fondre au chalumeau : il restera un petit globule transparent de silicate de soude, soluble dans l'eau bouillante si l'alcali a été employé en excès (verre soluble) (204); presque insoluble, au contraire, si la silice y domine. On ne peut obtenir le silicate de soude insoluble à l'eau et aux acides, le verre, qu'à la condition de l'associer au silicate d'une base terreuse. Les principaux matériaux qui entrent dans la fabrication du verre sont : a) le quartz, le silex ou le sable quartzeux; b) la potasse ou la cendre; c) la soude ou le sulfate de soude; d) la chaux ou la craie; e) la litharge ou le minium. Ces substances, réduites en poudre, sont intimement mêlées et fondues dans de grands creusets en terre jusqu'à ce que la matière soit bien homogène. Dans cet état, le verre peut être moulé, soufflé, coupé, et se prête à toutes les formes qu'on veut lui donner;

par le refroidissement il devient très-dur; mais ce refroidissement
ne doit pas être trop rapide; il a lieu dans les fours à recuire, où l'a-
baissement de la température est très-lent. *Les moindres changements de température suffisent pour faire éclater le verre mal recuit.* On peut corriger en partie ce défaut en immergeant le verre
mal recuit dans de l'eau qu'on porte à l'ébullition et qu'on laisse
refroidir avec une grande lenteur.

Pour colorer le verre, on se sert principalement des oxydes cités
§ 225. Les verres blancs, opaques, imitant la porcelaine, dont on
fait les abat-jour, et l'émail des cadrans pour les montres et les
pendules, doivent leur couleur et leur opacité à du phosphate de
chaux ou à de l'oxyde d'étain en poudre fine. Ces substances ne se
dissolvent pas dans le verre, mais elles le rendent opaque de . a
même manière que de la craie en suspension dans l'eau enlève à
celle-ci sa transparence. On taille le verre sur des meules avec du
sable et de l'émeri, le poli se donne avec du sesquioxyde de fer et
du tripoli; on grave facilement le verre avec l'acide fluorhydrique,
et on le perce de la même manière que les métaux, au moyen d'une
mèche en acier trempée fréquemment dans l'essence de térébenthine.

Les deux principales espèces de verre sont :

a) Le *crown glass* ou *verre de Bohême,* composé de potasse, de
chaux et de silice. Ce verre est très-dur et fond difficilement, ce qui
le rend précieux pour les usages de la chimie.

b) Le *flint glass* ou *cristal,* composé de potasse, d'oxyde de plomb
et de silice. Ce verre est plus lourd et plus réfringent que le crown
glass, en même temps moins dur et plus fusible. Il ne résiste pas
aussi bien que le précédent aux agents chimiques.

Le verre à bouteille a la même composition que le crown glass;
mais il contient en outre de l'alumine et du sesquioxyde de fer
quand il est brun, du protoxyde quand il est vert. Le fer provient,
en partie des sables impurs qu'on emploie dans la fabrication de la
verrerie commune.

Dans les verres blancs ordinaires, verre à vitre, etc., la potasse
est remplacée par la soude.

TABLEAU DES PRINCIPALES COMBINAISONS FORMÉES PAR LA POTASSE
ET PAR LA SOUDE.

Métaux :	Potassium.	Sodium.
Oxydes :	Oxyde de potassium, po- tasse.	Oxyde de sodium, soude.
Sulfures :	Sulfure de potassium.	Sulfure de sodium..

Sels haloïdes :	Chlorure de potassium.	Chlorure de sodium.
»	Iodure de potassium.	Iodure de sodium.
Oxysels :	Carbonate de potasse.	Carbonate de soude.
»	Bicarbonate de potasse.	Bicarbonate de soude.
»	Chlorate de potasse.	Chlorate de soude.
»	Azotate de potasse.	Azotate de soude.
»	Sulfate de potasse.	Sulfate de soude.
»	Bisulfate de potasse.	Bisulfate de soude.
»	Sulfite de potasse.	Sulfite de soude.
»	Phosphate de potasse.	Phosphate de soude.
»	Silicate de potasse (verre).	Silicate de soude (verre).
»	Silicate de potasse basique (verre soluble).	Silicate de soude basique (verre soluble).
»	Tartrate neutre de potasse.	Tartrate de soude.
»	Bitartrate de potasse (sel de tartre).	
»	Bioxalate de potasse (sel d'oseille).	
»	Acétate de potasse, etc.	Acétate de soude, etc.

AMMONIAQUE (AzH³).

Équivalent = 17 ou 212,5. Densité = 0,597.

Connu de tout temps et analysé par Berthollet en 1785.

227. Expérience 1. Si l'on chauffe ensemble, dans un tube d'essai muni d'un tube de dégagement plongeant sous l'eau (fig. 25), 40 gr. de limaille fine de fer et 2 gr. d'hydrate de potasse, on peut recueillir un gaz inflammable qui n'est autre que l'hydrogène. Ce gaz résulte de la décomposition de l'eau de l'hydrate de potasse par le fer. La potasse retient l'eau, même à la température rouge, à laquelle le fer la décompose facilement. La réaction est celle-ci :

$$3(KO,HO) \ + \ 3Fe \ = \ 3KO \ + \ 3FeO \ + \ H^3.$$

Hydrate   Fer.   Oxyde de   Protoxyde   Hydrogène.
de potasse.   potassium.   de fer.

Expérience 2. Si l'on chauffe de la même manière 40 grammes de fer avec 2 grammes d'azotate de potasse, il se dégage encore un gaz, mais qui, cette fois, n'est pas inflammable : c'est l'azote. L'acide azotique est décomposé par le fer, comme l'eau précédemment ; le fer lui enlève l'oxygène, tandis que l'azote, mis en liberté, se dégage.

$$KO,AzO^5 \; + \; 5Fe \; = \; KO \; + \; 5FeO \; + \; Az.$$

Azotate Fer. Oxyde de Protoxyde Azote.
de potasse.   potassium. de fer.

EXPÉRIENCE 3. Si l'on réunit en une seule les deux expériences précédentes, en mêlant dans un tube 80 gr. de fer avec 2 gr. de potasse et 2 gr. d'azotate de potasse, il ne se dégage plus ni hydrogène ni azote, mais un gaz d'une odeur piquante, qui bleuit le papier de tournesol et qui ne peut être recueilli sur l'eau, parce qu'il y est très-soluble. Ce gaz est une combinaison d'azote et d'hydrogène, l'*ammoniaque*, qui s'est formée pendant la réaction.

$$3(KO,HO) + KO,AzO^5 + 8Fe \; = \; 4KO \; + \; 8FeO \; + \; AzH^5.$$

Hydrate Azotate Fer. Oxyde de Protoxyde Ammoniaque.
de potasse. de potasse.   potassium. de fer.

L'hydrogène et l'azote ne se combinent pas directement : une fois dégagés, ils n'ont plus aucune action l'un sur l'autre; mais ils s'unissent quand ils se trouvent en présence à l'état naissant.

Composition de l'ammoniaque. Dans le gaz ammoniac sec 1 équivalent d'azote est toujours combiné avec 3 équivalents d'hydrogène, AzH^5. Mais les 3 volumes d'hydrogène et 1 volume d'azote ne forment plus que 2 volumes quand ils sont combinés dans l'ammoniaque. La contraction est donc de 1/2 pendant la combinaison; pour l'eau elle n'a été que de 1/3 (87).

228. **Préparation de l'ammoniaque.** L'ammoniaque naît aussi pendant la distillation sèche des matières animales, dont l'azote et l'hydrogène se combinent au moment où ils vont être mis en liberté par la chaleur.

EXPÉRIENCE. On introduit dans une cornue 50 gr. d'os réduits en petits fragments et on les distille jusqu'à ce qu'il ne se dégage plus aucun produit volatil. La cornue est munie d'un tube qui plonge au fond d'un flacon contenant une couche d'eau de 1 à 2 centimètres. Le bouchon du flacon est traversé par un second tube qui permet l'écoulement des gaz insolubles dans l'eau (fig. 121). Ces gaz ont une odeur très-désagréable qui disparaît quand on les allume; ils brûlent avec une flamme brillante comme le gaz de la houille, leur composition est la même. Dans le flacon il se dépose un goudron noir de fort mauvaise odeur; on le sépare de l'eau en faisant passer celle-ci à travers un filtre déjà mouillé. Le liquide filtré contient de l'ammoniaque, que l'on reconnaît à son odeur piquante et à sa réaction sur le papier de tournesol. La solution contient en outre quelques produits pyrogénés auxquels elle doit sa couleur brune et son odeur désagréable.

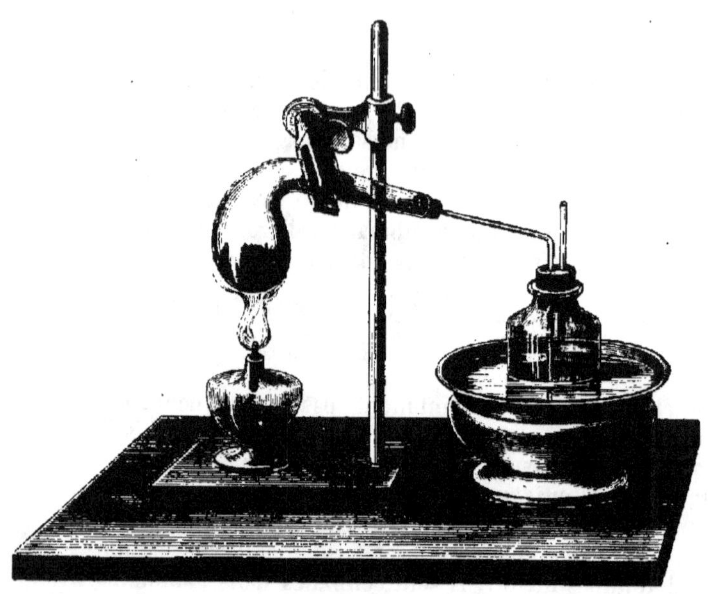

Fig. 121.

De l'eau de chaux versée dans la solution ammoniacale la trouble et en rend l'odeur plus pénétrante. Le liquide se trouble parce que l'ammoniaque, en prenant naissance, s'est combinée avec l'acide carbonique qui s'est formé en même temps; la chaux décompose le carbonate d'ammoniaque, met la base en liberté et se combine avec l'acide carbonique. La potasse et la soude conservent leur réaction alcaline même quand elles sont combinées avec l'acide carbonique; il en est de même pour l'ammoniaque, dont l'odeur et l'alcalinité ne sont qu'affaiblies par la combinaison avec cet acide. Autrefois on préparait pour la médecine un liquide ammoniacal en distillant de la corne de cerf; on l'employait comme sudorifique sous le nom d'esprit de corne de cerf. On purifie le liquide ammoniacal en le distillant sur un lait de chaux; mais on y parvient plus facilement en convertissant l'ammoniaque en un sel qu'on purifie par la cristallisation.

229. Chlorhydrate d'ammoniaque ou sel ammoniac, AzH^3,HCl.
Expérience. On neutralise avec de l'acide chlorhydrique le liquide

ammoniacal obtenu dans l'expérience précédente, puis on le filtre
sur le noir animal. La solution passe incolore ou presque incolore,
parce que le noir animal absorbe une partie des matières étrangères
(105). Elle abandonne des cristaux bruns qui deviennent blancs par
un nouveau traitement au noir animal. Le chlorhydrate d'ammoniaque, appelé vulgairement sel ammoniac, était tiré autrefois d'É-
gypte, où on le préparait en brûlant la fiente de chameau; ce sel n'a
plus aucune odeur ammoniacale, et la réaction alcaline est complétement neutralisée par l'acide.

Expériences avec le chlorhydrate d'ammoniaque. EXPÉRIENCE *a.* Si
l'on chauffe un fragment de chlorhydrate d'ammoniaque sur une
lame de platine, ce fragment se transforme en vapeurs blanches que
l'on peut condenser sur un corps froid. Le sel ammoniac sublimé
est en masses blanches difficiles à pulvériser. Dans les arts cette sublimation se fait dans de grands pots en grès chauffés par le bas;
la vapeur se condense dans la partie supérieure froide de ces pots
en une masse qui conserve la forme du vase, que l'on casse pour
la retirer. Sous cette forme le sel ammoniac a reçu le nom de sel
ammoniac en pain.

EXPÉRIENCE *b.* Le chlorhydrate d'ammoniaque se dissout facilement dans l'eau et produit un abaissement de température très-
sensible.

EXPÉRIENCE *c.* Le chlorhydrate d'ammoniaque mêlé à un alcali fixe
(potasse, chaux, etc.) dégage une forte odeur ammoniacale; la base
du sel est mise en liberté par l'alcali. Ce mélange est quelquefois
employé pour remplir les flacons à sels.

Fig. 122.

EXPÉRIENCE *d.* Un fragment d'étain de la grosseur d'un pois fondu sur
une pièce de cuivre (fig. 122) n'y adhère pas, même quand on cherche
à déterminer l'adhérence en frottant avec un linge ou un morceau de

bois. Si, au contraire, on répète l'expérience, après avoir saupoudré le cuivre avec du sel ammoniac, l'étain pourra s'étendre à la surface du cuivre, à laquelle il adhérera avec force. Cette propriété a fait employer le chlorhydrate d'ammoniaque dans l'étamage et la soudure. Son usage est basé sur ce fait, que l'oxyde métallique qui recouvre le cuivre et l'étain déplace l'ammoniaque, s'unit au chlore, et met à nu les métaux, qui peuvent s'unir. Pendant l'opération il se dégage toujours une odeur d'ammoniaque.

230. **Sulfate d'ammoniaque**, AzH^3,HO,SO^3. Si au liquide ammoniacal obtenu (228) on ajoute de l'acide sulfurique de manière à le neutraliser, on obtient, après la purification, des cristaux de sulfate d'ammoniaque au lieu de chlorhydrate. On obtient ces deux sels comme produits accessoires dans la fabrication du gaz à éclairage et dans celle du noir animal. L'azote de la houille et celui des os se transforment, pendant la distillation sèche, en ammoniaque que l'on condense dans de l'eau acidulée au moyen de l'acide sulfurique ou de l'acide chlorhydrique. Le sulfate d'ammoniaque est principalement employé dans la fabrication de l'alun.

231. **Ammoniaque caustique**, AzH^3. Expérience. On chauffe doucement ensemble dans l'appareil (fig. 104) 10 gr. de chlorhydrate d'ammoniaque, 15 gr. de chaux éteinte et 60 gr. d'eau. L'ammoniaque, déplacée par la chaux, se dégage à l'état de gaz plus léger que l'air; ce gaz bleuit le papier rouge de tournesol et forme d'abondantes vapeurs blanches au contact d'un papier imbibé d'acide chlorhydrique. Si l'on fait plonger le tube au fond d'un flacon contenant un peu d'eau, le gaz ammoniac se dissout dans l'eau, qui peut en prendre jusqu'à 600 fois son volume; cette solution est quelquefois appelée *alcali volatil*. Le gaz ammoniac, quand il se condense, abandonne de la chaleur latente, aussi est-il nécessaire de refroidir le récipient dans l'eau. Pour éviter l'absorption du liquide contenu dans le récipient, il est prudent de munir la fiole de dégagement d'un tube de sûreté (92, fig. 45). La solution d'ammoniaque est moins dense que l'eau, et l'est d'autant moins qu'elle est plus concentrée; ce caractère permet d'en déterminer la valeur au moyen d'un densimètre. L'ammoniaque caustique, dont les principales propriétés ont déjà été indiquées, est, après la potasse et la soude, la plus énergique des bases.

232. **Sulfhydrate d'ammoniaque**, AzH^3,HS. Expérience. Si l'on fait passer un courant d'acide sulfhydrique (132) à travers une solution d'ammoniaque jusqu'à refus, il se forme du sulfhydrate d'ammoniaque, un des réactifs les plus importants pour précipiter les métaux. Il faut, pour le conserver, avoir soin de le renfermer dans des flacons

hermétiquement bouchés, car il se décompose au contact de l'air.

233. Sesquicarbonate d'ammoniaque, $2AzH^3,2HO,3CO^2$. Le carbonate d'ammoniaque a été obtenu à l'état brut pendant la distillation sèche; on le prépare à l'état de pureté par double décomposition au moyen du sulfate ou du chlorhydrate d'ammoniaque et du carbonate de chaux.

EXPÉRIENCE. On chauffe ensemble 20 gr. de craie et 10 gr. de chlorhydrate d'ammoniaque dans une fiole ou dans un flacon à fond mince que l'on recouvre d'un second flacon sec aussitôt que les vapeurs ammoniacales se dégagent (fig. 123). Dans ce flacon, qui doit servir de récipient, le carbonate d'ammoniaque se dépose en une couche blanche facile à détacher. Il y a eu dans cette expérience échange des acides entre les deux sels qui se trouvaient en présence.

Le carbonate d'ammoniaque obtenu de cette manière est un sesquicarbonate; il attire à l'air une plus forte proportion d'acide carbonique et passe à l'état de bicarbonate; on l'emploie fréquemment dans les pâtisseries en place de levûre; sous l'influence de la chaleur il prend l'état gazeux, s'échappe et laisse à la pâte une grande porosité.

On prépare facilement les sels ammoniacaux en saturant par un acide une solution d'ammoniaque caustique ou de carbonate d'ammoniaque.

254. L'ammoniaque se forme pendant la putréfaction des matières organiques. Une production d'ammoniaque très-importante et qu'il ne faut pas négliger a lieu pendant la putréfaction des matières organiques. Toute substance azotée, animale ou végétale, produit, en se décomposant, du carbonate d'ammoniaque, dont on perçoit souvent l'odeur piquante dans les écuries mal tenues et dans les cabinets d'aisance. Si l'on expose dans ces endroits des plats peu profonds contenant de l'acide chlorhydrique étendu, l'odeur disparaît, et au bout de quelque temps le liquide laisse déposer, après l'évaporation, des cristaux de sel ammoniac. Les matières animales, toujours plus azotées que les substances végéta-

Fig. 123.

les, fournissent beaucoup plus d'ammoniaque : l'urine putréfiée, par exemple, en contient des proportions si fortes, qu'on l'emploie au dégraissage des laines en place d'eau de savon ; souvent même on s'en sert pour la préparation de l'ammoniaque.

255. Affinité de l'azote. D'après ce qui a été dit précédemment des matières animales, on peut conclure que l'affinité de l'azote pour les autres éléments est très-variable ; il se combine pendant la décomposition des substances organiques :

A l'hydrogène pour former de l'ammoniaque, à la température ordinaire (putréfaction);

A l'oxygène pour former de l'acide azotique, à la température ordinaire en **présence** d'une base énergique (nitrières artificielles).

A l'hydrogène pour former de l'ammoniaque, lors de la distillation sèche à une température élevée : c'est en présence de la potasse ou de la soude hydratée que la transformation est la plus complète;

Au carbone pour former le cyanogène, à une température élevée en vase clos, en présence d'une base énergique anhydre.

L'azote se dégage à l'état libre à une température élevée quand l'accès de l'air est suffisant.

256. Les sels ammoniacaux sont de puissants engrais. L'azote ne peut être absorbé par les plantes qu'à l'état d'acide azotique ou d'ammoniaque, dont la présence dans les engrais est perceptible à l'odorat. Les combinaisons ammoniacales sont très-solubles ; aussi faut-il toujours éviter de perdre les matières liquides, urines, purins, qui s'écoulent des tas de fumiers. L'ammoniaque existe toujours dans cet engrais en proportion assez faible pour que les pertes par volatilisation ne soient pas à craindre : employer un acide, du plâtre ou du sulfate de fer pour la fixer, c'est détruire en même temps le carbonate de potasse en le transformant en sulfate, et faire plus de mal que de bien. La poudre d'os n'agit pas seulement par son acide phosphorique, elle fournit aux plantes de l'ammoniaque provenant de la décomposition de la gélatine.

Les plantes sauvages ne peuvent absorber que les engrais azotés, ammoniaque, acide nitrique, qui leur sont fournis par l'atmosphère; de là cette grande différence de végétation entre elles et les cultures auxquelles on donne de l'ammoniaque et de l'acide nitrique sous forme d'engrais azotés.

L'ammoniaque, l'acide carbonique et l'eau sont les degrés extrêmes de la décomposition des matières animales et végétales, et, c'est de ces trois substances, résidus de la vie ou produits de la mort, que se nourrissent et vivent toutes les plantes qui couvrent la surface du globe.

237. Ammonium. La grande analogie de l'ammoniaque avec la potasse et la soude a fait supposer qu'elle pourrait bien être l'oxyde d'un radical composé, corps agissant comme un métal de la même manière que le cyanogène se comporte comme un métalloïde. On n'a pas encore réussi à isoler un pareil composé; néanmoins plusieurs chimistes admettent qu'il est formé de 1 équivalent d'azote uni à 4 équivalents d'hydrogène, AzH^4, et l'appellent *ammonium*. Cette théorie est fondée sur ce fait : que le gaz ammoniac AzH^3 sec ne peut pas former de combinaisons salines avec les acides anhydres : 1 équivalent d'eau est toujours nécessaire. Or l'ammonium humide, AzH^3,HO, peut être considéré comme de l'oxyde d'ammonium, AzH^4O : le sulfate d'ammoniaque, AzH^3,HO,SO^3, devient alors sulfate d'oxyde d'ammonium, AzH^4O, SO^3; le chlorhydrate d'ammoniaque, AzH^3,HCl, devient chlorure d'ammonium, AzH^4Cl. Comme la composition du corps reste toujours la même, on peut admettre indifféremment l'une ou l'autre de ces hypothèses.

Amides. On appelle amide la combinaison de 1 équivalent d'azote avec 2 équivalents d'hydrogène (AzH^2), que l'on n'a pas encore réussi à isoler.

LITHIUM.

Équivalent $= 6,5$ ou $81,6$. — Densité $= 0,59$.

238. En 1817, Arfwedson découvrit dans quelques minéraux rares une base analogue à la potasse, et lui donna le nom de *lithine*. Davy en isola un métal, le lithium, qui est le plus léger de tous les corps simples connus, car sa densité n'est que $0,59$; il surnage sur l'huile de naphte. Les sels de lithine donnent à la flamme de l'alcool une teinte rouge carmin.

RÉSUMÉ.

(1) Le potassium et le sodium ont, parmi tous les corps, la plus grande affinité pour l'oxygène; ils surnagent sur l'eau et la décomposent.

(2) Leurs oxydes sont les bases les plus énergiques; ils ont reçu les noms de potasse et de soude, et sont toujours combinés à 1 équivalent d'eau. On peut leur comparer l'ammoniaque (oxyde d'ammonium).

(3) La potasse, la soude et la lithine sont appelés alcalis; leurs métaux forment le groupe des métaux alcalins.

(4) Les alcalis sont très-solubles dans l'eau, très-caustiques et détruisent les matières animales et végétales.

(5) Les alcalis ont une grande affinité pour les acides; exposés à l'air, ils lui enlèvent l'acide carbonique.

(6) Les carbonates alcalins ne se décomposent pas par la chaleur; les acides en dégagent l'acide carbonique avec effervescence.

(7) Les carbonates de soude, de potasse et d'ammoniaque sont très-solubles dans l'eau et conservent une réaction alcaline.

(8) La potasse et la soude, fondues avec la silice, produisent du verre; avec les graisses elles forment des savons.

(9) Presque tous les sels alcalins sont solubles dans l'eau, aucun n'est tout à fait insoluble. Quelques-uns sont déliquescents, d'autres efflorescents, d'autres enfin ne s'altèrent pas à l'air.

(10) Les sels de potasse et de soude ne sont volatils qu'aux plus hautes températures; les sels ammoniacaux se volatilisent ou se décomposent à des températures peu élevées.

(11) Une base moins énergique peut enlever un acide à une base plus puissante quand elle forme avec lui un composé insoluble.

DEUXIÈME GROUPE. — Métaux alcalino-terreux,

CALCIUM (Ca).

Équivalent = 20 ou 250. — Densité = 1,58.

Métal jaune très-ductile et très-brillant. Découvert par Davy en 1808.

239. Carbonate de chaux, CaO,CO^2. La craie, on l'a vu déjà, n'est autre chose que du carbonate de chaux; il en a été question à propos de la préparation de l'acide carbonique. La *pierre à chaux*, le *marbre*, les *coquillages* des mollusques, sont du carbonate de chaux. Ce sel est très-répandu à la surface du globe : des montagnes entières en sont formées, et il constitue l'élément principal du terrain de contrées très-étendues; mêlé à l'argile ou au sable, il constitue les marnes argileuses et les marnes sablonneuses. Le carbonate de chaux se trouve quelquefois pur, cristallisé en rhomboèdres d'une parfaite limpidité, *spath d'Islande* (fig. 119), ou en prismes rectangulaires, *arragonite*. La grande différence qui existe entre les divers aspects du carbonate de chaux n'a rien qui doive étonner ou faire naître l'idée d'une différence de composition, car le sucre présente à peu près la même variété d'aspects : en cristaux dans le sucre candi; grenu dans le sucre blanc; amorphe et transparent dans les sucreries, ou enfin divisé et réduit en poudre.

Un des caractères des pierres calcaires, c'est de faire effervescence avec les acides, ce qui les distingue en général des autres minéraux, qui, sauf quelques exceptions, ne produisent pas effervescence. Si l'on enduit d'une couche d'huile ou de vernis certaines parties d'une pierre calcaire, puis qu'on l'humecte avec de l'acide azotique étendu, cette pierre est attaquée et dissoute sur tous les points que ne protége point la matière grasse. Les parties préservées forment un relief qui peut se reproduire sur le papier après qu'on y aura passé un rouleau imprégné d'encre lithographique : c'est ainsi que sont reproduites les gravures lithographiques; les pierres qu'on emploie à cet usage doivent avoir un grain très-fin; elles ont reçu le nom de *pierres lithographiques.*

Expérience. Si l'on souffle à travers de l'eau de chaux au moyen d'un tube, ou mieux encore si l'on y fait passer un courant d'acide carbonique, cette eau est rendue trouble tout d'abord par la formation du carbonate de chaux; mais, si l'on prolonge la durée du courant de gaz acide carbonique, le liquide s'éclaircit sensiblement, car le carbonate de chaux, insoluble dans l'eau, se dissout en faible proportion dans l'eau chargée d'acide carbonique. Si ensuite on divise en deux parties le liquide clair obtenu; l'une, exposée à l'air, se trouble lentement et laisse déposer du carbonate de chaux; l'autre, chauffée sur la lampe, laisse échapper de grosses bulles d'acide carbonique en même temps que le carbonate se précipite. Ce qu'on produit ainsi en faible proportion s'opère en grand dans la nature. Toute terre contenant des matières organiques renferme aussi de l'acide carbonique qui se dissout dans les eaux d'infiltration : c'est pourquoi toutes les eaux de source renferment de l'acide carbonique.

Les eaux d'infiltration chargées d'acide carbonique dissolvent du carbonate de chaux quand elles passent sur une formation calcaire; on sait, du reste, que presque toutes les eaux de sources contiennent du carbonate de chaux qui les rend *dures* quand il y est en forte proportion. Dès que ces eaux se trouvent en contact avec l'air, elles perdent une partie de leur acide carbonique, le carbonate précipité forme un limon calcaire, et l'eau s'adoucit. Ce dépôt de carbonate de chaux s'effectue aussi quelquefois en produisant des formes très-régulières quand les eaux d'infiltration perdent lentement leur acide carbonique le long des fissures des rochers, qu'elles tapissent de couches cristallines, ou dans des cavernes où le carbonate de chaux forme des *stalactites* ou des *stalagmites,* suivant que le dépôt est suspendu à la voûte de la caverne ou qu'il s'élève sur le sol. Certaines sources sont renommées par l'abondance de leur dépôt, qui incruste et recouvre en peu de temps les matières plongées dans leurs eaux : telles sont la source de Saint-Allyre en Auvergne, et celle de Carlsbad en Bohême, qui dépose le *sprudelstein.*

12.

240. Chaux, oxyde de calcium, CaO. Expérience. Un fragment de craie, chauffé au chalumeau sur du charbon et maintenu incandescent pendant quelque temps, perd une partie de son poids, ne marque plus les traits comme auparavant, et ne fait plus effervescence avec les acides : l'acide carbonique a été chassé par le charbon, et il reste de la chaux, qui bleuit le papier rouge de tournesol. La *cuisson* de la chaux se fait dans des *fours à chaux* de grande dimension appelés intermittents ou coulants, selon que le travail est suspendu pour retirer la chaux ou se continue sans interruption. La figure 124

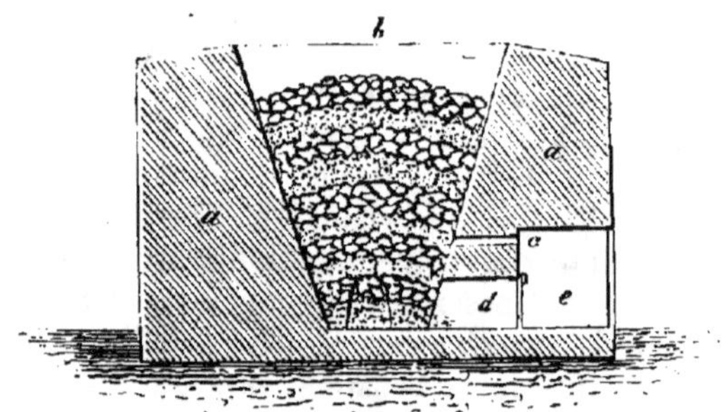

Fig. 124.

représente un four coulant chauffé à la houille. Il a la forme d'un cône renversé en maçonnerie *a*, dans lequel une couche de combustible alterne avec une couche de pierre calcaire; il est maintenu constamment plein jusqu'en *b*. A la partie inférieure sont ménagées trois ouvertures en maçonnerie par lesquelles on retire la chaux cuite; l'une d'elles est figurée en *cd*. Dans ces fours, les cendres du combustible sont constamment mêlées à la chaux et en altèrent la qualité.

La disposition suivante (fig. 125) permet d'éviter cet inconvénient et de faire usage de combustibles de qualité inférieure, tels que tourbe, lignite, houille menue, etc. *a* est le foyer, *b* le passage de l'air du tirage, *c* et *d* le cendrier. Ici, comme dans les fours à réverbère, la flamme seule arrive dans l'intérieur du four rempli de pierre à chaux, laquelle n'est pas souillée par la cendre. D'ordinaire, un de ces fours a deux, quelquefois trois foyers. En *f* on fait tomber la chaux cuite pendant qu'on charge le four de pierre nouvelle : la fabrication peut ainsi se continuer sans interruption pendant des années entières, jusqu'à ce que les parois du four se crevassent.

La *chaux vive* obtenue après la cuisson a pour l'eau et l'acide carbonique une grande affinité. Abandonné à l'air, un morceau de chaux tombe en poudre, se *délite* en absorbant l'humidité de l'air, puis se combine avec l'acide carbonique de l'air et fait effervescence

avec les acides. Il a déjà été question de la chaleur dégagée pendant l'hydratation de la chaux (33) quand on la laisse s'éteindre à l'air après l'avoir maintenue une demi-minute environ sous l'eau. Cette chaleur est assez forte pour déterminer l'inflammation de la poudre et peut même quelquefois causer des incendies, dans le cas, par exemple, où une grande quantité de chaux vive placée sous un hangar viendrait à être mouillée accidentellement. La chaux qui présente ces caractères a reçu le nom de *chaux grasse*. La chaux éteinte, CaO,HO,

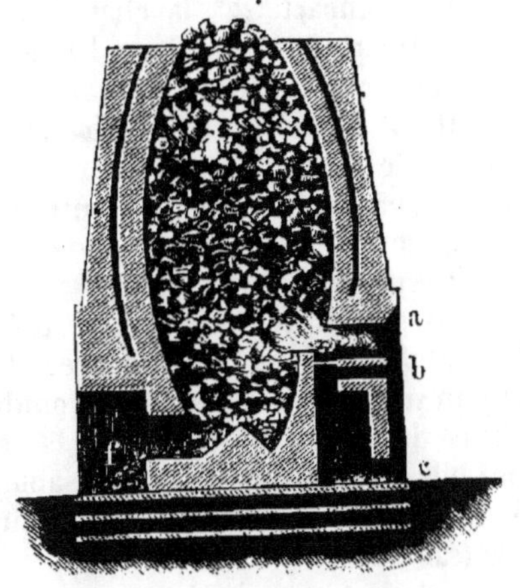

Fig. 125.

contient près de 25 pour 100 d'eau; 1 partie, dissoute dans 770 parties d'eau, forme l'eau de chaux; mise en forte proportion dans une petite quantité d'eau, elle constitue le lait de chaux. L'eau bouillante dissout moitié moins de chaux que l'eau froide. La grande affinité de la chaux pour l'eau est souvent utilisée pour opérer des dessiccations à la température ordinaire, ou pour éliminer l'eau de certaines substances, de l'alcool, par exemple, dans la préparation de l'alcool absolu.

L'affinité de la chaux pour l'acide carbonique a été constatée en bien des circonstances, dans les expériences sur la combustion et dans la préparation des alcalis caustiques : aussi emploie-t-on fréquemment cette base pour purifier l'air dans les endroits où le renouvellement n'en est pas facile, tels que les caves, les puits, les mines, les celliers où il y a des matières sucrées en fermentation, bière, moût, etc. La chaux intervient aussi dans la purification du gaz à éclairage, où elle sert à l'absorption des acides carbonique et sulfhydrique. Le lait de chaux est souvent employé pour blanchir la façade ou l'intérieur des maisons : la couche de chaux ainsi appliquée, et qui acquiert une grande blancheur, n'est plus, au bout de quelque temps, que du carbonate de chaux.

Mortiers. La chaux sert à joindre les pierres entre elles dans les ouvrages de maçonnerie; c'est là son principal usage. Un mélange bien intime de chaux grasse et de sable constitue le mortier aérien qui, exposé à l'air, devient dur et résistant. On attribue ce durcissement à trois causes : 1° l'eau s'évapore, et l'hydrate de chaux reste en masse plus compacte; 2° la chaux attire l'acide carbonique de l'air, qui pénètre peu à peu dans l'intérieur de la masse et donne naissance à un composé de carbonate et d'hydrate de chaux d'une grande dureté; 3° l'adhérence du sable et de la chaux devient tellement forte par le contact, qu'on peut l'attribuer à une combinaison superficielle s'opérant à la longue entre la chaux et la silice : ainsi peut s'expliquer la solidité plus grande des mortiers dans les vieux bâtiments. Il est probable que lorsque nos constructions auront traversé quelques siècles, les mortiers y présenteront aussi la même dureté, si toutefois ils ont été faits avec de bon sable quartzeux. Le sable que l'on mêle à la chaux en amoindrit le retrait : en effet, la chaux délayée dans l'eau se déchire par la dessiccation, ce qui n'arrive plus quand elle est mélangée avec du sable. Les vieux mortiers sont principalement composés d'hydrate de chaux, de carbonate de chaux et de silice (sable).

Si l'on cuit de la pierre à chaux contenant de l'argile ou un mélange intime de craie et de $\frac{1}{8}$ d'argile, on obtient une chaux vive qui ne s'échauffe que faiblement pendant l'hydratation; elle ne foisonne plus. Cette chaux, dite *maigre*, forme avec l'eau et le sable un mortier dont la solidification est presque aussi rapide que celle du plâtre, et qui acquiert sous l'eau une grande dureté; cette dernière propriété lui a valu le nom de *chaux hydraulique* (ciment); elle est précieuse pour les constructions qui doivent résister à l'eau. L'argile est du silicate d'alumine (258) : la chaux hydraulique n'est donc qu'un mélange intime de chaux et de silicate d'alumine, qui peut former avec la chaux un silicate double d'une grande dureté. Le mélange d'argile et de chaux peut se faire artificiellement avec de la brique pilée, des cendres volcaniques (pouzzolanes), des scories, etc., dont la silice peut également se combiner avec la chaux.

La chaux est caustique. EXPÉRIENCE. Un morceau de toile ou de papier dans lequel on aura enveloppé un morceau de chaux vive pourra facilement être réduit en poudre au bout d'un certain temps; il aura été rongé par la chaux, qui est un caustique analogue à la potasse et à la soude, quoique moins énergique. Dans les tanneries on immerge les peaux dans un lait de chaux afin d'en enlever ensuite plus facilement les poils. En agriculture, on mêle souvent de la chaux au chiendent et à des mauvaises herbes accumulées en tas pour en hâter la décomposition; mais il faut éviter de l'employer avec des matières déjà putréfiées, le fumier, par exemple, car elle dégagerait toute l'ammoniaque qui s'est déjà formée dans ces matières.

La chaux comme engrais. Les cendres des plantes renfermant toujours une certaine quantité de chaux, on en a conclu que la chaux était utile à la végétation, et on a cherché à expliquer de cette façon l'utilité du chaulage et du marnage. Cela ne suffit pas cependant pour en faire comprendre les effets : car le rendement de certains terrains, où la chaux serait en quantité suffisante pour de nombreuses récoltes, est sensiblement augmenté par le chaulage ou par le marnage. L'emploi de la chaux est très-avantageux dans les terrains tourbeux, où ses effets sont remarquables.

Expérience. De l'eau de chaux versée dans une dissolution de savon y produit un précipité blanc, floconneux, qui se dépose rapidement; cette matière blanche, pressée entre les doigts, est gluante comme de la résine : on s'en aperçoit en se lavant les mains avec du savon dans de l'eau de chaux; c'est ce qui fait que les eaux calcaires et dures sont impropres au savonnage : le précipité qu'y forme le savon est dû à un savon de chaux insoluble dans l'eau.

La chaux est une combinaison de l'oxygène avec un métal jaune clair, très-oxydable, le calcium, Ca; le nom chimique de la chaux est oxyde de calcium; elle constitue une des bases les plus énergiques après les alcalis.

241. Sulfate de chaux, plâtre, $CaO,SO^5 + 2HO$. Expérience. Si l'on chauffe doucement dans une petite marmite, jusqu'à ce qu'il ne se dégage plus de vapeur d'eau, le sulfate de chaux obtenu dans les expériences antérieures (164, 176), il perd environ $\frac{1}{5}$ de son poids, et il reste du plâtre *cuit*. La perte de poids est due aux 2 équivalents d'eau de cristallisation que le plâtre contient toujours : cette eau commence à s'échapper à la température de 120°.

Expérience. On entoure une pièce de monnaie, légèrement graissée, d'une bande de papier huilé dont on réunit les deux extrémités en les fixant avec de la cire d'Espagne, de manière à former un rebord autour de la pièce (fig. 126). Dans une petite terrine on gâche 2 volumes de plâtre cuit, en poudre, avec 1 volume d'eau, et on

Fig. 126.

verse cette pâte claire dans le cylindre formé par le papier qui entoure la pièce. Au bout d'un instant le plâtre est durci, et on peut retirer alors le papier et la pièce de monnaie, dont l'empreinte est reproduite dans le plâtre avec la plus grande netteté. Ce moule en plâtre, imprégné d'une forte solution de savon additionnée de quelques gouttes d'huile, pourra, par la même méthode, servir à reproduire le relief de la pièce dont il porte l'empreinte en creux. Le durcissement du plâtre est produit par la fixation dans le sel de 2 équivalents d'eau que la cuisson lui avait fait perdre. Quand le plâtre a été chauffé à 160°, il perd la propriété de reprendre son eau de cristallisation. Le plâtre est beaucoup employé dans l'ornementation des constructions; il sert à la préparation des stucs et à la reproduction des œuvres d'art. L'agriculture en fait usage très-avantageusement pour la production des légumineuses, surtout le trèfle, la luzerne et le sainfoin.

Le plâtre est très-fréquent dans certaines formations géologiques, où il constitue des collines entières, aux environs de Paris, par exemple. On le trouve souvent en beaux cristaux transparents ayant la forme d'un fer de lance et pouvant se séparer en lames très-minces; d'autres fois il est blanc, d'une texture saccharoïde; c'est alors de l'*albâtre*. Le sulfate de chaux se rencontre dans certaines eaux de source; il est plus nuisible que le carbonate dans les usages domestiques et industriels : il rend l'eau impropre au savonnage et à la cuisson des légumes; il produit, dans les chaudières, des incrustations qui pourraient occasionner des explosions, mais qu'on évite en introduisant des carbonates alcalins, de la terre glaise ou d'autres substances destinées, soit à détruire le sulfate de chaux, soit à empêcher l'adhérence de ses cristaux sur le fond et les parois des chaudières.

Le plâtre est sensiblement soluble dans l'eau, qui en prend $\frac{1}{500}$ de son poids à la température ordinaire.

Pour reconnaître la présence du plâtre dans une eau, on ajoute à celle-ci : 1° du chlorure de barium (247), qui forme avec l'acide sulfurique un précipité blanc; 2° de l'oxalate d'ammoniaque, qui précipite la chaux (197).

Les agriculteurs savent tous que le plâtre favorise beaucoup la végétation du trèfle, de la luzerne, des légumineuses en général. De nombreuses théories ont été faites dans le but d'expliquer cette action fertilisante, l'attribuant tantôt à la chaux, tantôt à l'acide sulfurique, tantôt à la fixation dans le sol de l'ammoniaque de l'air, tantôt enfin à l'introduction dans le sol du soufre qui existe toujours en abondance dans les graines de la plupart des légumineuses; cette dernière théorie paraît la plus probable.

Le sulfate de chaux calciné en vase clos avec du charbon se transforme en sulfure de calcium qui dégage de l'acide sulfhydrique quand on le décompose par un acide. Le sulfure de calcium se trouve dans la chaux qui provient des fabriques de gaz et très-souvent aussi dans les cendres de tourbe. Exposé à l'air humide, il en absorbe l'oxygène et se transforme en sulfate.

242. Phosphate de chaux basique (phosphate des os), $3CaO,PhO^5$. Ce sel, on l'a déjà vu, forme une des parties les plus importantes des os (176); on le trouve aujourd'hui presque partout dans le règne minéral en plus ou moins grande quantité; associé au fluorure de calcium, il a reçu le nom d'*apatite*. Les *coprolithes* sont des excréments et des os pétrifiés provenant d'animaux des premiers âges du globe; on en a découvert des gisements considérables et assez riches en phosphate de chaux pour permettre de les exploiter comme engrais. Les graines des plantes renferment toujours une assez forte proportion de phosphate de chaux que l'on retrouve dans les cendres; aussi ce sel est-il indispensable aux végétaux.

243. Azotate de chaux, CaO,AzO^5. L'azotate de chaux se forme quand des matières organiques azotées disséminées dans une certaine quantité de terre se trouvent en contact avec l'air, en présence de la chaux (207). Cette nitrification s'observe souvent sur les vieux murs imprégnés de matières animales, tels que ceux des écuries et des étables, qui, lorsque le temps est très-sec, se recouvrent d'efflorescences d'azotate de chaux.

244. Chlorure de chaux, mélange de chlorure de calcium et d'hypochlorite de chaux, $CaO,ClO + CaCl$. Expérience. On fait passer, à travers un lait de chaux composé de 250 cent. cubes d'eau dans laquelle on a délayé 20 grammes de chaux éteinte, un courant de chlore que l'on dégage dans une fiole avec 80 gr. d'acide chlorhy-

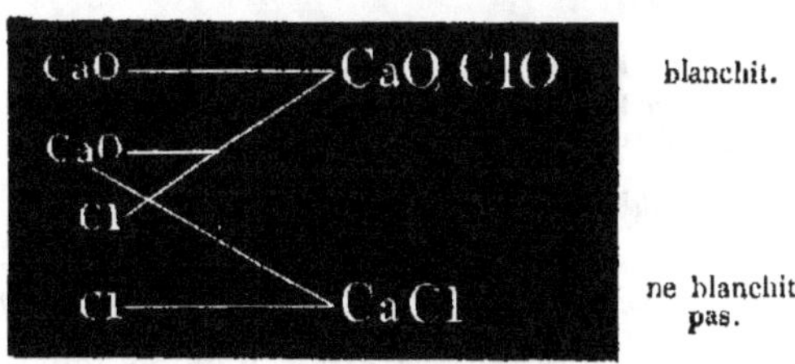

drique et 20 gr. de bioxyde de manganèse; quand le dégagement de chlore a cessé et que le liquide s'est éclairci, on décante la solution de chlorure de chaux, qu'il faut avoir soin de maintenir dans l'obscurité et à l'abri de l'air. Ce nom de chlorure de chaux pourrait faire

supposer qu'on a obtenu ainsi une combinaison directe du chlore
avec la chaux; il n'en est rien cependant : la chaux abandonne son
oxygène pour former du chlorure de calcium avec une partie du
chlore, dont une autre partie, s'unissant à l'oxygène mis en liberté,
forme de l'acide hypochloreux ClO, neutralisé par la chaux en excès.
Il se forme donc en même temps un sel haloïde, le chlorure de
calcium, et un oxysel, l'hypochlorite de chaux; ce dernier agit seul
dans le blanchiment; mais la présence du chlorure de calcium est
indispensable pour maintenir la stabilité de l'hypochlorite, lequel,
dès qu'il est en excès, se décompose en chlorure de calcium et en
chlorate de chaux.

L'hypochlorite de chaux est employé pour le blanchiment des
tissus et des pâtes à papier; c'est un désinfectant énergique : aussi
le fabrique-t-on sur une grande échelle pour les besoins des arts.
La préparation s'en fait d'une manière analogue à celle qui a été
décrite, seulement la chaux éteinte, au lieu d'être tenue en suspension dans l'eau, est exposée sur des rayons dans de grandes chambres où l'on fait arriver le chlore. Le chlorure de chaux du commerce a toujours une réaction alcaline due à un excès de base; dans
l'eau il forme la solution qui a été préparée plus haut.

Expériences avec l'hypochlorite de chaux. EXPÉRIENCE *a.* Un morceau de toile teinte avec des couleurs végétales blanchit lentement
dans une dissolution d'hypochlorite de chaux.

EXPÉRIENCE *b.* Si l'on répète la même expérience en ajoutant à la
solution quelques gouttes d'acide chlorhydrique ou d'acide sulfurique étendu, le blanchiment est presque instantané, et il se dégage
en même temps une forte odeur de chlore. L'acide ajouté met d'a-
bord en liberté l'acide hypochloreux, qui réagit sur le chlorure de·
calcium, lui cède son oxygène et le transforme en chaux, tandis qu'il
se dégage 2 équivalents de chlore.

$$CaCl + ClO = CaO + 2Cl.$$

Chlorure   Acide hy-   Chaux.   Chlore.
de calcium.   pochloreux.

Les tissus plongés trop longtemps dans l'hypochlorite s'altèrent et
perdent de leur solidité.

EXPÉRIENCE *c.* Si l'on verse goutte à goutte dans une solution
étendue d'hypochlorite de chaux une dissolution d'indigo dans l'a-
cide sulfurique, celle-ci se décolore tant qu'il subsiste de l'acide
hypochloreux dans la liqueur. Cette propriété a été mise à profit
pour déterminer la valeur du chlorure de chaux, qui détruit d'autant plus d'indigo qu'il contient plus d'acide hypochloreux.

Expérience *d*. L'hypochlorite de chaux est décomposé même par l'acide carbonique; aussi ce sel dégage-t-il constamment du chlore quand il est exposé à l'air. Cette propriété l'a fait substituer avec avantage au chlore comme désinfectant. On l'emploie souvent pour blanchir les murs des caves moisies, des étables où ont régné des épizooties. Le chlore se combine toujours avec l'hydrogène des substances colorées ou odorantes qu'il décompose.

Le chlore agit sur la potasse et sur la soude comme sur la chaux : avec la première il produit l'*eau de Javelle* (hypochlorite de potasse); avec la seconde, l'eau de *Labaraque* (hypochlorite de soude).

245. Chlorure de calcium, CaCl. On introduit de la craie dans de l'acide chlorhydrique étendu jusqu'à ce qu'il n'y ait plus effervescence. La solution, filtrée et évaporée jusqu'à consistance sirupeuse, laisse déposer, dans un endroit froid, des cristaux de chlorure de calcium qu'on peut dessécher en les pressant légèrement dans du papier à filtrer; pour les conserver, il faut les introduire dans des flacons bien bouchés; sans cette précaution, ils tombent en déliquescence. On peut, avec ces cristaux, abaisser la température jusqu'à la congélation du mercure : on les expose à l'air dans un mortier pendant une nuit d'hiver bien froide, et le lendemain on les broie rapidement en y mêlant de la neige. Si l'on plonge dans ce mélange un petit tube en verre mince contenant du mercure, le métal prend l'état solide; un thermomètre à alcool y descend à — 40°. La neige et le chlorure de calcium, tous deux solides, absorbent la chaleur en passant à l'état liquide.

Les cristaux de chlorure de calcium contiennent une forte proportion d'eau de cristallisation dans laquelle ils se dissolvent quand on les chauffe, puis ils se dessèchent et laissent une masse spongieuse de chlorure de calcium sec qui ne tarde pas à entrer en fusion ignée si l'on continue à chauffer. Séché ou fondu, le chlorure de calcium attire l'humidité de l'air et tombe en déliquescence. La grande affinité de ce sel pour l'eau a été mise à profit pour dessécher les gaz, que l'on fait passer à cet effet à travers de larges tubes contenant des fragments de chlorure de calcium désséché; ces tubes sont fermés à leurs deux extrémités avec des bouchons traversés par des tubes de faible diamètre (fig. 127).

Fig. 127.

Le chlorure de calcium s'obtient comme produit accessoire pendant la préparation de l'ammoniaque.

246. Fluorure de calcium, CaFl. Le fluorure de calcium, ou spath-fluor, se trouve dans la nature en beaux cristaux cubiques; il fond facilement à la chaleur et dégage de l'acide fluorhydrique quand on l'attaque par l'acide sulfurique (190). On emploie ce sel comme fondant dans la fabrication de l'aluminium.

BARIUM (Ba)   ET   STRONTIUM (Sr).

Équivalent = 68,5 ou 856,2.   Équivalent = 43,75 ou 546,9.
Densité = 1,9.   Densité = 2,5.

La baryte a été découverte par Scheele, en 1774; la strontiane a été découverte en 1790.

247. Barium et strontium. Ces deux métaux ont avec le calcium la plus grande analogie, ils sont jaunes et d'une densité très-faible. Leurs oxydes, la baryte, BaO, et la strontiane, SrO, s'hydratent et sont alcalins. Les carbonates de baryte et de strontiane sont insolubles dans l'eau; ils se décomposent par la chaleur, beaucoup plus difficilement toutefois que le carbonate de chaux, et peuvent servir à la préparation des autres sels; mais ils sont rares. On a recours alors à leurs sulfates, qui sont plus abondants dans la nature : on les calcine avec du charbon pour les réduire en sulfures, qu'on décompose facilement par les acides.

Chlorure de barium. Le chlorure de barium est le sel de baryte le plus fréquemment employé; il sert de réactif pour rechercher et doser l'acide sulfurique (171). On l'emploie quelquefois en médecine.

Sulfate de baryte, BaO,SO^3. EXPÉRIENCE. Si dans une dissolution de sulfate de soude on verse une solution de chlorure de barium, il se forme par double décomposition un précipité blanc de sulfate de baryte, insoluble dans l'eau

et dans les acides. Ce sel se rencontre dans la nature sous forme de cristaux, auxquels on a donné le nom de *spath pesant*. Broyé, il sert souvent dans la préparation de la couleur blanche, ou pour falsifier le blanc de céruse.

L'*azotate de baryte*, BaO,AzO^5, s'obtient en décomposant par l'acide azotique le sulfure de barium; il remplace quelquefois le chlorure comme réactif. Sous l'action de la chaleur, l'azotate de baryte se décompose et laisse de la baryte pure et anhydre. Parmi les sels de strontiane, l'azotate est le plus employé. On s'en sert pour colorer en rouge les feux d'artifice ; ainsi l'on obtient un feu rouge en allumant un mélange de 20 parties d'azotate de strontiane, 6 1/2 de soufre en poudre très-fine, 5 de chlorate de potasse et 2 de sulfure d'antimoine, que l'on peut remplacer par une partie de charbon. Le chlorate de potasse est broyé à part, après avoir été légèrement humecté (208).

Le chlorure de strontium est soluble dans l'alcool ; il communique à la flamme une teinte rouge.

MAGNÉSIUM (Mg).

Équivalent = 12,5 ou 156,25. Densité = 1,75.

Isolé par M. Bussy en 1831.

248. Sulfate de magnésie, MgO,SO^3. On réduit en poudre fine, dans un mortier en fonte, un fragment de serpentine (espèce de roche abondante dans la nature), et on en pèse 20 gr. auxquels on ajoute assez d'acide sulfurique pour faire une bouillie claire. Après avoir laissé ce mélange exposé pendant plusieurs jours dans un endroit chaud, on l'étend d'eau, on le laisse digérer encore pendant quelque temps, puis on le décante. Le liquide obtenu a une teinte verdâtre due au sulfate de protoxyde de fer ; on y ajoute goutte à goutte de l'acide azotique pour transformer le sulfate de protoxyde en sulfate de sesquioxyde de fer brun et l'empêcher par là de cristalliser. On peut alors concentrer la liqueur, qui laisse déposer des cristaux peu colorés qu'une nouvelle cristallisation rend tout à fait incolores. Ces cristaux ont un goût amer ; ils sont composés d'acide sulfurique et d'une base, la magnésie (MgO). Dans la serpentine cette base est combinée avec la silice, qui reste à l'état insoluble quand elle a été déplacée par l'acide sulfurique. Le silicate de magnésie existe dans beaucoup de minéraux, parmi lesquels on peut citer : l'écume de mer, la stéatite, le talc, l'amphibole, certains micas, etc. Au toucher, ces minéraux semblent analogues au savon.

Le sulfate de magnésie ou sel amer est très-fréquemment employé en médecine comme purgatif ; il est généralement à l'état de petits cristaux qu'on obtient en troublant la cristallisation pendant le refroidissement. Presque toutes les eaux minérales purgatives contiennent du sulfate de magnésie en dissolution, comme, par exemple, l'eau de Saïdschutz, en Bohême. On prépare souvent le sel amer en faisant évaporer ces eaux.

249. Carbonate de magnésie, magnésie blanche, MgO,CO². Exṕé-
rience. On dissout 20 gr. de sulfate de magnésie dans 150 cent.
cubes d'eau, puis on y verse, en agitant, une solution de carbonate
de soude jusqu'à ce qu'il ne se forme plus de précipité. La matière
blanche qui se dépose est du carbonate de magnésie ; dans l'eau il y a
du sulfate de soude en dissolution. Le liquide, d'apparence laiteuse, est
porté à l'ébullition dans une fiole (fig. 128), le précipité recueilli sur

Fig. 128.

un filtre, puis lavé et séché à l'air. Il
se présente alors en masse peu compacte excessivement légère, contenant
un peu de magnésie, parce qu'une partie de l'acide carbonique s'est dégagée
pendant l'ébullition : c'est la magnésie
blanche des pharmaciens. Le carbonate
de magnésie se trouve dans la nature
combiné avec le carbonate de chaux ;
ce sel double, CaO,CO² + MgO,CO², a
reçu le nom de *dolomie*.

**250. Oxyde de magnésium, magné-
sie**, MgO. Le carbonate de magnésie,
chauffé dans un creuset, perd tout son
acide carbonique ; il reste une poudre
blanche, légère, insoluble dans l'eau,
la magnésie. On lui donne souvent le
nom de magnésie calcinée, pour la
distinguer du carbonate, qu'on appelle
ordinairement magnésie blanche.

La magnésie, MgO, est l'oxyde du
magnésium, métal qui a la couleur de l'argent, dont il acquiert aussi
l'éclat par le brunissage. Il est assez malléable et peut se limer facilement.

251. Chlorure de magnésium, MgCl. Expérience. Si on verse de
l'acide chlorhydrique sur la magnésie blanche, celle-ci se dissout en
perdant son acide carbonique. Le liquide contient du chlorure de
magnésium, sel très-soluble, déliquescent, qui accompagne presque
toujours le sel marin dans la nature. Sa grande solubilité permet de
le séparer du sel par la cristallisation, il reste dans les eaux mères.
L'eau de mer lui doit son amertume.

Réactif de la magnésie. Expérience. Si dans un verre d'eau on
verse quelques gouttes de la solution précédente, puis de l'ammoniaque et du phosphate de soude, la liqueur se trouble et laisse
bientôt déposer un résidu cristallin de phosphate ammoniaco-magné-

sien. Ce moyen est des plus sûrs pour reconnaître la magnésie : dans les liqueurs neutres et exemptes de sels ammoniacaux, l'ammoniaque précipite directement la moitié de la magnésie.

RÉSUMÉ.

(1) Les métaux alcalino-terreux ont, comme les métaux alcalins, une grande affinité pour l'oxygène; ce n'est que tout récemment que l'on a réussi à les isoler facilement.

(2) Leurs oxydes ont reçu le nom de *terres alcalines : terres*, parce qu'ils sont presque insolubles dans l'eau; *alcalines*, parce qu'ils bleuissent le papier rouge de tournesol.

(3) Les terres alcalines sont, après les alcalis, les bases les plus énergiques.

(4) Les terres alcalines sont caustiques, moins cependant que les alcalis eux-mêmes; de là les noms de chaux caustique et de baryte caustique.

(5) Elles attirent rapidement l'acide carbonique de l'air.

(6) Les carbonates alcalino-terreux sont insolubles dans l'eau.

(7) Les carbonates alcalino-terreux perdent leur acide carbonique par la chaleur.

(8) Les oxydes alcalino-terreux forment avec les graisses des *savons insolubles*.

TROISIÈME GROUPE. — MÉTAUX TERREUX.

ALUMINIUM (Al).

Équivalent = 13,75 ou 171,9. — Densité = 2,56.

Isolé par M. Wöhler en 1827.

252. Argile. *Plasticité de l'argile*. L'argile humectée d'eau forme une pâte très-liante qui se prête aux formes les plus diverses. La chaux et le sable, traités de la même manière, n'ont aucune cohésion : aussi la présence de ces deux substances dans l'argile en diminue-t-elle les propriétés plastiques.

Expérience. L'argile convenablement humectée devient imperméable à l'eau; ainsi dans un vase pétri d'argile humide on peut conserver ce liquide sans qu'il s'écoule à travers les parois, comme cela arriverait dans du sable ou de la chaux. Cette imperméabilité, précieuse en beaucoup d'occasions, est parfois nuisible au contraire, dans les champs, par exemple, où un sous-sol argileux inégalement ondulé présente des excavations, où les eaux d'infiltration s'amassent et maintiennent une constante humidité. On remédie à cet inconvénient au moyen du drainage ou en perforant la couche imperméable, quand elle n'est pas trop épaisse, pour arriver à des couches inférieures perméables qui permettent l'écoulement des eaux (fig. 129).

Fig. 129.

Dans beaucoup de contrées le sol est formé, jusqu'à de grandes profondeurs, de couches alternatives de gravier ou de sable **M** et d'argile **AB** superposées (fig. 130). Lorsque ces couches sont relevées par des hauteurs, le sable et le gravier seuls laissent pénétrer les eaux pluviales et les enferment comme dans un tuyau entre deux couches d'argile. Si l'on pratique un forage dans un endroit où le niveau du sol est moins élevé que l'affleurement de la couche perméable, l'eau sort en jaillissant dès qu'on a percé la couche supérieure d'argile (fig. 130). On a donné à ces sources artificielles le nom de *puits artésiens*, parce que c'est dans la province d'Artois que les premiers ont été forés.

Fig. 130.

L'argile retient l'eau avec force. EXPÉRIENCE. L'on met dans un filtre 20 gr. d'argile en petits fragments, dans un autre filtre de même grandeur 20 gr. de sable fin, et l'on immerge les deux corps dans l'eau. Après avoir laissé égoutter les filtres, on peut constater, en les pesant, que l'argile a retenu 3/4 de son poids d'eau, tandis que le sable n'en a guère retenu que 1/4 ; cette dernière quantité sera même encore plus faible si les grains de sable sont d'une dimension un peu forte. L'argile est insoluble, mais elle peut absorber beaucoup d'eau en raison de sa porosité, ce qui fait aussi qu'elle se dessèche beaucoup plus lentement que le sable : on peut s'en assurer en exposant les deux filtres dans un endroit chaud. Il existe encore une autre différence entre ces deux corps : l'argile, en séchant, forme des mottes dures et compactes, tandis que le sable tombe en poussière.

253. L'argile absorbe les couleurs. Si l'on délaye de l'argile dans une infusion de bois de campêche (174), cette argile prend une teinte bleue et la solution devient plus claire, parce que l'argile a absorbé une partie de la couleur. Elle agit d'une manière analogue sur les corps gras, aussi l'emploie-t-on souvent pour faire disparaître les taches de graisse sur le bois, le papier, etc.; pour cela il suffit de réduire l'argile en pâte claire avec de l'eau et de l'étendre sur ces objets, avec lesquels on la laisse en contact pendant une journée, après qu'elle a séché. La terre à foulon est une argile très-fine qu'on emploie dans la fabrication du drap pour dégraisser les tissus.

254. L'argile absorbe les gaz. Expérience. Lorsqu'on expose à l'air de l'argile desséchée, elle augmente de poids. Cette augmentation ne peut être produite que par les substances gazeuses soutirées à l'air, la vapeur d'eau, par exemple, l'acide carbonique et l'ammoniaque. On peut facilement se convaincre par l'odorat de la présence de l'ammoniaque dans l'argile, surtout dans celle qui provient d'anciens murs en pisé situés près des étables ; il suffit de mêler cette argile à la chaux éteinte et de l'humecter. L'argile récemment extraite ne dégage qu'une odeur très-faible, à laquelle pourtant on reconnaît les matières argileuses, ainsi qu'à la propriété de happer à la langue. L'eau, l'acide carbonique et l'ammoniaque forment les trois aliments principaux dont se nourrissent les plantes; aussi peut-on s'expliquer jusqu'à un certain point la fertilité plus grande des terres qui contiennent de l'argile, car non-seulement elles retiennent ces trois substances, mais elles peuvent encore les soutirer à l'air. L'argile, exposée à l'air pendant de longues années, surtout dans les habitations, acquiert des propriétés fertilisantes incontestables : elle contient quelquefois alors des sels alcalins et très-souvent une forte proportion d'azotates. Les agriculteurs apprécient, en général, comme un bon engrais les débris des démolitions des murs en torchis. Une légère calcination donne aussi des propriétés fertilisantes à l'argile (258).

CONSTITUTION DU SOL ARABLE.

255. L'argile et le sable constituent la base de la terre arable.
L'étude de la constitution du sol arable est indispensable à l'agriculteur qui tient à se rendre compte de l'influence de l'humidité et de
la chaleur sur le sol. L'argile ou le sable seuls sont impropres à la
culture ; le mélange de ces deux corps, au contraire, constitue les
terres les plus fertiles. L'argile plastique est trop compacte pour permettre l'accès de l'air et le développement des racines ; une pluie de
peu de durée forme à sa surface une couche imperméable, à travers
laquelle l'eau ne pénètre que difficilement ; un excès d'eau la délaye : elle sèche alors avec beaucoup de lenteur et le sol reste humide
et froid. Le sable présente les défauts opposés : son peu de consistance n'offre pas aux racines un appui solide : il laisse infiltrer et
évaporer l'eau trop rapidement ; sec, il est souvent emporté par les
vents. Ces propriétés font partie de celles qu'on a appelées les *propriétés physiques* du sol. Il est inutile d'ajouter qu'une argile trop
compacte peut être ameublie au moyen du sable, de même qu'un
sable mouvant peut être fixé au moyen de l'argile.

256. Analyse physique de la terre arable. Pour rechercher les
quantités de sable et d'argile contenues dans une terre, on prend
10 gr. de celle-ci, que l'on fait bouillir avec un peu d'eau dans
une capsule de porcelaine en broyant le mélange avec un petit pilon,
jusqu'à ce qu'il forme une pâte bien homogène. Si un papier bleu de
tournesol plongé dans cette bouillie prend une teinte rouge, c'est
un signe que le sol est acide et exige un chaulage, un marnage, ou
même le drainage, si la terre souffre de l'humidité. On ajoute ensuite de l'eau à la terre délayée dans la capsule, et on verse le tout
dans un grand verre à pied, profond et de forme conique (fig. 151), en
ayant soin d'enlever, à l'aide de quelques lavages successifs, toute la
terre adhérente aux parois de la capsule. La terre en suspension
dans le liquide laisse déposer, suivant leur ordre de densité, les différents corps qu'elle renferme : d'abord le sable grossier, puis le
sable fin, enfin l'argile de plus en plus ténue. La hauteur des différentes couches permet d'évaluer la proportion générale de ces diverses substances.

On arrive à une détermination beaucoup plus exacte par la lévigation. Pour cela on agite de nouveau la terre ; puis, dès que le sable
est déposé, et tandis que la majeure partie de l'argile se tient encore
en suspension, on décante le liquide avec précaution, de manière à
ne pas entraîner de sable. On remplit de nouveau le verre avec de

l'eau, et on répète la même opération jusqu'à ce que l'eau devienne limpide ; le sable est alors recueilli, séché et pesé. Pour éviter que le liquide ne coule le long des parois extérieures du verre pendant la décantation, on en graisse légèrement le bord avec du suif, et on y applique une baguette de verre (fig. 132) le long de laquelle l'eau s'écoule.

Fig. 131.   Fig. 132.

Ce lavage mécanique constitue une véritable analyse physique de la terre arable. On emploie souvent ce mode de séparation dans le traitement des minerais mélangés de terre ou de sable léger.

On a construit un appareil à l'aide duquel on peut exécuter, avec une grande précision, l'analyse physique de la terre arable : c'est celui que représente la figure 135. La terre, bien divisée et délayée dans l'eau, est introduite dans un verre conique, muni dans sa partie supérieure d'un petit tuyau d'écoulement. Un tube, portant un entonnoir, plonge jusqu'au fond du verre et sert à faire arriver sous la terre l'eau contenue dans un réservoir. Le courant d'eau, en traversant la terre, entraîne avec lui les parties légères et ténues, tandis que les matières lourdes restent au fond du verre. En activant ou en ralentissant le courant d'eau, on parvient à diviser très-régulièrement une terre en portions plus ou moins fines : ainsi un courant très-faible entraîne les parties argileuses les plus ténues ; un peu plus fort, il entraîne le reste de l'argile ; plus fort encore, il entraîne le sable fin ; chacune de ces substances peut être recueillie à part si l'on change de récipient au moment où l'on modifie la vitesse du courant.

13.

La terre contient en général une troisième substance, la chaux
(259), dont on détermine la quantité de la manière suivante.

Expérience. On délaye dans une fiole 10 gr. de terre dans 60 centimètres cubes d'eau, puis on y ajoute peu à peu environ 5 gr. d'acide
chlorhydrique, et on laisse digérer pendant quelques heures dans
un endroit chaud. Si la terre est riche en carbonate de chaux, elle
fait effervescence avec l'acide. Quand la dissolution du carbonate de
chaux est opérée, on verse le liquide sur un filtre pour séparer la
matière insoluble, et on lave avec un peu d'eau chaude. Le liquide
filtré, jaunâtre et limpide, forme avec l'ammoniaque *caustique* un

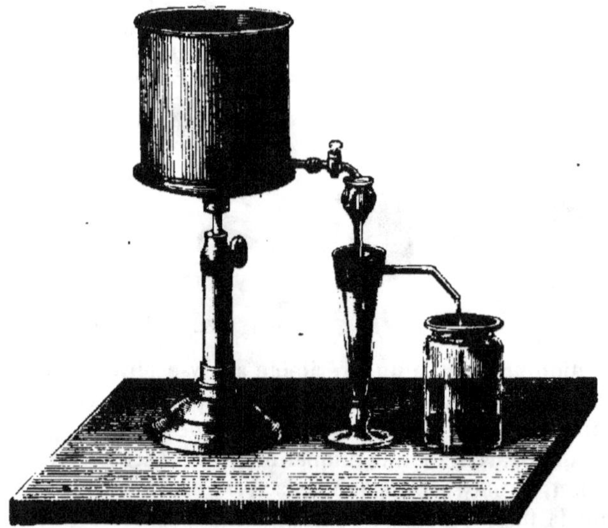

Fig. 155.

précipité brun de sesquioxyde de fer, que l'on sépare par une nouvelle filtration. Après ce traitement, le liquide passe incolore; un carbonate alcalin y détermine un précipité blanc de carbonate de chaux
que l'on peut recueillir sur un filtre, laver, sécher et peser. Pour des
expériences de ce genre, où une approximation suffit, on peut se con-
tenter quelquefois d'évaluer le volume du précipité dans un verre
cylindrique gradué à cet effet. Cette graduation peut se faire en précipitant dans le verre des dissolutions préparées avec des quantités
progressives et connues de marbre blanc, et en marquant sur les
parois la hauteur occupée par le précipité après un temps déterminé. Quelquefois le poids de la terre sèche, avant et après le traite-

ment par l'acide, peut suffire pour évaluer le carbonate de chaux ; toutefois, avec l'un comme avec l'autre de ces procédés, il faut s'attendre, outre les erreurs d'opération, à l'inexactitude d'évaluation due à la solubilité des sels de magnésie ou d'autres sels existant dans le sol.

Ces deux opérations si simples, la lévigation et la recherche de la chaux, devraient être faites plus souvent par les agriculteurs : ils pourraient, au moyen d'appareils peu coûteux, se rendre suffisamment compte de la composition de leurs terres.

257. Argiles cuites. Les propriétés plastiques de l'argile et celle non moins précieuse de durcir au feu, l'ont fait employer de tout temps à la fabrication de la poterie. On purifie l'argile par lévigation, puis, quand elle a acquis une consistance convenable, on la moule à la main ou par des moyens mécaniques. La poterie moulée est séchée à l'air, puis cuite dans un four jusqu'à ce qu'elle ait acquis la dureté de la pierre. Pendant la dessiccation et surtout pendant la cuisson, l'argile subit un retrait (pyromètre de Wedgwood); aussi, après la cuisson, la poterie présente-t-elle de plus petites dimensions qu'avant sa mise au four.

L'argile cuite, malgré sa dureté, reste poreuse et laisse l'eau suinter à travers ses parois; pour éviter cet inconvénient, on la recouvre d'un vernis dont la composition a de l'analogie avec celle du verre (226). Les principales espèces de poterie sont :

a) Les *tuiles* et les *briques*, faites d'argile ordinaire peu purifiée; elles doivent leur couleur rouge au sesquioxyde de fer; on les recouvre rarement d'un vernis.

b) La *poterie commune*, faite d'argile ordinaire; elle est recouverte d'un vernis à base de plomb.

c) La *faïence commune*, faite d'argile peu colorée; on la recouvre d'un émail blanc, opaque, à base de plomb.

d) La *faïence fine*, faite d'argile blanche et recouverte d'un vernis transparent où il entre du plomb.

e) La *porcelaine*, composée de feldspath et d'une argile très-pure appelée *kaolin;* on la chauffe presque jusqu'à la fusion, et on la recouvre d'un émail à base de potasse, peu fusible et exempt de plomb.

f) Le *grès*, fait avec de l'argile grise à moitié fondue; on le vernit avec du sel marin qu'on jette dans le four, et qui se transforme à la surface du grès en un silicate de soude exempt de plomb.

Pour colorer le vernis, la couverte ou l'émail de la poterie, on se sert d'oxydes métalliques, comme pour le verre.

258. Composition de l'argile. Expérience. On chauffe pendant plusieurs heures dans un creuset ou sur une plaque de fer, à une

232   ALUMINE.

température au-dessous du rouge sombre, de l'argile blanche bien desséchée, puis on la réduit en poudre fine et on en fait digérer 80 gr.
pendant plusieurs semaines dans 40 gr. d'acide sulfurique étendu de
40 gr. d'eau. Ce mélange, que l'on agite de temps en temps avec
une baguette de verre, est étendu ensuite de 250 cent. cubes d'eau
bouillante, puis filtré sur une toile. Le résidu insoluble est composé principalement de silice; le liquide contient une base, l'alumine,
Al^2O^3, unie à l'acide sulfurique. L'argile n'est donc autre chose que
du silicate d'alumine; sa formule est $Al^2O^3,3SiO^3$. L'argile n'a-
bandonne son alumine à l'acide sulfurique qu'à la condition d'avoir
été préalablement légèrement calcinée. Les argiles sont rarement
pures, elles contiennent presque toujours des silicates de potasse,
de soude, de chaux, etc., qui deviennent solubles par une calcination modérée. C'est probablement à la solubilité de ces substances
après la calcination qu'il faut attribuer la transformation d'une argile stérile en terre fertile par un simple brûlis et l'action fertilisante
des tuiles mal cuites.

259. **Sulfate d'alumine**, $Al^2O^3,3SiO^3$. EXPÉRIENCE. On évapore le
liquide clair obtenu dans l'expérience précédente jusqu'à ce qu'il ne
pèse plus que 60 à 80 gr., puis on l'expose dans un endroit froid :
il se dépose des cristaux soyeux, très-déliquescents à l'air, de sulfate
d'alumine. On décante les eaux mères, qui contiennent toujours de
l'acide libre, et on redissout les cristaux dans une faible quantité
d'eau. Dans les arts, on évapore la solution de sulfate d'alumine
jusqu'à ce qu'elle se prenne, par le refroidissement, en une masse
semblable à du suif; ce sel est employé dans la papeterie pour précipiter la colle, et dans l'impression des tissus pour fixer les couleurs.

260. **Oxyde d'aluminium, alumine**, Al^2O^3. EXPÉRIENCE. On ajoute
à une partie de la so-
lution de sulfate d'a-
lumine préparée ci-
dessus du carbonate
d'ammoniaque jus-
qu'à ce que le liquide
ait une réaction alca-
line. Il se produit une
vive effervescence, et
en même temps il se
forme un précipité blanc gélatineux. Ce précipité, bien lavé sur un
filtre, puis séché, subit un retrait considérable, et reste sous
forme de petits fragments d'un aspect opalin et corné : c'est de

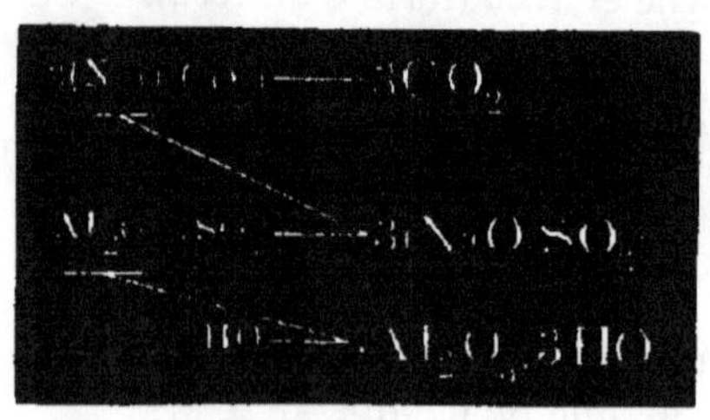

l'alumine, Al^2O^3. Cet oxyde est insoluble dans l'eau et ne peut pas se combiner avec l'acide carbonique, qui s'échappe à l'état gazeux. L'alumine n'est pas plastique comme l'argile; elle se distingue des terres alcalines en ce qu'elle n'a aucune réaction alcaline.

L'alumine est composée d'oxygène et d'aluminium; c'est le seul composé oxygéné de ce métal qui soit connu : l'aluminium ne forme pas de protoxyde comme les métaux précédents, mais une combinaison de 2 équivalents d'aluminium avec 3 équivalents d'oxygène, un véritable sesquioxyde.

L'aluminium est un métal blanc, grisâtre quand il est poli; il est inaltérable à l'air, son point de fusion est à 700° environ. Il n'est pas attaqué par l'acide azotique à froid; mais il se dissout rapidement dans l'acide chlorhydrique et produit un dégagement d'hydrogène. Il est attaqué par les alcalis, même par l'ammoniaque. On prépare l'aluminium en grand en décomposant son chlorure par le sodium.

L'alumine est un oxyde indifférent. EXPÉRIENCE. Si l'on chauffe de l'alumine avec une lessive de potasse, cet oxyde entre en dissolution et forme avec l'alcali une véritable combinaison dans laquelle il joue le rôle d'un acide. L'alumine peut donc être rangée parmi les oxydes indifférents qui jouent le rôle d'une base avec les acides énergiques, et le rôle d'un acide avec les bases fortes.

L'alumine est, parmi les corps connus, un des plus réfractaires; on n'a encore réussi à la fondre qu'au chalumeau à gaz détonant, et alors elle présente une dureté qui n'est dépassée que par celle du diamant et du bore. Le rubis et le saphir sont de l'alumine fondue et cristallisée; le premier est coloré en rouge, le second en bleu. L'émeri, que l'on emploie pour user les métaux, tailler les verres et les cristaux, n'est que de l'alumine fondue réduite en poudre très-fine.

261. Alun, sulfate d'alumine et de potasse, $KO,SO^3+Al^2O^3,$ $3SO^3+24HO$. EXPÉRIENCE. On sature de sulfate de potasse environ 80 grammes d'eau, puis on verse la solution dans le sulfate d'alumine dissous préparé plus haut. On agite le mélange, qui laisse déposer une poudre blanche, cristalline, l'*alun*. Cette poudre, dissoute dans une petite quantité d'eau chaude, se dépose en beaux cristaux octaédriques (fig. 134) pendant le refroidissement lent de la solution.

L'alun résulte de la combinaison de deux sels, c'est un sel double; la combinaison est réelle, car il en résulte un corps jouissant de propriétés nouvelles, et les deux sels se réunissent en proportions déterminées et invariables : 1 équivalent de sulfate de potasse, $KO,SO^3,$

se combine avec 1 équivalent de sulfate d'alumine, $Al^2O^3,3SO^3$. L'alun, peu soluble à froid, est très-soluble dans l'eau bouillante; sa réaction est acide; il est astringent, comme tous les sels à base d'alumine.

Fig. 134.

262. Expériences avec l'alun. EXPÉRIENCE *a*. Un cristal d'alun chauffé légèrement au chalumeau se boursoufle et produit une effervescence due au dégagement de l'eau de cristallisation qui entre presque pour moitié dans le sel ; il reste une masse blanche et spongieuse d'*alun calciné*. Dans cet état, on l'emploie souvent en médecine comme caustique.

EXPÉRIENCE *b*. Une dissolution d'alun est décomposée par les alcalis; il se précipite de l'alumine, comme avec le sulfate.

EXPÉRIENCE *c*. On fait bouillir 20 gr. de bois de Brésil pendant un quart d'heure dans 250 cent. cubes d'eau, et dans l'infusion on dissout 20 gr. d'alun, qui rendront la coloration beaucoup plus vive. Si à cette dissolution on ajoute du carbonate de soude ou de potasse jusqu'à ce que la réaction soit alcaline, l'alumine se précipite, non plus en blanc, mais en rouge; car elle entraîne la couleur avec elle. On prépare par ce procédé les couleurs végétales connues sous le nom de *laques*, car l'alumine jouit de la propriété de précipiter avec elle presque toutes les couleurs organiques solubles dans l'eau. Cette propriété explique l'emploi fréquent de l'alun et des autres sels d'alumine dans la teinture et l'impression des tissus, où ils servent de *mordants*. On remplace souvent dans la teinture l'alun par l'acétate d'alumine. Ce sel s'obtient facilement par double décomposition au moyen de l'acétate de plomb et du sulfate d'alumine.

EXPÉRIENCE *d*. Si l'on humecte un fragment d'alun avec une solution d'azotate de cobalt et qu'on le chauffe au chalumeau, l'acide azotique est chassé et l'oxyde de cobalt communique à l'alun une belle coloration bleue. C'est de cette manière qu'on prépare une belle couleur bleue très-solide, qui a reçu le nom d'*outremer de cobalt*.

On retirait autrefois d'un minéral, l'azurite, une couleur bleue, l'*outremer*, qui était d'un prix fort élevé; aujourd'hui on prépare artificiellement cette couleur en grand en calcinant de l'argile avec du sulfure de sodium et une trace de fer. Il faut bien se garder, en employant l'outremer, de le mettre en contact avec les acides, qui le décomposent.

263. Fabrication de l'alun. La préparation en grand de l'alun se fait au moyen d'un minéral appelé *alunite*, que l'on décompose, ou bien en attaquant directement certaines argiles par l'acide sulfurique, on enfin au moyen de schistes alumineux riches en sulfure de fer. Par l'exposition à l'air ou par un grillage, ces schistes absorbent de l'oxygène et se transforment en sulfate d'alumine et en sulfate de sesquioxyde de fer facile à en séparer.

264. Isomorphisme de l'alun. L'alun présente un bel exemple d'*isomorphisme*. On peut y substituer : à la potasse une autre base telle que la soude ou l'ammoniaque; à l'alumine, du sesquioxyde de fer ou de chrome, sans altérer la forme octaédrique des cristaux. On obtient de cette manière les aluns suivants :

Alun de potasse,	formé de sulfate d'alumine		$+$	sulfate	de potasse;
Alun de soude,	»	» »	$+$	»	de soude;
Alun ammoniacal,	»	» »	$+$	»	d'ammoniaque;
Alun de chrome,	» de sesquioxyde de chrome		$+$	»	de potasse (de soude ou d'ammoniaque);
Alun de fer,	» »	de fer	$+$	»	de potasse (de soude ou d'ammoniaque).

Les trois premiers aluns sont blancs, l'alun de chrome est d'un rouge foncé, et l'alun de fer d'un violet pâle. Ces deux derniers ont reçu le nom d'aluns, quoiqu'il n'y entre pas d'alumine : on les prépare de la même manière que l'alun, en remplaçant le sulfate d'alumine par celui de fer ou de chrome. Ces combinaisons sont appelées *isomorphes* (même forme) parce qu'elles affectent la même forme cristalline, l'octaèdre;. leur composition offre du reste la plus grande analogie.

265. Diffusion de l'alumine dans la nature. L'alumine est, après la silice, un des corps les plus répandus à la surface du globe. Elle ne se trouve pas seulement dans l'argile, mais aussi dans presque toutes les roches, comme l'ardoise, le porphyre, etc. La roche alumineuse la plus importante est sans aucun doute le feldspath, qui entre en proportion plus ou moins forte dans le granit, le gneiss, le schiste micacé et dans la plupart des autres roches. La composition du feldspath est celle de l'alun de potasse, dans lequel l'acide sulfurique serait remplacé par la silice; ainsi :

$$\text{Alun de potasse (anhydre).} \quad KO,SO^3 + Al^2O^3,3SO^3.$$
$$\text{Feldspath.} \quad KO,SiO^3 + Al^2O^3,3SiO^3.$$

Sous l'influence des agents atmosphériques, l'acide carbonique, l'eau, la chaleur, le froid, le feldspath se décompose en silicate de potasse qui se dissout dans l'eau, en silice. et en silicate d'alumine,

Al²O³,3SiO³, qui, pur, constitue le kaolin, et, mêlé à du sable, du fer ou du carbonate de chaux, constitue les argiles ou les marnes. Cette décomposition lente s'opère dans les champs qui contiennent du sable feldspathique ; il en résulte des alcalis et de la silice soluble propre à être absorbée par les plantes. L'accumulation de ces substances dans un champ en jachère contribue sans aucun doute à la fertilité du sol pour l'année suivante.

266. Le *glucinium*, l'*yttrium*, le *zirconium*, le *thorium*, l'*erbium*, le *terbium*, sont des métaux très-rares ; leurs oxydes : la glucine, l'yttria, la zircone, la thorine, l'erbine et la terbine, sont des terres analogues à l'alumine.

RÉSUMÉ.

(1) Les terres sont des combinaisons de métaux avec l'oxygène.

(2) Elles sont insolubles dans l'eau.

(3) Elles ne se combinent pas avec l'acide carbonique.

(4) La plus importante des terres est l'alumine; elle entre dans la constitution des terres (argiles) et des roches, quand elle est combinée avec la silice.

(5) L'alumine est une base faible comparée aux alcalis et aux terres alcalines.

(6) Les bases faibles peuvent se combiner avec les bases énergiques comme le ferait un acide.

(7) Certaines substances peuvent se substituer l'une à l'autre dans une combinaison sans que la forme cristalline en soit altérée (combinaisons isomorphes).

(8) Les *sels neutres* sont ceux dans lesquels 1 équivalent d'oxygène dans la base correspond à 1 équivalent d'acide.

(9) Beaucoup de sels neutres peuvent se combiner avec 1 ou plusieurs équivalents d'acide et passer à l'état de sels acides.

(10) Il existe de même des sels qui peuvent se combiner avec un nouvel équivalent de base et devenir sels basiques.

(11) Quand deux sels se combinent entre eux, ils forment des *sels doubles*.

RÉSUMÉ DES MÉTAUX LÉGERS.

(1) Les métaux alcalins, alcalino-terreux et terreux sont souvent appelés métaux légers, parce que leur densité est beaucoup plus faible que celle des autres métaux.

(2) Dans la nature, ces métaux ne se trouvent jamais à l'état libre; sauf l'alumine, il en est de même de leurs oxydes, qui sont toujours engagés dans des combinaisons salines. Ces oxydes forment avec la silice la plus grande portion de la partie solide du globe.

· (3) Parmi tous les corps, c'est l'oxygène pour lequel ils ont la plus grande affinité, et ils forment avec lui des bases qui, sauf les terres, sont toutes plus ou moins solubles dans l'eau.

(4) Les oxydes alcalins et alcalino-terreux sont les bases les plus énergiques.

(5) La production de ces métaux offre beaucoup de difficulté, en raison de leur affinité pour l'oxygène, qu'on ne peut détruire par le charbon qu'à une température très-élevée pour les métaux alcalins. Les métaux alcalino-terreux et terreux s'obtiennent en décomposant leurs chlorures par les métaux alcalins. De tous les métaux légers les plus connus sont : le potassium, le sodium et l'aluminium.

(6) Jusqu'en 1807 les oxydes de ces métaux ont été considérés comme des corps simples. C'est à cette époque que Davy, chimiste anglais, réussit à les décomposer, par la pile, en métaux et en oxygène.

(7) La plupart des métaux légers décomposent l'eau à la température ordinaire, et lui enlèvent l'oxygène sans le secours d'un acide.

LOIS DES COMBINAISONS CHIMIQUES.

Avant de nous engager plus avant dans l'étude des métaux, il est indispensable de résumer ici les lois des combinaisons chimiques dont il a souvent été question dans tout ce qui précède.

267. Division des combinaisons chimiques. De même qu'à l'aide des 24 lettres de l'alphabet on arrive à former tous les mots, de même aussi on peut, avec les 61 corps simples, produire une innombrable quantité de combinaisons différentes. Ces combinaisons peuvent être divisées, pour le règne minéral, en 3 ordres. Les combinaisons du premier ordre seront celles des éléments entre eux ; elles comprendront les bases et les acides qui s'unissent entre eux pour former des combinaisons du second ordre, comme les sels ; enfin les sels doubles formeront les combinaisons du troisième ordre : ici encore on peut découvrir une certaine analogie avec la langue, où les lettres sont d'abord réunies en syllabes, puis en mots, et ceux-ci en mots composés.

268. Rapport de poids dans les combinaisons chimiques. Toute combinaison chimique de deux éléments se fait dans des rapports de poids déterminés et constants. Dans l'eau il y a toujours 1 partie en poids d'hydrogène unie à 8 parties en poids d'oxygène, que cette eau provienne de la pluie, des sources ou de la mer. Si l'on prépare l'eau artificiellement, le rapport entre les deux gaz reste encore le même, et, si l'on s'écarte de ce rapport dans un sens ou dans l'autre, il reste un excès de l'un ou l'autre de ces gaz. La chaux vive est toujours formée de 20 parties de calcium unies à 8 parties d'oxygène, qu'elle provienne du marbre, de la craie ou des coquillages. L'acide sulfurique est toujours formé de 16 parties de soufre combinées avec 24 parties d'oxygène, qu'il ait été préparé par la décomposition du sulfate de fer ou dans les chambres de plomb.

269. **Tableau des équivalents.** On a déterminé le rapport dans lequel les corps simples se combinent avec l'oxygène, en prenant 100 pour l'unité de poids sous laquelle l'oxygène entre dans ces combinaisons. Aujourd'hui, c'est en prenant l'hydrogène pour unité qu'on représente généralement les poids sous lesquels les corps entrent en combinaison. Outre les raisons théoriques qui ont fait admettre ces nombres, ils ont l'avantage d'être le plus souvent des nombres entiers et aussi d'être 12,5 fois plus petits que les précédents, ce qui aide beaucoup la mémoire et facilite les calculs. Le tableau suivant comprend les nombres rapportés à l'oxygène et ceux qui ont été déterminés en prenant l'hydrogène comme unité, pour les corps simples le plus ordinairement employés.

Noms des corps simples.	Symboles chimiques.	Équivalents rapportés à l'hydrogène = 1.	Équivalents rapportés à l'oxygène = 100.
Aluminium.	Al.	13,75.	171,9
Antimoine..	Sb (du mot latin *stibium*).	129.	1612,5
Argent.	Ag.	108.	1350
Arsenic.	As.	75.	937,5
Azote.	Az ou N (de nitrogène).	14.	175
Barium.	Ba.	68,5.	856,2
Bismuth.	Bi.	214.	2685
Bore.	B.	11.	137,5
Brome.	Br.	80.	1000
Calcium.	Ca.	20.	250
Carbone.	C.	6.	75
Chlore.	Cl.	35,5.	443,2
Chrome.	Cr.	26,28.	328,5
Cobalt.	Cb.	29,5.	368,6
Cuivre.	Cu.	31,7.	396,6
Étain.	Sn (du mot latin *stannum*).	59.	737,5
Fer.	Fe.	28.	350
Fluor.	Fl.	19.	237,5
Hydrogène.	H.	1.	12,5
Iode.	I.	127.	1587,5
Magnésium.	Mg.	12,5.	156,25
Manganèse.	Mn.	27,5.	333,75
Mercure.	Hg (du mot latin *hydrargyrum*).	100.	1250

Nickel. . .	Ni.	29,5. . .	369,3
Or.	Au (du mot latin *aurum*). . .	196,7. . .	2458,75
Oxygène. .	O.	8. . . .	100
Phosphore. .	Ph.	31. . . .	387,5
Platine. . .	Pt.	98,58. .	1232,08
Plomb. . .	Pb.	103,5. . .	1294,5
Potassium. .	K (du mot latin *kalium*). . . .	39,14. .	489,3
Silicium. .	Si.	21,35. .	266,82
Sodium. .	Na (du mot latin *natrium*). . .	23. . . .	287,5
Soufre. . .	S.	16. . . .	200
Strontium. .	St.	43,75. .	546,87
Zinc. . . .	Zn.	32,75. .	408,37

Si l'on veut connaître le poids sous lequel un corps composé entre en combinaison, il suffit d'additionner les poids des deux corps simples; la somme sera le poids cherché. Ainsi, pour la potasse, ce sera le poids du potassium, plus celui de l'oxygène : 39,14 + 8 = 47,14; pour l'oxyde de mercure, ce sera : 100 + 8 = 108.

270. **Équivalents**. Les corps ne se combinent pas avec l'oxygène seulement dans les rapports indiqués par le tableau ci-dessus; ils se combinent également entre eux et se substituent les uns aux autres dans les mêmes rapports. Ainsi 1 partie d'hydrogène se combine avec 8 parties d'oxygène pour former de l'eau; avec 16 de soufre pour former l'acide sulfhydrique; avec 35,5 de chlore pour former l'acide chlorhydrique. La même quantité de 16 parties de soufre, qui, avec 24 parties d'oxygène, forme de l'acide sulfurique, combinée avec 39,14 de potassium, forme le sulfure de potassium; avec 28 de fer, le sulfure de fer; avec 100 de mercure, le sulfure de mercure ou cinabre. Si l'on chauffe du fer avec du cinabre, le soufre se combine avec le fer, tandis que le mercure est mis en liberté : 28 parties de fer suffisent toujours pour décomposer 116 parties de cinabre et mettent en liberté 100 parties de mercure. Si l'on emploie plus de fer, l'excès restera à l'état métallique sans s'engager dans une combinaison; si, au contraire, on prend plus de cinabre, l'excès ne sera pas décomposé. Ainsi 8 parties d'oxygène *équivalent* à 16 parties de soufre, à 35,5 parties de chlore; 39,14 parties de potassium à 28 de fer, à 100 de mercure; c'est ce qui a fait donner à ces nombres le nom d'*équivalents*. *Quand deux corps se combinent, ou quand dans un composé un corps se substitue à un autre, la combinaison ou la substitution ont toujours lieu dans le rapport indiqué par les équivalents;* 1 équivalent d'oxygène représente toujours 8 parties en poids d'oxygène; 1 équivalent de fer, 28 parties en poids de fer;

1 équivalent de mercure, 100 parties en poids de mercure, etc., etc.

271. **Équivalents des corps composés.** *La loi qui régit les combinaisons des corps simples entre eux s'applique aussi à celles des corps composés entre eux.* Ce que nous avons dit à propos de la neutralisation des bases par les acides (200) suffisait pour faire prévoir cette loi. Quand les propriétés de l'acide et celles de la base ont disparu, c'est un indice que les deux substances se sont combinées dans les proportions voulues. Il est facile de déterminer ces proportions pour chaque substance; il suffit d'additionner les équivalents des éléments dont cette substance est composée.

Ainsi la craie ou carbonate de chaux, CaO,CO^2, est composée :

De chaux, formée de :		Et d'acide carbonique, formé de :	
1 équival. de calcium. . . .	20	1 équival. de carbone.	6
et 1 équival. d'oxygène.. . . .	8	et 2 équival. d'oxygène..	16
1 équiv. de chaux CaO sera =	28	1 équiv. d'acide carb. CO^2 sera =	22

C'est-à-dire que, dans la craie, la chaux et l'acide carbonique sont toujours combinés dans le rapport de 28 à 22, et l'équivalent du carbonate de chaux sera 50.

Si l'on veut transformer la craie, CaO,CO^2, en plâtre au moyen de l'acide sulfurique monohydraté, on commence par déterminer la quantité de cet acide qu'il faut employer, sachant qu'il contient toujours pour 1 équivalent d'acide 1 équivalent d'eau de combinaison.

L'acide sulfurique est composé de :		L'eau est composée de :	
1 équival. de soufre.. . . .	16	1 équival. d'hydrogène.	1
et 3 équival. d'oxygène. . . .	24	et 1 équival. d'oxygène.	8
L'équiv. de l'acide sulf. sera =	40	L'équiv. de l'eau sera. . . . =	9

L'équivalent de l'acide sulfurique monohydraté, HO,SO^3, est donc 49. Cette quantité sera suffisante pour décomposer 50 parties de craie ; l'acide carbonique déplacé équivaudra à 22 parties.

Le sulfate de chaux s'unit toujours à 2 équivalents d'eau ; il est donc formé de :

1 équivalent, CaO.	28
1 équivalent, SO^3.	40
2 équivalents, HO.	18

L'équivalent du sulfate de chaux cristallisé sera 86 = $CaO.SO^3 + 2HO$.

Si l'on chauffe le plâtre, l'eau se dégage; il reste du sulfate de chaux anhydre, dont l'équivalent ne sera plus que 68 : celui des cristaux, moins les 2 équivalents d'eau. On remarque que l'eau ne se combine jamais avec les acides, avec les bases ou avec les sels que par équivalents.

Avant ces lois, qui ont été découvertes il y a soixante-dix ou quatre-vingts ans, on n'arrivait que par des tâtonnements à trouver les proportions nécessaires pour produire telle ou telle combinaison ; aujourd'hui il suffit de consulter le tableau des équivalents pour connaître immédiatement les rapports suivant lesquels on doit employer les substances.

272. Proportions multiples. Beaucoup de corps jouissent de la propriété de se combiner en plusieurs proportions avec l'oxygène, le soufre, le chlore, etc., comme on l'a déjà vu (154). On pourrait croire que ces combinaisons sont des exceptions à cette loi générale, que les corps ne peuvent se combiner qu'en proportions définies. Il n'en est pas ainsi pourtant, et un examen plus approfondi fait voir que ces variations ne sont point irrégulières et qu'elles sont toujours soumises aux lois des combinaisons chimiques.

Quand on gravit une montagne, on peut faire des pas tantôt plus grands, tantôt plus petits, qui n'ont entre eux aucun rapport ; mais il n'en est plus de même lorsqu'on monte un escalier ou une échelle : il faut alors régler ses pas d'après les marches ou les échelons. C'est ce qui arrive pour les *combinaisons multiples* : l'augmentation dans la proportion d'un corps ne se fait que d'après des règles invariables et en rapports simples, tels que de 1 à 1 1/2, à 2, à 2 1/2, à 3, à 3 1/2, et non pas de 1 à 1 1/4, à 1 3/4, à 1 7/8. Ainsi :

6 parties de carbone forment avec..	8 parties d'oxygène,		l'oxyde de carbone.....	CO
	12 »	»	l'acide oxalique......	C^2O^3
	16 »	»	l'acide carbonique.....	CO^2
14 parties d'azote forment avec....	8 parties d'oxygène,		le protoxyde d'azote....	AzO
	16 »	»	le bioxyde d'azote.....	AzO^2
	24 »	»	l'acide azoteux.......	AzO^3
	32 »	»	l'acide hypoazotique....	AzO^4
	40 »	»	l'acide azotique......	AzO^5
27,5 parties de manganèse forment avec	8 parties d'oxygène,		le protoxyde de manganèse..	MnO
	12 »	»	le sesquioxyde de manganèse.	Mn^2O^3
	16 »	»	le bioxyde de manganèse..	MnO^2
	24 »	»	l'acide manganique.....	MnO^3
	28 »	»	l'acide hypermanganique...	M^2O^7

Dans les combinaisons avec le carbone, les rapports entre les quantités d'oxygène sont :: 1 : 1 1/2 : 2.

Dans les combinaisons avec l'azote, les rapports entre les quantités d'oxygène sont :: 1 : 2 : 3 : 4 : 5.

Dans les combinaisons avec le manganèse, les rapports entre les quantités d'oxygène sont :: 1 : 1 1/2 : 2 : 3 : 3 1/2.

Ainsi ces nombres sont toujours en rapports simples, et les plus élevés sont toujours multiples des inférieurs; aussi cette règle a-t-elle reçu le nom de *loi des proportions multiples*.

273. Rapports entre les volumes. *Les gaz se combinent entre eux en volumes déterminés.* Le résultat de la combinaison, quand il est gazeux, occupe souvent un volume inférieur à celui des deux gaz qui se sont combinés. Exemple :

vol.		vol.		vol.
1 de chlore se combine avec	1 d'hydrogène pour former	2 d'acide chlorhydrique.
2 d'hydrog. se combinent avec	1 d'oxygène »	2 de vapeur d'eau.
3 » »	1 d'azote »	2 de gaz ammoniac.
6 » »	1 de vap. de soufre »	6 d'acide sulfhydrique.

On trouve ici la même régularité et les mêmes rapports simples entre les volumes des gaz qui s'unissent que dans les combinaisons par équivalents; il y a plus, et on le voit dans les exemples qui précèdent : quand le résultat de la combinaison de deux gaz est gazeux aussi, *son volume est toujours en rapport simple avec celui qu'occupaient les deux gaz avant leur combinaison.*

274. Atomes ou molécules. Quand on eut reconnu que les combinaisons chimiques s'effectuent toujours en rapports simples, on voulut aussi en savoir la cause. Ici l'expérience devait échouer; mais on a donné une explication qui permet de se rendre aisément compte de la régularité des combinaisons chimiques. C'est la *théorie atomique*, qui représente les choses de la manière suivante.

1) Les corps sont formés de particules infiniment petites auxquelles on donne le nom d'*atomes* ou *molécules*, et qui se touchent en laissant cependant entre elles des espaces vides ou pores. Dans les corps légers, les atomes sont moins rapprochés que dans les corps très-denses. Quand un corps est refroidi ou comprimé, les atomes se resserrent, le corps devient plus compacte et plus dense ; la chaleur, au contraire, éloigne les atomes, les pores s'agrandissent et les corps deviennent plus légers. C'est dans les gaz et les vapeurs que les atomes sont le plus distants entre eux : ainsi ils sont 1700 fois plus écartés dans la vapeur que dans l'eau qui lui a donné naissance et dont le volume était 1700 fois plus petit.

2) Les particules dont se composent les corps sont *indivisibles;* de là le nom d'atome, qui signifie indivisible.

3) Les atomes sont si petits, qu'on ne peut les voir, même avec l'aide des verres grossissants les plus puissants; on admet leur existence théoriquement.

4) Les corps simples ont des atomes simples; ainsi les atomes

<table>
<tr><td>du carbone sont :</td><td>de l'oxygène :</td><td>du calcium :</td></tr>
<tr><td></td><td></td><td></td></tr>
</table>

Quand deux ou plusieurs corps se combinent, on admet que leurs atomes se réunissent et forment un *tout indivisible,* un *atome composé.* Les corps composés seraient constitués par des atomes composés; ainsi :

<table>
<tr><td>celui de l'oxyde de carbone sera :</td><td>celui de l'acide carbonique :</td><td>celui de la chaux :</td></tr>
<tr><td></td><td></td><td></td></tr>
</table>

celui du carbonate de chaux :

5) Si un corps se sépare lentement dans un liquide, ses atomes peuvent se ranger dans un ordre déterminé, et on a alors les formes *cristallines régulières;* si la séparation ou la solidification s'opère rapidement, les atomes se groupent sans ordre, et on a des corps amorphes (vitreux ou pulvérulents).

6) Le groupement des atomes est *variable ;* ils peuvent se grouper tantôt d'une manière, tantôt d'une autre, comme cela est indiqué par plu-ieurs positions que l'on peut faire prendre à quatre boules :

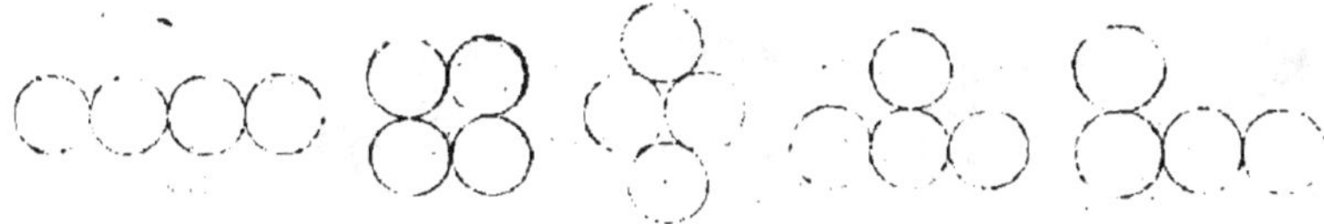

On peut s'expliquer de cette manière comment un même corps peut affecter deux formes cristallines, être dimorphe. Le soufre cristallise en octaèdres dans une dissolution, à la température ordinaire; en prismes obliques quand il est fondu. Le fer fraîchement battu est fibreux, et devient grenu par l'usage, etc.

7) La grosseur des atomes doit varier d'un corps à l'autre; avec

quatre boules d'égale grosseur on pourra former un carré régulier 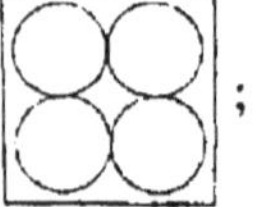 ; si l'une d'elles est remplacée par une boule plus grande 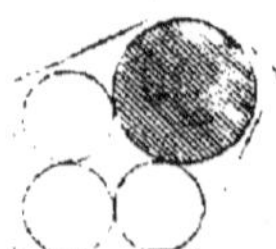 ou plus petite 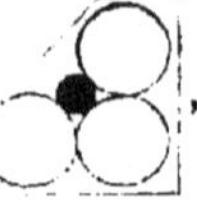, la forme régulière primitive sera détruite; elle restera invariable si à la boule retirée on en substitue une autre d'égale grosseur, mais plus lourde 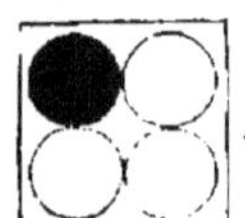,

quoique les éléments du carré ne restent plus les mêmes. Les choses doivent se passer d'une manière analogue avec les atomes. Dans les aluns, la potasse est remplacée par la soude ou l'ammoniaque, l'alumine par le sesquioxyde de fer ou de chrome, sans que la forme cristalline en soit altérée. On en conclut que les atomes de la potasse, de la soude et de l'ammoniaque sont d'égale grandeur, et qu'il en est de même pour ceux de l'alumine, du sesquioxyde de fer et de chrome. Si, au contraire, la forme cristalline change quand on substitue un corps à un autre, il est à supposer que les molécules ne sont pas de même grosseur.

8) La théorie des atomes permet de se représenter d'une manière très-simple l'*isomérie* et l'*allotropie* des corps. Qu'on suppose un damier avec ses jetons blancs et ses jetons noirs, on pourra arranger différemment ces jetons entre eux sans en changer le nombre, comme dans ces figures :

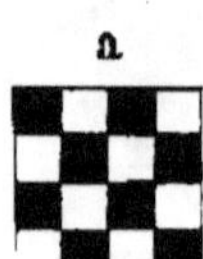 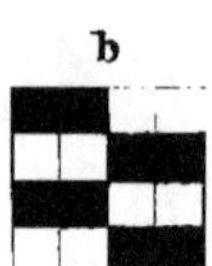 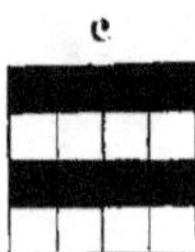 

En *a*, les jetons sont placés 1 par 1; en *b*, 2 par 2; en *c* et *d*, 4 par 4; ces jetons, peu nombreux, dont nous avons représenté ici quatre groupements différents, se prêtent à un nombre d'arrangements bien plus considérable, sans qu'on soit obligé d'en augmenter ou d'en diminuer la quantité. Au lieu de jetons, qu'on se figure des molécules, on comprendra facilement comment des corps ayant une même composition peuvent avoir des formes, des propriétés et des aspects différents. Le caoutchouc, l'huile de pétrole et le gaz à éclairage ont, quant à leur composition, la plus grande analogie; ils sont composés des mêmes éléments et dans les mêmes proportions.

9) Les atomes sont pesants et chaque atome doit avoir un poids déterminé. Si un morceau de craie, par exemple, pèse un certain poids, il est évident que chacun des innombrables atomes qui le composent doit avoir aussi un poids quelconque, autrement leur réunion ne pourrait pas constituer un corps pesant. Or la craie est composée de 28 parties de chaux unies à 22 parties d'acide carbonique, et cette composition reste la même jusque dans la plus petite particule de craie. Ainsi, si l'on admet que 1 atome de craie est formé par 1 atome de chaux uni à 1 atome d'acide carbonique, il faut admettre aussi que le poids de l'atome de chaux est 28 et celui de l'atome d'acide carbonique 22. Mais la chaux elle-même est formée de 20 parties de calcium unies à 8 parties d'oxygène : un atome de chaux, composé de 1 atome de calcium et de 1 atome d'oxygène, doit renfermer ces deux corps dans la proportion de 20 à 8; 20 sera par conséquent le poids de l'atome de calcium, 8 celui de l'atome d'oxygène. L'acide carbonique enfin, formé de 6 parties de carbone unies à 16 parties d'oxygène, donnera pour le poids de l'atome de carbone 6, pour celui de deux atomes d'oxygène 16.

Ces nombres, comme on le voit, ne sont autre chose que les équivalents. On peut, dans la théorie atomique, les considérer comme les poids relatifs des atomes; aussi les équivalents reçoivent-ils souvent le nom de *poids atomiques*.

MÉTAUX PESANTS

PREMIER GROUPE.

FER (Fe).

Équivalent = 28 ou 350. Densité = 7,84.

Connu de toute antiquité.

275. Le *fer* est, sans contredit, le plus utile de tous les métaux : sans lui l'industrie n'aurait pas pu réaliser les progrès dont la civilisation se glorifie. On ne le trouve que rarement à l'état natif dans

les fers météoriques, et jamais en assez grande quantité pour qu'on puisse l'exploiter régulièrement. C'est surtout à l'état d'oxydes et de sulfures que le fer se trouve dans la nature, et les oxydes seuls sont exploités comme minerais.

Le fer est le seul des métaux pesants qui soit nécessaire à la constitution des êtres organisés; c'est aussi l'un des plus répandus à la surface du globe.

276. **Oxydation du fer.** Expérience *a*. On dispose sur un charbon $2^{gr},8$ de fer très-divisé, comme on le trouve dans les pharmacies, et on le chauffe au chalumeau en un point seulement (fig. 135); ce

Fig. 135.

point une fois rouge, le fer continuera à brûler, comme le fera voir la marche d'une zone irisée qui précède toujours la partie en combustion. Quand le fer est refroidi, il reste une masse noire, effritée, qui pèse 3 grammes; elle est donc augmentée de 2 décigrammes. D'après les équivalents, 28 décigrammes de fer en prennent 8 d'oxygène pour se transformer en protoxyde : la quantité absorbée dans ce cas est quatre fois trop faible, aussi le résultat de la combustion est-il un mélange de 1 équivalent de protoxyde de fer avec 3 équivalents de fer métallique.

Expérience *b*. Si l'on continue à chauffer à la flamme oxydante du chalumeau le mélange obtenu dans l'expérience précédente, il augmentera de poids jusqu'à ce qu'il pèse près de 1 gramme de plus. On aura obtenu alors le même composé qui se forme pendant la combustion du fer dans l'oxygène ou dans l'air : les battitures; c'est une combinaison de protoxyde et de sesquioxyde de fer, un *oxyde salin*, FeO,Fe^2O^3, appelé *oxyde magnétique*, parce qu'il est attirable par l'aimant. On ne peut obtenir le protoxyde de fer par oxydation directe, il se forme constamment une certaine quantité de sesquioxyde. Presque toutes les roches qui contiennent le protoxyde de fer en quantité notable ont une teinte verte ou noire : tels sont le basalte, le schiste argileux, le grunstein, la serpentine, etc., qui sont colorés par le protoxyde de fer.

Dans certaines localités, on trouve un minerai de fer dont la composition est la même que celle des battitures : non-seulement ce minerai jouit de la propriété d'être attirable par l'aimant, mais il attire souvent lui-même le fer, il est *magnétique*. Si l'on fixe un fragment de ce minerai entre deux petites lames de fer, elles s'aimantent et attirent le fer comme un aimant naturel. Le fer de Suède, qui est si renommé, se prépare en grande partie avec de l'oxyde magnétique.

Expérience *c*. Les battitures, maintenues pendant quelque temps dans la flamme oxydante du chalumeau, se couvrent d'une couche brune pulvérulente : elles absorbent de l'oxygène, et passent à l'état de sesquioxyde de fer, Fe^2O^3.

Expérience *d*. Le procédé suivant permet d'obtenir plus facilement le sesquioxyde de fer. On remplace sur le charbon les battitures par un cristal de sulfate de protoxyde de fer, que l'on chauffe jusqu'à ce qu'il ne reste plus qu'une poudre brune. L'eau et une partie de l'acide sulfurique se dégagent, une autre partie de l'acide est décomposée et abandonne de l'oxygène au protoxyde de fer, FeO, qui devient *sesquioxyde*, Fe^2O^3. Cet oxyde est rouge; sa couleur se remarque surtout quand on le broie ou qu'on l'écrase sur une feuille de papier blanc. La fabrication de l'acide sulfurique fumant fournit comme produit accessoire une grande quantité de sesquioxyde de fer, connu sous le nom de *colcothar* ou *rouge d'Angleterre*. Il sert à polir les cristaux et les métaux, il entre pour une forte proportion dans la pâte préparée pour faire couper les rasoirs; souvent aussi il est employé comme couleur.

Le sesquioxyde de fer naturel n'est pas rare, il constitue le fer oligiste et l'hématite, la sanguine et l'ocre rouge, quand il est mêlé à de l'argile; on le trouve quelquefois en masses considérables dans le sein de la terre; il forme un bon minerai.

Expérience *e*. On introduit de la limaille de fer brillante dans un

verre rempli d'eau de puits : au bout de quelque temps le fer perd
son brillant, et prend une couleur noire, parce qu'il est transformé
en oxyde magnétique. Si l'on répète la même expérience avec de
l'eau qui a bouilli, le fer reste brillant, pourvu qu'on empêche l'accès
de l'air. Cette différence d'action est due à l'air et à l'acide carbonique contenus dans toutes les eaux de source et qui déterminent
l'oxydation du fer; ces gaz étant chassés de l'eau par l'ébullition,
l'oxydation n'a plus lieu.

EXPÉRIENCE *f*. Si l'on décante l'eau qui recouvre le fer dans l'expérience précédente, le métal, au contact de l'air, se couvre bientôt de
rouille : le fer absorbe assez d'oxygène pour se transformer en sesquioxyde, qui se combine avec l'eau, à laquelle il doit sa couleur
jaune. La rouille est du sesquioxyde de fer hydraté, $Fe^2O^3,3HO$. La
limaille de fer humide, remuée souvent de façon à renouveler le contact de l'air, se transforme rapidement en rouille.

Le sesquioxyde de fer hydraté n'est pas rare dans la nature; il
constitue un bon minerai de fer; c'est lui qui, mêlé à l'argile, forme
l'ocre jaune. La terre arable, l'argile, le sable, doivent leur couleur
jaune ou brune au sesquioxyde de fer hydraté. Il n'y a donc rien
que de très-naturel à voir une roche noire se déliter, perdre ainsi
sa couleur et former enfin une terre jaune : le protoxyde de fer noir
qu'elle contenait s'est transformé successivement en sesquioxyde
hydraté jaune pendant la décomposition de la roche.

Carbonate de fer. EXPÉRIENCE *g*. On introduit dans un flacon bien
bouché l'oxyde magnétique obtenu pendant l'expérience *b* et de
l'eau gazeuse; puis on laisse les deux substances en contact pendant
plusieurs jours. Les flocons blancs qui se déposent dans le flacon
sont du carbonate de fer hydraté qui s'est formé avec le protoxyde de
fer de l'oxyde magnétique et l'acide carbonique de l'eau gazeuse. Le
liquide, limpide, a un goût d'encre qui provient de la dissolution
d'une partie du nouveau corps. On décante l'eau, et on la laisse
exposée à l'air dans un vase découvert : dès que l'acide carbonique
se dégage, le liquide se couvre d'une légère pellicule blanche qui
jaunit d'abord, puis devient rouge et violette, pour prendre enfin
une couleur brune et tomber au fond du vase. Ces phénomènes sont
dus au *protoxyde fer : il absorbe l'oxygène de l'air et se transforme
en oxyde magnétique, puis en sesquioxyde hydraté*. Les sels de protoxyde de fer subissent les mêmes altérations, et jaunissent quand
ils sont exposés à l'air. Une pellicule excessivement mince d'oxyde
magnétique réfléchit la lumière en jaune; plus épaisse, elle la réfléchit en rouge, en brun, puis en violet et en bleu; c'est ainsi que la
surface des eaux qui surgissent de terrains marécageux s'irise de ces

diverses couleurs. Dans la nature, comme dans l'expérience ci-dessus, les eaux de sources chargées d'acide carbonique dissolvent le protoxyde de fer qui prend naissance lorsque les matières ferrugineuses sont en contact avec les matières organiques à l'abri de l'air; le carbonate qui en résulte est décomposé à l'air et produit ce limon brun très-léger que certaines eaux déposent en grande quantité. L'accumulation de ce limon a formé, dans certaines contrées, des amas considérables que l'on exploite comme minerai de fer. Ces minerais contiennent ordinairement de l'acide phosphorique.

Le carbonate de protoxyde de fer naturel est un minéral d'un gris clair qui se trouve dans certaines contrées en quantités assez considérables pour être exploitées; c'est un minerai de très-bonne qualité. L'acier de Styrie provient presque exclusivement de ce minerai, auquel on a donné le nom de *fer spathique*. On le trouve fréquemment mêlé à de l'argile dans les gisements houillers; c'est d'un minerai analogue qu'on tire presque tout le fer anglais.

Acide ferrique. Outre les oxydes dont il a été question, il en existe un autre formé de 1 équivalent de fer combiné avec 3 équivalents d'oxygène, FeO^3; il a les propriétés d'un acide; on lui a donné le nom d'*acide ferrique*. Il n'a encore été obtenu qu'en combinaison avec des bases.

277. Minerais de fer. L'étude des oxydes de fer a fait connaître les minerais les plus importants, les seuls dont jusqu'à présent on ait extrait ce métal pour les besoins des arts. Ce sont :

FeO,Fe^2O^3, l'oxyde magnétique, qui contient 72 p. 100 de fer pur;

FeO,CO^2, le fer spathique; il est en général associé au carbonate de chaux et de manganèse;

Fe^2O^3, qui forme le fer oligiste quand il est cristallisé ; il contient alors 69 p. 100 de fer; on le trouve souvent associé à l'argile ; il forme la sanguine et l'ocre rouge ;

$Fe^2O^3,3HO$, qui constitue les minerais de fer bruns; il est en général à l'état de petits grains arrondis; quand il est pur, il contient 59 p. 100 de fer.

FONTE, FER ET ACIER.

278. Métallurgie du fer. Pour retirer le fer des minerais qui viennent d'être passés en revue, il faut leur enlever leur oxygène ; à cet effet, on les porte à une haute température en présence du charbon. En général on mêle ensemble, quand cela est possible, plusieurs espèces de minerais, afin d'avoir un mélange d'un traitement plus facile. Quand on a des minerais de richesses différentes, on les assortit de manière à travailler sur une matière d'une richesse constante. Quelquefois on fait subir un *grillage*, dans un four spécial, aux minerais qui contiennent de l'eau, de l'acide carbonique ou un peu de soufre. Les minerais renferment le plus souvent des matières étrangères qu'on désigne ordinairement par le nom de *gangues* : de la silice, de l'argile, de la chaux, du manganèse, du phosphate, etc. En général, la gangue est siliceuse; il faut la fondre pour obtenir le fer liquide et homogène. La silice seule ou l'argile, qui se comporte de même, sont facilement fondues à la température de la fusion du fer; mais il faut pour cela qu'elles se combinent à une forte proportion d'oxyde de fer qui, ainsi, se trouve perdu [1]. Pour éviter cette perte, on ajoute ordinairement au minerai du calcaire ou *castine*, de manière à obtenir une *scorie* calcaire, fusible et exempte de fer. Quand le minerai est calcaire, on y ajoute de la silice (*herbue*) ; mais en général on assortit les minerais de fer de façon à n'employer que la castine comme fondant. Les minerais ainsi préparés sont disposés en couches alternatives, avec le charbon ou le coke, dans de grands fourneaux, qui ont reçu le nom de *hauts fourneaux* (fig. 136) : *a* est la *cuve*, terminée à sa partie supérieure par une ouverture appelée *gueulard*, que surmonte la *cheminée*, munie de portes pour le service du gueulard. En *b* sont les *étalages* : ils sont réunis à la cuve par une partie cylindrique qui a reçu le nom de *ventre*. Les gaz s'échappent par le gueulard, qui sert en même temps à l'introduction du combustible et du minerai. Ce dernier est déjà chauffé au rouge dans la partie supérieure de la cuve ; le calcaire perd alors son acide carbonique. Un peu plus bas, mais toujours dans la cuve, l'oxyde de carbone, produit dans la partie inférieure du fourneau, réduit le minerai de fer et devient acide carbonique. Ce gaz se dégage en même temps que l'acide du calcaire, et une partie se transforme, au contact du charbon incandescent, en oxyde de carbone, qui brûle à l'air et produit la flamme qu'on voit s'échapper du gueulard. C'est dans l'*ouvrage c*, placé au bas des étalages, que la température est le plus élevée ; le fer se combine à une partie du carbone et fond ; les silicates entrent de même en fusion et coulent avec la fonte dans le *creuset e*; les scories, plus légères, surnagent et s'écoulent par-dessus la *dame g*. Dans le creuset est pratiquée une ouverture, fermée

---

[1] Dans le traitement du fer par la *méthode catalane*, on fond le minerai avec le charbon de bois, sans tenir compte du fer qui reste dans la scorie; on obtient ainsi du fer de très-bonne qualité qui peut être soumis directement au marteau. Cette méthode ne peut s'appliquer qu'aux minerais très-riches et entraîne la perte d'une grande quantité de fer.

par un tampon d'argile ; on la débouche pour faire couler la fonte,
qu'on moule en *gueuses*. L'air nécessaire à la combustion est fourni
par des pompes à la dose de 60 à 80 mètres cubes par minute ; il
entre dans l'ouvrage au moyen de tuyères, dont l'une est figurée en
d, et y porte la température de 1200° à 2000° environ. A mesure que
le charbon brûle, que la fonte et les scories s'écoulent dans la partie

Fig. 156.

inférieure, on introduit dans le fourneau, par le gueulard, de nouveau minerai et de nouveau combustible. Une fois qu'un haut fourneau est mis en activité, il faut le faire fonctionner sans interruption jusqu'à ce qu'il soit hors de service, ce qui d'ordinaire n'arrive
guère qu'après cinq ou six ans (une campagne).

Les scories des hauts fourneaux sont vertes ou bleuâtres : ces colorations sont dues au protoxyde de fer ou de manganèse ; on les

moule quelquefois en cubes et on les emploie comme pierres à bâtir.

279. Fonte. Le fer obtenu dans les hauts fourneaux est loin d'être pur : il contient de 2,5 à 4 p. 100 de carbone, auquel il est combiné ; il contient aussi du silicium en assez forte proportion, un peu de manganèse, de phosphore, quelquefois aussi des traces de soufre ou d'arsenic, etc., quand ces corps se trouvaient tous ou en partie dans le minerai. À l'état de fonte le fer possède les propriétés suivantes :

a) La fonte est fusible à la chaleur blanche (le fer forgé ne l'est pas) ; elle se prête par conséquent à la reproduction d'objets moulés. On la fond en grand dans des fourneaux qui ont reçu le nom de *cubilots.*

b) La fonte est cassante : on ne peut ni la travailler au marteau ni la souder sur elle-même ; son usage est donc restreint aux objets qui ne sont pas exposés à des chocs. Cependant on est arrivé dans ces derniers temps, en chauffant la fonte avec de l'oxyde magnétique ou du fer spathique, à lui communiquer en partie les propriétés du fer ; elle reçoit alors le nom de *fonte malléable.* On connaît dans les arts deux espèces de fonte : la fonte grise et la fonte blanche. La fonte grise est grenue, sa couleur varie du noir au gris clair ; elle reçoit l'empreinte du marteau ; on peut la limer, la tailler au ciseau, la forer et la tourner. La fonte blanche, au contraire, a un éclat métallique ; sa couleur est quelquefois analogue à celle de l'argent ; elle est si dure, qu'elle résiste aux outils d'acier. Si on laisse refroidir lentement la fonte blanche, elle devient grise ; la fonte grise, au contraire, refroidie brusquement, devient blanche. Dans le premier cas, le carbone qui était combiné avec la fonte se sépare sous forme de graphite ; dans le second cas, il ne peut pas se séparer. Les fontes grises sont employées dans les fonderies, tandis que les fontes blanches servent principalement à la fabrication du fer forgé et de l'acier.

280. Fer forgé. Quand on enlève à la fonte son carbone, ainsi que la majeure partie des autres corps étrangers qu'elle renferme, elle se transforme en fer ; ce métal jouit des propriétés suivantes :

a) Le fer est très-malléable ; on peut le laminer en feuilles minces (tôle) ou l'étirer en fils très-déliés (fils d'archal).

b) Le fer, avant d'entrer en fusion, subit un ramollissement analogue à celui de la cire ou du verre ; dans cet état, deux morceaux de fer peuvent être soudés entre eux. C'est sur cette propriété que repose la soudure directe du fer ; elle lui est commune avec l'or, l'argent, le platine, le cuivre, le plomb et le nickel. Tous les autres métaux, quand ils changent d'état, deviennent immédiatement liquides comme la glace.

c) Le fer est assez mou pour être travaillé facilement avec les instruments en acier ; il ne *durcit pas* à la trempe.

d) Le fer se distingue encore de la fonte par sa *texture fibreuse,* analogue à la réunion d'une grande quantité de fils, tandis que la texture grenue de la fonte donne l'idée d'une agglomération de petits grains de fer. Le fer forgé, à la suite de chocs répétés, perd sa texture fibreuse, devient grenu et cassant ; c'est ce qui arrive aux essieux des voitures et surtout à ceux des wagons de chemin de fer. On voit par là que le groupement moléculaire éprouve des altérations même dans un corps solide; on peut remédier à cette altération du fer, auquel on rend sa texture fibreuse en le forgeant de nouveau.

Le fer n'est pas tout à fait exempt de carbone : il en contient de 0,25 à 0,50 p. 100 ; le fer pur est encore plus mou et plus ductile. On voit par là que c'est le carbone et le silicium combinés avec le fer qui altèrent ses qualités dans la fonte.

281. Affinage de la fonte. 1) *Fourneau d'affinage.* Le procédé en usage pour affiner la fonte est très-simple : on la chauffe avec du charbon jusqu'à la fusion dans le foyer d'affinage, où elle est soumise au fort courant d'air d'une tuyère. Le carbone du fer est brûlé, le silicium, le phosphore, etc., ainsi que 1/4 du fer, sont oxydés. La silice qui se forme et celle qui a été introduite accidentellement ou à dessein passent dans les scories avec l'oxyde de fer. Le fer, en perdant le carbone et le silicium, devient moins fusible; il se réunit en une masse pâteuse (*loupe*) que l'on retire au moyen d'un ringard pour la porter sous le marteau, où la scorie est exprimée. Le fer est martelé en prismes carrés, puis divisé en plusieurs parties que l'on porte au laminoir pour les réduire en barre. L'affinage consiste donc à enlever au fer les substances étrangères qui modifient ses qualités. La fonte fournit environ les 3/4 de son poids de fer forgé.

2) *Four à puddler.* Le four d'affinage exige l'emploi du charbon de bois. Quand on n'a pas ce combustible à sa disposition, on est obligé d'affiner le fer au moyen de deux opérations successives. Dans la première, qui se fait au *four de finerie,* four d'affinage dans lequel le charbon de bois est remplacé par le coke, on enlève à la fonte le silicium, puis on porte le métal au *four à puddler* (fig. 137), construit dans le genre des fours à soude (220), et où l'on élimine le carbone. Comme dans ces fours le métal n'est plus en contact avec le combustible, on se sert de houille pour opérer l'affinage. Le fer est fondu sur la sole, où un ouvrier le brasse avec un ringard jusqu'à ce qu'il juge l'affinage suffisant ; alors il fait tomber les scories et retire le fer par fractions qui sont successivement portées sous le marteau. Puddler signifie brasser.

282. Acier. L'acier forme un juste milieu entre la fonte et le fer, tant pour la proportion de carbone qu'il contient que pour ses propriétés, qui sont les suivantes :

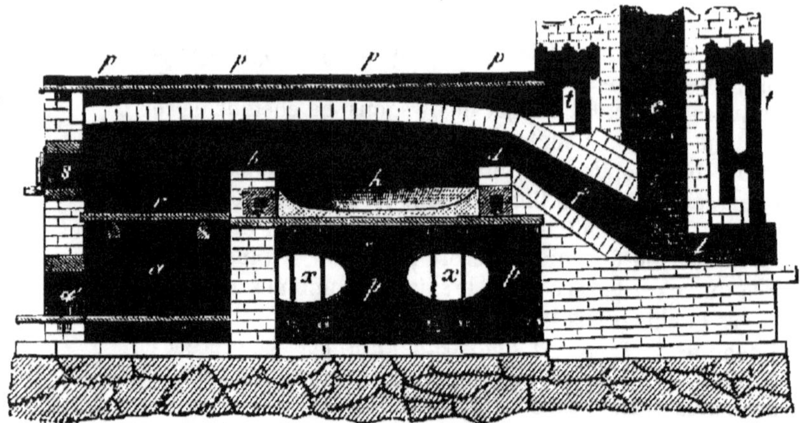

Fig. 137.

a) L'acier refroidi brusquement devient dur et cassant comme la fonte ; refroidi un peu plus lentement, il jouit d'une grande élasticité ; refroidi très-lentement, il reste mou, ductile, et peut être soudé comme le fer.

b) L'acier fond plus difficilement que la fonte et plus facilement que le fer, il est susceptible de prendre un beau poli.

c) L'acier contient de 0,6 à 1 pour 100 de carbone.

Toutes ces propriétés réunies font de l'acier une substance de la plus grande utilité ; il sert principalement à la fabrication des instruments tranchants, parce qu'au moyen de la trempe on peut lui donner différents degrés de dureté. Cette dureté varie avec la température à laquelle on a porté l'acier avant de le refroidir. D'ordinaire on trempe l'acier au maximum de la température, puis on le *détrempe* en le chauffant à un degré variable selon la dureté qu'on désire lui conserver.

Expérience. Si l'on chauffe au rouge une aiguille à tricoter dans la flamme d'une lampe à alcool, et qu'on la plonge brusquement dans l'eau froide, elle se rompt au moindre effort tenté pour la ployer. Si après le refroidissement brusque on la tient au-dessus de la flamme pour la détremper, on la voit subir des changements de couleur : elle devient jaune, puis orange, pourpre, violette, bleue, et enfin d'un gris noirâtre. Ces colorations sont dues à une légère couche d'oxyde, qui devient de plus en plus forte, jusqu'à ce qu'elle se transforme en battitures. Chacune de ces teintes correspond à un degré d'élasticité et de dureté différent; ainsi l'acier restera trempé au maximum de dureté si on ne le chauffe qu'au jaune clair, qui correspond à 220°; il sera le moins trempé si on le chauffe au bleu foncé, qui correspond à une température de 315°. C'est au moyen de la trempe qu'on donne à chaque outil la dureté qui lui convient : ainsi les limes, les rasoirs, seront trempés très-durs, tandis qu'on conservera une grande élasticité aux ressorts de montres, aux lames de scie, etc.

283. On obtient l'acier par deux procédés différents.

1) En affinant la fonte imparfaitement, de façon à lui laisser la moitié de son carbone, ou en extrayant le minerai par la méthode catalane : c'est l'*acier naturel*.

2) En chauffant pendant plusieurs jours à une température très-élevée des barres de fer de bonne qualité dans des caisses où elles sont entourées de charbon : c'est l'*acier de cémentation*.

Les deux espèces d'acier doivent être rendues homogènes; pour cela, on suit deux méthodes : dans l'une, on divise l'acier en petits barreaux qu'on réunit en faisceaux pour les souder sous le marteau : ce traitement est appelé *corroyage*, et l'acier ainsi préparé a reçu le nom d'acier corroyé; dans l'autre, on soumet le métal à la fusion et on obtient l'*acier fondu*.

En attaquant légèrement certains aciers par un acide, on produit à leur surface une espèce de moire due au carbone répandu inégalement dans la masse et qui n'est pas attaquée par l'acide (acier damassé). D'après ce qui précède, on comprend aisément que de la fonte et du fer mêlés ensemble produisent de l'acier. On emploie souvent ce moyen pour aciérer à la surface certains objets en fer forgé, tels que les outils agricoles, les chaînes, etc., qu'on plonge pendant quelque temps dans la fonte en fusion. On obtient aussi et plus facilement ce résultat, en saupoudrant la surface encore chaude du fer avec du prussiate jaune de potasse (292).

Le fer, le nickel et le cobalt sont les seuls métaux qui soient attirables par l'aimant. Le fer doux perd la propriété magnétique dès qu'il n'est plus en contact avec l'aimant; l'acier, au contraire, conserve la propriété d'attirer le fer et ne la perd que par la chaleur.

SELS DE FER.

284. Combinaisons salines du fer. Le protoxyde et le sesquioxyde de fer se combinent avec les acides et donnent naissance à deux séries de sels :

a) Les sels de protoxyde, colorés le plus ordinairement en vert ; ils sont composés de 1 équivalent de protoxyde uni à 1 équivalent d'acide.

b) Les sels de sesquioxyde, généralement bruns et composés de 1 équivalent de sesquioxyde uni à 3 équivalents d'acide.

On a vu (178) que certains métaux ne se dissolvent que dans les acides étendus, d'autres que dans les acides concentrés ; les premiers prennent à l'eau l'oxygène nécessaire à leur oxydation, les seconds le prennent à l'acide. Le fer, le manganèse, le zinc, le cobalt, le nickel et l'étain, appartiennent à la première classe des métaux qui décomposent l'eau, appelés souvent aussi électro-positifs. L'action exercée par ces métaux sur l'eau en présence des acides fait entrevoir qu'ils doivent être plus énergiques comme agents chimiques que ceux qui sont privés de cette faculté ; ils ont pour l'oxygène, le soufre, le chlore, etc, une affinité bien plus grande que les autres métaux pesants ; il en est de même de leurs oxydes pour les acides. Dès qu'un métal est dissous, il n'existe plus dans la solution à l'état métallique, mais à l'état de sel (160).

285. Sulfate de protoxyde de fer, $FeO, SO^3 + 7HO$. Ce sel se forme toutes les fois qu'on dissout du fer dans l'acide sulfurique étendu ; il était appelé autrefois *vitriol de fer*, *vitriol vert* ou *couperose verte*. On l'obtient facilement en cristaux rhomboïdaux obliques, qui contiennent près de la moitié de leur poids d'eau, quand on évapore lentement le liquide où il se trouve en dissolution.

Expérience. On dissout dans 40 grammes d'eau 12^{gr},5 de sulfate de cuivre cristallisé, puis on plonge dans la solution une lame de fer bien décapée et pesée : la couleur bleue du liquide disparaît peu à peu pour faire place à une teinte verte, en même temps que la lame de fer se couvre d'une couche de cuivre mé-

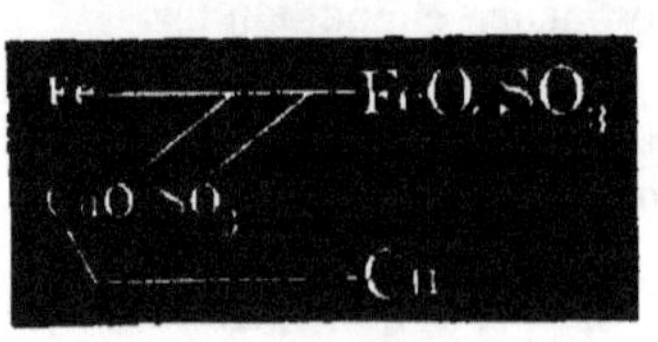

tallique. Le fer déplace le cuivre de sa combinaison. Quand l'opération sera terminée, le cuivre précipité pèsera environ 3^{gr},2, la lame de fer aura diminué de 2^{gr},8 qui se sont substitués au cuivre précipité : c'est-à-dire que 1 équivalent de fer s'est substitué à 1 équivalent de cuivre. On a réduit, dans ce cas, un métal par voie humide ; la solution ne contient plus trace de cuivre, et laisse déposer par l'évaporation des cristaux de sulfate de fer.

Expériences avec le sulfate de fer. EXPÉRIENCE *a.* Une solution de sulfate de protoxyde de fer se trouble à l'air et laisse déposer du sesquioxyde de fer hydraté jaune. Ce phénomène se manifeste avec tous les sels de protoxyde de fer : ils *absorbent l'oxygène de l'air* et se transforment en sels à base de sesquioxyde. Mais, comme l'acide du protoxyde ne suffit pas pour dissoudre tout le sesquioxyde, dont le point de saturation est plus élevé, une partie s'en précipite à l'état hydraté. Il en est de même pour tous les sels métalliques à base de protoxyde : une partie de la base se précipite quand on les transforme en sesquioxyde. Pour empêcher, dans ce cas, la précipitation du sesquioxyde, il faut ajouter au sel de protoxyde moitié autant d'acide qu'il en contient déjà.

EXPÉRIENCE *b.* A une solution bouillante de 20 grammes de sulfate de protoxyde de fer dans 60 grammes d'eau acidulée avec 3^{gr},5 d'acide sulfurique, on ajoute goutte à goutte de l'acide azotique jusqu'à ce que la solution ait pris une couleur jaune : elle contient alors le fer à l'état de *sulfate de sesquioxyde*, $Fe^2O^3,3SO^3$. On a obtenu ainsi rapidement ce qui ne se faisait à l'air que d'une façon très-lente. L'acide azotique a abandonné au protoxyde 3 équivalents d'oxygène, et s'est converti en bioxyde d'azote (162), qui jouit de la propriété de se dissoudre dans une solution de sulfate de protoxyde de fer et la colore en noir. Le bioxyde d'azote se dégage par l'ébullition et se transforme à l'air en vapeurs rouges d'acide hypoazotique, en absorbant 2 équivalents d'oxygène.

EXPÉRIENCE *c.* On prépare : 1° dans un premier verre une solution étendue de sulfate de protoxyde de fer; 2° dans un autre une solution étendue de sulfate de sesquioxyde de fer, au moyen de celui qui a été préparé dans l'expérience précédente; 3° dans un troisième, un mélange des deux premières solutions, puis on ajoute de l'ammoniaque en excès à chacune des solutions. Le résultat sera le suivant :

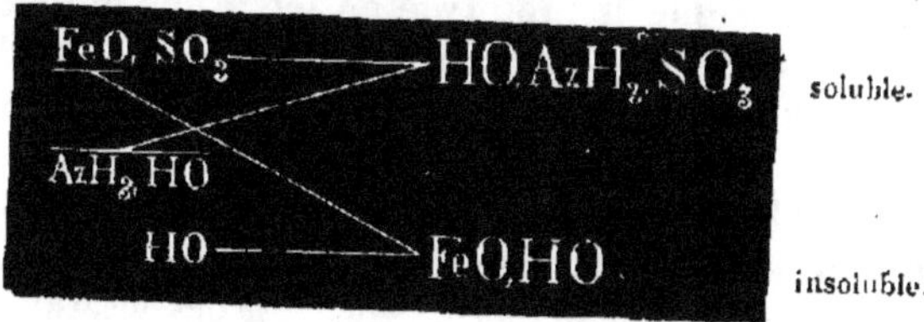

Dans le premier verre, il se sera formé un précipité blanc verdâtre de protoxyde de fer, comme l'indique la figure de la page précédente.

Dans la solution de sulfate de sesquioxyde, le précipité sera brun et composé de sesquioxyde de fer hydraté.

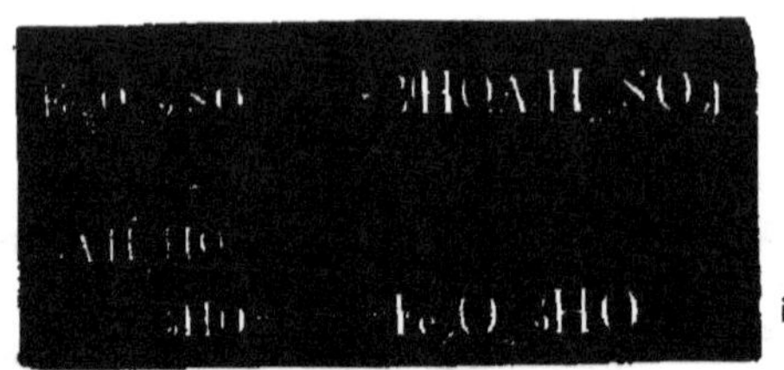

Le mélange des deux solutions laissera déposer un précipité noir d'oxyde de fer magnétique hydraté.

L'ammoniaque est une base plus énergique, par voie humide, que le protoxyde et le sesquioxyde de fer : elle leur enlève l'acide sulfurique et les précipite, parce qu'ils sont insolubles dans l'eau, comme presque tous les oxydes métalliques. Les oxydes, quand ils se séparent d'une combinaison au milieu de l'eau, se combinent avec une partie du liquide, qui y joue le rôle d'un acide, et forment des *hydrates*. C'est à l'eau combinée avec eux qu'il faut attribuer la différence existant entre la coloration des oxydes obtenus par voie humide et celle des oxydes qu'on prépare par voie sèche : la chaleur expulse l'eau d'hydratation, et les oxydes, en devenant anhydres, prennent la couleur qui leur est propre à cet état. Les tuiles et les briques offrent un exemple de cette transformation : avant d'être brûlées, elles ont la teinte jaune que l'argile doit au sesquioxyde de fer hydraté, et en sortant du four elles sont rouges, parce que le sesquioxyde, en perdant son eau d'hydratation, a pris la couleur propre à son état anhydre.

Si l'on recueille sur des filtres les précipités que l'on a obtenus dans cette expérience, on verra le protoxyde de fer changer de couleur ; il absorbe de l'oxygène, devient d'abord noir en se transformant en oxyde magnétique, et enfin brun quand il est à l'état de sesquioxyde. C'est la preuve que le protoxyde de fer a une grande tendance à se combiner avec une nouvelle quantité d'oxygène : il conserve cette propriété importante même quand il est engagé dans un sel.

L'oxyde magnétique de fer se transforme de même en sesquioxyde ; mais, si l'on a la précaution de faire bouillir le liquide avant de le filtrer, le précipité conserve sa couleur noire pendant la dessiccation. Dans cet état, on l'emploie souvent en pharmacie.

Expérience *d*. Si l'on met en digestion dans de l'alcool quelques noix de galle écrasées, l'alcool prend une teinte jaune et devient astringent. Ce liquide, qui n'est autre chose qu'une teinture de noix de galle, tient en dissolution deux acides organiques, l'acide tannique ou tannin, et l'acide gallique. On ajoute quelques gouttes de cette teinture à deux solutions, l'une de sulfate de protoxyde, l'autre de sulfate de sesquioxyde de fer; dans la première il ne se forme pas de précipité : le liquide devient violet au bout de quelque temps, puis enfin noir ; dans la seconde, au contraire, il se forme immédiatement un précipité noir qui se dépose à la longue. Ce précipité noir est principalement composé de *tannate* et de *gallate de sesquioxyde de fer*. En épaississant le liquide avec un peu de gomme ou de sucre, de manière à empêcher le précipité de se déposer, on obtient l'encre ordinaire. La combinaison du protoxyde de fer avec l'acide gallique n'est pas noire, elle le devient en absorbant de l'oxygène : le protoxyde se transforme alors en sesquioxyde ; c'est pour cette raison que certaines encres sont claires quand on écrit, et ne deviennent noires que plus tard. Un morceau de toile plongé dans une solution d'acide gallique et passé ensuite dans un sel de fer noircit à l'air; la couleur se fixe très-solidement dans le tissu et ne peut être enlevée par le lavage. C'est de cette manière que l'on noircit les tissus, les cuirs, etc. On fait un usage fréquent des sels de fer pour la teinture, et particulièrement du sulfate de fer.

286. Azotate de fer, Fe^2O^3,AzO^5. On prépare l'azotate de fer en dissolvant le fer jusqu'à saturation dans l'acide azotique étendu. Le fer se transforme en sesquioxyde, parce qu'il se trouve en présence d'un excès d'oxygène. Pendant cette réaction, il ne se dégage pas d'hydrogène, comme cela arrive quand le fer se dissout dans l'acide sulfurique étendu : ici ce gaz se trouve à l'*état naissant* en présence de l'azote et de l'oxygène de l'acide azotique, qu'il transforme en eau et en ammoniaque. Le liquide contiendra donc en même temps de l'azotate de fer et de l'azotate d'ammoniaque; il est souvent employé dans cet état pour la teinture. Si on laisse tomber une goutte d'acide nitrique sur de la fonte, de l'acier ou du fer doux, elle y produit une tache noire, parce que le métal se dissout, tandis que le carbone reste insoluble ; la tache sera plus noire sur la fonte que sur l'acier, et plus noire sur celui-ci que sur le fer. On dissout quelquefois le fer dans l'acide azotique dilué, et on pèse le charbon qui reste pour évaluer approximativement la quantité de carbone qui existe dans le métal.

287. Acétate de fer. On peut obtenir ce sel en dissolvant directement le sesquioxyde de fer hydraté dans l'acide acétique. Mêlé à l'alcool et à l'éther, il constitue la teinture ferrugineuse de Klaproth, employée en médecine. On se sert quelquefois de l'acétate de fer pour noircir le cuir, qui est une combinaison de la peau avec le tannin : le tannin, se combinant avec le fer, donne au cuir sa couleur noire. On prépare pour la teinture un acétate de fer en dissolvant la rouille dans de l'acide acétique, quelquefois encore impur, obtenu par la distillation du bois ; on le connaît sous le nom de *pyrolignite de fer*.

288. **Phosphate de protoxyde de fer**. On prépare ce phosphate en décomposant le sulfate de fer par le phosphate de soude : il forme un précipité blanc qui devient bleu à l'air. Certaines argiles récemment extraites doivent leur coloration bleue au phosphate de protoxyde de fer hydraté qu'elles contiennent. Le *phosphate de sesquioxyde de fer* est blanc quand il est hydraté, il devient jaune par la calcination ; on le trouve souvent dans les cendres végétales.

289. **Chlorures de fer**. Le *protochlorure de fer*, FeCl, est un sel vert qui se forme quand on dissout le fer dans l'acide chlorhydrique ; l'hydrogène de l'acide se dégage.

Le *sesquichlorure de fer*, Fe^2Cl^3, se forme quand on dissout le sesquioxyde de fer dans l'acide chlorhydrique ou quand on ajoute du chlore à une solution de protochlorure (186).

CYANURES DE FER.

Le fer peut se combiner avec le cyanogène comme il se combine avec le chlore ; il forme avec lui plusieurs combinaisons dont deux surtout sont très-importantes dans les arts : le bleu de **Prusse** et le prussiate jaune de potasse.

290. **Bleu de Prusse ou ferrocyanide de fer**, $3FeCy, 2Fe^2Cy^3$. Si l'on agite de l'oxyde magnétique de fer avec de l'acide cyanhydrique, le précipité prend une couleur bleue et reste insoluble : cette matière bleue a reçu le nom de *bleu de Paris* quand elle est pure, et celui de *bleu de Prusse* quand elle est mêlée à des matières blanches, comme l'alumine, l'argile, l'amidon, etc. On peut, pour plus de facilité, se représenter ce sel comme un cyanhydrate d'oxyde magnétique de fer ; mais nous savons que les hydracides forment avec les oxydes métalliques des sels haloïdes exempts d'eau (187) ; le bleu de Prusse n'est donc autre chose qu'une combinaison de protocyanure de fer

avec le sesquicyanure. Il a dans sa composition une grande analogie
avec l'oxyde magnétique de fer ; mais il ne contient que 2 équivalents de sesquicyanure pour 3 de protocyanure.

Le bleu de Prusse ne sert pas seulement à colorer le bois ou les
papiers de tenture : il est fréquemment employé pour teindre en
bleu le drap, le coton et la soie. Le bleu de Prusse n'est pas un
poison, quoiqu'il renferme du cyanogène. Il arrive souvent en chimie que deux corps, qui séparément n'ont aucun effet malfaisant,
forment par leur combinaison un violent poison, et, réciproquement,
que deux poisons, en se combinant, perdent leurs propriétés nuisibles. Aussi ne peut-on pas toujours juger des propriétés médicales
d'une substance d'après sa composition.

EXPÉRIENCE. Si l'on broie avec de l'eau 4 parties de bleu de Prusse
pur et 1 partie d'acide oxalique, la couleur bleue se dissout dans l'a-
cide : la solution, épaissie avec de la gomme arabique, peut servir
d'encre bleue.

EXPÉRIENCE. Chauffé au chalumeau, sur un charbon, le bleu de
Prusse se décompose, le cyanogène (C^2Az) brûle et se transforme en
acide carbonique et en azote; il reste sur le charbon un résidu rouge
de sesquioxyde de fer. La plupart des cyanures sont ainsi décomposés par la chaleur.

291. **Ferrocyanure de potassium ou prussiate jaune de potasse,**
$2KCy,FeCy+3HO$. EXPÉRIENCE. On chauffe jusqu'à l'ébullition 20 gr.
de bleu de Prusse dans 120 cent. cubes d'eau, puis on y ajoute de la
potasse caustique jusqu'à ce que la couleur bleue ait disparu. On
obtient ainsi une solution trouble, d'un brun jaunâtre, qu'on éclaircit
par la filtration. Le liquide, évaporé,
laisse déposer des cristaux jaunes,
sous forme d'octaèdres tronqués
(fig. 138), qui ont reçu le nom de
ferrocyanure de potassium ou *prussiate jaune de potasse*. La formation
de ce sel a lieu de la manière suivante ;

Fig. 138.

$$3FeCy,2Fe^2Cy^3 + 6(KO,HO) = 3(FeCy,2KCy) + 2(Fe^2O^3,3HO).$$

Bleu de Prusse.   Hydrate de potasse.   Prussiate jaune   Sesquioxyde de fer.
de potasse.

Le potassium déplace le fer et donne naissance au prussiate jaune
de potasse, tandis que son oxygène et l'eau forment avec le fer déplacé de l'hydrate de sesquioxyde. Le prussiate jaune de potasse cristallisé contient 3 équivalents d'eau de cristallisation ; dans cet état,

on peut le considérer comme formé d'acide cyanhydrique combiné avec la potasse et le protoxyde de fer, et alors, sous l'influence d'un acide fort, il doit dégager de l'acide cyanhydrique. C'est ce qui arrive en effet, et c'est ordinairement en décomposant ce sel par un acide qu'on prépare l'acide cyanhydrique.

Le prussiate jaune de potasse a été obtenu tout d'abord en évaporant du sang avec de la potasse : on portait le mélange solide à l'incandescence et on reprenait la masse refroidie par l'eau, qui dissolvait le prussiate.

Aujourd'hui cette fabrication s'opère en grand : on prépare un charbon très-azoté, en calcinant (en vase clos, afin de recueillir les produits ammoniacaux, 228) des matières animales, du sang, de la corne, du cuir, etc. A ce charbon on mêle du carbonate de potasse et du fer, et on chauffe le mélange jusqu'à la fusion. L'azote du charbon se combine avec le carbone et forme du cyanogène, qui s'unit au potassium de la potasse réduite par le charbon. Quand on reprend le produit par l'eau, une partie du potassium est déplacée par le fer ; il se trouve à l'état de potasse dans le liquide, qui laisse déposer par l'évaporation de beaux cristaux de prussiate jaune de potasse. On est parvenu à combiner directement l'azote de l'air avec le carbone imbibé de potasse et à produire du cyanure de potassium sans le secours des matières animales ; il y a en Angleterre des fabriques où l'on obtient par ce procédé des quantités considérables de cyanure de potassium, qu'on transforme ensuite en prussiate jaune de potasse.

· **292. Expériences avec le prussiate jaune de potasse.** Expérience *a*. En mêlant une solution de prussiate jaune de potasse à une autre de sulfate de sesquioxyde de fer, on obtient un précipité d'un beau bleu foncé. La réaction est la suivante :

$$3(FeCy,2KCy) + 2(Fe^2O^3,3SO^3) = 6(KO,SO^3) + 3FeCy,2Fe^2Cy^3.$$

Prussiate jaune   Sulfate de sesqui-   Sulfate de potasse.   Bleu de Prusse.
de potasse.   oxyde de fer.

Expérience *b*. On verse une solution de prussiate jaune de potasse dans une autre de sulfate de protoxyde de fer ; il se forme un précipité blanc. Si l'on expose à l'air une partie de la solution précipitée, elle bleuira lentement ; une autre partie, portée à l'ébullition, bleuira immédiatement par l'addition de quelques gouttes d'acide azotique. Il se passe dans les deux cas un phénomène d'oxydation : le ferrocyanhydrate de protoxyde de fer est transformé en ferrocyanhydrate de sesquioxyde, ou, plus exactement, le protoferrocyanure de fer a été transformé en sesquiferrocyanure de fer. Dans la teinture, on plonge d'abord les tissus dans un bain formé par un sel de fer, puis on les passe dans une dissolution chaude et légèrement acide de prussiate jaune de potasse.

Expérience *c*. Quand on verse du prussiate jaune de potasse dans une solution étendue de sulfate de cuivre, ce métal déplace le potassium, lui cède son oxygène et son acide sulfurique, et il se forme un précipité rouge de ferrocyanure de cuivre. Le sulfate de potasse reste en dissolution dans le liquide. Le prussiate jaune de potasse jouit de la propriété de précipiter la plupart des oxydes métalliques; les précipités colorés différemment font du prussiate jaune de potasse un réactif précieux pour l'analyse chimique.

Expérience *d*. Si l'on saupoudre de prussiate jaune de potasse une plaque de tôle chauffée au rouge et qu'on la refroidisse rapidement dans l'eau, elle devient assez dure pour ne plus être attaquée par la lime. Le carbone du cyanogène a transformé en acier la surface du métal. Ce procédé est fréquemment employé pour aciérer à la surface les outils agricoles et leur donner ainsi une plus grande durée.

293. Ferrocyanide de potassium ou prussiate rouge de potasse, $3KCy,Fe^2Cy^3$. Dans le prussiate rouge le cyanure de potassium est combiné au sesquicyanure de fer, Fe^2Cy^3, au lieu que, dans le prussiate jaune, il est combiné au protocyanure de fer, $FeCy$. On le prépare en faisant passer un courant de chlore à travers le prussiate jaune. Il forme un précipité bleu avec les sels de protoxyde de fer (bleu français), mais ne précipite pas les sels de sesquioxyde, ce qui, outre l'usage qu'on en fait dans la teinture, l'a fait employer comme réactif caractéristique pour les sels de protoxyde de fer.

Le *sulfocyanure de potassium* précipite en rouge de sang les sels de fer au maximum d'oxydation; la coloration se manifeste même quand il n'y a dans la liqueur que des traces de fer. On prépare ce sel en fondant ensemble du prussiate jaune de potasse, du soufre et du carbonate de potasse.

SULFURES DE FER.

294. Protosulfure de fer, FeS. Expérience. En versant de l'acide sulfhydrique dans une solution acidulée de sulfate de fer, il ne se produit aucun trouble; mais, si l'on substitue le sulfhydrate d'ammoniaque à l'acide sulfhydrique, il se forme aussitôt un précipité noir de protosulfure de fer.

295. Bisulfure de fer ou pyrite martiale, FeS^2. Ce sulfure, appelé souvent *pyrite*, est très-répandu; on le trouve dans un grand nombre de minéraux et fréquemment aussi dans la houille. Il a en général la couleur et l'éclat du laiton, et est alors cristallisé en cube (fig. 139) ; il est plus rarement blanc et prismatique : dans ce cas, il est assez dur pour faire feu au briquet ; mais il est aussi très-

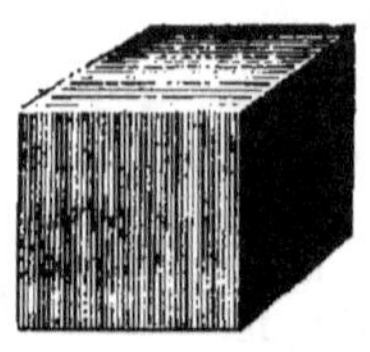

Fig. 139.

altérable, et c'est à la chaleur qu'il dégage en s'oxydant qu'on attribue les incendies spontanés qui éclatent quelquefois dans les mines de houille. Si on distille la pyrite, elle perd une partie de son soufre et passe à l'état de pyrite magnétique, qui absorbe rapidement l'oxygène de l'air et se transforme en sulfate de fer. Ce sel est extrait par la lévigation et séparé ensuite par la cristallisation.

On distingue facilement les sels du fer de ceux des autres métaux au moyen du chalumeau et par les précipités qu'ils forment avec les alcalis, l'infusion de noix de galle, le sulfhydrate d'ammoniaque ou les prussiates.

296. TABLEAU DES PRINCIPALES COMBINAISONS DU FER.

FER.

Carbures de fer.

   a) Fer doux (fer avec 0,25   pour 100 de carbone).
   b) Acier   (fer avec 0,6 à 1 pour 100 de carbone).
   c) Fonte   (fer avec 2,5 à 4 pour 100 de carbone).

Sulfures de fer.

   a) Protosulfure de fer (noir).
   b) Bisulfure de fer   (jaune).
   c) Pyrite magnétique (brune).

Oxydes de fer

   a) Protoxyde de fer   (noir).
       Protoxyde de fer hydraté (blanc).
   b) Sesquioxyde de fer   (rouge).
       Sesquioxyde de fer hydraté (brun).
   c) Oxyde magnétique   (noir).
   d) Acide ferrique   (connu seulement en combinaison avec les bases).

SELS DE FER.

a) *Sels de fer oxygénés.*

Sels à base de protoxyde	(verts).		Sels à base de sesquioxyde	(brun).		
Sulfate de protoxyde de fer	»		Sulfate de sesquioxyde de fer	»		
Azotate	»	»	»	Azotate	»	»	»
Carbonate	»	»	»			
Acétate	»	»	»	Acétate	»	»	»
Phosphate	»	»	»	Phosphate	»	»	»

b) *Sels haloïdes.*

Protochlorure de fer.   Sesquichlorure de fer.
Ferrocyanure de potassium (jaune). Ferrocyanide de potassium (rouge).
Ferrocyanure de cuivre (rouge). Ferrocyanide de fer (bleu).

MANGANÈSE (Mn).

Équivalent = 27,5 ou 333,75. Densité = 8,0.

Le manganèse a été reconnu pour un oxyde métallique par Scheele
en 1774; le métal a été isolé par Gahn, en 1780.

297. Bioxyde de manganèse, MnO^2. Cet oxyde, connu généralement sous le nom de *peroxyde de manganèse* ou simplement de
manganèse, a déjà été cité à propos de plusieurs expériences, notamment lors de la préparation du chlore. Il perd facilement une partie
de son oxygène, soit qu'on le chauffe seul, soit qu'on le chauffe avec
de l'acide sulfurique. $43^{gr},5$ de bioxyde de manganèse ou 1 équivalent contient 16 grammes d'oxygène, dont 5 grammes peuvent se
dégager par la chaleur seule et 8 grammes si l'on fait intervenir l'a-
cide sulfurique. Le bioxyde de manganèse est souvent employé
comme moyen d'oxydation : dans la préparation du chlore, par
exemple, où l'oxygène du bioxyde se combine avec l'hydrogène de
l'acide chlorhydrique pour mettre le chlore en liberté.

Savon des verriers. Dans les verreries on emploie souvent le manganèse pour transformer les verres verts à base de protoxyde de fer
en verres bruns à base de sesquioxyde. Quand le verre n'est que légèrement coloré par le protoxyde de fer, le manganèse, ajouté en
quantité convenable, le décolore complétement. Ces propriétés lui
ont valu le nom de *savon des verriers.* Ajouté en petite quantité
au verre blanc, il lui donne une teinte violette ; associé au cobalt et
à un peu de pourpre de Cassius, il sert à colorer les fausses amé-
thystes.

EXPÉRIENCE. On broie 20 grammes de litharge, 20 grammes d'argile et 5 grammes de manganèse, puis on ajoute de l'eau de manière
à faire une bouillie claire que l'on étend sur une tuile. On introduit
cette tuile dans un feu de charbon : le mélange qui la recouvre entre
en fusion et produit à sa surface un vernis noir et brillant. C'est de
cette manière que les potiers préparent le vernis pour la poterie
commune; il est noir ou brun, selon qu'il contient plus ou moins
de manganèse.

298. Manganèse. Si l'on chauffe un mélange de bioxyde de manganèse et de charbon à une température élevée dans un creuset
brasqué [1], l'oxyde de manganèse est réduit et se réunit au fond du
creuset en un culot de manganèse métallique d'un blanc grisâtre,

---

[1] On appelle *creusets brasqués* des creusets dont les parois intérieures sont re-
vêtues de charbon.

cassant, et encore plus difficile à fondre que le fer. Le manganèse est si dur, qu'il peut remplacer le diamant pour couper le verre; il est susceptible d'un beau poli.

299. **Sulfate de manganèse**, MnO,SO^3. Expérience. On chauffe ensemble dans un creuset de porcelaine 10 grammes de manganèse avec 5 gr. d'acide sulfurique, d'abord à une température douce pendant un quart d'heure, puis plus fortement pendant près d'une heure. Dès que le creuset est refroidi, on reprend par l'eau la masse noire, on la filtre si c'est nécessaire, puis on l'évapore à sec en l'agitant avec une baguette en verre. La matière pulvérulente rosée qu'on obtient ainsi est du sulfate de protoxyde de manganèse. Sous l'influence de la chaleur et de l'acide sulfurique, le manganèse a perdu la moitié de son oxygène et s'est transformé en une base, le protoxyde qui s'est combiné avec l'acide sulfurique. Les bioxydes, tels que celui de manganèse, ont reçu le nom d'*oxydes singuliers :* ils ne sont ni basiques ni acides, mais ils peuvent devenir l'un ou l'autre en absorbant de l'oxygène en présence d'une base, ou en perdant une partie du leur en présence d'un acide. Dans la préparation du chlore, le manganèse perd tout son oxygène, qui est remplacé par un équivalent de chlore : il reste du *protochlorure de manganèse*, $MnCl$ (150), coloré en jaune par le fer. Les sels de protoxyde de manganèse ont en général une coloration plus ou moins rosée due à l'eau de cristallisation ou à l'eau d'hydratation ; anhydres, ils sont blancs.

300. Le sulfate de manganèse qui vient d'être préparé peut servir à faire les trois expériences suivantes, après avoir été dissous dans l'eau.

Expérience *a*. Si l'on expose à l'air une solution de sulfate de protoxyde de manganèse, elle se trouble, devient brune, et laisse déposer un précipité brun. La réaction est la même que pour le sulfate de protoxyde de fer. Le protoxyde de manganèse absorbe de l'oxygène et se transforme en sesquioxyde, dont l'excès, qui n'est plus saturé par l'acide sulfurique, se dépose.

Expérience *b*. L'ammoniaque produit dans une solution de sulfate de protoxyde de manganèse un précipité blanc de *protoxyde hydraté*, MnO,HO, qui attire l'oxygène de l'air, prend une teinte brun foncé et se transforme en *sesquioxyde de manganèse hydraté*, $Mn^2O^3,3HO$, comme le protoxyde de fer se transforme en sesquioxyde. Un morceau de toile plongé dans une solution de sulfate de manganèse, séché et passé ensuite dans une solution alcaline, prend une couleur brune très-foncée ; ce procédé est souvent employé en teinture.

Expérience *c*. Si l'on ajoute de l'acide sulfhydrique à la solution de sulfate de protoxyde de manganèse, ce sel ne sera pas altéré ; il

se formera un précipité rouge pâle de *sulfure de manganèse*, MnS,
dès qu'on ajoutera à la solution quelques gouttes d'ammoniaque.
Cette réaction permet de distinguer facilement le manganèse, car il
est le seul métal dont le sulfure ait une couleur de chair. Ce sulfure
ne se forme pas par simple déplacement, mais seulement par double
décomposition. Le sulfure de manganèse attaqué par un acide dégage de l'acide sulfhydrique, comme le sulfure de fer.

301. **Acides manganiques**. Le manganèse forme avec l'oxygène
deux acides, l'*acide manganique*, et l'*acide permanganique*.

Expérience. On mélange intimement dans un mortier 10 grammes
de bioxyde de manganèse en poudre, et 10 grammes de potasse
caustique, que l'on introduit ensuite dans un creuset de porcelaine,
où on les chauffe fortement pendant une demi-heure. Dès que le
creuset est refroidi, on reprend la matière par l'eau, et on obtient
une solution verte qu'on laisse déposer pour la décanter. La couleur
verte est due à un sel, le *manganate de potasse*. En présence de la potasse, le bioxyde de manganèse absorbe de l'oxygène, de MnO^2 il devient
MnO^3, combinaison qui jouit de propriétés acides, et qui forme avec
la potasse un sel, KO,MnO^3.

Expérience. Si l'on étend d'eau une partie de la solution précédente et qu'on l'expose à l'air, le liquide perd peu à peu sa teinte
verte, devient violet d'abord, puis rouge; en même temps il se précipite une matière brune, du bioxyde de manganèse. Cette transformation a lieu sous l'influence de l'acide carbonique de l'air, qui
s'empare d'une partie de la potasse et met l'acide manganique en liberté. Cet acide se dédouble aussitôt en bioxyde de manganèse et en
un acide plus oxygéné, l'*acide permanganique*, $Mn^2O^7 : 3MnO^3 =$
$MnO^2 + Mn^2O^7$. L'acide permanganique reste combiné à une partie
de la potasse et colore le liquide en rouge.

Expérience. La transformation, qui a été lente à l'air, peut être
opérée brusquement au moyen de l'acide sulfurique versé goutte à
goutte dans la solution de manganate : la potasse ramène de nouveau au vert le liquide qui a été rougi par l'acide ; cette propriété a
valu au manganate de potasse le nom de *caméléon*. Les acides manganiques doivent être rangés parmi les oxydants les plus énergiques,
ils abandonnent facilement l'oxygène, auquel ils doivent leurs propriétés acides. Une matière organique, du bois, du papier, etc.,
y subit une combustion par voie humide; le liquide se décolore et il se
précipite du bioxyde de manganèse. Aussi ces solutions ne peuvent-
elles pas être filtrées sur du papier.

302. L'oxygène forme avec le manganèse six combinaisons différentes :

Le protoxyde, MnO,   basique.
Le sesquioxyde, Mn^2O^3,   basique.
L'oxyde intermédiaire, Mn^3O^4,   combinaison des 2 premières.
Le bioxyde, MnO^2,   oxyde singulier.
L'acide manganique, MnO^3, ·   acide.
L'acide permanganique, Mn^2O^7,   acide.

Cet exemple prouve que c'est bien l'oxygène qui transforme les corps tantôt en bases, tantôt en acides. On voit que les combinaisons oxygénées du manganèse peuvent produire une quantité considérable de sels différents dans lesquels les oxydes inférieurs joueront le rôle de bases, et les oxydes supérieurs le rôle d'acides.   ·

COBALT (Co) ET NICKEL (Ni).

Équivalent = 29,5 ou 368,6.   Équivalent = 29,5 ou 369,5.
Densité = 8,5.   ·   Densité = 8,8.

Le cobalt a été découvert par Brandt en 1733; le nickel par Cronstedt en 1751.

303. Cobalt et nickel. Il fut un temps où les mineurs attribuaient en partie le succès ou l'insuccès de leurs opérations à des esprits qui, croyaient-ils, habitaient le sein des montagnes. Dans les mines de Schneeberg, dans le Harz, on trouvait un minerai brillant, pesant, et semblable à de l'argent ; cependant ce minerai ne donnait pas d'argent, il se réduisait en une cendre grise en émettant une odeur alliacée fort désagréable. Ce triste résultat était dû, pensait-on, à l'influence de deux mauvais esprits, le *Cobold* et le *Nickel*, et l'on désignait par ces deux noms ces minerais sans usage. Plus tard on leur découvrit la propriété de colorer le verre en bleu ; aujourd'hui on les recherche avec soin, parce qu'on en tire deux métaux : le *cobalt*, au moyen duquel on colore le verre et la porcelaine en bleu, et qui sert à la fabrication de belles couleurs bleues minérales, et le *nickel*, qui donne au laiton la couleur et l'aspect de l'argent. Si autrefois on n'est pas parvenu à extraire le cobalt et le nickel de leurs minerais, c'est que la température des fourneaux n'était pas assez élevée pour les fondre ; l'odeur alliacée provenait de l'arsenic, qui accompagne toujours les minerais cobalteux.

304. Smalt. Aujourd'hui on traite les minerais arsénieux de cobalt et de nickel de la manière suivante. On les grille dans un four à réverbère jusqu'à ce que l'arséniure de cobalt soit décomposé et transformé en oxyde de cobalt; on le mélange alors à du sable et à de la potasse pour le fondre dans des creusets de terre. Il se forme un verre dans lequel l'oxyde de cobalt se dissout en lui communiquant une couleur bleue très-foncée, tandis que l'arséniure de nickel, l'argent et le bismuth, s'il y en a dans le minerai, se réunissent au fond du creuset en un culot métallique qu'on appelle *speise*. On *étonne* le verre bleu, c'est-à-dire qu'on le projette dans l'eau froide quand il est en fusion, afin de pouvoir le réduire facilement en poudre sous des meules. La couleur qui en résulte est connue sous le nom de *smalt*. Outre la coloration des verres, de la porcelaine et des émaux, le smalt est employé pour la peinture et pour l'*azurage* des papiers et des tissus.

305. Maillechort ou argentan. On traite le culot qui se forme au fond du creuset pendant la fabrication du bleu de cobalt, la *speise*, de manière à en isoler le nickel. Ce corps est employé aujourd'hui exclusivement pour la fabrication du *maillechort*, alliage formé de 2 parties de cuivre, 1 de zinc et 1 de nickel ; il est très-ductile et possède, quand il est neuf, la couleur et le brillant de l'argent, que l'usage lui fait perdre. Cet alliage est très-employé pour la fabrication des cuillers et des fourchettes.

306. Le cobalt et le nickel, qui est le plus dur des métaux après le manganèse, ont une grande analogie avec le fer, aussi bien à l'état métallique que dans leurs combinaisons ; mais ils s'oxydent plus difficilement. Le cobalt et le nickel ont à peu près la même densité ; leur équivalent est le même, et on les trouve toujours associés ; ils sont avec le fer les trois seuls métaux qui soient attirables par l'aimant. Le nickel est toujours associé aux masses de fer météoriques qui tombent quelquefois sur la terre.

307. Oxydes de cobalt et de nickel. Ces deux métaux forment chacun, avec l'oxygène, un protoxyde et un sesquioxyde.

Le *protoxyde de cobalt*, CoO, est vert olive ; hydraté ou en dissolution, il est rose ; le *sesquioxyde de cobalt*, Co^2O^3, est noir. On emploie ces deux oxydes dans la peinture sur verre et sur porcelaine.

Le *protoxyde de nickel*, NiO, est d'un gris verdâtre ; hydraté, il est vert pomme ; le *sesquioxyde de nickel*, Ni^2O^3, est noir. La *chrysoprase* est du quartz coloré en vert par le protoxyde de nickel.

308. Les *sels de protoxyde de cobalt* sont rouges ou roses. La solution de nitrate de cobalt sert souvent à reconnaître l'alumine dans les essais au chalumeau (262) ; le *protochlorure de cobalt* est employé comme encre sympathique : il devient bleu en se desséchant et prend une teinte rougeâtre presque imperceptible en reprenant son eau. Le protoxyde de cobalt forme, avec l'acide phosphorique et l'acide arsénieux, des sels rouges insolubles qu'on emploie dans la

peinture sur verre et sur porcelaine. Les sels de protoxyde de nickel
sont colorés en jaune clair.

L'acide sulfhydrique est sans action sur les sels de cobalt et de
nickel, comme sur les sels de fer; le sulfhydrate d'ammoniaque précipite ces métaux à l'état de sulfures noirs.

ZINC (Zn).

Équivalent = 52,75 ou 408,37. Densité = 6,8.

Employé pur depuis 1750; il servait depuis longtemps à la préparation
du laiton.

309. Propriétés du zinc. Il y a à peine un siècle on n'employait
guère le zinc qu'à la fabrication du laiton ; depuis qu'on est parvenu
à le laminer et à l'étirer, il sert à une foule d'usages auxquels étaient
affectés autrefois le plomb, le fer ou le cuivre : ainsi on en fait des
clous, des seaux, des gouttières, on en couvre les toits, etc., car il
est en même temps plus léger que le plomb, moins cher que le cuivre
et plus inaltérable que le fer. Le zinc se trouve en général dans les
arts laminé en feuilles; on le casse aisément à froid ; la cassure est
cristalline et brillante; sa couleur est d'un blanc bleuâtre.

310. Expériences sur les propriétés et l'oxydation du zinc. EXPÉ-
RIENCE *a*. Une plaque de zinc brillante, exposée à l'air, se couvre d'une
couche grise et terne ; cette couche, très-superficielle, est formée
d'oxyde de zinc.

EXPÉRIENCE *b*. Si l'on expose un morceau de zinc à l'air humide, il
se couvre d'une couche blanche d'oxyde de zinc hydraté. Dans le
fer, l'oxydation se propage rapidement à l'intérieur du métal; il n'en
est pas de même pour le zinc, dont l'oxydation reste plus superficielle ou du moins est incomparablement plus lente que celle du
fer ; aussi ce dernier résiste-t-il beaucoup moins que le zinc aux
agents atmosphériques. Souvent on recouvre le fer d'une couche de
zinc pour le préserver de l'oxydation ; on dit alors qu'il est *galva-
nisé*. L'oxyde de zinc attire l'acide carbonique de l'air, et il se forme
à la surface du métal une combinaison d'oxyde de zinc hydraté et
de carbonate de zinc.

EXPÉRIENCE *c*. Si l'on maintient un morceau de zinc dans la
flamme de la lampe à alcool jusqu'à ce qu'il commence à faire en-
tendre un léger sifflement quand on le touche avec un corps humide, on pourra le marteler comme du plomb tant qu'il restera
chaud. Le zinc jouit de la singulière propriété d'être cassant à froid,

malléable de 100° à 150°, et de devenir cassant de nouveau vers 200°; un peu au delà on peut facilement le réduire en poudre. Ce n'est que depuis qu'on a découvert ces propriétés du zinc qu'on a pu le travailler, le laminer et l'étirer.

EXPÉRIENCE *d*. Vers 360° le zinc devient liquide ; on en peut facilement opérer la fusion dans une cuiller en fer, sur la lampe à alcool. Le zinc fondu se couvre d'une couche mince et irisée de *protoxyde de zinc*, ZnO, qui devient rapidement épaisse et jaune ; par le refroidissement il devient parfaitement blanc et ne conserve une teinte jaunâtre que s'il contient de l'oxyde de fer.

EXPÉRIENCE *e*. Dans certaines opérations, mais surtout pour la préparation de l'hydrogène, on se sert de zinc en *grenaille*, que l'on obtient facilement en versant le zinc fondu dans l'eau froide, à travers un balai humide qu'on agite pour diviser le zinc et l'empêcher d'adhérer aux branches (fig. 140). On peut obtenir de la même manière la grenaille de plomb, d'étain, de bismuth, et en général des métaux très-fusibles.

Fig. 140.

EXPÉRIENCE *f*. A une température élevée le zinc se volatilise et brûle avec une flamme bleuâtre. Pour cela il suffit de chauffer fortement le zinc dans un feu de charbon. L'expérience peut même se faire en petit au chalumeau en chauffant sur un charbon un morceau de zinc : ce dernier se couvre d'une masse spongieuse d'oxyde, d'où partent de temps en temps des étincelles bleues produites par la vapeur de zinc qui brûle, car l'oxyde n'est pas volatil, comme on le voit par celui qui reste fixé sur le globule de zinc. Cet oxyde est connu sous les noms de *blanc de zinc* ou de *fleur de zinc*. On le prépare : 1° en oxydant directement la vapeur de zinc comme on vient de le faire ; 2° en décomposant le sulfite de zinc par la chaleur; 3° en décomposant de l'azotate ou du carbonate de zinc par la chaleur. Quel que soit le procédé par lequel on l'ait obtenu, cet oxyde est toujours blanc : les deux premières méthodes fournissent un oxyde de zinc léger et floconneux ou spongieux ; la dernière semble le donner moins divisé et plus dense. L'oxyde de zinc remplace aujourd'hui, en bien des circonstances et avec avantage, le blanc de céruse dans la peinture à l'huile; il ne noircit pas par l'hydrogène sulfuré. Le zinc ne forme qu'un oxyde.

COMBINAISONS FORMÉES PAR LE ZINC.

311. Les acides dilués attaquent rapidement le zinc du commerce (le zinc pur n'est attaqué que beaucoup plus lentement) : il se produit un dégagement d'hydrogène, tandis que l'oxyde de zinc se combine avec l'acide pour former un sel. L'hydrogène préparé par ce procédé est beaucoup plus pur que celui qu'on obtient au moyen du fer; aussi emploie-t-on d'ordinaire le zinc pour cette préparation. Si l'on s'est servi d'acide sulfurique, on obtient par l'évaporation du liquide le sel de zinc le plus connu : le *sulfate de zinc*.

312. Sulfate de zinc. ZnO,SO^3+7HO. Le sulfate de zinc cristallise en prismes rhomboïdaux (fig. 141) incolores, contenant près de

Fig. 141.

la moitié de leur poids d'eau de cristallisation ; on l'appelle quelquefois *vitriol blanc*, et on le substitue souvent au sulfate de cuivre pour le chaulage des blés. On s'en sert en médecine pour préparer des lotions, particulièrement contre les ophthalmies. Le sulfate de zinc s'obtient facilement en cristaux en évaporant les résidus de la préparation de l'hydrogène. La matière noire qui se dépose dans ce cas au fond du vase est du charbon, qui s'est combiné avec le zinc pendant le traitement métallurgique. Le sulfate de zinc se décompose par la chaleur; c'est un poison comme tous les sels de zinc, qui déterminent des vomissements quand ils sont ingérés dans l'estomac. Les propriétés toxiques du zinc doivent en proscrire l'usage dans les cuisines, d'autant plus que l'oxyde de zinc n'est pas totalement insoluble. Les meilleurs antidotes contre les sels de zinc sont le lait, le blanc d'œuf et le café.

Expériences avec le sulfate de zinc ou les autres sels de zinc. Expérience *a*. Si l'on ajoute de l'ammoniaque ou de la potasse caustique à une solution de sulfate de zinc ou d'un sel de zinc en général, il se forme un précipité blanc d'oxyde de zinc hydraté soluble dans un excès du réactif.

Expérience *b*. Dans une solution de sulfate de zinc à laquelle on ajoute du sulfhydrate d'ammoniaque, il se forme un précipité blanc de *sulfure de zinc*, ZnS. Aucun autre sulfure métallique n'étant de cette couleur, ce caractère peut servir à distinguer le zinc. Le sulfure de zinc naturel forme un des minerais de zinc les plus importants; il est alors jaune ou brun et s'appelle *blende*. Ce sulfure, grillé, se transforme en sulfate de zinc que l'on peut extraire par le lessivage et l'évaporation comme le sulfate de fer.

Expérience *c*. Un carbonate alcalin produit dans une solution de zinc un précipité blanc de carbonate de zinc hydraté. Ce sel perd la moitié de son acide carbonique si on le dessèche après l'avoir lavé; la chaleur lui fait perdre le reste de son acide carbonique et le transforme en oxyde de zinc préparé, comme on dit, par voie humide.

Chlorure de zinc. Le zinc se dissout dans l'acide chlorhydrique dilué comme dans l'acide sulfurique. Par l'évaporation on obtient des cristaux de chlorure de zinc hydraté, qui perdent leur eau de cristallisation par la chaleur et se transforment en chlorure anhydre blanc, appelé autrefois *beurre de zinc* à cause de sa consistance butyreuse. Le chlorure de zinc allié à l'oxyde de zinc forme un oxychlorure d'une grande dureté (mastic Sorel); les dentistes s'en servent avec avantage pour plomber les dents.

313. Carbonate de zinc. Le carbonate de zinc se trouve à l'état naturel; c'est avec le sulfure le seul minerai de zinc exploité. On le trouve surtout en abondance en Silésie, dans la Westphalie et en Belgique; il a reçu le nom de *calamine*, et est tantôt blanc, tantôt rouge.

314. Métallurgie du zinc. Pour extraire le zinc de la blende ou de la calamine, on soumet le minerai au grillage afin de décomposer le sulfure ou de chasser l'acide carbonique; on obtient ainsi de l'oxyde de zinc que l'on réduit au moyen du charbon. Cette réduction ne peut avoir lieu dans des vases ouverts, parce que le zinc se volatiliserait et se combinerait avec l'oxygène de l'air. On est donc obligé d'opérer dans des vases clos, d'où le zinc s'échappe à l'état de vapeur. Les appareils dont on fait usage sont des cylindres en terre réfractaire (méthode belge), des moufles (fig. 142) ou des creusets fermés, munis dans leur partie inférieure d'un tube en fer qui donne issue à la vapeur de zinc (méthode anglaise). La figure 142 représente un moufle M qui sert à la distillation du zinc : il est muni de son tube de dégagement *bcd*, donnant issue aux gaz en même

Fig. 142.

temps qu'à la vapeur de zinc qui s'y condense déjà en partie à l'état liquide. Le zinc ainsi obtenu est séparé de l'oxyde, la *cadmie*, qui l'accompagne presque toujours, et coulé en plaques. Le zinc du commerce renferme toujours une petite quantité de fer et de plomb; si la proportion de ce dernier métal s'élève à 1 1/2 p. 100, le zinc devient cassant et ne peut plus être laminé en plaques.

CADMIUM (Cd).

Équivalent = 55,75 ou 696,77. Densité = 8,6.

Découvert par Stromeyer et par Hermann en 1818.

315. Le cadmium est un métal rare, il jouit de propriétés analogues à celles du zinc, qu'il accompagne souvent dans les minerais; il s'échappe pendant le traitement et se dépose avec l'oxyde de zinc pour former la cadmie. Le cadmium est plus ductile à froid que le zinc : il s'en distingue en outre parce que, en dissolution, il forme avec l'acide sulfhydrique un précipité jaune de *sulfure de cadmium*, CdS, employé en peinture ; tandis que le zinc n'est pas précipité par l'hydrogène sulfuré et donne un précipité blanc par le sulfhydrate d'ammoniaque.

L'*iodure de cadmium* a été employé avec succès en médecine pour le traitement des glandes scrofuleuses; on s'en sert aussi en photographie.

ÉTAIN (Sn, du mot latin *stannum*).

Équivalent = 59 ou 737,5. Densité = 7,3.

Connu de toute antiquité.

316. L'*étain* fait partie du petit nombre de métaux qui étaient connus dans l'antiquité. Il fond à 230° : son minerai se trouve mêlé

dans certaines contrées au sable qui couvre le sol; il était par conséquent facile à trouver et à extraire. Les gisements d'étain les plus importants se trouvent en Allemagne, en Angleterre (Cornouailles) et dans les Indes. La propriété qu'a l'étain d'être peu altérable à l'air, très-ductile et très-fusible, en fait un métal précieux pour les arts et pour les usages domestiques. On s'en sert pour souder certains métaux entre eux, les étamer ; on en fait des ustensiles de ménage dont l'usage est devenu beaucoup moins fréquent depuis que la faïence, la porcelaine et le verre sont descendus à si bas prix. Dans les arts, au contraire, son usage a pris de l'extension. Autrefois, quand on ne connaissait encore que peu de métaux, les alchimistes leur avaient donné des noms de divinités; l'étain avait reçu celui de *Jupiter*.

317. **Oxydation de l'étain.** Expérience. Si l'on chauffe un fragment d'étain au chalumeau sur un charbon, il se couvre d'une matière jaune pulvérulente qui devient blanche par le refroidissement : c'est le *bioxyde d'étain* ou *acide stannique*, SnO^2 (potée d'étain). Il est composé de 1 équivalent d'étain combiné avec 2 équivalents d'oxygène. Cet oxyde est insoluble dans les acides et infusible. On l'obtient en poudre si ténue, qu'on l'emploie quelquefois pour polir le verre et les métaux.

L'oxyde d'étain insoluble se rencontre tout cristallisé dans la nature. On le trouve en filons dans les roches en Saxe et en Bohême, mêlé au sable ou aux alluvions en Angleterre. C'est le seul minerai d'étain qui soit exploité; il est en général associé à du fer et à de l'arsenic.

Expérience. On fond 1 gr. d'étain et 4 gr. de plomb sur un charbon au chalumeau ; ces deux métaux s'unissent et forment un alliage. Si l'on chauffe cet alliage au rouge, il s'oxyde rapidement, et l'action est tellement vive, qu'elle continue même après l'éloignement du feu. C'est ainsi que les potiers préparent l'émail dont ils recouvrent la faïence. Le mélange d'oxydes d'étain et de plomb, broyé avec du borax et fondu au chalumeau au bout d'un fil de platine (fig. 143) forme un globule blanc opaque, ayant l'apparence de la porcelaine (émail), parce que l'acide stannique est insoluble dans le borax.

318. **Soudure.** Les plombiers se servent d'alliages d'étain et de plomb pour faire les soudures qui ne doivent pas résister à une température élevée. Parmi ces alliages, le plus fusible est composé de 2 parties d'étain et de 1 partie de plomb. Pour souder les ouvrages qui n'exigent point d'élégance, les gouttières, par exemple, on se sert d'un alliage de 2 parties de plomb pour 1 d'étain ; cette soudure

est un peu moins fusible que la précédente. Pour faire les soudures qui doivent résister à des températures élevées, on se sert de laiton ou d'alliages analogues peu fusibles.

Fig. 145.

Les fondeurs d'étain ajoutent presque toujours une petite quantité de plomb à l'étain, parce que ce métal tout pur est un peu cassant et ne remplit pas exactement les moules. Dans plusieurs pays il y a sous ce rapport une tolérance qui varie de $\frac{1}{9}$ à $\frac{1}{10}$ de plomb. Si l'on verse un acide sur un pareil alliage, l'étain seul est attaqué et préserve le plomb de l'action de l'acide.

COMBINAISONS DE L'ÉTAIN.

319. Le meilleur dissolvant de l'étain est l'acide chlorhydrique, dont le chlore forme avec l'étain deux combinaisons.

Protochlorure d'étain, $SnCl+2HO$. EXPÉRIENCE. On introduit de l'étain en feuilles dans deux capsules de porcelaine, dans l'une desquelles on verse de l'acide chlorhydrique. Après quelques heures on décante cet acide et on le verse dans la seconde capsule, puis on le verse de nouveau dans la première, et ainsi de suite, de manière à mettre à chaque opération l'étain en contact avec l'air, dont il absorbe l'oxygène pour former un oxyde que l'acide chlorhydrique dis-

sout aussitôt. Le protochlorure d'étain cristallise en prismes rhomboïdaux après l'évaporation; ce sel est très-avide d'oxygène, plus
encore que les sels de fer au minimum, car on l'emploie en teinture
pour réduire les sels de fer au maximum. Il sert souvent aussi comme
mordant; c'est un poison contre lequel le lait est le meilleur antidote. A l'air, le protochlorure d'étain absorbe de l'oxygène, et il s'en
sépare de l'oxyde d'étain qui trouble la solution; une addition d'a-
cide chlorhydrique rend au liquide sa limpidité.

320. Protoxyde d'étain, SnO. Expérience. Si l'on ajoute de l'ammoniaque au protochlorure d'étain, il se forme un précipité blanc
de *protoxyde d'étain hydraté*. Le liquide étant maintenu à l'ébullition pendant quelque temps, l'oxyde perd son eau, devient anhydre
et prend une couleur noire. On le lave rapidement avec de l'eau et
on le sèche pour l'empêcher d'attirer l'oxygène de l'air. Le protoxyde
d'étain sec, chauffé au chalumeau, brûle comme de l'amadou et se
transforme en bioxyde ou acide stannique.

321. Bichlorure d'étain, SnCl². Expérience. Si l'on ajoute de l'eau
de chlore à une solution de protochlorure d'étain jusqu'à ce que l'odeur
de chlore persiste dans le liquide, on transforme tout le protochlorure
en *bichlorure*. Ce sel s'obtient directement aussi par la dissolution
de l'étain dans l'eau régale. Le bichlorure d'étain anhydre est liquide, il répand à l'air des vapeurs blanches ; on l'appelait autrefois
liqueur fumante de Libavius, du nom de celui qui le découvrit. Ce
sel attire l'humidité de l'air et se solidifie en s'hydratant ; on l'emploie comme mordant en teinture, souvent sous le nom d'*oxymuriate d'étain*. L'ammoniaque ajoutée au bichlorure d'étain précipite
de l'*acide stannique* qui se distingue de celui qu'on a obtenu précédemment (317) en ce qu'il est très-soluble dans les acides. Le protoxyde et le bioxyde d'étain forment avec les bases des combinaisons
dans lesquelles ils jouent le rôle d'acides.

322. Pourpre de Cassius. Expérience. Si l'on ajoute quelques
gouttes de chlorure d'or à une solution très-étendue de protochlorure d'étain, il se forme un précipité pourpre composé d'or, d'étain
et d'oxygène. Ce précipité a reçu le nom de *pourpre de Cassius ;* on
s'en sert pour obtenir un beau pourpre dans la peinture sur verre et
sur porcelaine. Cette réaction est caractéristique pour le protochlorure d'étain; le bichlorure ne subit dans ce cas aucune altération.

323. Expérience. Si l'on ajoute du protochlorure ou du bichlorure
d'étain à une infusion de bois de Lima, la couleur jaunâtre de l'infusion devient d'un beau rouge pourpre. Ces sels agissent de la
même manière sur plusieurs autres couleurs ; on les emploie généralement en teinture pour rehausser l'éclat de certaines couleurs.

324. Acide métastannique, SnO^2. L'étain est vivement attaqué quand on le chauffe avec l'acide azotique : il se transforme en une matière blanche qui n'est autre chose que du bioxyde d'étain hydraté ou acide stannique, avec lequel l'acide azotique ne peut pas entrer en combinaison. Il est insoluble dans les acides étendus ; on l'a appelé acide métastannique pour le distinguer du précédent (321). Le bioxyde d'étain subit donc trois modifications isomériques ; obtenu par voie sèche, il est insoluble dans les acides ; préparé au moyen de l'acide azotique, il est insoluble dans les acides étendus ; précipité du bichlorure d'étain, il est très-soluble dans les acides.

325. Sulfures d'étain. Expérience. L'acide sulfhydrique produit, dans une solution de protochlorure d'étain, un précipité brun rougeâtre de *protosulfure d'étain*, SnS ; dans une solution de bichlorure, un précipité jaune de *bisulfure d'étain*, SnS^2. Il est aisé de voir que le soufre est substitué, dans les deux cas, au chlore, équivalent à équivalent.

Protosulfure d'étain, SnS. Expérience. Le protosulfure d'étain s'obtient aussi par voie sèche. On peut le préparer de la manière suivante : on roule $2^{gr},5$ de fleur de soufre dans une feuille d'étain pesant 5 grammes, qu'on introduit ensuite dans un tube d'essai, où on la chauffe. Une partie du soufre brûle, tandis que l'autre se combine avec l'étain, et il se forme au fond du tube une masse brune, brillante, de protosulfure d'étain. Pour la retirer, on humecte le tube pendant qu'il est encore chaud, il se rompt, et le sulfure s'en détache ; il pèse environ 6 grammes.

Bisulfure d'étain, SnS^2. Expérience. On broie en poudre fine les 6 grammes de protosulfure obtenus précédemment ; on y ajoute $1^{gr},5$ de soufre et 3 grammes de sel ammoniac. Quand le mélange est bien intime, on l'introduit dans une fiole (fig. 144), où il est chauffé au bain de sable pendant une heure et demie. On obtient le bisulfure d'étain sous forme d'écailles jaunes brillantes qu'on a appelées *or mussif* ou *or de Judée*. On l'emploie pour bronzer les plâtres et les terres cuites, et pour dorer sur bois ; on s'en sert aussi pour frotter les coussins de la machine électrique. Le sel ammoniac se sublime pendant l'opération, et se fixe à la partie supérieure de la fiole ; il ne subit aucune modification pendant l'opération.

326. Métallurgie de l'étain. Le procédé d'extraction de l'étain est très-simple ; on *bocarde* le minerai, c'est-à-dire qu'on le broie pour en séparer ensuite la gangue ou les sables par le lavage. Le minerai (oxyde d'étain) lavé est soumis au grillage pour volatiliser l'arsenic et oxyder le fer, puis on le réduit par le charbon dans des hauts fourneaux spéciaux ; l'étain s'écoule par le bas à mesure qu'il

est réduit. L'étain de Saxe est livré au commerce sous forme de plaques, l'étain anglais en barres. L'étain renferme toujours des traces
de métaux étrangers, et un peu d'arsenic qui ne le rend point insa-
lubre. L'étain est très-fusible; quand on le plie, on entend un bruit
qu'on nomme le *cri de l'étain*, dû probablement à des déchirements
dans la masse cristalline. Il est facile de faire ressortir la cristallisation de l'étain sur le fer étamé.

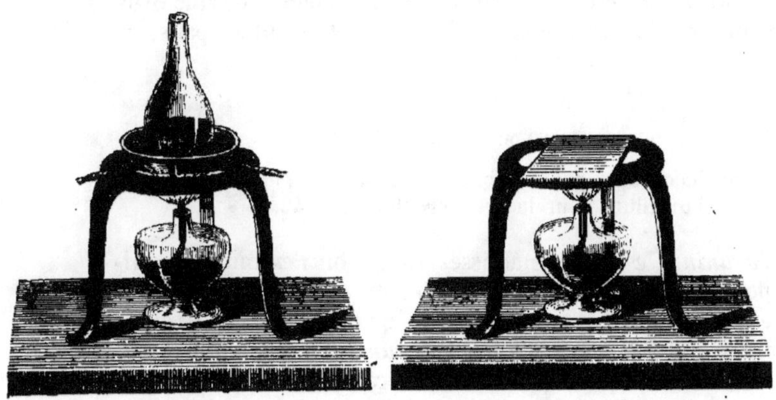

Fig. 144.   Fig. 145.

Moiré métallique. Expérience. On chauffe une plaque de fer-blanc
sur une lampe à alcool (fig. 145) jusqu'à ce que l'étain soit fondu;
on l'asperge alors d'eau, de façon à solidifier rapidement l'étain. La
surface du métal sera grise et terne, mais on verra apparaître de
beaux dessins cristallins si l'on passe successivement sur la plaque
une éponge imbibée d'eau régale étendue, et une autre imbibée de
lessive de potasse. Ces liquides dissolvent l'oxyde d'étain et l'étain
qui recouvraient la surface cristalline, et la mettent à nu.

527. **Étamage**. Expérience. On a vu (229) comment on parvient à
recouvrir le cuivre et le laiton d'une couche d'étain. Cet étamage
s'opère aussi par voie humide. On fait bouillir de l'étain en feuilles
ou en rognures dans une solution de bitartrate de potasse, puis on
y introduit des objets en cuivre ou en laiton bien *décapés* (c'est-à-
dire débarrassés de leur couche superficielle d'oxyde), qu'on y
laisse bouillir pendant une demi-heure. Le tartrate de potasse dissout une certaine quantité d'étain qui se précipite à la surface du
cuivre ou du laiton, lesquels sont plus électro-positifs. On emploie
souvent ce moyen pour étamer légèrement les petits objets, tels que
les épingles.

EXPÉRIENCE. Si on laisse du vinaigre pendant vingt-quatre heures, ou seulement pendant une nuit, dans un vase en étain ou étamé, le chlorure d'or y forme un précipité pourpre, indice certain qu'il s'est dissous un peu d'étain. Les composés d'étain ne sont pas des poisons aussi énergiques que ceux de cuivre ou de plomb, ils sont cependant nuisibles à la santé; aussi ne doit-on jamais laisser séjourner des aliments acides dans des vases en étain ou étamés.

L'*argent battu faux* est formé par un alliage d'étain et de zinc martelé, de manière à le réduire en feuilles d'une très-faible épaisseur.

URANIUM (U).

Équivalent = 60 ou 750. Densité = 18,4.

L'urane a été découverte par Klaproth en 1789; M. Péligot en a isolé l'uranium pour la première fois en 1842.

328. L'*uranium* est un métal assez rare : on l'extrait d'un minerai appelé *pechblende* ou *uranpecherz* en Allemagne, où il est assez abondant. C'est avec ce minerai qu'on prépare l'*uranate d'ammoniaque*, appelé souvent *oxyde d'urane* dans le commerce, et qui sert à colorer la porcelaine en noir, car en se décomposant il laisse du protoxyde d'uranium qui produit sur la porcelaine une couleur noire très-durable. Les verriers emploient beaucoup l'uranate acide de soude pour la coloration des verres, auxquels le sesquioxyde d'urane communique une couleur jaune verdâtre : on emploie aussi le sesquioxyde d'uranium pour préparer certaines couleurs jaunes dans la peinture sur porcelaine.

Les sels de *protoxyde d'uranium* sont en général verts; les alcalis y déterminent un précipité noir d'oxyde hydraté. Les sels de *sesquioxyde* sont jaunes, et précipitent en jaune par les alcalis; le précipité est dans ce cas un uranate alcalin.

Nous nous contenterons de mentionner le *cerium*, le *lanthane* et le *didyme*.

RÉSUMÉ.

(1) Les métaux de ce groupe ont la propriété de décomposer l'eau sous l'influence de la chaleur ou en présence d'un acide; ils se dissolvent dans les acides étendus.

(2) Leurs oxydes inférieurs sont en général des bases énergiques; leurs oxydes supérieurs sont, pour la plupart, des acides.

(3) Aucun de ces métaux ne se trouve à l'état natif dans la nature; ils sont en général combinés avec l'oxygène.

(4) La densité de ces métaux (l'uranium excepté) varie de 6,6 à 8,8.

(5) Le fer, le manganèse, le cobalt et le nickel ne sont pas précipités de leurs solutions par l'acide sulfhydrique; ils sont précipités à l'état de sulfure par le sulfhydrate d'ammoniaque ou les sulfures alcalins (les autres métaux pesants sont précipités par l'acide sulfhydrique). On a tiré parti de cette propriété pour séparer, dans l'analyse, les métaux électro-positifs des métaux électro-négatifs.

DEUXIÈME GROUPE DES MÉTAUX PESANTS.

PLOMB (Pb).

Équivalent = 103,5 ou 1294,5. Densité = 11,44.

Connu de toute antiquité.

329. Après le fer, le plomb est un des métaux les plus répandus ; outre les chambres de plomb, la fabrication des balles, du plomb de chasse et une foule d'autres usages, ce métal est encore très-utile par son intervention dans certaines combinaisons. Les composés de plomb sont des poisons énergiques ; souvent ils n'agissent qu'à la longue (coliques de plomb). Les propriétés physiques du plomb, son éclat, sa fusibilité, sa ductilité, etc., sont trop connus pour qu'il soit nécessaire d'insister là-dessus. Le plomb, quand il est fondu, jouit de la propriété de dissoudre d'autres métaux, tels que l'or, l'argent, etc. C'est peut-être cette propriété de dévorer les autres métaux qui lui a valu, de la part des alchimistes, le nom de *Saturne*.

330. **Expériences avec le plomb.** *Altération du plomb dans l'eau.* EXPÉRIENCE. Si l'on plonge une lame de plomb brillante dans un verre rempli d'eau distillée ou d'eau de pluie, et une autre lame dans un verre rempli d'eau de fontaine, l'eau distillée se trouble et tient en suspension une petite quantité de carbonate de plomb, tandis que l'eau de fontaine reste parfaitement limpide, à la condition cependant qu'elle renferme des matières salines, telles que des sulfates ou des chlorures. Il se forme dans ce cas, à la surface du plomb, un composé insoluble et adhérent d'un sel de plomb qui préserve le reste du métal de l'action de l'eau. C'est ce qui explique pourquoi le plomb des conduites d'eau n'est pas nuisible et dure fort longtemps, tandis que ce même métal, employé à la confection de réservoirs d'eaux pluviales et à la couverture des édifices, s'altère très-rapidement.

331. **Oxydation du plomb.** EXPÉRIENCE. Un fragment de plomb.

chauffé au chalumeau sur un charbon, entre en fusion à 330°, et commence à se recouvrir d'une couche grise d'un oxyde en lequel il se transforme bientôt tout entier. C'est un *sous-oxyde de plomb*, Pb^2O, le même qui recouvre le plomb exposé à l'air humide. Si l'on continue à chauffer, le sous-oxyde se transforme en une poudre rouge orange d'*oxyde de plomb*, PbO, qui entre en fusion et laisse après le refroidissement une masse lamelleuse d'oxyde fondu ou *litharge*. La litharge pourra de nouveau être transformée en plomb dans la flamme réduisante du chalumeau. Ce caractère, ainsi que la couleur de la litharge, permet de distinguer facilement le plomb des autres métaux. Quand l'oxyde de plomb a été obtenu par la décomposition du carbonate et n'a pas subi de fusion, il reste à l'état de poudre jaune et reçoit le nom de *massicot*.

La litharge est beaucoup employée dans les arts : on a déjà vu qu'elle servait à la fabrication des cristaux, des vernis de poterie et à la préparation de l'acétate de plomb ; on s'en sert en outre dans la fabrication du minium, du blanc de céruse, et pour rendre les huiles plus siccatives, etc. La litharge contient quelquefois de petites quantités de cuivre, de fer ou même d'argent ; nous verrons, lors de la préparation de l'argent, comment on l'obtient en grand.

Si l'on fond la litharge dans un creuset, elle forme une masse vitreuse après le refroidissement, parce qu'elle s'est combinée avec la silice du creuset que la litharge fondue perce souvent au bout d'un instant.

332. Oxyde salin de plomb ou minium, Pb^3O^4. Expérience. On chauffe dans une cuiller un mélange de 12 gr. de litharge avec 3 gr. de chlorate de potasse : il reste une poudre rouge mêlée au chlorure de potassium ; on enlève ce dernier au moyen d'un lavage. On obtient le même produit en chauffant pendant longtemps la litharge à l'air sans la fondre. Cette poudre rouge, appelée *minium*, est un oxyde salin de plomb, $Pb^3O^4 = 2PbO,PbO^2$. On l'emploie beaucoup dans la peinture à l'huile et dans la préparation des mastics.

333. Bioxyde de plomb ou acide plombique, PbO^2. Expérience. Si l'on traite le minium par l'acide azotique, le protoxyde de plomb se dissout, tandis que le bioxyde de plomb, PbO^2, reste. Cet oxyde joue le rôle d'un acide avec les bases énergiques ; sa couleur brune le fait souvent appeler *oxyde puce de plomb*.

SELS DE PLOMB.

334. L'acide azotique est le meilleur dissolvant du plomb ; les acides sulfurique, phosphorique et chlorhydrique ne peuvent pas le dis-

soudre facilement, parce qu'ils forment avec l'oxyde de plomb des sels insolubles. En général, on prépare les sels de plomb avec la litharge, qu'il est facile d'obtenir et que l'on trouve toute préparée dans les arts. Les sels de plomb ont tous une saveur sucrée qui devient styptique.

Azotate de plomb, .PbO,AzO^5. Ce sel est peu soluble dans l'eau froide; on a déjà vu comment on le prépare (160). Le *silicate de plomb* entre dans la composition du cristal et de beaucoup de vernis de poterie. Le *phosphate de plomb* se trouve dans la nature quelquefois en cristaux verts; il constitue un minerai de plomb.

335. Sulfate de plomb, PbO,SO^5. Ce sel s'obtient facilement par déplacement ou par double décomposition (173), selon qu'on ajoute à une solution de plomb de l'acide sulfurique ou un sulfate soluble. Le sulfate de plomb trouble même un liquide qui ne contient que des traces de plomb; c'est d'ordinaire à cet état que l'on précipite le plomb pour le doser. On obtient le sulfate de plomb comme produit accessoire dans la fabrication de l'acétate d'alumine au moyen de l'acétate de plomb et de l'alun (262). On s'en sert dans la fabrication des papiers blancs, des papiers peints, ainsi que pour la purification du gaz à éclairage.

336. Chlorure de plomb, $PbCl$. On fait bouillir pendant quelque temps 5 gr. de litharge avec 20 gr. d'acide chlorhydrique et 20 gr. d'eau : le liquide, décanté à chaud, laisse déposer par le refroidissement de petits cristaux brillants de chlorure de plomb; ce sel est très-peu soluble dans l'eau; fondu, il se prend en une masse translucide qu'on appelait autrefois *plomb corné*.

EXPÉRIENCE. Si l'on chauffe dans une cuiller 16 gr. de litharge avec 2 gr. de sel ammoniaque, il se forme une combinaison de chlorure et d'oxyde de plomb, un *oxychlorure* d'une belle couleur jaune employé en peinture. Selon les proportions dans lesquelles on a mêlé les deux substances, on obtient des nuances différentes connues sous les noms de *jaune de Paris, jaune minéral, jaune Turner, jaune de Vérone, jaune de Cassel*.

L'*iodure de plomb*, PbI, forme des paillettes d'un beau jaune d'or; il est employé dans la fabrication des fleurs artificielles.

337. Acétate de plomb, $PbO,A+3HO$. Pour préparer ce sel, on dissout la litharge dans l'acide acétique : il cristallise en prismes à quatre pans (fig. 146). Il est souvent appelé *sel de Saturne* dans les arts. Les cristaux d'acétate de plomb sont quelquefois partiellement décomposés par l'acide carbonique de l'air; la solution est alors trouble, mais quelques gouttes d'acide acétique suffisent pour l'éclaircir.

Sous-acétate de plomb, $3PbO,\bar{A}$. On l'obtient en faisant digérer dans 30 parties d'eau 10 parties d'acétate et 7 parties de litharge.

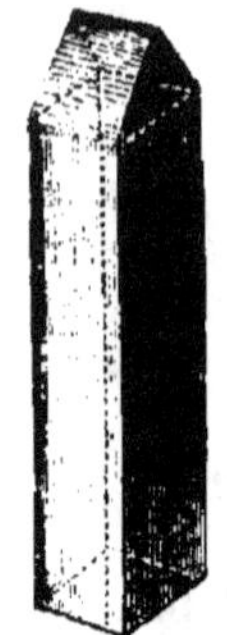

Fig. 146.

Dissous dans l'eau de fontaine, il forme l'*eau de Goulard* ou l'*eau blanche*. La solution est laiteuse, parce que les carbonates et l'acide carbonique de l'eau précipitent une partie de l'oxyde de plomb à l'état de carbonate.

538. **Tartrate de plomb.** Expérience. Quand on verse dans une solution de 5 parties d'acide tartrique une autre solution de 12 parties d'acétate de plomb, il se forme un précipité blanc de tartrate de plomb insoluble dans l'eau; il peut être lavé et séché.

Expérience. On remplit au tiers une petite fiole avec du tartrate de plomb sec ainsi préparé et on la chauffe au bain de sable (fig. 144) jusqu'à ce qu'il ne se dégage plus de vapeur ni de gaz, dont le principal est l'oxyde de carbone. La matière noire qui reste au fond de la fiole s'allume spontanément au contact de l'air : c'est un *pyrophore*. On donne ce nom à une matière qui s'enflamme spontanément au contact de l'air; cette propriété est due le plus souvent à un métal très-divisé entre du charbon très-poreux qui condense rapidement l'oxygène de l'air. La matière jaune qui reste après la combustion de ce pyrophore est formée de litharge.

Oxyde de plomb hydraté. Expérience. Une solution de plomb précipite en blanc par l'addition d'un alcali caustique; l'oxyde de plomb hydraté qu'on obtient ainsi devient anhydre quand on le chauffe et se transforme en massicot jaune.

539. **Carbonate de plomb**, PbO,CO^2. Si l'on ajoute un carbonate alcalin, du carbonate de soude par exemple, à une solution d'acétate de plomb, il se forme un précipité blanc de carbonate de plomb. Le *blanc de céruse* est une combinaison de carbonate de plomb avec de l'oxyde de plomb hydraté : c'est un carbonate basique. On le prépare en grand dans les arts au moyen de trois procédés différents.

a) Procédé anglais. On humecte de la litharge avec de l'acide acétique, puis on l'expose à un courant d'acide carbonique produit par du coke en combustion. L'acide acétique joue ici un rôle analogue à celui de l'acide hypoazotique dans les chambres de plomb : il convertit la litharge en acétate basique de plomb, dont l'excès de base est transformé en carbonate basique par l'acide carbonique. Avec ce procédé, une faible quantité d'acide acétique ou d'acétate de plomb suffit pour produire une grande quantité de céruse.

b) Procédé hollandais. C'est le plus ancien. On introduit des lames de plomb dans des pots au fond desquels se trouve un peu d'acide acétique; ces pots sont clos imparfaitement par une lame de plomb qui sert de couvercle et rangés dans une chambre sur une couche assez épaisse de fumier de cheval. On peut disposer ainsi plusieurs rangées de pots l'une au-dessus de l'autre. Le fumier de cheval, en se décomposant, produit de l'acide carbonique et de l'eau; en même temps sa température s'élève à 35° ou 40°; le plomb s'oxyde et forme avec les vapeurs d'acide acétique un acétate basique de plomb qui est aussitôt décomposé par l'acide carbonique. Il se produit ainsi d'abord de l'oxyde de plomb qui s'hydrate et se combine avec l'acide acétique pour former un sel basique dont l'excès de base, se combinant avec l'acide carbonique, donne naissance à un carbonate basique.

c) Procédé français ou *de Clichy*. On décompose une solution de sous-acétate de plomb par un courant d'acide carbonique : l'excès de base est précipité, et l'acétate neutre de plomb reste en dissolution; on le tranforme de nouveau en sous-acétate, en le faisant digérer avec de la litharge. Avec ce procédé, une petite quantité d'acétate de plomb peut servir pour ainsi dire indéfiniment à tranformer l'oxyde de plomb en céruse.

La céruse de Clichy est d'un blanc éclatant; on lui a reproché pendant longtemps de ne pas couvrir autant que les deux autres; cela tient à ce qu'elle se précipite sous forme de petits cristaux très-déliés et transparents, tandis qu'on l'obtient amorphe et opaque par les deux autres procédés; mais, pour donner à la céruse de Clichy les mêmes propriétés, il suffit de la faire bouillir dans une solution étendue de carbonate de potasse. Les qualités inférieures de céruse, connues sous les noms de *blanc de Venise*, *blanc de Hambourg*, sont en général des mélanges de céruse et de sulfate de baryte ; on les reconnaît facilement au moyen de l'acide azotique : la céruse pure s'y dissout, tandis que le sel de baryte demeure insoluble. La chaleur déplace l'acide carbonique du carbonate de plomb; il reste du massicot.

Le carbonate de plomb se trouve dans la nature en cristaux transparents.

340. Arbre de Saturne. Expérience. On dissout dans un flacon 20 gr. d'acétate de plomb dans 100 gr. d'eau ; si la solution est trouble, on y ajoute quelques gouttes d'acide acétique pour la rendre limpide, puis on y plonge une lame de zinc que l'on fixe dans le bouchon du flacon. Le zinc se couvre bientôt d'une couche grise d'où sortent de petits cristaux brillants qui s'accumulent autour de la lame de zinc (fig. 147) et forment ce qu'on a appelé l'*arbre de Saturne*. Au bout de vingt-quatre heures il n'y a plus de plomb dans la solution, il a été remplacé par le zinc. Si l'on pèse le plomb et la lame de zinc après l'expérience, on verra que le plomb précipité est

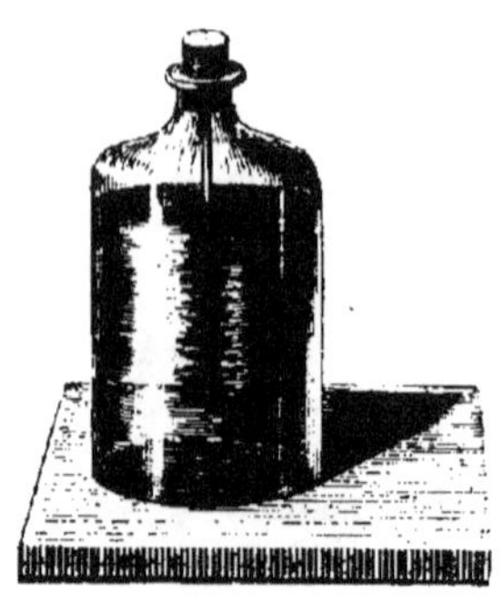

au zinc dissous :: 103,5 : 32,75, c'est-à-dire dans le rapport des équivalents; 1 équivalent de zinc s'est substitué à 1 équivalent de plomb.

341. **Sulfure de plomb**, PbS. Expérience. L'acide sulfhydrique détermine un précipité noir de *sulfure de plomb* dans la solution d'un sel de plomb (133). 1 litre d'eau contenant 1 décigr. d'acétate de plomb est encore coloré en brun par l'acide sulfhydrique, qui est un des meilleurs réactifs pour rechercher le plomb.

Fig. 147.

Le sulfure de plomb naturel ou *galène* est le minerai de plomb le plus abondant; son aspect gris brillant, sa forme cubique et sa densité le font aisément reconnaître.

342. **Métallurgie du plomb**. Comme c'est le plus souvent à l'état de sulfure que l'on trouve le plomb, il faut transformer, au moyen du grillage, le sulfure en oxyde, que l'on réduit ensuite par le charbon. Le grillage se fait dans un four à réverbère : il en résulte de l'acide sulfureux qui s'échappe, de l'oxyde et du sulfate de plomb qui restent et sont ensuite réduits par le charbon. Si l'on chauffe ensemble, à l'abri du contact de l'air, un mélange de 2 équivalents d'oxyde de plomb et 1 équivalent de sulfure de plomb, il se forme du plomb métallique et de l'acide sulfureux; il en est de même si l'on chauffe ensemble 1 équivalent de sulfate de plomb et 2 de sulfure. On a tiré parti de ces deux réactions dans la métallurgie du plomb pour obtenir directement le plomb métallique; à cet effet, on empêche l'accès de l'air au moment où le minerai à moitié grillé est formé d'un mélange de sulfure, de sulfate et d'oxyde de plomb.

Une seconde méthode pour obtenir directement le plomb de la galène consiste à la décomposer par le fer, qui s'empare du soufre et déplace le plomb comme le zinc l'a déplacé par voie humide. 28 kilogr. de fer mettent ainsi en liberté 103^{kil},5 de plomb.

343. **Plomb de chasse**. La grenaille de plomb se prépare comme la grenaille de zinc, en versant le métal fondu à travers un petit balai de branchages. Pour fabriquer le plomb de chasse, on opère d'une manière analogue; mais le balai est remplacé par une passoire chaude dans laquelle on verse le plomb fondu à une distance de l'eau assez grande pour que les grains soient solidifiés avant d'y arriver; cette hauteur est de 50 à 60 mètres pour les plombs les plus

forts. Pour faire prendre aux plombs la forme sphérique, il faut y ajouter une petite quantité d'arsenic proportionnée aux qualités du plomb, mais qui cependant ne doit pas être trop forte, car, dans ce dernier cas, elle nuirait à leur forme : elle ne dépasse jamais 8 mil·lièmes. On se sert de tamis pour trier les plombs suivant leur grosseur, et on les polit en les faisant tourner dans des tonneaux avec de la plombagine.

BISMUTH (Bi).

Équivalent = 214 ou 2685. Densité = 9,8.

Connu depuis environ trois siècles.

344. Le bismuth est principalement exploité en Saxe. Il se trouve dans les minerais de cobalt et se réunit à la *speise* lors de la préparation du smalt. La métallurgie en est très-simple : il est toujours à l'état natif dans la speise aussi bien que dans les minerais ; de plus, il commence à fondre à 264°; il suffit, par conséquent, de chauffer modérément les minerais dans des tuyaux en fonte pour liquéfier le bismuth, qu'on recueille au bas du tuyau sans que les autres substances et la gangue changent d'état; ce procédé d'extraction est appelé procédé par *liquation*. Le bismuth est cassant, sa structure est lamelleuse et cristalline, sa couleur est d'un blanc légèrement rougeâtre.

345. Expériences avec le bismuth. *Oxydation du bismuth.* Si l'on chauffe un fragment de bismuth au chalumeau sur un charbon, il fond en projetant des étincelles et se volatilise; une partie de la vapeur se condense sur le charbon en poudre jaune; elle s'est combinée avec l'oxygène de l'air et s'est transformée en *oxyde de bismuth*, BiO^3. Le globule de bismuth fondu, projeté sur une feuille de papier, s'y divise en un grand nombre de petits globules qui restent incandescents pendant un moment. L'odeur alliacée qui se dégage lorsqu'on fond le bismuth est due à une petite quantité d'arsenic qui se trouve toujours dans le bismuth du commerce.

346. Alliage fusible. 2 parties de bismuth, 1 partie de plomb et 1 d'étain, fondues dans une cuiller sur la lampe à alcool, forment un alliage qui commence à devenir liquide dans l'eau bouillante. Le bismuth fond à 260°, le plomb à 330°, l'étain à 250°, et l'alliage formé par ces trois métaux fond un peu au-dessous de la température de l'eau bouillante. En augmentant successivement dans cet alliage la proportion de plomb, on obtient des alliages de moins en moins fusibles. On employait autrefois pour les chaudières à vapeur des plaques en alliage fusible, dans le but d'éviter les explosions : comme la chaleur augmente avec la pression, quand celle-ci arrivait au point où elle aurait pu faire éclater les chaudières, la plaque, entrant en fusion, produisait une ouverture par où s'échappait la vapeur. Ces *plaques de sûreté* ont cependant été trouvées insuffisantes, parce que la vapeur qui cause l'explosion des chaudières se produit d'ordinaire trop soudainement pour laisser à la plaque le temps de fondre. Les alliages qui fondent au-dessous de la température à laquelle le bois est altéré peuvent servir à reproduire les gravures sur bois pour l'impression des papiers et des tissus. Ces alliages ont reçu le nom d'*alliages de Darcet*, en Allemagne celui d'*alliages de Rose;* mais Newton en avait déjà découvert un de ce genre.

547. **Oxydation du bismuth.** Expérience. Le bismuth se dissout facilement dans l'acide azotique, à chaud. Si l'on verse la dissolution ainsi obtenue dans une grande quantité d'eau froide, elle se trouble et laisse déposer un précipité blanc cristallin ne contenant que le $\frac{1}{5}$ de l'acide du sel neutre, BiO^3, AzO^5. Le sel insoluble qui a pris naissance est le *sous-azotate de bismuth;* sa composition varie selon la quantité d'eau employée ; si on le lave pendant quelque temps à l'eau bouillante, il se décompose et il ne reste que de l'oxyde de bismuth, ce qui démontre que la proportion d'eau peut modifier quelquefois l'affinité chimique. Le sous-azotate de bismuth est employé en médecine, on s'en sert quelquefois comme blanc de fard ; mais il a l'inconvénient de noircir par l'acide sulfhydrique. Quand on en fait un fréquent usage il flétrit rapidement la peau ; on l'emploie pour colorer en blanc la cire à cacheter.

La décomposition des sels de bismuth par l'eau peut servir de caractère distinctif ; l'acide sulfhydrique le précipite à l'état de sulfure noir.

CUIVRE (Cu).

Équivalent = 51,78 ou 596,6. Densité = 8,8.

Connu de toute antiquité.

548. Les anciens ont travaillé le cuivre avant le fer ; ils l'exploitaient surtout dans l'île de Chypre, où l'on trouvait beaucoup de minerais de ce métal ; et c'est de là que lui vient son nom latin de *cuprum.* Quand on donna aux métaux des dénominations mythologiques, le cuivre fut appelé *Vénus*, parce que cette déesse était protectrice de l'île de Chypre. Dans le nord de l'Amérique on trouve des

blocs énormes de cuivre natif. Le cuivre jouit de propriétés remarquables qui en font un métal éminemment utile.

a) Il est *ductile* et en même temps *résistant* et *tenace*; on peut le
laminer en feuilles assez minces, offrant néanmoins une grande résistance.

b) Il fond difficilement (à une température de 1000° environ), ce
qui permet d'en faire des ustensiles allant au feu, des chaudières,
des marmites, des moules, etc.

c) Il s'oxyde et se détruit beaucoup plus difficilement à l'air que le
fer, sa durée est incomparablement plus longue. Cette propriété le
fait employer au doublage des navires, à la couverture des toits, surtout de ceux des tours d'église.

d) Il est assez dur pour ne pas s'user rapidement, ce qui permet
d'en faire des plaques et des rouleaux pour l'impression.

e) Avec le zinc, l'étain, le nickel, il forme des alliages très-em-
ployés, tels que le laiton, le bronze, le maillechort, etc.

f) Le courant galvanique le précipite en lames de ses dissolutions;
c'est de cette manière qu'on reproduit les objets par la galvano-
plastie, et qu'on couvre les objets en fer d'une couche de cuivre.

g) Il forme avec l'oxygène et certains acides des composés colorés
en vert ou en bleu, dont on se sert beaucoup en peinture.

Le cuivre n'a par lui-même aucune odeur ; il en communique cependant une très-désagréable aux mains qui le touchent et à l'eau
qui a longtemps séjourné dans des vases de ce métal.

349. Expériences avec le cuivre. *Oxydation du cuivre.* Le cuivre
exposé à l'air humide se couvre d'une couche grise qui devient verte,
vert-de-gris naturel : il attire non-seulement l'oxygène de l'air, mais
encore l'acide carbonique ; le vert-de-gris n'est qu'un *carbonate bibasique de cuivre,* $2CuO,HO,CO^2$.

En Sibérie, il en existe des couches considérables; on l'appelle
malachite. Il constitue un bon minerai; les beaux blocs sont ré-
servés pour la confection d'objets d'art et pour l'ornementation. On
trouve dans la nature un autre carbonate de cuivre, un peu plus riche
en acide carbonique, et qui possède une belle couleur bleue connue
sous le nom d'*azurite* ou de *bleu de montagne.* On emploie cette
couleur dans la fabrication des papiers peints et la décoration des appartements, parce que, contrairement au bleu de Prusse, elle n'est
point altérée par la chaux contenue dans les murs.

350. Protoxyde de cuivre, Cu^2O. Expérience. Si l'on maintient une
plaque de cuivre dans la flamme d'une lampe à esprit-de-vin (fig. 148),
cette plaque prend des teintes irisées, et devient enfin d'un gris
noir. On observe facilement les irisations en maintenant la plaque

debout dans la flamme : elles disparaissent dans le noyau obscur pour reparaître dans la zone extérieure. Cette plaque, refroidie rapidement sous l'eau, se couvre d'une couche brun rougeâtre de *protoxyde de cuivre*. On recouvre souvent les médailles et autres objets d'art d'un vernis qui les préserve de l'oxydation en les faisant bouillir pendant quelque temps dans un liquide préparé avec du vert-de-gris, du sel ammoniac, du vinaigre et de l'eau. Le protoxyde

Fig. 148.

de cuivre colore le verre en un beau rouge de sang ; c'est à lui aussi qu'est due la couleur rouge des scories obtenues pendant l'extraction du cuivre. Le *minerai rouge* de cuivre est du protoxyde naturel.

351. **Bioxyde de cuivre**, CuO. Si l'on maintient une petite plaque de cuivre pendant quelque temps dans la flamme extérieure d'une lampe à alcool, cette plaque devient noire et se couvre d'une couche de *bioxyde de cuivre* contenant deux fois autant d'oxygène que le protoxyde ; cette couche se détache par le refroidissement prompt dans l'eau, et met à nu une couche de protoxyde qui s'était formée en dessous. En chauffant pendant longtemps la plaque de cuivre on la transforme d'abord en un mélange de protoxyde et de bioxyde, et enfin complétement en bioxyde de cuivre.

EXPÉRIENCE. Le bioxyde de cuivre fondu au chalumeau avec du borax s'y dissout et colore le globule en vert. On a tiré parti de cette propriété dans la coloration des verres et dans la peinture sur porcelaine. Dans la flamme réduisante, le globule devient rouge, parce que le bioxyde se transforme en protoxyde.

Les oxydes de cuivre se préparent facilement par voie humide, leurs couleurs sont différentes quand ils sont hydratés.

352. **Oxyde de cuivre hydraté**, CuO,HO. EXPÉRIENCE. La potasse produit dans la dissolution d'un sel de cuivre un précipité bleu d'oxyde de cuivre hydraté ; ce précipité, mêlé à du plâtre, forme le bleu de

Brême. Si l'on porte le liquide à l'ébullition, le précipité perd sa couleur bleue et devient noir, parce que l'oxyde hydraté devient anhydre.

353. Oxyde de cuivre ammoniacal. Expérience. Si l'on répète l'expérience précédente, en substituant l'ammoniaque à la potasse, il se forme encore un précipité; mais celui-ci se redissout dans un excès du réactif; la solution est d'un bleu intense appelé *bleu céleste.* L'ammoniaque est donc un bon réactif pour reconnaître la présence du cuivre, car la liqueur bleuit encore par l'ammoniaque, même quand elle ne contient que des traces de cuivre. Si à la solution ammoniacale de cuivre on ajoute son volume d'alcool fort, en ayant soin de le faire couler doucement le long des parois, de manière qu'il reste au-dessus de l'eau, on trouve dans le liquide, au bout de vingt-quatre heures, de beaux cristaux bleus formés par un *sulfate de cuivre ammoniacal* dont la solution constitue l'*eau bleue* des pharmaciens. L'alcool produit ici un phénomène analogue à l'évaporation : il se combine avec une partie de l'eau du liquide bleu, et le sel, qui est insoluble dans l'alcool, se dépose sous forme de cristaux si le mélange des deux liquides s'opère avec lenteur. On emploie quelquefois ce moyen pour séparer de leurs solutions des sels qui se décomposeraient par la chaleur.

354. Réduction de l'oxyde de cuivre par la glucose. Expérience. On ajoute un peu de sucre de lait ou de glucose à une solution étendue de sulfate de cuivre que l'on précipite ensuite par un léger .excès de potasse caustique. Ce liquide, porté à l'ébullition, perd sa couleur bleue et devient rouge : le sucre de lait a réduit le bioxyde de cuivre en protoxyde en lui enlevant une partie de son oxygène. Le sucre de canne ne jouit pas de cette propriété, qui sert souvent à le distinguer. On obtient le protoxyde de cuivre d'un plus beau rouge en ajoutant du miel à une solution bouillante de vert-de-gris dans l'acide acétique. C'est ce qui explique pourquoi il se forme un dépôt rouge quelquefois bien cristallisé dans l'oxymel, qui contient un sel de cuivre.

355. Réduction des sels de cuivre par le charbon. Expérience. Un mélange de sulfate de cuivre, de carbonate de soude et de charbon, chauffé au chalumeau sur un charbon et traité ensuite par l'eau, laisse déposer des parcelles de cuivre métallique. La soude du carbonate s'est combinée avec l'acide du sel de cuivre et l'oxyde mis en liberté a été réduit par le charbon.

356. Réduction des sels de cuivre par le zinc. Expérience. Si dans une capsule de porcelaine on fait bouillir pendant un instant une solution de sulfate de cuivre avec du zinc en grenaille, le cuivre se précipite entièrement à l'état métallique et en poudre, tandis que le zinc entre en dissolution à sa place. Le cuivre obtenu de cette manière peut être lavé avec de l'eau à laquelle on ajoute quelques gouttes d'acide sulfurique pour dissoudre les dernières traces de zinc qui n'auraient pas été enlevées, et recueilli sur un filtre. La dessiccation de ce cuivre doit être opérée promptement et à une température peu élevée, parce que, dans cet état de division, le cuivre a une grande affinité pour l'oxygène et commence à brûler quand la chaleur est peu intense.

357. Réduction de l'oxyde de cuivre par l'hydrogène. Expérience. Dans un tube ajusté à un appareil à hydrogène (fig. 149), on introduit de l'oxyde de cuivre obtenu, soit en chauffant le cuivre à l'air, soit en décomposant un sel de cuivre par la chaleur. Quand on suppose que tout l'air a été expulsé de l'appareil, on chauffe l'oxyde de cuivre, qui prend aussitôt une belle couleur rouge, tandis qu'il se dégage de l'eau. L'hydrogène, dans ce cas, se combine avec l'oxygène du métal, qu'il met en liberté. On emploie souvent ce moyen pour obtenir purs ou dans un grand état de division les métaux qui sont réductibles par l'hydrogène.

358. Réduction des sels de cuivre par le courant galvanique. Expérience. Si l'on n'a pas à sa disposition un cylindre large en verre, ouvert aux deux extrémités, on fait sauter le fond d'un petit bocal à large goulot, on émousse avec la lime les arêtes vives de la cassure, et on ferme le goulot au moyen d'une vessie solidement attachée. Autour du vase, on fixe un fil de fer que l'on prolonge en trois pointes (fig. 150) assez fortes pour soutenir le bocal.

De plus, on fait souder une forte plaque de zinc de 2 centimètres de large et d'environ 15 centimètres de long à une lame peu épaisse de cuivre de 30 centimètres de long, à laquelle on donne la disposition indiquée par la figure 151. Sur la partie horizontale de la lame de cuivre, on place la pièce de monnaie ou la médaille dont on veut prendre l'empreinte. Aux endroits où

Fig. 149.

le dépôt de cuivre ne doit point avoir lieu, on recouvre la pièce d'une légère couche de cire ou de suif. On remplit le bocal d'acide

sulfurique très-étendu (10 gr. d'acide pour 100 gr. d'eau), on y place
la lame de zinc, et on dispose le tout dans un grand verre (fig. 152)
contenant une solution saturée de sulfate de cuivre, et des cristaux
destinés à maintenir la saturation à mesure que le sel dissous se décompose. Après quelques instants, la médaille commence à se couvrir d'une faible couche de cuivre qui augmente graduellement
d'épaisseur; on peut retirer la médaille au bout de quelques jours,
quand on juge la couche suffisamment épaisse. Dès que l'acide sulfurique du bocal est saturé de zinc, il faut le renouveler; si l'on
employait de l'acide chlorhydrique au lieu d'acide sulfurique, l'action serait plus lente.

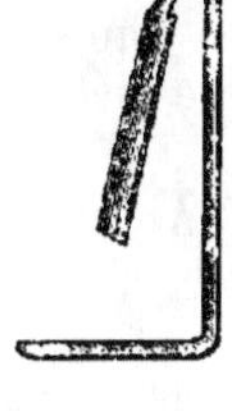

Fig. 150.   Fig. 151.   Fig. 152.

Le cuivre et le zinc produisent ici un courant galvanique comme
dans une pile (55); ce courant est suffisant pour décomposer le sel
de cuivre, dont le métal se dépose. La vessie donne passage au courant
galvanique, qui fait ici l'office de graveur; de là le nom de *galvano-
plastie*. C'est à l'aide d'un procédé analogue qu'on dépose sur certains objets de légères couches d'argent ou d'or, ce qui constitue la
dorure et l'argenture galvanique.

559. Chlorures de cuivre. EXPÉRIENCE. Le cuivre forme avec le
chlore deux combinaisons : 1° le *protochlorure de cuivre*, Cu^2Cl,
précieux pour la chimie analytique, parce qu'il jouit de la propriété
d'absorber l'oxyde de carbone; on le prépare en dissolvant dans l'a-
cide chlorhydrique un mélange de cuivre et de bioxyde de cuivre
dans le rapport des équivalents. Ce sel est insoluble dans l'eau.
2° le *bichlorure de cuivre*, $CuCl$, que l'on obtient en dissolvant le
bioxyde de cuivre dans l'acide chlorhydrique; après l'évaporation, il
reste sous forme d'un sel vert; il est soluble dans l'alcool, et communique à la flamme une teinte verte. Une solution de bichlorure de

cuivre avec laquelle on trace des caractères sur du papier change de couleur par l'élévation ou l'abaissement de la température, comme le chlorure de cobalt (308). Le cuivre ne se dissout pas directement dans l'acide chlorhydrique sans le concours de l'air.

Sulfate de cuivre, CuO,SO^3+5HO, appelé souvent *couperose* ou *vitriol bleu*. La préparation de ce corps a été indiquée au § 175. Les applications de ce sel sont variées : on l'emploie en agriculture pour chauler les blés de semence. Il est souvent falsifié par du sulfate de fer ou du sulfate de zinc, fraude que l'on reconnaît facilement en décomposant le sulfate de cuivre par une lame de fer, et en pesant le cuivre obtenu après l'avoir séché à une température très-peu élevée : 10 grammes de sulfate de cuivre cristallisé pur laissent $2^{gr},5$ de cuivre métallique.

360. Azotate de cuivre, CuO,AzO^5+5HO. Le cuivre se dissout facilement dans l'acide azotique (162); la solution, évaporée lentement, laisse déposer de beaux cristaux bleus d'*azotate de cuivre*. La dissolution de 3 équivalents de cuivre exige 4 équivalents d'acide azotique, dont l'un se décompose pour oxyder le métal :

$$4AzO^5 + 3Cu = AzO^2 + 3(CuO,AzO^5).$$

Acide   Cuivre.   Bioxyde   Azotate de cuivre.
azotique.   d'azote.

Le bioxyde d'azote, au contact de l'air, se combine avec 2 équivalents d'oxygène, et forme des vapeurs rouges d'acide hypoazotique.

EXPÉRIENCE. On enveloppe rapidement un cristal d'azotate de cuivre humecté avec une goutte d'eau dans une mince feuille d'étain, puis on le dépose sur de la pierre ou du métal : il se produit de la vapeur d'eau, puis la température de l'étain s'élève jusqu'à l'incandescence. Ce phénomène est dû à l'oxydation de l'étain par l'acide azotique du sel de cuivre. Les acides phosphorique, oxalique et silicique, forment, comme l'acide carbonique, avec le bioxyde de cuivre, des combinaisons insolubles colorées en bleu ou en vert.

361. Vert-de-gris. EXPÉRIENCE. Si l'on humecte une pièce de cuivre avec du vinaigre, elle ne tarde pas à se couvrir de vert-de-gris; mais ce n'est plus le vert-de-gris naturel dont il a déjà été question (349), et qui est un *carbonate basique de cuivre;* c'est un *acétate basique de cuivre*, le vert-de-gris du commerce. On le prépare en grand, soit en attaquant directement le cuivre par l'acide acétique au contact de l'air (vert-de-gris d'Allemagne ou vert), soit en laissant attaquer des lames de cuivre par l'acide acétique qui se forme dans le marc de raisin exposé à l'air (vert-de-gris français ou bleu). Si l'on fait bouillir du vert-de-gris dans l'acide acétique, la solution devient bleue et laisse déposer des cristaux verts d'*acétate neutre de cuivre*, $CuO,A+HO$.

Le vert-de-gris et tous les sels de cuivre sont des poisons violents; les meilleurs antidotes à employer en cas d'empoisonnement par un composé de cuivre sont le lait et le blanc d'œuf. Les réactifs pour rechercher et doser le cuivre sont : l'acide sulfhydrique, l'ammoniaque, le prussiate jaune de potasse (292) : ces deux derniers sont très-sensibles; mais le plus sensible de tous, c'est le fer : une aiguille plongée pendant vingt-quatre heures dans une eau ne contenant que des traces infiniment petites de cuivre prendra une teinte rouge due à un dépôt de ce métal.

362. **Bisulfure de cuivre**, CuS. EXPÉRIENCE. L'acide sulfhydrique détermine dans une solution de cuivre un précipité noir de bisulfure de cuivre. Si l'on décante le liquide qui surnage et qu'on ajoute de l'acide azotique au précipité, il se redissout et forme de l'azotate de cuivre. Ce procédé est souvent employé pour séparer le cuivre d'avec d'autres métaux.

363. **Métallurgie du cuivre**. Le *protosulfure de cuivre*, Cu^2S, est le minerai de cuivre le plus abondant; on le trouve quelquefois seul (*cuivre gris*), mais le plus souvent combiné au sulfure de fer (*cuivre panaché*). L'extraction du cuivre contenu dans ces minerais offre beaucoup de difficultés, car il faut l'isoler en même temps du soufre, du fer et d'autres corps qui s'y trouvent avec lui, quoique en moindre proportion. On y parvient : 1° en grillant le minerai à l'air : il se forme du sulfure de cuivre, de l'oxyde de fer et de l'acide sulfureux; 2° en fondant le minerai grillé avec du charbon et du quartz : il se forme une scorie à base de fer, et le sulfure de cuivre fondu forme une masse brune, les *mattes bronzées*, que l'on soumet à un nouveau grillage pour la fondre ensuite; on obtient ainsi les *mattes blanches*, qui, après un nouveau traitement, fournissent le *cuivre brut*, qu'il faut purifier par l'affinage. Le traitement des pyrites cuivreuses est une des opérations les plus compliquées de la métallurgie. Quand le cuivre est argentifère, on soumet les mattes à la *liquation* (382).

L'extraction du cuivre des minerais oxydés est incomparablement plus facile; il suffit de les réduire par le charbon; mais ces minerais sont loin d'être assez abondants pour suffire à la consommation.

364. **Alliages du cuivre**. Les alliages formés par le cuivre sont tous très-importants.

Avec l'*or* et l'*argent* il produit les alliages employés pour les monnaies et pour l'orfévrerie.

Avec le *zinc* il forme plusieurs alliages dont le principal est le *laiton;* les autres sont le *tombac,* le *similor,* l'or *du prince Robert,* le *chrysocale,* etc. En martelant le tombac en feuilles minces on obtient l'or battu faux, qui, réduit en poudre fine, fournit le bronze d'or pour l'impression. Si l'on chauffe légèrement ce bronze en poudre, il prend une teinte pourpre et devient bronze de cuivre.

Le *cuivre,* le *zinc* et le *nickel* forment le *maillechort* (pakfong ou argentan).

L'alliage de *cuivre* et d'*étain* constitue le *bronze,* qu'on emploie pour les statues, les médailles, les cloches, les canons, etc.; on en fait aussi des miroirs pour les télescopes.

Le *cuivre* forme avec l'*aluminium* différents alliages qui ont la couleur de l'or; le *bronze d'aluminium* est très-sonore, il réunit une partie des avantages de l'acier à ceux du bronze; on peut l'employer avec avantage pour la fabrication des canons et même des fusils.

MERCURE (Hg, du latin *hydrargyrum*).

Équivalent = 100 ou 1250. Densité = 13,6.

Connu dans l'antiquité.

363. Propriétés du mercure. Le mercure est le seul métal connu qui soit liquide à la température ordinaire, ce qui lui fit donner le nom de *hydrargyrum,* c'est-à-dire *argent liquide.* Plus tard il fut appelé mercure, et ce nom lui est resté. On appelle encore souvent aujourd'hui mercure vif (mercure métallique), *mercure doux* et *mercure corrosif,* les préparations mercurielles employées en médecine. Le mercure se congèle à — 40°, aussi n'est-il pas rare de le voir à l'état solide dans le nord de la Sibérie; sous nos climats on ne peut le solidifier qu'à l'aide de mélanges réfrigérants. Il bout à 360° et distille à cette température; on a tiré parti de cette propriété pour le purifier.

Expérience. Si l'on colle sur la surface inférieure d'un bouchon neuf une feuille d'or fin battu et qu'on ferme avec ce bouchon une bouteille à mercure, on trouvera l'or tout blanc au bout de quelques jours : il s'est formé un alliage de mercure et d'or. Cette expérience prouve que le mercure émet déjà des vapeurs à la température ordinaire. Les vapeurs ainsi que les préparations mercurielles sont très-nuisibles à la santé, elles provoquent la salivation et finissent par causer de graves accidents dans l'organisme; il faut donc éviter, autant que possible, de respirer des vapeurs mercurielles ou de répandre du mercure dans un lieu habité. Dans les appartements et surtout dans les chambres à coucher, on ne devrait faire usage que

de thermomètres à alcool, car, si un thermomètre à mercure venait
à être brisé, ce métal se glisserait dans les fentes du parquet, et il
serait impossible de le faire disparaître. Il en est de même pour
les serres, car les vapeurs de mercure sont nuisibles aux plantes.
Les propriétés qu'a le mercure de ne se congeler qu'à une température très-basse et de ne bouillir qu'à une température élevée, d'être
très-dense et très-dilatable par la chaleur, l'ont fait adopter pour
la construction des thermomètres, baromètres, aréomètres, etc.
(15, 93, 24). Dans ces derniers instruments, où il ne sert qu'en
guise de lest pour les maintenir dans la position verticale, on le
remplace souvent par du petit plomb.

SELS DE MERCURE.

366. Inaltérabilité du mercure. Le mercure pur reste inaltérable
à l'air et sous l'eau; mais, s'il contient une trace de métaux étrangers, plomb, étain, bismuth, etc., il se couvre d'une couche grise
d'oxyde. Cet oxyde reste adhérent au verre et à la porcelaine : le
mercure mouille le verre; on dit dans ce cas qu'il fait la *queue*.
Chauffé au contact de l'air, le mercure se recouvre d'une pellicule
rouge d'un oxyde appelé par les anciens précipité *per se*. La formation en est excessivement lente : aussi, pour obtenir l'oxyde de mercure en quantité notable, faut-il dissoudre le mercure dans un acide
et décomposer par la chaleur le sel formé. Le meilleur dissolvant,
dans ce cas, est l'acide azotique.

367. Azotate de protoxyde de mercure, Hg^2O,AzO^5. Expérience.
Dans une capsule de porcelaine on laisse pendant quelques jours
40 gr. de mercure avec 20 gr. d'acide azotique; le mercure, au bout
de ce temps, sera couvert de petits cristaux blancs d'*azotate de
protoxyde de mercure*. A froid, 2 équivalents de mercure ne se
combinent qu'avec 1 équivalent d'oxygène pris à l'acide azotique. Si
l'on introduit quelques-uns de ces cristaux dans un flacon plein
d'eau, ils y subissent une décomposition analogue à celle du nitrate
de bismuth (347); il se forme un précipité blanc qui se redissout si
l'on ajoute de l'acide azotique. Cette solution pourra servir pour les
expériences suivantes.

368. Protoxyde de mercure, Hg^2O. Expérience. A une partie de
la solution d'azotate de mercure on ajoute de la potasse caustique
elle y détermine la formation d'un précipité noir de *protoxyde de
mercure*, qu'il faut conserver dans un flacon en verre noir, parce
que la lumière le décompose en mercure et en bioxyde de mercure.
Si l'on substitue l'ammoniaque à la potasse, il se forme une combi-

naison d'ammoniaque, de protoxyde de mercure et d'acide azotique, employée en médecine sous le nom de mercure noir de *Hahnemann*. L'iodure de potassium forme dans la solution de protoxyde de mercure un précipité jaune verdâtre de *protoiodure de mercure*.

369. Décomposition de l'azotate de protoxyde de mercure. Expérience. Une goutte d'azotate de protoxyde de mercure étendue sur une pièce de cuivre se décompose, et dépose sur le cuivre une couche blanche de mercure imitant l'argent (argenture fausse).

Expérience. Si, avec une tige en bois imbibé de la solution de protoxyde de mercure on tire un trait sur une feuille de laiton, on peut, au bout d'un instant, rompre cette feuille sur toute la longueur du trait, aussi nettement que si elle avait été coupée : le mercure réduit pénètre rapidement le laiton et le rend cassant. On se sert souvent de cette solution en guise de ciseaux pour couper le laiton.

370. Protochlorure de mercure, Hg^2Cl. **Expérience.** En ajoutant de l'acide chlorhydrique ou du sel marin à la solution de protoxyde de mercure, il se fait un précipité très-dense de *protochlorure de mercure*, insoluble dans l'eau. Ce composé est connu et employé en médecine sous les noms de *mercure doux* ou *calomel* (précipité). Autrefois on préparait le protochlorure de mercure en triturant ensemble du mercure et du bichlorure, mélange que l'on sublimait ensuite (calomel sublimé). Le protochlorure de mercure ainsi obtenu est en masse cristalline très-dense, qu'on pulvérise pour la purifier par le lavage. Aujourd'hui on le prépare en distillant 12 parties de sulfate de bioxyde avec 5 de sel marin, et on fait la condensation du protochlorure dans un grand vase bien refroidi; il se dépose en poudre très-ténue facile à laver. Le calomel préparé par ce procédé est blanc; par l'autre procédé, abandonné aujourd'hui, il est jaunâtre et souvent impur.

371. Azotate de bioxyde de mercure, HgO,AzO^5. **Expérience.** Dans une petite fiole on dissout du mercure dans l'acide azotique à une température douce, puis on porte la solution à l'ébullition pendant quelques minutes; par le refroidissement il se dépose des cristaux *d'azotate de bioxyde de mercure*. Une solution de ce sel est précipitée en jaune-orange par un alcali; elle n'est pas troublée par une solution de sel marin; l'iodure de potassium y forme un précipité rouge écarlate de *biiodure de mercure*.

372. Bioxyde de mercure, HgO. **Expérience.** Si l'on chauffe dans une capsule les cristaux obtenus dans l'expérience précédente jusqu'à ce qu'il ne se dégage plus de vapeurs rutilantes, il reste une matière brune qui devient rouge par le refroidissement : c'est du *bioxyde de mercure*. L'acide azotique a été décomposé et éliminé.

Si l'on chauffait trop fort pendant l'expérience, le bioxyde lui-même serait décomposé en mercure et en oxygène (56).

373. Bichlorure de mercure, HgCl. Expérience. Le bioxyde de mercure dissous dans une quantité suffisante d'acide chlorhydrique dépose par le refroidissement des cristaux prismatiques de *bichlorure de mercure* : c'est un violent poison. On prépare en grand ce sel en sublimant un mélange à parties égales de sulfate de bioxyde de mercure et de chlorure de sodium : de là son nom de *sublimé corrosif*. Le calomel humecté avec un alcali devient noir; le sublimé corrosif, au contraire, devient jaune-orange. Les poisons ont en général la propriété de préserver de la putréfaction les matières organiques; le sublimé corrosif jouit de cette propriété au plus haut degré : il suffit d'imprégner le bois avec ce sel pour le préserver en même temps de la pourriture et des insectes. On emploie souvent le sublimé corrosif en dissolution dans l'alcool pour garantir contre les insectes les plantes des herbiers; il ne faut pas oublier, dans ce cas, que ces substances deviennent des poisons. En cas d'empoisonnement par le bichlorure de mercure, le meilleur remède est le blanc d'œuf, avec lequel il forme une combinaison insoluble.

374. Mercure précipité. Une solution de bichlorure de mercure ne précipite pas en rouge par l'ammoniaque, mais en blanc; il forme, dans ce cas, une combinaison analogue à celle qui a été obtenue avec l'azotate de protoxyde (368), mais composée de mercure, de chlore et d'ammoniaque. On l'emploie en médecine pour les usages externes sous le nom de *mercure précipité*.

375. Réduction du mercure. Expérience. Si l'on verse du protochlorure d'étain dans une solution de bichlorure de mercure, il se forme un précipité de mercure métallique très-divisé. Le protochlorure d'étain a une grande tendance à se convertir en bichlorure et enlève le chlore au sel de mercure. Le métal précipité, bouilli pendant quelque temps avec de l'acide chlorhydrique, finit par se réunir en globules.

En broyant le mercure avec des matières grasses, saindoux, suif, cire, etc., on peut le diviser à tel point, qu'il devient impossible de le distinguer dans la masse. C'est ainsi que l'on prépare les onguents mercuriels dans les pharmacies.

Le *fulminate de mercure* sert à faire les amorces des armes à feu.

376. Bisulfure de mercure, HgS. Expérience. Si l'on ajoute une très-petite quantité d'acide sulfhydrique à une solution de bichlorure de mercure, on obtient un précipité blanc, qui, par des additions successives d'acide sulfhydrique, devient jaune, puis brun, et enfin complétement noir. Ce précipité noir est du *bisulfure de mercure;*

on peut l'obtenir directement en chauffant ensemble du mercure et du soufre, ou en broyant pendant longtemps le mercure avec du soufre. Ce sulfure, sublimé dans une fiole, se dépose en cristaux d'un noir rougeâtre, le *cinabre*, qui, broyés, donnent une poudre rouge écarlate. Le sulfure noir et le sulfure rouge ont la même composition; ils offrent un bel exemple d'isomérie. Le cinabre est souvent préparé par voie humide, en chauffant à une température douce et en agitant fréquemment ensemble du mercure, du soufre et une solution de potasse : on l'appelle alors *vermillon*. On falsifie quelquefois le vermillon avec du minium, du colcothar ou de la brique pilée; pour reconnaître la fraude, il suffit de le faire chauffer : le sulfure de mercure se volatilise et les matières étrangères restent.

Le cinabre se trouve tout formé dans la nature; c'est pour ainsi dire l'unique minerai d'où l'on tire le mercure employé dans les arts. On trouve quelquefois le mercure à l'état natif, mais toujours en quantité peu abondante.

377. Métallurgie du mercure. EXPÉRIENCE. Si l'on chauffe un peu de cinabre avec du fer, le mercure est mis en liberté, tandis que le soufre se combine avec le fer. Si on chauffe le cinabre seul à l'air, il se transforme en mercure et en acide sulfureux. Ce mode de traitement, qui consiste en un simple grillage, est suivi à Almaden en Espagne, et à Idria en Illyrie. Dans les petites exploitations, on distille le minerai dans des cornues en fer avec de la chaux. Pour le transporter, on introduit le mercure dans des *potiches*, bouteilles en fer battu, fermées par une vis.

378. Amalgame. EXPÉRIENCE. Un fragment de plomb déposé sur un globule de mercure au fond d'une capsule ne tarde pas à disparaitre ; les deux métaux forment un alliage facile à broyer, pâteux ou tout à fait liquide, selon que la quantité de plomb est plus ou moins forte par rapport à celle du mercure. Le mercure forme avec la plupart des autres métaux des alliages qui ont été appelés *amalgames*. L'un des plus importants est l'*amalgame d'étain*, que l'on peut faire adhérer en couche mince sur le verre; on s'en sert pour l'étamage des glaces.

ARGENT (Ag).

Équivalent = 108 ou 1350. Densité = 10,5.

Connu de toute antiquité.

379. L'argent fait partie des métaux inaltérables. Il ne s'altère ni à l'air ni à l'eau; on peut le chauffer à une température élevée,

le fondre vers 1000° environ sans qu'il s'oxyde; on peut même le
volatiliser au chalumeau à gaz détonant. Ces qualités en font un
métal très-précieux, et qu'à cause de sa rareté on emploie concur-
remment avec l'or à la fabrication de la monnaie. L'argent est susceptible d'un beau poli; on peut le réduire en feuilles de $\frac{1}{500}$ de millimètre d'épaisseur, et l'étirer en fils tellement ténus, qu'un fil de
plus de 2500 mètres de long ne pèse qu'un gramme. On emploie
l'argent à la confection des objets de luxe, tantôt seul, tantôt comme
couverture d'autres métaux (plaqué). Les alchimistes l'appelaient
lune.

Alliages d'argent. L'argent forme des alliages avec beaucoup de
métaux, l'or, le platine, etc.; mais les plus importants sont les
alliages d'argent et de cuivre. Comme l'argent pur est assez mou, et
s'use rapidement par le frottement, on l'allie à un autre métal qui
lui donne un peu de dureté, et c'est généralement le cuivre qu'on
emploie.

En Allemagne, on prend pour unité 16 *loth d'argent fin*[1], et, selon
que dans 16 loth d'alliage il y aura 1, 2 ou 3, etc., *loth* de cuivre,
on dit que l'argent est au *titre* de 15, de 14 ou de 13 *loth*, etc.

En France, les alliages sont déterminés par la loi. L'argent fin
étant $\frac{1000}{1000}$, l'argent des monnaies est composé de $\frac{900}{1000}$ d'argent et $\frac{100}{1000}$
de cuivre; celui des médailles de $\frac{950}{1000}$ d'argent et de $\frac{50}{1000}$ de cuivre,
avec une tolérance de $\frac{3}{1000}$ au-dessus ou au-dessous du titre. Pour
les orfévres il y a deux titres, l'un a $\frac{950}{1000}$ avec une tolérance de $\frac{5}{1000}$ au-
dessous : c'est l'alliage avec lequel on fait la vaisselle et l'argen-
terie; le second a $\frac{800}{1000}$ avec une tolérance de $\frac{5}{1000}$ au-dessous. Quand
l'argent contient une forte proportion de cuivre, il a une teinte
jaune et quelquefois rougeâtre; on le soumet alors au *blanchiment*.
Pour cela on chauffe les pièces d'argent de manière à oxyder le
cuivre à la surface, puis on les plonge dans de l'eau acidulée avec
de l'acide azotique ou de l'acide sulfurique, qui dissout l'oxyde de
cuivre et laisse à la surface une couche blanche d'argent très-pauvre
en cuivre.

380. **Azotate d'argent**, AgO,AzO^5. L'argent ne s'oxyde qu'à l'aide
des acides concentrés; le plus employé est l'acide azotique.

Expérience. On dissout une pièce d'argent dans l'acide azotique, à
froid, ou en chauffant légèrement dans une fiole. Le cuivre allié à
l'argent colore la solution en bleu; on y plonge une lame de cuivre
qui précipite l'argent à l'état métallique, tandis que le cuivre reste
en dissolution; le précipité est lavé à l'eau ammoniacale jusqu'à ce

[1] 64 *loth* = 1 kilogramme.

que celle-ci ne se colore plus en bleu, puis séché et redissous dans l'acide azotique. On obtient ainsi de l'*azotate d'argent* pur.

En évaporant la solution, l'azotate d'argent se dépose en cristaux anhydres qui peuvent subir la fusion ignée. Le nitrate d'argent fondu et coulé dans des moules cylindriques en fer ou en laiton sert en médecine, sous le nom de *pierre infernale*, à cautériser les plaies de mauvaise nature. L'azotate d'argent colore la peau et beaucoup de matières organiques en noir; on a tiré parti de cette propriété pour teindre en noir certains objets d'os ou d'ivoire, tels que les pions des jeux d'échecs, et pour marquer le linge. La couleur noire est due à l'oxyde d'argent.

381. Expériences avec l'azotate d'argent. Expérience *a*. Un petit fragment d'azotate d'argent, chauffé au chalumeau, fuse; il reste de l'argent qu'on peut fondre en continuant à souffler.

Expérience *b*. Si l'on ajoute goutte à goutte de l'ammoniaque à une solution d'azotate d'argent, il se forme un précipité gris, noirâtre, d'oxyde d'argent, AgO, qui se redissout si on ajoute un excès d'ammoniaque. Il ne faut pas pousser plus loin l'expérience, parce que l'ammoniaque forme avec l'oxyde d'argent un composé très-explosible connu sous le nom d'*argent fulminant*. Quant au *fulminate d'argent*, on l'obtient en combinant l'oxyde d'argent avec l'acide fulminique (179).

Chlorure d'argent, AgCl. Expérience *c*. Si l'on ajoute du sel marin à une solution étendue d'azotate d'argent, on obtient un précipité blanc, cailleboté, de *chlorure d'argent*, qui se dépose rapidement. Ce précipité est caractéristique pour l'argent, il est soluble dans l'ammoniaque, insoluble dans l'acide azotique, et prend à la lumière une teinte violacée; le chlorure d'argent est fusible, il prend, pendant la fusion, l'apparence de la corne, *argent corné*. Une solution est troublée par un chlorure quand elle ne contient que des traces d'argent (186). On a tiré parti de cette propriété des chlorures de précipiter l'argent, et de celle du précipité de se déposer rapidement, pour déterminer le titre des alliages d'argent et de cuivre (essais par voie humide).

Essais d'argent par voie humide. Ce procédé d'analyse pour les alliages d'argent, que l'on doit à Gay-Lussac, consiste à verser dans la solution d'argent une solution de chlorure de sodium jusqu'à ce qu'il ne se forme plus de précipité. La solution de sel marin est préparée de telle manière, qu'un volume déterminé correspond à un poids connu d'argent : 1 cent. cube, par exemple, à 1 centig. ou à 1 millig. d'argent. On pèse un poids déterminé de l'alliage à essayer, que l'on dissout dans l'acide azotique, puis on y ajoute successivement la solution de chlorure de sodium, au moyen d'une burette graduée par centimètres cubes et dixièmes de centimètres cubes, jusqu'à ce qu'il ne se forme plus de précipité. On lit alors sur la burette le chiffre du volume de liquide employé, chiffre qui indique directement le poids de l'argent précipité. On se sert de burettes de différentes formes ; la plus généralement employée est celle qu'a imaginée Gay-Lussac (fig. 153, *a*).

La méthode de dosage est la même que pour les essais alcalimétriques, avec cette seule différence que dans les essais alcalimétriques on reconnaît la fin de l'opération au changement de couleur du tournesol.

Décomposition du chlorure d'argent par la lumière. Expérience *d*. Si l'on étend rapidement, à l'aide d'un pinceau, une solution d'azotate d'argent sur une feuille de papier blanc qu'on laisse sécher et qu'on plonge ensuite dans une solution étendue de sel marin, le papier séché à l'obscurité, après avoir été lavé à l'eau, reste blanc.

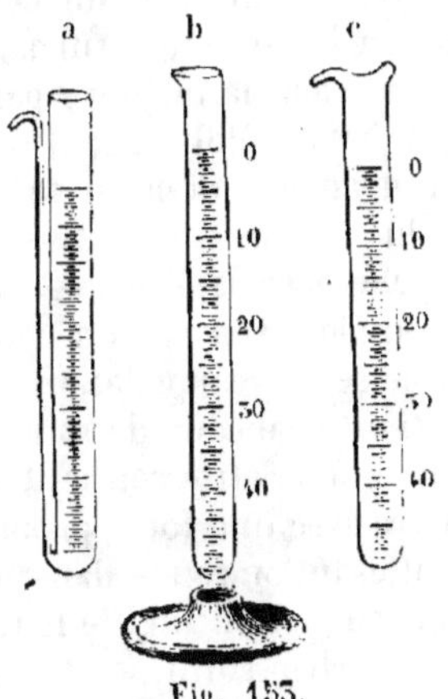

Fig. 153.

Exposé à la lumière, le côté sur lequel on a déterminé la formation d'une légère couche de chlorure d'argent devient violet, puis noir. Si on expose le papier de telle sorte qu'une moitié reste à l'obscurité, dans un livre, par exemple, la partie découverte noircit, tandis que l'autre moitié reste blanche. Le chlorure d'argent est décomposé à la lumière, le chlore se dégage, et il reste de l'oxyde d'argent noir. Cette propriété des sels d'argent, mais particulièrement du chlorure, de l'iodure et du bromure d'argent, a été utilisée pour la reproduction des images par le daguerréotype et la photographie.

Sulfure d'argent, AgS. Expérience *e*. L'acide sulfhydrique forme dans les solutions d'argent un précipité noir de sulfure d'argent. C'est à cet état que se trouvent la plupart des minerais d'argent exploités ; on trouve encore ce métal à l'état natif ou combiné avec l'arsenic ou avec l'antimoine, rarement à l'état de chlorure.

382. Métallurgie de l'argent. La méthode suivie pour l'extraction de l'argent varie suivant les minerais ; on emploie généralement l'un des quatre procédés suivants :

a) *Coupellation.* Les galènes sont souvent argentifères ; pour en extraire l'argent, on traite le minerai comme à l'ordinaire, et tout l'ar-

gent passe dans le plomb. Pour l'en retirer, on chauffe le plomb
dans un fourneau à réverbère dont la sole est formée par un grand
creuset évasé, fait d'un mélange d'argile et de calcaire ou de
marne, et appelé *coupelle*. A la surface du métal fondu on fait arriver, au moyen de tuyères, un courant d'air constant; le plomb se
transforme en litharge, qui surnage et est en partie absorbée par la
coupelle, mais dont la majeure partie s'écoule par une rainure. L'argent reste à l'état métallique; il contient encore un peu de plomb et
de métaux étrangers dont on le débarrasse en le fondant dans des
coupelles plus petites : les autres métaux s'oxydent et sont absorbés
par la coupelle avec la litharge. Ce procédé fournit l'*argent de coupelle*; on l'emploie souvent en petit pour l'analyse des alliages d'argent par voie sèche (coupellation).

b) Liquation. Beaucoup de minerais de cuivre sont argentifères, et
le cuivre qu'on en retire contient de l'argent. Pour l'en extraire, on
fond le cuivre avec une forte proportion de plomb, et on coule l'alliage en mattes qu'on range dans un fourneau, en les séparant avec
du charbon, auquel on met le feu. La chaleur produite par la combustion du charbon suffit pour fondre le plomb, qui entraine tout
l'argent avec lui, tandis que le cuivre reste. On traite ensuite par
coupellation le plomb argentifère ainsi recueilli. Ce procédé, très-
difficile, est généralement abandonné aujourd'hui; on lui a substitué
le procédé par dissolution.

c) Amalgamation. Ce procédé est employé pour les minerais qui
contiennent de l'argent natif ou du sulfure exempt de plomb. L'opération se fait en deux fois; d'abord, on grille le minerai bocardé avec
du sel marin : on forme ainsi du chlorure d'argent; puis ensuite le
minerai grillé est trituré avec de l'eau, du fer et du mercure dans des
tonneaux fermés : il se forme, pendant cette opération, du chlorure
de fer et de l'argent métallique qui se dissout dans le mercure. Quand
on chauffe l'amalgame, le mercure distille, et il reste de l'argent métallique.

d) Extraction par dissolution. Quand l'argent du minerai a été
transformé en chlorure par le grillage, on l'extrait au moyen d'une
solution bouillante de sel marin qui dissout le chlorure d'argent. La
solution que l'on fait ensuite passer sur des fragments de cuivre métallique est décomposée : le cuivre se substitue à l'argent et le précipite à l'état métallique (580). Ce procédé est aujourd'hui préféré
aux procédés par liquation et par amalgamation.

OR (Au, du latin *aurum*).

Équivalent = 196,7 ou 2458,75. Densité = 19,5.

Connu de toute antiquité.

383. L'or se trouve à l'état natif dans presque tous les pays du monde, mais le plus souvent en quantités trop faibles pour être exploité. Sa rareté et son inaltérabilité en font le plus précieux de tous les métaux. Sa valeur est jusqu'à présent environ 15 fois celle de l'argent. Ses qualités l'ont fait appeler le roi des métaux par les alchimistes, qui le prenaient pour le symbole du soleil.

L'or est un peu moins tenace que l'argent, mais il est beaucoup plus ductile : il peut être réduit en feuilles de $\frac{1}{10000}$ de millimètre d'épaisseur; 1 gramme d'or peut être étiré en un fil de 3000 mètres de long. Comme l'or se trouve toujours à l'état natif, soit en petits grains dans des alluvions de sable quartzeux, soit dans des filons de quartz où il forme quelquefois des masses ou *pépites* assez fortes, l'exploitation en est très-simple : on l'extrait par le lavage et l'amalgamation du sable ou des minerais bocardés.

Alliages d'or. L'or pur ou à $\frac{1000}{1000}$ est plus mou que l'argent et s'use rapidement par le frottement; on lui donne de la dureté en l'alliant à un autre métal, quelquefois à l'argent (*or jaune, or vert*), le plus souvent au cuivre.

En France, l'alliage monétaire est composé de $\frac{900}{1000}$ d'or et de $\frac{100}{1000}$ de cuivre; celui des médailles contient $\frac{916}{1000}$ d'or; ces deux alliages jouissent d'une tolérance de $\frac{2}{1000}$ au-dessus et au-dessous du titre.

Dans la bijouterie, on emploie trois alliages : l'un de $\frac{920}{1000}$, un autre de $\frac{840}{1000}$ d'or, tous deux peu usités, et un troisième de $\frac{750}{1000}$ d'or, avec une tolérance de $\frac{5}{1000}$ au-dessous.

En Allemagne, l'or fin est à 24 carats; l'or à 18 carats correspond à l'alliage français de $\frac{750}{1000}$; il contient 6 carats, c'est-à-dire $\frac{1}{4}$ de cuivre. L'or à 6 carats ne contiendrait que $\frac{1}{4}$ d'or et $\frac{3}{4}$ de cuivre.

384. **Affinage de l'or.** Quand l'or entre pour une faible proportion dans un alliage, on le sépare en faisant bouillir cet alliage avec de l'acide sulfurique dans des chaudières en fer. L'argent et le cuivre s'oxydent aux dépens d'une partie de l'acide sulfurique qu'ils convertissent en acide sulfureux, et se transforment en sulfates, tandis que l'or se réunit au fond de la chaudière. Pour extraire l'argent de la dissolution, on y plonge des lames de cuivre qui le précipitent, et on obtient du sulfate de cuivre comme produit accessoire.

Dans les essais de minerais, où l'on a souvent à séparer l'or de l'argent, on dissout l'alliage dans l'acide azotique : l'argent se dissout, tandis que l'or reste insoluble. Cependant, pour que la solution de l'argent soit complète, il faut que dans 4 parties d'alliage il y en ait 3 d'argent contre 1 d'or ; quand l'alliage n'est pas dans ce rapport, il est indispensable de l'y mettre ; cette opération a reçu le nom d'*inquartation*. Si l'alliage contient plus de $\frac{1}{4}$ à $\frac{1}{5}$ d'or, une partie de l'argent se trouve comme protégée par l'inaltérabilité de l'or, et n'entre plus en dissolution.

Pour les essais d'or, qui demandent beaucoup de précision, on a recours à la coupellation ; on arrive cependant aussi à une appréciation assez exacte au moyen de la *pierre de touche*. C'est une pierre rugueuse et noire inattaquable aux acides ; on y fait un trait avec le métal à essayer, puis on l'humecte avec de l'acide azotique étendu contenant un peu d'acide chlorhydrique : tout ce qui n'est pas or se dissout. On compare la trace d'or qui reste avec celles que laissent des alliages connus (toucheaux), et on conclut de là le titre de l'alliage essayé.

385. Sesquichlorure d'or. L'or n'est attaqué par aucun acide (l'acide sélénique excepté) ; mais il l'est par le chlore (152). En général, pour dissoudre l'or, on le combine avec le chlore à l'état naissant, produit par l'eau régale, dans laquelle l'or se dissout en la colorant en orange foncé. Après l'évaporation il reste une matière rouge brunâtre, le *sesquichlorure d'or*, Au^2Cl^3. La lumière décompose ce sel et met le chlore en liberté ; le phosphore, le fer, le zinc et beaucoup de métaux précipitent l'or de sa dissolution.

386. Dorure. EXPÉRIENCE *a.* On plonge le fond d'une fiole dans une solution étendue d'or, puis on chauffe doucement le vase au-dessus de la flamme d'une lampe à alcool : le sel d'or se décompose, et le verre se couvre d'une légère couche d'or. Cette expérience fournit une preuve du peu de stabilité des composés formés par l'or.

EXPÉRIENCE *b.* On verse quelques gouttes d'une solution d'or sur une feuille de papier qu'on brûle ensuite : l'or, dans un grand état de division, reste mêlé à la cendre. Si l'on frotte ce mélange pendant quelque temps sur de l'argent, au moyen d'un bouchon très-doux humecté d'une solution de sel marin, l'argent se recouvre d'une légère couche d'or (dorure à froid).

On se sert aujourd'hui de plusieurs procédés de dorure : la dorure au *trempé*, qui s'applique sur les objets en cuivre que l'on fait bouillir dans une solution d'or à laquelle on a ajouté du bicarbonate de potasse ; la *dorure au mercure*, qui consiste en un amalgame d'or dont on recouvre les objets en cuivre bien décapés que l'on expose ensuite à une température élevée pour volatiliser le mercure; enfin la *dorure galvanique*, qui s'opère au moyen du courant électrique : c'est le procédé le plus employé aujourd'hui, non-seulement pour la dorure, mais aussi pour l'*argenture*. On peut argenter le verre au moyen d'une solution alcaline d'argent à laquelle on ajoute du sucre de lait : l'action réductrice du sucre de lait s'exerce sur l'oxyde d'argent, qu'il ramène à l'état métallique, de la même manière que sur le bioxyde de cuivre, qu'il transforme en protoxyde (354).

387. Expérience. A une dissolution assez étendue de sulfate de protoxyde de fer, acidulée avec un peu d'acide chlorhydrique, on ajoute quelques gouttes d'une solution de sesquichlorure d'or; le liquide se trouble et prend une teinte brune qui paraît bleue par transparence. A la fin il se dépose une matière brune formée d'or dans un grand état de division. Les orfèvres emploient ce moyen pour précipiter l'or de sa dissolution. Le sulfate de protoxyde de fer réduit le chlorure d'or : il se forme du sulfate de sesquioxyde et du sesquichlorure de fer. L'or précipité, broyé avec de l'huile d'aspic, sert à la dorure sur verre et sur porcelaine.

388. **Oxyde d'or**. Une goutte de solution d'or produit sur la peau ou sur un corps organique une tache d'un violet foncé, de *protoxyde d'or*, Au^2O, indélébile. Cet oxyde fait partie du précipité formé par le protochlorure d'étain (pourpre de Cassius) que l'on emploie pour colorer en pourpre le verre et la porcelaine; les sels d'étain peuvent servir de réactif pour découvrir l'or dans ses dissolutions. Le *sesquioxyde d'or* ou *acide aurique*, Au^2O^3, a une couleur jaune; il se comporte comme un acide avec les alcalis. Il se combine aussi avec l'ammoniaque, et forme alors un composé qui détone avec violence, *or détonant*.

389. **Sulfure d'or**. L'acide sulfhydrique forme, dans une solution d'or, un précipité noir de sulfure d'or soluble dans le sulfhydrate d'ammoniaque. L'or ne peut pas être combiné directement avec le soufre, mais il est attaqué par les sulfures alcalins.

PLATINE (Pt).

Équivalent = 98,58 ou 1232,08. Densité = 21,5.

Introduit en Europe en 1741 par Wood.

390. **Propriétés du platine**. Le platine est un métal plus dense que l'or. Il ne fut introduit en Europe que vers le milieu du siècle dernier; il était connu en Amérique sous le nom espagnol de *platina*, qui signifie petit argent. On trouve généralement ce métal sous

forme de petits grains arrondis, dans les terrains aurifères; on en rencontre aussi, en assez grande quantité, dans les monts Ourals: quelquefois en pépites, dont la grosseur varie depuis celle d'une lentille jusqu'à celle d'un œuf. Le platine est inaltérable comme l'or; il est tenace, très-ductile, et peut être soudé sur lui-même comme le fer; il ne fond qu'au chalumeau à gaz détonant. Le platine devient moins fusible encore, et en même temps plus inaltérable et plus dur, quand il contient une petite quantité d'iridium. Ces propriétés l'ont fait employer depuis le commencement de ce siècle dans les laboratoires et dans les arts, où il est devenu indispensable. On en fait des cornues pour la distillation de l'acide sulfurique et de l'acide fluorhydrique, des creusets dans lesquels on peut chauffer la plupart des substances au rouge blanc sans altérer le métal. Il faut éviter cependant d'y chauffer des métaux, car beaucoup d'entre eux forment avec le platine des alliages plus fusibles que le platine lui-même, de sorte que les creusets seraient bientôt troués; il en est de même pour le soufre, le phosphore, l'arsenic, le bore et le silicium, qui rendent le platine cassant. Le prix du platine tient le milieu entre celui de l'or et celui de l'argent; en Russie, on fait usage du platine pour les monnaies; on ne l'emploie pas en bijouterie à cause de sa teinte grisâtre et parce qu'on ne peut pas lui donner un aussi beau poli qu'à l'argent.

391. **Bichlorure de platine**. Le platine se dissout, comme l'or, dans l'eau régale; il se transforme en *bichlorure de platine*, $PtCl^2$, dont la solution est orange foncé.

392. **Éponge de platine**. EXPÉRIENCE. Si l'on ajoute du chlorure de platine dissous à une solution de chlorhydrate d'ammoniaque, il se forme un précipité jaune orangé qui est un sel double, le chlorure double de platine et d'ammoniaque. Le précipité étant bien déposé, on décante le liquide et on fait sécher le précipité jusqu'à ce qu'on puisse le réunir en une boule que l'on place dans un creuset ou qu'on fixe au bout d'un fil de platine pour le chauffer à la lampe. La chaleur détruit la combinaison : le sel ammoniac et le chlore sont chassés, tandis que le platine reste sous forme d'une masse grise très-poreuse, l'*éponge de platine*. Dans cet état, le platine jouit de la propriété de condenser les gaz et d'opérer entre eux des combinaisons qui n'auraient pas lieu directement (85, 106). C'est en comprimant sous des presses l'éponge de platine chauffée à blanc que l'on obtient le platine en masses compactes et susceptibles d'être martelées ou laminées en feuilles et en fils. Aujourd'hui on peut fondre facilement de grandes quantités de platine dans des appareils en chaux chauffés au moyen du chalumeau à gaz détonant, et dont l'invention est due à M. H. Deville.

Noir de platine. On peut obtenir le platine dans un grand état de division en précipitant par l'alcool le *protochlorure de platine*, PtCl, dissous dans la potasse ; il est alors sous forme d'une poudre noire possédant au plus haut degré la faculté de condenser les gaz : on l'appelle *noir de platine.* Il devient incandescent quand on le met en contact avec quelques gouttes d'alcool, qu'il transforme immédiatement en acide acétique. Le noir de platine détermine, dans ce cas, la combinaison entre l'alcool et l'oxygène de l'air.

593. Expérience. Si l'on répète l'expérience 386, *a*, en substituant à la solution d'or une solution de platine, il se dépose sur le verre une couche de platine métallique, car la combinaison du platine n'est pas plus stable que celle de l'or. On décore ou on recouvre quelquefois la poterie d'une couche de platine à laquelle le brunissage donne un beau brillant.

594. **Chlorures doubles.** Le chlorure de potassium forme un précipité de chlorure double avec les sels de potasse comme avec les sels d'ammoniaque ; on l'emploie souvent comme réactif pour doser ces deux alcalis, et surtout pour séparer la potasse de la soude dans les analyses.

Le platine forme avec l'oxygène un protoxyde et un bioxyde, comme il forme un protochlorure et un bichlorure avec le chlore.

595. Le *palladium*, l'*iridium*, le *ruthenium*, le *rhodium* et l'*osmium* se trouvent presque toujours associés au platine dans les minerais : ils jouissent en partie des mêmes propriétés que ce métal.

—

RÉSUMÉ.

(1) Le plomb, le bismuth, le cuivre, le mercure, l'argent, l'or et le platine ne décomposent pas l'eau pour se combiner avec l'oxygène comme les métaux pesants des deux premiers groupes ; ils ne se dissolvent que dans les acides concentrés.

(2) Leurs oxydes inférieurs sont basiques, leurs oxydes supérieurs sont indifférents ou acides.

(3) Ces métaux se trouvent dans la nature à l'état natif ou à l'état de sulfures, rarement à l'état d'oxydes.

(4) Leur densité est plus élevée que celle des métaux précédents, elle varie de 8,8 à 21,5 (celle de l'iridium même est de 23).

(5) Ils sont tous précipités à l'état de sulfures par l'acide sulfhydrique, par conséquent, par le sulfhydrate d'ammoniaque, qui dissout le sulfure d'or et le sulfure de platine.

(6) Le mercure, l'argent, l'or et le platine sont inaltérables à l'air. Quand ils ont été transformés en oxydes au moyen d'un acide, la chaleur

suffit pour remettre le métal en liberté. Pour les autres métaux, le concours d'un corps réducteur est nécessaire.

TROISIÈME GROUPE DES MÉTAUX PESANTS.

TUNGSTÈNE, MOLYBDÈNE, TITANE, TANTALE, NIOBIUM, VANADIUM.

396., Ces métaux sont très-rares et n'ont pas encore reçu d'application. Leurs oxydes supérieurs sont tous des acides bien caractérisés; les deux premiers sont les plus connus. Le tungstène se trouve
dans le *wolfram* (tungstate de fer et de manganèse), et le molybdène
se rencontre surtout à l'état de sulfure de molybdène ou de molybdate de plomb. Le molybdate d'ammoniaque est un réactif employé
pour rechercher l'acide phosphorique.

CHROME (Cr).

Équivalent = 26,28 ou 328,5. Densité = 6,0.

Découvert par Vauquelin en 1797.

597. Le chrome est un métal très-dur; bien que l'époque de sa découverte ne soit pas très-reculée, il a déjà reçu de nombreuses applications, non pas, il est vrai, à l'état métallique, mais à cause de
ses combinaisons, car la plupart de ses composés produisent de belles
couleurs. C'est à cette propriété qu'il doit son nom de chrome (couleur).

Le minerai de chrome le plus important est le fer chromé, dont
on exploite aujourd'hui des gisements considérables en Suède, dans
l'Oural, et surtout dans l'Amérique du Nord; il en existe une mine
importante dans le midi de la France. On le transforme en un sel,
le bichromate de potasse, très-répandu dans les arts à l'état de beaux
cristaux rouges au moyen desquels on prépare les autres composés
du chrome.

598. **Bichromate de potasse**, $KO, 2CrO^3$. Ce sel contient 2 équivalents d'acide pour 1 de base; c'est un sel acide qui cristallise en
tables rectangulaires fortement colorées en rouge, 100 parties d'eau
à la température ordinaire en dissolvent 10 de bichromate de potasse; mais ce sel est beaucoup plus soluble dans l'eau chaude.

EXPÉRIENCE. Si à une solution de 5 grammes de bichromate de potasse dans 50 cent. cubes d'eau on ajoute $2^{gr},5$ de carbonate de
potasse, et qu'on concentre la solution devenue jaune pâle, elle dé-

pose des cristaux jaune citron de *chromate neutre de potasse*, KO,CrO^3. La potasse du carbonate s'est combinée avec le second équivalent d'acide chromique, et l'acide carbonique a été mis en liberté. Si l'on ajoute à la solution jaune de chromate neutre un peu d'acide azotique, cette solution prend immédiatement une teinte orange, parce qu'il se forme de nouveau du bichromate de potasse et de l'azotate avec le second équivalent d'alcali.

399. Chromate de plomb, PbO,CrO^3. EXPÉRIENCE. On ajoute de l'acétate de plomb à une solution de bichromate de potasse, aussi longtemps qu'il se forme un précipité; ce précipité est du *chromate de plomb*, la couleur jaune la plus vive et la plus généralement employée pour la peinture à l'huile, l'impression des tissus et la fabrication des papiers peints. Mêlé à de la craie, du talc, de l'argile, du plâtre, etc., il constitue les couleurs connues sous les noms de jaune impérial, jaune de roi, jaune de Paris, etc. Mêlé au bleu de Prusse, il produit des couleurs vertes, telles que le vert de Naples, le cinabre vert, etc.

EXPÉRIENCE. Si l'on fait bouillir le jaune de chrome dans l'eau avec du carbonate de potasse, il prend une couleur plus foncée, devient orangé, et produit le *chrome orange*, qui contient un peu moins d'acide chromique que le jaune de chrome; on s'en aperçoit facilement, parce que l'eau dans laquelle il a bouilli s'est colorée en jaune, coloration due au chromate de potasse.

Rouge de chrome. Le chromate de plomb, fondu avec de l'azotate de potasse, perd la moitié de son acide, et se transforme en *chromate basique de plomb*, $2PbO,CrO^3$, dont la couleur rouge peut se comparer à celle du cinabre.

EXPÉRIENCE. Le jaune de chrome est employé dans la teinture et dans l'impression des tissus; mais on ne l'applique pas tout formé : on *mordance* les tissus avec le sel de plomb, puis on les passe dans la solution de chromate de potasse. Si l'on passe un morceau de toile dans une solution d'acétate de plomb, et qu'on le laisse sécher pour le plonger ensuite dans une solution de chromate de potasse, il se trouve teint en jaune; la toile jaune qu'on fait bouillir pendant quelque temps dans un lait de chaux devient orange; ici a lieu le même phénomène que pendant l'ébullition du chromate de plomb avec le carbonate de potasse : le chromate de potasse précipite en jaune les sels de baryte et de zinc, en rouge brique les sels de mercure, et en pourpre les sels d'argent.

400. Sesquioxyde de chrome, Cr^2O^3. EXPÉRIENCE. Si l'on fait bouillir du chromate de plomb avec de l'acide chlorhydrique, la solution prend une teinte verte, tandis qu'il se forme un précipité blanc de chlorure de plomb; la matière dissoute est du *sesquichlo-rure de chrome*. Pendant l'opération, il s'est dégagé du chlore produit par une réaction identique à celle du peroxyde de manganèse sur l'acide chlorhydrique; l'oxygène de l'acide chromique a transformé l'acide chlorhydrique en chlore, dont une moitié s'est combinée avec le chrome, tandis que l'autre s'est dégagée. L'ammoniaque ajoutée à la solution de sesquichlorure de chrome y forme un précipité verdâtre de *sesquioxyde de chrome hydraté* qui devient vert foncé en perdant son eau d'hydratation. On l'emploie dans la peinture sur verre et sur porcelaine; il fournit une belle couleur verte.

Expérience. La facilité avec laquelle l'acide chromique perd la moitié de son oxygène en fait un puissant moyen de combustion par voie humide. On dissout dans une fiole un peu de bichromate de potasse dans une faible quantité d'eau, on y ajoute quelques gouttes d'acide sulfurique, et on chauffe. Quelques fragments de sucre ou quelques gouttes d'alcool ajoutés à cette solution y produisent une vive effervescence due à un dégagement d'acide carbonique; le liquide, de rouge qu'il était, devient vert, et ne contient plus que du sulfate de potasse et de sesquioxyde de chrome.

401. **Acide chromique**, CrO^3. Expérience. On humecte dans une capsule 20 grammes de bichromate de potasse en poudre avec 20 grammes d'acide sulfurique étendu de son poids d'eau, et on chauffe le mélange pendant 5 minutes environ (fig. 154). Une

Fig. 154.

goutte de ce liquide, projetée sur une feuille de papier, devient verte, et produit une effervescence. Quand la capsule est refroidie, on y verse environ 20 grammes d'eau, on agite, puis on décante avec précaution dans un verre la solution qui contient l'acide chromique dissous, tandis que les cristaux de sulfate de potasse restent dans la capsule. A la solution décantée on ajoute 60 à 80 grammes d'acide sulfurique; l'acide chromique se dépose alors en petits cristaux rouges. Au bout de vingt-quatre heures, quand le dépôt est bien formé, on décante le liquide qui surnage, et on fait sécher la bouillie cristalline pendant 1 jour sur une tuile neuve que l'on recouvre pour éviter la poussière. Au bout de ce temps, l'acide chromique est séché, on l'enlève et on le conserve dans un flacon bouché à l'émeri. On verra, par les deux expériences qui suivent, avec quelle facilité ce corps se décompose en oxygène et en sesquioxyde de chrome.

EXPÉRIENCE *a*. Si l'on projette un peu d'acide chromique au fond d'un verre dont les parois viennent d'être mouillées avec de l'alcool, l'alcool qui y est resté adhérent se combine si rapidement avec l'oxygène de l'acide chromique, qu'il s'enflamme aussitôt. L'odeur de vinaigre qu'on perçoit donne à supposer quelle espèce de transformation a subie l'alcool : ce qui a lieu lentement par l'absorption de l'oxygène de l'air pendant la transformation du vin ou de la bière en vinaigre s'effectue ici rapidement à l'aide de l'oxygène de l'acide chromique, et la chaleur dégagée pendant la réaction suffit pour enflammer l'alcool.

EXPÉRIENCE *b*. On mêle ensemble dans un petit mortier, sans appuyer sur le pilon, une petite quantité d'acide chromique avec le quart environ de son volume de camphre en poudre, puis, au moyen d'un tube effilé ou d'une baguette, on y laisse tomber d'assez haut une goutte d'alcool : il se produit instantanément une flamme accompagnée d'une détonation analogue à celle que produirait de la poudre. Il reste dans le mortier une matière verte semblable à de la mousse très-déliée; elle est formée de sesquioxyde de chrome, qui a été considérablement divisé par l'expansion des gaz au moment de la combustion.

Ces propriétés de l'acide chromique l'ont fait ranger parmi les oxydants les plus énergiques, tels que les acides azotique, chlorique, manganique, plombique; le chlore, etc.

ANTIMOINE (Sb, du latin *stibium*).

Équivalent = 129 ou 1612,5. Densité = 6,7.

Les composés antimonieux étaient connus depuis longtemps; l'antimoine à l'état métallique n'est connu que depuis le quinzième siècle.

402. L'antimoine, connu sous le nom de *régule d'antimoine*, est un métal blanc comme le bismuth, dont il n'a pas cependant la teinte rosée; sa structure est cristalline et lamelleuse; il est très-cassant, et peut facilement être broyé dans un mortier; il fond à 450°. Les composés antimonieux sont des poisons; ils provoquent le vomissement, ce qui les fait souvent employer en médecine.

403. **Protoxyde d'antimoine**, SbO^3. EXPÉRIENCE. L'antimoine ne s'altère pas à l'air à la température ordinaire; mais il s'oxyde à une température élevée; chauffé au chalumeau, sur un charbon, il brûle avec une flamme blanche, et l'oxyde formé est entraîné ou se dépose

sur le charbon. Le globule d'antimoine fondu se recouvre, par le refroidissement, d'une couche cristalline d'oxyde; mais, si on le projette, en fusion, sur une feuille de papier, il se divise en une grande quantité de globules qui restent incandescents pendant un instant, et laissent derrière eux sur le papier une trainée d'oxyde. L'odeur alliacée perçue pendant la fusion de l'antimoine est due à une petite quantité d'arsenic que renferme souvent ce métal.

404. Acide antimonique, SbO^5. Si l'on fait bouillir l'oxyde d'antimoine dans l'acide azotique, il prend encore 2 équivalents d'oxygène, et se transforme en *acide antimonique* insoluble dans l'eau et dans les acides. La chaleur lui fait perdre 1 équivalent d'oxygène, et il reste une combinaison d'oxyde d'antimoine et d'acide antimonique, SbO^4, que l'on appelle *acide antimonieux*. Ce corps n'est pas volatil : il communique au verre et à la porcelaine une couleur jaune ou orange.

Expérience. L'antimoine chauffé avec l'acide azotique se convertit, comme l'étain, en une matière blanche insoluble, l'*acide antimonieux*, formé d'un mélange des deux oxydes. Si, au contraire, on projette dans un creuset chaud l'antimoine mêlé à de l'azotate de potasse, il se forme de l'acide antimonique seul, qui se combine avec l'alcali de l'azotate : l'*antimoniate de potasse*, KO,SbO^5, se dissout dans l'eau bouillante; on l'emploie comme réactif pour découvrir la soude, avec laquelle il forme une combinaison presque totalement insoluble.

405. Protochlorure d'antimoine, $SbCl^3$. L'antimoine se dissout difficilement dans l'acide chlorhydrique; le procédé de préparation le plus simple consiste à dissoudre le sulfure d'antimoine dans l'acide chlorhydrique.

Expérience. On dissout dans une fiole 20 grammes de sulfure d'antimoine dans 100 grammes d'acide chlorhydrique. Il se forme du *protochlorure d'antimoine*, et il se dégage de l'acide sulfhydrique qu'on perd ou qu'on reçoit dans l'eau ou dans un lait de chaux pour l'absorber. Le protochlorure d'antimoine, appelé autrefois *beurre d'antimoine*, à cause de sa consistance butyreuse, reste en solution dans le liquide acide, qu'on décante aussitôt qu'il s'est éclairci. Quelques gouttes de cette solution, étendues rapidement sur une plaque de fer, produisent à sa surface une couche brune d'antimoine métallique qui préserve le fer de l'oxydation. On *brunit* souvent ainsi les canons des armes à feu pour les préserver de l'oxydation.

Si l'on fait passer le courant d'acide sulfhydrique à travers un lait de chaux, on obtient comme produit accessoire un *oxysulfure de calcium* qui jouit de la propriété de faire tomber rapidement les cheveux ou le poil, comme on peut facilement s'en assurer en plongeant pendant quelque temps un morceau de peau de veau dans ce liquide.

EXPÉRIENCE. On verse environ 40 grammes de la solution de protochlorure d'antimoine dans 1/2 litre d'eau bouillante : il se forme un précipité blanc d'*oxychlorure d'antimoine*, SbO^2,Cl, insoluble dans l'eau, et connu autrefois sous le nom de *poudre d'Algaroth*. On le lave à plusieurs reprises avec de l'eau, puis on le met à digérer pendant 1 heure dans une solution formée de 10 grammes de carbonate de soude et 100 grammes d'eau, où il perd le reste de son chlore et se transforme en protoxyde d'antimoine. On obtient ainsi par voie humide le composé qui a été préparé directement en oxydant l'antimoine à l'air (403).

406. Tartrate de potasse et d'antimoine, tartre stibié ou émétique, $KO,SbO^5,\overline{T}^2+2HO$. EXPÉRIENCE. A 100 grammes d'eau distillée, en ébullition dans une capsule de porcelaine, on ajoute un mélange de 5 parties de bitartrate de potasse et de 5 parties d'oxyde d'antimoine. On concentre le liquide jusqu'à moitié de son volume; on le filtre pendant qu'il est encore chaud, et on en verse une moitié dans de l'alcool, tandis qu'on laisse l'autre refroidir lentement. On obtient du tartrate double par les deux voies : par la dernière on l'aura en gros cristaux, par la première en poudre très-fine, parce que l'émétique, étant insoluble dans l'alcool, se précipite. Le bitartrate de potasse est un sel acide; le second équivalent d'acide est saturé par l'oxyde d'antimoine qui produit le tartrate double de potasse et d'antimoine, sel toxique employé en médecine comme vomitif énergique; il est soluble à froid dans 15 parties d'eau.

407. Protosulfure d'antimoine, SbS^5. EXPÉRIENCE. Si l'on verse de l'acide sulfhydrique dans une solution d'émétique, il se forme un précipité orangé de protosulfure d'antimoine; ce précipité est caractéristique pour l'antimoine; c'est le seul métal qui précipite à l'état de sulfure avec cette couleur; la teinte devient plus foncée par la dessiccation.

C'est à l'état de protosulfure que l'on trouve le plus fréquemment l'antimoine dans la nature; mais il a alors un tout autre aspect que celui qu'on vient de préparer : il est en masses compactes, d'un gris noirâtre, à reflets fortement métalliques; ces masses paraissent être formées par l'assemblage d'une grande quantité d'aiguilles cristallines. Le protosulfure d'antimoine commence à fondre dans la flamme d'une bougie. Aussi est-il facile de l'extraire de son minerai par liquation. Broyé, il forme une poudre noire à points brillants qu'on

emploie fréquemment dans les campagnes sous le nom d'antimoine
pour guérir certaines maladies du bétail.

EXPÉRIENCE. On fait bouillir pendant quelque temps du sulfure
d'antimoine pulvérisé avec une solution de potasse caustique, puis on
décante la solution, à laquelle on ajoute peu à peu un acide pour la
neutraliser : il se précipite du sulfure d'antimoine qui était tenu en
dissolution par la potasse. Ce sulfure d'antimoine, qui porte en pharmacie le nom de *kermès minéral*, est beaucoup plus divisé que le
sulfure naturel (129); c'est ce qui fait qu'il est coloré en rouge; il
contient cependant toujours un peu d'oxyde d'antimoine. Le sulfure
précipité de l'émétique, de couleur orange, est encore plus divisé que
celui du kermès.

Les trois sulfures, orange, rouge et noir, ont la même composition; ce sont des modifications isomériques du même corps.

On prépare encore dans les pharmacies un sulfure d'antimoine
plus divisé que les précédents, le *persulfure d'antimoine*, SbS^5, de
couleur orange; il correspond à l'acide antimonique, comme le protosulfure correspond au protoxyde d'antimoine.

Hydrogène antimonié. (Voir § 418.)

408. Métallurgie de l'antimoine. Pour obtenir l'antimoine métallique, il suffit de chauffer son sulfure avec du fer. Le fer se combine
avec le soufre, tandis que l'antimoine se réunit en culot au fond du
creuset.

409. Alliages d'antimoine. De tous les alliages de l'antimoine, le
plus important est celui qu'il forme avec le plomb et qui sert à couler les *caractères d'imprimerie*. Le plomb seul est trop mou et serait bientôt écrasé par les presses typographiques; mais, allié à une
certaine proportion d'antimoine, qui varie de $\frac{1}{8}$ à $\frac{1}{12}$, il acquiert une
dureté assez grande pour que les caractères fondus avec cet alliage
puissent résister longtemps sans se détériorer.

ARSENIC (As).

Équivalent = 75 ou 937,5. Densité = 5,6.

La connaissance de quelques-unes des combinaisons de l'arsenic remonte
à la plus haute antiquité.

410. Les composés arsenicaux sont classés parmi les poisons les
plus violents du règne minéral, et entraînent toujours la mort, même
à petite dose, si l'on ne combat point leurs funestes effets. Les meilleurs antidotes sont la magnésie et le sesquioxyde de fer hydraté, qui
transforment les composés arsenicaux en matières insolubles. Quand

on n'a pas ces agents à sa disposition, il faut combattre l'action du poison par le lait, le blanc d'œuf, de l'eau de savon ou de l'eau sucrée. Pendant les expériences qu'on fait avec l'arsenic, il faut éviter de respirer les vapeurs arsenicales ; les vases dont on aura fait usage devront être nettoyés avec soin, et les eaux de lavage jetées dans un endroit où elles ne puissent nuire ni aux hommes ni aux animaux.

411. **Arsenic.** L'arsenic se trouve quelquefois à l'état métallique dans certains minéraux ; il est, dans ce cas, d'un gris bleuâtre très-brillant ; le plus souvent il est combiné avec d'autres métaux ou avec le soufre ; on l'obtient alors en décomposant le sulfure de fer et d'arsenic par le fer. L'arsenic distille et est condensé dans le récipient. Dans cet état on l'emploie souvent comme mort-aux-mouches : on le fait bouillir un instant dans l'eau, où se dissout la pellicule d'oxyde qui s'est formée à la surface de l'arsenic.

Expérience. On introduit un fragment d'arsenic de la grosseur d'un grain de millet dans un tube de verre fermé à une extrémité, puis on chauffe sur la lampe (fig. 155). L'arsenic, qui commence à

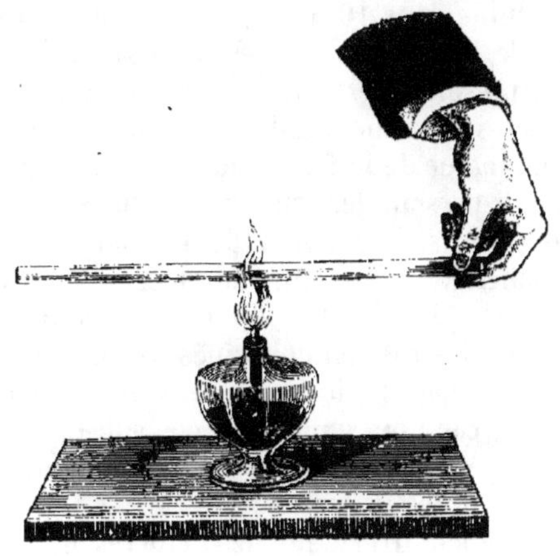

Fig. 155.

se volatiliser à 180°, vient se condenser contre la partie supérieure du tube, où il forme une *couche miroitante noire;* il émet en même temps une *odeur d'ail* particulière aux vapeurs arsenicales. Ces deux propriétés sont caractéristiques pour l'arsenic. Le phosphore exposé à l'air émet une odeur alliacée analogue à celle de l'arsenic; si ce caractère rapproche ces deux corps, on verra qu'ils se ressemblent encore bien plus par l'ensemble de leurs combinaisons.

412. Acide arsénieux ou arsenic blanc, AsO^3. EXPÉRIENCE. Si l'on chauffe l'arsenic condensé sur les parois du tube dans l'expérience précédente en maintenant le tube ouvert aux deux extrémités, il se forme des vapeurs blanches qui se condensent sous forme pulvérulente ou en petits cristaux blancs dans la partie froide du tube. Ces cristaux, vus à la loupe, affectent la forme octaédrique : ce sont les produits de la combustion de l'arsenic, l'*acide arsénieux* ou *arsenic blanc*, connu généralement sous le nom d'*arsenic* ou de mort-aux-rats. On obtient l'acide arsénieux comme produit accessoire pendant le grillage des minerais d'étain, d'argent et de cobalt, ou en chauffant les minerais d'arsenic dans des appareils spéciaux. L'acide arsénieux très-divisé se dépose dans de longs conduits par où l'on fait passer les courants d'air ; on obtient ainsi l'arsenic brut en poudre, que l'on purifie par une nouvelle sublimation. Il se réunit alors en une masse vitreuse qui perd à la longue sa transparence, devient blanche et translucide, comme la porcelaine, par suite d'un changement moléculaire qui s'opère dans l'intérieur du corps déjà solidifié (280).

L'acide arsénieux est soluble dans 10 à 12 parties d'eau chaude et dans 50 parties d'eau froide ; cette solubilité est suffisante pour convertir l'eau en un violent poison. C'est avec l'acide arsénieux qu'on détruit les rats et les insectes : on ne vend à cet effet que de l'arsenic coloré, afin de le distinguer de la farine ou du sucre en poudre. Pour éviter que les rats dispersent les matières empoisonnées, le meilleur moyen à employer consiste à clouer de la couenne de lard ou un poisson sur une planche, et de saupoudrer cet appât avec de l'arsenic. Si l'on en met dans des écuries, il faut avoir soin de couvrir les mangeoires, afin que les rats empoisonnés ne puissent y pénétrer. On emploie avec avantage l'acide arsénieux ou l'arsénite de soude au chaulage des blés, car non-seulement ces substances préservent le froment du charbon, mais elles détruisent en même temps les animaux nuisibles qui dévorent la semence.

L'acide arsénieux empêche la putréfaction des matières organiques, comme le sublimé corrosif ; c'est pourquoi on s'en sert souvent pour saupoudrer à l'intérieur la peau des animaux empaillés.

L'acide arsénieux abandonne facilement son oxygène aux autres corps ; les verriers s'en servent comme du peroxyde de manganèse (297) pour transformer en sesquioxyde brun le protoxyde de fer qui colore le verre en noir ou en vert. C'est avec une solution d'arsenic et de mercure dans l'acide azotique que les chapeliers enlèvent le lustre aux poils de lapin.

Réduction de l'acide arsénieux. EXPÉRIENCE. On introduit au fond

d'un petit tube, étiré en pointe, un petit fragment d'acide arsénieux ;
on met par-dessus un fragment de charbon, et on chauffe le tube
sur la lampe (fig. 156) d'abord à la partie où se trouve le charbon,

Fig. 156.

puis à celle où est l'acide arsénieux, dont la vapeur est
réduite en passant sur le charbon : l'arsenic métallique vient
se condenser dans la partie
froide du tube. C'est une des
méthodes les plus sûres pour
découvrir de petites quantités
d'arsenic.

413. Arsénites. EXPÉRIENCE.
On chauffe 2 grammes d'acide
arsénieux avec 20 grammes d'eau et 4 grammes de carbonate de potasse : l'acide arsénieux se dissout rapidement et forme avec l'alcali de l'*arsénite de potasse*.

a) A une moitié de la solution que l'on vient de préparer on en
ajoute une autre formée de 5 grammes de sulfate de cuivre dans
20 grammes d'eau ; cette solution produit dans la première un précipité jaune verdâtre à l'état humide, et vert foncé à l'état sec : c'est
l'arsénite de cuivre, connu sous le nom de. *vert de Scheele* ou *vert
minéral*.

b) A l'autre moitié de la solution on ajoute de même, mais après
l'avoir introduite dans une fiole, une solution de 3 grammes de sulfate
de cuivre dans 20 grammes d'eau, puis on y verse de l'acide acétique
aussi longtemps qu'il se produit une effervescence ; après une ébullition de cinq minutes, on place la fiole dans un grand vase rempli
d'eau chaude, et on laisse refroidir lentement. On obtient ainsi,
après vingt-quatre heures de repos, une combinaison d'arsénite et
d'acétate de cuivre, fréquemment employée en peinture à cause de
sa belle couleur verte, connue sous le nom de *vert de Schweinfurt*.
Il ne faut pas faire usage de cette couleur pour la décoration des
appartements ; on s'en sert pourtant dans la fabrication des papiers
peints ; mais ces papiers sont toujours dangereux : il s'en détache,
par le frottement, des particules très-ténues d'arsénite de cuivre
qui ont une influence pernicieuse sur la santé. Les ouvriers qui tra-
vaillent le vert de Schweinfurt sont sujets à des vésicules, des pus-
tules et des ulcères sur les parties exposées au contact de cette couleur. On a introduit dans le commerce une couleur rouge extraite
des bois colorés, et qui porte le nom de *rouge de cochenille* : elle
contient une forte proportion d'arsenic.

414. Acide arsénique, AsO^5. L'acide arsénieux, bouilli dans l'acide azotique, fixe encore deux équivalents d'oxygène et devient *acide arsénique*. On l'obtient combiné avec la potasse en fondant ensemble de l'acide arsénieux et de l'azotate de potasse en proportions convenables. L'*arséniate de potasse* cristallise en pyramides quadrangulaires (fig. 157) ; on l'emploie en grandes quantités dans l'impression des tissus pour faire les *enlevages* ou les *réserves* de dessins blancs sur fond coloré.

Fig. 157.

415. Sulfures d'arsenic. EXPÉRIENCE. L'acide sulfhydrique produit dans une solution d'acide arsénieux un précipité *jaune* de *sulfure d'arsenic*, AS^5, dans lequel les 3 équivalents d'oxygène sont remplacés par 3 équivalents de soufre. Ce caractère permet de reconnaître facilement l'arsenic, parce qu'il n'y a que les sels de cadmium et ceux d'étain qui forment dans ces circonstances un précipité de la même couleur. Le sulfure d'arsenic est soluble dans le sulfhydrate d'ammoniaque. On trouve ce sulfure tout formé dans la nature ; il porte le nom d'*orpiment*, et est employé, comme couleur jaune, dans la peinture. Cette couleur doit être proscrite des lieux habités, parce que sur les murs contenant de la chaux elle peut donner naissance à un gaz très-pernicieux (l'hydrogène arsénié). On prépare une couleur analogue à de la cire ou de la porcelaine jaune en distillant l'acide arsénieux avec un peu de soufre : elle est formée en grande partie d'acide arsénieux, et ne contient que peu de sulfure d'arsenic.

Il existe dans la nature un sulfure d'arsenic, AS^2, rouge ou brun ; on le nomme *réalgar*.

416. Extraction de l'arsenic. L'arsenic se trouve souvent combiné avec le fer et avec le soufre ; c'est de ce minerai qu'on retire la majeure partie de l'arsenic : on le soumet au grillage dans des fours à réverbère ; l'acide arsénieux qui se forme se dépose dans de longs conduits ou chambres disposés à cet effet. Le fer et le soufre s'oxydent en même temps que l'arsenic ; mais l'oxyde de fer n'est pas volatil, et l'acide sulfureux se dégage à l'état gazeux.

417. Hydrogène arsénié, AsH^5. EXPÉRIENCE. On produit un dégagement d'hydrogène au moyen du zinc et de l'acide sulfurique dans une petite fiole munie d'un tube effilé. Au bout de quelque temps (85) on allume le gaz et on maintient sur la flamme une soucoupe en porcelaine (fig. 158) : il ne se dépose sur cette soucoupe que de l'eau formée pendant la combustion de l'hydrogène. Si ensuite on plonge un morceau de bois dans le vert de Schweinfurt, en n'y laissant adhérer que quelques parcelles de couleur, et qu'on introduise ce morceau de bois dans la fiole, l'hydrogène, allumé de nouveau,

Fig. 158.

brûle avec une flamme livide et dépose sur la porcelaine une couche brune ou noire très-brillante d'arsenic métallique : l'acide arsénieux a été réduit par l'hydrogène naissant, qui s'est combiné avec l'arsenic pour former l'*hydrogène arsénié*; ce gaz est décomposé dans la flamme : l'arsenic métallique brûle dans la partie extérieure de la flamme et se transforme en acide arsénieux. Cette combustion n'a plus lieu quand on introduit dans la flamme un corps froid sur lequel l'arsenic se dépose en couche brillante, comme le charbon se dépose en couche mate dans des circonstances analogues. Ce procédé est d'une extrême efficacité pour découvrir l'arsenic; l'appareil décrit a reçu le nom d'appareil de *Marsh*, du nom de son inventeur; il a été perfectionné pour les recherches de chimie légale. Il faut éviter avec soin de respirer les gaz qui proviennent de la combustion de l'hydrogène, mais surtout de respirer le gaz non allumé, car l'hydrogène arsénié est un gaz des plus délétères : une quantité excessivement faible suffit pour causer la mort.

418. Hydrogène antimonié, SbH³. EXPÉRIENCE. Si l'on répète l'expérience précédente en substituant l'émétique au vert de Schweinfurt, il se dépose encore sur la porcelaine une tache noire formée par l'antimoine; elle est plus foncée que la tache d'arsenic, et ressemble davantage à du charbon. Si on l'humecte avec une solution de chlorure de chaux, elle ne s'altère point, tandis que la tache arsenicale se dissout immédiatement.

L'antimoine et l'arsenic forment, comme le phosphore, des combinaisons hydrogénées qui ont la plus grande analogie avec l'ammoniaque; ils jouissent, comme celle-ci, de propriétés basiques. Ces deux corps forment des acides analogues aux acides azoteux et phosphoreux, azotique et phosphorique; aussi sont-ils souvent classés parmi les métalloïdes; d'autres fois on les trouve rangés parmi les métaux : ils forment une transition entre ceux-ci et ceux-là.

RÉSUMÉ.

(1) Le chrome, l'antimoine et l'arsenic ne décomposent pas l'eau; on les attaque au moyen des acides concentrés.

(2) Leurs oxydes inférieurs se comportent comme des bases ou comme des acides; les oxydes supérieurs sont des acides bien caractérisés.

(3) Ces métaux se trouvent le plus souvent à l'état de sulfures, le chrome excepté.

(4) L'antimoine et l'arsenic sont précipités de leurs solutions, à l'état de sulfures, par l'acide sulfhydrique; le chrome se comporte sous ce rapport comme le fer, avec lequel il a la plus grande analogie : il ne précipite pas par l'hydrogène sulfuré.

(5) L'antimoine et l'arsenic se combinent avec l'hydrogène comme les métalloïdes.

RÉSUMÉ GÉNÉRAL DES MÉTAUX.

MÉTAUX.

(1) Tous les métaux ont un éclat particulier, ils sont *opaques* et *bons* conducteurs de la chaleur et de l'électricité.

(2) La plupart des métaux cristallisent par un refroidissement lent (le plus souvent en cubes).

(3) Tous les métaux sont fusibles; mais à des températures très-différentes; la plupart se volatilisent à des températures élevées.

(4) Tous les métaux se combinent avec l'oxygène, le soufre et le chlore.

(5) Ils se mêlent intimement et se combinent souvent entre eux quand on les fond ensemble (alliages).

OXYDES.

(6) La plupart des métaux forment avec l'oxygène des *oxydes basiques*. Presque tous les oxydes métalliques sont insolubles dans l'eau.

(7) Plusieurs métaux ne forment qu'un oxyde (ou du moins n'ont qu'un bioxyde très-instable); d'autres en forment deux, trois, quatre et même cinq. Les oxydes les plus élevés sont alors des acides.

(8) Les métaux s'unissent à l'oxygène :

   a) Par l'exposition à l'air humide;

   b) Quand ils sont chauffés au contact de l'air;

   c) En décomposant l'eau à la température ordinaire;

   d) En décomposant l'eau au rouge;

   e) En décomposant l'eau sous l'influence d'un acide; dans ce cas, on les précipite par une base énergique;

   f) En décomposant les acides concentrés; on les précipite encore au moyen d'une base énergique;

   g) En étant chauffés avec l'azotate ou le chlorate de potasse.

(9) Les oxydes sont réduits :

   a) Par la chaleur seule;

b) Par le charbon à l'aide de la chaleur;
c) Par l'hydrogène à l'aide de la chaleur,
d) Par un métal plus électro-positif;
e) Par le courant électrique.

SULFURES.

(10) Les sulfures des métaux légers sont solubles dans l'eau; ceux des autres métaux sont insolubles.

(11) Un métal forme en général au moins autant de sulfures que d'oxydes.

(12) On obtient les sulfures :
a) En mêlant ou en fondant le métal avec du soufre ou en le chauffant dans la vapeur de soufre;
b) En traitant les oxydes ou les sels par l'acide sulfhydrique;
c) En chauffant les sulfates avec du charbon.

(13) Les métaux perdent leur soufre :
a) Par le grillage à l'air;
b) Par l'action d'un métal plus électro-positif;
c) Quand on les chauffe dans un courant de vapeur d'eau;
d) Quand on les chauffe avec des acides énergiques.

CHLORURES.

(14) La plupart des chlorures sont solubles dans l'eau et cristallisables.

(15) En général, un métal forme autant de chlorures que d'oxydes.

(16) Les chlorures s'obtiennent :
a) En mettant un métal ou son oxyde en contact avec le chlore;
b) En dissolvant les métaux dans l'acide chlorhydrique;
c) En dissolvant les métaux dans l'eau régale;
d) Par la double décomposition d'un chlorure et d'un oxysel.

(17) On peut enlever aux métaux leur chlore :
a) Par la chaleur;
b) En les chauffant dans l'hydrogène;
c) Au moyen d'un métal plus électro-positif;
d) Au moyen d'un acide énergique, comme l'acide sulfurique.

OXYSELS.

(18) Tout acide forme en général un sel avec un oxyde basique; le nombre des sels est donc indéterminé.

(19) Pour qu'un sous-oxyde puisse se combiner avec un acide, il faut qu'il absorbe d'abord une nouvelle quantité d'oxygène; les peroxydes, au contraire, doivent en perdre.

(20) La plupart des sels sont cristallisables, soit avec, soit sans eau de cristallisation.

(21) Les sels sont très-solubles, peu solubles ou insolubles dans l'eau.

(22) Les sels se forment :
a) Quand on expose les métaux à l'air;
b) Quand on dissout les métaux ou leurs oxydes dans les acides;
c) Pendant la décomposition des sulfures par les acides ou par l'exposition des sulfures à l'air;
d) Par le déplacement d'un métal au moyen d'un autre.

(23) Beaucoup de sels perdent par la chaleur leurs acides, qui se dégagent (acide carbonique), ou brûlent (acides organiques).

(24) On réduit les sels comme les oxydes. Si la réduction se fait à l'aide du charbon, on ajoute quelquefois une base qui se combine avec l'acide.

ÉTAT NATUREL DES MÉTAUX.

(25) La nature nous présente les métaux principalement sous les cinq formes suivantes : 1° *natifs;* 2° combinés avec le soufre à l'état de *sulfures;* 3° combinés avec l'arsenic à l'état d'*arséniures;* 4° combinés avec l'oxygène à l'état d'*oxydes;* 5° combinés avec l'oxygène et un acide à l'état de *sels.*

Parmi les métaux usuels on trouve :

1) À l'état natif.	2) À l'état de sulfures.	3) À l'état d'arséniures.	4) À l'état d'oxydes.	5) À l'état de sels.
Or.	Plomb.	Cobalt.	Manganèse.	Sodium et potassium.
Platine.	Antimoine.	Nickel.	Étain.	Barium et strontium.
Argent.	Cuivre.	Argent.	Fer.	Calcium et magnésium.
Bismuth.	Argent.	Fer.	Chrome.	Aluminium.
Mercure.	Mercure.		Zinc.	Zinc et fer.
Arsenic.	Arsenic.		Uranium.	Plomb et cuivre.
	Fer.		Cuivre.	
	Zinc.			

GROUPEMENT DES ÉLÉMENTS LES PLUS USUELS.

Il est difficile de grouper les éléments, par ordre, d'après leurs propriétés et leurs affinités. D'après leurs caractères *physiques* et *chimiques* on peut les ranger par groupes de la manière suivante :

Oxygène.
Fluor, chlore, brome, iode.
Soufre, sélénium.
Phosphore, azote, arsenic, antimoine.
Carbone, bore, silicium.
Chrome.
Platine, or.
Bismuth, plomb, argent, mercure, cuivre.
Cobalt, nickel, fer, manganèse.
Étain, cadmium, zinc.
Aluminium.
Magnésium, calcium, strontium, barium.
Sodium, potassium.
Hydrogène.

Dans le tableau suivant, on a placé en tête des deux colonnes les deux corps qui ont les propriétés les plus opposées : le plus *électro-négatif*, l'*oxygène*, et le plus *électro-positif*, le *potassium*. Au-dessous de chacun d'eux on a rangé les corps d'après leur analogie avec celui qui forme la tête de colonne. La position intermédiaire entre les deux colonnes est occupée par les corps qui sont tantôt électro-positifs, tantôt électro-négatifs. D'après cette règle, que deux corps ont entre eux d'autant plus d'affinité qu'ils se ressemblent moins, ce tableau pourra donner une idée de l'affinité réciproque des corps entre eux, si l'on considère qu'ils ont entre eux d'autant plus d'affinité qu'ils sont plus éloignés. L'oxygène se combinerait par conséquent de préférence avec le potassium, puis avec le sodium, etc., et non avec le fluor; le potassium de préférence avec l'oxygène, puis avec les halogènes, le soufre, etc., et non avec le sodium, le lithium, etc. Il faut faire observer cependant que ce tableau n'est exact que dans son ensemble et peut souffrir un grand nombre d'exceptions de détail.

Éléments électro-négatifs formant de préférence des acides.			Éléments électro-positifs formant de préférence des bases.
—			+
Oxygène.	Hydrogène.		Potassium.
Fluor.			Sodium.
Chlore.			Lithium.
Brome.			Barium.
Iode.			Strontium.
Soufre.			Calcium.
Sélénium.			Magnesium.
Phosphore.			Aluminium.
Azote.			Manganèse.
Carbone.			Fer.
Bore.			Zinc.
Silicium.			Cobalt.
Arsenic.			Nickel.
Antimoine.			Cadmium.
Or.			Chrome.
Platine.	Cuivre.	Étain.	Uranium
Argent.	Mercure.	Plomb.	Bismuth.

Éléments formant tantôt des bases, tantôt des acides.
±

DEUXIÈME PARTIE

CHIMIE ORGANIQUE

SUBSTANCES VÉGÉTALES

419. Force vitale. La graine, placée dans des conditions convenables d'humidité et de température, a reçu de la nature la faculté de germer. Le germe se développe, se couvre, à la lumière, de feuilles, de fleurs, et, en dernier lieu, de fruits; puis la plante meurt.

La germination, la croissance, la floraison et la fructification suivie de la mort, telles sont les principales phases du développement d'une plante; quand la graine est parvenue à la maturité, c'est-à-dire a acquis la faculté de reproduire un autre individu entièrement semblable à celui qui lui a donné naissance, la plante a accompli sa mission; elle meurt, et sa décomposition commence. A l'égard des plantes vivaces, le fait fondamental n'en subsiste pas moins : toutes ces plantes, en effet, après la fructification, subissent dans leur végétation un temps d'arrêt qui correspond à la mort des plantes annuelles.

La force qui provoque les manifestations vitales dans le règne végétal nous est inconnue; elle a reçu le nom de *force vitale*; mais on ne peut la définir. Elle agit d'une manière si mystérieuse et si inaperçue, qu'il semble impossible que l'homme parvienne jamais à la saisir et à faire autre chose que constater son action. On ne connaît que les effets produits sous son influence et les matériaux dont elle dispose.

420. Recherches microscopiques et chimiques. Deux voies se présentent à l'observateur pour étudier les phénomènes qui s'accomplissent pendant la vie végétale : 1° l'*observation directe*, principalement avec le secours de verres grossissants, observation qui conduit à la connaissance de la structure intime des plantes et de leurs différents organes, ainsi qu'à celle des modifications qu'y amène la végétation; 2° les *recherches chimiques*, à l'aide desquelles on a pu déterminer la composition des plantes, leurs éléments et certaines transformations que subissent quelques-unes des substances qu'elles renferment.

Ce que l'on sait de la structure interne et externe des plantes, ainsi que des modifications diverses qu'elles subissent, forme, sous le nom de *physiologie végétale*, une branche spéciale des sciences naturelles.

421. Composition des plantes. Les plantes élaborent une grande quantité de substances différentes qu'il est souvent possible de distinguer rien qu'à leur goût ou à leur aspect. Les raisins, les betteraves, ainsi que beaucoup d'autres fruits et racines, ont une saveur sucrée et contiennent en effet du sucre; les feuilles et les jeunes sarments de la vigne ont une saveur acide, due à un acide qu'ils renferment. Les feuilles de l'absinthe sont amères, parce qu'elles contiennent une *substance amère* particulière qui en même temps émet une forte odeur provenant d'une *huile essentielle*. Dans les graines de graminées et dans les tubercules de la pomme de terre se trouve une substance farineuse particulière, l'*amidon* ou la *fécule*; dans les graines des crucifères, dans celles du lin, un liquide onctueux, l'*huile*. Les cerisiers, les pruniers, exsudent un suc collant, soluble dans l'eau; les plantes résineuses un suc analogue, mais insoluble dans l'eau : dans le premier cas, c'est de la *gomme*, dans le second de la *résine*. Les couleurs des plantes et des fleurs sont dues à des *matières colorantes;* le poison des plantes vénéneuses est un *alcali végétal*, etc.

On a donné à ces substances le nom de *principes immédiats* des plantes, parce qu'ils y préexistent : parmi eux, il en est de communs à tous les végétaux, d'autres au contraire qui ne se trouvent que dans certaines familles ou certaines espèces.

On n'est point encore parvenu à reproduire artificiellement les substances qui se forment dans les plantes, quoiqu'on ait déterminé, par l'analyse, et de la manière la plus exacte, les éléments dont ces substances sont composées, et les rapports de leurs combinaisons. Sauf quelques exceptions, on n'a pas encore pu reconstituer ces substances au moyen de leurs éléments.

422. Diversité des substances végétales. Les raisins verts ont une saveur acide qui devient sucrée quand ces fruits sont mûrs, parce qu'alors une partie de l'acide s'est transformée en sucre. Le grain de l'orge est farineux; il devient sucré après la germination, parce qu'une partie de l'amidon qu'il contenait s'est transformée en sucre. Il s'opère dans toutes les plantes des transformations analogues, même sans l'intervention de la force vitale : la pomme de terre devient sucrée quand elle a subi la gelée; l'amidon de l'orge germée se transforme entièrement en sucre si on maintient pendant quelque temps dans l'eau chaude le grain brisé. Ces *transformations d'une substance végétale en une autre*, qui s'opèrent ici sous l'influence du froid ou de chaleur, peuvent être produites artificiellement de bien d'autres manières. La chimie donne même les moyens d'outre-passer la nature sous ce rapport et de produire des substances qui ne se rencontrent pas toutes formées dans le règne végétal : telles que l'alcool, l'acide acétique, etc. Ces combinaisons deviennent pour ainsi dire innombrables quand on y fait intervenir des substances inorganiques, comme les acides énergiques, les bases, le chlore, etc., qui transforment les substances végétales en d'autres substances souvent toutes différentes, ou bien se substituent en tout ou en partie à l'un des éléments primitifs de ces substances. Dans les quarante dernières années, on a obtenu des milliers de ces combinaisons, et le nombre en va toujours croissant.

423. Composition élémentaire des plantes. Si l'on recherche les éléments dont se composent les plantes, on reconnaît bientôt qu'ils se réduisent à quatre : le *carbone*, l'*hydrogène*, l'*oxygène* et l'*azote*. Ces corps ont été, pour cette raison, appelés *organogènes*. Beaucoup de substances végétales renferment les quatre éléments C, H, O, Az : ce sont les substances *azotées* ou quaternaires; d'autres, et c'est le plus grand nombre, ne renferment que les éléments C, H, O, et sont en conséquence appelées substances *non azotées*, ou ternaires. C'est à l'aide de ces quatre éléments, auxquels elle associe des quantités relativement très-faibles de soufre ou de phosphore et quelques sels inorganiques, que la nature produit l'innombrable quantité de végétaux qui croissent à la surface du globe.

424. Groupement atomique ou moléculaire. La composition élémentaire des substances végétales démontre que leur diversité ne provient pas du nombre des éléments dont elles se composent; il faut donc admettre que cette diversité a sa source dans le groupement différent des atomes. C'est à l'aide des groupements moléculaires qu'on a déjà cherché à expliquer (274) les combinaisons isomériques jouissant de propriétés différentes. On peut, sur un

damier, ranger les jetons 1 par 1, 2 par 2, 4 par 4, comme l'indiquent les figures *a*, *b*, *c*, *d*, sans que pour cela le nombre des
jetons ait varié. Il en est de même des atomes, lesquels peuvent être
groupés différemment, sans que leur nombre relatif augmente. On
pourra donc admettre que, dans les corps isomères, c'est le groupement moléculaire qui varie. Dans la chimie inorganique, ces corps

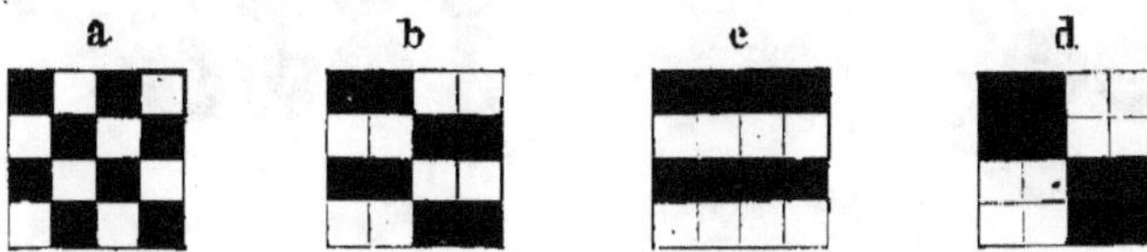

sont des exceptions; mais, parmi les substances organiques, ils forment, pour ainsi dire, la règle. Il en est peut-être ainsi parce que
ces substances sont composées de 3, 4, ou quelquefois plus d'éléments, tandis que les minéraux n'en contiennent le plus souvent que
deux qui s'unissent directement. Ce qui contribue à augmenter le
nombre des corps isomères, c'est que, en chimie organique, *les
atomes ne paraissent pas unis directement comme dans le règne
minéral, mais par groupes de* 2, 3, 4, 6, 8, 10 *et plus d'atomes de
l'un des éléments, avec une quantité correspondante d'atomes des
autres.*

Les substances organiques sont formées d'un nombre beaucoup
plus considérable d'atomes combinés que les corps inorganiques; on
peut s'en rendre compte par les exemples suivants.

Le succin produit un acide particulier, l'acide *succinique*, composé, à l'état anhydre, de 4 molécules de carbone, 2 d'hydrogène et
3 d'oxygène; sa formule sera par conséquent = $C^4H^2O^3$ (fig. 159).

Si avec l'acide précédent il se combine une nouvelle molécule
d'oxygène, on obtient l'acide *malique* anhydre = $C^4H^2O^4$ (fig. 160).

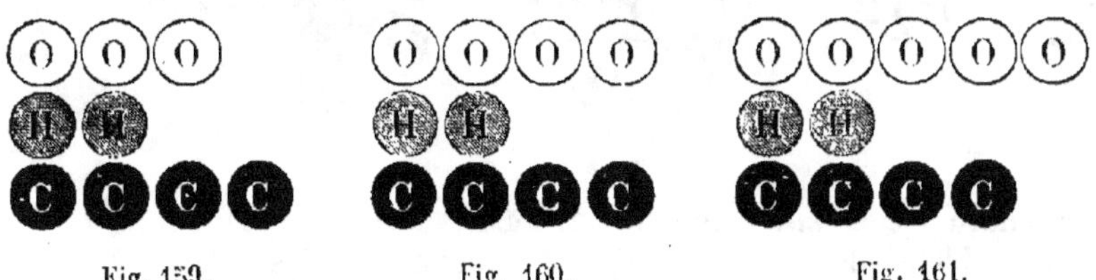

Fig. 159.   Fig. 160.   Fig. 161.

Une molécule d'oxygène de plus formera la composition de l'acide
tartrique anhydre = $C^4H^2O^5$ (fig. 161).

En ajoutant un nouvel atome d'oxygène à l'acide précédent, on aura la composition de l'acide *formique* anhydre $= C^4H^2O^6$ (fig. 162).

Si, au contraire, à l'acide succinique, qui a été pris comme point

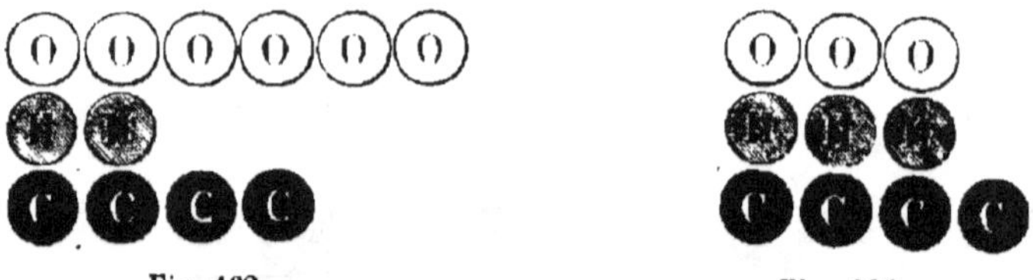

Fig. 162.   Fig. 163.

de départ, vient s'ajouter un atome d'hydrogène, on aura la composition de l'acide *acétique* anhydre $= C^4H^3O^5$ (fig. 163), etc.

Toutes ces transformations ne sont pas encore possibles dans l'état actuel des connaissances chimiques ; mais rien n'empêche de supposer qu'on y parviendra un jour.

Le *sucre*, l'*amidon* et le *bois* ont la même composition élémentaire ; leur formule est $C^{12}H^{10}O^{10}$: ils sont isomères. En admettant la moitié de la formule, c'est-à-dire $C^6H^5O^5$, afin de simplifier les figures, on verra, par les trois suivantes, qu'on pourrait supposer les atomes groupés ainsi :

Dans le sucre :   Dans l'amidon :   Dans le bois :

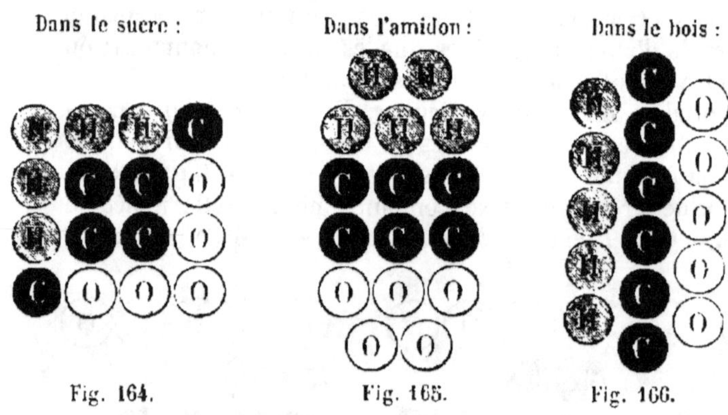

Fig. 164.   Fig. 165.   Fig. 166.

et on comprendra facilement comment les mêmes éléments, réunis en proportions identiques, peuvent donner naissance à des corps différents. Ainsi les 16 atomes représentés dans les figures 164, 165, 166, peuvent être groupés de bien des manières différentes, et les 32 atomes dont se compose en réalité le sucre se prêteront à un nombre beaucoup plus considérable encore de groupements. Il n'y aura donc plus lieu de s'étonner, après cela, de voir des corps isomères jouir de propriétés toutes différentes.

425. Transformations des substances organiques. Les transformations nombreuses et faciles des corps organiques s'expliquent aisément par cette composition complexe. Si un corps perd l'une de ses nombreuses molécules, ou s'il en prend une de plus, il cesse d'être ce qu'il était pour devenir un corps tout différent, quelquefois même il se transforme en plusieurs autres corps. Ce qu'on appelle généralement *brûler, se carboniser, pourrir, fermenter, cailler, aigrir, blanchir*, etc., c'est là tout autant de transformations de ce genre que l'on sait être particulières aux substances animales et végétales.

A la fin de la chimie végétale, on verra d'où les plantes tirent leurs éléments (carbone, hydrogène, oxygène, azote), et sous quelle forme elles les absorbent.

I. — CELLULOSE

$$(C^{12}H^{10}O^{10}).$$

426. Germination. La vitalité, qui paraît éteinte dans la graine, se réveille aussitôt que cette graine est humectée à l'air, à une température convenable.

Expérience. On place des haricots sur une toile ou sur un drap mouillé à une température de 15° à 20° environ, et on les y laisse jusqu'à ce que chaque graine s'ouvre, et que le germe apparaisse. Si, à ce moment, on sépare en deux un de ces haricots, on verra à l'extrémité où le germe a paru deux petites feuilles blanches très-déliées (fig. 167); c'est de là que partiront la tige et les feuilles de la plante nouvelle, tandis que le germe se trans-formera en racine. La matière solide qui constitue cette jeune plante est la *cellulose :* elle forme une grande quantité de cellules rondes ou allongées et de tubes qui sem-

Fig. 167.

blent des séries de cellules juxtaposées et percées aux deux extrémités. La cellulose est pénétrée par un liquide incolore qu'on a appelé *séve*. Quand la lumière agit sur la jeune plante qui sort de la graine, il s'y forme une matière verte, la *chlorophylle*, absente dans la racine, qui est à l'abri de la lumière. Les deux moitiés de la graine, les *cotylédons*, diminuent et se dessèchent en fournissant à la plante les aliments nécessaires à son premier développement. Beaucoup de graines ont deux cotylédons; on appelle dicotylédones les plantes qui les produisent.

Expérience. Des grains d'*orge* que l'on fait germer, comme les haricots précédemment, ne produisent plus deux cotylédons ; ils n'en ont qu'un, qui apparaît sous forme d'une feuille allongée (fig. 168). C'est ainsi que germent toutes les graminées, les oi-

Fig. 168.

gnons, etc., ils sont *monocotylédones*. Si l'on met une certaine quantité d'orge à tremper dans de l'eau que l'on décante quand les graines en sont imbi- bées, on peut ralentir la germination de ces graines en les introduisant dans une terrine, et en les re- muant de temps en temps. Si on laisse atteindre au germe une longueur de 1 centimètre, et qu'alors on arrête la germination par une dessiccation ra- pide à 40° ou 50°, on obtient le *malt* des bras- seurs. Les germes qui se détachent facilement des graines séchées constituent un excellent engrais ; ils sont formés de *cellulose* contenant beaucoup de substances azotées et de sels qui y ont passé pendant l'acte de la germination.

427. **Cellulose.** Le tissu végétal, principalement composé de cel- lules, a reçu, pour cette raison, le nom de *cellulose*. Cette matière est aux plantes ce que les os, la peau et les autres tissus sont aux animaux ; elle constitue la charpente des plantes, leur donne la forme et le port ; elle est disposée dans l'intérieur du végétal en con- duits par où la sève monte et descend, comparables, sous ce rap- port, aux veines et aux artères des animaux. La cellulose est *fine* et *très-déliée* dans les jeunes pousses, les jeunes feuilles, les fleurs, dans la chair de certains fruits ou certaines racines, comme les pommes, les prunes, les navets, etc. ; elle est plus *compacte* dans la paille sèche, le bois, l'enveloppe des graines de céréales (son), etc. ; elle est *dure* comme de la corne dans les noyaux de cerises, de prunes, les coquilles de noix ; elle est *poreuse* et *élastique* dans la moelle de sureau, le liége ; enfin, elle est allongée, tenace et *très- flexible* dans les fils que l'on retire des plantes textiles, comme le chanvre, le lin, le coton, etc.

428. **Ligneux.** La section d'un arbre (fig. 169) peut donner une idée des modifications que la cellulose subit avec l'âge, et des différences qu'elle présente dans un même arbre. Au-dessous de l'écorce extérieure, morte, *a*, se trouve une couche d'écorce verte *b*, puis le liber *c*, formé de fibres allongées et qui paraissent remplir dans les arbres des fonctions analogues à celles des veines dans le corps humain. C'est principalement dans l'intérieur de ces fibres que circule la sève ; aussi un arbre ne tarde-t-il pas à périr si on enlève une sec- tion annulaire de son liber, tandis qu'il peut continuer à vivre

(comme on le voit par les arbres creux), en n'ayant plus qu'une
très-petite quantité de bois, pourvu qu'il ait conservé le liber et
l'écorce. C'est de chaque côté du liber qu'il se forme annuellement
dans l'arbre, à l'intérieur, une nouvelle couche de bois; à l'extérieur,
une nouvelle couche d'écorce. Le bois qui se trouve immédiatement
au-dessous du liber, l'*aubier*, *d*, est plus léger et moins dur que le
bois de cœur, *c*, qui occupe le centre de l'arbre. Le bois de cœur a
généralement une coloration plus foncée que l'aubier; quelquefois il
contient des matières colorantes (bois de Brésil, de campêche, etc.);
il doit sa dureté à une matière incrustante, le *ligneux*, qui tapisse
l'intérieur des cellules, et finit quelquefois par les remplir.

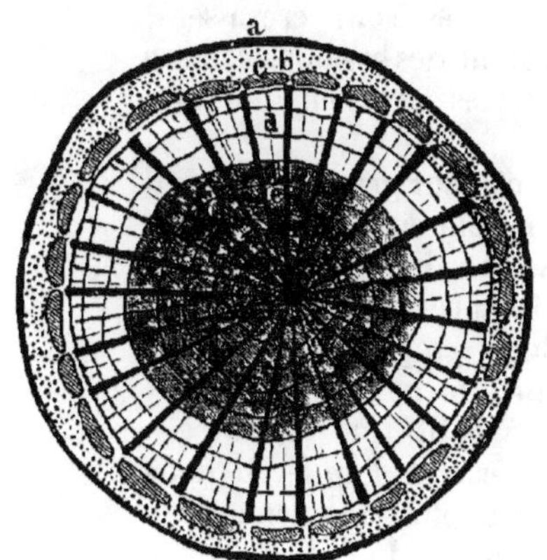

Fig. 169.

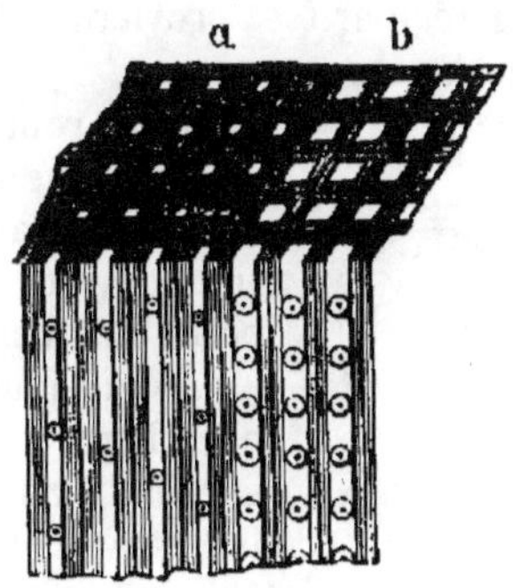

Fig. 170.

On peut facilement étudier la structure du bois à l'aide du microscope ou même d'une forte loupe. La figure 170 représente le
grossissement de la section longitudinale et transversale d'une
couche annuelle de bois de pin. En *b* se trouve le tissu plus lâche
et plus mou, composé de cellules à parois minces, qui s'est formé
au printemps lors du développement des feuilles; en *a*, le tissu
plus compacte formé à la fin de l'été et composé de cellules à parois beaucoup plus fortes.

Le liber et l'écorce de la plupart des plantes, parmi beaucoup
d'autres substances, en renferment une à saveur très-astringente,
soluble dans l'eau, et connue sous le nom de *tannin*.

Liber. Si l'on immerge dans l'eau de l'écorce de tilleul jusqu'à ce
que celle-ci soit devenue cassante, on peut en détacher une matière
filamenteuse qu'on emploie souvent pour attacher les plantes; c'est

le *liber* qui forme la partie interne de l'écorce, dont il est entièrement distinct.

429. **Lin**. La filasse du lin n'est autre chose que le liber de cette plante. Quand on expose les tiges de lin à l'humidité et à l'air (rouissage à l'air) ou lorsqu'on les plonge dans l'eau (rouissage à l'eau), l'épiderme et les matières qui font adhérer le liber à la tige se détruisent, et il ne reste que la partie ligneuse de la tige entourée du liber. On les sépare facilement; le liber isolé constitue la filasse de lin. Avec le microscope on voit que cette filasse est formée de fibres allongées dont les parois sont assez épaisses pour conserver la forme cylindrique (fig. 171). Ces caractères permettent de la distinguer facilement de la fibre du coton. Dans le lin ouvré on remarque souvent certains endroits où les fibres sont crevassées, comme en *a*, et certains autres où elles portent des nœuds, comme en *b* : ces irrégularités proviennent des fortes pressions que les fibres ont eu à subir.

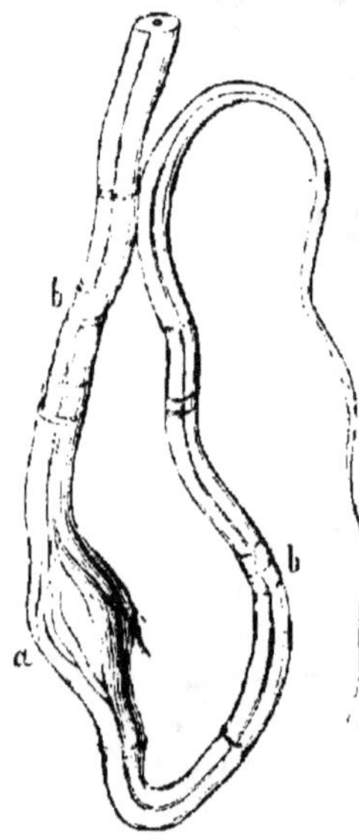

Fig. 171.

Le lin roui a une couleur grise, parce qu'il contient une matière colorante grise insoluble dans l'eau et les alcalis; mais cette matière devient soluble après qu'elle a été exposée pendant quelque temps aux influences atmosphériques (blanchiment à l'air), et alors elle disparaît petit à petit par des lavages successifs à l'aide de l'eau et d'un alcali (dans la lessive). On atteint plus rapidement le même but en faisant usage du chlore, qui se combine avec l'hydrogène des matières organiques et détruit la matière colorante (blanchiment au chlore). Cette matière est, dans ce cas, détruite avant la cellulose, parce qu'elle est composée de quatre éléments (carbone, hydrogène, oxygène et azote), tandis que la cellulose n'en contient que trois et est par elle-même très-peu altérable. Si cependant on continuait à soumettre au blanchiment le fil de lin déjà blanchi, la cellulose elle-même serait attaquée. C'est ce qui arrive quand le lin et le coton sont traités par un grand excès de chlore.

430. **Coton**. Le coton est formé de filaments creux très-déliés qui entourent la graine du cotonnier. Vues au microscope, les fibres du coton apparaissent sous forme de tubes allongés, sans cloisons

et sans nœuds, mais à parois tellement minces, qu'elles s'aplatissent et se contournent, en prenant un aspect irrégulier (fig. 172). Le coton est naturellement blanc (le coton nankin seul est jaune) et n'a pas besoin d'être blanchi. Si on soumet la toile de coton à cette opération, ce n'est que pour la débarrasser des matières étrangères qui ont pu s'y introduire pendant le travail. Le blanchiment se fait alors ordinairement en trempant la pièce à blanchir dans une lessive bouillante de soude très-étendue ou dans un lait de chaux; après quoi seulement on l'immerge dans de l'eau tenant en dissolution un peu de chlorure de chaux. La chaux restée adhérente à la toile est enlevée à l'aide d'une eau faiblement acidulée, puis on lave la pièce à grande eau. Il serait superflu d'insister sur l'utilité de la cellulose : comme fibre textile, elle sert d'élément à la fabrication des tissus et du papier; comme bois, elle est employée à la construction et au chauffage, ainsi qu'à une foule d'autres usages.

431. **Préparation de la cellusose pure**. Expérience. On met de la sciure de bois vert en suspension dans de l'eau tiède pendant

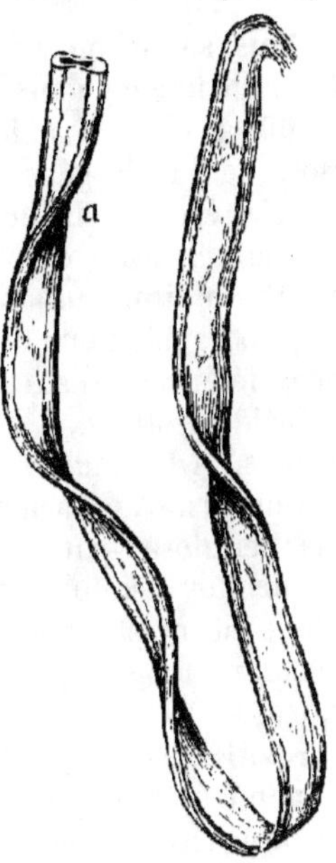

Fig. 172.

vingt-quatre heures, puis on filtre le liquide à travers une toile en exprimant bien la sciure. Le liquide filtré, porté à l'ébullition, se trouble et une masse floconneuse s'en sépare. La cellulose est insoluble dans l'eau, mais il n'en est pas ainsi de la séve dont elle était imbibée et qui contient toujours une substance tout à fait semblable au blanc d'œuf; cette substance se coagule de même par l'ébullition et a reçu le nom d'*albumine végétale*. Le liquide, débarrassé de l'albumine, tient encore en dissolution différentes substances, telles que du mucilage, de la gomme, du tannin, etc., qui ne se séparent pas par l'ébullition. Quant à la sciure, séchée après avoir été traitée par l'eau, elle abandonne de la résine dans l'alcool; les acides lui enlèvent l'amidon, la potasse, la matière incrustante, enfin l'éther, la matière grasse. Ainsi, pour obtenir la *cellulose pure*, il faut traiter le bois par ces divers dissolvants, qui le délivrent de la séve et des dépôts qu'elle a formés.

TRANSFORMATIONS DE LA CELLULOSE.

a) *Transformation de la cellulose par les acides.*

432. Le bois se carbonise dans l'acide sulfurique; il jaunit et se décompose à la longue dans l'acide azotique : ces faits ont été déjà indiqués (160 et 173). L'acide sulfurique, avide d'eau, détermine la combinaison de l'hydrogène et de l'oxygène du bois, tandis que le carbone ne s'altère pas. La cellulose pure ne noircit pas par l'acide sulfurique monohydraté qu'on y ajoute par petites portions; elle se transforme en un sirop jaunâtre (acide sulfolignique); cette transformation est plus rapide pour le coton que pour le lin. On a tiré parti de cette propriété pour distinguer ces deux substances mêlées dans un tissu. L'acide azotique, à l'aide de son oxygène, consume les éléments du bois. A la longue, tout le carbone et tout l'hydrogène du bois sont transformés en acide carbonique et en eau. Le chlore décompose la cellulose, parce qu'il lui enlève son hydrogène (429). L'acide sulfurique étendu se comporte autrement avec la cellulose que l'acide concentré : du papier, de la toile, etc., qu'on y fait bouillir pendant longtemps, se transforment d'abord en dextrine, puis en glucose.

433. Pyroxiline (coton-poudre). La cellulose (coton, chanvre, lin), immergée pendant quelque temps dans l'acide azotique concentré, acquiert la propriété de s'enflammer et de brûler comme la poudre.

Expérience. On met dans un mortier un mélange de 20 gr. d'acide azotique concentré (densité $= 1,5$) et de 40 gr. d'acide sulfurique monohydraté, puis, avec le pilon, on comprime dans ce mortier autant de coton que le liquide peut en imbiber. Lorsque le coton a été en contact avec l'acide pendant cinq minutes, on le lave à grande eau jusqu'à ce qu'il ne réagisse plus sur le papier bleu de tournesol, puis, après l'avoir bien exprimé, on le fait sécher sur du papier dans un endroit aéré, mais loin du feu, parce qu'une légère élévation de température suffit pour en déterminer l'inflammation.

Le coton-poudre sec détone par la percussion, par exemple, quand on en frappe une petite quantité avec le marteau sur une enclume; il s'allume dès qu'on le touche avec un fil de fer chauffé ou un charbon ardent, et brûle alors plus rapidement que la poudre. Il peut être substitué à cette dernière dans les armes à feu, où son effet est plus énergique à poids égal; mais on n'en fait pas usage, parce que sa combustion trop rapide entraînerait souvent la rupture des armes. Quand on fait des expériences avec le coton-poudre, il est prudent de ne jamais en employer de grandes quantités à la fois.

Collodion. Le coton-poudre se dissout facilement dans l'éther contenant $\frac{1}{8}$ d'alcool concentré, et forme un liquide sirupeux qui s'évapore à l'air en laissant une membrane transparente et flexible, insoluble dans l'eau. Cette solution, connue sous le nom de *collodion*, remplace avantageusement le taffetas d'Angleterre pour garantir les blessures du contact de l'air; on s'en sert aussi beaucoup dans la photographie. On prépare facilement le coton-poudre pour cet usage au moyen de la méthode suivante : on immerge une partie de coton cardé dans un mélange formé de 20 parties d'azotate de potasse et de 31 parties d'acide sulfurique concentré, et on laisse le mélange en contact pendant vingt-quatre heures; au bout de ce temps on lave le coton à grande eau et on le sèche pour le dissoudre ensuite. La transformation du coton est opérée par l'acide azotique que l'acide sulfurique met en liberté.

Transformation subie par le coton pendant cette préparation. Le coton, plongé dans le mélange acide, perd une partie de son oxygène et de son hydrogène sous forme d'eau; l'acide azotique se substitue à ces deux corps, équivalent pour équivalent. Le coton-poudre renferme donc beaucoup plus d'oxygène que le coton, et, de plus, de l'azote : le premier détermine cette combustion si rapide, le second se joint aux gaz produits par la combustion et contribue à rendre l'explosion plus violente. L'acide sulfurique n'intervient dans la préparation du coton-poudre que pour absorber l'eau hygrométrique et celle que le coton abandonne pendant sa transformation, et qui affaiblirait l'acide azotique. Beaucoup d'autres substances non azotées, telles que l'amidon, le sucre, la mannite, la gomme, la glycérine, sont rendues explosibles par l'action de l'acide azotique.

434. Combinaisons formées par les corps neutres avec les substances minérales. On voit souvent, dans la chimie organique, des corps neutres se combiner avec les acides comme s'ils étaient des bases, ou avec les bases comme le feraient des acides : c'est ainsi que la cellulose se combine avec l'acide azotique et forme un corps neutre, la *pyroxiline*. Ces combinaisons ont généralement lieu avec les acides inorganiques puissants, qui, dans la plupart des cas, n'en conservent pas moins leur caractère acide; les matières organiques accompagnent alors l'acide dans ses combinaisons : elles forment un *copule*. Il suffit de citer comme exemples de ces copules : l'acide sulfolignique, formé par la cellulose combinée avec l'acide sulfurique; l'acide sulfoéthylique (503), où c'est l'éther qui est combiné à ce même acide; l'acide sulfindigotique (594), où c'est l'indigo; les acides sulfoacétique et sulfoglycérique, formés avec l'acide acétique et la glycérine, etc. Parmi les bases, c'est surtout l'ammoniaque qui se prête à ces sortes de combinaisons, et il est probable que les bases organiques azotées (596) ne sont autre chose que des combinaisons, des copules, de l'ammoniaque avec les corps organiques.

Parmi ces composés, il y en a qui sont neutres; on peut considérer comme tels : les corps gras parmi les substances non azotées; l'amygdaline, l'asparagine, etc., parmi les corps azotés.

b) *Transformation de la cellulose par les alcalis.*

435. Les alcalis détruisent la cellulose : ainsi un papier dans lequel on enveloppe un morceau de chaux vive peut être réduit en poudre au bout de quelque temps. Les agriculteurs connaissent bien cette propriété, et ils en tirent parti pour la destruction des mauvaises herbes, qu'ils accumulent en tas et saupoudrent avec de la chaux.

c) *Transformation de la cellulose par la chaleur au contact de l'air.*

436. On a déjà vu que le bois, chauffé à l'air, brûle et se transforme en eau et en acide carbonique; il en est de même de toutes les substances organiques : les matières minérales qu'elles contiennent, n'étant pas volatiles, restent et constituent les cendres.

Analyse élémentaire. Au lieu d'opérer la combustion à l'air, on peut brûler les matières organiques à l'aide de l'oxygène de certains composés, tels que l'oxyde de cuivre, le chromate de plomb ou le

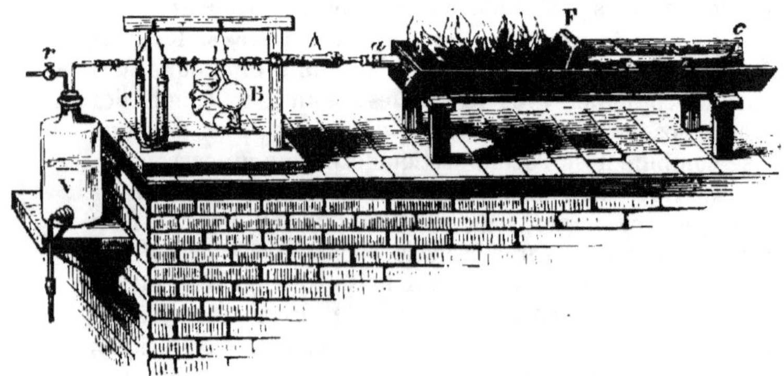

Fig. 173.

chlorate de potasse, ou bien directement par l'oxygène gazeux. Si la combustion s'opère dans un tube *ac* (fig. 173) fermé à l'une de ses

extrémités et portant à l'autre un tube A rempli de fragments de
chlorure de calcium et relié avec un tube à boules B contenant une
solution de potasse caustique, l'*eau* formée pendant la combustion sera
absorbée dans le premier tube et l'*acide carbonique* dans le second.
Leur poids permettra de calculer les quantités d'hydrogène et de
carbone qui existaient dans la matière, et, par différence, on aura
l'oxygène. Le tube en U *c* est destiné à retenir la vapeur d'eau qui
pourrait s'échapper du tube à boule. L'aspirateur V sert à aspirer
la vapeur d'eau et l'acide carbonique qui restent, à la fin de l'opération, dans le tube à combustion; on brise alors l'extrémité *c* du
tube pour laisser entrer l'air, qui déplace la vapeur et l'acide carbonique. Le tube est chauffé dans une grille en tôle, où il repose
sur des supports; l'écran F, également en tôle, est destiné à maintenir le charbon et à empêcher la propagation de la chaleur par le
rayonnement. Le tube à boules B, ou appareil de Liebig, absorbe
complétement l'acide carbonique, qui est obligé de traverser bulle
à bulle et successivement chacune des boules de l'appareil. Ce procédé permet de doser le carbone, l'hydrogène et l'oxygène des substances organiques; c'est ce qui a valu à ce genre d'analyse le nom
d'*analyse élémentaire*. Quand les matières organiques contiennent
de l'azote, celui-ci s'échappe à l'état gazeux pendant la combustion;
il est recueilli et dosé dans une expérience spéciale. Si l'on chauffe
les substances azotées avec un alcali caustique, l'azote, sauf de rares
exceptions, se transforme en ammoniaque (235). Cette base, recueillie
dans un appareil à boules contenant de l'acide titré, est dosée par la
méthode volumétrique. On peut la recueillir aussi dans de l'acide
chlorhydrique très-dilué, et la doser à l'état de chloro-platinate
d'ammoniaque.

d) *Transformation de la cellulose par la chaleur à l'abri du
contact de l'air.*

437. Combustion incomplète du bois. Si l'on enflamme le bois
dans un courant d'air insuffisant, comme cela arrive dans la plupart
des foyers, une partie du charbon ne brûle pas et se dépose sous
forme de suie. Une grande partie du carbone ne se combine qu'avec
la moitié de l'oxygène qu'il peut prendre et s'échappe avec l'acide
carbonique sous forme d'oxyde de carbone. L'odeur de la suie dénote que, outre le charbon, il se dépose encore d'autres substances,
provenant de la combustion incomplète. On observe beaucoup plus
facilement ces produits quand cette combustion imparfaite du bois a
lieu à l'abri du contact de l'air.

Expérience. Si l'on soumet le bois à la distillation sèche dans l'appareil que représente la figure 174, de la manière décrite au § 119, on obtiendra plusieurs produits faciles à distinguer : 1° du charbon de bois, qui est fixe et reste dans la cornue; 2° du gaz à éclairage formé d'un mélange de carbure d'hydrogène, d'acide carbonique et d'oxyde de carbone; on s'en sert pour l'éclairage comme du gaz de la houille, après l'avoir fait passer dans des tuyaux chauffés au rouge, afin d'augmenter sa puissance éclairante; 3° le vinaigre de bois, qui forme un liquide très-acide; 4° le goudron de bois, liquide épais, brun et résineux. Les deux premiers produits ayant été étudiés antérieurement, nous ne nous occuperons ici que des deux derniers.

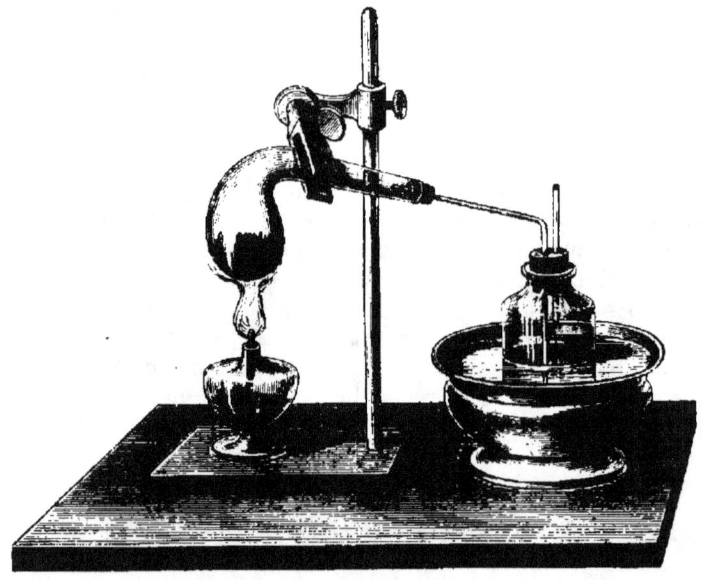

Fig. 174.

438. **Vinaigre de bois.** 1 kilog. de bois de hêtre fournit environ $\frac{1}{2}$ kilog. de vinaigre de bois brut ou *acide pyroligneux*, coloré en brun-noir par certaines matières goudronneuses; ce vinaigre a une odeur et une saveur acides et empyreumatiques. Il est principalement formé d'*acide acétique* et d'*eau*, il contient en outre de la *créosote*, de l'*esprit de bois* et plusieurs autres substances. Ce produit se fabrique aujourd'hui principalement dans les localités où le bois est abondant; il sert à la fabrication des acétates que l'on em-

ploie fréquemment dans la teinture et l'impression des tissus; tels
que, par exemple, les acétates de fer, de plomb, de soude, etc.

Expérience. Si l'on verse de l'acide pyroligneux sur un morceau
de viande de bœuf maigre, et qu'on l'y laisse pendant quelques
heures, on pourra conserver la viande, sans qu'elle s'altère, tout
comme si elle avait été suspendue pendant quelques semaines dans
la fumée. La propriété antiseptique de l'acide pyroligneux réside dans
une substance particulière, la *créosote*, qu'il contient dans la proportion de 16 grammes environ par kilogramme. La créosote pure est
un liquide huileux, incolore, ayant une odeur très-prononcée de
fumée; c'est un poison très-actif, dont la saveur est brûlante et l'action sur la muqueuse très-vive. On emploie aujourd'hui la créosote,
mêlée à l'essence de clou de girofle, pour apaiser les maux de dents;
afin d'affaiblir sa causticité, on l'étend avec de l'alcool, où elle se
dissout facilement. 4 grammes d'eau dissolvent environ 1 goutte de
créosote; cette solution, qui réagit sur la viande comme l'acide pyroligneux, est employée en médecine (eau de créosote ou *aqua Binelli*)
comme hémostatique. C'est à la créosote en vapeur que la fumée doit
son odeur piquante et la propriété de provoquer les larmes. Tout ce
qui entrave la combustion du bois augmente la formation de la créosote; aussi, quand on fume de la viande, a-t-on soin ordinairement
de brûler du bois vert ou de ralentir le tirage.

439. **Esprit de bois** (alcool méthylique). Quand on distille lentement l'acide pyroligneux, les premiers produits sont formés par un
liquide spiritueux, très-volatil, analogue à l'esprit-de-vin ; on lui a
donné le nom d'*esprit de bois*. Ce liquide est principalement formé
par un corps qui, par ses propriétés, possède avec l'alcool la plus
grande analogie, mais dont la composition est différente. C'est cette
analogie qui lui a valu le nom d'*esprit de bois*, d'alcool méthylique
ou d'oxyde de méthyle. On l'obtient dans les fabriques de vinaigre de
bois en quantité assez considérable pour qu'on puisse le rectifier et
le vendre comme combustible propre à être substitué à l'alcool (518).

440. **Goudron de bois**. Le goudron de bois est de nature résineuse,
c'est-à-dire qu'il est insoluble dans l'eau, mais soluble dans l'alcool.
Il est très-riche en carbone, ce que sa couleur semblait faire présumer d'avance. Par la distillation, il s'en sépare une huile volatile
(huile de goudron), et il reste une matière bitumineuse noire, la
poix (576). Cette séparation a également lieu, mais plus lentement,
quand on goudronne le bois : la matière résineuse pénètre les pores
du bois et empêche ainsi l'accès de l'humidité, en même temps que
la créosote contenue dans le goudron contribue à la conservation du
bois par ses propriétés antiseptiques. L'huile de goudron, fortement

refroidie, dépose une matière blanche, translucide, cristalline et nacrée, la *paraffine*. La paraffine a une grande analogie avec la cire; depuis que la distillation des tourbes et des lignites en fournit des quantités importantes, on l'emploie à la fabrication des bougies.

La distillation sèche du bois offre un exemple de la facilité avec laquelle les matières organiques se transforment en un grand nombre de corps nouveaux. Il suffit de chauffer le bois pour en retirer un acide, un corps analogue à l'alcool, d'autres corps qui ressemblent à l'huile, à la cire ou à la résine; enfin du charbon et du gaz à éclairage. Outre les corps que nous venons d'énumérer, il s'en forme beaucoup d'autres encore; et tous peuvent subir, sous l'influence de la chaleur, par l'action de certains corps simples ou de certains acides, etc., des transformations nombreuses. Aussi ces transformations présentent-elles un champ de recherches d'autant plus étendu, que *toutes les matières végétales se transforment par la distillation sèche en charbon et en matières empyreumatiques diverses suivant les substances employées*. La distillation du tabac dans les pipes, celle de la houille, du lignite, etc., en fournissent des exemples connus.

441. Combustion incomplète de la houille. La houille et le lignite formés par les plantes des premiers âges du globe fournissent, par la distillation sèche, des produits analogues à ceux du bois. La houille que l'on distille se décompose : 1° en charbon ou coke; 2° en gaz inflammable (gaz d'éclairage); 3° en un liquide empyreumatique (eau de goudron); 4° enfin en une matière liquide, noire et poisseuse, le goudron de houille.

L'eau de goudron obtenue avec la houille ne contient que des traces d'acide acétique; mais elle renferme de l'ammoniaque combinée avec l'acide carbonique, ce qui la rend précieuse comme engrais; on l'emploie à la préparation des sels ammoniacaux.

Le goudron de houille sert à garantir le bois et le fer de l'altération, à rendre imperméables l'argile et le carton pour toitures. Il se sépare, comme le goudron de bois, par la distillation, en huile de goudron et en une matière noire, le bitume de houille; mais les substances qu'il contient sont à beaucoup d'égards différentes de celles du goudron de bois. Les plus importantes et les mieux connues sont : l'acide carbolique ou phénique (en cristaux blancs, possédant une odeur de castoreum), le *bensol* ou *benzine*, le *toluol* (corps combustible analogue à de l'huile), la *leucoline* (huileuse), l'*aniline* (base huileuse colorée en violet par le chlorure de chaux), la *picoline* (base huileuse), et la *naphtaline*. De tous ces corps les plus connus sont l'aniline, avec laquelle on produit aujourd'hui de belles couleurs violettes et roses pour la teinture et l'impression, et la naphtaline, qui forme un corps analogue au camphre. On en a tiré une foule de combinaisons, dont quelques-unes ont été indiquées ici comme un exemple du grand nombre de composés et de noms qui peuvent être introduits dans la chimie par un corps unique. Sous l'influence de l'acide azotique, la naphtaline fournit les composés suivants : nitro-naphtalise, nitrophtalèse, nitronaphtiles, naphtylamine, etc.

La tourbe, le lignite, les schistes bitumineux, fournissent, par la distillation, des produits analogues à ceux du bois. Le goudron qui en provient sert à la fabrication de la *paraffine* et d'*huiles* dont les plus volatiles sont destinées à l'éclairage sous le nom d'huiles minérales, photogène, hydrocarbure, etc.; les huiles plus fixes et plus épaisses sont employées avec avantage pour le graissage des machines.

442. Asphalte. Huile de naphte. La chaleur intérieure du globe détermine ou a déterminé autrefois des décompositions analogues à celles que nous obtenons par la distillation sèche de la houille; en effet, dans beaucoup de contrées on voit surgir du sol ou l'on trouve en couches des produits qui ont avec ceux de la houille la plus grande analogie : c'est ce que fait voir le tableau suivant.

On obtient artificiellement de la houille :	On rencontre naturellement sur le globe :
Du gaz à éclairage,	Des gaz combustibles (feu sacré des Perses) qui s'échappent à travers les fissures des rochers;
Des huiles de goudron,	De l'huile de *pétrole*, qui surgit naturellement du sol en Perse;
Du goudron de houille,	De l'*asphalte naturel* (bitume de Judée), qui se trouve dans plusieurs contrées, notamment dans la mer Morte et dans plusieurs lacs de l'Asie;
De l'eau de goudron,	De la *vapeur d'eau ammoniacale*, qui surgit avec l'acide borique en Toscane;
Du coke.	De l'anthracite, qui forme, comme la houille, des couches puissantes.

e) Transformation de la cellulose sous l'influence de l'air et de l'eau.

443. Combustion lente. Si l'on expose à l'air des matières végétales riches en cellulose, comme du bois, des feuilles, de la paille, etc., elles entrent en décomposition sous l'influence de l'humidité, et deviennent brunes. Les réactions chimiques qui s'opèrent dans ce cas sont identiques à celles qui se produisent pendant la combustion; mais elles sont incomparablement plus lentes. Pendant la combustion vive, le bois se transforme en eau et en acide carbonique; l'hydrogène alors brûle en premier lieu, et le carbone ensuite; il en est de même pendant la combustion lente : aussi les matières en décomposition prennent-elles une couleur brune de plus en plus foncée, indice de l'augmentation progressive de carbone.

444. Humus. La matière brune ou noire que l'on obtient par la combustion lente des substances végétales a reçu le nom d'*humus*. De même que le bois à moitié brûlé est encore propre à la combustion, de même aussi l'humus humide, formé pendant la combustion lente des matières végétales, continue à se consumer à l'air, et ne laisse enfin, comme le bois dans le feu, que des *cendres* formées par les matières minérales que les plantes avaient absorbées dans le sol. Si l'on sépare les phénomènes en deux périodes, on aura :

Pour la combustion vive :		Pour la combustion lente :	
Pendant la 1re période.	{ De l'eau en grande quantité, De l'aride carbonique, Du bois à moitié brûlé;	Pendant la 1re période.	{ De l'eau en grande quantité, De l'acide carbonique, De l'humus;
Pendant la 2e période.	{ De l'eau en faible quantité, De l'acide carbonique;	Pendant la 2e période.	{ De l'eau en petite quantité, De l'acide carbonique;
Reste : des cendres.		Reste : des cendres.	

L'humus n'est que de la matière organique en voie de décomposition; c'est un fait connu depuis longtemps en agriculture. On appelle humus la matière noire qui se forme dans les forêts par la décomposition des feuilles; on dit d'une terre qu'elle est riche en humus quand elle renferme beaucoup de matières organiques; on la dit au contraire pauvre en humus quand sa couleur claire dénote l'absence de ces mêmes matières. L'humus diminue dans les terres cultivées si l'on n'a pas soin d'y remplacer la matière brûlée qu'absorbent les plantes par des substances nouvelles, de la paille, des excréments, des récoltes enfouies en vert, ou, indirectement, par une culture qui abandonne au sol d'abondants détritus. La culture du trèfle est une de celles qui laissent la terre le mieux pourvue, car sur un hectare de trèfle il reste environ 2000 kilogr. de résidu séché au soleil, tandis que l'avoine, par exemple, n'en laisse que 900 kilogr. La terre est donc plus riche après une récolte de trèfle qu'après une récolte d'avoine. Toutefois la fertilité du sol ne dépend pas uniquement de la matière organique; elle est due aussi en partie à certaines substances minérales qui se trouvent dans le sol et dans les engrais (611).

L'on voit, en considérant les matières qui se transforment en humus, que la composition de cette substance doit être très-variable: d'ailleurs, elle est constamment modifiée, parce que chaque jour il se brûle une petite quantité d'hydrogène et de carbone : l'humus d'ancienne date contiendra plus de carbone que l'humus récent.

L'idée qu'on pouvait avoir de l'humus devint encore plus confuse quand les chimistes appelèrent de ce nom les matières brunes qui se forment pendant l'altération de certains sucs ou par l'ébullition de certaines substances, telles que le bois, l'amidon, le sucre, etc., avec des acides ou des alcalis. On alla même jusqu'à nommer ainsi toute matière brune, animale ou végétale, insoluble ou peu soluble dans l'eau. L'humus, tel qu'on le trouve dans la terre arable, contient en général des substances acides connues sous le nom d'*acides bruns*; on y distingue : l'*humine* et l'*ulmine*, l'acide humique, l'acide ulmique, l'acide crénique et l'acide apocrénique. Ces deux derniers acides sont légèrement solubles dans l'eau, ils lui communiquent cette teinte jaune ou brune particulière à l'eau des marais et des tourbières. Les autres ne sont solubles dans l'eau que lorsqu'elle contient un alcali; enfin l'ulmine et l'humine sont insolubles dans l'eau et dans les alcalis. L'humus est donc un mélange de matières brunes, solubles ou insolubles, acides ou neutres, qui s'altèrent à l'air, dégagent de l'*acide carbonique*, de l'*eau*, et même un peu d'*ammoniaque*, toutes substances indispensables aux plantes. Les plantes prospéreront donc mieux dans une terre riche que dans une terre pauvre en humus, parce qu'elles y trouvent ces trois substances en plus grande abondance. L'humus, du reste, exerce aussi dans le sol une action mécanique importante : il le rend plus léger et plus perméable, attire l'humidité de l'air et retient l'eau avec force; en outre, ses propriétés acides lui permettent d'absorber l'ammoniaque de l'air et des engrais.

445. Putréfaction. La décomposition des matières organiques ne s'effectue pas de la même manière quand l'air n'a pas d'accès ou arrive en quantité trop faible pour opérer la combustion lente : comme, par exemple, lorsque les matières organiques se décomposent sous l'eau, au fond des étangs et des marais.

Expérience. A l'aide d'un bâton on agite la vase au fond d'un marais, et on recueille dans un flacon plein d'eau, muni d'un entonnoir (fig. 175), les bulles de gaz qui se dégagent. Quand le flacon est plein de gaz, on le bouche sous l'eau en y laissant un peu de liquide; on y introduit ensuite un fragment de potasse, puis on l'agite pour opérer l'absorption de l'acide carbonique qui se trouve mêlé au gaz recueilli. Le vide produit par cette absorption devient mani-

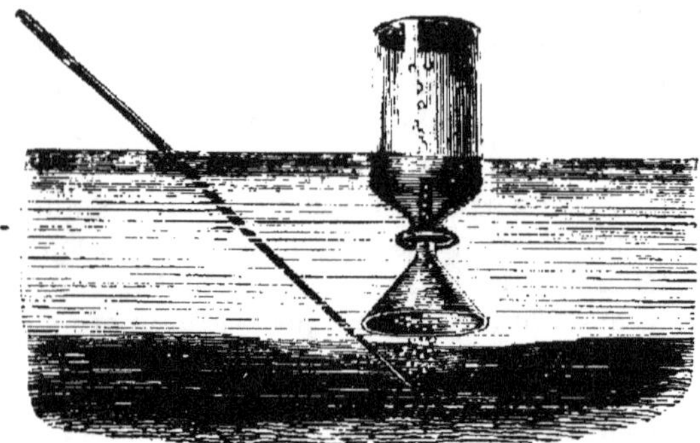

Fig. 175.

feste si on débouche de nouveau sous l'eau le flacon, où le liquide pénètre. Le gaz débarrassé de l'acide carbonique s'enflamme dès qu'on approche un corps en ignition de l'ouverture du flacon en le débouchant, et continuera à brûler jusqu'à la fin, si on le déplace avec de l'eau (fig. 176). Ce gaz, appelé *gaz des marais*, est de l'hydrogène protocarboné; il est composé de carbone et d'hydrogène, comme le gaz à éclairage; mais, comme la proportion de carbone y est plus faible, il brûle avec béaucoup moins d'éclat. Les deux gaz qui ont été recueillis proviennent des matières végétales, telles que du bois, des feuilles, des racines, etc., tombées au fond de l'eau et entrées en décomposition.

Fig. 176.

Ainsi, à l'abri de l'air, l'hydrogène des matières végétales se combine avec une partie du carbone, tandis qu'à l'air il se combine avec l'oxygène pour former de l'eau. Il reste une matière brune plus riche encore en carbone que l'humus ; elle forme un *limon noir* dans les étangs, de la *tourbe* au fond des marais. Cette décomposition a reçu le nom de *putréfaction*. Les phénomènes qui lui sont propres ont beaucoup d'analogie avec ceux de la carbonisation ou de la distillation sèche ; la comparaison est établie dans le tableau suivant :

Par la carbonisation, les matières végétales se transforment en :	Par la putréfaction, les matières végétales se transforment en :
Gaz à éclairage,	Gaz des marais,
Acide carbonique,	Acide carbonique,
Matières empyreumatiques (goudron, charbon; etc.).	Matières putréfiées (tourbe).

446. Tourbe. La tourbe est formée de plantes marécageuses putréfiées sous l'eau. Les plantes qui naissent, vivent et meurent chaque année dans un marais finissent par y produire une accumulation si considérable de matière organique décomposée, que souvent le marais se trouve comblé, et que même la végétation, se continuant, arrive à former une éminence au-dessus du sol. La tourbe peu ancienne forme une masse spongieuse dans laquelle on distingue aisément les différentes parties des végétaux : c'est la *tourbe herbacée;* quand elle est accumulée depuis longtemps, la tourbe constitue une masse plus homogène, quelquefois consistante : *tourbe compacte;* d'autres fois assez peu consistante pour qu'on soit obligé de la mouler dans des formes pour la sécher : *tourbe moulée.* La tourbe ancienne brûle généralement sans flamme, ce qui prouve que la majeure partie de l'hydrogène en a été éliminée. Quelquefois on trouve dans les tourbières des parties tellement imprégnées de matières résineuses, de paraffine et d'autres substances, qu'elles brûlent avec de longues flammes. Les terrains tourbeux ne sont pas favorables aux plantes domestiques; si cependant, après avoir détourné l'eau superflue, on détruit l'acidité des matières tourbeuses à l'aide de cendres, de chaux, de marne, ou au moyen de l'écobuage, ces matières se transforment et deviennent propres à la végétation.

447. Eaux minérales. Pendant la formation de la tourbe il se produit de l'acide carbonique qui se dissout dans l'eau; certaines eaux qui s'infiltrent à travers les tourbières et qui surgissent plus bas sous forme de sources, contiennent quelquefois assez d'acide carbonique pour constituer des eaux minérales. Si ces eaux trouvent sur leur passage du protoxyde de fer, des carbonates de chaux ou de magnésie, elles en dissolvent de petites quantités à l'aide de leur acide carbonique (239, 276). C'est là l'origine de plusieurs sources d'eaux minérales.

448. Lignite et houille. On trouve encore dans la nature d'autres matières végétales décomposées que l'on emploie comme combustibles : ce sont le *lignite* et la *houille,* provenant tous deux de végétaux qui couvraient le globe avant la création de l'homme. Ils ont probablement été produits par une accumulation de végétaux qu'un cataclysme aura recouverts d'immenses couches de sable ou de limon, lesquelles se sont transformées en grès et en schistes pendant que la matière végétale subissait la décomposition. Là où la couche minérale n'était pas assez épaisse pour s'opposer au dégagement des gaz, et c'est là le cas pour beaucoup de lignites, le bois est si bien conservé, qu'on peut compter les couches annuelles des arbres (bois bitumineux), ou encore le lignite est transformé en une masse compacte qui a beaucoup d'analogie avec la tourbe compacte. Si la pression a été assez considérable pour empêcher le dégagement des gaz, ceux-ci n'ont pas pu s'échapper et sont restés dans le combustible, qui, sous cette forte pression, a pris la consistance de la pierre, tout en conservant la propriété de brûler avec flamme. L'hydrogène carboné et l'acide carbonique qui n'ont pas pu se dégager sont retirés au moyen de la distillation sèche pour la fabrication du gaz à éclairage. Tout le monde sait que les matières végétales humides, l'herbe, le foin, le fumier, etc., accumulées en tas, s'échauffent et produisent une matière charbonneuse. Cette *carbonisation* devait naturellement aussi se produire dans les amas de matières végétales qui se sont trouvés recouverts par une couche terrestre, et elle devait être d'autant plus complète que la pression et le temps de la transformation avaient été plus considérables. Les houilles se trouvent dans des terrains (terrains de transition) inférieurs à ceux où s'est accumulé le lignite (terrains tertiaires); on en a conclu que la formation de la houille a dû précéder celle du lignite. Les différences qui existent entre les houilles peuvent donner une idée des conditions diverses d'humidité, de température, de pression, etc., qui ont présidé à la formation de ces dépôts. Tantôt la houille brûle avec une longue flamme, tantôt avec une flamme moindre, tantôt sans flamme aucune. D'autres fois elle fond et s'agglomère par la chaleur (houilles maréchales), ou elle se divise en petits fragments.

Certaines houilles ne donnent que 1 pour 100 de cendres; d'autres en contiennent 25 à 30 pour 100, etc.

449. Pourriture blanche du bois. Expérience. Des copeaux de bois imbibés d'eau, conservés pendant longtemps à la température ordinaire, dans un flacon bien bouché, deviennent blancs, perdent leur consistance, et peuvent être broyés très-facilement. Un corps allumé, introduit alors dans le flacon, s'y éteint aussitôt, car l'oxygène de l'air qui y était renfermé a été transformé en acide carbonique; l'eau a disparu en apparence : elle s'est combinée en grande partie avec les éléments du bois. Cette transformation se produit souvent à l'intérieur des arbres où l'air n'a pas un accès facile, la matière végétale se décompose, et forme le bois pourri blanc. Quand, au contraire, l'air peut accéder librement, il se forme des matières brunes (humus, ulmine), comme il s'en trouve dans l'intérieur des arbres creux.

On peut retarder ou empêcher la décomposition du bois :

1° Par une forte dessiccation qui élimine toute l'eau de la séve;

2° En traitant le bois par un courant de vapeur qui dissout et enlève les matières solubles déposées par la séve;

3° En le recouvrant de substances qui empêchent l'accès de l'air, et ne permettent pas à l'eau de pénétrer; par exemple, du vernis, de la couleur à l'huile, du goudron ou de la poix.

4° En imprégnant le bois de dissolutions salines, telles que le sublimé corrosif, le sulfate de cuivre, etc.

II. — AMIDON.

FÉCULE OU AMIDON ($C^{12}H^{10}O^{10}$).

450. Amidon. Vers l'époque de la maturation, il se dépose principalement dans les cellules des graines ou des tubercules de certaines plantes, une farine blanche qui a reçu le nom d'*amidon* ou de *fécule*.

On reconnaît avec le microscope que cette farine est formée principalement d'agglomérations *rondes* ou *ovoïdes*. La figure 177 représente la disposition des grains de fécule dans les cellules d'une pomme de terre dont on a fait la section.

Si l'on broie une plante verte dans un mortier, et qu'on en exprime le suc, il se forme dans le liquide un dépôt blanc d'amidon qui a été entraîné par la séve. On extrait habituellement cette ma-

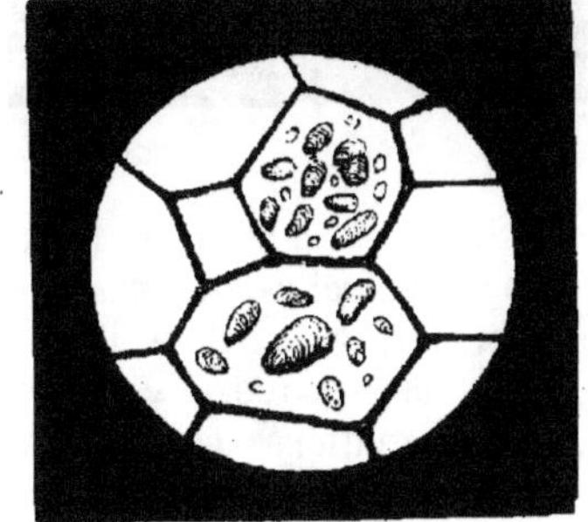
Fig. 177.

tière des tubercules de pommes de terre ou des graines de céréales, qui en contiennent de grandes quantités.

DIVERSES ESPÈCES D'AMIDON.

451. Fécule de pomme de terre. Expérience. On réduit, au moyen d'une râpe, quelques pommes de terre en une pulpe que l'on agite vivement avec un peu d'eau, puis on filtre à travers une toile, en exprimant la pulpe. Celle-ci contient encore une certaine quantité de fécule, mais la majeure partie est passée dans le liquide, où elle se dépose au bout d'une heure environ. On décante alors ce liquide, on lave à plusieurs reprises la fécule avec un peu d'eau fraiche, puis on la fait sécher à une chaleur douce.

Les grains de fécule, examinés au microscope, ont une forme ovoïde; ils se composent de zones concentriques à un point *a* (fig. 178) qui a reçu le nom de *hile*. La fécule est brillante quand on la regarde au soleil; elle tombe en poudre pendant la dessiccation.

Expérience. Le liquide dans lequel la fécule s'est déposée se trouble par l'ébullition, et il s'en sépare une substance qui est la même que celle obtenue § 431, l'albumine végétale, remarquable par sa propriété de se dissoudre dans l'eau froide et de se coaguler par l'ébullition. Elle est azotée, tandis que la fécule ne l'est pas.

Fig. 178.

Expérience. Si sur une lame de platine, on chauffe une partie de l'albumine coagulée, celle-ci répand une odeur de corne brûlée très-désagréable; la fécule, dans les mêmes circonstances, répand une odeur empyreumatique désagréable aussi, mais beaucoup moins. Toutes les matières azotées se comportent, en pareil cas, comme l'albumine; les matières non azotées comme la fécule : c'est ainsi que la laine azotée répand, en brûlant, une odeur beaucoup plus insupportable que les tissus de coton ou de chanvre, qui sont exempts d'azote.

La section d'une pomme de terre qu'on vient de couper est blanche, mais elle ne tarde pas à brunir à l'air : il en est de même du liquide qu'on a exprimé de la pulpe : incolore au moment où on l'a obtenu, il devient brun au contact de l'air. Cette matière, qui n'a pas encore été bien étudiée, a reçu le nom de *matière colorante* ; elle est soluble dans l'eau, comme on l'a vu lors de la préparation de la fécule.

EXPÉRIENCE. On aiguise 100 grammes d'eau avec une vingtaine de gouttes d'acide sulfurique, et on verse le mélange sur une pomme de terre coupée en tranches minces ; au bout de vingt-quatre heures, on retire les tranches du liquide, et on les lave à grande eau jusqu'à ce qu'elles aient perdu toute saveur acide. Cette opération a fait perdre à la pomme de terre son albumine et sa matière colorante. Après dessiccation, les tranches sont compactes, blanches, farineuses, sans mauvais goût, et se gonflent dans l'eau bouillante. Si les tranches n'avaient pas subi ce traitement, la dessiccation les aurait rendues dures et cornées, et elles auraient contracté un goût désagréable.

452. Amidon des légumineuses. EXPÉRIENCE. On fait séjourner une poignée de pois dans un peu d'eau jusqu'à ce qu'ils soient imbibés ; quand ils sont assez ramollis pour être broyés dans un mortier, on en fait, avec de l'eau, une bouillie que l'on exprime à travers une toile. On obtient dans ce cas, comme avec la pomme de terre :

1° de la *cellulose*, sous forme de pulpe dans la toile ; 2° de l'albumine végétale si l'on porte le liquide à l'ébullition ; 3° de l'amidon, qui se dépose dans le liquide exprimé.

- L'amidon des pois est formé de grains ovoïdes, souvent agglomérés, creusés dans le sens de la longueur. Dans le grossissement représenté par la figure 179, les grains *a* proviennent des pois secs, ceux désignés par *b* sont retirés des pois

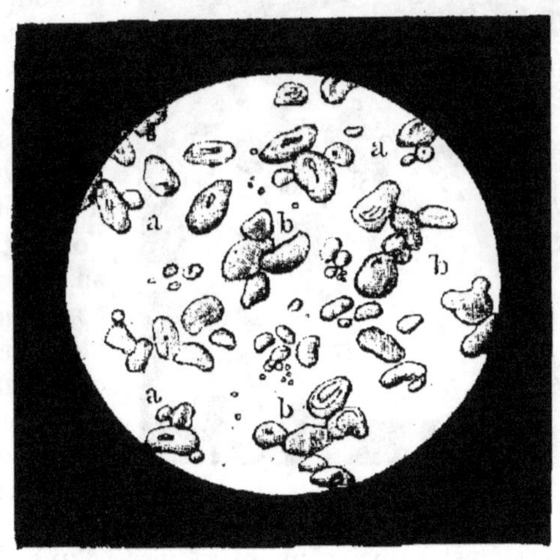

Fig. 179.

verts. Les grains d'amidon des haricots, des vesces, des lentilles, ont des formes analogues. Le lupin, quoique faisant partie de la famille des légumineuses, ne contient pas d'amidon; il renferme à sa place une substance visqueuse, une combinaison *pectique*.

Légumine. Expérience. Quand on a éliminé par l'ébullition et la filtration l'albumine du liquide où l'amidon des pois s'est déposé, on ajoute à ce liquide quelques gouttes d'acide acétique, qui y déterminent la formation d'un précipité blanc : c'est la *légumine* ou *caséine végétale*, qui a, quant à sa composition et à ses propriétés, la plus grande analogie avec la caséine du lait. La légumine est, comme l'albumine, très-riche en azote; elle s'en distingue en ce qu'elle ne se précipite pas par l'ébullition, mais par les acides; elle est soluble dans un excès d'acide acétique; on la trouve dans beaucoup de plantes, et particulièrement dans la graine des légumineuses.

453. Amidon du blé. Expérience. On fait avec de la farine de froment une pâte ferme qu'on laisse s'hydrater pendant quelque temps, puis on l'introduit dans un nouet de linge et on l'exprime sous l'eau jusqu'à ce qu'elle ne la trouble plus. L'eau, devenue laiteuse, s'éclaircit au bout de quelque temps et dépose une farine blanche, l'*amidon*. Les grains de l'amidon de blé ne sont pas brillants, ils sont aplatis, quelquefois lenticulaires, le plus souvent de forme irrégulière (fig. 180). Ils s'agglomèrent facilement à l'état

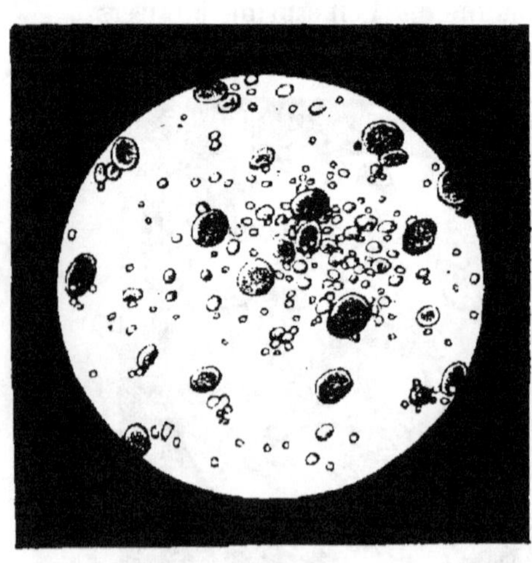

Fig. 180.

humide, aussi trouve-t-on généralement dans le commerce l'amidon en aiguilles allongées. L'amidon, réduit en poudre très-fine, est connu sous le nom de *poudre de riz*. Les grains d'amidon du seigle, de l'orge et de l'avoine ont, au microscope, la même apparence que ceux du blé; ceux de l'avoine cependant sont ordinairement recouverts d'un dessin quadrillé. L'amidon forme la majeure partie de la farine du blé; le reste est principalement composé d'une autre substance, le *gluten* ou *fibrine végétale*, que l'on trouve dans le nouet, mêlée au peu de cellulose que contient la farine. Le gluten se gonfle dans l'eau bouillante sans se dissoudre; il a dans sa composition la plus grande analogie avec l'albumine et est, comme elle, très-riche en *azote*.

La farine de froment contient en outre de *l'albumine,* qui se dissout dans l'eau où s'opère la séparation de l'amidon; on l'obtient en flocons blancs en portant ce liquide à l'ébullition.

454. Matières azotées et non azotées. Si l'on compare les résultats des dernières expériences, on remarque que dans les pommes de terre, aussi bien que dans les pois et le froment, les deux matières non azotées, la cellulose et l'amidon, sont constamment associées à une ou plusieurs substances azotées, l'albumine, la légumine, le gluten; ainsi :

Matières non azotées :

Dans la pomme de terre,	Cellulose et fécule;
Dans les pois,	Cellulose et amidon;
Dans la farine de froment,	Cellulose et amidon.

Matières azotées :

Dans la pomme de terre,	Albumine et légumine (en faible qantité);
Dans les pois,	Albumine et légumine (en forte proportion);
Dans le froment,	Albumine et gluten (en grande quantité).

Ces trois substances azotées, ainsi que plusieurs autres analogues, sont désignées collectivement sous le nom de substances albuminoïdes ou sous celui de substances protéiques. Toutes les plantes renferment l'une ou l'autre de ces substances en proportion plus ou moins forte.

Outre les pommes de terre, les légumineuses et les céréales, il y encore parmi les plantes alimentaires le maïs, le riz et le sarrasin, dont les graines sont riches en amidon.

L'*arrow-root* est une fécule que l'on retire, aux Indes et aux Antilles, des rhizomes d'une plante marécageuse.

PROPRIÉTÉS DE L'AMIDON.

455. EXPÉRIENCE. Si l'on chauffe, à une chaleur douce, dans une cuiller, de la fécule légèrement humectée, en l'agitant constamment, on obtient des granules blancs d'un aspect corné qui se gonflent dans l'eau bouillante et prennent un aspect de gelée; c'est le *sagou.* Le vrai sagou se prépare aux Indes avec la fécule retirée de la moelle de certains palmiers ou avec l'arrow-root.

La fécule est gonflée par l'eau dans les pommes de terre *cuites à la vapeur;* 100 gr. de pommes de terre contiennent environ 75 gr. d'eau et 20 de fécule, qui, sous l'influence de la température élevée, absorbent l'eau et se gonflent; les cellules prennent alors une forme arrondie (fig. 181). Les veines qu'on y remarque sont produites par l'albumine coagulée entre les grains de fécule. L'amidon de la farine est une des parties essen-tielles du pain et de la pâtisserie : c'est lui qui leur donne la pro-priété de s'émietter.

Fig. 181.

456. **Empois.** Expérience. Si l'on fait bouillir 4 ou 5 gr. d'ami-don dans 50 gr. d'eau, en agi-tant constamment, on obtient une bouillie gélatineuse. Les grains d'amidon absorbent de l'eau et se gonflent jusqu'à rompre leur en-veloppe. L'amidon ainsi délayé forme l'*empois*, qui sert à coller, à épaissir les couleurs pour l'im-pression, etc. Des tissus trempés dans l'empois prennent, une fois secs, de la roideur et deviennent brillants quand on les fait passer entre des rouleaux qui les compriment; c'est ainsi qu'on donne l'ap-prêt aux toiles peintes.

Expérience. De l'empois exposé à l'air pendant la saison chaude se liquéfie et s'aigrit; il se forme dans ce cas un acide particulier, l'*acide lactique*, le même qui se produit dans le lait, le fait tour-ner, et lui communique sa saveur acide quand il est caillé.

Expérience. Si l'on prépare un empois d'amidon et qu'on y laisse tomber une goutte de teinture d'iode (155), il prend aussitôt une coloration bleu foncé, due à une combinaison de l'iode avec l'ami-don, l'*iodure d'amidon*. On remarque cette même coloration quand on humecte de la farine, des pommes de terre, etc., avec une solu-tion d'iode. C'est un moyen infaillible pour reconnaître des traces d'amidon. La coloration bleue de l'iodure d'amidon disparaît par la chaleur et reparaît par le refroidissement.

TRANSFORMATION DE L'AMIDON EN DEXTRINE ET EN GLUCOSE.

457. **Dextrine.** Expérience. L'amidon, chauffé doucement dans une cuiller sur la lampe à alcool, et qu'on a soin d'agiter pour éviter qu'il ne se colle contre le métal, se transforme en une poudre jaunâtre, puis brunâtre, qui jouit de la propriété de se dissoudre

dans l'eau froide et dans l'eau chaude, tandis que l'amidon est insoluble à froid et se gonfle seulement dans l'eau bouillante. Les
grains d'amidon chauffés, examinés au microscope, ont une apparence foliacée (fig. 182) qui permet de distinguer facilement les
couches concentriques dont ils sont for-
més. L'amidon ainsi transformé s'appelle
amidon brûlé, *léiocome* ou *dextrine*, selon le mode de préparation. La dextrine
que l'on prépare par la torréfaction de
l'amidon dans de grandes brûloires à café
a reçu le nom d'amidon brûlé et sert à

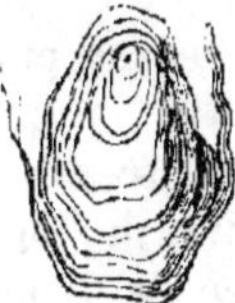

Fig. 182.

épaissir les couleurs et les mordants dans la fabrication des toiles
peintes. Préparée par le procédé suivant, elle sert aux mêmes usages et est aussi employée en médecine à la confection des bandes ag-
glutinatives pour la réduction des fractures.

EXPÉRIENCE. On humecte 20 gr. d'amidon avec 5 gr. d'eau, à laquelle on a ajouté 5 gouttes environ d'acide azotique. L'amidon,
séché à l'air, est porté ensuite sur une plaque métallique chauffée à
120° environ; au bout de quelques heures, tout l'acide azotique a
disparu, et l'amidon, qui a pris une légère teinte jaune, est devenu
soluble dans l'eau froide et dans l'eau bouillante; il a été transformé
en dextrine, appelée souvent aussi *léiocome*. C'est par ce procédé
qu'on prépare exclusivement aujourd'hui la dextrine en poudre.

EXPÉRIENCE. On prépare dans une capsule, avec de la fécule ou de
l'amidon, un empois auquel on ajoute, pendant qu'il est chaud et en
l'agitant, quelques gouttes d'acide sulfurique qui le liquéfient. La
capsule est posée sur un bain-marie (fi-
gure 183), dans lequel on fait bouillir l'eau
doucement jusqu'à ce que tout l'empois se
soit transformé en un liquide clair. On
ajoute alors de la craie jusqu'à ce que la réaction cesse d'être acide. Ce liquide, séparé
du plâtre et évaporé au bain-marie ou à
une chaleur douce, laisse une matière vitreuse, demi-transparente, ayant la plus
grande analogie avec la *gomme*. C'est encore de la dextrine, mais obtenue par voie
humide. On a appelé *amyduline* une sub-

Fig. 183.

stance que l'on croit intermédiaire entre l'amidon et la dextrine,
mais qui n'a pas encore été suffisamment étudiée pour prendre
rang parmi les corps bien définis.

458. **Glucose.** EXPÉRIENCE. On répète l'expérience précédente en

introduisant 40 gr. d'amidon ou de fécule, en bouillie épaisse, dans
un liquide bouillant formé de 100 gr. d'eau acidulée avec 2 gr.
d'acide sulfurique, en ayant soin d'opérer le mélange par petites
portions, de manière à ne pas arrêter l'ébullition. Quand tout l'amidon est introduit, on continue à faire bouillir le liquide pendant
plusieurs heures, puis on sature l'acide sulfurique avec de la craie et
on concentre le liquide jusqu'à consistance sirupeuse après l'avoir
séparé du plâtre. Ce sirop a une saveur sucrée; il laisse après l'évaporation une matière jaunâtre connue sous le nom de *glucose* ou
sucre de fécule. L'amidon, sous l'influence de l'acide sulfurique, se
transforme en dextrine quand la température est peu élevée, et en
glucose quand la chaleur est plus forte; dans ce dernier cas cependant il se convertit d'abord aussi en dextrine. L'action de l'acide
sulfurique se divise donc en deux périodes : dans la première l'amidon est transformé en *dextrine*, dans la seconde en *glucose;* cependant des recherches récentes ont fait voir que l'amidon se dédouble
en glucose et en dextrine dont la transformation ultérieure est très-
lente. On n'a pas encore réussi à découvrir la cause de cette transformation; l'amidon et la dextrine sont isomères, le glucose n'en
diffère que par 3 équivalents d'eau, et la réaction a lieu sous l'influence de l'acide sulfurique, qui n'éprouve aucune altération et se
retrouve en totalité dans le plâtre; il a agi par sa seule présence
d'une manière analogue à ce que l'on a vu précédemment pour l'é-
ponge de platine. Cette influence des corps qui n'interviennent dans
la réaction que par leur présence a été appelée action par *contact*
ou par *catalyse.*

459. **Malt et diastase.** EXPÉRIENCE. On broie grossièrement 10 gr.
de malt d'orge (426) avec 80 gr. d'eau tiède, et on laisse digérer
pendant quelques heures à une chaleur douce. Ce liquide, filtré à
travers une toile, renferme une substance nommée *diastase*, dont
la nature n'est pas encore bien connue, et qui jouit de la propriété
de transformer l'amidon en *dextrine* et en *glucose* aussi facilement
que l'acide sulfurique.

EXPÉRIENCE. Le quart de la solution de diastase que l'on vient de
préparer est versé dans un empois formé de 10 gr. d'amidon dans
80 gr. d'eau, et chauffé à une température qui ne dépasse pas 65°,
jusqu'à ce que le liquide soit devenu clair et transparent. Dès que
ce point est atteint, on porte le liquide à l'ébullition, on le filtre
et on l'évapore ensuite à une température douce. La matière gommeuse que l'on obtient n'est autre que la *dextrine*, contenant une
certaine quantité de glucose, telle qu'elle a été préparée à l'aide de
l'acide sulfurique (457).

Expérience. Si on répète la même expérience avec le reste de la solution de malt, en maintenant la chaleur pendant plusieurs heures entre 70° et 75°, on obtient encore de la dextrine, mais qui bientôt se transforme en un liquide sucré. Il suffit de concentrer ce liquide pour obtenir le *sirop de glucose*, analogue à celui qui a été préparé § 458.

460. **Saccharification.** La transformation que le malt fait subir à l'amidon doit être attribuée à la diastase. Cette action, qui est analogue à celle de l'acide sulfurique, est tout à fait inconnue ; elle n'a plus lieu à 100°, par conséquent dans un liquide en ébullition. La formation du sucre à l'aide de la diastase est une opération très-importante pour les brasseurs, ainsi que pour les distillateurs de grains et de pommes de terre, car, pour que l'amidon puisse fermenter, il faut qu'il ait été préalablement transformé en sucre. C'est toujours de l'action de la diastase que dépend cette transformation, la *saccharification*, dans la fabrication de la bière aussi bien que dans la distillation des grains et des pommes de terre.

461. **Formation du glucose pendant la germination.** La saveur du malt est sucrée et mucilagineuse, parce que, sous l'influence de la diastase, une partie de l'amidon s'est déjà transformée en dextrine et en sucre ; mais cette transformation a été arrêtée par la dessiccation sur le séchoir. Si on laisse la germination se prolonger, comme cela arrive dans les champs, tout l'amidon se transforme en dextrine et en sucre, lesquels passent dans la séve de la jeune plante, ce qu'on reconnaît facilement au goût. Même chose se passe dans les pommes de terre, dans lesquelles la fécule diminue vers le printemps quand elles commencent à pousser. Ainsi 100 kilog. d'une même espèce de pommes de terre renferment : 10 kilog. de fécule en août, 14 en septembre, 15 en octobre, 16 en novembre, 17 en décembre, 17 en janvier, 16 en février, 15 en mars, 13 en avril, et 10 seulement en mai.

La proportion de fécule s'accroît donc en automne, reste stationnaire en hiver et diminue au printemps, quand la végétation commence à se manifester. Personne n'ignore, du reste, que les pommes de terre qui ont poussé des germes deviennent mucilagineuses et sucrées, parce qu'une partie de l'amidon s'est transformée en dextrine, et une partie de la dextrine en glucose. Dans la terre, cette décomposition se continue jusqu'à ce que la transformation soit complète, les produits sont absorbés par la jeune plante, qui trouve plus tard encore un aliment dans l'eau, l'acide carbonique et l'ammoniaque, résultant de la putréfaction d'une partie de la pomme de terre plantée.

20.

462. Formation du glucose par la maturation et la gelée. Les pommes et les poires vertes bleuissent par l'iode; elles perdent cette propriété dès qu'elles sont mûres : il s'opère par conséquent pendant la maturation une transformation de l'amidon en dextrine et en glucose, ce que l'on peut reconnaître à la saveur sucrée de ces fruits, quand ils sont mûrs. La gelée produit un effet analogue à celui de la maturation; personne n'ignore, en effet, que les pommes de terre, les pommes, etc., gelées, acquièrent une saveur sucrée due probablement à l'action de matières azotées altérées sur l'amidon.

463. Lichénine et inuline. On trouve dans certains lichens, et notamment dans le *lichen d'Islande*, une substance qui a de l'analogie avec l'amidon, mais qui en diffère par certaines propriétés; cette substance a reçu le nom de *lichénine*. On fait bouillir le lichen d'Islande dans l'eau et on exprime dans un linge le liquide bouillant, qui se prend en gelée par le refroidissement. Cette gelée, séchée, constitue la lichénine : elle ne bleuit pas par l'iode, qui la colore seulement en jaune.

L'*inuline* doit son nom à l'*inula helenium* (aunée), plante dans laquelle elle a d'abord été découverte; elle a plus d'analogie avec l'amidon que la lichénine; on l'a trouvée depuis dans beaucoup d'autres plantes. Les tubercules de topinambours en contiennent 2 à 3 pour 100 de leur poids. Pour l'obtenir, on fait bouillir dans l'eau les substances qui la contiennent : elle se dépose, par le refroidissement, sous forme de poudre blanche. Une ébullition prolongée la transforme en glucose; elle brunit, mais ne bleuit pas par l'iode.

III. — GOMMES ET MUCILAGES

$$(C^{12}H^{10}O^{10} + HO):$$

464. Gomme. Nous avons dit, en parlant de la dextrine, dans quel ordre de produits devaient être rangés les gommes et les mucilages végétaux : ils forment une sorte d'intermédiaire entre l'amidon et le sucre. La dextrine est très-répandue dans le règne végétal; on en trouve des quantités plus ou moins fortes dans tous les sucs végétaux.

Beaucoup de plantes renferment des matières gommeuses particulières, et quelquefois en assez grande abondance pour que ces matières suintent au travers de l'écorce et viennent se solidifier à l'air, comme on le voit souvent dans nos climats, sur les pruniers et les cerisiers. Le nom de résine, donné quelquefois à ces substances, est impropre, car les résines sont insolubles dans l'eau et solubles dans l'alcool, tandis que c'est tout le contraire pour les gommes. Elles se distinguent aussi de la dextrine en ce que, traitée par l'acide azotique, celle-ci fournit de l'acide oxalique, et que les gommes et les mucilages, au contraire, se transforment en un acide particulier, l'*acide mucique*.

465. Gomme arabique. Parmi les gommes, la plus connue est la gomme arabique, qui est exsudée à travers l'écorce de quelques espèces d'acacias et de mimosas des pays tropicaux. La plus pure est presque blanche, les qualités inférieures sont jaunes ou brunes. Quand elle est sèche, elle est assez cassante pour qu'on puisse la réduire facilement en poudre.

EXPÉRIENCE. Une partie de gomme, agitée fréquemment avec deux parties d'eau, finit par s'y dissoudre, et forme un *mucilage* épais que l'on peut étendre d'eau à volonté. Ce mucilage jouit de la propriété de coller fortement les substances entre elles en se desséchant, aussi s'en sert-on souvent au lieu de colle-forte ou d'empois pour coller les papiers, les cartonnages, le bois, et même pour agglomérer des matières pulvérulentes, les couleurs au pastel, par exemple. La consistance de la solution de gomme permet aussi de l'employer comme épaississant pour les couleurs et les mordants, ainsi que pour l'apprêt des tissus. Pour ce dernier usage, on recherche de préférence une variété de gomme, connue sous le nom de *gomme-Sénégal*, qui forme un mucilage plus épais ; on la recueille principalement sur les côtes du Sénégal.

EXPÉRIENCE. Si on laisse tomber dans l'alcool quelques gouttes d'une solution aqueuse et concentrée de gomme, elles ne se mélangent pas avec le liquide, parce que la gomme est insoluble ; l'alcool trouble une solution étendue de gomme et en précipite la matière gommeuse ; cette propriété est souvent mise à profit pour précipiter la gomme en dissolution.

466. Gomme adragante. La gomme adragante sert aux mêmes usages que la gomme arabique ; elle est élaborée par l'*astragalus tragacantha* ; on la recueille principalement en Grèce et en Turquie ; elle se trouve dans le commerce sous forme de fils ou de bandes souvent roulées en spirale.

EXPÉRIENCE. Un fragment de gomme adragante introduit dans l'eau froide s'y gonfle et produit bientôt une sorte de gelée ; 10 gr. suffisent pour convertir 1 kilog. d'eau en un épais mucilage. La gomme, dans ce cas, n'est pas dissoute, mais seulement gonflée, comme l'amidon dans l'empois ; elle ne se dissout même pas dans le liquide bouillant.

Ces gommes insolubles ont été appelées *mucilages* pour les distinguer des précédentes ; on en trouve dans un grand nombre de plantes de nos climats, par exemple dans les feuilles de mauve, de tussilage, dans les racines de guimauve, de salep, dans les graines de lin et de coing, dans certains lichens, etc. On s'aperçoit facilement de la présence de cette gomme dans les pepins de coings : elle forme autour de la graine un enduit transparent, assez considérable pour que 10 gr. de ces graines suffisent à convertir en un épais mucilage $\frac{1}{2}$ kilog. d'eau.

467. **Cérasine**. Expérience. La gomme qui exsude des pruniers et des cerisiers, introduite dans l'eau, ne s'y dissout qu'en partie : la matière soluble est une véritable gomme, la *cérasine;* la matière insoluble est un mucilage. Ces gommes sont donc formées d'un mélange de gomme et de mucilage.

468. **Pectine**. Le suc de beaucoup de fruits et de racines, les groseilles, les cerises, les pommes, les navets, etc., etc., contient une substance mucilagineuse qui jouit de la propriété de se prendre en gelée par le refroidissement, surtout quand les fruits ont été bouillis avec du sucre. Cette substance a reçu le nom de *pectine* (gelée végétale) ; on en admet plusieurs modifications, la plupart isomériques ; telles sont la parapectine, la métapectine, l'acide pectique, etc.

IV. — SUCRES.

469. **Glucose ou sucre de raisin**, $C^{12}H^{12}O^{12} + 2HO$. Nous avons dit (458) comment l'amidon se transforme en glucose. Cette transformation s'obtient de deux manières : ou en faisant bouillir l'amidon avec de l'eau aiguisée d'acide sulfurique, ou bien en le faisant digérer avec le malt ou la diastase. On a dans les deux cas un sirop de glucose qui dépose des cristaux si l'on pousse plus loin la concentration. Ces cristaux, placés sur du plâtre, qui absorbe le liquide, se dessèchent et produisent le glucose *granulé;* la solution où ils se sont déposés est impropre à la cristallisation. On observe un fait analogue pour le miel : quand il reste longtemps en repos, il dépose des grumeaux solides de glucose, et le liquide qui surnage ne cristallise plus.

Le glucose se produit naturellement dans beaucoup de plantes, et particulièrement dans les fruits : les prunes, les cerises, les poires, les figues, les raisins, etc., en contiennent. Les concrétions blanches qui se forment à la suface des prunes et des figues sèches, ou dans l'intérieur des raisins secs, ne sont pas autre chose que du glucose, auquel on donne souvent le nom de sucre de raisin ou sucre de fruits. La saveur du glucose est beaucoup moins sucrée que celle du sucre de canne : on peut aisément s'en convaincre en les goûtant tous deux successivement. Le sucre ordinaire sucre environ $2\frac{1}{2}$ fois de plus que le glucose. Ces deux espèces de sucre diffèrent encore par leur solubilité : 100 parties d'eau, qui dissolvent 300 parties de sucre de canne, n'en peuvent dissoudre que 70 de glucose ; aussi le premier se dissout-il beaucoup plus rapidement et forme-t-il un sirop beaucoup plus épais que le glucose.

470. **Sucre de canne ou de betterave**, $C^{12}H^{11}O^{11}$. Ce sucre, que l'on emploie généralement pour les usages domestiques, diffère du précédent par quelques-unes de ses propriétés ; on l'extrait principalement de la canne à sucre ou de la betterave : de là les noms qui lui sont donnés.

Les opérations auxquelles donne lieu la fabrication du sucre sont les suivantes :

a) On *exprime* les cannes ou les betteraves râpées pour en extraire le jus ou *vesou*.

b) On *concentre* le vesou dans des chaudières, jusqu'à consistance sirupeuse, après y avoir ajouté un peu de chaux afin de précipiter les matières albumineuses. Ce *sirop* dépose par le refroidissement des cristaux jaunâtres de *sucre brut* ou *cassonade*, tandis que le sucre incristallisable reste dissous et constitue les *mélasses*.

c) On *raffine* le sucre brut, c'est-à-dire qu'on le débarrasse de la matière colorante brune et du sucre incristallisable qu'il contient. Dans ce but : 1° on dissout le sucre brut dans une petite quantité d'eau ; 2° on filtre la solution à travers du noir animal, qui retient la matière colorante brune et la chaux qui resterait encore ; 3° on concentre le sirop clarifié, dans le vide, pour opérer plus rapidement, puis on le fait couler dans les cristallisoirs, où on l'agite pour éviter la formation de gros cristaux, jusqu'au moment où on peut le mettre dans les formes, où il se prend en une masse blanche cristalline, le *sucre en pain*. Enfin on enlève les dernières traces de sucre incristallisable en faisant passer à travers les pains une solution concentrée de sucre pur qui se charge de toutes les matières étrangères solubles sans dissoudre le sucre ; on obtient ainsi les sucres raffinés, qui reçoivent différents noms selon leur degré de blancheur et de pureté.

EXPÉRIENCE. En faisant dissoudre 20 gr. de sucre dans 10 gr. d'eau, on obtient un sirop qui laisse déposer, par une évaporation lente, de beaux cristaux prismatiques à six pans (fig. 184) : c'est le *sucre candi*, lequel est blanc si on opère avec des sucres raffinés, et brun si l'on fait cristalliser des cassonades. Comme les cristaux se déposent de préférence sur des corps dont la surface est inégale, on

Fig. 184.

tend, dans l'intérieur des vases où a lieu la cristallisation, des fils, qui ne tardent pas à se couvrir de cristaux.

471. **Essais des sucres**. Le sucre de canne est souvent falsifié avec du glucose, dont les propriétés saccharines sont beaucoup moins prononcées.

EXPÉRIENCE. On introduit dans un tube d'essai un petit fragment de sucre, dans un second tube une parcelle de glucose, puis l'on verse de l'acide sulfurique sur les deux substances : le sucre noircit, tandis que le glucose ne change pas de couleur. L'inverse aura lieu si l'on substitue à l'acide sulfurique une solution faible de potasse caustique : le glucose deviendra brun, tandis que la couleur du sucre ne sera point modifiée.

EXPÉRIENCE. L'oxyde de cuivre offre un moyen encore plus facile de distinguer ces deux espèces de sucre : si aux deux solutions de sucre on ajoute d'abord quelques gouttes de sulfate de cuivre dissous, puis un peu de lessive de potasse, et qu'on chauffe les deux tubes, celui qui contient le glucose perd sa teinte bleue et devient rouge, tandis que l'autre ne change pas de couleur. Le glucose, dans ce cas, décompose le bioxyde de cuivre, qu'il précipite à l'état de protoxyde rouge (354), et est transformé lui-même en acide formique et en acide carbonique. Ce procédé est si sensible, qu'il permet de découvrir même des traces de glucose. Le sucre de canne et la dextrine ne décomposent le bioxyde de cuivre qu'après une ébullition prolongée; la gomme le précipite en bleu. Plusieurs substances, et notamment le sucre de lait, réagissent comme le glucose sur le bioxyde de cuivre.

Dosage du sucre. Cette action du glucose sur l'oxyde de cuivre forme la base d'un procédé de dosage des sucres par les liqueurs titrées. Pour préparer la solution de cuivre dont on fait usage, on dissout, d'un côté, 16 parties de tartrate neutre de potasse et 13 parties de soude à la chaux dans 60 parties d'eau, d'un autre côté, 4 parties de sulfate de cuivre dans 16 parties d'eau, puis on mêle les deux solutions, que l'on étend d'environ 25 parties d'eau. Cette solution, connue sous le nom de liqueur de Felhing, se conserve longtemps sans s'altérer dans des flacons bouchés. Si l'on en fait bouillir un volume déterminé et qu'on y ajoute avec la burette (fig. 185) une solution titrée de glucose, jusqu'à ce que tout le cuivre soit précipité à l'état de protoxyde et que la coloration bleue ait disparu, on saura combien il faut de glucose pour décolorer un volume déterminé de la liqueur

de Felhing ; cette liqueur, dont le titre sera connu, pourra servir à
doser d'autres liquides sucrés. Comme on n'est jamais sûr d'avoir du
glucose bien pur ou bien sec, on prépare la liqueur titrée en dissolvant 10 gr. de sucre candi blanc dans 40 gr. d'eau, à laquelle on
ajoute 5 gouttes environ d'acide sulfurique, puis
on fait bouillir pendant quelques minutes cette
solution, que l'on étend ensuite dans 1 litre d'eau.
On a ainsi une solution dont 10 cent. cubes correspondent à 1 décig. de sucre de canne : le cal-
cul fait aisément connaître la quantité correspondante de glucose. Si l'on veut doser du sucre
de canne par ce procédé, par exemple dans le jus
de betteraves, on convertit le sucre en glucose,
en faisant bouillir le liquide avec quelques gouttes d'acide sulfurique (476). Une méthode très-
exacte pour doser le sucre consiste à observer la
déviation de la lumière polarisée déterminée
par une solution de sucre; on se sert à cet effet
d'instruments particuliers qui ont reçu le nom
de *saccharimètres optiques*. Le sucre fait dévier

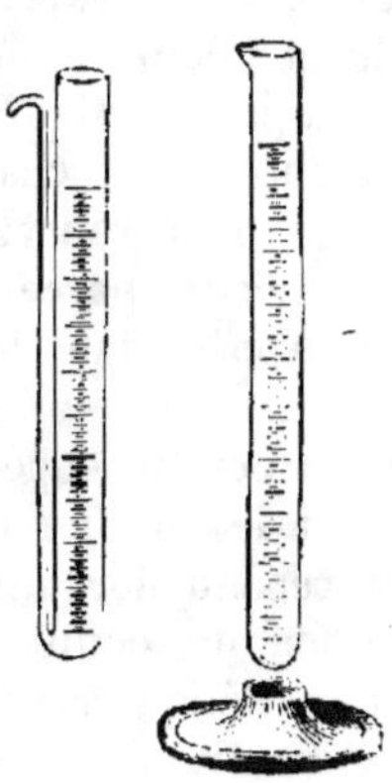

Fig. 185.

à droite le plan de polarisation, tandis que le glucose le fait dévier
à gauche.

472. **Sucre incristallisable.** On désigne sous ce nom du sucre
modifié qui ne cristallise plus; il devient dur et vitreux comme la
gomme par l'évaporation et tombe en déliquescence. Ces sucres forment les mélasses, dans lesquelles il reste cependant toujours une
forte proportion de sucre cristallisable.

473. **Sucre de lait ou lactine.** On appelle ainsi la substance cristallisable à laquelle le lait doit sa saveur sucrée. On l'obtient en
masses cristallines blanches par l'évaporation du petit-lait; sa saveur
est encore moins sucrée que celle du glucose; la lactine se dissout
dans 6 parties d'eau. Quand le lait tourne, la coagulation est due à
un acide particulier, l'*acide lactique*, qui dérive du sucre de lait.

474. **Mannite.** Ce sucre constitue la majeure partie de la *manne*,
qu'on obtient principalement en Italie en évaporant la séve sucrée
d'une espèce de frêne.

TRANSFORMATIONS DU SUCRE.

475. **Transformation par la chaleur.** *Sucre amorphe.* EXPÉRIENCE.
On chauffe dans une petite casserole 20 gr. de sucre avec 5 gr. d'eau,

jusqu'à ce que le liquide commence à prendre une teinte jaune; on a alors du sucre fondu que l'on coule sur une plaque de tôle étamée, graissée légèrement avec de l'huile. Le sucre se prend alors en une masse vitreuse, amorphe, appelée généralement *sucre d'orge*. Au commencement de l'expérience, le sucre s'est dissous dans l'eau, puis, celle-ci s'étant évaporée, il a subi la fusion ignée. La teinte jaune qu'il a prise indique qu'il était sur le point de se décomposer sous l'influence de la chaleur. Le sucre d'orge, conservé pendant longtemps, perd sa transparence et prend une structure cristalline, ce fait est curieux, parce qu'il offre une nouvelle preuve du déplacement qui s'opère dans les molécules d'un corps solide.

Caramel. EXPÉRIENCE. On répète l'expérience précédente; mais, au lieu de suspendre l'opération quand le sucre commence à jaunir, on continue à le chauffer jusqu'à ce qu'il ait pris une teinte brun-chocolat. Il répand alors une odeur particulière, l'*odeur de caramel*. La matière fondue, coulée sur une plaque froide, se prend en une masse brune, déliquescente à l'air, le *caramel*. On le dissout dans une petite quantité d'eau, et quelques gouttes de cette solution suffisent pour communiquer une teinte jaune ou brune à une assez grande quantité de liquide. Ce pouvoir colorant du caramel a été mis à profit pour donner une teinte jaune ou brune aux liqueurs, au vinaigre, au bouillon, à certains esprits.

Carbonisation. EXPÉRIENCE. Chauffé davantage, sur une lame de platine (fig. 186), le sucre charbonne en dégageant des gaz inflammables; il reste un charbon poreux, noir, qui ne tarde pas à disparaître complétement. Si le sucre contient un peu de chaux, il laisse un résidu blanc qui ne se dissipe pas par la chaleur.

Fig. 186.

476. Transformation par les acides. EXPÉRIENCE. Si à une solution concentrée et bouillante de sucre on ajoute quelques gouttes de jus de citron ou un peu d'acide tartrique, la solution devient bientôt plus liquide et ne dépose plus de cristaux par la concentration. Ceci explique pourquoi l'on n'obtient pas de cristaux quand on concentre le jus sucré des fruits acides. Si l'on essaye la solution avec la liqueur de Felhing (471), on peut constater qu'elle contient du glucose.

Le sucre, bouilli avec un acide organique, s'est transformé en glu-

cose. Cette transformation du sucre s'opère avec une grande facilité;
on peut l'obtenir en faisant simplement bouillir pendant quelque
temps une solution sucrée, et elle a lieu très-rapidement si on ajoute
à cette solution un peu d'acide sulfurique ou un liquide en fermentation. Le sucre bouilli pendant longtemps dans l'acide sulfurique
étendu se transforme en un acide brun insoluble analogue à l'humus;
chauffé avec l'acide azotique ou d'autres acides abandonnant facilement une partie de leur oxygène, il se transforme d'abord en acide
saccharique, puis en acide oxalique, et enfin en acide carbonique et
en eau.

Sucrates. Le sucre forme, avec certaines bases minérales, telles
que la chaux, l'oxyde de plomb, etc., des combinaisons où il joue le
rôle d'un acide ; il perd en même temps sa saveur sucrée. La combinaison la plus connue est le sucrate de chaux.

Le sucre se combine aussi avec le sel marin et forme un composé
incristallisable, qui occasionne de grandes pertes dans les sucreries
quand les racines de betteraves, dont on extrait le sucre, contiennent beaucoup de ce sel.

RÉSUMÉ.

CELLULOSE, AMIDON, GOMMES, MUCILAGES, PECTINE, SUCRES.

(1) Les *matières organiques* sont les combinaisons chimiques élaborées
par les végétaux et les animaux vivants.

(2) On donne aussi ce nom à des produits modifiés formés de matières
végétales ou animales, soit naturellement, soit artificiellement.

(3) Les matières organiques se transforment *très-facilement*. On observe
ces transformations :

    a) Chez les végétaux et les animaux vivants (germination, matu-
        ration, etc.; respiration, digestion, etc.).

    b) Chez les végétaux et les animaux morts (fermentation, putré-
        faction, etc.).

    c) En chauffant les matières organiques (carbonisation, combus-
        tion, etc.).

    d) En traitant ces matières par certains agents chimiques (acides,
        bases, etc.).

(4) Pendant ces transformations, les substances varient seulement
dans leurs propriétés et leur aspect; les éléments dont elles sont formées
restent inaltérables, et, s'ils échappent quelquefois à nos sens, c'est qu'ils
ont pris la forme gazeuse.

(5) On n'a pas encore réussi à reproduire directement les substances
organiques (sauf quelques exceptions, qui deviennent de plus en plus
nombreuses); on ne peut en général que les transformer ou les décomposer.

21

(6) Les quatre éléments organogènes : le carbone, l'hydrogène, l'oxygène et l'azote, sont les corps principaux dont les êtres vivants sont formés. A eux viennent se joindre certains autres éléments en petite quantité (soufre, phosphore, potassium, calcium, etc.).

(7) Les corps organogènes jouissent de la propriété de former entre eux une foule de combinaisons et de se combiner en outre avec la plupart des autres corps; aussi les composés organiques sont-ils innombrables.

(8) Comme la différence entre les matières organiques ne provient pas du nombre d'éléments dont elles sont composées, elle doit tenir au groupement moléculaire de ces éléments (atomes composés).

(9) Parmi les composés que l'on rencontre le plus fréquemment dans le règne végétal, il .faut ranger : la *cellulose*, l'*amidon*, la *dextrine*, les *gommes*, les *mucilages*, la *pectine* et le *sucre*. On les trouve dans tous les végétaux.

(10) Ces substances ne sont ni alcalines ni acides, ce qui leur a valu le nom de *corps neutres*.

(11) La composition de ces divers corps offre une grande analogie; ils sont *ternaires*, c'est-à-dire composés de *carbone*, d'*hydrogène* et d'*oxygène*, sans azote; ils renferment l'hydrogène et l'oxygène *dans la proportion où ils constituent l'eau*, à équivalents égaux.

(12) Les substances qui ont été étudiées forment en grande partie les aliments d'origine végétale; elles jouent par conséquent un rôle important dans l'alimentation des animaux.

V. — SUBSTANCES ALBUMINOÏDES OU PROTÉIQUES.

477. Substances protéiques. A propos de la cellulose, il a été question de l'albumine végétale, de la caséine végétale et du gluten; on a vu, à cette occasion, que la séve de *toutes les plantes* renferme une ou plusieurs *matières azotées*, analogues quant à la composition, et renfermant toutes une forte proportion d'azote (16 pour 100).

Albumine. L'albumine végétale est soluble dans l'eau et se coagule par l'ébullition. On la trouve dans toutes les graines, en quantité plus ou moins forte.

Légumine (caséine végétale). La légumine est soluble dans l'eau et ne se coagule pas par l'ébullition ; mais elle est précipitée par les *acides* quand ils ne sont pas en excès. Les graines des légumineuses, telles que les pois, les haricots, les lentilles, etc. (452), en contiennent des proportions considérables. Les amandes des rosacées renferment un principe analogue, qui a reçu le nom d'*amandine*.

Gluten. Le gluten ou fibrine végétale est insoluble dans l'eau et constitue presque exclusivement la matière azotée des graines de céréales (453).

La levûre qui se produit pendant la fermentation se forme aux dépens de la matière azotée ; il en est probablement de même pour la diastase, qui se forme pendant la germination des graines.

Présence du soufre dans les substances protéiques. Expérience. On ajoute à 5 gr. de pois concassés environ la moitié de leur poids de potasse caustique et 40 gr. d'eau, avec laquelle on les fait bouillir jusqu'à ce que le liquide produise une tache brune sur un papier imbibé d'une solution d'acétate de plomb. Cette tache est due au sulfure de plomb formé par le soufre des pois, qui s'est dissous et combiné avec la potasse. L'acide chlorhydrique, ajouté à la solution, en dégage de l'acide sulfhydrique (213), indice certain de la présence du soufre. On aura les mêmes réactions si l'on traite de cette manière l'albumine et le gluten. C'est donc le soufre des matières azotées qui fait noircir l'argent mis en contact prolongé avec des pois ou d'autres graines de légumineuses cuites. L'albumine végétale, aussi bien que l'albumine animale, contient, outre le soufre, une certaine quantité de *phosphore.*

Les matières azotées analogues à l'albumine sont souvent appelées *substances protéiques*, parce que l'on admet qu'elles ont toutes pour base une matière unique (un radical organique), la *protéine*, qui serait combinée en différentes proportions avec le soufre et le phosphore dans les matières albuminoïdes.

478. **Identité des matières protéiques végétales et animales.** On a démontré par l'analyse que les matières protéiques végétales et animales ont la même composition, d'où l'on a conclu que les animaux s'assimilaient ces matières sans les altérer. Il suffit, pour s'en convaincre, d'examiner le sang, composé presque exclusivement d'albumine et de fibrine. Comme c'est le sang qui sert d'intermédiaire pour transporter dans tout le corps les aliments absorbés dans le tube digestif, il est évident que l'albumine, la caséine et la fibrine contenues dans les végétaux sont l'origine de ces mêmes substances chez les animaux. C'est ce qui a fait souvent donner aux substances protéiques des végétaux le nom de *viande végétale*, et on peut estimer jusqu'à un certain point la valeur nutritive d'un végétal d'après la quantité d'azote qu'il renferme.

479. **Transformation des matières protéiques par la putréfaction.** *Formation d'ammoniaque.* Expérience. Dans un flacon plein d'eau on introduit du gluten, ou, a défaut de gluten, une matière riche en substances protéiques, comme les pois ou les haricots, et préalablement broyée. Sur le flacon on ajuste un tube recourbé, qui va plonger sous l'eau que contient un vase de faible dimension, dans lequel un tube d'essai a été disposé pour recevoir les gaz. Au bout

d'un certain laps de temps, beaucoup moins considérable s'il fait chaud que si la température est basse, on observe les phénomènes suivants :

a) Il se dégage des bulles de gaz que l'on recueille dans le tube : ce gaz est composé d'*hydrogène* et d'*acide carbonique* ; on s'en assure facilement à l'aide de l'eau de chaux et en allumant ensuite le gaz restant.

b) Un papier imprégné d'acétate de plomb noircit quand on le plonge dans le flacon où la décomposition s'est opérée ; il s'est donc formé de l'*acide sulfhydrique*.

c) L'eau dans laquelle le gluten est entré en putréfaction émet une odeur ammoniacale qui devient plus prononcée si on ajoute un alcali : il y a donc eu aussi formation d'ammoniaque.

La putréfaction des matières azotées, comparée à celle des substances non azotées, en diffère principalement en ce que l'azote, le soufre et le phosphore se combinent avec l'hydrogène et donnent naissance à de l'ammoniaque, de l'acide sulfhydrique et de l'hydrogène phosphoré. C'est principalement à ces trois gaz, auxquels viennent se joindre quelques produits gazeux en voie de décomposition, qu'il faut attribuer la mauvaise odeur que répandent les matières protéiques en putréfaction. Ces matières putréfiées laissent un résidu brun analogue à l'humus formé par la cellulose.

Les substances à odeur si désagréable qui prennent naissance pendant la putréfaction des matières azotées finissent toutes par se transformer en ammoniaque, l'un des aliments les plus importants des végétaux ; aussi les substances protéiques sont-elles considérées comme de puissants engrais.

480. **Nitrification**. EXPÉRIENCE. On mêle un peu de tourteau de colza pulvérisé à du sable, de la terre, des cendres de bois, de la chaux, et on laisse ce mélange exposé à l'air pendant plusieurs mois, en le maintenant constamment humide et en le remuant de temps en temps. Traitée alors par l'eau, la masse terreuse lui abandonne une substance cristalline que l'on obtient par l'évaporation, et qui fuse sur les charbons ardents : c'est du salpêtre (207).

Ici, comme précédemment, il s'est formé de l'ammoniaque pendant la putréfaction, car le tourteau est riche en azote ; mais cette ammoniaque, en présence des alcalis et de l'oxygène de l'air, a été brûlée et transformée en eau et en acide azotique ; ce dernier s'est combiné avec les alcalis.

$$\text{Ainsi l'ammoniaque.} \ldots \ldots \ldots \quad Az \; H^5$$
$$\text{Avec l'oxygène.} \ldots \ldots \ldots \quad O^5 + O^5$$
$$\text{A formé.} \ldots \ldots \ldots \quad AzO^5 + {}^5HO$$

C'est probablement ainsi que se forment dans le sol de petites quantités d'acide azotique avec les matières en putréfaction et les alcalis (potasse, calcaire) de la terre. Les azotates sont des engrais très-énergiques ; une terre sera donc d'autant plus fertile qu'elle en contiendra davantage. Si elle en contient plus qu'il n'en faut aux plantes pour accomplir leur végétation, l'azotate s'accumule dans les plantes : on a reconnu que certaines d'entre elles, comme les betteraves, le tabac, la bourrache, venues dans des terrains très-fertiles, ainsi que les stramoines et les orties qui croissent dans les endroits riches en matières organiques, contiennent quelquefois assez de salpêtre pour brûler en fusant légèrement, quand elles sont sèches.

481. **Ferments.** Les matières protéiques doivent à leur composition complexe leur propriété de se décomposer aussi facilement : elles sont formées, en effet, de quatre, quelquefois de cinq et même de six éléments et d'un grand nombre d'équivalents de chacun de ces éléments (425, 429). Ces matières, en voie de putréfaction, provoquent la décomposition de certaines substances neutres non azotées, avec lesquelles elles sont en contact. Elles agissent dans ce cas comme ferment ; une des décompositions de ce genre les plus importantes est celle que l'on connaît sous le nom de *fermentation alcoolique* ; elle fera le sujet du chapitre suivant.

RÉSUMÉ.

ALBUMINE, LÉGUMINE, GLUTEN.

(1) Les matières protéiques se distinguent des substances ternaires en ce que, outre le carbone, l'hydrogène et l'oxygène, elles contiennent de l'azote et une certaine quantité de *soufre*.

(2) Elles se décomposent facilement, en raison de cette *composition complexe* (fermentation, putréfaction).

(3) Si, pendant leur décomposition, elles sont en contact avec d'autres substances non azotées, elles en provoquent la décomposition ou la putréfaction.

(4) Tous les végétaux renferment, en proportion très-variable, au moins l'une des substances protéiques; on en conclut qu'elles sont nécessaires à la vie des plantes.

(5) Ces substances sont nécessaires aux animaux, dont elles constituent l'organisme avec le concours des matières ternaires.

VI. — TRANSFORMATION DU SUCRE EN ALCOOL. — FERMENTATION ALCOOLIQUE.

482. Influence du gluten sur le miel. EXPÉRIENCE. Si l'on ajoute un peu de gluten ou de légumine, tels qu'on les a préparés précédemment (452), à une solution de 20 gr. de miel dans 80 gr. d'eau, et qu'on maintienne la température à 20° environ, la liqueur entre en fermentation et il se produit un abondant dégagement de gaz. En introduisant le mélange dans un flacon muni d'un tube recourbé (fig. 187), on peut recueillir le gaz dégagé, qu'il est facile de recon-

Fig. 187.

naître pour de l'acide carbonique. Dans le cas où le liquide conserverait une saveur sucrée après la cessation du dégagement de gaz, on y ajouterait encore un peu de gluten, afin de provoquer une nouvelle fermentation, après laquelle la saveur sucrée aura entièrement disparu. Il restera un liquide spiritueux où l'alcool remplace le sucre. Le gluten altéré, ainsi que celui qui est resté intact, forme un dépôt au fond du vase. Toutes les matières protéiques en putréfaction, le fromage, la viande, le sang, etc., agissent dans ce cas comme le gluten ; mais c'est la matière qui provient de l'altération du gluten de l'orge pendant la fermentation de la bière, la *levûre*, qui possède ce pouvoir au plus haut degré. La fermentation est due à une *végétation* particulière qui se forme aux dépens des matières azotées du liquide sucré ; elle est beaucoup plus rapide quand cette végétation préexiste dans le *ferment*, comme dans la levûre de bière

(488, fig. 190). Quand elle ne préexiste pas, il suffit de la présence d'une petite quantité d'air pour la produire : c'est ce qui a lieu pendant la fermentation du raisin. On n'a qu'à répéter l'expérience précédente en substituant la levûre de bière au gluten, et l'on verra que la fermentation sera beaucoup plus rapide.

483. Transformation du sucre pendant la fermentation. A l'aide des formules, on voit facilement quelle est la transformation subie par le sucre pendant la fermentation :

$$
\begin{array}{ll}
\text{1 équivalent de glucose du miel } C^{12}H^{12}O^{12} & \\
\quad \text{a produit 2 équivalents d'alcool.} \ldots & C^8H^{12}O^4 \\
\quad \text{et 4 équivalents d'acide carbonique.} \ldots & C^4 \quad O^8 = 4CO^2 \\
\hline
& C^{12}H^{12}O^{12}
\end{array}
$$

Le sucre se sépare en alcool et en acide carbonique pendant la fermentation; ce phénomène est représenté par la figure 188, où, pour simplifier, on n'a pris que la moitié de la formule du glucose.

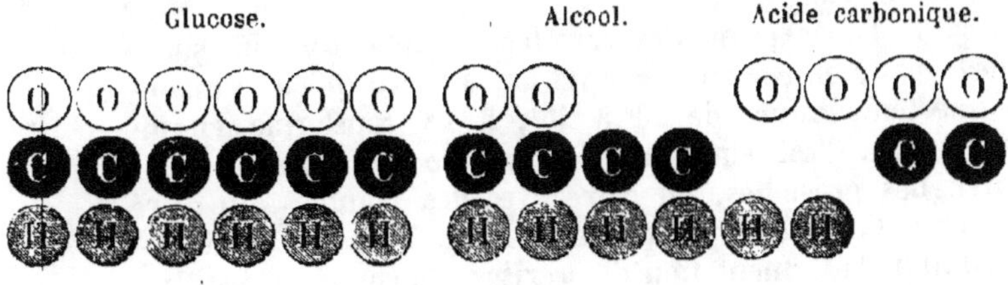

Fig. 188.

L'acide carbonique et l'alcool ne préexistent pas dans le sucre, ils doivent leur formation à une action particulière du ferment, qui ne s'assimile aucun des éléments du sucre et ne lui abandonne aucun des siens. L'action du ferment a de l'analogie avec celle de l'acide sulfurique sur l'amidon, qu'il transforme en glucose (458). Cependant l'action du ferment est bien distincte de celle de l'acide sulfurique, car il ne peut convertir en alcool et en acide carbonique qu'une quantité limitée de sucre; en même temps il s'altère et se détruit. Les cellules, dont la formation détermine la fermentation, ne se produisent que tant qu'il y a du sucre et de la matière azotée dans le liquide en fermentation. Ainsi, quand on introduit quelques globules de ferment dans une solution de sucre, ils en provoquent rapidement la fermentation, mais bientôt ils meurent et le mouvement s'arrête. Si, au contraire, le liquide contient encore une matière azotée, ce qui est le cas le plus général pour les jus fermentescibles, les globules de ferment donnent naissance à des globules semblables qui vivent aux dépens de la matière azotée, et la fermentation continue. On a reconnu que ces globules exigeaient la présence d'une matière azotée et de certains sels (phosphates), pour se développer, tout comme les végétaux qui croissent à la surface du globe.

EXPÉRIENCE. Si au miel on substitue du sucre de canne, la fermentation se produira de même, seulement elle commencera plus tard, parce qu'il faut que le sucre se transforme en glucose en fixant de l'eau, $C^{12}H^{10}O^{10} + 2HO = C^{12}H^{12}O^{12}$, avant de pouvoir subir la fermentation alcoolique.

VIN.

484. Fermentation des sucs végétaux. Les jus sucrés exprimés des végétaux entrent naturellement en fermentation, parce que les matières protéiques qu'ils contiennent se transforment en ferment sous l'influence de l'air.

EXPÉRIENCE. Si l'on exprime des carottes, on obtient un jus sucré qui ne tarde pas à entrer en fermentation, pourvu qu'on le maintienne à une température de 20° à 25°; il se transforme en un liquide spiritueux. C'est ainsi que l'on prépare des boissons spiritueuses avec des groseilles, du cidre avec des pommes, du poiré avec des poires, l'eau-de-vie de cerises, le *kirsch-wasser*, en distillant le produit de la fermentation des cerises; le rhum en distillant le jus de canne fermenté. Le liquide fermenté le plus généralement en usage est le *vin*, qu'on prépare en faisant fermenter le *moût* ou jus de raisin. Les vins blancs s'obtiennent en pressant les raisins blancs ou noirs avant qu'ils entrent en fermentation; le moût éprouve alors une fermentation tumultueuse qui s'apaise dans les caves où la température est peu élevée, et y continue quelquefois pendant plusieurs mois. Le vin soutiré du ferment de la *lie* contient encore un peu de glucose et des matières protéiques qui déterminent une seconde fermentation beaucoup moins forte que la première, et pendant laquelle le reste de la matière azotée se dépose encore sous forme de lie.

Pour préparer le *vin rouge*, on fait fermenter le raisin noir en cuve; la liqueur alcoolique dissout la matière colorante de la pellicule du raisin et en même temps une partie du tannin contenu dans les rafles et dans les graines, ce qui communique aux vins rouges leur saveur astringente particulière. Pour préparer les vins mousseux, les *vins de Champagne*, on met le vin en bouteille quand la fermentation tumultueuse s'est apaisée; la seconde fermentation se fait alors dans les bouteilles, dont le bouchon doit être fixé à l'aide d'un fil d'archal. L'acide carbonique formé se dissout dans le vin et se dégage vivement en produisant de la mousse quand on le débouche. Pendant la fermentation en bouteille il se fait un dépôt; on l'élimine par une opération qui a reçu le nom de *dégorgeage*, puis on sucre le vin avec une solution concentrée de sucre candi dans du vin.

485. **Différence entre les vins du Nord et du Midi**. Les raisins qui mûrissent dans les contrées septentrionales renferment une forte proportion de matières protéiques et de bitartrate de potasse; c'est de là que dépendent leur saveur et leur odeur. Leur saveur est non pas sucrée, mais acide, parce que la matière azotée est suffisante pour détruire la totalité du sucre; quant à l'odeur ou *bouquet*, elle résulte probablement de l'action de l'acide tartrique sur l'alcool : il se forme à la longue un éther, l'*éther œnanthique*, auquel on attribue le bouquet des vins. Dans les pays méridionaux, en Grèce, en Portugal, en Espagne, etc., les raisins, très-riches en sucre, sont relativement pauvres en acide tartrique et en matières protéiques, qui ne suffisent plus à convertir la totalité du sucre en alcool; aussi le vin conserve-t-il une saveur sucrée. D'un autre côté, la proportion d'acide tartrique est trop faible pour réagir sur l'alcool, et les vins ne prennent pas de bouquet.

Fig. 189.

486. **Eau-de-vie**. Si l'on fait bouillir le vin dans une cornue (fig. 189), l'alcool, plus volatil, passe d'abord avec l'éther œnan-

thique. On obtient ainsi une eau-de-vie d'une odeur très-agréable connue sous le nom de *cognac*. Quand les vins distillés sont de qualité inférieure, l'eau-de-vie qu'on en retire ne sert qu'à la préparation de l'alcool : il en est ainsi pour les vins de chaudière du midi de la France. Dans les contrées vinicoles on soumet aussi à la distillation les lies, qui contiennent toujours une forte proportion de vin.

BIÈRE.

487. Bière. Après le vin, la bière est la boisson fermentée la plus importante. La préparation de la bière diffère de celle du vin en ce que la matière sucrée ne préexiste pas dans l'orge, qui sert à la fabrication de cette boisson. L'amidon ne subit pas directement la fermentation alcoolique, il faut donc le transformer en glucose; cette transformation se fait à l'aide de la diastase qui se forme dans l'orge pendant la germination (460).

Saccharification ou brassage. Expérience. On broie grossièrement 20 gr. de malt auquel on ajoute 60 gr. d'eau froide, puis 80 gr. d'eau bouillante, et on maintient ce mélange pendant quelques heures à une température de 65° à 70°. Le liquide sucré que l'on obtient ainsi, le *moût*, contient de la dextrine et du glucose, il tient en dissolution une grande partie du gluten altéré pendant la germination. On le passe à travers une toile pour le séparer du malt, puis on le fait bouillir, et, quand sa température est abaissée à 30°, on y ajoute une petite quantité de levûre, qui y détermine bientôt une fermentation très-vive. Le liquide fermenté est de la *bière*; c'est ainsi que l'on prépare la *bière blanche*, qui n'est pas amère.

Si, pendant l'ébullition du moût clarifié, on y ajoute des cônes de houblon, il s'y dissout un principe amer (la lupuline), qui, tout en donnant à la bière un goût agréable, contribue en même temps beaucoup à sa conservation.

488. Fermentation tumultueuse. Pendant la fermentation précédente, il s'est formé une grande quantité de levûre, qui provient du gluten dissous pendant la saccharification : il est devenu insoluble pendant la fermentation, et forme la levûre de bière proprement dite. Cette levûre surnage parce qu'elle est entraînée à la surface par les bulles de gaz qui s'y attachent, c'est le ferment alcoolique le plus énergique. La quantité obtenue dans l'expérience précédente suffirait pour faire fermenter le moût de 1 kilog. de malt. La levûre perd ses propriétés par l'ébullition, une forte dessiccation ou un broyage énergique; il en est de même si l'on y ajoute certaines substances antiseptiques, telles que l'alcool, l'acide pyroligneux, l'acide sulfureux, le sublimé corrosif, certaines essences, etc. En examinant la levûre de bière au microscope, on voit qu'elle est formée de globules analogues aux cellules des végétaux. Chacun de ces globules, placé dans un liquide sucré et contenant une matière albuminoïde, donne naissance à un second globule puis à un troisième, et ainsi de suite (fig. 190). Ces globules contiennent un liquide azoté, plus tard ils se remplissent de granules. La bière, après la fermentation tumultueuse, contient encore de petites quantités de glucose et de gluten qui y provoquent une seconde fermentation comme dans le vin. Mise en bouteille, elle devient mousseuse.

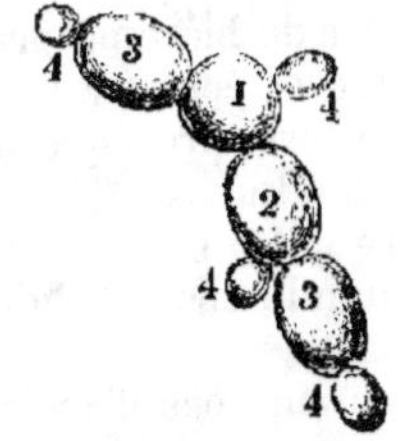

Fig. 190.

Cependant, même après cette seconde fermentation, la bière n'est pas entièrement débarrassée du gluten, aussi s'altère-t-elle rapidement quand elle est exposée à l'air. Dans ce cas, c'est l'alcool et non plus le sucre qui se décompose sous l'influence de la matière azotée, et les phénomènes ne sont plus les mêmes que pendant la fermentation alcoolique (509).

489. Fermentation de dépôt. On répète l'expérience précédente, avec cette différence qu'on refroidit le moût au-dessous de 10° avant d'y ajouter la levûre, et qu'on le laisse ensuite dans un endroit où la température est basse. Il se produit encore une fermentation, mais qui n'est terminée qu'après des semaines et même des mois. L'acide carbonique se dégage en très-petites bulles, le ferment se *dépose* et forme la *levûre de dépôt*. Pendant cette fermentation la totalité de la matière protéique se sépare du liquide, et la bière peut se conserver pendant plusieurs années sans s'altérer. Elle est en même temps plus chargée d'acide·carbonique, auquel la température basse et la lenteur du dégagement permettent de se dissoudre en grande quantité. On prépare de cette manière les bières fortes de qualité supérieure connues sous le nom de *bière de Mars* ou *bière de Bavière*. La levûre de dépôt détermine aussi la fermentation du sucre, mais beaucoup moins rapidement que la levûre de bière proprement dite.

490. Comparaison entre les deux fermentations. Le tableau suivant fait ressortir les différences qui existent entre les deux genres de fermentation.

La fermentation tumultueuse :

a) Se produit à une température de 12° à 20°;

b) Se fait rapidement en 3 ou 4 jours;

c) Sépare incomplétement la levûre, qu'elle expulse par le haut.

d) La levûre de bière proprement dite est légère et écumeuse;

e) Cette levûre provoque la fermentation tumultueuse.

f) La bière qui a subi la fermentation tumultueuse s'acidifie rapidement;

g) Elle contient peu d'acide carbonique;

h) Cette fermentation est employée pour les petites bières;

i) L'abaissement de la température transforme la fermentation tumultueuse en fermentation de dépôt.

La fermentation de dépôt :

Se produit à une température de 5° à 10°;

Se fait lentement (en 6 à 8 semaines);

Sépare complétement la levûre par dépôt.

La levûre de dépôt est dense et compacte.

La levûre de dépôt provoque une fermentation lente.

La bière qui a subi la fermentation par dépôt se conserve;

Elle est très-chargée d'acide carbonique.

Cette fermentation est en usage pour les bières fortes.

L'élévation de la température transforme la fermentation de dépôt en fermentation tumultueuse.

Composition de la bière. **Expérience.** On soumet à la distillation (486) un poids ou un volume déterminé de bière. L'acide carbonique se dégage, puis il distille de l'alcool très-faible, et enfin seulement de l'eau. Le résidu resté dans la cornue, après qu'on aura retiré $\frac{1}{3}$ du liquide, évaporé au bain-marie dans une capsule, laisse une matière brune amorphe (extrait de bière) formée principalement de *dextrine*, de *glucose* et de la *matière amère* du houblon. En déterminant la force de l'alcool et le poids de l'extrait sec, on peut apprécier jusqu'à un certain point la qualité de la bière.

ALCOOL.

491. Eau-de-vie. La fabrication de l'eau-de-vie a, dans beaucoup de cas, de l'analogie avec celle de la bière, parce qu'il s'agit aussi de transformer la matière amylacée en glucose : c'est ce qui a lieu pour les pommes de terre, les grains, mais non pour la betterave. La saccharification se fait, comme pour la bière, à l'aide du malt que l'on ajoute aux pommes de terre cuites ou à la farine de seigle délayée dans de l'eau et en maintenant la température à 70° environ jusqu'à ce que la transformation soit complète. On ajoute alors à la matière une certaine quantité de levûre de bière, qui en détermine la fermentation. Quand celle-ci est terminée, on introduit le liquide dans un alambic, où l'alcool, plus volatil, distille, tandis que dans la chaudière il reste de l'eau contenant les pellicules, de la cellulose, de la matière azotée, de l'amidon, de la dextrine, du glucose, de l'acide lactique, etc. Ce mélange est employé avec succès pour l'alimentation du bétail sous le nom de résidus de distillerie. On se servait autrefois, pour la distillation, d'alambics très-simples et on obtenait des eaux-de-vie d'abord très-faibles; aujourd'hui on fait usage d'appareils perfectionnés avec lesquels on obtient directement des esprits plus forts (alcool rectifié). On verra par ce qui suit le principe sur lequel reposent ces appareils.

492. **Rectification simple.** EXPÉRIENCE. On introduit dans une fiole 120 gr. d'eau-de-vie faible à 30° que l'on distille doucement jusqu'à moitié pour la condenser de nouveau dans un flacon refroidi dans l'eau ou mieux encore dans la neige (fig. 191). Après l'opéra-

Fig. 191.

tion cette même eau-de-vie marquera 50°. En effet, l'alcool, plus volatil que l'eau, distille le premier, tandis que la majeure partie de l'eau et de l'huile odorante reste dans la fiole.

493. **Rectification double.** EXPÉRIENCE. Si l'on monte un appareil comme celui que représente la figure 192, et qu'on distille encore

de l'eau-de-vie très-faible dans la fiole, les vapeurs se condensent
d'abord dans le flacon intermédiaire, qui est vide. L'ébullition continuant dans la fiole, le liquide condensé dans le flacon intermédiaire, qui n'est pas refroidi, commence à bouillir, et la vapeur
produite se condense dans le second flacon, entouré d'eau froide.
On opère ainsi deux distillations : la rectification est double. Dans
la fiole on a fait bouillir de l'eau-de-vie à 30°, dans le flacon intermédiaire, de l'eau-de-vie à 50°; aussi, à la fin de l'expérience, ne
trouve-t-on plus que de l'eau dans la fiole, de l'eau-de-vie faible
dans le flacon intermédiaire, et enfin dans le récipient on a de l'esprit-de-vin à 70° ou 80°.

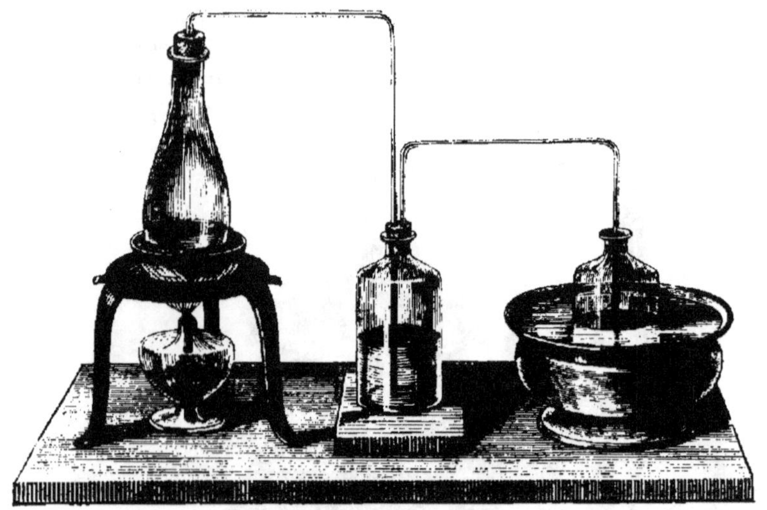

Fig. 192.

Si l'on fixe un thermomètre dans le bouchon de la fiole, un autre
dans celui du flacon intermédiaire, de façon que les boules plon-
gent dans le liquide, on observera qu'au commencement de l'ébullition
le thermomètre de la fiole marque 85° environ, et, vers la fin, 95° à
100°; que celui du flacon intermédiaire, au moment où l'eau-de-vie
entre en ébullition, marque 80°, et, à la fin, 85° à 90°. C'est là une
preuve que l'alcool bout à une température plus basse que l'eau,
et, en effet, l'alcool pur entre en ébullition à 78°, c'est-à-dire à
22° au-dessous du point d'ébullition de l'eau.

494. Rectification par la condensation partielle. EXPÉRIENCE. On
adapte à la fiole un tube d'un fort diamètre (fig. 193), recourbé en

penle oblique vers la fiole et plongeant au fond d'un récipient refroidi. De *b* en *a* le tube est entouré d'une mèche en coton mouillé
dont l'extrémité inférieure reste pendante; en *a* on fixe une bande
de toile huilée pour empêcher l'eau de couler le long du tube sur la
fiole. On introduit dans l'appareil, comme précédemment, 120 gr.
d'eau-de-vie en même temps qu'on fait tomber goutte à goutte sur
la mèche, en *b*, de l'eau froide dont l'excès s'écoule à l'autre extrémité et est reçu dans un vase. On arrête la distillation quand on a

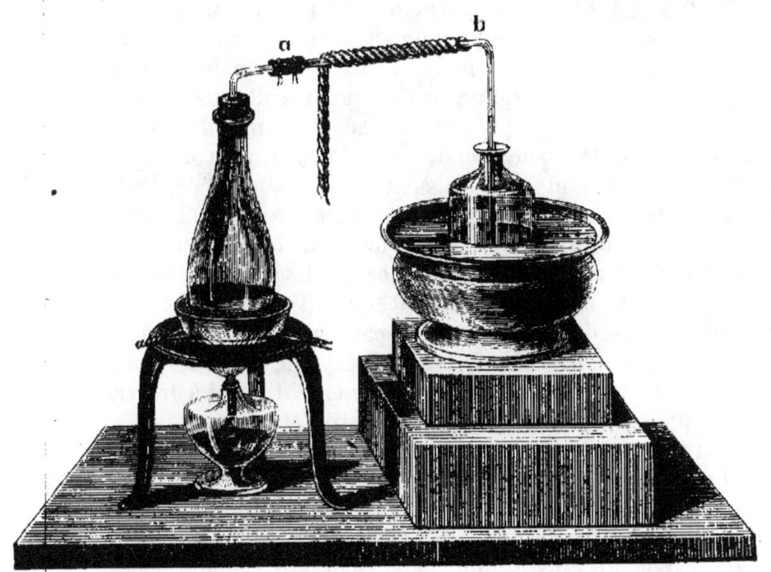

Fig. 193.

obtenu environ 40 gr. d'esprit-de-vin; et ce dernier est sensiblement
plus fort que celui qu'on a obtenu dans l'expérience 492. La vapeur,
refroidie en traversant le tube, s'est condensée en partie, et la condensation a porté principalement sur l'eau, qui est moins volatile,
tandis que la vapeur d'alcool a passé dans le récipient. L'eau, à
mesure qu'elle se condense, retombe dans la fiole.

On a construit des appareils distillatoires dans lesquels le principe
du refroidissement partiel a été appliqué avec succès. L'un des meilleurs appareils de ce genre est représenté figure 194. La vapeur y
traverse une série de boîtes en cuivre dans lesquelles un diaphragme
intérieur force la vapeur à longer les parois des boîtes, refroidies

avec de l'eau à la partie supérieure. La plus grande quantité de la vapeur d'eau se condense dans cet appareil, qui permet d'obtenir directement un esprit-de-vin à 70° ou 80°, au lieu d'une eau-de-vie à 30° ou 40°.

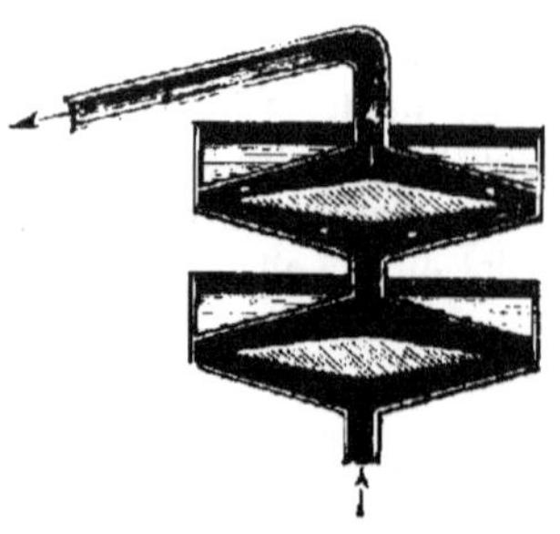

Fig. 194.

495. Huile de pomme de terre ou de betterave. La rectification a deux buts : concentrer l'esprit-de-vin, et en séparer certains produits d'un goût désagréable connus sous le nom d'huile de pomme de terre ou de betterave, selon la substance employée, ainsi qu'une petite quantité d'acide acétique qui s'est formé pendant la fermentation. Ces deux produits, moins volatils que l'alcool, sont en général condensés avec l'eau et se réunissent dans la chaudière. Le liquide qui reste dans l'alambic a reçu le nom de *vinasses*; il contient, outre les produits dont il vient d'être question, toute la matière saline, et notamment une forte quantité de potasse combinée avec des acides organiques, et que l'on extrait souvent par l'évaporation et l'incinération. La rectification ne suffit pas cependant pour séparer les huiles odorantes de l'alcool; on n'y parvient qu'en le distillant sur du charbon ou en faisant passer la vapeur d'alcool à travers un cylindre rempli de charbon qui retient l'huile (105).

On a découvert que la matière connue sous le nom d'huile de pomme de terre ou de betterave n'est pas de l'huile, mais un véritable alcool (alcool amylique) qui a dans sa composition et ses caractères chimiques la plus grande analogie avec l'alcool ordinaire ou avec l'esprit de bois. Il est insoluble dans l'eau, sur laquelle il surnage; son odeur est asphyxiante, sa saveur âcre et brûlante (519).

496. Arrak ou rak. De même que dans nos climats on distille les céréales, de même on prépare aux Indes, au moyen du riz fermenté avec les feuilles de l'*areca cathecu*, une eau-de-vie dont l'odeur et le goût sont analogues à ceux du rhum; elle est connue sous le nom d'*arrak* ou *rak*.

497. Richesse alcoolique des liquides fermentés. Toutes les liqueurs fermentées renferment une certaine quantité d'alcool auquel elles doivent leurs propriétés enivrantes. Les proportions en sont très-variables. Le tableau suivant en donne un aperçu général.

Liquides.	Alcool contenu dans 100 parties de boisson fermentée, en volumes.
Petite bière.	1,5 à 2
Bière de Bavière ou de Mars.	3 à 5
Porter et ale, cidres.	6 à 8
Vins.	10 à 15
Vins de Madère et de Porto.	18 à 20
Cognac.	40 à 45
Liqueurs.	45 à 50
Rhum et arrak..	50 à 60
Alcool ordinaire.	86 à 90

ALCOOL DU VIN OU ALCOOL ÉTHYLIQUE
$(C^4H^6O^2)$.

498. Alcool absolu ou anhydre. La fermentation du glucose est le seul mode de préparation de l'alcool; on concentre par distillation ou par refroidissement partiel la liqueur où s'est formé l'alcool; celui-ci, plus volatil que l'eau, s'évapore le premier ou se condense en dernier lieu. Ces moyens cependant sont insuffisants pour éliminer la totalité de l'eau; il en reste toujours $\frac{1}{10}$ environ dans l'alcool. Cette eau ne pouvant plus être séparée par la distillation, on a eu recours à un autre procédé et on emploie, pour la retenir, un corps qui en est très-avide, la chaux vive, qui se combine avec elle et l'empêche de passer à la distillation.

Expérience. On introduit dans une fiole 40 gr. de chaux vive divisés en petits fragments, et 40 gr. d'alcool, qu'on laisse digérer ensemble pendant 24 heures, au bout desquelles la chaux s'est combinée avec l'eau de l'alcool. On dispose alors la fiole sur l'appareil distillatoire représenté figure 191, en ayant soin de bien dessécher le flacon récipient, et on distille à une température peu élevée, ou mieux encore au bain-marie. Le liquide recueilli dans le récipient est de l'alcool anhydre ou *alcool absolu*; s'il contenait encore de l'eau, on le traiterait une seconde fois par la chaux vive et on le distillerait de nouveau.

499. Propriétés de l'alcool. L'alcool a une saveur brûlante, une odeur pénétrante et agréable. Pur, c'est un poison; étendu d'eau dans les vins et les liqueurs, il a des effets fortifiants et enivrants suffisamment connus.

On n'est point encore parvenu à *solidifier* l'alcool, même à la température de — 100°, à laquelle il prend cependant une consistance sirupeuse; aussi l'emploie-t-on exclusivement pour les thermomètres destinés à évaluer les températures très-basses. Cette propriété le rend précieux pour l'éclairage au gaz, en hiver, en ce qu'il prévient la congélation de l'eau dans les conduites. On fait passer le gaz à travers l'alcool, où il perd une partie de sa vapeur d'eau et se charge d'une petite quantité de vapeur d'alcool; le liquide qui se condense alors dans les tuyaux est assez riche en alcool pour résister au froid sans se congeler.

Quand on abandonne à l'air de l'esprit-de-vin ou de l'eau-de-vie, l'alcool, plus volatil, s'échappe d'abord; s'il est concentré, il attire même l'humidité de l'air. Aussi les spiritueux conservés dans des vases mal bouchés s'affaiblissent-ils toujours : c'est ce qui arrive si, après avoir éteint une lampe à alcool, on néglige d'en recouvrir la mèche : celle-ci ne peut plus s'allumer; l'alcool s'est évaporé et le coton n'est plus imbibé que d'eau. Il a déjà été question, dans les § 493 et 494, de l'ébullition et de la distillation de l'alcool, et, § 121, de sa combustion ; il est donc inutile d'y revenir. L'alcool contient peu de carbone, aussi sa flamme est peu éclairante et ne dépose pas de suie. L'alcool le plus faible qu'on emploie varie de 75° à 80° centésimaux; s'il est plus faible, l'eau ne s'évapore plus pendant la combustion et l'alcool finit par brûler très-difficilement.

500. Alcool et eau. L'alcool se mêle à l'eau en toute proportion, et, comme sa densité est plus faible, on le trouvera d'autant moins dense qu'il est plus pur; il suffit donc de constater la densité de l'alcool pour en connaître la pureté. On y parvient aisément à l'aide d'aréomètres construits spécialement à cet effet; ils ont reçu le nom d'alcoomètres (fig. 195). La densité de l'alcool absolu est de 0,792, c'est-à-dire qu'un litre d'alcool ne pèse que 792 gr., et l'alcoomètre y plonge jusqu'à l'extrémité supérieure de l'échelle, tandis que dans l'eau il n'enfonce que jusqu'à 0°, qui se trouve dans le bas. Les deux instruments généralement usités en France sont l'alcoomètre centésimal de Gay-Lussac et le pèse-esprit de Cartier, dont 0° correspond à l'eau pure et 44° à l'alcool absolu. L'alcoomètre de Gay-Lussac est le plus employé : dans sa graduation 0° correspond à l'eau pure et 100° à l'alcool absolu; les degrés intermédiaires indiquent en centièmes la quantité d'alcool qu'un liquide contient en volume. Les indications fournies par ces instruments ne sont exactes qu'autant que les liquides ne contiennent pas

Fig. 195.

d'autres matières en dissolution et qu'ils ont une température de 15°, qui est celle du liquide dont on s'est servi pour faire la graduation. Si les liquides ne sont pas à cette température, il faut avoir recours à des tables de correction; quelquefois les instruments portent eux-mêmes un thermomètre qui indique la correction (16).

Si l'on mêle à parties égales l'eau et l'alcool, par exemple, 50 volumes d'eau et 50 d'alcool, on n'obtient pas 100 volumes de mélange, mais 97 seulement : une *contraction* a lieu dans ce cas, comme lorsqu'on mêle de l'eau et de l'acide sulfurique (175, *c*). C'est ce qui explique l'élévation de température souvent constatée quand on mêle de l'alcool avec de l'eau.

501. Propriétés et applications de l'alcool. L'alcool sert de dissolvant comme l'eau. Beaucoup de corps solubles dans l'eau sont insolubles dans l'alcool : les gommes, par exemple ; d'autres sont en même temps solubles dans les deux liquides : le glucose, le tannin, etc.; enfin les résines et les huiles essentielles sont insolubles dans l'eau et très-solubles dans l'alcool.

EXPÉRIENCE. On met en digestion dans un verre 5 gr. de noix de galle concassée avec 40 gr. d'eau; dans un autre la même quantité de noix de galle avec 40 gr. d'alcool, et on ferme les deux vases à l'aide d'une vessie dans laquelle on perce quelques petits trous avec une épingle. On obtient ainsi, au bout de quelques jours, si la température a été modérée, deux teintures fortement colorées en brun, et tenant en dissolution du tannin; on les éclaircit par la filtration. La solution aqueuse ne tarde pas à se couvrir de moisissures, tandis que la solution alcoolique ne subit aucun changement, parce que l'alcool jouit de propriétés antiseptiques; aussi l'emploie-t-on fréquemment pour conserver des échantillons zoologiques ou des préparations anatomiques.

EXPÉRIENCE. Si l'on broie de la cannelle et qu'on la mette en digestion dans l'eau, ce liquide prend une légère teinte jaune; évaporé, il laisse, après quelque temps, un résidu jaune, gommeux, peu odorant et facile à redissoudre dans l'eau. La cannelle, ainsi traitée, mise en digestion dans l'alcool, le colore en brun foncé et forme une teinture très-aromatique. La solution, évaporée, laisse une matière résineuse insoluble dans l'eau, mais qui se redissout dans l'alcool. L'eau s'est donc chargée principalement du principe gommeux de la cannelle, et l'alcool s'est chargé des résines et de l'huile essentielle qu'elle contenait.

Ces deux exemples suffisent pour donner une idée des nombreuses applications de l'alcool comme moyen de dissolution et de conservation. Parmi les solutions alcooliques, les plus importantes sont :

a) Les *teintures* des pharmaciens, formées d'extraits alcooliques de feuilles, de racines, d'écorces, etc.

b) Les *vernis*, formés par la solution de certaines résines dans l'alcool.

c) Les solutions d'huiles essentielles employées en médecine et souvent aussi en parfumerie : l'*eau de Cologne*, par exemple.

d) Les liqueurs, qui ne sont en général que des solutions d'huiles essentielles ou de certains principes amers ou aromatiques (cumin, genièvre, menthe, orange, œillet, racine d'acore, etc.).

L'*esprit de bois* ou *alcool méthylique* (439) et l'*huile de pomme de terre* ou *alcool amylique* (495) ont beaucoup d'analogie avec l'alcool ordinaire.

Parmi les corps nombreux dérivés de l'alcool, deux surtout sont d'une grande importance : l'éther et l'acide acétique.

VII. — ÉTHER.

502. **Hydrogène bicarboné ou gaz oléfiant**, C^4H^4. Expérience. On mêle, en prenant les précautions d'usage (84), 80 gr. d'acide sulfurique et 20 gr. d'alcool : l'échauffement de ce mélange est plus fort qu'avec l'eau ; dès qu'il est refroidi, on introduit dans une fiole ce liquide, auquel on ajoute assez de sable siliceux pour l'absorber. Ce sable n'a d'autre but que d'empêcher le liquide de mousser. La fiole étant munie d'un tube de dégagement, pour permettre de recueillir les gaz, on la place dans un bain de sable, et on chauffe. Il se dégage bientôt un gaz que l'on recueille sur l'eau ; allumé, il brûle avec une flamme très-éclairante à mesure qu'on le déplace par l'eau (fig. 196) : c'est l'*hydrogène bicarboné*. L'alcool a été séparé en hydrogène bicarboné qui se dégage, et en eau combinée avec

Fig. 196.

l'acide sulfurique ; le résultat de la réaction est représenté fig. 197.

L'hydrogène bicarboné recueilli renferme de l'acide sulfureux et de l'oxyde de carbone, car, vers la fin de la réaction surtout, il se sépare du charbon qui réagit sur l'acide sulfurique et le réduit. Pour purifier le gaz, il suffit de le faire passer à travers un lait de chaux avant de le recueillir.

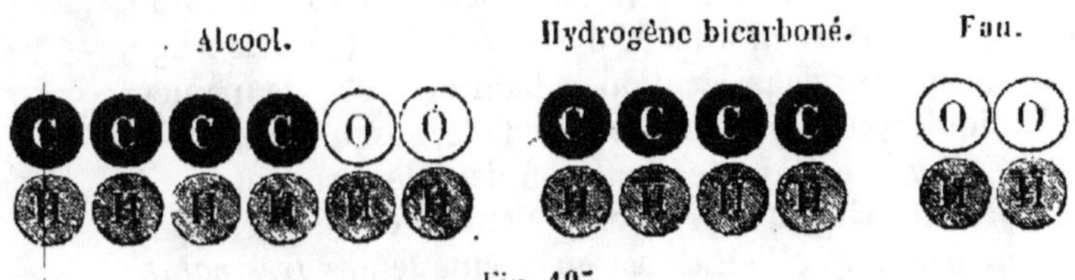

Fig. 197.

L'hydrogène bicarboné a reçu le nom de *gaz oléfiant*, parce qu'il forme avec le chlore une combinaison d'apparence huileuse.

505. Bisulfate d'oxyde d'éthyle ou acide sulfoéthylique. ExPÉRIENCE. On mêle, mais cette fois sans faire refroidir, 40 gr. d'alcool et autant d'acide sulfurique. La chaleur dégagée pendant l'opération suffit pour déterminer la réaction, rendue sensible par l'odeur particulière et la teinte brunâtre du mélange. L'acool a subi la transformation suivante :

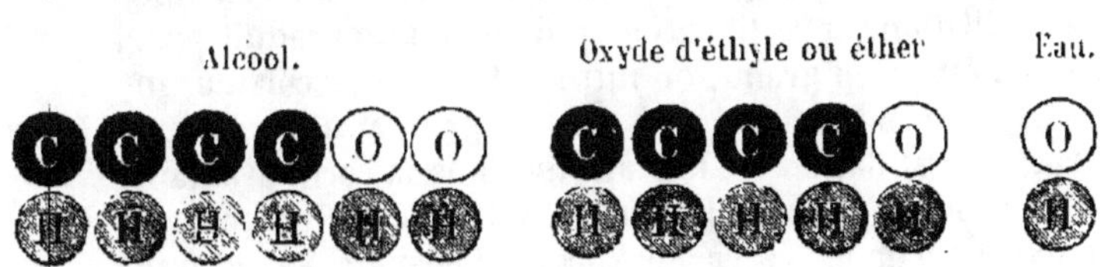

Fig. 198.

Tandis que, dans l'expérience précédente, le grand excès d'acide sulfurique a déterminé la séparation de 2 équivalents d'eau, il ne s'en sépare ici qu'un seul. L'alcool, $C^4H^6O^2$, s'est transformé en un nouveau corps, C^4H^5O, appelé *oxyde d'éthyle*, AeO, parce qu'il jouit de la propriété de se combiner avec les acides. Cependant on ne doit pas le considérer comme une véritable base, car il peut s'engager avec l'acide sulfurique dans des combinaisons salines ; il forme plutôt un copule, un acide composé, l'*acide sulfoéthylique*, qu'un véritable *bisulfate d'oxyde d'éthyle*, $AeO,2SO^3+HO$. Ce composé a reçu le nom d'*acide sulfovinique*. L'oxyde d'éthyle forme, avec un grand nombre d'acides, des composés analogues.

504. Éther, C^4H^5O ou AeO. Sous l'influence de la chaleur, le liquide précédemment obtenu se dédouble en *éther* ou oxyde d'é-thyle, en eau et en acide sulfurique.

Expérience. On introduit le mélange préparé lors de l'expérience précédente dans une fiole adaptée à l'appareil qui a servi à la rectification de l'esprit-de-vin (fig. 191), et on relie le col du flacon récipient au tube de dégagement au moyen d'une bande de toile humide. Le récipient étant bien refroidi à l'aide d'eau très-froide ou de neige, on chauffe avec beaucoup de précaution le bain de sable, de manière à entretenir le liquide en ébullition dans la fiole, jusqu'à distillation d'environ 20 ou 25 gr. Le liquide condensé dans le récipient est de l'*éther impur*. Il faut éviter d'approcher la flamme du récipient pendant l'opération, parce que l'éther est en même temps *très-volatil* et *très-inflammable*. L'éther tel qu'on vient de l'obtenir contient de l'eau, de l'alcool, quelquefois de l'acide sulfureux; pour le purifier, on y ajoute environ 20 gr. d'eau et 5 gr. de potasse caustique, puis on agite après avoir bouché le flacon. Après quelques instants de repos, le liquide se sépare en deux couches distinctes : la couche inférieure est formée par la solution de potasse qui a absorbé l'acide sulfureux et à laquelle s'est mêlé l'alcool contenu dans le produit de la distillation; l'éther, peu soluble dans l'eau, surnage. Il suffit, pour le séparer, de renverser le flacon et d'ouvrir légèrement le bouchon jusqu'à ce que la solution aqueuse soit écoulée. Cet éther est soumis ensuite à une seconde distillation, la rectification, qui fournit un produit pur.

Pour préparer l'éther en grand, on introduit dans une cornue un mélange de 9 kilogr. d'acide sulfurique et 5 kilogr. d'alcool, que l'on distille. Pendant la distillation on fait arriver dans la cornue autant d'alcool qu'il se produit d'éther. La quantité d'acide sulfurique est suffisante pour convertir en éther 50 kilogr. d'alcool à 90° et une plus grande quantité d'alcool anhydre.

505. **Théorie de la formation de l'éther.** L'éther ne diffère de l'alcool que par 1 équivalent d'eau en moins; on pourrait supposer, d'après cela, que l'acide sulfurique, très-avide d'eau, en enlève simplement 1 équivalent à l'alcool et le transforme en éther. Le phénomène cependant est un peu plus compliqué, parce que la réaction a deux phases : il se forme d'abord de l'acide sulfoéthylique, qui se convertit ensuite en éther. L'acide sulfoéthylique étendu de 6 à 8 équivalents d'eau bout entre 130° et 140°, et se convertit en acide sulfurique étendu, fixe à cette température, en éther et en eau, qui distillent sans se combiner. Si, au

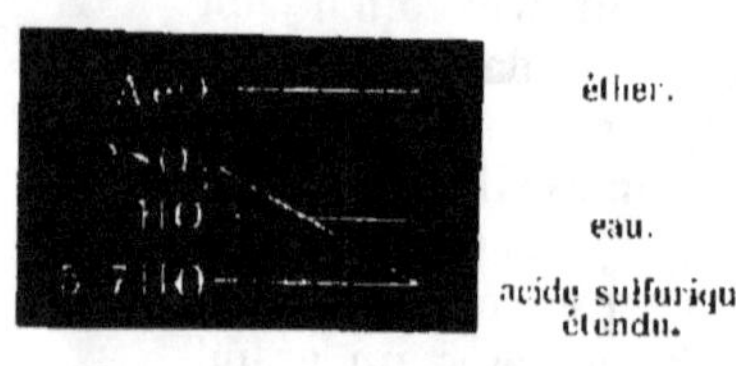

contraire, l'acide sulfoéthylique se trouve mêlé à 9 ou 10 équivalents d'eau, il bout au-dessous de 130° et se convertit encore en acide sulfurique étendu, en eau et en éther; mais alors ces deux derniers corps,

en présence à l'état naissant, se combinent de nouveau, et il se forme de l'alcool. C'est là la raison pour laquelle l'éthérification de l'alcool n'a plus lieu quand l'acide sulfurique a transformé en éther 30 fois son volume

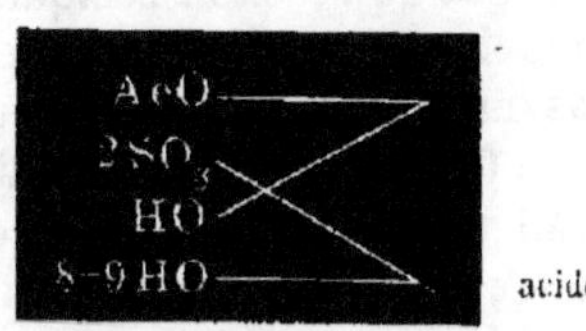

d'alcool à 90°, parce qu'alors l'acide sulfoéthylique est dilué dans 9 équivalents d'eau environ. Les affinités sont donc, dans ce cas, modifiées par l'eau, comme on a déjà eu l'occasion de le constater pour d'autres réactions.

506. **Expériences avec l'éther.** *a*) Si on laisse tomber quelques gouttes d'éther sur la main, elles s'évaporent rapidement en produisant une sensation de froid (40). L'éther est si volatil, qu'il commence à bouillir à 35° ; aussi faut-il le renfermer dans des flacons bien bouchés et maintenus dans un endroit frais.

b) L'éther s'enflamme beaucoup plus rapidement et brûle avec une flamme plus éclairante que l'alcool, comme on peut s'en assurer en approchant d'une bougie allumée deux copeaux de bois plongés chacun dans l'un des deux liquides. La flamme de l'éther est plus éclairante et légèrement fuligineuse, parce qu'il est plus riche en carbone que l'alcool ; comme ce dernier, il se convertit en acide carbonique et en eau par la combustion.

c) Si l'on verse quelques gouttes d'éther au fond d'un verre dont on approche ensuite un corps allumé, il se produit une détonation, car la vapeur d'éther, mêlée à l'air, forme un véritable mélange détonant. De l'éther, imprudemment transvasé à la lumière, ou la chute d'un flacon d'éther non loin du feu, ont souvent donné lieu à des accidents terribles. Si on entrait avec de la lumière dans une chambre où aurait été répandue une certaine quantité d'éther, il se produirait une détonation analogue à celle du gaz.

d) L'alcool se mêle avec l'éther en toute proportion ; le mélange formé de 3 parties d'alcool et de 1 d'éther est employé en médecine comme calmant sous le nom de *gouttes d'Hoffmann*.

c) Du suif, une huile ou une graisse quelconque introduit dans un tube disparaît rapidement si on y ajoute de l'éther. En effet, l'éther dissout les graisses et offre un moyen facile de les séparer, car elles sont insolubles dans l'eau et dans l'alcool ; l'éther dissout de même la plupart des résines et même le caoutchouc.

L'éther est souvent appelé *éther sulfurique* ; cette dénomination est fausse : l'éther, pur, ne contient ni soufre ni acide sulfurique.

507. Combinaisons de l'éther avec les acides, éthers composés. Quoique l'éther n'ait pas de réaction basique, il jouit de la propriété de se combiner avec beaucoup d'acides : ces combinaisons, cependant, ne se font pas directement et n'ont lieu qu'à l'état naissant, au moment où l'éther se forme ou quand il se dégage d'une autre combinaison. On pourrait appeler ces combinaisons sels d'éther, comme on dit sels de potasse ; mais on est convenu de les désigner sous le nom d'*éthers composés*. Ils sont très-nombreux, car chaque acide peut se combiner avec l'éther; la plupart sont liquides, quelques-uns solides. Nous ne mentionnerons ici que certains d'entre eux.

L'*éther acétique*, $AeO,\bar{A}$, est un liquide très-volatil et d'une odeur agréable; il est fréquemment employé en médecine.

L'*éther azoteux*, AeO,AzO^3, a une odeur de fruits ; dissous dans l'alcool, il est de même employé en médecine.

L'*éther chlorhydrique* ou *chlorure d'éthyle*, $AeCl$, est également employé en médecine.

L'*éther œnanthique*, $AeO,\bar{O}e$, se trouve dans certains vins; c'est à cet éther surtout qu'ils doivent leur bouquet.

L'*éther butyrique* se trouve aujourd'hui dans les arts sous le nom d'*huile d'ananas*, éther du rhum ou essence de rhum ; on s'en sert pour donner aux eaux-de-vie le goût du rhum.

De même que l'alcool du vin, l'esprit de bois ou *alcool éthylique*, l'*alcool amylique* et tous les autres *alcools* donnent naissance à des *éthers* et à des *éthers composés* particuliers.

RADICAUX ORGANIQUES.

508. Radicaux organiques ou radicaux composés. On regardait autrefois les matières organiques comme formées par la combinaison directe du carbone, de l'hydrogène, de l'oxygène, de l'azote, etc., et en les divisait en substances ternaires (formées de trois éléments) et quaternaires (formées de quatre éléments). Plus tard on pensa que, de même que les corps inorganiques, les corps organiques avaient peut-être un mode très-simple de formation ; qu'il pouvait se faire qu'il existât des groupes atomiques, formés par exemple de carbone et d'hydrogène, se comportant comme un élément ou radical, ainsi qu'on l'a déjà vu pour le groupe C^2Az (cyanogène). Cette hypothèse s'est trouvée, dans beaucoup de cas, confirmée par l'expérience, et, comme l'alcool et ses dérivés se prêtent facilement à l'explication de cette théorie, ils ont été choisis comme exemple. Dans les composés dérivés de l'alcool on admet un radical formé de 4 équivalents de carbone unis à 5 d'hydrogène, C^4H^5; ce radical a reçu le nom de éthyle $=$ Ae. Ceci admis, on considère :

L'éther, C^4H^5O, comme de l'oxyde d'éthyle, AeO;

L'alcool, $C^4H^6O^2$, comme de l'hydrate d'oxyde d'éthyle, AeO,HO :

L'acide sulfoéthylique, comme du bisulfate d'oxyde d'éthyle, AeO, $2SO^3 + 4HO$;

L'éther acétique, comme de l'acétate d'oxyde d'éthyle, $AeO.\bar{A}$;

L'éther chlorhydrique, comme du chlorure d'éthyle, AeCl.

Ces exemples suffisent pour faire ressortir la grande analogie qui parait exister entre les combinaisons du règne inorganique et celles du règne organique ; la série éthylique peut très-bien être comparée avec la série de composés formés par le potassium. Ainsi :

Au potassium	correspondra	l'éthyle,
à la potasse	»	l'oxyde d'éthyle (éther),
à l'hydrate de potasse	»	l'hydrate d'oxyde d'éthyle (alcool),
au bisulfate de potasse	»	le bisulfate d'oxyde d'éthyle (acide sulfoéthylique ou sulfovinique),
à l'acétate de potasse	»	l'acétate d'oxyde d'éthyle (éther acétique),
au chlorure de potassium	»	le chlorure d'éthyle (éther chlorhydrique),
au sulfure de potassium	»	le sulfure d'éthyle (éther sulfhydrique),
à l'antimoniure de potassium »		l'antimoniure d'éthyle, etc.

On a donné à ces radicaux le nom de *radicaux composés* ou *radicaux organiques*; l'éthyle fait partie des radicaux qui donnent naissance à des *bases* (513).

VIII. — TRANSFORMATION DE L'ALCOOL EN ACIDE ACÉTIQUE

ACIDE ACÉTIQUE $(C^4H^3O^3,HO)$ (198.)

509. Transformation de l'alcool. EXPÉRIENCE. On mêle dans un verre 20 gr. d'alcool et 120 gr. d'eau; on y ajoute une petite tranche de pain imbibée de vinaigre ou du levain acide, puis on place le tout dans un endroit dont la température est de 30° à 40°, en ayant soin de couvrir le verre de manière à ne pas empêcher l'accès de l'air. Au bout de quelques semaines, la liqueur alcoolique sera transformée en vinaigre. Dans un flacon bien bouché le phénomène n'aurait pas lieu, parce que l'air est indispensable à la transformation, qui se fait aux dépens de l'oxygène de l'air : c'est une oxydation de l'alcool. La transformation de l'alcool ne s'effectuerait pas davantage sans la présence du pain ou du levain; en effet, de même que le sucre seul ne se transforme pas en alcool, l'alcool seul ne se transforme pas en vinaigre ; mais, de même aussi que le sucre en contact avec un corps facilement décomposable (ferment, levûre, etc.) se convertit en alcool, l'alcool, avec une substance acide facile à décomposer, comme le pain, le levain, le vinaigre, etc., absorbe l'oxygène et se transforme en acide acétique. L'action de ces composés, qui ont reçu le nom de *ferments acétiques*, est comparable à celle du bioxyde d'azote dans les chambres de plomb : ils absorbent l'oxygène de l'air et le transmettent à l'alcool étendu.

C'est d'une manière analogue, mais beaucoup plus énergique, que le noir de platine, sans s'altérer lui-même, détermine, en même temps qu'une élévation de température, la combinaison de l'oxygène de l'air avec l'alcool, qui se transforme en vinaigre (592). L'*esprit de bois* et l'*alcool amylique* s'oxydent pareillement et produisent des acides particuliers (l'acide formique et l'acide valérique) (518). Les liquides fermentés, tels que le vin, la bière, le cidre, etc., par la raison qu'ils contiennent de l'alcool, jouissent aussi de la propriété de se convertir en vinaigre, et on les emploie souvent à cet usage. Quand ces liquides renferment des matières azotées, telles que le gluten ou la levûre, ce qui est le cas ordinaire, ces substances agissent comme ferments, et il suffit d'exposer les liquides à une température de 30° à 40° pour les convertir en vinaigre. Cette transformation est tellement facile pendant et immédiatement après une fermentation alcoolique dont la température s'est élevée, qu'en été les distillateurs et les brasseurs sont souvent obligés d'avoir recours à un refroidissement rapide pour empêcher l'acescence des produits en fermentation.

Les matières amylacées et sucrées peuvent aussi se convertir en acide acétique, non cependant sans avoir subi préalablement la fermentation alcoolique. C'est ce qui explique pourquoi, à la campagne, on prépare souvent du vinaigre en exposant près d'un poêle les épluchures des fruits imbibés d'eau; pourquoi les fruits confits et les aliments cuits deviennent acides. Comme, dans ces cas, l'acidification est toujours précédée d'une effervescence produite par la fermentation alcoolique, on attribuait le dégagement gazeux à la formation du vinaigre, et c'est de là qu'est venue la dénomination de *fermentation acétique*. Pendant la transformation de l'alcool en acide acétique il ne se dégage aucun gaz.

510. Accélération de la formation de l'acide acétique. Expérience.
On introduit des rafles de raisins secs dans deux verres sans les y
tasser; puis on remplit un des deux verres à moitié, l'autre complétement, de vin, de bière ou d'un mélange formé de 1 partie d'esprit-de-vin, 1 de bière et 6 d'eau. On met les deux verres dans un
endroit chaud, et on en transvase le contenu plusieurs fois par jour,
de telle façon que chaque verre alternativement ne soit plein qu'à
moitié. L'alcool se transforme ainsi en acide acétique beaucoup plus
rapidement que dans l'expérience précédente, parce que le liquide
qui reste adhérent aux rafles de raisin se trouve exposé au contact
de l'air sur une grande surface.

L'effervescence qui se produit d'abord est due à la petite quantité
de glucose demeurée dans les rafles de raisin et dans la bière ; il se
forme de l'alcool qui se convertit de même en acide acétique et
ajoute à la force du vinaigre.

511. Fabrication du vinaigre. La transformation de l'alcool en
acide acétique est plus rapide encore que dans l'expérience précédente, si on expose le liquide à l'air sur une surface beaucoup plus
étendue. L'opération se fait généralement dans un tonneau (fig. 199),
d'une hauteur de 2ᵐ,05 à 3
mètres, rempli de copeaux de
bois de hêtre roulés en spirale.
Dans la partie supérieure, ce
tonneau porte un double fond
percé d'une grande quantité
de petits trous, dans lesquels
on fait passer un tuyau de paille
ou une ficelle retenue par un
nœud. Le liquide alcoolique,
versé sur ce double fond, s'é-
coule goutte à goutte le long
des pailles ou des ficelles, et
tombe sur les copeaux, où il se
trouve en contact, sur une surface considérable, avec l'air,
qui entre par des trous percés
dans la partie inférieure du

Fig. 199.

tonneau. On emploie comme ferment le vinaigre même, dont on
imbibe le tonneau et les copeaux en commençant l'opération ; on en
ajoute aussi une certaine quantité au liquide qu'on veut acidifier.
Pendant l'oxydation de l'alcool, il se dégage assez de chaleur pour
maintenir la température à 40° environ dans l'intérieur du tonneau;

cet échauffement permet à l'air, privé de $\frac{1}{8}$ ou $\frac{1}{4}$ de son oxygène, de s'échapper par le haut à travers plusieurs ouvertures pratiquées dans le double fond et dans lesquelles sont lutés des tubes en verre, afin que le liquide ne s'y introduise pas. Dans un tonneau de ce genre on peut convertir, en peu d'heures, en vinaigre, de l'eau-de-vie chauffée ou de la bière, du vin, etc. ; il suffit de les faire passer trois ou quatre fois sur les copeaux.

512. Théorie de la formation de l'acide acétique. L'alcool, pour se transformer en vinaigre, absorbe 4 équivalents d'oxygène.

Ainsi : 1 équivalent d'alcool plus 4 équivalents d'oxygène, $C^4H^6O^2 + 4O$ produisent 1 équival. d'acide acétique et 3 équival. d'eau, $C^4H^3O^3 + 3HO$

Ce n'est par conséquent autre chose qu'une oxydation de l'alcool.

On peut considérer cette transformation comme une combustion imparfaite, et ici encore se vérifie ce qui a été dit lors de la combustion du bois dans l'air (120) ou du sucre dans l'acide azotique (196) : que l'hydrogène brûle d'abord, tandis que le carbone ne s'oxyde qu'en dernier lieu. Dans ce cas, le carbone n'a pas été oxydé, tandis que 3 équivalents d'hydrogène ont été brûlés, et en même temps il y a eu fixation d'un équivalent d'oxygène.

Aldéhyde. La transformation de l'alcool en acide acétique ne s'effectue pas directement, comme les expériences précédentes pourraient le faire supposer : il se forme d'abord un composé intermédiaire, l'*aldéhyde*, qui peut être considéré comme de l'acide acétique à moitié formé, car c'est de l'alcool privé de 2 équivalents d'hydrogène.

Ainsi : l'alcool, $C^4H^6O^2 + 2O$
Donne l'aldéhyde, $C^4H^4O^2 + 2HO$

Ce composé, qui prend naissance avant la formation de l'acide acétique, a une odeur particulière, asphyxiante, que l'on perçoit souvent dans les pièces où l'on fabrique du vinaigre. L'aldéhyde a une grande affinité pour l'oxygène : il en absorbe rapidement 2 équivalents pour se transformer en acide acétique hydraté, $HO,C^4H^3O^3$: c'est ce qui a lieu dans la seconde phase de la transformation de l'alcool en vinaigre.

L'aldéhyde se produit très-facilement : on le reconnaît à son odeur caractéristique, quand on maintient un fil de platine incandescent dans un mélange de vapeur d'alcool et d'air (114), ou bien encore, si l'on refroidit la flamme d'une lampe à alcool au moyen d'une toile métallique. Dans ces deux cas il se forme de l'aldéhyde, parce que la température est insuffisante pour produire la combustion complète de l'alcool, qui ne se combine qu'avec 2 équivalents d'oxygène ; il se forme aussi en même temps de l'acide acétique et d'autres produits gazeux. On voit, par ce qui précède, que la transformation de l'alcool en aldéhyde et en acide acétique doit s'opérer et s'opère en effet chaque fois que l'alcool se trouve en contact avec un corps qui cède facilement une partie de son oxygène, comme l'acide chromique, l'acide azotique, le bioxyde de manganèse en présence de l'acide sulfurique, etc.

On peut s'expliquer aisément la formation de l'acide acétique pendant la distillation du bois. Le bois est principalement formé de cellulose, qui se compose de $C^{12}H^{10}O^{10}$, l'acide acétique anhydre de $C^4H^3O^3$, ou, triplé, $C^{12}H^9O^9$; il suffit par conséquent que la cellulose perde un équivalent d'eau pour donner naissance à 3 équivalents d'acide acétique.

513. Acétyle. De même que pour l'éther et l'alcool, on peut considérer l'aldéhyde et l'acide acétique comme des combinaisons formées par un radical Ac, composé de 4 équivalents de carbone et 3 équivalents d'hydrogène, C^4H^3. Ceci une fois admis,

L'aldéhyde, $C^4H^4O^2$, serait un hydrate d'oxyde d'acétyle, $AcO + HO$
l'acide acétique $C^4H^3O^3$, de l'acide acétylique, AcO^3

L'acétyle serait par conséquent un radical donnant naissance à des acides.

Acétone. Quand on distille, par voie sèche, un acétate avec une base énergique, la chaux, par exemple, l'acide acétique se convertit en acide carbonique qui reste uni à la base et en un liquide doué d'une odeur pénétrante, l'acétone, qui distille.

Cacodyle. Si l'on distille de l'acétate de potasse avec de l'acide arsénieux, on obtient un liquide fumant, d'une odeur fétide et spontanément inflammable, qu'on appelait autrefois *liqueur fumante de Cadet.* Ce liquide est l'oxyde d'un radical composé de carbone, d'hydrogène et d'arsenic ; il a reçu le nom de *cacodyle*, et, malgré sa composition complexe, il se comporte dans toutes ses combinaisons comme un métal.

514. Propriétés du vinaigre. Le vinaigre n'est que de l'acide acétique très-étendu d'eau ; il contient en outre des substances provenant des matières (malt, fruits, vin) à l'aide desquelles il a été préparé. On le colore habituellement en jaune ou en brun, avec un peu de caramel ou une infusion de chicorée. Les vinaigres les plus forts contiennent, en volume, de 8 à 12 pour 100 d'acide acétique, les vinaigres de vin de 6 à 8 pour 100, et les vinaigres ordinaires faibles de 2 à 5 ; le reste de la partie liquide n'est que de l'eau. On détermine la valeur d'un vinaigre à l'aide des liqueurs titrées comme il a été dit pour la potasse (202). L'instrument spécial ordinairement employé pour ce genre d'essais a reçu le nom d'*acétomètre* (fig. 200). C'est un tube gradué dans lequel on introduit, jusqu'en *a*, de la teinture de tournesol, puis du vinaigre jusqu'au commencement de la graduation, et enfin de l'alcali titré jusqu'à ce que le tournesol bleuisse ; on lit le volume de l'alcali ajouté sur les degrés de l'acétomètre, lesquels indiquent la force du vinaigre.

Fig. 200.

Le vinaigre, exposé à l'air, se décompose d'autant plus rapidement qu'il est plus faible : il se couvre de moisissures ou dépose une matière gélatineuse ; en même temps il s'y forme une grande quantité d'infusoires, que souvent on peut voir à l'œil nu en regardant à travers un verre rempli de vinaigre. L'ébullition suspend pendant quelque temps la décomposition d'un pareil vinaigre.

L'acide acétique étant moins volatil que l'eau, les premières parties qui passent pendant la distillation du vinaigre sont très-faibles, les dernières au contraire plus concentrées ; le vinaigre est, dans ce cas, incolore et privé des matières non volatiles qui ajoutent à ses qualités. Si l'on expose du vinaigre au froid, il se congèle d'abord de l'eau presque pure, il en est de même quand on fait geler le vin ; ce moyen peut être employé avec avantage pour donner plus de force au vinaigre et pour rendre le vin plus spiritueux : il suffit, pour cela, d'enlever la glace formée jusqu'à ce que l'on juge la concentration suffisante. Le vinaigre est soumis à des fraudes qui ont principalement pour but de dissimuler sa pauvreté en acide acétique ; à cet effet, on y ajoute souvent du piment, de la racine de pyrèthre, quelquefois aussi de l'acide sulfurique. On peut facilement découvrir cette dernière fraude de la manière suivante.

Fig. 201.

EXPÉRIENCE. On place sur le bain-marie une capsule dans laquelle on introduit le vinaigre à essayer et un peu de sucre blanc (fig. 201). La chaleur volatilise le vinaigre, et le sucre sec reste

blanc au fond de la capsule ; mais, si le vinaigre contient de l'acide
sulfurique, cet acide, qui n'est pas volatil à cette température, se
concentre et finit par réagir sur le sucre, qu'il carbonise.

TRANSFORMATION DU SUCRE EN ACIDE LACTIQUE ET EN ACIDE BUTYRIQUE.

515. Fermentation visqueuse. EXPÉRIENCE. Si l'on expose du jus
exprimé de carotte à une température de 30° à 40°, il entre en fermentation, comme on l'a vu § 484; tout le sucre se transforme;
mais, au lieu d'alcool, le liquide contient, après que la fermentation
a cessé, un acide particulier, l'*acide lactique*, et un corps mucilagi-
neux analogue à la gomme. On a donné à ce genre de décomposition
le nom de fermentation visqueuse; elle offre un exemple de la modification qui s'opère dans la décomposition des corps organiques sous
l'influence d'un changement de température. Entre 10° et 20° le
jus de carotte entre en fermentation, le sucre qu'il contient se
transforme en acide carbonique et en alcool; à une température
plus élevée, il fermente encore, mais le sucre se transforme en
acide carbonique, en acide lactique et en plusieurs autres produits.

Acide lactique, $HO,C^6H^5O^5$. Le sucre contenu dans certaines matières végétales se convertit de même en acide lactique quand ces
substances sont imprégnées d'une forte solution de sel marin et
comprimées. Ainsi les légumes salés, choux, navets ou haricots, doivent leur acidité à l'acide lactique principalement. Cet acide se forme
naturellement aux dépens du sucre de lait (627), dans le lait qui
s'aigrit; il se produit de même dans l'empois d'amidon qui devient
acide. On le trouve tout formé dans la chair musculaire, dans le suc
gastrique, etc.

L'acide lactique est un liquide incolore, inodore et d'une saveur
fortement acide; il forme, avec l'oxyde de zinc et la chaux, des
combinaisons cristallisables auxquelles on a fréquemment recours
pour le préparer à l'état de pureté. L'acide lactique, d'après sa
composition, pourrait être considéré comme formé d'aldéhyde et
d'acide formique.

Acide butyrique, $HO,C^8H^7O^5$. Dans les aliments salés et fermentés
cités plus haut, il se forme, quand la fermentation est déjà avancée,
un second acide, l'acide butyrique, qui leur communique une odeur
spéciale peu agréable. Il est produit par une fermentation particulière, et on l'obtient facilement en exposant dans un endroit où
la température est maintenue à 30° environ une solution sucrée
contenant du fromage en décomposition. Le sucre se convertit d'a-

bord en acide lactique, qui se transforme en acide butyrique à
mesure que la fermentation avance. Cet acide existe tout formé dans
le fruit du caroubier, du tamarinier et dans le beurre, qui renferme
différentes combinaisons butyriques, et d'où on peut aisément l'isoler. L'acide butyrique est un liquide incolore et peut se distiller;
il a une odeur acide qui rappelle celle du beurre rance,. sa saveur
est acide et brûlante; il est soluble en toute proportion dans l'eau
et dans l'alcool (629).

PANIFICATION.

516. Farine. Les graines de céréales avec lesquelles en prépare
la farine et le pain sont formées principalement d'*amidon* et de
gluten; elles contiennent en outre un peu de dextrine, quelquefois du glucose. Dans la mouture, la pellicule extérieure, riche en
azote, en matière grasse et en phosphate, constitue le *son*, tandis
que la partie interne forme la farine. Le gluten est plus tenace, par
conséquent plus difficile à réduire en farine que l'amidon, ce qui
explique pourquoi, après le blutage, la farine la plus fine et la *plus
blanche* est plus riche en amidon que la farine moins fine, d'une
couleur grisâtre, laquelle, en revanche, est mieux fournie en gluten.
Le gluten constitue la partie essentiellement nutritive du pain : la
farine de seconde qualité et le pain noir sont donc plus nutritifs
que la farine et le pain blancs, mais aussi d'une digestion moins
facile.

Transformation de la pâte de farine. Expérience. On fait avec de
la farine et de l'eau tiède une pâte un peu claire que l'on expose
pendant 8 ou 10 jours, dans un vase couvert, à une température
douce. La pâte subit peu à peu une altération dans laquelle on observe deux phases distinctes. Pendant la première, qui se manifeste
au bout de 3 ou 4 jours, il se dégage des bulles de gaz d'une odeur
acide et désagréable; dans cet état, la pâte mêlée à une solution de
sucre, à la température convenable, convertit le sucre en *acide
lactique*. Après 6 ou 8 jours, la pâte a acquis une odeur agréable et
spiritueuse, elle agit comme la levûre de bière sur le sucre en dissolution, qu'elle transforme en *alcool* et en *acide carbonique*. Plus
tard, la pâte reprend une saveur acide, due cette fois à l'*acide acétique* formé aux dépens de l'alcool (levain acide). Dans cet état, la
pâte détermine encore la fermentation alcoolique dans une solution
sucrée, mais l'alcool se trouve presque aussitôt transformé en acide
acétique.

D'après ce qui précède, la transformation du sucre ne peut donc être attribuée qu'à l'influence de la matière protéique, du gluten, qui, peu altéré, agit comme ferment lactique, plus altéré, comme ferment alcoolique, et enfin, dans un degré avancé de décomposition, comme ferment acétique.

517. Pain. Ce qui s'est opéré lentement dans l'expérience précédente se fait avec rapidité dans la panification, parce qu'on ajoute à la pâte un ferment déjà constitué.

Pour la fabrication du *pain blanc*, on emploie de préférence de la levûre de bière, qui est le ferment alcoolique le plus énergique : elle transforme le sucre préexistant ou qui se forme dans la farine, en alcool et en acide carbonique; cet acide, en cherchant à se dégager, gonfle la pâte et la rend poreuse (la pâte lève). L'élévation rapide de la température dans le four détermine la dilatation du gaz et son expulsion, une grande partie de l'eau se dégage, et à la surface de la pâte il se produit une croûte dure qui permet au pain de conserver sa forme. Si le four n'est pas assez chaud ou si la pâte est trop humide, la croûte ne se forme pas assez rapidement, l'acide carbonique se dégage à travers la pâte, le pain s'étend et ne devient pas poreux. C'est ce qui a lieu surtout pour le pain noir, qui est riche en gluten, retient fortement l'eau et se dessèche plus difficilement à la surface que le pain blanc, plus riche en amidon.

Pour la préparation du *pain noir*, on emploie le levain aigre comme ferment, il se forme par conséquent dans la pâte, outre l'alcool et l'acide carbonique, un peu d'acide acétique, d'acide lactique (quelquefois une trace d'acide butyrique), qui donnent au pain une saveur légèrement acide. Avec 3 kilog. de farine on prépare 4 kilog. de pain, dont $\frac{1}{4}$ est formé d'eau par conséquent. Le pain poreux se dissout facilement dans l'estomac, tandis que le pain trop compact est d'une digestion plus difficile. On a vu (457) que l'amidon chauffé se transforme en *dextrine*, une partie de l'amidon de la pâte subit cette transformation surtout à la partie supérieure, où elle est exposée au rayonnement de la voûte du four. Si l'on humecte le pain à la surface avec de l'eau, et qu'on le replace un moment dans le four, il se couvre d'une pellicule brillante formée par la dextrine dissoute et desséchée.

On peut faire lever la pâte par d'autres procédés que la fermentation, et plus ou moins avantageux, en y introduisant des substances qui prennent l'état gazeux sous l'influence de la chaleur.

EXPÉRIENCE. On mêle bien intimement 1 gr. de bicarbonate de soude à 50 gr. de farine, qu'on réduit en pâte avec 30 gr. d'eau, aiguisée de 2 ou 3 gouttes d'acide chlorhydrique. La pâte, exposée d'abord à une température douce, est cuite ensuite dans un four, où elle se transforme en un pain très-poreux. L'acide carbonique, déplacé par l'acide chlorhydrique, fait lever la pâte, laquelle se trouve salée en même temps par le sel marin qui se forme. Cette méthode a déjà été souvent employée en grand pour faire lever la pâte.

Expérience. On répète l'expérience ci-dessus en substituant 2 à 3 gr. de carbonate d'ammoniaque au bicarbonate de soude et à l'acide chlorhydrique. La pâte, traitée du reste comme précédemment, lève et donne un pain poreux, parce que le carbonate d'ammoniaque, très-volatil, prend l'état gazeux et dilate la pâte. Ce procédé est surtout employé avec avantage en pâtisserie. Quoique leur action soit moins énergique, on emploie quelquefois l'esprit-de-vin et le rhum pour faire lever la pâte.

ESPRIT DE BOIS (ALCOOL MÉTHYLIQUE) ET HUILE DE POMME DE TERRE (ALCOOL AMYLIQUE).

De tous les corps qui ont reçu le nom d'*alcools*, nous n'étudierons ici que les deux plus connus, l'*esprit de bois* et l'*huile de pomme de terre*, déjà cités souvent, et quelques-uns de leurs dérivés.

518. Alcool méthylique ou esprit de bois. Cet alcool, que l'on obtient par la distillation sèche du bois, a pour radical le groupe atomique C^2H^3 appelé *méthyle*, qui, combiné avec l'oxygène, forme l'éther méthylique, C^2H^3O, et, combiné avec l'oxygène et avec l'eau, constitue l'alcool méthylique, $C^2H^4O^2$.

Acide formique, HO,C^2HO^3 ou $\overline{Fo}$. L'analogie entre l'alcool et l'esprit de bois persiste même quand ils se transforment en acides. L'alcool, sous l'influence de l'oxygène, se transforme en acide acétique (509); l'esprit de bois se transforme en acide formique. Le radical de l'acide acétique est l'acétyle, celui de l'acide formique le *formyle*, C^2H. Cet acide se trouve tout formé chez les fourmis, dans les orties, les aiguilles de pin, etc.; on l'obtient artificiellement en oxydant le sucre, l'amidon ou d'autres corps organiques en grand nombre, à l'aide de corps riches en oxygène, tels que l'acide azotique, l'acide chromique, le bioxyde de manganèse décomposé par l'acide sulfurique. Comme l'acide formique est volatil, il distille et se condense en un liquide incolore; sa saveur est acide et pénétrante, son odeur piquante. Les pharmaciens emploient, sous le nom d'esprit formique, de l'alcool distillé sur des fourmis et contenant un peu d'acide formique.

Chloroforme. Si l'on substitue le chlore à l'oxygène dans l'acide formique, on obtient le *chlorure de formyle*, C^2HCl^3, très-connu

comme anesthésique sous le nom de *chloroforme*. On l'obtient généralement en distillant de l'alcool étendu d'eau sur du chlorure de
chaux : l'alcool se transforme alors en formyle sous l'influence du
chlore. Le chloroforme est un liquide dense, incolore et très-volatil ;
sa saveur et son odeur sont éthérées. Le chloroforme dont on imbibe
une toile maintenue devant la bouche détermine l'insensibilité et
l'engourdissement ; une action prolongée deviendrait mortelle : la
chirurgie a employé avec succès de semblables inhalations pour éviter
aux patients les douleurs de l'opération.

519. Alcool amylique ou huile de pomme de terre. On a déjà vu
(495) dans quelles circonstances se produit cet alcool, connu généralement sous le nom d'huile de pomme de terre. Son radical, l'*amyle*,
$C^{10}H^{11}$, forme, comme les radicaux de tous les alcools, un éther,
éther amylique, $C^{10}H^{11}O$, quand il est combiné avec 1 équivalent
d'oxygène, et l'*alcool amylique*, quand, en outre, il est réuni à
1 équivalent d'eau.

Acétate d'oxyde d'amyle ou *éther amylacétique*. Ce corps se dégage en vapeurs quand on chauffe ensemble 2 parties d'acétate de potasse, 1 partie d'huile de pomme de terre et 1 d'acide sulfurique ;
ces vapeurs peuvent facilement être condensées dans un tube suffisamment refroidi. Elles ont une odeur qui rappelle celle de la poire.
Si l'on fait passer les vapeurs d'éther amylacétique dans l'eau, l'éther
se réunit à la surface en gouttelettes huileuses dont la composition
est analogue à celle de l'éther acétique. On trouve aujourd'hui cette
substance dans les arts sous le nom d'*essence de poire*; on l'emploie
en confiserie pour donner aux bonbons le goût de fruits ; on s'en
sert aussi dans la parfumerie. L'huile de pomme de terre produit
encore deux autres éthers doués d'une odeur agréable : l'*éther amyl-
valérique* ou *essence de pomme*, et l'*éther amylbutyrique* ou *essence
de cognac*.

Acide valérique. L'acide valérique dérive de l'alcool amylique,
comme l'acide acétique de l'alcool, l'acide formique de l'esprit de
bois, par voie d'oxydation. Son radical, $C^{10}H^9$, a reçu le nom de *va-
léryle*. Cet acide, incolore, de consistance huileuse et d'une odeur
désagréable, existe tout formé dans les racines de valériane et d'an-
gélique; il se produit aussi pendant la décomposition du fromage et
d'autres matières d'origine animale.

RÉSUMÉ.

(1) Le sucre se transforme :

a) En matières carbonisées noires en perdant de l'oxygène et de l'hydrogène.

b) Par l'oxydation par voie humide : en acide saccharique, en acide oxalique, enfin en acide carbonique et en eau.

c) En alcool (très-hydrogéné) et en acide carbonique (très-oxygéné) quand il est en contact avec des matières protéiques en voie de décomposition (fermentation alcoolique).

d) À une température plus élevée, et dans les mêmes circonstances : en acide lactique, en acide butyrique et en plusieurs autres produits (fermentation lactique, fermentation visqueuse).

(2) Pendant la transformation du sucre en *c* et *d*, la matière azotée se transforme en d'autres combinaisons (levûre, sels ammoniacaux, etc.).

(3) La transformation du sucre en alcool et en acide carbonique se fait lentement à une température basse (fermentation de dépôt), rapidement quand la température est plus élevée (fermentation tumultueuse).

(4) L'alcool n'a pu être obtenu jusqu'à présent que par la fermentation du glucose.

(5) L'amidon que l'on transforme en alcool doit d'abord être transformé en glucose, il en est de même du sucre de canne.

(6) L'alcool se transforme :

a) En hydrogène bicarboné (gaz oléfiant) et en eau, en perdant son oxygène et une partie de son hydrogène.

b) En oxyde d'éthyle ou éther et en eau, si on lui soustrait 1 équivalent d'oxygène et 1 équivalent d'hydrogène; cet oxyde d'éthyle se combine avec les acides comme une base.

c) Sous l'influence de l'oxygène : d'abord en aldéhyde et en eau, puis en acide acétique et en d'autres acides. Si l'on suit les degrés d'oxydation de l'alcool on voit que :

L'alcool, en se combinant avec l'oxygène, forme de l'aldéhyde et de l'eau;
l'aldéhyde   »   »   »   de l'acide acétique;
l'acide acétique   »   »   »   de l'acide formique et de l'eau;
l'acide formique   »   »   »   de l'acide oxalique et de l'eau;
l'acide oxalique   »   »   »   de l'acide carbonique.

(7) Les limites de cette oxydation sont les produits de l'alcool qui brûle : de l'acide carbonique et de l'eau.

(8) Il y a plusieurs alcools; les plus connus sont : l'alcool ordinaire ou éthylique, l'esprit de bois ou alcool méthylique, et l'huile de pomme de terre ou alcool amylique.

(9) Le sucre fait partie des corps organiques riches en carbone; l'alcool se range parmi ceux qui sont riches en hydrogène, et l'acide acétique, ainsi que les autres acides, contient au contraire une forte proportion d'oxygène.

IX. — MATIÈRES GRASSES.

520. Huile. EXPÉRIENCE. Si l'on broie un fragment d'amande, on en voit sortir de petites gouttelettes liquides et grasses qui font sur le papier des taches translucides, persistantes. Une grande quantité d'amandes broyées et exprimées sous une presse donnent un liquide épais et gras : l'*huile d'amande*, dont les amandes contiennent ¼ de leur poids. Les matières grasses ont reçu le nom d'*huiles* quand elles sont liquides à la température ordinaire ; toutes les plantes en contiennent des proportions plus ou moins fortes.

521. Axonge. EXPÉRIENCE. Si l'on fait bouillir pendant quelque temps de la chair grasse de porc dans l'eau et qu'on l'exprime ensuite dans une toile, on obtient, comme dans l'expérience précédente, une huile grasse qui fait sur le papier une tache permanente. Cette graisse n'est liquide cependant qu'au-dessus de 30° ; à la température ordinaire elle est solide, mais peu consistante. Les matières grasses de ce genre, tirées du règne animal, ont reçu le nom d'axonge ou saindoux. On trouve, dans le règne végétal, des corps gras ayant cette consistance, qui rappelle celle du beurre ; on les appelle souvent *beurres* à cause de leur aspect.

522. Suif. Si l'on traite de la chair de bœuf ou de mouton comme la chair de porc dans l'expérience ci-dessus, on obtient encore une graisse liquide, le *suif*, mais qui se solidifie à 36° et prend beaucoup plus de consistance que l'axonge. On peut ainsi, par l'ébullition et la pression, ou par le grillage, retirer de la graisse de la chair de tous les animaux, mais particulièrement des animaux domestiques, chez lesquels on favorise généralement le développement de cette substance. Les graisses extraites à l'aide de l'eau sont blanches, parce qu'elles n'ont pas été portées à une température supérieure à 100° ; celles, au contraire, qui ont été chauffées à feu nu sont souvent jaunes ou brunes, parce que la température peut être assez élevée pour altérer quelques substances étrangères restées dans la graisse, et, si elle atteint 300°, peut altérer la graisse elle-même.

Les matières grasses tirées du règne animal devaient être étudiées dans la seconde partie de la chimie organique ; mais l'identité parfaite qui existe entre les graisses d'origine végétale et celles d'origine animale nécessite leur étude simultanée.

Les graisses végétales sont le plus souvent liquides (huile) ; celles des carnassiers, peu consistantes (axonge) ; enfin celles des herbivores, compactes (suif).

PROPRIÉTÉS DES MATIÈRES GRASSES.

523. Les matières grasses sont fixes. Expérience. Une légère couche de graisse, étendue sur une feuille de papier qu'on expose ensuite à la chaleur, est persistante, parce que les graisses ne sont *pas volatiles*. Les matières grasses pénètrent facilement les corps poreux, tels que le bois, le cuir, etc., et, comme elles restent longtemps liquides, elles donnent à ces corps de la souplesse. C'est dans ce but que l'on graisse les harnais des chevaux, les chaussures, et que les corroyeurs foulent avec de l'huile de poisson les peaux de moutons destinées à faire des gants, etc. C'est surtout l'argile qui jouit de la propriété d'absorber les graisses, qu'elle retire même du bois et du papier. Certaines substances poreuses et minces dont les cavités sont remplies d'air acquièrent de la transparence quand on les imbibe d'huile : ainsi le papier huilé devient assez transparent pour permettre de copier des dessins au travers ou pour servir à faire des peintures transparentes.

524. Les graisses et l'eau. Les matières grasses surnagent sur l'eau ; leur densité est, par conséquent, plus faible. On a mis cette propriété à profit pour garantir certaines substances de l'accès de l'air : ainsi une solution de sulfate de protoxyde de fer (285) absorbe rapidement l'oxygène de l'air et se trouble, ce qui n'a plus lieu quand elle est recouverte d'une couche d'huile. Le jus de citron, qui moisit très-rapidement à l'air, se conserve sans s'altérer sous une couche d'huile. On préserve souvent les aliments confits de l'accès de l'air en les couvrant d'une couche de graisse.

Les graisses sont insolubles dans l'eau ; aussi les emploie-t-on souvent pour garantir de l'humidité différents objets ; c'est ainsi qu'on rend le cuir imperméable en le graissant, qu'on préserve le fer de la rouille en le couvrant d'une légère couche de graisse, parce que l'air humide n'a plus d'action sur lui. Le bois, les voiles et les cordages des vaisseaux sont graissés et mis ainsi à l'abri de l'humidité. Du bois imprégné d'huile se conserve beaucoup plus longtemps dans les endroits humides ou sous la terre que celui auquel on n'a pas fait subir cette préparation.

525. Émulsion. Expérience. Si l'on agite de l'huile avec une certaine quantité d'eau, on obtient un liquide dont l'apparence est homogène, mais qui se sépare bientôt de nouveau en deux couches distinctes. Si l'on ajoute au liquide une matière mucilagineuse, de la gomme, du blanc d'œuf, etc., la séparation est beaucoup plus lente, comme on peut s'en assurer en broyant de l'huile avec une solution concentrée de gomme et en agitant ce mélange avec de l'eau. L'huile ne se sépare de ce liquide laiteux, de cette *émulsion*, qu'au bout de quelques jours.

EXPÉRIENCE. On prépare un autre genre d'émulsion en broyant longtemps avec de l'eau des graines très-oléagineuses, comme les amandes ou le pavot, et contenant une matière mucilagineuse soluble dans l'eau, qui empêche l'huile de se séparer du liquide.

Le lait est une émulsion sécrétée naturellement par les animaux mammifères; les globules de graisse ne s'en séparent que lentement, parce que le caséum et la petite quantité d'albumine que le lait tient en dissolution lui donnent de la viscosité.

526. Huiles grasses et huiles siccatives. EXPÉRIENCE. On étend sur une pièce de métal une légère couche d'huile de lin, sur une autre pièce une légère couche d'huile d'olive, et on les expose toutes deux dans un endroit modérément chaud : au bout de quelques jours l'huile de lin est *sèche*, tandis que l'huile d'olive est encore *fluide*. Toutes les huiles absorbent de l'oxygène de l'air, s'épaississent, se résinifient et prennent une odeur rance désagréable; cependant toutes ne le font pas au même degré, et telle huile est déjà sèche que telle autre n'a encore rien perdu de sa fluidité. D'après ces propriétés, on divise les huiles en deux classes distinctes : les *huiles siccatives* et les *huiles grasses*. Les premières sont exclusivement employées dans la peinture à l'huile, et les secondes à l'éclairage et au graissage des machines : dans ce dernier cas, elles ont pour objet d'adoucir le frottement entre les métaux, et, pour cela, la fluidité est indispensable.

527. Inflammation des corps gras. Les huiles, en absorbant de l'oxygène, subissent une combustion lente, et, par conséquent, dégagent de la chaleur. Quand des matières très-divisées, imprégnées de corps gras, du coton gras ou de la laine, par exemple, restent longtemps accumulées en tas, cette émission de chaleur devient souvent assez considérable pour déterminer l'inflammation spontanée des matières; aussi est-il prudent de ne point tasser ces substances en grandes quantités.

TRANSFORMATIONS DES GRAISSES PAR LA CHALEUR.

528. Décomposition de l'huile. EXPÉRIENCE. Si l'on chauffe une huile, de l'huile de lin, par exemple, sur une lampe à alcool (fig. 202), on peut constater à l'aide du thermomètre que la température s'élève rapidement jusqu'à 100°, point où elle se maintient un moment pendant lequel il se produit une légère ébullition, due au dégagement de l'eau contenue dans l'huile. Quand cette ébullition a cessé, la température continue à s'élever rapidement jusque vers 300°, point où elle reste stationnaire, et il se forme, à la surface de l'huile, des vapeurs blanches d'une odeur très-désagréable. Ces vapeurs sont principalement formées de gaz à éclairage; elles s'allument dès qu'on en approche un corps enflammé; les graisses sont donc susceptibles de brûler, mais seulement lorsque la température est assez élevée pour les décomposer.

Fig. 202.

On prépare quelquefois en grand du gaz à éclairage avec des huiles et autres matières grasses que l'on fait couler en petit filet dans une cornue chauffée, d'où le gaz produit se rend dans le gazomètre (gaz d'huile).

529. Les matières grasses dans l'éclairage. Les lampes, les bougies, sont autant de petits appareils à gaz. La combustion ne s'y opère cependant que par l'intermédiaire d'un corps facilement combustible, la mèche. Quand on allume une bougie, on fait brûler d'abord le coton de la mèche. La chaleur dégagée par la combustion de celle-ci dépasse 300° et suffit, par conséquent, pour transformer le corps gras en gaz à éclairage, qui forme le noyau obscur *a* de la flamme (fig. 203). Les graisses le plus généralement employées pour l'éclairage sont l'huile de colza et le suif, auxquels on substitue fréquemment aujourd'hui l'acide stéarique, la paraffine, les huiles minérales ou photogènes, et l'essence de térébenthine ou camphine (441, 560).

550. Extinction des corps gras allumés. EXPÉRIENCE. Si on laisse tomber, à l'aide d'une tige, une goutte d'eau dans de l'huile qui brûle dans une cuiller (fig. 202), l'huile est vivement projetée dans tous les sens. A cette température, l'eau, qui tombe au fond de la cuiller, se transforme rapidement en vapeur dont l'expansion projette l'huile au loin. Les matières grasses qui brûlent dans un vase ne doivent donc pas être éteintes avec de l'eau; il faut couvrir le vase et empêcher ainsi l'accès de l'air.

531. Altération des graisses par la chaleur. Dans les matières grasses comme dans le bois (120), l'hydrogène brûle avant le carbone; aussi l'huile de lin qui brûle dans la cuiller devient-elle, en brûlant, plus riche en carbone et plus noire qu'auparavant. On emploie en pharmacie, sous le nom d'huile des philosophes, une huile ainsi altérée par la chaleur. Si l'on continue à chauffer, l'huile de lin devient noire, épaisse, et prend une consistance pâteuse; dans cet état, elle constitue la glu artificielle ou le *vernis d'huile de lin;* c'est avec ce dernier, mélangé intimement avec du noir de fumée, que l'on fait l'*encre d'imprimerie.*

Fig. 205,

COMPOSITION DES CORPS GRAS.

532. Composition élémentaire des graisses. L'analogie que le bois et l'huile présentent dans la combustion permet déjà de présumer qu'ils sont composés des mêmes éléments : carbone, hydrogène et oxygène, mais combinés en proportions différentes. Les graisses renferment relativement plus d'hydrogène et moins d'oxygène que le bois, et, sous ce rapport, elles sont rangées dans la même catégorie que l'alcool, c'est-à-dire parmi les corps *très-hydrogénés.*

533. Stéarine et oléine. Malgré leur homogénéité, on ne peut considérer les graisses comme formées par une substance unique comme le sucre; c'est ce que M. Chevreul a établi le premier en séparant des principes distincts dans les matières grasses sans faire éprouver de décomposition à celles-ci.

Expérience. Si l'on expose de l'huile au froid en hiver, elle se sépare en deux parties : l'une blanche, solide, analogue au suif, l'autre conservant l'apparence et la fluidité de l'huile. La matière solide a reçu le nom de *stéarine,* celle qui est restée liquide le nom d'*oléine.* En refroidissant et en exprimant l'huile à plusieurs reprises dans du papier à filtrer, on finit par en extraire toute la stéarine, tandis que la partie liquide est absorbée par le papier.

EXPÉRIENCE. On entoure un flacon d'un fil de fer qui le dépasse des deux côtés, de telle manière que le flacon puisse être suspendu dans un bain-marie (fig. 204). Dans ce flacon on introduit environ 5 gr. de suif, puis on le remplit aux $\frac{3}{4}$ d'alcool fort, mieux vaut de l'al-

cool absolu, et on chauffe le bain-marie jusqu'à ce que l'alcool soit en ébullition, puis on laisse déposer le suif et on dé-cante l'alcool clair pendant qu'il est encore chaud. Quand on a fait trois ou quatre fois semblable opération, on réunit l'alcool, on le fait refroidir dans l'eau, et on en sépare par la filtration un dépôt blanc grumeux qu'on lave sur le filtre avec un peu d'alcool froid. Cette matière blanche, lamelleuse et nacrée, est la *stéarine* du suif; l'*oléine* est en dissolution dans l'alcool; elle forme

Fig. 204.

après l'évaporation une huile jaunâtre.

La stéarine et l'oléine constituent par conséquent les principes immédiats des matières grasses, et c'est ce qui explique pourquoi certaines graisses sont solides et d'autres liquides : les premières renferment beaucoup de stéarine, comme le suif, qui en contient les $\frac{3}{4}$ de son poids, tandis que les secondes sont riches en oléine, comme l'huile d'olive, qui ne contient que $\frac{1}{4}$ de son poids de stéa-rine. La stéarine pure n'est fusible qu'à 60°; l'oléine, au contraire, ne se solidifie qu'à des températures très-basses.

Margarine, palmitine, élaïne. Outre la stéarine et l'oléine, les corps gras renferment d'autres substances, telles que : 1° la *marga-rine*, qui a beaucoup d'analogie avec la stéarine; elle fond à 47°, et accompagne en général la stéarine[1]; on la trouve principale-ment dans les graisses les moins compactes et les huiles; 2° la *palmitine*, qui forme la partie solide de l'huile de palme et de noix de coco. L'oléine des huiles siccatives, qui jouit de propriétés dif-férentes de celles de l'oléine ordinaire, a reçu le nom d'*élaïne;* elle ne se solidifie pas par l'acide hypoazotique. Nous reviendrons plus loin sur la composition des principes immédiats des graisses. On divise les graisses en graisses végétales et en graisses animales: nous ne nous occuperons ici que des plus importantes.

---

[1] Des recherches récentes font supposer que la margarine n'est autre chose qu'un mélange de stéarine et de palmitine.

A. — GRAISSES VÉGÉTALES.

a) *Huiles siccatives.*

534. Huile de lin. La graine de lin fournit $\frac{1}{5}$ de son poids d'une huile jaune que l'on peut blanchir en l'exposant au soleil. On l'emploie principalement dans la peinture à l'huile.

Huile de lin cuite. EXPÉRIENCE. A 50 gr. d'huile de lin on ajoute 2 à 3 gr. de litharge et 3 gr. d'acétate de plomb; on laisse digérer le mélange pendant 24 heures dans un endroit chaud, en l'agitant de temps en temps; après quoi on décante l'huile, qui s'est éclaircie. Cette huile est alors beaucoup plus siccative qu'auparavant; on l'emploie dans cet état sous le nom d'*huile de lin cuite.* On y broie les couleurs destinées à la peinture à l'huile sur le bois, le métal, etc. La toile cirée est de la toile peinte avec des couleurs de ce genre; dans le taffetas ciré le tissu est en soie. Pour préparer en grand l'huile de lin cuite, on chauffe 100 kilog. d'huile de lin avec 1 kilog. de litharge jusqu'à 100°, température que l'on maintient pendant une heure. Si l'on dépassait cette température, l'huile pourrait brunir ou déborder et s'enflammer dans le foyer. Les huiles végétales renferment toutes, plus ou moins, des matières albumineuses et mucilagineuses qui en retardent la dessiccation; l'oxyde de plomb se combine avec ces matières, qu'il précipite en les rendant insolubles. L'huile de lin cuite n'est donc autre chose que de l'huile de lin exempte de matières mucilagineuses.

Huile de chénevis. On retire cette huile de la graine de chanvre; elle est verdâtre et s'emploie pour l'éclairage, dans la peinture et dans la fabrication des savons verts.

Huile d'œillette. On l'exprime de la graine de pavot; elle est employée principalement comme comestible, et aussi dans la fabrication d'huiles peu colorées pour la peinture.

Huile de ricin. Cette huile est extraite des graines de ricin; elle sert en médecine comme purgatif; elle est alimentaire quand on l'a privée de son principe purgatif.

Huiles de graines de concombre, de noix, de cameline, etc., etc.

b) *Huiles non siccatives.*

535. Huile d'éclairage. Les huiles qui servent à l'éclairage sont principalement celle de *colza* et celle de *navette.* Elles contiennent, comme l'huile de lin, des matières albumineuses et mucilagineuses dont il faut les débarrasser pour les empêcher de charbonner en brûlant. On y parvient par l'épuration, non plus avec l'oxyde de plomb, mais à l'aide de l'acide sulfurique.

EXPÉRIENCE. On agite pendant ¼ heure 50 gr. d'huile avec 15 à 20 gouttes d'acide sulfurique, puis on y ajoute 20 gr. d'eau et on agite de nouveau. Le liquide se sépare en deux couches : l'une supérieure, c'est l'huile épurée; l'autre, inférieure, formée par l'eau, qui contient l'acide sulfurique et les matières mucilagineuses carbonisées. On décante l'huile, que l'on agite à plusieurs reprises avec de l'eau pour enlever les dernières traces d'acide sulfurique. Cet acide carbonise les matières organiques en général (173) : les unes, comme les matières mucilagineuses, plus facilement; d'autres, comme l'huile, plus difficilement. Toutefois, si, pendant l'épuration, on emploie une quantité d'acide plus forte qu'il n'est nécessaire pour carboniser les matières étrangères, l'huile elle-même commence à s'altérer.

Tourteaux. Le marc qui reste quand on a exprimé les graines oléagineuses a reçu le nom de *tourteau*; il renferme toute la matière azotée de la graine et contient encore 8 pour 100 d'huile; aussi les tourteaux constituent-ils un bon aliment pour le bétail et un engrais très-puissant.

Huile d'olive. Cette huile est exprimée du péricarpe du fruit de l'olivier. Les olives, écrasées et exprimées à froid, fournissent une huile jaune clair appelée *huile vierge*; pressées à chaud, elles donnent une huile verdâtre. La première est presque exclusivement consacrée à la préparation des aliments; la seconde est beaucoup employée pour le graissage des machines. Outre ces deux produits, on extrait de l'olive une troisième qualité d'huile, plus foncée en couleur, qu'on emploie à la fabrication des savons blancs dits de Marseille.

Huile d'amandes douces. On exprime des amandes douces une huile de très-bonne qualité, principalement employée en médecine et en parfumerie. Les amandes amères, pressées à froid, donnent une huile analogue à celle d'amandes douces; mais l'huile provenant de ces mêmes amandes pressées à chaud peut renfermer de l'acide cyanhydrique.

Huiles de noisettes, de faînes, d'amandes, de prunes, de cerises, de pepins de pommes, etc., etc.

Huile de noix de coco ou *beurre de coco.* Cette huile est blanche et a la consistance du beurre, à la température ordinaire. Extraite par l'eau bouillante des noix de coco fraîches, elle peut être employée comme comestible. D'ordinaire on l'extrait par l'eau bouillante après la putréfaction des noix de coco.

Huile de palme. On extrait cette huile, comme la précédente, de certaines espèces de palmiers. Elle est jaune et a la consistance du beurre. Quand on chauffe cette huile jusqu'à 130°, on en détruit la matière colorante : l'huile est blanchie à l'aide de la chaleur.

Les huiles de palme et de coco sont employées aujourd'hui en quantités considérables dans la savonnerie.

En pharmacie on fait encore usage des graisses végétales suivantes :

Beurre de cacao, matière grasse blanche ou jaunâtre extraite des graines de cacao.

Beurre de muscade, matière grasse jaune, d'une odeur aromatique, que l'on retire de la noix muscade.

Huile de laurier, huile d'une belle couleur verte, extraite des fruits du laurier.

B. — GRAISSES ANIMALES.

536. Les ruminants domestiques fournissent différentes espèces de graisses : le *suif,* que l'on retire de la chair et qui se trouve en fortes masses dans diverses parties du corps; le *beurre,* qu'ils sécrètent dans le lait; enfin la *moelle* et l'huile de *pied de bœuf.*

Le *suif de cerf* est blanc et dur comme le suif de mouton.

Les graisses de porc, d'oie, etc., sont très-connues. Autrefois, quand on attribuait des vertus particulières à la graisse de chaque animal, on employait en pharmacie de grandes quantités de graisses diverses, avantageusement remplacées aujourd'hui par l'*axonge* ou *saindoux.*

537. **Huiles de poisson.** Les huiles de poisson sont extraites, principalement par la chaleur, de la graisse des cétacés et de certains poissons. Obtenues à des températures peu élevées, ces huiles sont jaunes et leur odeur n'a rien de désagréable; il n'en est pas de même si elles ont été très-chauffées ou si la chair des poissons commençait à s'altérer : elles sont alors brunes et répandent une mauvaise odeur. On se sert de préférence de l'huile de poisson pour graisser les cuirs; elle sert à la préparation des savons mous noirs ; enfin on l'emploie en médecine. La meilleure, pour ce dernier usage, est celle qui s'écoule naturellement des foies de morues frais. Ces huiles contiennent en général des traces d'iode.

538. **Blanc de baleine ou spermaceti.** Cette graisse, blanche, à reflets nacrés, est tellement dure, qu'on peut la réduire en poudre ; elle se trouve dans certaines cavités de la tête du cachalot, et est composée principalement d'acide palmitique et d'*éthal.*

23.

539. Cires. On trouve de la cire dans presque tous les végétaux, surtout dans l'épiderme brillant des feuilles, des tiges et des fruits, ainsi que dans le pollen. Au Japon et dans l'Amérique méridionale, il y a des plantes dont on peut extraire, à l'aide de l'eau bouillante et de la pression, des matières cireuses connues sous les noms de *cire végétale* ou de *cire du Japon*. Parmi les cires, celle des abeilles est la plus connue ; ces insectes la recueillent sur les fleurs et en construisent leurs cellules. Il pourrait bien se faire qu'une partie de cette cire provînt de la transformation des matières sucrées ; car on a reconnu que des abeilles nourries avec du sucre transforment en partie ce dernier en cire, qu'elles sécrètent à travers les parois de l'abdomen. La cire jaune fond à 62° ; pour la blanchir, on la réduit en copeaux très-minces que l'on expose au soleil en les humectant fréquemment ; elle ne fond plus alors qu'à 70°. La cire sert à l'éclairage ; on en frotte les parquets ; dissoute dans la potasse, elle sert à donner du brillant au papier ; mêlée à l'huile, elle constitue les onguents connus sous le nom de *cérats*. Le papier trempé dans la cire fondue est précieux pour garantir les objets de l'humidité. Quand on veut de la cire plus fluide, pour greffer, par exemple, on y ajoute de l'essence de térébenthine. La cire d'abeille est formée principalement d'*acide cérotique* et de myricine.

SAVONS.

540. Savons durs. EXPÉRIENCE. On prépare deux lessives de soude : l'une forte, en dissolvant 5 gr. de soude à la chaux dans 40 gr. d'eau ; l'autre faible, en dissolvant la même quantité d'alcali dans 80 gr. d'eau. A cette dernière lessive on ajoute 60 gr. de suif, et on la porte à l'ébullition dans un vase dont la capacité sera au moins le double du volume du mélange (fig. 205). On fait bouillir ce dernier pendant une demi-heure, puis on y verse peu à peu la lessive forte de manière à ne pas interrompre l'ébullition. Cette opération constitue l'*empâtage* : la graisse

Fig. 205.

et l'eau alcaline forment une émulsion qui devient mousseuse ; on continue à faire bouillir jusqu'à ce qu'une goutte du liquide, comprimée entre les doigts, se prenne en une masse blanche feuilletée et se dissolve en totalité dans l'eau pure. A ce moment on y ajoute 10 gr. de sel marin, on maintient l'ébullition encore pendant quelques minutes, puis on laisse refroidir lentement. Le liquide se sépare alors en deux parties : une masse blanche, le savon, et un liquide contenant le sel et un excès d'alcali. C'est d'une manière analogue qu'on fabrique en grand les savons durs. Aujourd'hui on remplace fréquemment le suif par l'huile de palme ou de coco : la première est à très-bas prix, et la seconde communique au savon la propriété de mousser beaucoup et facilement.

EXPÉRIENCE. Si l'on répète l'expérience précédente, en substituant l'huile d'olive au suif, on obtient de même un savon dur : le *savon de Marseille*.

541. Savons mous. EXPÉRIENCE. On prépare encore du savon avec de l'huile, mais en substituant la potasse à la soude dans la préparation des lessives et en n'ajoutant pas de sel marin. La matière empâtée ne se transforme plus alors en savon dur : elle prend, après l'évaporation et le refroidissement, une consistance pâteuse qui a fait donner aux *savons de potasse* le nom de *savons mous*. Ces savons sont fort en usage dans le travail de la laine et dans l'impression des tissus. Quand, au lieu d'huile d'olive, on emploie à leur préparation des huiles de poisson, de chènevis ou de lin, ils sont bruns ou noirâtres ; on leur donne dans ce cas une teinte verte au moyen d'indigo et de curcuma (*savons verts* ou *noirs*).

Savon ammoniacal. En agitant de l'huile avec une solution d'ammoniaque, on obtient un liquide laiteux, un *liniment*, employé fréquemment en médecine pour des frictions.

La soude forme des savons durs, la potasse des savons mous; mais la réaction est la même dans les deux cas.

542. Produits de la saponification. Les matières grasses sont formées, comme on l'a dit au § 533, par la réunion de plusieurs principes gras solides ou liquides : parmi les premiers, le plus commun est la stéarine; parmi les seconds, c'est l'oléine. Ces principes gras peuvent être considérés comme des produits salins formés par la combinaison d'acides avec un corps qui joue le rôle d'une base; chacun de ces principes contiendra donc un acide particulier : la stéarine, l'acide stéarique; l'oléine, l'acide oléique; la palmitine, l'acide palmitique, etc.; mais c'est presque toujours le même corps qui se combine avec ces acides ; il a reçu le nom d'*oxyde de glycérile*.

La stéarine serait donc du stéarate d'oxyde de glycérile ;
La margarine   »   du margarate   »   »
La palmitine   »   du palmitate   »   »
L'oléine   »   de l'oléate   »   »
Le suif   »   un mélange d'une forte quantité de stéa-
rate d'oxyde de glycéryle avec un peu d'oléate.

On désigne généralement les acides contenus dans les graisses par
le nom d'*acides gras*.

*Les corps gras peuvent donc être considérés comme formés par la
combinaison de ces acides avec l'oxyde de glycéryle,* ou comme des
sels formés par les acides gras et l'oxyde de glycéryle (545, 546).

543. Saponification. Comme on le voit par ce qui précède, la saponification n'est autre chose qu'un déplacement. La potasse et la
soude se combinent avec les acides gras en déplaçant l'oxyde de glycérile et forment des sels gras de potasse (savons mous) ou de soude
(savons durs). L'oxyde de glycérile, qui est soluble dans l'eau, reste
dans le liquide lors de la préparation des savons durs; il reste au contraire mêlé aux savons mous, d'où l'on expulse l'eau par l'évaporation. On peut se faire une idée de l'action du sel marin dans la fabrication du savon en essayant de dissoudre du savon dans l'eau
salée : il n'entrera pas en dissolution, car il est insoluble dans l'*eau
salée* et dans les lessives concentrées. Le savon sera donc précipité
de sa dissolution par une addition de sel marin. Ce moyen de séparation est employé lors de la fabrication du savon, parce qu'il évite
la concentration et fournit un savon de meilleure qualité; la glycérine,
l'excès d'alcali et les impuretés des graisses et des lessives restent
dans le liquide d'où le savon a été séparé.

544. Transformation du savon de potasse en savon de soude.
Expérience. On dissout dans l'eau bouillante une partie du savon
mou qui a été préparé (541), puis on y ajoute du sel marin. Le savon
se sépare du liquide et se réunit à la surface ; mais, après le refroidissement, ce n'est plus du savon mou : il s'est transformé en savon
dur, car le savon de potasse et le chlorure de sodium forment du
savon de soude et du chlorure de potassium.

Les savonniers emploient souvent ce procédé ; ils préparent des
lessives de potasse caustiques avec les cendres et la chaux éteinte ;
puis ils décomposent le savon de potasse par le sel marin.

545. Acides gras. Expérience. L'on dissout un peu de savon de
suif dans l'eau chaude, puis on ajoute du vinaigre à la solution tant
qu'il se forme un précipité : l'acide acétique, ainsi que tous les acides,
est plus énergique que les acides gras et les déplace; comme ces derniers sont insolubles dans l'eau et plus légers, ils se réunissent à la

surface et se prennent par le refroidissement en une masse compacte, blanche. Cette matière n'est pas du suif, puisqu'elle conserve une réaction acide même après les lavages, et qu'elle se dissout très-facilement dans l'alcool. Les acides gras que l'on a séparés dans cette expérience sont l'acide stéarique et l'acide oléique, lequel n'entre guère que pour $\frac{1}{4}$ dans le mélange : on peut l'enlever presque complétement en comprimant l'acide stéarique entre plusieurs feuilles de papier à filtrer. L'acide stéarique est plus dur et plus cassant que la cire ; il est blanc, translucide, et fond à 70°. On le prépare aujourd'hui en grand pour la fabrication des *bougies stéariques.*

L'acide margarique a beaucoup d'analogie avec l'acide stéarique.

EXPÉRIENCE. On chauffe au bain-marie (fig. 204) de l'alcool auquel on ajoute de l'acide stéarique d'une bougie jusqu'à ce qu'il en soit saturé ; puis on verse une moitié de la solution dans l'eau froide, et on laisse l'autre refroidir lentement. Dans le premier cas, on obtiendra l'acide stéarique en masse soyeuse et brillante ; dans le second, en lames cristallines nacrées.

EXPÉRIENCE. Si l'on ajoute un acide à la solution d'un savon d'huile, il se sépare un liquide huileux presque exclusivement composé d'acide oléique.

Acide oléique. L'acide oléique a toute l'apparence de l'huile d'olive ; sa réaction est acide et il est très-soluble dans l'alcool froid. On l'obtient comme produit accessoire dans la fabrication des bougies stéariques ; il est employé dans la fabrication des savons et pour graisser les laines dans les filatures de laine. L'acide oléique des huiles siccatives jouit de propriétés particulières, quoique sa composition soit identique à celle des autres huiles ; on lui donne le nom d'*acide élaïque.*

Outre les acides dont il a déjà été question, il en existe plusieurs autres dans les corps gras : ainsi le beurre seul, outre l'acide margarique et l'acide oléique, contient quatre autres acides volatils qui sont combinés avec l'acroléine. Ce sont : l'*acide butyrique,* l'*acide caproïque,* l'*acide caprique* et l'*acide caprilique.*

546. **Glycérine.** EXPÉRIENCE. On dissout dans l'eau une partie du savon mou préparé § 541, et on le décompose par une solution d'acide tartrique. Après avoir décanté les acides gras, on filtre le liquide et on évapore la liqueur filtrée d'abord à feu nu, puis au bain-marie. Il reste dans la capsule où l'évaporation a eu lieu une masse saline composée de bitartrate de potasse et d'un corps qui joue le rôle de base dans les corps gras : c'est l'oxyde de glycérile, qui se combine avec 1 équivalent d'eau et forme la *glycérine* dès qu'il est mis en liberté. Si l'on reprend ce résidu par l'alcool, la glycérine se dissout, tandis que le tartrate reste insoluble.

La glycérine obtenue après l'évaporation de l'alcool forme un liquide jaune, sirupeux, d'une saveur sucrée. Quoique soluble dans l'eau, la glycérine n'a aucune réaction alcaline, et ne présente par conséquent nulle analogie avec la soude ou la potasse. On peut néanmoins la considérer comme une base, parce qu'elle se comporte comme telle avec les acides gras, avec lesquels elle se combine en proportions définies (434). Elle n'entre que pour $\frac{1}{10}$ ou $\frac{1}{14}$ dans la constitution des matières grasses.

La glycérine est souvent employée en médecine; on l'a introduite récemment dans la parfumerie.

Acroléine. Expérience. Si l'on essuie avec un papier à filtrer blanc la capsule dans laquelle on a évaporé la glycérine, et qu'on chauffe ensuite ce papier dans une cuiller, il se produit des vapeurs piquantes et provoquant le larmoiement : elles proviennent de la glycérine, qui, sous l'influence de la chaleur, se transforme en un corps très-volatil et très-irritant, l'*acroléine*. C'est à ce corps que les produits de la combustion incomplète des matières grasses doivent leurs propriétés irritantes; c'est aussi une odeur d'acroléine qu'on perçoit en pénétrant dans des pièces récemment peintes à l'huile, et surtout dans celles où l'on fait sécher les toiles cirées; la glycérine, dans ce cas, se transforme en acroléine à la température ordinaire. Les acides gras purs, les bougies stéariques de bonne qualité, n'émettent pas l'odeur d'acroléine.

547. Séries homologues. Si l'on compare les acides gras entre eux et avec d'autres acides organiques, en prenant l'oxygène qu'ils contiennent pour terme de comparaison, on aura une série remarquable par sa régularité, bien qu'il y manque plusieurs termes intermédiaires.

Ainsi : l'acide formique est composé de O^4 et C^2H^2

»	acétique	»	O^4	C^4H^4
»	propionique $\Big\}$	»	O^4	C^6H^6
»	métacétonique			
»	butyrique	»	O^4	C^8H^8
»	valérique	»	O^4	$C^{10}H^{10}$
»	caproïque	»	O^4	$C^{12}H^{12}$
»	œnanthylique	»	O^4	$C^{14}H^{14}$
»	caprylique	»	O^4	$C^{16}H^{16}$
»	pélargonique	»	O^4	$C^{18}H^{18}$
»	caprique	»	O^4	$C^{20}H^{20}$
»	palmitique	»	O^4	$C^{32}H^{32}$
»	margarique	»	O^4	$C^{34}H^{34}$
»	stéarique	»	O^4	$C^{36}H^{36}$

Ces acides, qui tous, sauf les trois derniers, dérivent de l'acide stéarique sous l'influence de l'acide azotique, ne diffèrent entre eux que par C^2H^2 ou son multiple, et avec chaque augmentation ou chaque diminution de C^2H^2 changent aussi les propriétés chimiques et physiques de ces corps. Les séries de cette nature ont reçu le nom de *séries homologues* (semblables) ; on en a établi déjà plusieurs en chimie organique.

PROPRIÉTÉS DES SAVONS.

548. Lavage au savon. Les savons jouissent de deux propriétés qui les rendent propres au lavage : 1° ils dissolvent les matières grasses ; 2° ils se décomposent facilement, étant très-étendus d'eau, en un sel acide et en alcali libre : celui-ci agit comme dissolvant sur la plupart des matières organiques, tandis que le sel acide, par son onctuosité, facilite l'enlèvement des matières dissoutes. C'est sur ces deux propriétés que repose l'usage du savon. Le sel acide atténue l'action de l'alcali sur les tissus et leur donne, après le lavage, une certaine flexibilité qu'ils n'auraient pas s'ils avaient été lavés avec l'alcali seul. Les acides gras servent donc, dans les savons, à modérer l'action des alcalis en même temps qu'ils les empêchent de se carbonater. Quand on veut éviter que les tissus de laine ne *rentrent*, il faut les laver avec une faible lessive de carbonate de soude.

549. Expérience. Si l'on chauffe au bain-marie 5 gr. de savon de suif bien divisé avec 40 gr. d'alcool, le savon entre en dissolution et se prend par le refroidissement en *gelée* transparente. Cette gelée de savon, mêlée à du camphre et à de l'ammoniaque, forme l'*opodeldoch* ; les cristaux étoilés qui s'en séparent sont formés de stéarate de soude. Tous les savons riches en acide stéarique se comportent dans ce cas comme le savon de suif.

Savons transparents. Expérience. Si l'on dissout 5 gr. de savon de Marseille dans 20 gr. d'alcool, la solution, appelée *esprit de savon*, ne se prend pas en gelée par le refroidissement ; mais on obtient par l'évaporation un *savon transparent*, tel que ceux qu'on prépare pour la parfumerie. Tous les savons riches en oléine partagent cette propriété avec le savon de Marseille.

550. Savons insolubles. *Savon de chaux.* Expérience. Si l'on ajoute de l'eau de chaux à une solution aqueuse de savon, il se forme un précipité de *savon de chaux* insoluble. Ce précipité se forme de même quand on *lave* dans des eaux très-calcaires ; le savon ne mousse pas dans des eaux de cette nature ; elles sont impropres au savonnage. **Pour** déterminer le degré de convenance d'une eau pour le savonnage, on se sert d'une solution alcoolique titrée de savon qu'on verse goutte à goutte dans une quantité d'eau connue avec laquelle on l'agite dans un flacon. Tant qu'il y a des sels calcaires, l'eau ne forme pas de mousse durable, parce que le savon est rendu insoluble ; mais, dès que toute la chaux est précipitée, il suffit d'une goutte ou deux de la solution de savon pour produire à la surface du liquide une mousse qui persiste pendant quelques minutes. On juge de la qualité de l'eau d'après la quantité de solution de savon employée.

Savon de plomb. Expérience. Si l'on ajoute à une solution chaude de savon de Marseille une dissolution de sous-acétate de plomb (337) aussi longtemps qu'il se forme un précipité, il se produit par double décomposition, dans le liquide, de l'acétate de soude et un savon insoluble à base de plomb. Ce savon est mou, on peut le travailler, avec les mains humides, comme de la cire ; il est fusible ; on l'emploie souvent en pharmacie, où il entre dans la composition de certains onguents. Les pharmaciens le préparent en faisant bouillir de l'huile d'olive avec de la litharge et un peu d'eau. Avec ce procédé, on obtient des quantités considérables de glycérine ; il suffit de laver le savon de plomb à l'eau bouillante et d'évaporer la solution après y avoir fait passer un courant d'acide sulfhydrique pour précipiter le plomb dissous. On prépare aussi en pharmacie le savon de plomb avec du carbonate de plomb. Le savon ainsi obtenu est plus blanc que le précédent, parce qu'il y reste toujours une petite quantité de céruse.

X. — HUILES VOLATILES OU ESSENTIELLES.

551. Extraction des huiles essentielles. Expérience. 40 gr. de térébenthine fondue à une chaleur douce sont introduits avec 160 gr. d'eau dans une fiole remplie à moitié seulement par ce mélange. On distille (fig. 206) jusqu'à ce que les $\frac{3}{4}$ de l'eau aient passé à la distillation. Le résidu, non volatil, qui reste dans la fiole est versé, pendant qu'il est encore chaud, dans de l'eau froide, où il se solidifie et forme la *résine.* Dans le flacon refroidi où se sont condensés les produits de la distillation, il y a deux liquides : l'eau, qui en occupe le fond, et, au-dessus, un liquide incolore et très-odorant formé par une huile essentielle très-connue sous le nom d'*essence de térébenthine.* Là térébenthine qui s'écoule des conifères, mais particulièrement des pins quand on leur enlève une partie de leur écorce, est donc un mélange de résine et d'essence de térébenthine volatile

qui distille avec l'eau et se condense comme elle dans le récipient
refroidi.

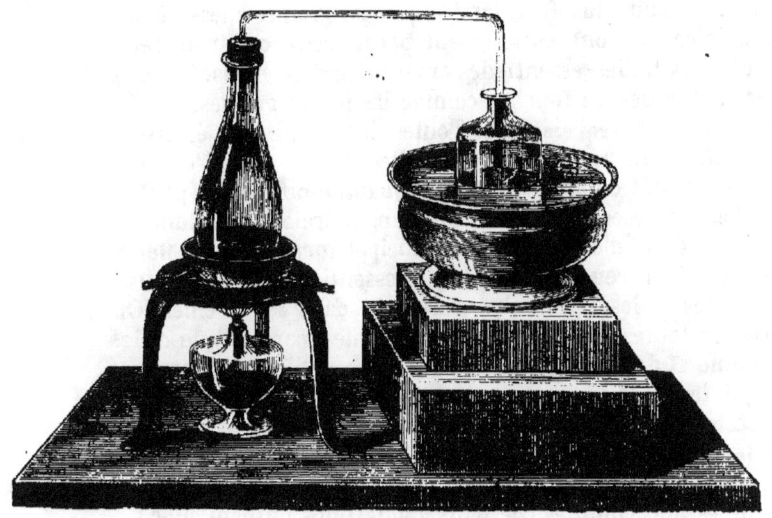

Fig. 206.

Essence de cumin. EXPÉRIENCE. Si l'on distille dans une cornue
(fig. 207) 20 gr. de graines de cumin broyées dans un mortier et

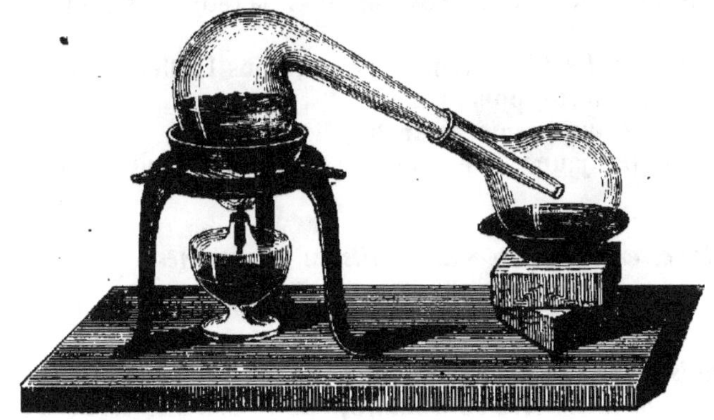

Fig. 207.

160 gr. d'eau, jusqu'à ce que la moitié environ du liquide ait passé,

on voit surnager, à la surface de l'eau condensée, des gouttes huileuses d'*essence de cumin* ayant l'odeur et la saveur du cumin, mais à un degré beaucoup plus fort, tandis que les graines elles-mêmes restées dans la cornue ont entièrement perdu cette odeur et cette saveur. Toutes les huiles essentielles ont une saveur brûlante, elles ne sont pas onctueuses au toucher comme les huiles grasses.

552. État naturel des essences. Toutes les plantes qui émettent une odeur renferment une huile essentielle qui se volatilise, mais qui se trouve souvent dans le végétal en quantité infiniment petite : ainsi 100 kilog. de roses ou de fleurs d'oranger fraîches ne donnent guère que 16 à 20 gr. d'essence. C'est principalement dans les fleurs et les fruits que l'on rencontre les huiles essentielles, souvent aussi dans les feuilles et les tiges, plus rarement dans les racines. On obtient presque toutes les essences de la même manière que celles de térébenthine et de cumin, en distillant avec de l'eau les matières végétales qui les contiennent. Il n'y a que les huiles essentielles tirées des zestes de citron et d'orange qui fassent exception.

553. Principales essences. Les huiles essentielles sont ou oxygénées ou privées d'oxygène; elles sont en général moins denses que l'eau. Parmi les plus connues par leurs applications on peut citer :

a) *Huiles essentielles tirées des fleurs.*

L'*essence de rose* : jaune, huileuse; elle renferme une autre essence en lamelles solides.

L'*essence de néroli* : incolore, non oxygénée; on la retire des fleurs de l'oranger.

L'*essence de camomille* : bleu foncé, épaisse; sous l'influence de la lumière elle devient verte, puis brune.

L'*essence de lavande* ou *d'aspic* : jaunâtre, liquide.

L'*essence de girofle* : jaune; elle est épaisse, plus dense que l'eau et brunit à l'air.

b) *Huiles essentielles tirées des fruits ou des graines.*

L'*essence de cumin* : incolore; elle rancit avec le temps, puis devient brune.

L'*essence d'anis* : jaunâtre; elle se solidifie à + 12°.

L'*essence de fenouil* : incolore ou jaunâtre; elle se solidifie facilement comme la précédente.

L'*essence d'aneth* : jaune; elle brunit à l'air.

L'*essence de muscade* : jaune pâle, liquide; son odeur est celle de la noix muscade.

L'essence d'amandes amères : jaune, plus dense que l'eau ; elle contient de l'acide cyanhydrique qui en fait un poison. Elle absorbe l'oxygène de l'air et se transforme en acide benzoïque. On emploie en parfumerie, sous le nom *d'essence de mirbane*, de la nitrobenzine dont l'odeur rappelle celle de l'essence d'amandes amères.

L'essence de moutarde : jaunâtre, d'une odeur forte et irritante qui provoque les larmes; elle contient du soufre.

L'essence de genièvre : incolore; elle est exempte d'oxygène.

L'essence de persil : jaune pâle; quand on l'agite avec de l'eau, elle se sépare en une huile légère très-liquide et en une matière solide, dense et cristalline.

L'essence de citron : jaune, exprimée du zeste de citron; elle ne contient pas d'oxygène.

L'essence d'orange, exprimée du zeste d'orange : elle est exempte d'oxygène.

L'essence de bergamote : jaune pâle et très-liquide; on l'exprime du zeste d'une variété de citrons.

c) *Huiles essentielles tirées des feuilles ou des tiges.*

L'essence de tanaisie : incolore ou jaunâtre; elle brunit à l'air.

L'essence de menthe poivrée : incolore ou jaunâtre, très-liquide; on en tire aujourd'hui de très-belle d'Amérique.

L'essence de mélisse : jaune pâle; son odeur est analogue à celle du citron.

L'essence de marjolaine : jaunâtre ou brune.

L'essence de thym : jaunâtre ou verdâtre quand elle est fraîche; elle devient brun rouge en vieillissant.

L'essence de sauge : jaunâtre ou verdâtre quand elle est fraîche; elle devient brun rougeâtre en vieillissant.

L'essence d'absinthe : vert foncé; prend à l'air une teinte brune ou jaune et s'épaissit.

L'essence de romarin : incolore, très-liquide; c'est, après l'essence de térébenthine, celle qui se vend à plus bas prix.

L'essence de cajeput : incolore quand elle est pure; verte et contenant souvent du cuivre. A l'état brut, son odeur rappelle celle du camphre. On l'extrait des feuilles d'un arbre des îles Moluques.

L'essence de rue : jaune pâle ou verdâtre.

L'essence de cannelle : jaune; elle brunit rapidement à l'air; elle est plus dense que l'eau.

L'essence de térébenthine : c'est l'essence la plus commune; elle se trouve dans tous les conifères, d'où elle s'écoule, mêlée à de la résine, sous forme de térébenthine (568). Pure, elle est incolore, très-liquide, et émet une odeur pénétrante; elle n'est pas oxygénée. On l'obtient douée d'une odeur empyreumatique désagréable, lors de la préparation de la poix avec la résine des pins.

Le *camphre* : blanc, compact et cristallin; on l'obtient en distillant toutes les parties d'un laurier (*laurus camphora*) que l'on trouve en Chine et au Japon. On le purifie par sublimation.

d) *Huiles essentielles tirées des racines.*

L'*essence d'acore* : jaune ou brune; on l'extrait de l'*acorus calamus*.

L'*essence de sassafras* : on l'extrait du *sassafras*.

L'*essence de valériane* : jaune pâle ou verdâtre; elle devient rapidement brune et épaisse à l'air.

Il est à remarquer que l'on trouve souvent trois essences différentes dans une même plante : l'oranger en fournit un exemple. On y trouve trois huiles essentielles particulières : l'une dans les feuilles, l'autre dans les fleurs, et une troisième dans les fruits.

554. Huiles volatiles de fermentation. EXPÉRIENCE. Si l'on fait macérer de la centaurée dans l'eau tiède jusqu'à ce qu'il se manifeste une fermentation, il se dégage du végétal une odeur forte et pénétrante due à une huile volatile qui s'est formée pendant la fermentation. Les feuilles fraîches de tabac, qui sont inodores, acquièrent par la fermentation l'odeur particulière de tabac. Les huiles essentielles qui se forment de cette manière pendant la fermentation de plantes non odorantes ont reçu le nom d'*huiles* ou d'*essences de fermentation*.

Le liquide huileux à odeur désagréable qui se forme pendant la fermentation des pommes de terre, des betteraves ou des grains, l'*huile de pomme de terre*, a tous les caractères d'une huile essentielle; mais sa composition et ses caractères chimiques sont ceux des alcools, avec lesquels on l'a étudiée sous le nom d'alcool amylique (519).

555. Huiles minérales. Il se produit des corps liquides, oléagineux et volatils, pendant la distillation sèche des substances d'origine végétale et animale; on les retire des goudrons de bois, de houille, de tourbe, d'os, de succin, etc. Ces huiles, qui ont reçu les noms d'*huiles de goudron, huiles minérales, huiles de schistes*, sont formées par différents carbures d'hydrogène. Elles jouissent, comme les essences, de la propriété non pas de dissimuler seulement, mais de détruire les mauvaises odeurs émanant de corps en putréfaction.

L'*huile de naphte* ou *de pétrole* (de *petron*, rocher) est analogue aux huiles dont nous venons de parler; elle surgit naturellement du sol dans certaines contrées de l'Asie. On l'emploie fréquemment en médecine pour faire des frictions; elle est alors souvent colorée en rouge par la racine d'alcanna.

COMPOSITION DES HUILES ESSENTIELLES.

556. **Stéaroptène, élaoptène.** Toutes les essences sont liquides à la température ordinaire, à l'exception du camphre, qui ne fond qu'à 175°; au-dessous de cette température, il forme une masse compacte et cristalline. Quand on refroidit les huiles essentielles, il s'en sépare des corps solides blancs, souvent cristallins, qui, de même que le camphre, ont reçu le nom de *stéaroptène*, pour les distinguer de la partie liquide, désignée sous le nom d'*élaoptène*. Les huiles essentielles paraissent donc formées, comme les huiles grasses, de deux subtances, dont l'une est solide et l'autre liquide. Certaines essences, comme celles de rose, d'anis, de fenouil, sont assez riches en stéaroptène pour prendre l'état solide avant que la température soit descendue à 0°.

557. **Composition élémentaire des huiles essentielles.** On divise les essences, d'après leur composition, en trois catégories.

a) Les essences *hydrocarburées*, exemptes d'oxygène et composées de *carbone* et d'*hydrogène*, pour la plupart dans le rapport C^5H^4. Telles sont les essences de térébenthine, de genièvre, de citron, d'orange, etc., les huiles de schiste et de pétrole.

b) Les essences *oxygénées*, dans lesquelles le *carbone* et l'*hydrogène* sont combinés avec l'*oxygène* : elles forment la majeure partie des autres essences.

c) Les essences *sulfurées*, formées de carbone, d'hydrogène et de soufre (tantôt avec, tantôt sans azote). Ces essences se distinguent par leur odeur irritante qui provoque les larmes; appliquées sur la peau, elles y déterminent la formation d'ampoules. Les plus connues parmi ces essences sont : l'essence de moutarde, de raifort, de cochlearia, d'ail, de houblon, etc.

C'est presque toujours l'hydrogène qui prédomine (en équivalents) parmi les éléments constitutifs des essences; c'est pourquoi celles-ci ont été rangées parmi les corps organiques très-hydrogénés.

PROPRIÉTÉS ET APPLICATIONS DES ESSENCES.

558. **Volatilisation.** EXPÉRIENCE. Une goutte d'essence produit sur une feuille de papier une tache transparente comme les matières

grasses, mais qui ne tarde pas à disparaître, parce que l'essence se
volatilise. C'est cette propriété qui leur a fait donner le nom d'*huiles
volatiles;* un fragment de camphre exposé à l'air disparaît de même
par volatilisation.

Si l'on chauffe le papier imprégné d'essence, la volatilisation est
beaucoup plus rapide. Ce procédé est souvent employé pour détruire
les mauvaises odeurs des chambres ou pour les parfumer. On se
sert habituellement à cet effet d'un mélange de fleurs, d'écorces et
de bois odoriférants très-divisés, que l'on chauffe légèrement.

559. **Ébullition**. Expérience. Si l'on chauffe, dans un tube d'essai,
une certaine quantité d'essence de térébenthine jusqu'à l'ébullition,
on peut constater à l'aide du thermomètre que la température est
alors à 150°. L'essence de térébenthine exige par conséquent pour
bouillir une température plus élevée de moitié que l'eau; d'autres
essences n'entrent en ébullition qu'à des températures encore plus
hautes. Les vapeurs qui se forment alors sont facilement inflammables et brûlent avec une flamme fuligineuse; pour éteindre une
essence qui aurait pris feu dans un vase, il faut couvrir celui-ci
pour empêcher l'accès de l'air, et *se bien garder surtout d'essayer
d'éteindre avec de l'eau.* Si l'on mêle de l'eau à l'essence de térébenthine après qu'elle est refroidie et qu'on la porte de nouveau à
l'ébullition, la température, cette fois, ne dépasse pas 100°; la vapeur n'en est pas moins formée d'un mélange de vapeur d'eau et
d'essence qui se volatilise en même temps. On a déjà vu que l'acide
borique, qui n'est pas volatil, est entraîné par la vapeur d'eau quand
on en fait bouillir une dissolution; même chose arrive ici, mais à
un degré plus prononcé, parce que l'essence de térébenthine est
elle-même volatile. A 100° les huiles essentielles ne sont pas altérées; mais à leur point d'ébullition, lequel varie de 140° à 200°,
il s'y forme des produits empyreumatiques; c'est pour cette raison
qu'on distille ces huiles et surtout qu'on les rectifie avec de l'eau.

560. **Inflammabilité**. Expérience. Si l'on approche d'une lumière
un morceau de bois trempé dans l'essence de térébenthine ou si
l'on approche un corps allumé d'un fragment de camphre même
placé sur l'eau, les deux corps prennent rapidement feu et brûlent
avec une flamme très-fuligineuse. Les huiles essentielles s'enflamment beaucoup plus facilement que les huiles grasses, qu'il faut
chauffer à une température de 350° et au delà; aussi ne doit-on pas
les transvaser à la lumière, à moins d'employer alors la lampe de
Davy. L'essence de térébenthine offre un moyen facile d'allumer
rapidement les lampes à huile : on en dépose quelques gouttes sur
la mèche, qui prend feu immédiatement à l'approche d'un corps

enflammé. L'essence de térébenthine, purifiée et débarrassée de ses matières résineuses à l'aide de la soude et de la chaux, est employée à l'éclairage, sous le nom de *camphine*, dans des lampes spéciales.

Huiles-gaz. Expérience. On mêle 20 gr. d'alcool absolu avec 5 gr. d'essence de térébenthine : le mélange, introduit dans une lampe à alcool, brûle avec une flamme très-éclairante et qui n'est plus fuligineuse, parce que le carbone de l'essence et l'hydrogène de l'alcool se transforment en gaz à éclairage, puis en acide carbonique et en eau. On emploie aujourd'hui pour l'éclairage des mélanges de ce genre sous le nom d'*huiles-gaz*. On les fait brûler dans des lampes spéciales où la flamme détermine la volatilisation du liquide et est alimentée par les vapeurs formées.

561. **Les essences et l'eau.** Expérience. Quelques gouttes d'essence de cumin introduites dans l'eau y surnagent sans s'y dissoudre : les essences sont insolubles dans l'eau et en général plus légères; quelques-unes cependant, telles que l'essence de girofle, de cannelle, d'amandes amères, sont plus denses et tombent au fond. Si l'on agite fortement le liquide, l'essence se mêle à l'eau, s'y divise en goutelettes invisibles et la trouble. Le liquide filtré redevient clair et conserve l'odeur et le goût de l'essence. On prépare souvent certaines eaux de cette manière en pharmacie, où elles portent le nom d'*eaux médicinales;* l'une des plus connues est l'eau de fleurs d'orangers. On les conserve dans des vases pleins, à l'abri de la lumière, parce que l'air et la lumière décomposent les essences. Le plus ordinairement on prépare ces liquides en distillant l'eau avec les matières qui contiennent les essences : on obtient ainsi des eaux beaucoup plus chargées que par simple mélange.

562. **Les essences et l'alcool.** Expérience. 1 ou 2 gouttes d'essence de cumin ajoutées à 40 gr. d'alcool s'y dissolvent complétement. Toutes les essences sont *solubles dans l'alcool;* la plupart même quand il n'est qu'à 80°; celles qui sont hydrocarburées, comme l'essence de térébenthine, l'essence de citron, ne se dissolvent que dans l'alcool fort ou l'alcool absolu. Si à la solution précédente on ajoute 40 gr. d'eau, dans laquelle on a fait dissoudre 20 gr. de sucre, on obtient de la liqueur de cumin. C'est ainsi que l'on prépare aujourd'hui la plupart des *liqueurs* (préparation à froid). Autrefois on mettait les matières aromatiques en digestion dans l'eau-de-vie, que l'on décantait ou que l'on distillait avec elles; on obtenait de même, par ce procédé, une solution alcoolique d'essence.

Parfums. Expérience. Une petite quantité d'alcool, dans laquelle on fait dissoudre quelques gouttes d'essence de bergamote, de fleur d'oranger, de lavande, de romarin, devient un liquide d'une odeur très-agréable. C'est de cette manière qu'on prépare presque tous les liquides parfumés dont le type est l'*eau de Cologne*. On emploie quelquefois ces liquides pour purifier l'air des chambres; on les répand, à cet effet, en petite quantité sur un corps chauffé. L'alcool ou l'eau-de-vie camphrés, dont l'usage est si fréquent en médecine, sont des solutions alcooliques de camphre.

563. **Vinaigres de toilette.** Les essences sont solubles aussi dans l'*éther* et dans l'*acide acétique*. Les vinaigres de toilette ne sont autre chose que des solutions d'essences de girofle, de cannelle, de bergamote, de thym, etc., dans l'acide acétique.

Les graisses et les essences. Les essences se mêlent avec les huiles grasses et les graisses; elles servent à parfumer les huiles et les pommades dont on fait usage pour les soins de la chevelure. Comme elles dissolvent les matières grasses, on peut s'en servir pour enlever les taches de graisse. Les essences qui ont été mêlées avec des huiles grasses donnent un liquide laiteux quand on les agite avec de l'alcool, parce que les huiles grasses y sont insolubles; on peut, par ce moyen, reconnaître la fraude dans les essences quand l'huile grasse n'est pas de l'acide oléique ou un autre acide gras.

564. **Sucres parfumés.** EXPÉRIENCE. Du sucre broyé dans un mortier avec la pellicule extérieure du zeste de citron absorbe l'huile des cellules du zeste, qui sont déchirées sous le pilon par les grains de sucre. On obtient ainsi un sucre parfumé à l'essence de citron. En pharmacie, cette préparation se fait d'ordinaire en broyant le sucre avec un peu d'essence.

565. **Action de l'iode sur les essences.** EXPÉRIENCE. Quelques gouttes d'essence de térébenthine versées sur de l'iode produisent une effervescence : une partie de l'hydrogène est déplacée par l'iode, qui s'y substitue. Cette action n'a lieu qu'avec les essences hydrocarburées, et non avec celles qui contiennent de l'oxygène; elle peut, jusqu'à un certain point, servir à reconnaître si une essence oxygénée n'a pas été falsifiée par l'essence de térébenthine ou par quelque autre essence de la même catégorie.

566. **Les essences se résinifient à l'air.** EXPÉRIENCE. Si l'on expose à l'air pendant quelques semaines une huile essentielle contenue dans un vase couvert de manière seulement à empêcher la poussière d'y tomber, et que l'on chauffe ensuite afin de volatiliser l'essence, il reste une matière qui devient compacte par le refroidissement. Ce résidu est de la *résine. Toutes les essences se résinifient en absorbant l'oxygène de l'air*, qui se combine, comme dans l'alcool, d'abord avec une partie de l'hydrogène pour former de l'eau, puis avec l'essence elle-même en la transformant d'abord en térébenthine (mé-

lange d'essence et de résine), puis en _résine_. L'essence de térébenthine, par exemple, est composée de $C^{20}H^{16}$; sa résine de $C^{20}H^{15}O^2$: elle ne perd par conséquent qu'un seul équivalent d'hydrogène et absorbe 2 équivalents d'oxygène pour se transformer en résine. Ce fait explique pourquoi les essences se résinifient, et pourquoi cela a plutôt lieu quand elles sont en faible quantité dans un grand que dans un petit flacon, pourquoi aussi l'essence qui coule extérieurement le long d'un flacon devient gluante et finit par durcir. C'est pour la même raison que l'essence de térébenthine oxydée en partie devient impropre à enlever les taches de graisse : l'essence dissout bien encore la graisse, mais elle laisse de la résine à la place.

Les essences se transforment rapidement en résine sous l'influence de l'acide azotique ; il se forme souvent en même temps des acides particuliers : ainsi l'essence de térébenthine produit l'acide térébique et plusieurs autres acides ; le camphre, l'acide camphorique, etc. Plusieurs de ces acides prennent naissance par la simple exposition à l'air : par exemple, l'acide cinnamique dans l'essence de cannelle; ou se trouvent tout formés dans l'essence, comme l'acide eugénique dans l'essence de girofle, etc.

567. Odeur des essences. L'arsenic métallique n'a pas d'odeur, l'acide arsénieux non plus ; mais on perçoit une odeur alliacée au moment où l'arsenic se combine avec l'oxygène. Il paraît en être de même pour l'odeur des essences, de sorte que l'odeur ne se dégagerait que _parce que_ et _pendant que_ l'essence se combine avec l'oxygène de l'air. Les essences fraîches à l'abri du contact de l'air et les essences vieilles et résinifiées n'ont aucune odeur, ou en ont une toute différente de celle qu'on leur connaît.

XI. — RÉSINES ET GOMMES-RÉSINES.

568. Térébenthines et baumes. Quand on traverse une forêt de sapins ou de pins, on peut voir des gouttes transparentes analogues à du miel s'écouler de l'écorce de ces arbres ; au toucher, cette substance est gluante et colle aux doigts, d'où un lavage à l'eau ne suffit pas pour l'enlever : c'est la _térébenthine_. Pour obtenir cette substance en grande quantité, on pratique des incisions le long du tronc des arbres résineux. Celle que l'on retire des pins est épaisse et opaque : c'est la _térébenthine ordinaire_. On désigne sous le nom de _térébenthine de Venise_ une espèce plus liquide et plus transparente que l'on retire des mélèzes. Enfin une troisième espèce, d'une qualité supérieure à cette dernière, et nommée _baume du Canada_, provient d'une espèce de sapin (l'_abies balsamea_).

On donne le nom de *baumes* à plusieurs sucs résineux qui s'écoulent de certains végétaux des pays tropicaux. Les plus connus sont : le *baume de copahu*, usité en médecine ; le *baume du Pérou* et le *baume de styrax*. Ces deux derniers sont souvent employés en fumigations, à cause de leur odeur aromatique, qui se rapproche de celle de la vanille.

Les térébenthines et les baumes peuvent être considérés comme des solutions de résines dans une essence ; on sépare ces deux principes en distillant avec de l'eau, comme on l'a vu au § 551. Il en est de même quand on les chauffe en vase ouvert ; mais alors l'essence s'évapore et se répand dans l'air.

569. Extraction des résines. EXPÉRIENCE. De la térébenthine étendue sur un morceau de bois maintenu dans un endroit chauffé forme une couche dure de résine, tandis que l'essence de térébenthine se volatilise. On laisse souvent ainsi la térébenthine se sécher sur l'écorce des arbres, d'où on l'enlève à l'aide de racloirs pour la fondre et en séparer les matières étrangères par une filtration. Dans les Landes, où l'on recueille de grandes quantités de résine, on pratique à la partie inférieure des pins de 30 à 40 ans une incision qui pénètre jusqu'à l'aubier. On prolonge successivement cette incision jusqu'à une hauteur de $3^m,5$ que l'on atteint à la fin de la quatrième année d'exploitation. La térébenthine qui s'écoule des incisions est reçue dans de petites auges creusées au pied des arbres ; elle a reçu le nom de *galipot* ; on la sépare des fragments d'écorce et des matières terreuses en la filtrant à chaud sur de la paille de seigle. Aujourd'hui l'on importe beaucoup de résines provenant des forêts de l'Amérique. La solidification des térébenthines qui s'écoulent des arbres est due à deux causes : la volatilisation de l'essence de térébenthine, qui produit l'odeur particulière aux forêts d'arbres résineux, et la résinification de l'essence même par l'absorption de l'oxygène de l'air (566).

Beaucoup d'arbres, surtout dans les pays chauds, laissent écouler, soit naturellement, soit par suite d'une incision, des sucs résineux qui durcissent à l'air. Presque toutes les résines que l'on emploie dans les arts s'obtiennent de cette manière.

Extraction des résines par la chaleur. EXPÉRIENCE. Dans les arbres résineux, la résine se dépose de préférence à l'origine des branches, aux nœuds. Si l'on allume à l'une de ses extrémités un morceau de bois imprégné de résine, une partie de la résine brûle et la chaleur dégagée en fond une autre partie, qui s'écoule. On incline le bois de façon à faire couler la résine dans un vase contenant de l'eau froide (fig. 208). *La résine est insoluble dans l'eau* ; elle s'y solidifie sans s'y mêler. C'est ainsi que l'on retire quelquefois, à l'aide de la chaleur, la résine de certaines substances végétales. Ces résines sont ordinairement brunes ou noires, parce qu'une partie en a été altérée par la chaleur.

Solubilité des résines dans l'alcool. EXPÉRIENCE. Si, à une température modérée, on met en digestion pendant un jour, dans de l'alcool fort, du bois imprégné de résine, celle-ci se dissout dans l'alcool, tandis que le bois reste insoluble. La solution alcoolique, versée dans une grande quantité d'eau, se trouble et devient laiteuse, parce que la résine est insoluble dans l'eau ; elle s'en sépare dans un grand état de division et y reste en suspension. Il suffit de porter le liquide à l'ébullition pour en retirer facilement la résine, qui s'agglomère en petits globules. C'est là une troisième méthode pour extraire les résines des matiéres végétales.

Fig. 208.

PRINCIPALES ESPÈCES DE RÉSINES.

570. Les résines les plus connues sont :

La *résine de pin*, dénomination générale par laquelle on désigne les résines extraites des conifères.

Le *galipot* : blanc, jaunâtre, translucide ; c'est la résine naturelle qu'on tire du pin maritime dans les Landes ; elle contient environ 10 pour 100 d'essence de térébenthine.

Le *copal*, dont la couleur varie du jaune laiteux au brun ; très-dur. Cette résine arrive généralement entourée du sable ou de la terre où elle s'est amassée ; on l'en débarrasse à l'aide de la lime et de lessives alcalines. La surface du copal d'Amérique et d'Afrique est unie ; celui des Indes est en larmes ou à surface rugueuse ; il provient d'un arbre de la même famille, mais d'une autre espèce. Le copal est insoluble dans l'alcool aqueux, imparfaitement soluble dans l'alcool absolu ; il se dissout dans l'éther, particulièrement le copal des Indes, que l'on appelle quelquefois *résine courbaril*.

La *résine dammar* ou *cowdie* : incolore ou d'une couleur jaune clair ; on la tire des Indes.

Le *mastic :* en lames jaunes, transparentes ; il est exsudé par une espèce de pistachier qui croît particulièrement en Grèce.

La *sandaraque :* très-analogue à la précédente, mais plus cassante; elle se récolte en Afrique sur une espèce de thuya.

La *gomme-laque :* produite aux Indes sur plusieurs espèces de figuiers par la piqûre d'un insecte. Il y en a trois espèces :

a) La *laque en bâton,* qui est encore attachée aux rameaux où elle s'est produite;

b) La *laque en grain,* qui a été détachée des rameaux;

c) La *laque en écaille,* qui a été fondue et filtrée à travers de la toile, pour en séparer les matières étrangères.

On coule en général la résine fondue sur des feuilles d'arbre très-grandes, où elle s'étend en lames minces. La qualité supérieure est orangée ; les qualités inférieures sont brunes ou noirâtres. La gomme-laque est dure et tenace, ce qui l'a fait employer à la fabrication de la cire à cacheter.

Le *benjoin :* obtenu à l'aide d'incisions sur un arbre qui croît à Sumatra. La résine qui s'écoule pendant les trois premières années est en larmes laiteuses; celle que l'on obtient plus tard au contraire est jaune ou brune. On malaxe ensemble les deux espèces de résine; cela se reconnaît facilement quand on brise un morceau de *benjoin :* il est parsemé de parties blanches. Le benjoin a une odeur analogue à celle de la vanille, et, pour cette raison, il est employé pour des fumigations et dans la parfumerie ; il contient $\frac{1}{6}$ de son poids d'acide benzoïque.

Le *sang-dragon :* résine brun-rouge que l'on extrait d'un palmier des Indes ; elle doit sa couleur à une matière colorante rouge.

La *résine de gaïac :* brune verdâtre; on l'extrait du bois de gaïac par la chaleur; elle est fréquemment employée en médecine, ainsi qu'une résine jaune brunâtre qui l'accompagne, et qui jouit de propriétés purgatives.

La *résine de jalap :* extraite de la racine de jalap, par l'alcool.

On emploie encore en pharmacie différentes autres résines : les résines *animé, tacamahac, élémi,* etc.

571. Résines minérales. Il existe aussi deux résines importantes que l'on retire du sol : ce sont le succin et l'asphalte.

Le *succin* ou *ambre* provient probablement de résines dont la formation est antérieure à la présence de l'homme sur la terre. Les résines jouissent, parmi les corps organiques, d'une propriété exceptionnelle : elles ne se putréfient point; le succin aurait donc pu se conserver dans la mer ou dans le sol pendant que les arbres qui l'ont produit se sont décomposés. Il renferme souvent des insectes qui datent de l'époque de sa formation et qui sont très-bien conservés. Le succin se trouve principalement dans la mer Baltique et sur ses côtes, quelquefois dans les mines de lignite. Sa dureté et sa ténacité le font employer à la fabrication de certains objets à la place du verre ou de la corne ; il se distingue des résines en ce qu'il se transforme en acide succinique par la fusion et subit une altération analogue à celle du copal : il devient soluble dans l'alcool et dans l'huile, qui ne l'attaquaient pas auparavant. Chauffé davantage, le succin devient noir et produit la colophane d'ambre ; il se dégage en même temps une huile volatile empyreumatique, à odeur très-désagréable, l'*huile de succin*, qu'on emploie quelquefois en médecine.

L'*asphalte* ou *bitume de Judée* est une résine minérale que l'on trouve dans le voisinage de certains lacs d'Asie et surtout sur les bords de la mer Morte. Il est brun ou noir et a beaucoup d'analogie avec l'asphalte artificiel qu'on obtient par la distillation du goudron de houille. Dans plusieurs localités on trouve l'asphalte à l'état pâteux ou liquide (goudron minéral) ; on s'en sert beaucoup aujourd'hui, mélangé avec du calcaire et du sable, pour faire les trottoirs et pour garantir de l'humidité les rez-de-chaussée des habitations, quelquefois aussi, mais sans grands avantages, pour la couverture des toits. Ces matières ont probablement pour origine des matières végétales décomposées sous terre par la chaleur volcanique.

572. **Production de résines par la distillation sèche.** Il se forme des produits analogues aux résines quand on distille les matières organiques par voie sèche, à l'abri du contact de l'air. Quand ces produits sont liquides, on les appelle *goudrons*; quand ils sont solides, ils reçoivent le nom de *poix*.

PROPRIÉTÉS ET APPLICATIONS DES RÉSINES.

573. **Propriétés antiseptiques des résines.** Les résines sont inaltérables à la température ordinaire, comme on l'a vu pour le succin ; elles jouissent même de la propriété d'empêcher la décomposition d'autres corps facilement putrescibles, tels que la viande. Cette propriété les fit employer par les anciens pour l'embaumement des cadavres. C'est avec des résines que furent préparées les momies qu'on trouve en Égypte.

574. **Les résines et l'eau.** Les résines sont insolubles dans l'eau, par conséquent insipides ; quelques-unes cependant s'y dissolvent tant soit peu et ont une saveur amère. Souvent les résines contiennent de l'eau très-divisée qui les rend opaques ; la résine de pin et la térébenthine en sont des exemples.

Colophane. Expérience. Si l'on chauffe dans une cuiller (fig. 209)
un morceau de la résine obtenue § 551 ou de la térébenthine, jusqu'à ce que l'eau soit entièrement évaporée, on obtient, après le
refroidissement, une résine transparente exempte d'eau qui a reçu
le nom d'*arcanson* ou de *colophane.* Elle est peu colorée si la température n'a pas été trop élevée ; elle est au contraire brune ou noirâtre quand on a chauffé davantage, parce qu'alors une partie de la

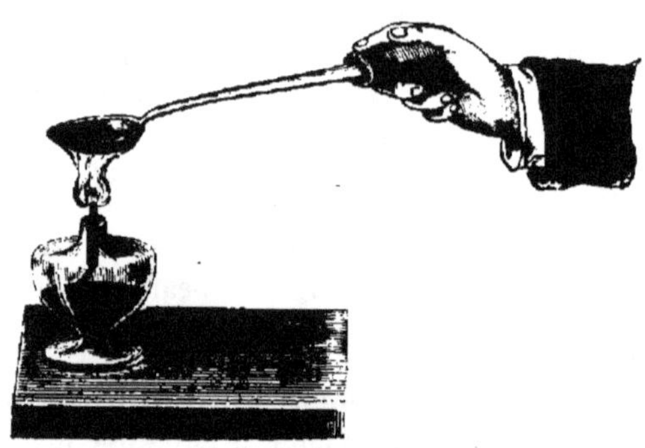

Fig. 209.

résine a été altérée. La colophane est très-cassante, et se réduit facilement en poudre. On frotte les archets de violon avec la colophane, dont une partie adhère aux crins et les empêche de glisser
aussi facilement sur les cordes des instruments. On frotte également
avec de la colophane les cordes des horloges et des pendules pour en
prévenir le glissement. Les résines ont donc une action opposée à
celle des huiles, qui lubréfient les surfaces.

575. **Fusion des résines par la chaleur**. L'expérience précédente
démontre en même temps la *fusibilité* des résines ; en général,
elles fondent à une température plus élevée que celle de l'eau bouillante. Si l'on coule de la colophane fondue sur du bois, elle s'étend
à sa surface en une couche mince qui le préserve de l'action de l'humidité et de celle de l'air ; aussi les résines sont-elles très-propres à
garantir les bois et les métaux de la décomposition et de l'oxydation. C'est pour éviter ces deux causes de destruction que l'on recouvre souvent les bois et le fer d'une couche de poix ; dans les
tonneaux à bière on empêche ainsi le contact du liquide avec le
bois ; on cachette les bouteilles pour préserver le vin de l'accès de
l'air ; dans les vaisseaux on garantit le bois de l'action de l'eau de mer

et de l'eau de pluie en l'enduisant de goudron. La gomme-laque a un autre usage : elle sert à cacheter les lettres.

Cire à cacheter. Expérience. Pour préparer la cire à cacheter rouge, on fond ensemble 10 parties de gomme-laque et 5 de térébenthine, puis on y ajoute 5 parties de cinabre et 3 de craie en poudre très-fine. Quand le mélange est bien intime, on le coule sur des plaques humides pendant qu'il est encore chaud, pour le réduire en bâtons, ou on le moule dans des formes. La térébenthine rend la cire plus inflammable, et le cinabre la colore en rouge. On substitue quelquefois au vermillon d'autres couleurs, telles que le jaune de chrome, l'outremer, le vert de montagne, de la poudre de bronze, etc.

576. Transformation des résines par la chaleur. *Gaz de résine.* Expérience. La colophane fortement chauffée *s'allume* et *brûle* en produisant une flamme fuligineuse très-éclairante qui dépose beaucoup de charbon. C'est ainsi que de la colophane en poudre fine, soufflée par petites quantités dans la flamme d'une bougie, produit une vive lumière. Quand la colophane est chauffée en vase clos, elle ne peut plus s'allumer, mais elle produit des gaz inflammables : on l'emploie dans certaines localités pour la préparation du gaz à éclairage. Pour cela on la fait arriver fondue, par petites portions, sur du coke chauffé au rouge dans une cornue.

Poix. Si on laisse brûler la colophane pendant quelque temps et qu'ensuite on l'éteigne, elle forme une masse noire connue sous le nom de *poix* et remarquable par sa ténacité. On obtient cette matière par la distillation partielle de la colophane ou par la concentration du goudron de bois (440). La colophane que les tonneliers emploient pour le poissage des tonneaux devient noire, parce qu'on l'allume dans le tonneau afin qu'elle se maintienne liquide et qu'elle se répande uniformément sur toute la surface du tonneau ; cette altération la rend plus tenace et l'empêche de s'écailler par le choc.

Noir de fumée. Expérience. Un cornet de papier ouvert par le haut et maintenu dans une position oblique au-dessus de la flamme d'un bois résineux se couvre bientôt, à l'intérieur, d'une couche de *noir de fumée*. On prépare en grand le noir de fumée en brûlant des bois très-résineux dans des foyers spéciaux où il arrive peu d'air. La fumée est dirigée dans des chambres ou dans une suite de sacs en toile dans lesquels elle dépose le charbon.

Expérience. Du succin en poudre, projeté sur des charbons allumés, répand une fumée abondante et une odeur balsamique agréable. Le succin, l'oliban ou encens, le benjoin et le mastic sont souvent employés pour faire des fumigations aromatiques.

577. Électrophore. Expérience. Un bâton de cire à cacheter, frotté un moment sur du drap, attire, à une certaine distance, de petits morceaux de papier ou de petites balles de sureau qui y restent adhérents pendant un instant. Cette action est due à l'électricité (résineuse ou négative) que le frottement développe ordinairement dans les résines. Si l'on coule un mélange de gomme-laque et de colophane dans un plat ou sur une planche circulaire munie d'un rebord, on a un électrophore dans lequel on peut accumuler une assez forte quantité d'électricité en le frottant avec de la laine ou mieux encore avec une peau de chat. Cette force doit son nom au succin (en grec, *electron*), dans lequel la propriété électrique a été observée d'abord.

578. Vernis. Expérience. On enveloppe dans un papier 20 gr. de sandaraque que l'on y réduit en poudre à l'aide d'un marteau, puis on y mêle 5 gr. de sable dont on a enlevé la partie fine par un lavage, et on l'introduit dans un flacon avec 80 gr. d'alcool. Le flacon, bouché ou fermé par une vessie, est exposé à une température peu élevée et secoué fréquemment. Au bout de quelques jours la résine est dissoute : cette solution claire constitue un *vernis :* étendue sur du métal, du bois ou du papier, elle laisse, après l'évaporation de l'alcool, une couche mince et brillante. Si l'on n'avait pas mêlé la sandaraque avec du sable, elle se serait prise en masse au fond du flacon et aurait été très-difficile à dissoudre. Vernir une substance consiste donc en général à la couvrir d'une couche de résine. Les objets vernis de cette manière deviennent imperméables à l'air et à l'eau. Si l'on veut vernir du papier, des dessins ou des cartes géographiques, il faut d'abord passer dessus une ou deux couches d'une solution de gélatine ou de gomme ; sans cela le vernis pénétrerait le papier et le rendrait gris et transparent. On empêche ordinairement les bois d'absorber les vernis en leur donnant d'abord une couche d'huile de lin. Si le corps que l'on vernit est humide par endroits, il s'y forme des taches opaques, parce que l'eau précipite la résine à l'état pulvérulent.

Expérience. Si on répète l'expérience précédente en substituant la gomme-laque à la sandaraque, on a une solution trouble, parce que la gomme-laque contient des matières cireuses et mucilagineuses insolubles qui se tiennent en suspension dans le liquide. Cette solution est employée aussi pour vernir comme celle ci-dessus, mais elle sert plus fréquemment aux ébénistes pour polir ; dans ce cas, on y ajoute quelques gouttes d'huile de lin et on en frotte le bois avec un tampon en toile de chanvre jusqu'à ce que tout l'alcool soit évaporé. On obtient ainsi une couche brillante beaucoup plus unie que celle appliquée au pinceau, où les coups de pinceau sont très-souvent visibles. En général, les meubles de prix sont polis, et les meubles ordinaires ne sont que vernis.

579. Vernis à l'essence. Expérience. 20 gr. de résine dammar en poudre mêlés à du sable et introduits dans 80 gr. d'essence de térébenthine forment, au bout de quelques jours, une solution claire : *les résines sont solubles dans les essences.* Ces solutions sont souvent employées comme vernis : elles sèchent moins vite que les vernis à l'alcool; mais elles laissent une couche de résine beaucoup plus adhérente et qui s'écaille beaucoup plus difficilement. Les vernis clairs et de qualité supérieure sont ordinairement préparés avec le succin, le copal, le dammar, la gomme-laque, la sandaraque et le mastic : les qualités inférieures ou les vernis foncés se préparent avec de la colophane de succin, de la colophane ordinaire, de la térébenthine, de l'asphalte, etc. On colore quelquefois les vernis en jaune par une addition de sang-dragon et de gomme-gutte (vernis d'or). Les résines sont solubles dans les huiles grasses. Ces solutions sont souvent employées en pharmacie pour faire des onguents ou des emplâtres auxquels la résine qu'ils contiennent communique la propriété de s'attacher à la peau. La résine la plus employée pour cet usage est la térébenthine ou la poix de Bourgogne.

580. Savons de résine. Expérience. On fait bouillir 20 gr. de colophane avec 40 gr. de lessive de soude ou de potasse; si le mélange n'est pas soluble dans l'eau, on y ajoute par petites portions de la lessive alcaline jusqu'à ce qu'il le soit devenu. Le liquide forme par le refroidissement une masse filante, le *savon de résine* (résinate de soude ou de potasse). Les résines se comportent par conséquent avec les bases comme les acides gras, et sont souvent employées par les savonniers, qui les mêlent aux savons de qualités inférieures, vendus à plus bas prix que les savons purs.

Expérience. Si l'on mêle une solution de savon de résine à une solution d'alun, il se forme un précipité insoluble de résinate d'alumine. C'est d'une manière analogue qu'on emploie les savons de résine au collage du *papier-mécanique :* on introduit d'abord le savon dans la pâte, puis on y ajoute une solution d'alun ; il se précipite alors sur chaque fibre textile une petite quantité de résinate d'alumine qui empêche le papier de boire l'encre. Le papier *à la forme* est collé par une immersion dans la colle-forte, qui laisse à sa surface une mince couche de gélatine. Si cette couche se trouve enlevée, par le grattoir par exemple, il devient impossible d'écrire sur ce papier, qu'il faut frotter avec un peu de résine pour remédier à cet inconvénient : celle qu'on emploie de préférence est la sandaraque.

Les résines se combinent avec les bases; leurs solutions alcooliques rougissent le papier bleu de tournesol : on peut donc les considérer comme des *acides*.

581. Composition des résines. En traitant les résines par l'alcool froid ou bouillant, l'alcool concentré ou étendu, on en retire plusieurs espèces de résines que l'on a désignées par les noms de résine *alpha* = α, résine *bêta* = β, ou résine *gamma* = γ. Elles doivent donc être considérées comme formées par le mélange de plusieurs espèces de résines. La colophane, par exemple, est formée de deux résines : la résine α, ou acide pinique amorphe et analogue à la colophane, et la résine β, ou acide sylvique, qui est cristalline.

Quant à leur composition élémentaire, les résines ne sont formées que de carbone, d'hydrogène et d'oxygène. On a vu (566) qu'elles contiennent un peu moins d'hydrogène et plus d'oxygène que les essences; elles sont néanmoins rangées parmi les corps très-hydrogénés : elles produisent une grande flamme en brûlant.

GOMMES-RÉSINES.

582. Gommes-résines. Quand on coupe une tige de pavot, de salade, d'éclaire, d'euphorbe, etc., il en sort un suc *blanc* ou jaune qui se dessèche à l'air ou au soleil, et forme une masse jaune ou brune. Ce suc est composé d'une solution gommeuse qui tient en suspension des particules de résines : c'est une sorte d'émulsion. La composition de ces substances leur a fait donner le nom de *gommes-résines*. Dans les pays chauds surtout, on rencontre un grand nombre de plantes qui laissent s'écouler des sucs de ce genre, principalement employés en pharmacie. Les gommes-résines les plus importantes sont :

La *gomme-ammoniaque :* c'est le suc desséché de la racine d'une ombellifère d'Afrique; elle est jaune ou brune, et a une odeur et une saveur particulières très-fortes.

L'*assa-fœtida :* c'est le suc du ferula assa-fœtida, autre ombellifère qui croît en Perse. Son odeur est désagréable, fétide et alliacée ; sa cassure fraîche est blanche, mais devient rosée à l'air.

L'*aloès :* brun noirâtre, amer ; il provient du suc desséché de l'aloès, qui croît particulièrement au cap de Bonne-Espérance et dans les îles avoisinantes.

L'*euphorbe :* elle nous arrive en pains d'un brun jaunâtre; c'est le suc desséché d'une euphorbe qui croît en Afrique ; elle contient une substance très-irritante. Appliquée sur la peau, elle y produit des ampoules; si on la respire en poussière dans l'air, elle provoque une inflammation et des éternuments violents.

Le *galbanum* arrive en pains jaunes ou en plaques brunes, d'une odeur forte particulière; on le retire du bubon galbanum, qui croît en Perse.

La *gomme-gutte* arrive en bâtons ou en plaques d'un rouge jaunâtre; elle provient des feuilles d'une plante qui croît aux Indes; on l'emploie principalement en peinture comme couleur jaune.

La *myrrhe* arrive en morceaux d'un jaune clair, légèrement bruns dans les qualités supérieures, foncés ou rouge-brun dans les qualités inférieures : sa saveur est amère, son odeur balsamique; elle s'écoule des incisions faites à un arbre d'Arabie.

L'*oliban* ou *encens* : en lames d'un jaune blanchâtre; c'est le suc desséché d'un arbre qui croît en Perse. Brûlé sur des charbons, il répand une odeur agréable : on l'emploie comme parfum dans les églises.

L'*opium* : on l'obtient en Orient par la dessiccation du suc qui s'écoule d'incisions faites aux têtes de pavot. Il est en masses pâteuses d'un brun foncé ; sa saveur est amère, son odeur repoussante. Personne n'ignore les propriétés narcotiques et somnifères de l'opium.

Le *lactucarium* : brun, d'une odeur rappelant faiblement celle de l'opium ; il est formé du suc desséché de diverses espèces de salades.

L'*opoponax*, le *sagapenum*, la *scammonée*, etc.

Action de l'eau sur les gommes-résines. Expérience. Une gomme-résine triturée avec de l'eau produit un liquide laiteux, trouble (une émulsion) : la matière gommeuse entre en dissolution, tandis que la matière résineuse reste insoluble. Les particules résineuses s'agglomèrent dans ce liquide porté à l'ébullition ; il s'éclaircit et ne tient plus en dissolution que les matières gommeuses.

Action de l'alcool. Expérience. L'alcool dans lequel on fait digérer une gomme-résine ne dissout que la résine; la gomme reste insoluble. L'essence de myrrhe n'est qu'une solution alcoolique de la partie résineuse de la myrrhe.

La plupart des gommes-résines contiennent, outre la gomme ou la résine, une huile essentielle à laquelle elles doivent leur odeur et quelquefois leur action médicale.

CAOUTCHOUC ET GUTTA-PERCHA.

583. **Caoutchouc.** Le caoutchouc provient du suc laiteux de plusieurs espèces d'arbres qui croissent particulièrement en Amérique. Ce suc se dessèche à l'air et se transforme en une masse blanche, élastique, complétement insoluble dans l'eau et dans l'alcool : c'est le *caoutchouc*. Pour obtenir une dessiccation plus rapide, on immerge,

dans le suc laiteux, des vases en argile sèche que l'on suspend au-dessus du feu. On enlève ensuite l'argile au moyen d'eau, et on a ainsi des poires de caoutchouc colorées en brun ou en noir, coloration qui provient de la fumée à laquelle elles étaient exposées en séchant ; on prépare aussi le caoutchouc en masses épaisses et compactes.

Tubes de caoutchouc. EXPÉRIENCE. A la température ordinaire, le caoutchouc est dur et roide, mais il suffit de le plonger pendant un instant dans l'eau bouillante ou de le tenir devant le feu pour lui rendre sa souplesse et son élasticité. On coupe dans une de ces poires minces ou dans une des plaques qu'on trouve aujourd'hui dans le commerce une petite bande de caoutchouc. Après l'avoir ramollie, on applique exactement sur les extrémités de deux tubes en verre (fig. 210) cette bande de caoutchouc, dont on coupe les deux bouts

Fig. 210.

avec des ciseaux. Les deux sections fraîches adhèrent fortement l'une contre l'autre, et on les malaxe légèrement de manière à rendre la suture imperceptible. Cela fait, on lie solidement sur le verre, avec un lacet ciré, les deux extrémités du tube en caoutchouc qu'on vient de fabriquer (fig. 211) ; on peut, de cette manière, joindre herméti-

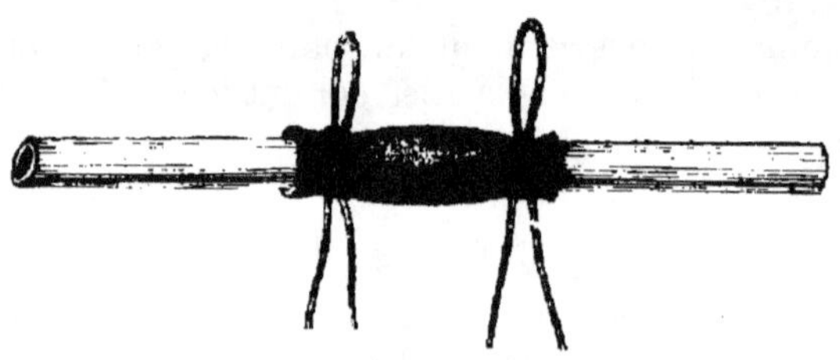

Fig. 211.

quement deux tubes l'un à l'autre, et diminuer de beaucoup les chances de rupture des appareils, parce que les tubes acquièrent ainsi de l'élasticité. On prépare aujourd'hui dans les arts des tubes de toutes les dimensions en caoutchouc vulcanisé : il suffit de faire bouillir ce caoutchouc dans une lessive de potasse pour dissoudre le soufre qu'il renferme : on obtient alors des tubes propres aux mêmes usages que les tubes préparés avec les bandes de caoutchouc.

Glu marine. Expérience. On met un peu de caoutchouc en digestion dans de l'huile de pétrole : il se gonfle, et peut alors être broyé et réduit en une bouillie homogène. Fondu dans cet état avec de la gomme-laque, il forme une colle d'une grande adhérence ; on l'emploie surtout pour les assemblages de bois sur les vaisseaux, sous le nom de *glu marine.*

Solution de caoutchouc. Expérience. Le caoutchouc réduit en petits fragments se dissout dans le sulfure de carbone, l'éther, l'essence de térébenthine, la benzine et l'huile de caoutchouc (obtenue par la distillation sèche du caoutchouc). Ces solutions sont employées pour la préparation des tissus imperméables. Le caoutchouc chauffé avec de l'huile de lin se convertit en une pâte brune dont on enduit les chaussures de cuir qu'on veut rendre imperméables.

Caoutchouc fondu. Expérience. Un morceau de caoutchouc maintenu dans une flamme s'allume et brûle avec une flamme fuligineuse et éclairante, analogue à celle de l'huile de pétrole et de l'essence de térébenthine. En même temps une partie du caoutchouc fond et se convertit en une masse noire gluante. Le caoutchouc fondu, mêlé aux huiles, est très-convenable pour le graissage des machines; dans les laboratoires il sert surtout à enduire les robinets des appareils et les bouchons en verre des flacons à alcali, qu'il empêche d'adhérer aussi facilement au col.

Caoutchouc vulcanisé. Le caoutchouc naturel perd son élasticité quand la température s'abaisse, en hiver par exemple : on remédie à cet inconvénient par la *vulcanisation*, c'est-à-dire en combinant le caoutchouc avec du soufre. Après cette opération, il reste toujours dans le caoutchouc du soufre interposé qui devient une cause de prompte altération quand il s'y trouve en forte proportion.

Le caoutchouc est un carbure d'hydrogène ; il fait partie du petit nombre de substances végétales *exemptes d'oxygène.*

584. **Gutta-percha.** Depuis plusieurs années on a introduit dans les arts, sous le nom de *gutta-percha,* une substance brune ayant beaucoup d'analogie avec le caoutchouc : on la retire du suc laiteux d'un arbre qui croît aux Indes. La gutta-percha se distingue du caoutchouc en ce qu'elle se ramollit et devient pâteuse dans l'eau bouillante. On peut, dans cet état, la laminer, l'étirer et lui donner toutes les formes qu'on veut ; par le refroidissement elle reprend sa

dureté primitive, presque égale à celle de la corne. Comme elle n'est attaquée ni par les alcalis ni par les acides, excepté par l'acide sulfurique et l'acide azotique concentrés, on en prépare divers ustensiles : des couvercles pour les flacons à acides, des entonnoirs, des robinets, des seaux, etc., et même des flacons pour conserver l'acide fluorhydrique. Étendue en lames allongées, on l'emploie au lieu de cuir à la confection de courroies pour la transmission de mouvement. Si on veut une courroie sans fin, on coupe sous un même angle les deux extrémités de la courroie, on passe dessus un fer chaud et on maintient l'adhérence des deux bouts jusqu'après le refroidissement. La gutta-percha est insoluble dans l'eau, l'alcool et l'éther : elle se dissout dans le sulfure de carbone, l'essence de térébenthine, la benzine et le chloroforme. Dissoute dans le chloroforme, elle peut être employée comme le collodion en guise de taffetas d'Angleterre.

RÉSUMÉ.

(1) Les corps gras, les essences et les résines font partie des substances généralement répandues dans le règne végétal; ils se comportent comme des corps indifférents ou comme des acides faibles.

(2) Ces matières, telles qu'on les trouve dans la nature, sont toujours formées d'un mélange de deux substances analogues au moins.

    a) Les corps gras : d'un mélange de matières solides (stéarine, margarine) et de matières liquides (oléine, élaïne);

    b) Les essences : d'un mélange de stéaroptène solide avec l'élaoptène liquide;

    c) Les résines : d'un mélange de plusieurs résines (résine alpha, bêta, gamma).

(3) D'après leur composition élémentaire, ces matières ne sont formées que de trois éléments : le carbone, l'hydrogène et l'oxygène; elles se distinguent des autres substances ternaires en ce que l'oxygène et l'hydrogène n'y sont plus dans le rapport de l'eau et en ce qu'elles sont particulièrement *pauvres en oxygène* et *riches en hydrogène*. (Quelques essences ne contiennent pas d'oxygène; d'autres contiennent du soufre.)

(4) Leur richesse en hydrogène fait :

    a) Qu'elles brûlent avec une grande flamme et donnent par la décomposition une grande quantité de gaz combustibles;

    b) Qu'elles sont assez légères pour surnager sur l'eau;

    c) Qu'elles se dissolvent de préférence dans les liquides riches en hydrogène et pauvres en oxygène, comme l'alcool, l'éther, et qu'elles sont insolubles dans l'eau.

(5) Elles sont liquides ou se liquéfient à une température généralement peu élevée.

(6) Les *corps gras* d'origine animale ont la même composition que ceux que l'on tire du règne végétal.

(7) Certains corps gras durcissent en s'oxydant (huiles siccatives); et d'autres rancissent sans se solidifier (huiles non siccatives).

(8) Les bases minérales décomposent les matières grasses en acides particuliers insolubles dans l'eau (acides gras) et en une base organique (l'oxyde de glycérile). Les acides gras se combinent avec les bases minérales et forment les savons. Les alcalis forment avec les acides gras des savons solubles dans l'eau; les bases terreuses et métalliques forment au contraire des savons insolubles.

(9) Les *essences* se transforment en résines en s'oxydant; elles se transforment quelquefois directement en acides.

(10) Les résines n'ont pas, à froid, une grande affinité pour l'oxygène, car elles ne s'altèrent pas à l'air.

(11) Beaucoup de résines se combinent avec les bases, comme les corps gras, et produisent des substances analogues aux savons : solubles quand la base est un alcali; insolubles quand elles sont formées par des oxydes terreux ou métalliques.

(12) Les *térébenthines* et les *baumes* sont des mélanges de résines et d'essences; les *gommes-résines*, des mélanges de gommes et de résines.

XII. — MATIÈRES EXTRACTIVES.

585. Extraits. A l'exception des essences et des résines, les matières végétales examinées jusqu'ici sont le plus souvent dépourvues de saveur et n'ont aucune action thérapeutique bien marquée ; on les trouve en général dans tous les végétaux. Cependant beaucoup de plantes ont une saveur qui leur est propre et une action spéciale sur l'économie animale : c'est donc qu'elles contiennent des substances particulières auxquelles elles doivent cette saveur et cette propriété. La saveur de l'absinthe et de la rhubarbe est amère ; celle du poivre et de la jusquiame, brûlante; celle des racines de chiendent et de réglisse, sucrée. Introduits dans l'estomac, l'absinthe le fortifie, la rhubarbe est purgative, le poivre agit comme stimulant, la jusquiame est narcotique, etc. Ces effets ont été observés dès les temps les plus reculés et on a cherché à extraire des plantes leurs substances actives. L'extraction se faisait par simple pression quand les plantes étaient très-aqueuses; quand elles étaient plus sèches, on les traitait par l'eau froide (macération) ou par l'eau bouillante (infusion), ou bien on les faisait bouillir pendant quelque temps dans l'eau (décoction). Comme ces liquides, chargés de matières organiques, se décomposaient rapidement en se couvrant de moisissures, on les évaporait et on obtenait ainsi une matière pâteuse, ou même, par la dessiccation complète, une matière solide appelée *extrait* (aqueux) que l'on pouvait conserver pendant des années sans altération. Souvent on substituait l'alcool et l'éther à l'eau (extraits alcooliques ou éthérés). On emploie encore aujourd'hui beaucoup de ces extraits en médecine : ils contiennent souvent sous un poids très-faible la matière active d'un poids beaucoup plus considérable des plantes d'où ils ont été tirés.

Composition des extraits. On a vu que les sucs végétaux contiennent des quantités variables d'amidon, de mucilage, de gomme, de sucre, de tannin, de chlorophylle, d'albumine, de sels, d'acides, etc., toutes matières solubles dans l'eau, non volatiles, et qui resteront par conséquent dans les extraits aqueux desséchés. Par la même raison, les extraits alcooliques ou éthérés contiendront des matières telles que les résines, graisses, etc., solubles dans l'un ou l'autre de ces liquides. Les extraits ne sont donc autre chose que des *mélanges de plusieurs substances végétales*, dont les unes sont connues, les autres inconnues ; les unes actives, les autres inactives ; les unes colorées, les autres incolores ; les unes ont de la saveur, les autres sont insipides, etc., etc.

586. **Matières extractives**. En examinant les extraits, on s'aperçut que les matières brunes incristallisables qui restaient après qu'on avait séparé l'amidon, le sucre, l'albumine, etc., conservaient toutes les propriétés actives de l'extrait. On donna à ces matières brunes le nom de *matières extractives*, et on les distingua d'après leurs propriétés, en : *amères* (dans l'absinthe, le trèfle d'eau, l'aloés, la coloquinte, etc.); *amères aromatiques* (dans l'acore, le houblon, etc.); *âcres et astringentes* (dans la racine de sénéga, de saponaire, etc.); *sucrées* (dans les racines de réglisse, de chiendent) ; *narcotiques* (dans la ciguë, la jusquiame, etc., etc.). Ces dénominations, très-commodes du reste, entraînaient néanmoins une grande confusion, car elles pouvaient s'appliquer à toutes les matières brunes, quelles que fussent leur origine et leur composition. Il suffit de faire bouillir pendant quelque temps dans l'eau la plupart des substances végétales, ne fût-ce que de la gomme ou du sucre, pour obtenir par l'évaporation une matière brune incristallisable.

587. **Origine de la couleur brune des extraits**. La couleur brune des extraits est due à des matières organiques altérées dont la décomposition est très-facile.

Expérience. On fait une infusion de bois de réglisse avec 6 fois son poids d'eau bouillante, et, au bout d'un jour de contact, on exprime le liquide, qui, après avoir été filtré sur du papier, est jaune clair et limpide. Cette solution, évaporée, laisse le résidu noir connu sous le nom de jus de réglisse et qui ne forme plus une solution jaune, mais brune, quand on le dissout de nouveau dans l'eau. En même temps que la couleur, la saveur aussi s'est modifiée. Ces changements ont été produits par une oxydation lente, car les sucs absorbent l'oxygène de l'air : il se forme de l'eau et de l'acide carbonique, et les matières altérées, plus riches en carbone, prennent une couleur noire. Ces matières sont parfois solubles, souvent insolubles dans l'eau ; on les désigne quelquefois sous le nom collectif et indéterminé de *matières extractives oxydées* ou *matières brunes*. Pour préparer les extraits il faut donc autant que possible éviter le contact de l'air et les évaporer à une température modérée, en général au bain-marie.

588. **Principes extractifs.** On a réussi à obtenir le principe actif d'un assez grand nombre d'extraits. Ce sont souvent des cristaux bien déterminés ; d'autres fois c'est une poudre ou une matière amorphe sans caractères bien définis. Quelques-unes de ces substances jouissent de la propriété de former des sels avec les acides, comme les bases inorganiques : ce sont les *bases* ou *alcaloïdes organiques* (596) ; d'autres ne sont ni acides ni basiques : elles sont neutres ; on les appellera *principes extractifs* jusqu'à ce qu'un examen plus approfondi leur ait assigné une place. On découvrira probablement un jour un grand nombre de ces substances, car on connaît aujourd'hui environ 100,000 plantes, et parmi elles il doit y en avoir beaucoup qui contiennent des principes particuliers. On voit par ce qui précède que les extraits ne sont que des mélanges de diverses substances contenant ordinairement un principe auquel la plante doit ses propriétés particulières. Ces matières sont en général amères ; la saveur de celles qui sont insolubles dans l'eau ne peut être appréciée que lorsqu'on les dissout dans un autre liquide, comme l'alcool ou l'éther.

589. Nous avons réuni ici les principes extractifs les plus connus des végétaux. Leurs noms (ainsi que ceux des alcaloïdes et des matières colorantes) ont été, pour la plupart, formés du nom latin de la plante suivi de la particule *ine*.

Absinthine : extraite de l'absinthe ; on l'obtient en masses cristallines d'une saveur très-amère.

Esculine : extraite de l'écorce du marronnier d'Inde ; elle cristallise en aiguilles incolores dont une petite quantité suffit pour donner à l'eau un reflet bleu ; elle est légèrement amère.

Amygdaline : extraite des amandes amères ; elle cristallise en écailles soyeuses d'une saveur faiblement amère. Elle est remarquable par la propriété qu'elle a de se transformer en une huile volatile contenant de l'acide cyanhydrique (essence d'amandes amères) quand elle est en contact avec une solution d'albumine de l'amande (émulsine).

Centaurine : extraite de la centaurée; connue seulement à l'état d'extrait.

Cétrarine : extraite du lichen d'Islande ; amère ; on l'obtient en poudre blanche.

Colombine : extraite de la racine de columbo ; très-amère; cristallisée en prismes incolores.

Gentianine : extraite de la racine de gentiane; très-amère ; cristallisée en aiguilles d'un jaune d'or.

Impératorine : extraite de la racine d'impératoire ; saveur âcre et brûlante ; on l'obtient en cristaux incolores.

Lupuline : extraite du houblon ; saveur amère agréable ; on l'obtient en poudre blanche ou jaunâtre.

Méconine : extraite de l'opium (sève du pavot) ; saveur âcre ; elle forme des cristaux incolores.

Picrotoxine : extraite des pepins de la coque du Levant ; très-amère; poison narcotique; elle cristallise en aiguilles incolores.

Quassine : extraite du quassia amara ; très-amère ; elle cristallise en aiguilles incolores.

Salicine : extraite de l'écorce de saule ; amère ; on l'obtient en cristaux incolores; l'acide sulfurique la rend d'un rouge intense; elle se décompose facilement en saligénine et en sucre.

Santonine : extraite de l'artemisia santonica; peu amère; on l'obtient en cristaux incolores qui jaunissent à la lumière.

Saponine : extraite de la racine et des graines de saponaire; âcre et vénéneuse; on l'obtient en poudre blanche. En solution même étendue elle mousse abondamment comme l'eau de savon.

Scillitine : extraite de la scille maritime ; amère, vomitive ; c'est un poison; on l'obtient en masse amorphe.

Sénégine : extraite de la racine de senega; saveur âcre et brûlante; on l'obtient en poudre blanche.

Glycyrrhizine : extraite de la racine de réglisse ; saveur sucrée ; elle se prend en une masse amorphe d'un brun clair.

Populine : extraite des feuilles et de l'écorce du tremble ; sucrée ; elle cristallise en aiguilles blanches; elle se transforme en acide benzoïque et en salicine.

Asparagine : extraite de l'asperge, de la racine de guimauve ou des graines de légumineuses qui ont germé à l'obscurité; d'une saveur fade ; elle forme de beaux cristaux incolores et se transforme, par la simple ébullition dans l'eau, en acide aspartique et en ammoniaque.

Smilacine : extraite de la racine de salsepareille ; insipide ; elle s'obtient en cristaux blancs.

La plupart de ces corps ne sont composés que de *carbone*, d'*hydrogène* et d'*oxygène;* quelques-uns, en petit nombre, contiennent de l'azote.

XIII. — MATIÈRES COLORANTES.

590. **Matières colorantes.** Quand les principes extractifs, tels que ceux qui ont été étudiés dans le chapitre précédent, sont colorés, on les range parmi les matières colorantes. Les couleurs dont nous admirons les nuances et les variétés dans les fleurs sont pour la plupart tellement fugaces, qu'elles se décomposent dès que les fleurs se fanent et se dessèchent, surtout sous l'influence des rayons solaires ; même décomposition a lieu quand on cherche à extraire ces matières colorantes, soit en exprimant le suc, soit à l'aide d'un dissolvant. Cependant un petit nombre de plantes renferment dans leurs racines, leurs tiges, leurs feuilles ou leurs fruits, des sucs colorés qui ne s'altèrent pas aussi facilement et qui peuvent servir de matières colorantes pour teindre d'autres corps. Le chlore et l'acide sulfureux altèrent et décolorent toutes ces substances, qu'on extrait en général par l'eau, et quelquefois par l'alcool ou d'autres liquides ; on les obtient alors comme les principes extractifs, tantôt en cristaux, tantôt en masses amorphes sans aucune forme régulière. Leurs noms, qui se terminent le plus souvent en *ine,* ont été placés entre parenthèses dans l'étude des principales matières colorantes employées dans la teinture.

591. **Matières colorantes rouges et violettes.** a) *Garance.* On appelle ainsi les racines moulues de la garance. La racine fraîche est jaune et contient un principe colorant jaune rougeâtre (l'acide rubérhytrique), qui, sous l'influence de l'air, se transforme en alizarine et en sucre. La racine se colore alors peu à peu en rouge et produit la substance avec laquelle on prépare la belle couleur rouge garance si remarquable par sa solidité; on en fait aussi des laques, les laques de garance, avec lesquelles on obtient diverses nuances, depuis le rouge jusqu'au violet. Le principe colorant (*alizarine*) cristallise en aiguilles d'un jaune rougeâtre soluble dans l'eau bouillante. La garance renferme en outre un principe colorant rouge (la purpurine) et trois autres, dont l'un est jaune, l'autre jaune rougeâtre, et le troisième brun.

b) *Bois de Brésil ou de Fernambouc.* Bois de cœur de certains arbres de l'Amérique méridionale; il sert à colorer les tissus en rouge, mais la couleur en est peu solide. On s'en sert pour préparer l'encre rouge, la laque de Vienne, etc. (Principe colorant : la *brésiline*; elle cristallise en aiguilles d'un jaune rougeâtre très-solubles dans l'eau.)

c) *Carthame*. Les fleurs du carthame renferment une matière colorante avec laquelle on produit une belle couleur rose. (Principe colorant : *carthamine*; soluble dans l'eau.)

d) *Racine d'alcanna*. Cette racine renferme dans son écorce une matière colorante résineuse, par conséquent insoluble dans l'eau, et qui sert à teindre les étoffes en violet; elle colore l'alcool, les huiles et les graisses en rose.

e) *Santal*. Le santal est le bois moulu d'un arbre des Indes; il constitue une poudre rouge de sang, qui contient une matière colorante résineuse (la *santaline*).

f) La matière colorante rouge contenue dans *beaucoup de fruits*, tels que les cerises, les framboises, etc., est peu solide, et ne sert qu'à colorer les sirops et les sucreries.

g) *Cochenille*. La cochenille est un insecte desséché; on récolte ces petits animaux sur certaines espèces de cactus. La cochenille se tire principalement du Mexique. Elle sert à la préparation du carmin; on l'emploie en teinture pour produire un beau rouge écarlate et un rouge pourpre. (Principe colorant : *carmine*, rouge, cristallisable.)

h) *Laque-laque* ou *laque-dye*. C'est une matière résineuse d'un noir rougeâtre qu'on obtient pendant la préparation de la gomme-laque en écaille (570); elle contient une matière rouge analogue à la carmine.

592. Matières colorantes jaunes. a) *Bois jaune*. C'est le bois divisé d'un mûrier des Indes occidentales, le morus tinctoria. (Principe colorant : la *morine*; soluble dans l'eau; elle cristallise en aiguilles jaunes.)

b) *Quercitron*. On trouve le quercitron en poudre d'un jaune nankin mêlé avec des fragments de bois ; il est produit par l'écorce pulvérisée d'un chêne de l'Amérique septentrionale. (Principe colorant : la *quercitrine*, cristalline, jaune, soluble dans l'eau.)

c) *Graines de Perse*. C'est la graine d'un nerprun des pays-chauds cueillie avant la maturité. Le principe colorant n'est connu qu'à l'état d'extrait; il contient une matière jaune, cristalline (la *rhamnine*).

d) *Gaude*. On désigne ainsi le réséda sauvage (reseda luteola) séché après la floraison. Principe colorant : *lutéoline*; soluble dans l'eau; elle cristallise en aiguilles jaunes.)

Ces quatre matières colorantes sont principalement employées pour teindre en jaune la soie, la laine, le coton et les autres tissus.

c) *Rocou*. Le rocou arrive du Brésil sous forme de pâte brune rougeâtre; on le prépare avec la graine du bixa orellana; il contient deux matières colorantes : l'une jaune et l'autre rouge. La première (*orelline*) se dissout quand on fait bouillir le rocou dans l'eau; la seconde (*bixine*), quand on le fait bouillir dans une solution faible de carbonate de soude.

f) *Curcuma*. La racine de curcuma nous vient d'Amérique; elle contient une forte proportion d'une matière jaune, résineuse, soluble dans l'alcool, qui brunit au contact des alcalis et redevient jaune par les acides. On substitue souvent le papier de curcuma au papier rouge de tournesol. (Principe colorant : *curcumine*; on l'obtient en masses jaunes amorphes.)

g) *Safran*. Il est formé des étamines du safran; on l'emploie principalement pour colorer les substances alimentaires et les liqueurs. (Principe colorant : *safranine*, amorphe, rouge écarlate, soluble dans l'eau.)

593. Matières colorantes vertes. *Chlorophylle*. La chlorophylle est du nombre des substances les plus répandues dans le règne végétal; elle se trouve dans toutes les parties vertes des végétaux. Les grains de chlorophylle que l'on trouve dans les plantes sont formés de plusieurs matières colorantes et de cire. Elle est insoluble dans l'eau; la teinte verte que prend l'eau quand elle est en contact avec des matières végétales est due à des grains de chlorophylle qui y sont en suspension. Aussi le liquide est-il trouble et laisse-t-il, par le repos, déposer une matière verte. Si l'on met des feuilles vertes écrasées en digestion dans de l'alcool, de l'éther ou dans une solution alcaline, ces liquides prennent une teinte verte, car la chlorophylle y est soluble. C'est à cette propriété que les teintures préparées par les pharmaciens avec les feuilles ou les tiges des plantes doivent leur couleur verte. La chlorophylle ne se produit que dans les organes des végétaux exposés à la lumière solaire; isolée, elle se décompose rapidement, aussi est-elle impropre à la teinture; d'ailleurs, les plantes n'en contiennent que de faibles quantités. La matière verte s'altère tout naturellement dans les feuilles qui se fanent; on suppose que la coloration *jaune* ou *rouge* qui se produit est due à un phénomène d'oxydation.

Vert de vessie. Le vert de vessie est une laque formée avec de l'alun et le suc du fruit du nerprun.

594. Matières colorantes bleues. *Indigo*. Plusieurs plantes des pays tropicaux contiennent une séve incolore qui bleuit à l'air et laisse déposer une matière bleue, insoluble : l'*indigo*, que l'on dessèche. On le trouve dans le commerce en morceaux d'un bleu foncé, qui prennent un éclat métallique cuivré quand on les frotte avec l'ongle ou un corps dur. L'indigo du commerce ne contient que 50 pour 100 environ d'*indigo pur*; le reste est composé d'eau, de matières terreuses, d'une matière gommeuse et de deux résines, l'une brune et l'autre rouge. L'indigo pur est insoluble dans l'eau et l'alcool, et très-peu soluble dans l'éther, auquel il communique une belle teinte bleu-de-ciel; le seul liquide dans lequel se dissolve l'indigo est l'acide sulfurique de Nordhausen (170). L'indigo se combine dans ce cas avec l'acide sulfurique et forme un composé qui a reçu le nom d'*acide sulfindigotique*. Ce qu'on nomme vulgairement teinture d'indigo ou sulfate d'indigo n'est donc qu'un mélange d'eau, d'acide sulfindigotique et d'acide sulfurique libre. Appliqué sur les tissus, l'indigo leur communique une coloration qui a reçu le nom de *bleu de Saxe*.

L'acide sulfindigotique entre en combinaison avec les bases pour former des sels, comme si c'était un acide simple; on peut donc le considérer comme un copule (434). Le plus connu de ces sels est le *sulfindigotate de potasse* (carmin bleu), qui s'obtient sous forme de précipité bleu quand on neutralise l'acide sulfindigotique par la potasse. Le carmin bleu est soluble dans l'eau pure, mais insoluble dans les eaux qui contiennent des matières salines.

Indigo blanc. On obtient l'indigo en dissolution quand on le met en contact, à l'abri de l'air, avec des substances avides d'oxygène, telles que : le protoxyde de fer, le protoxyde d'étain, etc.

EXPÉRIENCE. On fait un mélange de 5 gr. d'indigo en poudre avec 10 gr. de sulfate de protoxyde de fer et 30 gr. de chaux éteinte, et on l'introduit dans un flacon de $\frac{1}{4}$ de litre, qu'on bouche hermétiquement après l'avoir complétement rempli d'eau. L'indigo perd peu à peu sa couleur bleue, et après quelques jours il ne reste qu'une solution jaune : l'indigo a perdu une partie de son oxygène, absorbée par le protoxyde de fer mis en liberté par la chaux; il s'est transformé en *indigo blanc* soluble dans l'eau. Cette opération se fait en grand dans les *cuves à indigo*. La solution décolorée bleuit rapidement à l'air; si l'on y plonge un papier à filtrer blanc, il se colorera en bleu à l'air et sera *bon teint*, car la couleur ne se forme pas seulement à l'extérieur, mais elle pénètre la fibre végétale. On obtient facilement aussi l'indigo en dissolution en le mettant en contact avec une solution de glucose dans la potasse : l'indigo est réduit comme précédemment et passe à l'état d'indigo blanc. Souvent aussi on le mêle avec des cendres gravelées, du pastel, de la garance et du son, qui fermentent et réduisent l'indigo (cuve d'Inde). Dans les deux cas l'indigo perd une partie de son oxygène, absorbée par les matières organiques en décomposition, et se transforme en indigo blanc soluble.

Traité par des matières oxydantes, telles que l'acide azotique, l'acide chromique, etc., l'indigo se décolore encore et se transforme en nouveaux composés (isatine, aniline, acide anthranilique, acide picrique, etc.).

Le *pastel* est une plante indigène qui peut servir aussi à la préparation de l'indigo, quoiqu'il le fournisse en quantité beaucoup moindre que les plantes tropicales.

Bois de campêche. Le bois de campêche est le bois de cœur d'un arbre de l'Amérique méridionale; c'est une des matières colorantes les plus employées pour colorer les tissus en bleu, en violet et en noir; les deux premières couleurs sont peu solides. (Principe colorant : *hématoxyline*; cristaux jaunes qui deviennent violets à l'air, puis bleus sous l'influence de l'ammoniaque contenue dans l'air.)

Bleu de lichens. Plusieurs espèces de lichens que l'on trouve sur les rochers, tant en France qu'en Angleterre, contiennent des substances particulières (acide orcellique, acide érythrique, orcine, etc.), qui ne sont pas colorées par elles-mêmes, mais qui prennent de belles couleurs pourpres quand elles sont mises en contact avec l'ammoniaque. On fait ordinairement pourrir les lichens moulus avec de l'urine, et l'on obtient une bouillie rouge ou violette employée en teinture sous le nom d'*orseille, persio*, etc. Les alcalis, la chaux, transforment la matière rouge en bleu (tournesol) comme le font voir les papiers de tournesol rouges et bleus.

595. Expériences avec les matières colorantes. Expérience *a*. L'alcool, agité pendant quelque temps avec une petite quantité de *bois de santal* en poudre, puis filtré, acquiert une couleur rouge. Un morceau de bois trempé dans cette solution se colore en rouge de sang intense après la dessiccation. Les ébénistes emploient souvent ce moyen pour colorer les bois avec lesquels ils font les meubles. L'alcool prend une couleur rose quand on y mêle un peu d'écorce de la racine d'alcanna. Dans les mêmes conditions, l'eau ne prend aucune coloration, car ces matières colorantes sont *résineuses,* par conséquent insolubles dans l'eau. On range dans la même classe toutes les matières colorantes qui sont solubles dans l'alcool et insolubles dans l'eau.

Expérience *b*. Si l'on fait bouillir séparément de la graine de Perse, du bois de Brésil et du bois de campêche dans 12 parties d'eau, la première solution sera jaune, la seconde rouge jaunâtre, et enfin la troisième brun rouge. C'est une preuve que ces matières colorantes sont solubles dans l'eau.

Expérience *c*. On ajoute 10 gr. d'alun à la moitié de chacune des solutions que l'on vient de préparer, puis du carbonate de potasse tant qu'il se forme un précipité. L'alumine, qui devient insoluble, entraîne avec elle les matières colorantes (262), et forme les couleurs insolubles appelées *laques*. La solution de graine de Perse produit la laque d'or, la solution du bois de Brésil la laque de Vienne.

Teinture. Expérience *d*. On prépare une solution d'alun (a), une autre d'un sel d'étain (b), une troisième de sulfate de protoxyde de fer (c), une quatrième de potasse (d), enfin une cinquième d'acide tartrique (e); puis on imbibe plusieurs feuilles de papier à filtrer blanc avec l'une de ces dissolutions. Quand le papier est sec, on divise chaque feuille en trois bandes, sur chacune desquelles on étend l'une des trois solutions préparées dans l'expérience *b* et qu'on fait sécher de nouveau. La même couleur produit des nuances ou des colorations différentes sur chacune des bandes de papier où elle a été appliquée, et, si le papier blanc a été coloré sans préparation préalable (f), il présente une nuance peu marquée. Si l'on fait bouillir avec de l'eau les papiers colorés et séchés, les couleurs des papiers *d*, *e*, *f*, disparaissent presque complétement, tandis que celles des papiers *a*, *b*, *c*, ne subissent aucune altération. Les sels, tels que l'alun, le sel d'étain, le sulfate de fer, qui jouissent de la propriété de *fixer* la couleur dans la fibre textile, ont reçu le nom de *mordants*, et sont généralement employés en teinture pour fixer les couleurs sur la soie, la laine, le coton, le lin, etc. La couleur devient fixe parce que le mordant forme avec elle une laque insoluble dans les pores mêmes de la fibre. Quand la laque ne se forme qu'à la surface des fibres, elle n'y adhère que mécaniquement et peut être enlevée par le frottement ou par le lavage.

On procède de même dans l'*impression des tissus;* seulement on n'applique le mordant qu'aux endroits où l'on veut fixer la couleur, ou bien, après avoir mordancé la pièce en entier, on enlève le mordant aux endroits où l'on veut faire des *réserves* (197). Si l'on plonge un tissu ainsi préparé dans un bain coloré, la couleur ne se fixe que dans les endroits mordancés, et peut être enlevée par le lavage dans tout le reste du tissu.

XIV. — BASES ORGANIQUES.

ALCALOÏDES VÉGÉTAUX.

596. Propriétés des bases organiques. Lorsqu'il a été question des extraits végétaux, nous avons dit que plusieurs d'entre eux contenaient des substances jouissant de la propriété des bases minérales de se combiner avec les acides pour former des sels : on leur a donné pour cette raison le nom de *bases organiques;* beaucoup d'entre elles bleuissent le tournesol : on les désigne souvent par le nom d'*alcaloïdes*. Les bases organiques peuvent être assimilées aux bases minérales, comme les acides organiques aux acides minéraux : elles sont formées de quatre éléments (carbone, hydrogène, oxygène, azote); elles sont putrescibles et se décomposent par la chaleur, comme toutes les matières organiques. Un de leurs caractères consiste en ce que l'azote y entre toujours comme élément constitutif; on pourrait les considérer comme des composés copulés de l'ammoniaque (434).

Presque toutes les bases organiques sont solubles dans l'eau ; elles se dissolvent cependant plus facilement dans l'alcool ; leur saveur est toujours *amère*. Leurs sels sont en général beaucoup plus solubles dans l'eau que les alcaloïdes eux-mêmes.

La plus grande partie des bases organiques obtenues jusqu'à présent ont été retirées des plantes qui se distinguent par leurs propriétés toxiques, ou qui sont employées en médecine comme des remèdes énergiques : on peut admettre que c'est à la présence de ces alcaloïdes que ces plantes doivent leurs propriétés *vénéneuses* ou *médicales*. Beaucoup de ces bases sont elles-mêmes des poisons violents ou agissent comme des remèdes énergiques quand elles sont prises à très-petites doses; car 1 gramme de ces substances jouit souvent de la même énergie médicale que plusieurs centaines de fois le même poids de la plante d'où elles sont tirées.

Le *tannin* précipite presque toutes les bases organiques de leur dissolution, en formant avec elles des combinaisons insolubles; aussi emploie-t-on souvent une infusion de noix de galle, de thé vert ou d'écorce de chêne, non-seulement comme réactif, pour déceler la présence de ces alcaloïdes, mais encore comme *antidote*, quand ils ont produit l'empoisonnement.

Dans les plantes, les bases organiques sont en général combinées avec les acides. Pour les extraire, on met d'ordinaire les sucs ou les parties végétales qui les contiennent en digestion dans une eau acidulée avec un acide plus énergique que celui avec lequel la base est combinée dans le végétal. Cet acide doit former avec la base un sel facilement soluble; on emploie habituellement les acides chlorhydrique et sulfurique. Si à la solution acide on ajoute une base énergique (potasse, ammoniaque, chaux, magnésie), on déplace l'alcaloïde, qui se précipite. Ces procédés sont toujours longs et difficiles, parce qu'il se dissout toujours avec les alcaloïdes d'autres matières dont il n'est pas facile de se débarrasser.

597. Voici les bases organiques les plus importantes :

Aconitine : extraite de l'aconit; c'est un poison, on l'obtient en poudre granuleuse. (1 à 2 milligrammes suffisent pour tuer un moineau.)

Atropine : extraite de la racine de belladone; on l'obtient en aiguilles cristallines réunies en faisceaux; c'est un poison.

Chélidonine : extraite de la chélidoine ; elle cristallise en lames incolores.

Alcaloïdes des quinquinas. La *quinine* : elle est combinée avec l'acide quinique dans les écorces de quinquinas, surtout du quinquina royal ou quinquina jaune; elle cristallise en aiguilles soyeuses ou en poudre granulée. Elle reçoit le nom de *quinoïdine*, quand elle est en masse amorphe brune. La quinine est d'un usage fréquent en médecine : on emploie principalement le sulfate bibasique de quinine, qui cristallise en aiguilles soyeuses. Ce sel est peu soluble dans l'eau; il se dissout facilement dans l'eau acidulée avec de l'acide sulfurique, mais il se transforme alors en *sulfate neutre de quinine*. La quinine, ainsi que ses sels, a une saveur très-amère. On trouve dans le quinquina gris une base analogue à la quinine; elle cristallise en prismes incolores et a reçu le nom de *cinchonine*. On a découvert récemment deux autres alcaloïdes du quinquina : la *quinidine*. isomère avec la quinine; ce n'est autre chose que la quinoïdine débarrassée des matières gommeuses et résineuses qui l'accompagnent : elle se produit aux dépens de la quinine quand on dessèche les écorces de quinquina au soleil. L'autre alcaloïde est la *cinchonidine*, isomère avec la cinchonine.

Caféine ou *théine* : extraite du café non torréfié ainsi que du thé vert et du thé noir, où elle est combinée avec du tannin; elle cristallise en belles aiguilles blanches et soyeuses.

Colchicine : extraite de la colchique; elle cristallise en aiguilles blanches; ingérée dans l'estomac, elle détermine des vomissements violents.

Daturine : extraite de la graine de stramoine; elle forme des cristaux incolores et constitue un violent poison.

Éméline : extraite de la racine d'ipécacuana; pure, elle est en poudre blanche; quand elle n'a été qu'incomplétement purifiée, elle forme un extrait brun; c'est un vomitif énergique.

Hyosciamine : extraite de la jusquiame; elle cristallise en aiguilles radiées; c'est un poison et un narcotique.

Alcaloïdes de l'opium. La première base organique fut découverte en 1804 par Sertuerner, dans l'opium, où elle est combinée avec l'acide méconique; il lui donna le nom de *morphine*. La morphine cristallise en prismes incolores; elle est fréquemment employée, en médecine, surtout à l'état d'acétate de morphine, et toujours en doses très-faibles, car c'est un narcotique et un poison. Depuis on a encore découvert dans l'opium : la narcotine, la narcéine, la thébaïne, l'opianine, la papavérine et la porphyroxine.

Pipérine : extraite du poivre noir et du poivre blanc; elle cristallise en aiguilles blanches.

Solanine : elle se trouve dans plusieurs solanées; on l'extrait principalement des germes de pommes de terre; elle cristallise en lames incolores. Ses effets sont narcotiques et toxiques, moins forts cependant qu'on ne le supposait.

Strychnine : extraite de la noix vomique; elle entre dans la composition d'un poison dont certains Indiens de l'Amérique enduisent les pointes de leurs flèches; elle cristallise en prismes ou en octaèdres. Sa saveur est très-amère; c'est un poison violent. Si dans une capsule de porcelaine on mêle 1 goutte d'une solution de prussiate jaune de potasse avec 2 gouttes d'acide sulfurique et qu'on y ajoute une petite particule de strychnine, il se produit une belle coloration bleue qui devient violette, puis rouge; cette réaction sert à distinguer la strychnine des autres alcaloïdes. Parmi les sels de strychnine, l'azotate est le plus fréquemment employé. La strychnine est en général accompagnée d'une autre base, la *brucine*.

Théobromine : elle se trouve dans la graine de cacao; on l'obtient sous forme de poudre blanche, cristalline.

Vératrine : elle se trouve dans la racine d'ellébore blanc et dans la graine de la cévadille; c'est un poison; introduite dans le nez, elle provoque de violents éternuments. (4 milligrammes de cette substance suffisent pour tuer un chat.)

Les alcaloïdes suivants sont liquides et volatils :

Conine : extraite de la ciguë, principalement de la graine; elle forme un liquide oléagineux, incolore, d'une odeur repoussante et pénétrante, elle est exempte d'oxygène; c'est un poison violent.

Nicotine : extraite des feuilles de tabac; elle est oléagineuse, incolore; son odeur rappelle celle du tabac, la chaleur la rend narcotique; c'est un violent poison. ($\frac{1}{4}$ de goutte suffit pour tuer un lapin.)

On obtient artificiellement des alcalis organiques; tels sont :

L'aniline, qu'on prépare avec l'indigo ou avec le goudron de houille; elle sert à la préparation de belles couleurs roses ou violettes.

La *furfurine*, préparée avec le furfurol ou huile de son, que l'on retire du son de froment.

La *sinamine*, dérivée de l'essence de moutarde combinée avec l'ammoniaque.

RÉSUMÉ.

(1) Outre les matières organiques répandues dans tous les végétaux, on trouve dans beaucoup de plantes une ou plusieurs *substances particulières* auxquelles ces plantes sont généralement redevables de leurs propriétés et de leur saveur.

(2) On trouve ces substances mêlées avec plusieurs autres dans les sucs ou dans les extraits secs de ces plantes.

(3) Beauconp de ces substances sont exemptes d'azote; d'autres sont azotées; quelques-unes même renferment du soufre.

(4) On appelle *principes extractifs* celles de ces substances qui sont incolores et qui n'ont aucune réaction, ni acide ni basique; elles ont en général une saveur amère.

(5) Les *matières colorantes* sont celles de ces substances qui sont colorées par elles-mêmes ou qui produisent des couleurs sous l'influence de certaines réactions; elles sont rapidement décomposées (blanchies) par le chlore, plus lentement par l'air et la lumière.

(6) Les matières colorantes ont une grande affinité pour certaines *bases*, notamment pour l'alumine et les oxydes de fer et d'étain, avec lesquels elles forment des combinaisons insolubles (laques); dans la teinture et l'impression des tissus, on produit cette réaction dans l'intérieur même de la fibre textile.

(7) Les *bases végétales* se combinent avec les acides et forment des sels comme les bases minérales; elles ont souvent une réaction alcaline; la plupart d'entre elles sont peu solubles dans l'eau, mais très-solubles dans l'alcool.

(8) Les bases végétales se trouvent généralement dans les plantes qui se distinguent par leurs propriétés toxiques ou médicales; beaucoup d'entre elles constituent des poisons très-violents.

(9) Presque toutes les bases végétales contiennent de l'azote.

XV. — ACIDES ORGANIQUES.

598. Acides organiques. Les acides organiques sont beaucoup plus répandus que les bases dans le règne végétal; on les trouve le plus souvent à l'état libre ou à l'état de sels acides : ils communiquent dans ce cas aux végétaux une saveur acide, celle, par exemple, que l'on connaît aux fruits avant leur maturité. Souvent aussi ils sont neutralisés par les bases ou insolubles, comme dans les résines et dans les corps gras, et alors ils n'ont pas de saveur. Outre les acides que l'on trouve tout formés dans les végétaux, on en produit artificiellement beaucoup d'autres à l'aide des matières végétales : c'est ainsi qu'on fait de l'acide acétique et de l'acide humique avec le bois ; de l'acide oxalique et de l'acide formique avec le sucre ; de l'acide mucique avec les gommes ; de l'acide acétique avec l'alcool ; de l'acide valérique avec l'alcool amylique; de l'acide salicique et ses dérivés avec la salicine, etc. Nous avons déjà fait connaître les caractères auxquels on distingue un acide organique (193 et suiv.). Voici les plus importants parmi ces corps :

Acide oxalique et *acide tartrique*. (Voir 194, 196.)

Acide acétique. (Voir 198, 509.)

599. **Acide racémique.** Il accompagne dans le jus de raisin l'acide tartrique, avec lequel il est isomère. Il cristallise comme lui en beaux cristaux incolores d'une saveur très-acide. On a découvert que cet acide n'est qu'une modification isomérique de l'acide tartrique.

600. **Acide citrique.** L'acide citrique existe à l'état libre dans le jus de citron, ainsi que dans les groseilles et beaucoup d'autres fruits acides. Si l'on évapore le jus de citron, on en obtient l'acide sous la forme d'un extrait brun, parce qu'il y reste plusieurs autres substances solubles dans l'eau ; mais, si l'on neutralise ce jus par la craie, il se forme du citrate de chaux insoluble qui précipite, tandis que les autres matières restent en dissolution. Le citrate de chaux lavé est décomposé par de l'acide sulfurique très-dilué, qui s'unit à la chaux, forme du plâtre insoluble et met en liberté l'acide citrique; celui-ci, par le refroidissement de sa solution concentrée, se dépose en beaux cristaux prismatiques. On mélange l'acide citrique (ou tartrique) avec du sucre pour préparer la poudre à limonade. L'acide citrique fond et se transforme par la chaleur en *acide aconitique*, que l'on trouve tout formé dans l'aconit.

601. **Acide malique.** Cet acide est très-répandu dans le règne végétal; on le rencontre dans les pommes acides, les groseilles non mûres, les baies de sorbier et dans beaucoup d'autres fruits ; il est déliquescent, par conséquent difficile à faire cristalliser ; il subit une fermentation qui le transforme en acide succinique. Les acides malique, citrique et tartrique se rencontrent en général dans les fruits acides.

602. **Acides tanniques ou tannin.** On a donné le nom de *tannins* ou *acides tanniques* à des matières très-répandues dans le règne végétal, particulièrement dans les écorces des arbres, auxquelles elles communiquent leur saveur *astringente*. On les range parmi les acides, parce que leur réaction est acide et qu'ils peuvent se combiner avec les bases. Selon les plantes dans lesquelles on les trouve, on les distingue en acides quercitannique, ou tannin du chêne; acide cachoutannique, ou tannin du cachou; acide quinotan-

nique, ou tannin des quinquinas; acide cafétannique, ou tannin du café, etc. Le premier de ces corps est le plus connu.

603. Acide quercitannique. Cet acide se trouve le plus abondamment dans les noix de galle et l'écorce des jeunes chênes; on l'obtient en masse amorphe blanche ou jaunâtre analogue à la gomme; il forme la majeure partie de la teinture de noix de galle. Cet acide jouit de deux propriétés particulières qui le rendent d'une grande importance dans les arts :

a) Il forme avec les sels de sesquioxyde de fer un *précipité noir*, le tannate de fer (285); aussi emploie-t-on le tannin pour la teinture des tissus en noir ou en gris, pour la fabrication de l'encre, etc.

b) De même que les autres acides tanniques, il forme avec la peau des animaux une combinaison qui devient insoluble dans l'eau et imputrescible, le *cuir*; de là l'énorme consommation, dans les tanneries, des écorces riches en tannin, en acide tannique (écorces de chêne, de pin, de bouleau, etc.), et le nom de tannin appliqué à la substance active.

604. Acide gallique. L'acide tannique en dissolution exposé à l'air se transforme en deux nouveaux acides : l'*acide gallique* et l'*acide ellagique*. Ces deux acides, dont le dernier est insoluble dans l'eau, se trouvent dans les teintures anciennes de noix de galle, ainsi que dans l'encre. L'acide gallique est soluble dans l'eau et cristallise en aiguilles blanches ou en prismes; il forme, comme l'acide tannique, un précipité noir avec les sels de sesquioxyde de fer; mais il n'exerce plus aucune action tannante sur les peaux. L'acide gallique se transforme par la chaleur en *acide pyrogallique*, cristallisé par sublimation en belles aiguilles blanches; cet acide est soluble dans l'eau; mis en contact avec une solution alcaline, il attire rapidement l'oxygène de l'air et se transforme en une matière brune. On l'emploie beaucoup aujourd'hui en photographie pour développer l'image produite par la lumière.

605. Matières tannantes. Les principales matières employées dans le tannage ou dans la teinture à cause de leur richesse en tannin sont :

a) La *noix de galle*. Les noix de galle se forment sur les feuilles de chêne à la suite de la piqûre d'un insecte. Les plus riches en tannin sont celles de l'Asie Mineure (noix d'Alep), puis celles de Morée ou d'Alger. Les noix de galle de l'Italie, de la Hongrie et de la Provence sont beaucoup moins riches en tannin et parviennent rarement à maturité.

b) La *noix de Chine*. Cette matière, qui contient jusqu'à 70 pour 100 d'acide tannique, ne forme que depuis peu un article de commerce :

elle est en masses tuberculeuses creuses, d'un gris rougeâtre (formées de la séve d'un arbre par un puceron).

c) Le *cachou*. Le cachou est extrait, aux Indes, du mimosa catechu, et nous arrive en masses brunes presque exclusivement formées d'acide tannique; on l'emploie beaucoup dans la teinture et l'impression des tissus, pour obtenir les couleurs brunes ; il sert quelquefois au tannage des cuirs.

d) Le *kino :* extrait brun noirâtre d'un arbre des Indes.

e) Le *sumac :* formé par les feuilles moulues de plusieurs espéces de rues ; très-important pour la teinture.

f) Le *divi-divi :* formé par les enveloppes des graines d'une plante d'Afrique.

g) Le *bablah :* cosses d'une espéce de mimosa des Indes.

h) Les *écorces de grenade*, le *brou de noix*, etc., etc.

i) Les *écorces d'arbres*, tels que le chêne, l'aune, le bouleau, le saule, le pin, etc.

606. Acides moins répandus. Les acides dont nous venons de parler sont, avec les acides tartrique, oxalique et acétique, étudiés précédemment, les acides les plus répandus. Il y en a d'autres qui sont particuliers à certains végétaux, à certaines substances du règne végétal ou du règne animal, ou que l'on produit à l'aide de ces substances. Tels sont :

L'*acide succinique :* dans le succin ; il forme des cristaux blancs qui se volatilisent par la chaleur. L'acide succinique se produit pendant l'oxydation de l'acide stéarique ainsi que par la transformation de l'acide malique pendant la fermentation des baies de sorbier; il s'en produit toujours aussi de petites quantités pendant la fermentation alcoolique du sucre.

L'*acide benzoïque :* dans le benjoin. Cet acide forme des cristaux blancs, volatils; il se produit à la longue dans un grand nombre d'huiles essentielles. L'essence d'amandes amères se transforme complétement en acide benzoïque cristallisé en absorbant l'oxygène de l'air. On peut également transformer en acide benzoïque la populine, ainsi que l'acide hippurique que l'on trouve dans l'urine des chevaux et des vaches.

L'*acide cinnamique :* dans l'essence de cannelle vieillie, dans le styrax et dans le baume du Pérou; il forme des cristaux blancs.

L'*acide eugénique :* dans l'essence de girofle; il forme un liquide huileux.

L'*acide subérique :* on l'obtient en faisant bouillir le liége ou les acides gras avec l'acide azotique.

L'*acide fumarique* : dans la fumeterre et le lichen d'Islande; il se forme quand on chauffe l'acide malique.

L'*acide chélidonique* : dans la chélidoine.

L'*acide méconique* : dans l'opium.

L'*acide quinique* : dans l'écorce de quinquina.

L'*acide lactique*. (Voir 456, 515, 632.)

L'*acide valérique*. (Voir 519.)

L'*acide butyrique*. (Voir 515.)

L'*acide formique*. (Voir 518.)

L'*acide urique*, l'*acide hippurique*. (Voir 662, 664.)

XVI. — MATIÈRES MINÉRALES DES VÉGÉTAUX.

CENDRES.

607. Cendres des plantes. Si l'on examine la composition des principes immédiats des plantes étudiés jusqu'ici, on voit que presque tous sont composés de trois éléments (C,H,O) ou de quatre (C,H,O,Az). Les quatre corps *organogènes*, carbone, hydrogène, oxygène, azote, doivent donc être considérés comme la base du règne végétal et du règne animal. Après eux, les corps qui y sont le plus répandus sont le soufre et le phosphore, car ils entrent dans la constitution des matières protéiques, qui ne font défaut dans aucune plante. Cependant ces corps seuls ne suffisent pas pour former un végétal, autrement les plantes se consumeraient complétement par l'incinération. Or toute plante que l'on fait brûler laisse un résidu fixe : elle contient donc, indépendamment des matières organiques, d'autres substances non combustibles d'origine *minérale*. Ces substances minérales qui restent après la combustion ont reçu le nom de *cendres*.

608. Diversité des cendres végétales. Le nom de cendre est aussi indéterminé que celui d'humus, donné à toutes les matières organiques en voie de décomposition et qui ont pris une couleur brune ou noire; il s'emploie pour désigner toutes les matières minérales laissées après la combustion des matières organiques. Un examen même superficiel suffit pour faire voir qu'il y a une différence, tant en quantité qu'en qualité, entre les trois cendres les plus connues : celles du bois, de la tourbe et de la houille. Les cendres laissées par les différentes espèces de houilles, de lignites ou de tourbes, diffèrent aussi entre elles autant sous le rapport de la quantité fournie que sous celui de la composition. Parmi ces combustibles il en est qui laissent à peine plus de cendres que le bois, d'autres qui en donnent 10, 20 et même 50 pour 100 de leur poids. La cendre de bois contient une forte proportion de sels alcalins et forme avec l'eau une lessive alcaline; les cendres des autres combustibles ne contiennent qu'une faible quantité de ces sels; mais elles sont en général riches en plâtre, en argile et en sable. Les substances alcalines des cendres de bois employées comme engrais rendent la silice du sol soluble et ont ainsi une action marquée sur la végétation des prés et sur les céréales. Les cendres de tourbes sont souvent aussi très-efficaces : elles contiennent quelquefois du plâtre jusqu'à $\frac{3}{4}$ de leur poids. Ce plâtre contribue à la fixation de l'ammoniaque dans le sol en même temps qu'il fournit aux légumineuses le soufre dont elles ont besoin. Les cendres de houille sont souvent fondues par la chaleur produite pendant la combustion : elles offrent alors une faible surface à l'action de l'air, et, de plus, le plâtre qu'elles peuvent contenir a en général été décomposé par l'argile et la silice avec lesquelles la chaux s'est combinée pour former une vraie scorie. Ces cendres sont très-bonnes pour raffermir les sentiers, car elles s'hydratent peu à peu et finissent par former une masse compacte. Il existe des différences notables entre les cendres des diverses plantes, et même entre celles de différentes parties d'un même végétal; le tableau suivant peut en donner une idée.

Noms des substances.	Cendres fournies par 100 parties.	Proportion de la partie soluble des cendres.
Bois de chêne.	2 à 4	1/3
Écorce de chêne.	5 à 6	1/12
Feuilles de chêne au printemps.	5	1/2
» » en automne.	5,5	1/6
Pommes de terre sèches.	8 à 9	4/5
Fanes de pommes de terre.	15	1/25 à 1/15
Froment.	2 à 3	1/2
Paille de froment.	4 à 6	1/10 à 1/5

Il est donc hors de doute que, dans les végétaux, la proportion de cendres et leur composition ne varient pas seulement *d'une plante à l'autre*, mais aussi *dans les différentes parties d'une même plante*, et aussi encore *selon les époques*. La proportion est en général plus forte dans les organes qui sont en croissance, comme les jeunes feuilles et les jeunes rameaux, surtout pour les matières solubles.

609. **Composition des cendres végétales.** L'analyse d'un grand nombre de cendres a fait voir qu'elles sont principalement composées de *potasse*, de *soude*, de *chaux*, de *magnésie* et d'*oxyde de fer* combinés avec de l'*acide carbonique*, de la *silice*, de l'*acide*

phosphorique, de l'*acide sulfurique* et du *chlore*. Parmi ces composés il en est :

a) De solubles dans l'eau : les sels alcalins (à base de potasse ou de soude).

b) De solubles dans l'acide chlorhydrique étendu : les sels terreux (de chaux, de magnésie et d'oxyde de fer).

c) Un enfin qui est insoluble dans l'eau et dans l'acide : la silice.

Pour rechercher approximativement quel est l'ordre de ces composés qui domine dans une cendre, il suffit d'épuiser celle-ci d'abord par l'eau, et de peser le résidu sec, que l'on épuise ensuite par l'acide chlorhydrique dilué.

610. État des matières minérales dans les plantes. Les matières minérales, dans les plantes en vie, sont dans un état bien différent de celui où on les obtient dans les cendres : le soufre y fait partie des matières albumineuses, les bases s'y trouvent à l'état de sels à acides organiques. Ces sels se décomposent pendant l'incinération et se transforment en carbonates (carbonates de potasse, de soude, de chaux), comme on l'a vu pour le tartrate et l'oxalate de potasse (194, 197); aussi toutes les cendres végétales font-elles effervescence avec les acides. Le soufre qui n'était pas déjà à l'état de sulfate se transforme en acide sulfureux qui se dissipe; une partie aussi peut se transformer en acide sulfurique et se combiner avec les bases.

611. Rôle des matières minérales dans les plantes. Déjà lorsqu'il a été question de l'acide phosphorique et de la silice (176, 183), de la potasse et de la chaux (214, 240), nous avons insisté sur ce point : que ces substances, introduites dans le sol, favorisent beaucoup la végétation, et qu'une plante qui ne trouverait pas dans la terre une quantité suffisante de sels alcalins, de chaux, d'acide phosphorique ou de silice, ne pourrait pas prendre un développement normal. La présence des matières minérales dans *tous* les végétaux doit amener cette conclusion : que toutes les plantes exigent une certaine quantité de ces matières pour se développer et qu'elles ne pourraient prospérer s'il leur manquait une ou plusieurs de ces substances. Il est probable que les bases, comme la potasse et la chaux, jouent dans la végétation un rôle analogue à celui qu'elles jouent dans la nitrification : elles provoquent la formation des acides organiques avec lesquels elles se combinent. Les acides paraissent se transformer pendant la maturation en corps neutres, tels que l'amidon, le sucre, la gomme, etc., car beaucoup d'organes végétaux, particulièrement les fruits, perdent leur saveur acide en mûrissant et deviennent farineux, sucrés ou gommeux.

Pour rechercher les matières minérales qui sont nécessaires à une plante, il suffit d'incinérer un sujet à développement normal et d'en analyser les cendres : *la plante exige pour son développement les mêmes substances qu'on aura trouvées dans ses cendres.* En faisant la même recherche sur le sol, on pourra reconnaître quelles sont celles de ces substances qu'il contient déjà et quelles il faut lui donner pour le rendre propre à la culture de la plante en question.

612. Composition du sol arable. Le sol arable, c'est-à-dire la couche superficielle du globe dans laquelle les plantes germent et développent leurs racines, est composé de deux parties distinctes : l'une, *minérale*, formée de substances appartenant au règne inorganique (silice, silicates, phosphates, carbonates, sulfates : d'alumine, de chaux, de magnésie, de potasse, de soude, de fer); l'autre, *organique*, formée de détritus des substances végétales et animales (humus). Le sol sur lequel s'accomplit la végétation est principalement formé de substances *minérales* plus ou moins divisées telles qu'elles se sont formées pendant la suite des temps par la décomposition des roches (265). Cette décomposition n'est point suspendue, elle se continue dans le sol, et cela d'autant plus rapidement que le sol est plus accessible à l'air et à l'humidité (labours, jachères); il n'y a pas simplement là une plus grande division du sol : il y a une véritable décomposition pendant laquelle les substances, telles que la potasse, la soude, la chaux, etc., qui étaient engagées dans des combinaisons insolubles, deviennent solubles et susceptibles d'être absorbées par les racines, c'est-à-dire *assimilables.* Tout ce qui favorise la décomposition des matières minérales, comme l'écobuage (258), le chaulage (240), ou l'arrosage avec des eaux acidulées (173, 186), etc., favorise donc en même temps la végétation.

Les *matières organiques* contenues dans le sol ont toujours une couleur brune ou noire; on les désigne sous le nom général d'humus (444). Elles sont en partie formées par la décomposition des feuilles et des plantes enfouies, en partie par celle des engrais végétaux et animaux. On a déjà vu que ces matières se transforment peu à peu en acide carbonique, en ammoniaque et en eau, et contribuent par là au développement des plantes. Elles exercent encore une autre action favorable à la végétation : leur couleur foncée détermine un échauffement du sol plus considérable, sous l'influence des rayons solaires; elles rendent en outre la terre plus poreuse, plus perméable aux agents atmosphériques, et accélèrent la décomposition des matières minérales par l'acide carbonique qu'elles produisent.

XVII. — NUTRITION ET DÉVELOPPEMENT DES VÉGÉTAUX.

613. Le *carbone*, l'*hydrogène*, l'*oxygène* et l'*azote* sont les quatre substances dont la nature se sert pour former les matières organiques, végétales et animales du globe, en y associant le *soufre* et le *phosphore* et une très-petite quantité d'autres substances inorganiques. On ne connaît que fort imparfaitement les phénomènes qui ont lieu dans l'intérieur des plantes; on connaît mieux les conditions dans lesquelles ils se produisent et les sources où les végétaux vont puiser les aliments qui donnent lieu à ces phénomènes. Personne n'ignore que le *sol*, l'*eau*, l'*air*, la *chaleur* et la *lumière* sont indispensables au développement des plantes; mais ce sont des recherches chimiques récentes, et particulièrement celles de Th. de Saussure, de M. Boussingault et de M. Liebig, qui ont fait connaître les substances que les plantes empruntent à l'air et au sol pour accomplir leur végétation.

PLANTES SAUVAGES.

PRAIRIES, FORÊTS, ETC.

614. Aliments des plantes. Les plantes puisent leurs aliments en partie par les racines, en partie par les feuilles : il s'ensuit qu'elles ne peuvent les absorber qu'à l'état liquide ou à l'état gazeux, car ce n'est qu'à ces deux états que les matières sont susceptibles de pénétrer à travers les pores très-déliés des racines et des feuilles. Les plantes empruntent leur oxygène et leur hydrogène à l'*eau*, leur carbone à l'*acide carbonique*, leur azote à l'*ammoniaque* et à l'*acide azotique*, leurs matières inorganiques au *sol*. L'eau, l'acide carbonique, l'ammoniaque ou l'acide azotique, unis à une petite quantité de matière minérale, constituent par conséquent les aliments des végétaux. Dissoutes dans une grande quantité d'eau, ces substances entrent par les spongioles dans la plante, où elles se mêlent aux matières organiques déjà élaborées, parcourent sous forme de *séve* toutes les parties du végétal et en déterminent le développement.

Mouvement de la séve. Endosmose. On s'est demandé en vertu de quelle force la séve monte dans les végétaux, quelquefois à une hauteur de 50 mètres, jusque dans les cimes les plus élevées des arbres, et cette question n'est pas encore tout à fait résolue. Autrefois on attribuait l'ascension de la séve à la capillarité (106); la disposition des cellules et des fibres paraît favorable à cette hypothèse, et des recherches récentes permettent de se faire une idée de la force capillaire dans les corps poreux. Aujourd'hui cependant on attribue l'ascension et la circulation de la séve principalement à une force particulière, l'*endosmose*, dont le petit appareil ci-dessous pourra faire comprendre l'action.

Expérience. A l'une des extrémités d'un tube de verre de 5 millimètres environ de diamètre on attache un morceau de vessie de porc ou de veau dégraissée, et trempée pendant quelque temps dans l'eau pour lui donner de la souplesse. On maintient le tube dans un carton pour le suspendre par l'extrémité ainsi préparée dans un flacon plein d'eau, de telle sorte que la vessie se trouve à 1 ou 2 centimètres du fond (fig. 212). Dans le tube on introduit de l'eau jusqu'à ce que

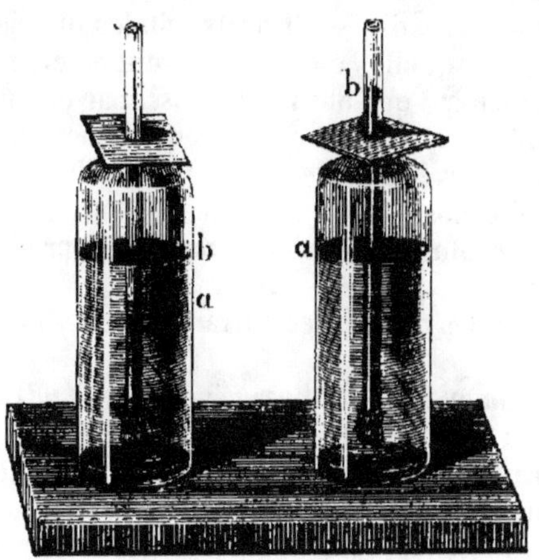

Fig. 212.

celle-ci soit au niveau de l'eau du flacon, et on y ajoute une petite quantité de sel. Bientôt le *liquide s'élève* dans l'intérieur du tube à une hauteur variable *a b* au-dessus du niveau de l'eau du flacon : il s'est donc introduit de l'eau dans le tube à travers la vessie. Si l'on ajoute à l'eau du flacon proportionnellement autant de sel qu'à l'eau contenue dans le tube, il n'y a aucun changement de niveau ; mais, si on en ajoute davantage, toute proportion gardée, alors le niveau s'abaisse d'une quantité indéterminée *b a* au-dessous du niveau de l'eau du flacon, qui s'élève légèrement. Le passage de l'eau pure dans l'eau salée ou celui d'une eau moins salée dans une eau plus salée a reçu le nom d'*endosmose;* son action est assez forte pour faire passer immédiatement le liquide à travers la vessie, ce qui autrement n'aurait pas lieu, ou du moins ne s'effectuerait qu'avec une lenteur extrême. Le passage continue aussi longtemps que les deux liquides ne sont pas au même point de saturation des deux côtés de la vessie. Ce phénomène ne se présente pas seulement avec le sel marin, mais avec beaucoup d'autres sels et d'autres substances solubles, telles que le sucre, la gomme, etc.; il a lieu de même entre différents liquides, par exemple entre l'alcool et l'eau, comme nous le verrons plus loin par des expériences faites avec le même appareil.

Les membranes *végétales* composées de cellulose qui constituent le corps des végétaux agissent, dans ce cas, comme les membranes *animales*. On peut donc s'expliquer l'ascension de la séve de la manière suivante : les feuilles évaporent une grande quantité d'eau, la séve se concentre dans leur intérieur : il se produit par conséquent endosmose des cellules extérieures des feuilles aux cellules intérieures, de celles-ci à d'autres avec lesquelles elles se trouvent en contact, et ainsi de suite jusqu'aux racines, qui absorbent aussi par endosmose l'eau de la terre avec laquelle elles se trouvent en contact. D'après cette hypothèse, la séve s'élèverait dans les végétaux de cellule en cellule par une action d'endosmose. Cette action cependant ne donne point encore l'explication de plusieurs phénomènes qui se produisent dans l'ascension de la séve.

Nous avons encore à faire les remarques suivantes sur les *aliments des plantes*.

a) Eau. *L'eau fournit aux plantes de l'oxygène et de l'hydrogène.* Les plantes absorbent l'eau dans le sol à l'état liquide, par les racines, et dans l'atmosphère, à l'état de vapeur, au moyen des feuilles. L'eau sert en outre, dans les plantes, de véhicule pour dissoudre et transporter les matières qui concourent à la production de la partie solide du végétal, formée tout entière aux dépens de la séve.

b) Acide carbonique. *L'acide carbonique est la source du carbone des plantes.* Les feuilles absorbent la majeure partie de l'acide carbonique fixé par les plantes : elles l'empruntent à l'air, qui en reçoit toujours de nouvelles quantités par la combustion, la putréfaction, la respiration et d'autres sources que nous avons précédemment indiquées (167). Les racines absorbent en outre de l'acide carbonique dans le sol, où il s'en forme constamment, ainsi que de l'eau, par la décomposition de l'humus (444). C'est principalement dans le sol que les jeunes plantes, dont l'appareil foliacé n'est pas encore très-développé, puisent l'acide carbonique dont elles s'assimilent le carbone. L'expérience suivante fait voir quelle est la transformation éprouvée par l'acide carbonique dans un végétal en vie.

Décomposition de l'acide carbonique par les plantes. EXPÉRIENCE. On remplit un entonnoir de feuilles vertes fraîches, on le renverse dans un verre très-large et plein d'eau de puits ou de source à la hauteur de l'entonnoir, dont on bouche ensuite l'extrémité supérieure (fig. 213). Quand l'entonnoir est bouché, on fait écouler une certaine quantité d'eau du verre que l'on expose au soleil. Bientôt les feuilles se couvrent d'une grande quantité de petites bulles qui grossissent, se détachent et vont se réunir dans le haut de l'entonnoir. Dès que le liquide intérieur a atteint le même niveau que celui qui entoure l'entonnoir, on débouche celuici, et on y plonge une allumette qui ne présente plus qu'un point en ignition : elle se rallume comme elle le ferait dans l'oxygène : le gaz dégagé est en effet de l'oxygène; il provient de l'acide carbonique qui était en dissolution dans l'eau et qui a été décomposé par les feuilles sous l'influence de la lumière solaire; le carbone a été fixé et l'oxygène mis en liberté. *Sous*

Fig. 213.

l'influence de la lumière solaire les parties vertes des plantes absorbent l'acide carbonique et émettent de l'oxygène.

EXPÉRIENCE. Si on répète la même expérience en substituant de l'eau de Selters ou de l'eau gazeuse à l'eau ordinaire, l'oxygène se dégage plus rapidement et en plus forte quantité, vu la richesse de l'eau en acide carbonique.

Les plantes sont principalement composées de matières ternaires, telles que la cellulose, l'amidon, la gomme, les mucilages, le sucre, etc., qui peuvent se former à l'aide de l'acide carbonique, CO^2, et de l'eau, HO, si les éléments de l'eau se combinent avec le carbone de l'acide carbonique. Dans ce cas, l'oxygène de l'acide carbonique doit nécessairement être mis en liberté.

L'acide carbonique =   carbone,   oxygène,
    et l'eau   = hydrogène, oxygène,
    forment :   hydrogène, oxygène, carbone, + oxygène.
                    Cellulose, amidon, gomme, sucre, etc. (Mis en liberté.)

c) AMMONIAQUE. *L'ammoniaque fournit aux plantes leur azote.* Quand les matières animales et végétales se décomposent, leur azote se transforme en ammoniaque, AzH^3, et leur carbone en acide carbonique; ces deux corps se combinent et produisent un sel volatil qui se répand dans l'air. Le carbonate d'ammoniaque de l'air est en partie absorbé par l'argile (254), en partie par l'humus du sol (444) ; le reste est entraîné par les eaux météoriques dans le sol, où les plantes peuvent l'absorber.

Quand les matières organiques se décomposent dans le sol, près des racines des plantes, celles-ci absorbent l'ammoniaque à mesure qu'elle se forme. Peut-être l'azote de l'air, emprisonné dans le sol, où il se trouve en contact avec les matières en putréfaction, se transforme-t-il en partie en ammoniaque qui profite à la végétation.

Enfin il est certain que les plantes peuvent prendre l'azote dont elles ont besoin à l'acide azotique des azotates qui se trouvent toujours en quantité plus ou moins grande dans le sol.

On ne sait pas encore comment l'azote est assimilé par les plantes; mais il paraît probable que c'est de l'ammoniaque que dérivent les matières azotées, telles que l'albumine, le gluten, la caséine, les bases organiques, etc., élaborées par les plantes. Ainsi :

L'acide carbonique	=	carbone, oxygène.
l'eau	=	hydrogène, oxygène,
et l'ammoniaque	=	azote, hydrogène,
formeraient :		azote, hydrogène, oxygène, carbone, + oxygène.

Albumine, gluten, caséine, bases organiques, etc. + oxygène.

L'acide carbonique, l'eau et l'ammoniaque contiennent donc tous les éléments (carbone, hydrogène, oxygène, azote) nécessaires à la production de toutes les parties d'un végétal, et les matières animales et végétales, en se décomposant, se transforment toutes en acide carbonique, en eau et en ammoniaque. Ce qui paraît, dans ce cas, être une destruction n'est en réalité qu'une transformation : il n'y a que la forme qui soit altérée, les éléments ne changent pas, et des produits de cette putréfaction naissent tous les végétaux qui couvrent le globe.

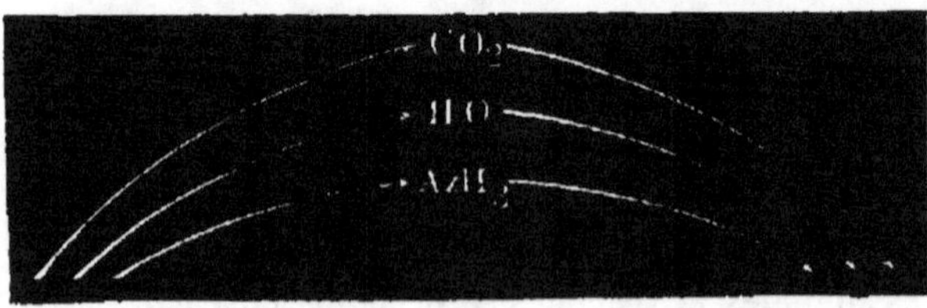

Plantes et animaux morts.   Plantes vivantes.

d) **Matières minérales.** *Les plantes trouvent dans le sol et dans l'eau dont il est imbibé les matières minérales indispensables à leur développement.* Les phénomènes chimiques se poursuivent sans interruption dans la terre végétale, les matières organiques s'y putréfient, en même temps que les matières minérales y subissent une altération qui rend une partie de leurs éléments solubles et susceptibles d'être absorbés par les plantes. La décomposition des roches n'a pas lieu seulement dans la terre arable, elle se fait sur toute la surface du globe : les eaux pluviales entraînent les matières solubles, qui forment les sels contenus dans les eaux de source et de rivière, d'où les plantes peuvent tirer aussi une partie de leur matière minérale. L'air lui-même renferme une petite quantité de matières inorganiques qui sont entraînées pendant la volatilisation de l'eau de mer ou avec l'eau elle-même par les vents violents, ou enfin soulevées du sol avec la poussière. L'analyse a démontré que les eaux météoriques entraînent ces matières vers le sol, où elles peuvent concourir à la nutrition des plantes. On ne trouvera pas étonnant, d'après cela, de rencontrer, dans des plantes qui croissent sur des rochers, des matières minérales, du sel marin, par exemple, que la roche ne contient pas. Nous avons dit dans le chapitre précédent quel genre de transformation ces substances éprouvent dans les plantes. Il est important de ne pas oublier ce fait : qu'une plante ne peut prendre tout son développement si elle ne reçoit toutes les substances dont il a été question en *a*, *b*, *c* et *d*. De même que l'homme cesse de vivre quand l'air (l'oxygène), l'eau ou une autre des substances nécessaires lui fait défaut, qu'une montre s'arrête si on retire un de ses rouages, de même aussi la plante ne peut atteindre son entier développement quand il lui manque un de ses aliments.

PLANTES CULTIVÉES.

615. Augmentation de la production végétale. Un animal abondamment nourri avec des aliments convenables acquiert un beau développement et engraisse; si, au contraire, ses aliments sont insuffisants ou de mauvaise qualité, il reste chétif et maigre. Il en est absolument de même des plantes : si elles trouvent dans le sol et dans l'air, en quantité suffisante, *tous* les aliments nécessaires à leur développement, elles produisent plus de branches, de feuilles, de fleurs et de fruits que si ces substances ne s'y rencontrent pas toutes ou y sont en quantité insuffisante. L'unique moyen de faire produire à la terre le maximum de substance végétale à l'aide des plantes qu'on

26.

y cultive consiste donc à leur fournir, en quantité *suffisante, tous* les matériaux·nécessaires à leur développement. C'est à quoi on parvient à l'aide des engrais.

616. **Matière organique des engrais.** La nature pourvoit aux besoins des plantes et leur fournit les aliments nécessaires, l'eau, l'acide carbonique, l'ammoniaque, d'une manière permanente, à l'aide de la pluie, de la rosée, de la putréfaction des matières organiques ; elle y fait même concourir l'homme par l'intervention des phénomènes de la respiration et de la combustion. L'atmosphère contient toujours une quantité considérable de ces substances, et si, d'une part, elles sont constamment absorbées par les végétaux , d'une autre part, les phénomènes qui les produisent ne sont jamais interrompus. L'air peut donc suffire à l'alimentation d'un végétal auquel le sol fournit les matières minérales nécessaires. Dans ces conditions cependant les plantes restent chétives (plantes limites) ou croissent avec une extrême lenteur; on arrive *plus rapidement* à un produit. *plus élevé* en donnant aux plantes des aliments qu'elles peuvent absorber par les racines, en même temps qu'elles en absorbent par les feuilles. Comme toutes les matières végétales et animales fournissent, par leur décomposition, de l'*eau*, de l'*acide carbonique* et de l'*ammoniaque*, il paraît naturel que de pareilles substances, enfouies dans le sol humide, favorisent la végétation par les produits de leur décomposition. De cette manière on n'explique cependant qu'*en partie* l'influence qu'ont sur la végétation les matières animales et végétales, telles que le fumier, l'urine, les râpures de corne, la poudre d'os, le guano, la paille, les feuilles, etc., et celle de l'humus qui se forme de ces substances. On doit considérer, dans la partie organique des engrais, l'*azote* comme l'élément principal, car, si, d'un côté, il est indispensable à la végétation, de l'autre, c'est lui que la nature fournit avec le plus de parcimonie.

617. **Matières minérales des engrais.** La transformation, par un végétal, des produits de la décomposition de la matière organique ne peut avoir lieu qu'avec le concours de certaines *matières minérales*. La germination s'effectue dans une terre privée de matières inorganiques assimilables, mais la croissance de la plante ne va pas plus loin que ne le lui permet la petite quantité de substances minérales contenues dans la graine. La nature a encore pourvu ici à la subsistance des plantes au moyen de l'altération incessante des matières minérales qui constituent le sol. Cependant les substances produites de cette manière sont loin de suffire chaque année à une récolte abondante : il faut donc restituer au sol celles qui lui ont été soustraites par les récoltes précédentes, afin de le maintenir

dans un état constant de fertilité. On obtient ce résultat en ajoutant au sol de la potasse, de la soude, de la chaux, de l'acide phosphorique, dans un état facilement assimilable, sous forme de chaux, de plâtre, de marne, d'argile calcinée, de cendres d'os, de noir animal, de cendres de bois, de sel marin, de schlot, etc., ou en dissolution dans les eaux d'irrigation, ou enfin associés aux matières organiques, comme dans la plupart des engrais. Les sels solubles que renferment les aliments des herbivores sont rendus dans les urines, les matières insolubles dans les excréments : il est donc rationnel d'admettre que les déjections d'un animal nourri avec de l'avoine formeront le meilleur engrais pour l'avoine, celles d'un animal nourri avec des pois, du trèfle, des pommes de terre, l'engrais le plus favorable aux pois, au trèfle, aux pommes de terre. Les engrais organiques ont, par conséquent, une double action sur la végétation par leur matière organique et par les substances minérales qu'ils contiennent.

Rotation des récoltes. Comme toutes les plantes n'absorbent pas les différentes matières minérales en égale proportion, que certaines, par exemple, absorbent plus de potasse, d'autres plus de chaux, ou d'acide phosphorique, ou de silice, il est bon d'*alterner* les cultures de manière à ne pas faire succéder immédiatement dans le même terrain deux plantes absorbant une forte proportion de la même substance : deux plantes riches en potasse, par exemple, ou en chaux, ou en acide phosphorique, etc. On peut, de cette manière, sans addition d'engrais, faire encore plusieurs récoltes sur un sol épuisé pour une espèce de plantes, pourvu toutefois qu'il soit encore assez riche en principes azotés assimilables (214).

618. Importance des connaissances chimiques en agriculture. Il ressort bien évidemment de tout ce qui précède que la chimie seule peut enseigner à l'agriculteur la composition de sa terre, celle des plantes qu'il veut y cultiver, et les substances qu'il devra y introduire pour que la plante confiée à cette terre y trouve tout ce qui lui est nécessaire. Il ne peut donc être que très-profitable à l'agriculteur de se familiariser avec une science propre à le guider dans ces essais pratiques.

RÉSUMÉ GÉNÉRAL DES MATIÈRES VÉGÉTALES.

(1) Tant qu'une plante est en vie, il se produit en elle un mouvement continu, une absorption constante de substances liquides et gazeuses qu'elle transforme et dont elle émet de nouveau une partie sous forme gazeuse ou

liquide. Quand ces substances font défaut à la plante, elle meurt; on les considère, par conséquent, comme ses aliments.

(2) Ces matières font partie des combinaisons inorganiques; ce sont :

    a) Une combinaison d'oxygène et d'hydrogène : l'eau;

    b) Une combinaison de carbone et d'oxygène : l'acide carbonique;

    c) Une combinaison d'azote et d'hydrogène : l'ammoniaque;

    ou une combinaison d'azote et d'oxygène : l'acide azotique;

    d) Des bases et des acides inorganiques : des sels.

(3) C'est avec ces matières que se forme la séve des plantes qui sert à produire leurs organes ainsi que les matières végétales sans nombre qu'on y trouve.

(4) Les matières végétales ne sont encore ni assez connues ni assez étudiées pour qu'on puisse les grouper méthodiquement; on les divise généralement :

I. D'après leur *diffusion* dans le règne végétal :

    a) En substances que l'on trouve dans *presque tous* les végétaux, comme la cellulose, l'amidon, le sucre, la gomme, les mucilages, les corps gras, certains acides, la chlorophylle, les matières albuminoïdes, etc.;

    b) En substances spéciales à certains genres, à certaines espèces, comme les matières extractives, les matières colorantes, les essences, les résines, certains acides, les bases organiques, etc.

II. D'après leurs *caractères chimiques :*

    a) En acides végétaux;

    b) En bases végétales;

    c) En substances végétales neutres.

Les substances végétales neutres prédominent dans les végétaux et dans les animaux; les combinaisons acides et basiques dans le règne minéral.

III. D'après leur composition :

    a) En substances *non azotées :*

        a) Riches en oxygène, telles que les acides organiques, etc.

        b) Riches en hydrogène, telles que les corps gras, les essences, les résines, etc.

        c) Riches en carbone, telles que la cellulose, l'amidon, le sucre, la gomme, les mucilages, etc.

    b) En substances *azotées*, telles que les bases organiques, certaines matières colorantes, etc.

    c) En substances *azotées* et *sulfurées*, telles que l'albumine, le gluten, la caséine, etc.

Les *matières non azotées* prédominent dans le règne végétal; les matières azotées et sulfurées dans le règne animal.

(5) Les substances organiques élaborées par les végétaux peuvent être décomposées et transformées de bien des manières en composés nouveaux; on peut citer, comme exemple, les transformations :

a) Par l'*oxydation :*
> a) Pendant la combustion à l'air libre (acide carbonique, eau, azote);
> b) Pendant la combustion lente (humus, acide carbonique, eau, ammoniaque, acidification des liquides spiritueux et d'autres substances organiques, blanchiment à l'air, etc.);
> c) A la simple exposition à l'air (dessiccation ou résinification des corps gras, résinification des huiles essentielles, etc.');
> d) Pendant l'évaporation (coloration brune des extraits, etc.);
> e) Due à l'action de l'acide azotique, de l'acide chromique, du bioxyde de manganèse, de l'oxyde de cuivre et d'autres corps très-oxygénés (transformation du sucre en acide saccharique, en acide oxalique, transformation du glucose par l'oxyde de cuivre, etc.).

b) Par la *réduction* (transformation de l'indigo bleu en indigo blanc).

c) Dues à une perte d'*hydrogène* (blanchiment au chlore).

d) Dues à une perte d'*hydrogène* et d'*oxygène* (transformation de l'alcool en éther et en hydrogène bicarboné, de l'acide oxalique en oxyde de carbone et en acide carbonique, à l'aide de l'acide sulfurique, carbonisation du bois par l'acide sulfurique).

e) Par l'association à l'acide sulfurique (acides sulfindigotique, sulfolignique, etc.)..

f) Par la combinaison avec l'acide azotique (poudre-coton, etc.).

g) Dues à la combinaison avec l'acide sulfureux (blanchiment par l'acide sulfureux).

h) Dues à une combinaison avec l'hydrogène et l'oxygène (putréfaction des matières végétales à l'abri du contact de l'air, par exemple sous l'eau, où il se forme de l'acide carbonique, de l'hydrogène protocarboné ou gaz des marais, de l'eau, de l'ammoniaque, de la vase, de la tourbe, du lignite, de la houille; transformation de l'amidon ou du sucre en acide lactique, etc.).

i) Par la chaleur à l'abri de l'air (carbonisation ou distillation sèche du bois, de la houille, des graisses, des acides, etc., pendant laquelle ils se transforment en acide carbonique, hydrogènes carbonés, gaz à éclairage, eau, acide acétique, et acides empyreumatiques, ammoniaque, goudron ou huile minérale et poix, créosote, charbon de bois, coke, etc.).

k) Sous l'influence d'*un corps en voie de décomposition* ou *ferment* (fermentation alcoolique, c'est-à-dire transformation du sucre en alcool et en acide carbonique par la levûre, transformation du sucre d'abord en acide lactique, puis en acide butyrique, par le fromage, etc.).

l) Dues au changement non expliqué d'un corps en un autre qui lui est *isomère* (de même composition); par exemple :
> a) La transformation de l'amidon en dextrine et en sucre par l'acide sulfurique;

b) La transformation de l'amidon en dextrine et en sucre par la diastase;

c) La transformation de l'amidon en dextrine par la chaleur;

d) La transformation du sucre de canne en sucre incristallisable par une ébullition prolongée dans l'eau;

e) La coagulation de l'albumine par la chaleur.

m) Dues à l'action des bases énergiques sur les matières végétales :

a) La formation du cyanogène (291);

b) La formation de l'ammoniaque (234);

c) La formation de l'acide azotique (207);

d) La saponification des corps gras (540).

n) Sous l'influence de la *lumière solaire* (formation de la chlorophylle, décoloration des matières colorées, etc.).

o) Dues à l'action du courant électrique (électrolyse, transformation de l'acide acétique en acide carbonique et en méthyle, etc.).

Ce sont là les principales transformations des matières végétales connues jusqu'à présent, mais dont le nombre illimité s'accroît tous les jours; car c'est précisément cette partie de la chimie qui est aujourd'hui l'objet des études les plus actives.

MATIÈRES ANIMALES

619. Vie animale. Les phénomènes chimiques qui se produisent dans les *animaux vivants* sont peut-être encore plus mystérieux et plus compliqués que ceux qui se produisent dans les plantes. Personne ne peut douter qu'il ne se passe des réactions chimiques dans le corps des animaux, car on y retrouve les traits caractéristiques de transformations chimiques beaucoup plus étonnantes que dans les végétaux et les minéraux. Existe-t-il en effet transformation plus surprenante que celle de l'œuf (albumine et jaune d'œuf) en un petit poussin (chair, sang, os, plumes, etc.)? ou que celle du lait, qui constitue l'aliment de beaucoup de jeunes animaux, en chair, sang, etc.? Nous avons déjà dit à plusieurs reprises que les réactions chimiques seules sont impropres à produire ces transformations : elles ne sont que des moyens dont la nature dispose d'une manière mystérieuse *pendant la vie* des animaux ou des plantes pour produire toutes les formes végétales et animales. Une des différences principales entre les animaux et les végétaux consiste en ce que les pre-

iniers *absorbent de l'oxygène*, tandis que les plantes, au contraire,
en dégagent; de plus, les animaux, sauf l'eau et quelques matières
salines, se nourrissent exclusivement de substances organiques.

620. Principes immédiats des animaux. Les plantes sont principalement formées de matières non azotées composées de trois éléments seulement; les animaux, au contraire, sont principalement
formés de matières *azotées* et *sulfurées* (les matières protéiques),
c'est-à-dire de combinaisons plus complexes. L'eau et les corps gras
sont presque les seuls composés binaires ou ternaires répandus dans
le règne animal; les autres, tels que : la viande, la peau, les cartilages, le sang, les cheveux, la corne, etc., sont fortement azotés, le
plus souvent riches en soufre et en phosphore. Un caractère particulier
à toutes ces substances est d'être incristallisables : celles qui peuvent
affecter des formes régulières ne se trouvent en général que dans les
liquides impropres à l'assimilation ou qui sont rejetés au dehors;
telles sont l'urée et l'acide urique dans l'urine. La majeure partie
des matières animales, examinées au microscope, se présentent sous
la forme globulaire, qui paraît être la forme particulière aux substances plus complexes des êtres organisés de l'échelle supérieure,
tandis que les formes régulières, angulaires, prédominent dans le
règne minéral. Dans le règne végétal, qui paraît être placé comme
intermédiaire entre les deux premiers, on trouve la forme globulaire dans l'amidon, la levûre, etc.; les formes cristallines dans le
sucre, les bases et les acides végétaux, etc.

621. Composition élémentaire des substances animales. Les *éléments* qui constituent les principes immédiats des animaux sont
exactement les mêmes que ceux qu'on a trouvés dans le règne végétal, notamment : l'*oxygène*, l'*hydrogène*, le *carbone*, l'*azote*, le
soufre, le *phosphore* et le *chlore*; parmi les métaux ce sont la
chaux, la *magnésie*, la *potasse*, la *soude* et le *fer*. Toutes ces substances sont nécessaires à l'existence et au développement d'un animal. La composition de l'*œuf* et celle du *lait* peuvent donner une
idée de la forme sous laquelle elles doivent être absorbées pour pouvoir s'assimiler.

I. — ŒUF.

Un œuf d'oiseau est composé de trois parties : la *coquille*, le *blanc
d'œuf*, et le *jaune d'œuf*.

622. Blanc d'œuf. Le *blanc d'œuf* est composé de cellules dans
lesquelles est contenue une matière, légèrement alcaline, presque

exclusivement formée d'*albumine*. Par la dessiccation, l'eau seule s'évapore, il reste une matière sèche, translucide et cornée ; cette albumine desséchée ne forme que $\frac{1}{8}$ du poids primitif du blanc d'œuf; par l'incinération elle laisse des cendres formées de sel marin, de carbonates, de phosphates et de sulfates de soude et de potasse, de phosphates de chaux et de magnésie. Personne n'ignore que le blanc d'œuf battu se transforme en une écume légère, et qu'il se coagule par la chaleur. Cette dernière propriété l'a fait employer pour la clarification des liquides et particulièrement pour celle des sirops de sucre.

Expérience. On prépare une solution de miel dans l'eau tiède, à laquelle on mêle un peu de blanc d'œuf, puis on la porte à l'ébullition. L'albumine se coagule et entraîne avec elle les matières étrangères en suspension dans le liquide : la solution claire est ensuite facilement séparée, sur un filtre en toile, de l'albumine coagulée.

La composition de l'albumine d'œuf est exactement celle de l'albumine végétale (477). Parmi les substances dérivées de l'albumine, les deux plus remarquables, et qu'on obtient sous forme cristalline, sont : la *tyrosine* et la *leucine*.

623. Jaune d'œuf. Le jaune d'œuf est composé de $\frac{1}{2}$ environ d'eau, $\frac{1}{6}$ d'albumine et $\frac{1}{8}$ de matière grasse en suspension dans l'albumine sous forme de gouttelettes jaunes. Le jaune d'œuf se coagule par la chaleur à cause de son albumine; on peut alors en extraire la matière grasse par une forte pression ou à l'aide de l'éther. Cette matière grasse, d'un rouge jaunâtre, est *phosphorée*, comme la graisse du cerveau. Le jaune d'œuf, incinéré, laisse des cendres dont la composition est analogue à celle des cendres du blanc d'œuf : les sels de potasse et les phosphates terreux y prédominent; elles contiennent en outre de l'oxyde de fer.

624. Coquilles d'œuf. Expérience. Si l'on verse de l'acide chlorhydrique étendu sur des coquilles d'œuf, elles se dissolvent avec effervescence en laissant seulement quelques petites pellicules. Le gaz dégagé est de l'acide carbonique, et la solution contient de la chaux, comme on peut s'en assurer à l'aide de l'acide sulfurique, qui y précipite du sulfate de chaux. La composition de la coquille d'œuf est donc analogue à celle de la craie : elle est formée de *carbonate de chaux*, avec un peu de phosphate de chaux et une matière organique.

Dans la coquille d'œuf il y a de petits pores à travers lesquels l'air peut pénétrer et déterminer la décomposition (putréfaction) de l'œuf. Si l'on bouche ces ouvertures, soit en enfouissant les œufs sous la cendre, soit en les immergeant dans un lait de chaux ou en les couvrant d'une couche d'huile, les œufs se conservent beaucoup plus longtemps, parce que l'air n'y a plus accès.

II. — LAIT.

Le lait est formé par une solution de *caséine* et de *sucre de lait* qui tient en suspension des globules de graisse entourés peut-être d'une pellicule très-mince; on les distingue facilement au microscope : ils se présentent sous la forme indiquée par la fig. 214. C'est en grande partie à ces globules de graisse que le lait doit son opacité et son aspect analogue à celui d'une émulsion.

625. Globules gras du beurre. Expérience. On ne pourrait pas isoler les globules de graisse en filtrant simplement le lait sur du papier : les pores de ce dernier sont trop grands pour les rete-

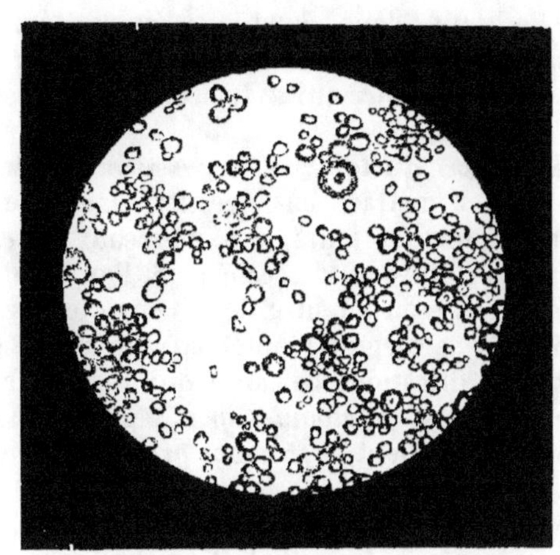

Fig. 214.

nir; mais on y parvient indirectement de la manière suivante : on dissout 40 gr. de sel de Glauber et 1 gr. environ de carbonate de soude dans 20 gr. d'eau, puis on agite cette solution avec 20 gr. de lait frais. Ce mélange, versé sur un filtre, y laisse toute la matière grasse (crème, beurre) et il passe un liquide légèrement opalin. La solution saline n'agit pas chimiquement sur le lait, son action est purement mécanique : elle transforme les globules de graisse en masses plus compactes, qui se séparent facilement du liquide et restent sur le filtre.

626. Caséine et albumine du lait. Expérience. Quelques gouttes d'*acide acétique* ou d'*acide chlorhydrique*, ajoutées au liquide filtré, y déterminent la formation d'un précipité blanc, la *caséine*, dont la composition est identique à celle de la caséine végétale, et qui, comme elle, est coagulée par les acides. Un excès d'acide redissout le précipité, qui est, en outre, soluble dans les alcalis. La caséine pure est insoluble dans l'eau, elle se dissout au contraire dans une eau alcaline, et c'est à cet état qu'elle se trouve dans le lait, d'où l'acide la précipite en saturant la base. La caséine fait partie des matières protéiques : outre le carbone, l'hydrogène et l'oxygène, elle renferme de l'*azote* et un peu de *soufre*. Décomposée par la potasse en fusion, elle fournit les mêmes substances que l'albumine : de la tyrosine et de la leucine. La leucine se forme aussi pendant la putréfaction de la caséine ; elle se rencontre par conséquent dans le fromage (630).

Albumine du lait. EXPÉRIENCE. Si l'on porte à l'ébullition, après l'avoir filtré, le liquide dans lequel la caséine a été précipitée, il s'en sépare encore une matière insoluble, mais cette fois en quantité plus faible : c'est de l'*albumine*, qui se trouve toujours dans le lait, quoique en faible proportion.

627. Coagulation du lait par la présure. EXPÉRIENCE. On prépare la *présure* en mettant en digestion dans une petite quantité d'eau, pendant quelques jours, des morceaux de *caillette* de veau (l'un des estomacs du veau) desséchée. Si l'on ajoute une cuillerée de ce liquide à $\frac{1}{2}$ litre ou à 1 litre de lait maintenu à la température de 40°, ce dernier se coagule bientôt en une masse gélatineuse que l'on soumet à la filtration. Le caillé qui reste sur le filtre est un mélange de *caséine* et de *globules gras :* en le laissant égoutter ou en l'exprimant, on obtient le *fromage gras* (fromage de Gruyère, de Hollande, Chester, etc.)

Sucre de lait ou lactine. EXPÉRIENCE. Le liquide filtré obtenu dans l'expérience précédente, le *petit-lait*, est débarrassé de son albumine (*serai*) par l'ébullition et concentré jusqu'à $\frac{1}{10}$ de son volume. Abandonné alors au repos, il dépose le *sucre de lait* sous forme de petits cristaux durs et incolores (473). C'est ainsi que l'on prépare de grandes quantités de sucre de lait en Suisse. Le petit-lait n'est donc autre chose qu'une solution de sucre de lait dans l'eau (avec un peu d'albumine et quelques sels).

Acide lactique. EXPÉRIENCE. Dans les eaux mères du sucre de lait on introduit un petit morceau de *caillette :* le liquide, exposé dans un endroit modérément chaud, devient bientôt fortement acide par la transformation du sucre de lait en acide lactique (515).

628. Coagulation du lait par les acides. EXPÉRIENCE. La coagulation du lait, que la présure ne produit que lentement, s'obtient instantanément si on ajoute quelques gouttes d'un acide au lait chauffé. Dans ce cas, le caillé est encore formé par la caséine et la matière grasse (le fromage et le beurre) du lait.

629. Crème. EXPÉRIENCE. On remplit de lait un flacon, on le bouche et on l'expose pendant vingt-quatre heures, renversé, dans un endroit où la température est peu élevée. Au bout de ce temps le liquide s'est séparé en deux couches : la couche inférieure, bleuâtre, est formée par le lait, dont les globules graisseux se sont séparés, en raison de leur densité, pour se réunir à la surface, où ils forment une couche jaunâtre, la *crème*. En débouchant le flacon avec précaution, on peut en retirer le lait, qui s'écoule le premier. La crème, agitée pendant quelque temps, finit par se réunir en une masse qui constitue le *beurre*, soit que l'agitation favorise l'agglomération des globules graisseux, soit qu'elle déchire la pellicule qu'on suppose les entourer. Cette opération se fait en grand dans des instruments particuliers qui ont reçu le nom de *barattes*. Le lait qu'on a fait écouler contient tous les principes du lait ordinaire, moins la matière grasse.

Crémomètre. La qualité du lait dépend en grande partie de la quantité de matière grasse qu'il contient. On a imaginé plusieurs appareils pour évaluer cette proportion ; mais tous laissent à désirer sous le rapport de l'exactitude. La figure 215 représente un de ceux qui sont le plus fréquemment employés. On remplit l'instrument de lait jusqu'au 0° de l'échelle, et on le laisse en repos jusqu'à ce que la crème ait monté. La hauteur de la couche de crème marquée alors sur la graduation indique la proportion de crème contenue dans 100 parties de lait. Cet instrument, dont la manipulation est très-simple, peut être employé avec fruit par l'agriculteur (s'il s'en sert toujours dans les mêmes conditions) pour juger de la qualité du lait d'après l'âge, la race ou la nourriture de chaque vache. Le lait de vache de bonne qualité contient 4 ou 5 pour 100 de beurre et marque de 15° à 16° au crémomètre. Il contient en moyenne 3 ou 4 pour 100 de caséine, 5 pour 100 de sucre de lait et $\frac{1}{2}$ à 1 pour 100 de

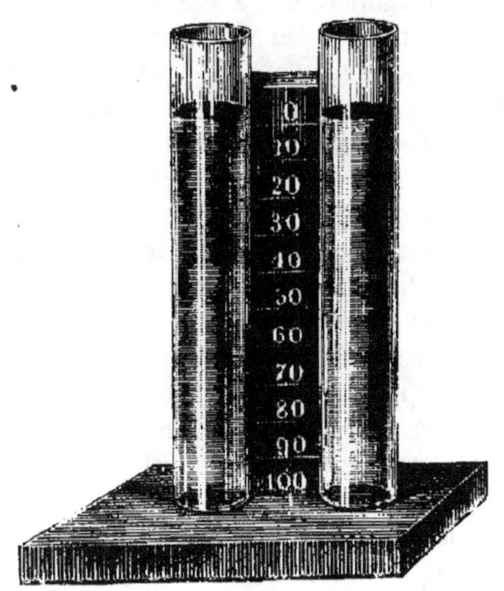

Fig. 215.

matières salines, soit environ 12 ou 14 pour 100 de matière sèche. Tous les laits ont une composition analogue, avec des différences dans la proportion de l'un ou de l'autre des principes. Le lait de vache frais a en général une réaction faiblement alcaline due au bicarbonate de soude, qui se décompose vers le moment de l'ébullition; on dit alors que le lait monte.

Beurre. Le beurre est formé d'une graisse solide (margarine) et d'une graisse liquide (oléine), comme les matières grasses végétales, dont il possède toutes les propriétés (553). Il contient en outre une graisse particulière liquide qui a reçu le nom de *butyrine*, et formée de plusieurs acides gras volatils. Quand le beurre humide et contenant encore un peu de caséum est exposé à l'air, une petite quantité de ces acides (acides butyrique, caproïque, etc.) est mise en liberté et lui communique l'odeur désagréable et la saveur âcre du beurre *rance*. En faisant bouillir plusieurs fois le beurre rance avec de l'eau, on parvient à éliminer ces acides et à restituer au beurre ses qualités primitives. On prévient du reste cette altération du beurre au moyen de la fonte, qui le débarrasse de l'eau et des matières protéiques, ou par la salaison, qui retarde la décomposition de ces matières.

630. Coagulation spontanée du lait. Le lait abandonné à lui-même ne tarde pas à s'aigrir et à se coaguler ; ce phénomène est dû à la transformation du sucre de lait en *acide lactique*, qui agit sur le caséum à la manière des acides et le précipite. La coagulation est beaucoup plus rapide, en été surtout, quand le lait a été secoué, comme cela a lieu pendant le transport. On retarde la coagulation en ajoutant au lait un peu de *bicarbonate de soude*, dont l'alcali sature l'acide à mesure qu'il se forme. Quand le lait est conservé dans un endroit frais, la crème a le temps de *monter* avant que le lait soit coagulé. La crème prend alors une saveur acide et fournit un beurre de qualité inférieure ; elle contient toujours une certaine quantité de lait interposé qui se sépare pendant le *barattage* et forme le *lait de beurre*. Le lait caillé dont on a enlevé la crème renferme encore des traces de matière grasse, il contient en outre de l'acide lactique, une partie du sucre de lait qui n'a pas été décomposée, et la caséine. Quand on le laisse égoutter, le *sérum* ou petit-lait aigre s'écoule, et il reste le caséum dépourvu de beurre, qui constitue les *fromages maigres*. Les fromages maigres conservés humides subissent une décomposition (putréfaction) : il se produit de l'ammoniaque qui forme avec la caséine une pâte analogue à du savon. Quand la décomposition est plus avancée, il se produit, outre la leucine, etc., des combinaisons d'une odeur désagréable et repoussante (acide sulfhydrique, acide valérique, acides gras volatils, etc.)

631. Fermentation du lait. Expérience. On fait coaguler du lait dans un flacon auquel on adapte un tube afin de pouvoir recueillir

les gaz (fig. 187), et on maintient ce flacon à une température de
25° à 30°. Il ne tarde pas à se produire un abondant dégagement
d'acide carbonique, car le sucre de lait qui n'a pas été converti en
acide lactique se transforme, à cette température et sous l'influence
des ferments, en glucose, qui se dédouble aussitôt en alcool et en
acide carbonique. Il se forme en même temps une certaine quantité
d'acide butyrique, qui donne une odeur très-désagréable au produit
obtenu par la distillation de la partie liquide de la matière fermentée. Le kumyss des Tartares est une eau-de-vie obtenue de cette
manière par la fermentation du lait de jument.

632. Matière minérale du lait. Quand le lait est incinéré au contact de l'air, il reste, après que le carbone, l'hydrogène, l'oxygène et
l'azote ont été transformés en corps gazeux, des cendres composées
de potasse, de soude, de chaux, de magnésie, d'oxyde de fer, combinés avec l'acide phosphorique, l'acide sulfurique, l'acide carbonique et le chlore.

ALIMENTS ET DIGESTION.

633. Aliments. Si l'on recherche la composition du lait et de
l'œuf, on trouve :

Dans l'œuf :		Dans le lait :	
De l'eau.	H,O.	De l'eau.	H,O.
Une matière grasse. .	H,O,C,Ph.	Du beurre. . . . . }	H,O,C.
De l'albumine.. . . .	H,O,C,Az,S,Ph.	Du sucre de lait. . }	
La coquille et d'autres }	Ca,Mg,Na,K,Fe,	De la caséine.. . . }	H,O,C,Az,S,Ph.
substances minérales. }	Ph,S,Cl,O.	De l'albumine. . . }	
		Des matières miné- }	Ca,Mg,Na,K,Fe,Ph,
		rales. . . . . . }	S,Cl,O.

Nous trouvons les mêmes éléments, et rien que ceux-là, dans le
corps d'un animal ; il s'ensuit donc que, pendant l'incubation, les
substances contenues dans l'œuf servent à la formation du poussin,
et que celles du lait, formant l'aliment exclusif d'un jeune mammi-
fère, sont assimilées et servent à son entretien et à son développement. Il en est de même des substances végétales et animales qui
nous servent d'aliments. Un aliment complet doit donc contenir, à
l'état assimilable, toutes les substances qui se trouvent dans l'œuf
ou dans le lait. Ces deux substances sont d'origine animale ; elles
n'ont par conséquent qu'à subir une altération de forme pour rede-
venir ce qu'elles étaient primitivement dans l'individu qui les a produites. Les aliments végétaux, au contraire, doivent subir, pendant
l'acte de la digestion et de l'assimilation, une véritable transforma-

tion qui les convertit en matières animales. Il est vrai que la plupart des principes immédiats du règne végétal ont une grande analogie avec ceux du règne animal ; souvent même ils leur sont tout à fait identiques. Ainsi :

a) Parmi les subtances *non azotées* : la cellulose, l'amidon, la dextrine, le sucre et les corps gras sont analogues ou identiques aux corps gras des animaux.

b) Parmi les substances *azotées* : l'albumine, la caséine, le gluten des végétaux, ont la même composition que ceux de ces principes qui constituent le sang et la viande des animaux.

c) Les matières minérales des plantes sont en tout point identiques à celles que l'on trouve dans le corps des animaux et particulièrement dans les os.

De là ainsi que d'autres faits physiologiques on conclut que, dans l'alimentation des herbivores, les substances citées en premier lieu servent à la formation de la graisse (et à la respiration, 639); les secondes à celle du sang et de la viande, et les troisièmes principalement à la formation des os.

D'après ce qui précède les aliments se diviseraient naturellement en trois classes, selon que les substances de l'une ou de l'autre des divisions *a*, *b* et *c* y prédominent. En réalité cependant, les deux dernières divisions n'en forment qu'une seule, parce que les substances très-azotées sont en même temps riches en matières minérales. On peut donc distinguer avec M. Liebig [1] les aliments en :

1) *Aliments respiratoires*, c'est-à-dire ceux où prédominent les matières non azotées; on pourrait encore les appeler producteurs de *chaleur* ou de *graisse*, car ce sont eux qui servent à produire la chaleur particulière aux animaux (639) et qui se convertissent en graisse quand ils ne sont pas détruits en totalité pendant la respiration. Presque toutes les matières végétales, à l'exclusion des graines, sont rangées parmi ces aliments; par exemple : la pomme de terre, les navets, les fruits, les choux et les légumes en général : la paille, etc.

2) *Aliments plastiques*, c'est-à-dire ceux où les matières *azotées* et minérales prédominent, et qui concourent ainsi à la formation du *sang*, et, par suite, à celle de la *viande* et des *os*, qui dérivent du sang. Le type de ces aliments est la viande elle-même ; parmi les végétaux, ce sont les graines en général et les parties végétales vertes *très-jeunes*. Le sang transporte les matières azotées assimilées dans toutes les parties du corps, où elles sont transformées en cel-

---

[1] Cette distinction a été établie antérieurement par MM. Dumas et Boussingault, *Statique chimique*, 3e édition, page 41.

lules, en viande, en suif, en cartilages, en poils, en corne, etc., ce qui leur a fait donner le nom d'*aliments plastiques*. Les agriculteurs les emploient pour l'engraissement des *animaux* et pour la nourriture de ceux dont ils exigent de la *force;* aussi les appellent-ils souvent *aliments fortifiants.* Comme les aliments respiratoires et les aliments plastiques sont nécessaires à la vie d'un animal, un *aliment complet* devra contenir naturellement et dans un rapport déterminé ces deux espèces d'aliments.

Les graisses sont en même temps aliments respiratoires et aliments plastiques, parce qu'elles sont décomposées pendant la respiration quand les autres substances ne suffisent pas, ou fixées dans l'organisme quand les aliments respiratoires sont en excès : c'est ce qui a lieu pendant l'engraissement.

634. **Digestion.** Les aliments commencent à subir dans la bouche une partie des préparations qui doivent les rendre solubles, nonseulement par la mastication, mais aussi par une action chimique propre à la *salive.* La salive, en effet, contient une matière organique encore peu connue, la *ptyaline,* jouissant, comme la diastase (460), de la propriété de convertir l'amidon en dextrine et en glucose.

Dans l'estomac, les aliments sont imbibés de *suc gastrique,* liquide qui contient de l'acide lactique, de l'acide chlorhydrique libre[1], du sel marin, et une substance particulière qui a reçu le nom de *pepsine.* Le suc gastrique est sécrété par la membrane muqueuse qui tapisse l'intérieur de l'estomac ; il possède des propriétés dissolvantes remarquables. Les aliments se ramollissent et se convertissent pour la plupart en un liquide laiteux qu'on appelle *chyme.* L'acide chlorhydrique provient probablement d'une décomposition du sel marin et paraît indispensable à la dissolution et à l'assimilation (digestion) des aliments. De l'eau faiblement acidulée avec de l'acide chlorhydrique et dans laquelle on a mis en digestion, pendant un jour, un morceau de la muqueuse de l'estomac (estomac de veau), jouit également de la propriété de dissoudre, à une température de 30° à 40°, de l'albumine coagulée, de la viande et d'autres aliments, ce qui n'a pas lieu dans l'eau simplement acidulée. Le chyme perd toutes ses parties solubles pendant son parcours dans les intestins : elles sont absorbées par des organes particuliers et amenées au sang sous le nom de *chyle.* La marche de l'assimilation est donc la suivante : les aliments ingérés dans l'estomac sont convertis en chyme, dont la partie soluble, le chyle, est portée dans le sang, aux dépens du-

---

[1] La présence de l'acide chlorhydrique libre dans l'estomac est contestée par plusieurs physiologistes; cet acide paraît être combiné avec une matière organique (copule 454).

quel se forment tous les organes et toutes les substances du corps
animal, de même que ceux du végétal se forment aux dépens de la séve.

635. **Endosmose**. EXPÉRIENCE. Dans un tube fermé à l'une de ses
extrémités par une vessie (614) on introduit du sang de bœuf fouetté
et filtré sur une toile, puis on plonge ce tube dans un flacon contenant de l'eau tiède (fig. 216) de façon que les deux niveaux se cor-

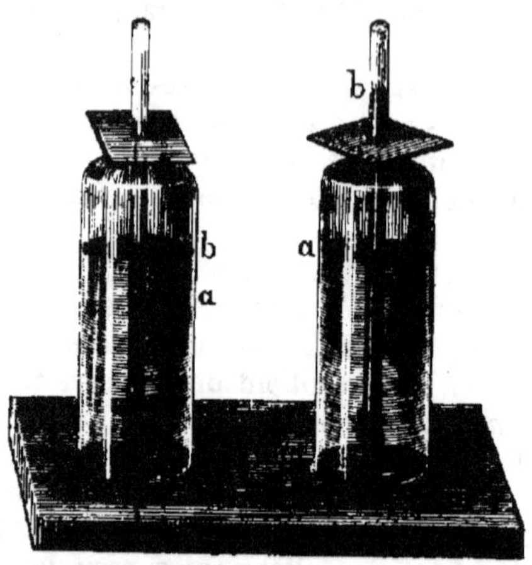

Fig. 216.

respondent : le sang ne tarde pas à s'élever dans le tube à une certaine hauteur *ab* au-dessus du niveau de l'eau du flacon, comme
l'eau salée s'est élevée dans l'expérience 614 et par la même raison.
La cause de cette action réside principalement dans la forte quantité
de sel (près de 1 pour 100) contenue dans le sang ; on peut facilement s'en assurer par une seconde expérience où l'on substitue au sang
le liquide clair obtenu en filtrant le sang sur une toile après l'avoir
fait bouillir. Ce liquide, quoique ne contenant que les sels solubles
du sang, formés principalement de sel marin, produit le même phénomène d'endosmose que le sang lui-même. Cette expérience jette
un peu de jour sur le *phénomène de l'absorption* des aliments. L'estomac et tout le tube intestinal sont tapissés de vaisseaux sanguins
dans lesquels le sang se meut avec une grande rapidité. Or le sang
est plus riche en matières salines que le liquide qui se forme dans
l'estomac avec les aliments et la boisson. L'eau superflue est aussitôt éliminée par les voies urinaires, et le sang se trouve de la sorte
maintenu à un état constant de concentration. Dans cette hypothèse
le sel aurait dans l'alimentation une importance toute particulière,
due à la propriété physique dont il vient d'être question.

III. — SANG.

De même que le lait, le sang est formé par un liquide dans lequel nagent des corps globulaires ayant la forme de disques; ces corps, appelés *globules du sang*, sont colorés en rouge, et c'est à eux que le sang doit sa couleur. La figure 217 représente le sang vu sous un fort grossissement; les globules *a* présentent la face du disque, et les globules *b* l'élévation.

636. Altération du sang en repos. EXPÉRIENCE. *Le sang* fraîchement tiré, abandonné au *repos*, ne tarde pas à s'altérer : il se *caille*, et bientôt après il s'en sépare un liquide jaunâtre, le *sérum*. Le sérum, porté à l'ébullition, se coagule, car il est formé par une dissolution d'albumine. Le caillot est composé de deux substances : les *globules rouges*, et une matière fibreuse blanche, la *fibrine*. Tant que le sang circule dans les veines, la fibrine reste dissoute ; mais elle devient insoluble aussitôt que le sang a abandonné le corps. Les substances du sang dont nous venons de parler se séparent pendant le repos de la manière suivante :

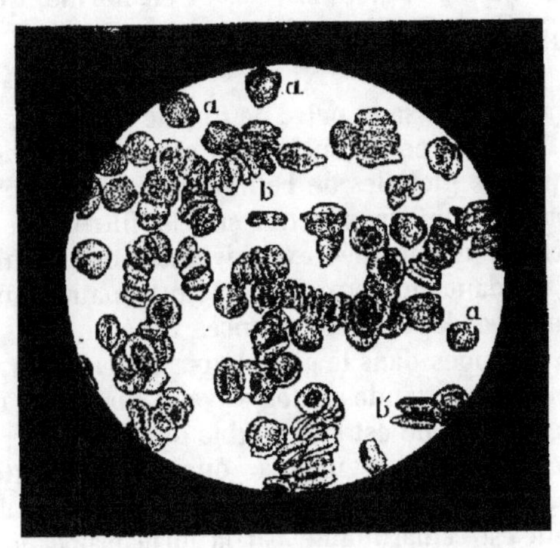

Fig. 217.

l'eau, l'albumine,   les globules et la fibrine,
le sérum.   le caillot.

637. Altération du sang agité. EXPÉRIENCE. Si le *sang* est fortement agité ou *fouetté*, pendant qu'il abandonne le corps d'un animal, il ne se coagule plus; mais il s'en sépare une matière filamenteuse qui, lavée et malaxée avec de l'eau, se présente sous forme d'une substance blanche, analogue à la fibre de la viande. En réalité, on pourrait considérer cette substance comme de la viande à moitié faite, car

27.

elle en a la composition, et c'est probablement à ses dépens que la viande se forme. Sous le rapport des propriétés chimiques, elle a beaucoup d'analogie avec l'albumine coagulée. Le *sang privé de fibrine*, qui peut dès lors rester liquide, conserve sa couleur ; il se prend par l'ébullition en une masse gélatineuse d'un rouge noirâtre. Le sang agité se divise donc

en eau, albumine et globules,   et en fibrine, qui se coagule.

qui restent liquides.

Si l'on ajoute à du sang privé de fibrine une assez grande quantité d'une solution saturée de sulfate de soude, les *globules sanguins*, de même que les globules de beurre dans le lait (625), deviennent assez compactes pour être retenus sur le filtre. On a reconnu que cette matière rouge, formée exclusivement de globules, et qui a été considérée pendant longtemps comme une matière unique, est réellement composée de deux substances différentes, la globuline et l'hématine, retenues dans le globule par une membrane très-mince. La *globuline* a une grande analogie avec l'albumine, dont elle diffère cependant en ce qu'elle est susceptible de cristalliser, par conséquent de prendre des formes régulières, quoique différentes pour les diverses espèces d'animaux. L'*hématine* constitue la matière colorante du sang ; elle est remarquable par la forte proportion de fer qu'elle contient, car elle laisse après l'incinération 10 pour 100 de son poids de sesquioxyde de fer. Si l'on introduit dans l'eau les globules retenus par le filtre, ou si l'on étend d'eau le caillot obtenu précédemment (656), les deux matières, qui constituent les globules, entreront en dissolution et les membranes qui les entourent resteront en suspension dans le liquide. Ce dernier se coagule, par la chaleur, en une masse brune qui devient noire par la dessiccation.

638. **Composition du sang**. Comme on le voit par ce qui précède, les *principales substances* contenues dans le sang sont, outre 70 pour 100 d'eau environ, l'*albumine*, la *fibrine*, la *globuline* et l'*hématine*. Le sang renferme aussi de la matière grasse, du chyle, des globules lymphatiques, de l'urée et plusieurs substances qui n'ont pas encore été bien déterminées. Il subit des modifications pendant l'état de maladie, mais on n'a point à cet égard de données ni d'observations suffisantes.

Le sang est très-chargé de *substances minérales*. Desséché et incinéré à l'air, il laisse environ 8 pour 100 de cendres : ces cendres sont principalement formées de *phosphates* et de sel marin. Il contient aussi des acides : de l'acide sulfurique, des acides gras; et des bases : de la potasse, de la chaux, de la magnésie, de l'oxyde de fer. On trouve donc, dans le sang, les mêmes substances minérales que dans les alimènts (œuf, lait, pain, etc.). Dans le règne végétal ces substances sont principalement associées aux matières azotées, surtout dans les graines, dans les graines des céréales et des légumineuses, par exemple.

On a donné le nom de lymphe à un liquide jaunâtre, aqueux, que l'on rencontre dans le corps des animaux : il s'accumule quelquefois rapidement sous la peau, par exemple après une brûlure; les globules de la lymphe sont incolores et non pas rouges comme ceux du sang.

639. Respiration. Tant qu'un animal est en vie, son sang circule constamment et avec une grande vitesse dans deux espèces de vaisseaux particuliers : les *artères*, disposées, pour la plupart, le long des os et sous les chairs, et les *veines*, situées généralement vers la surface du corps. Le sang est d'un rouge vif quand, poussé par le cœur dans les artères, il va se répandre dans toutes les parties du corps; il est au contraire d'un noir rougeâtre quand les veines le ramènent vers le cœur. Le sang veineux, avant de reprendre son cours par les artères, traverse le poumon, où il est mis en contact avec l'air, qui lui fait subir un changement remarquable : pendant son contact avec l'air, le sang veineux noir se transforme en sang artériel rouge; *en même temps il absorbe de l'oxygène et émet de l'acide carbonique et de la vapeur d'eau.* L'air expiré par les poumons est donc privé d'une partie de son oxygène, et chargé d'acide carbonique et de vapeur d'eau. Cette altération de l'air a la plus grande analogie avec celle qu'il éprouve pendant la combustion, où son oxygène est de même transformé en acide carbonique et en eau. Cette analogie devient encore plus frappante par ce fait, que, dans le corps des animaux en vie, il se développe de la chaleur, et que les aliments, sauf la petite quantité qui passe dans les excréments, se consument et disparaissent comme ils le feraient dans un poêle : leur disparition s'opère de la même manière que celle du bois dans les foyers de nos appartements : ils se transforment en acide carbonique et en eau, expulsée en partie par les poumons et en partie par la transpiration cutanée. Ce sont principalement les matières organiques non azotées : l'amidon, le sucre, la gomme, les acides organiques, l'alcool, les matières grasses, etc., qui disparaissent pendant cette combustion; aussi les a-t-on spécialement désignées sous le nom d'*aliments respiratoires* (633).

IV. — CHAIR MUSCULAIRE.

640. Chair musculaire. Ce que l'on appelle vulgairement *viande maigre* n'est autre chose que de la *fibrine animale* (637) ou *fibre musculaire*. Sous cette forme, elle constitue des filaments déliés en-

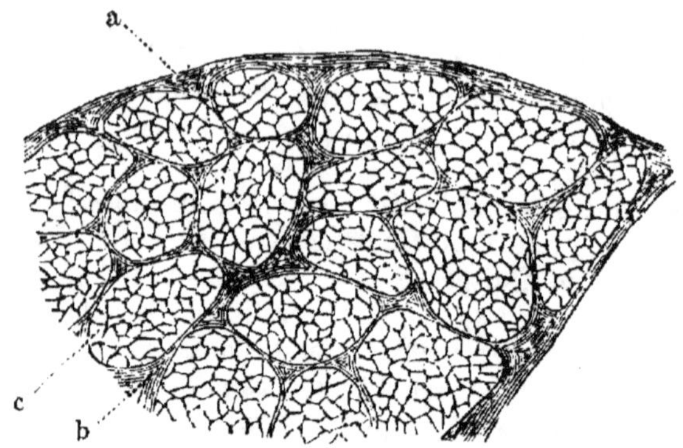

Fig. 218.

tremêlés de tissu cellulaire, de nerfs et de veines, et pénétrés de graisse et d'une matière liquide particulière. La figure 218 représente la section transversale, peu grossie, d'un muscle. Les grands faisceaux *a*, entourés de tissu cellulaire *b*, sont formés d'une grande quantité de faisceaux plus petits *c*, entourés aussi d'une gaine de tissu cellulaire et composés de petits filaments très-déliés, les *fibrilles*, visibles seulement sous un fort grossissement et dont quelques-unes sont représentées, grossies, dans la figure 219. La composition du tissu cellulaire est identique à celle de la gélatine; les fibres ont la même composition que la fibrine, mais jouissent de propriétés différentes.

Fig. 219.

641. Composition de la viande. *Liquide de la viande.* Expérience. On hache très-fin 100 gr. de viande maigre que l'on brasse avec 100 gr. d'eau, puis on passe le liquide à travers un linge et on traite de nouveau la viande de la même manière avec une égale quantité d'eau. Ces deux liquides, mêlés, ont une teinte rouge, et contiennent tous les principes solubles de la viande. Chauffés jusqu'à 60°, il s'en sépare une écume blanche formée d'albumine coagulée. Si l'on continue à chauffer le liquide, après l'avoir débarrassé de l'albumine, il se produit de nouveau un trouble provenant cette fois des *globules du sang* et de la *fibrine* (636) contenus dans le sang dont est imprégnée la viande et qui se coagulent également dans l'eau bouillante. Le liquide qui reste (bouillon) est acide; il contient de l'acide phosphorique, de l'acide lactique et de l'acide inosique libres, des phosphates et des lactates alcalins (beaucoup de potasse, peu de soude), du phosphate de magnésie, et, outre quelques matières peu étudiées, deux corps organiques cristallisables et indifférents : la *créatine* et l'*inosite*, et un troisième cristallisable aussi, mais basique, la *créatinine*. Par la concentration, le bouillon devient jaune, puis brun ; évaporé jusqu'à siccité, il laisse une matière brun foncé, molle (extrait de viande), dont 30 à 40 gr. suffisent pour convertir rapidement en bon bouillon un litre d'eau additionnée d'une quantité convenable de sel.

Fibrine musculaire. EXPÉRIENCE. Si l'on fait bouillir dans l'eau, pendant plusieurs heures, la viande épuisée dans l'expérience précédente, on obtient un liquide qui se prend en gelée par le refroidissement et qui contient principalement de la gélatine avec un peu de matière grasse nageant à la surface. La matière insoluble, blanche, dure, inodore et insipide qui reste est formée de *fibrine musculaire*, et a une grande analogie avec la fibrine ou l'albumine coagulées. Dans cet état, la fibrine musculaire est difficile à digérer et peu nutritive. Le tableau suivant donnera une idée de la composition quantitative de la viande.

1,000 kilog. de viande de bœuf fourniraient :

a) A l'épuisement par l'eau. . . . . 60 kilog.
    (contenant moitié d'albumine).
b) Par une ébullition subséquente de 5 heures
    dans l'eau. 6
    (principalement formés de gélatine).
c) Fibrine musculaire dégraissée. 164
d) Graisse ou suif. 20
e) Eau. 750
                               ————
                               1000

642. Cuisson de la viande. Pour avoir de bonne viande cuite, il faut éviter avant tout, pendant la cuisson, l'écoulement du liquide qu'elle contient, ensuite ne pas la cuire trop longtemps. Si l'albumine contenue dans la viande reste interposée entre la fibrine, on obtient un bouilli ou un rôti tendre; si, au contraire, l'albumine peut s'écouler, la viande devient dure et coriace. Pour préparer de bonne viande bouillie, il faut introduire la viande dans l'eau bouillante, que l'on continue à faire bouillir pendant plusieurs minutes, et qu'on maintient ensuite, pendant quelques heures, à 70° environ. De cette manière, l'albumine se coagule à la partie extérieure de la viande et empêche en même temps l'écoulement du liquide que celle-ci contient et l'introduction de l'eau.

643. Préparation du bouillon. Pour préparer de bon bouillon de viande, il faut procéder d'une manière inverse. La viande, hachée menu, est mêlée à de l'eau froide que l'on porte lentement à l'ébullition; puis, après avoir maintenu cette viande pendant quelques minutes à cette température, on l'exprime après avoir passé le liquide où elle a bouilli. Le liquide ainsi obtenu, une fois assaisonné avec du sel et les autres condiments qu'on ajoute ordinairement au bouillon, et coloré de cette teinte brune de rigueur que communique l'oignon brûlé ou le caramel, constitue le meilleur bouillon que l'on puisse tirer d'une quantité donnée de viande. On a cru pendant longtemps que c'était à la gélatine que le bouillon devait ses qualités; mais la gélatine, par elle-même, est insipide et n'entre du reste que pour une faible proportion dans le bouillon. Aussi n'a-t-on jamais pu préparer un bouillon convenable avec les tablettes que l'on a fabriquées pendant quelque temps, en France et en Angleterre, avec de la gélatine.

644. Salaison de la viande. La méthode généralement adoptée et pratiquée pour conserver la viande consiste à la saupoudrer de sel et à la disposer ensuite par couches ou à la comprimer. Le sel soutire à la viande $\frac{1}{3}$ ou $\frac{1}{2}$ de son eau et s'y dissout en formant la *saumure*. La saumure contient donc une grande partie de l'albumine ainsi que d'autres principes favorables à la digestion et à l'alimentation, telles que les lactates et les phosphates, la créatine et la créatinine, toutes substances enlevées à la viande, qui perd par là en qualité. Il n'est pas impossible que ce soit là, en grande partie, la cause du scorbut et d'autres maladies qui se manifestent chez les personnes qui font une consommation prolongée de viandes salées. Il serait peut-être plus avantageux, sous ce rapport, d'arrêter la salaison de la viande avant la formation de la saumure.

V. — BILE.

645. Bile. La bile est sécrétée par le foie, qui la sépare du sang veineux; elle forme un liquide épais, verdâtre, d'une odeur nauséabonde et d'une saveur très-amère. La bile de bœuf, celle qui a été le mieux étudiée, est composée principalement de deux acides particuliers analogues aux acides gras : l'*acide glycocholique* et l'*acide taurocholique*, d'une apparence savonneuse; ils sont combinés avec de la *soude*. La bile agitée avec de l'eau la rend mousseuse comme de l'eau de savon et se comporte comme celle-ci avec les matières grasses; aussi l'emploie-t-on souvent pour dégraisser les étoffes de soie, dont la couleur serait altérée par le savon. La vésicule biliaire de la carpe, desséchée avec son contenu, constitue un article de commerce.

La bile est un réactif pour le sucre. Expérience. On dissout un peu de *fiel de carpe* ou quelques gouttes de fiel de bœuf dans une petite quantité d'eau et on y ajoute peu à peu de l'acide sulfurique jusqu'à ce que le précipité qui se forme d'abord se soit redissous. Si, à ce moment, on ajoute au liquide une goutte d'eau sucrée ou d'empois d'amidon très-étendu, le liquide prend une belle coloration violette, pourvu que la température n'ait pas été trop élevée pendant l'addition de l'acide sulfurique. On peut découvrir de cette manière des quantités même très-faibles de sucre ou d'amidon. Le réactif n'a pas la même valeur pour rechercher la bile, parce qu'il y a d'autres composés azotés, d'origine animale, qui peuvent produire cette coloration.

VI. — PEAU, TISSU CELLULAIRE ET MATIÈRES CORNÉES.

646. Peau et tissu cellulaire. Le corps des animaux est recouvert en entier d'une peau solide et élastique formée par plusieurs couches superposées d'un tissu serré de fibres et de cellules. La figure 220 représente une section de *peau humaine* vue sous un fort grossissement. On y distingue trois couches principales : l'épiderme, le derme et le tissu cellulaire. L'épiderme *a* forme la partie extérieure insensible de la peau; il se renouvelle constamment au moyen d'une couche muqueuse *b*, placée immédiatement au-dessous. Sous l'épiderme se trouve le derme *c*, qui constitue la partie principale de la peau : il est formé par un tissu très-serré de fibres et de cellules. Enfin la partie la plus interne de la peau, le tissu cellulaire *d*, chargé d'agglomérations graisseuses *e*, contient deux espèces de glandes : les unes sécrètent la sueur, formée d'eau qui tient en

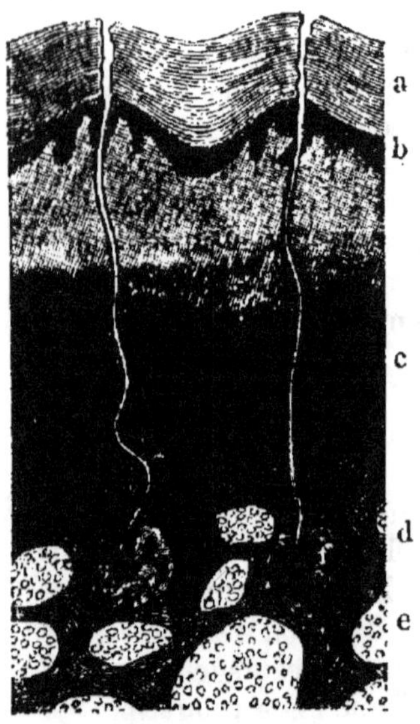

Fig. 220.

dissolution un peu d'acide formique, d'acide acétique, d'acide carbonique et de sel marin; les autres sécrètent les substances grasses qui se répandent à la surface de la peau. La température du corps de l'homme et des animaux à sang chaud se maintient constamment à 40°, même au soleil ou dans une atmosphère dont la température dépasse ce nombre de degrés : la transpiration seule devient plus active; l'eau qui est alors sécrétée à la surface de la peau s'évapore et transforme en chaleur latente l'excès de chaleur (40).

EXPÉRIENCE. Un morceau de la peau fraîche d'un animal plongé dans l'eau s'y gonfle et finit par entrer en putréfaction; bouilli dans l'eau, au contraire, il s'y dissout en grande partie et forme un liquide qui se prend en *gelée* par le refroidissement et qui fournit de la colle-forte par la dessiccation. La gélatine cependant ne préexiste pas dans la peau : elle se forme, pendant l'ébullition prolongée, aux dépens d'un *tissu* qui peut se convertir en gélatine.

647. Matières qui peuvent se convertir en gélatine. Ces matières forment une grande partie du corps des animaux; elles constituent tout ce qui n'est pas substance protéique ou graisse : par exemple, le tissu cellulaire dans la peau et autres parties du corps, les cartilages, les tendons et les ligaments, la partie organique des os, de la corne de cerf, etc. Elles sont fortement azotées et contiennent en outre du *soufre*; leur composition a par conséquent beaucoup d'analogie avec celle des matières albuminoïdes, dont elles diffèrent cependant par leurs propriétés et leurs réactions.

A ces substances il faut ajouter la substance connue sous le nom de *colle de poisson* : elle est formée par la membrane muqueuse de plusieurs poissons, et principalement des esturgeons; on dessèche cette membrane après l'avoir nettoyée, puis on la dispose en feuilles ou en rouleaux. La colle de poisson bouillie dans l'eau fournit une solution de gélatine incolore très-employée pour rendre collants divers objets, dans la fabrication du taffetas d'Angleterre, par exemple; elle sert beaucoup aussi à la préparation des gelées végétales. On substitue souvent à la colle de poisson la *corne de cerf* finement râpée. La gélatine se trouve aussi en petite quantité dans le bouillon et dans le jus de viande, lesquels, pour cette raison, se prennent souvent en gelée, car il suffit de 4 parties de gélatine dans 100 parties d'eau pour former une gelée consistante.

648. **Gélatine ordinaire ou colle-forte.** On obtient la gélatine du commerce en traitant les débris de peau par l'eau bouillante, ou mieux encore par la vapeur à haute pression. Le liquide, qu'on laisse déposer à chaud, se prend par le refroidissement en une masse gélatineuse que l'on coupe avec du fil d'archal et qu'on fait sécher à l'air sur des filets.

La gélatine et l'eau. Expérience. La colle-forte immergée dans l'eau se gonfle et forme une masse molle et opaque; sous l'influence de la chaleur elle entre en dissolution et constitue un liquide épais dont on se sert dans les arts pour coller les corps entre eux. On augmente beaucoup la force de cohésion de la colle en y ajoutant un peu de blanc de céruse (colle russe) ou de borax, 30 à 50 gr. par kilog.

Précipitation de la gélatine par le tannin. Expérience. Si l'on verse une solution d'*acide tannique* dans de l'eau de gélatine ou du bouillon, elle y forme un précipité qui se transforme en une masse gluante, insoluble dans l'eau et imputrescible à l'air, même à l'état humide. Cette combinaison a lieu aussi, pendant le tannage, entre la substance de la peau qui peut se convertir en gélatine et l'acide tannique des écorces (650). Cette propriété rend la gélatine précieuse pour débarrasser d'une partie de leur tannin les vins et les matières colorantes en dissolution. La gélatine en dissolution peut aussi servir de réactif pour découvrir le tannin et même pour le doser dans les écorces à l'aide d'une liqueur titrée de gélatine.

Si l'on fait bouillir, pendant longtemps, la gélatine dans une lessive de potasse, elle se transforme en plusieurs substances, dont l'une, cristallisable et d'une saveur sucrée, a reçu le nom de *sucre de gélatine* ou *glycocolle :* elle jouit des propriétés des bases organiques.

La gélatine humide entre en putréfaction comme toutes les matières animales, et fournit, en raison de la forte proportion d'azote qu'elle contient (18 pour 100), une grande quantité d'*ammoniaque;* aussi est-il aisé de comprendre que, introduite dans le sol, elle favorise puissamment la végétation : son action a des effets très-

sensibles quand on arrose de temps en temps une jacinthe avec une
eau gélatineuse, ou quand on enfouit dans le sol, avec l'oignon,
quelques râpures de corne. L'action fertilisante de la poudre d'os
doit être attribuée en partie à la gélatine qu'elle contient. La gélatine se transforme également en ammoniaque pendant la distillation sèche ; aussi obtient-on de grandes quantités de sels ammoniacaux quand on distille les os pour fabriquer le noir animal (228).

649. **Chondrine**. La substance gélatineuse que l'on retire en faisant bouillir dans l'eau des cartilages permanents, non ossifiables,
comme, par exemple, des cartilages de la trachée-artère, des oreilles,
du nez, des côtes, etc., diffère de la gélatine ordinaire; on lui a
donné le nom de *chondrine*. Elle ne contient que 14 pour 100 d'a-
zote et est précipitée par l'acide acétique, l'alun et le sulfate de
sesquioxyde de fer, qui ne précipitent pas la gélatine. La chondrine
se comporte au reste comme la gélatine avec l'eau et le tannin.

650. **Tannage**. L'action du tannin sur la gélatine forme la base
de l'art du tanneur. Pendant le tannage, l'acide tannique se combine avec la matière gélatinisable de la peau et la transforme en
cuir. On dispose à cet effet les peaux en couches alternées avec des
couches de *tan* (écorces de chêne ou de pin divisées en petits morceaux) imbibé d'eau, avec lequel on les laisse en contact jusqu'à ce
qu'elles soient pénétrées par le tannin en dissolution dans l'eau. On
atteint plus rapidement le même but en introduisant la solution de
tannin dans la peau à l'aide de la pression. Le cuir brun consiste en
tissu cellulaire dont la partie gélatinisable s'est combinée avec le
tannin : il est imputrescible, et devient imperméable à l'eau quand
on l'imprègne de graisse.

Corroyage. On transforme souvent la peau en cuir au moyen de
solutions salines, le plus fréquemment avec un mélange d'alun et
de sel marin; ces cuirs sont *corroyés*, après le tannage, avec de
l'huile de poisson et d'autres graisses. On obtient ainsi un cuir
blanc qui conserve plus de souplesse que ceux qui ont été préparés
à l'aide du tannin. On obtient un cuir d'une plus grande souplesse
encore en corroyant simplement la peau avec de la graisse, sans la
traiter par le tan ou par l'alun. Ce dernier procédé est celui qu'emploient les Indiens, qui font leurs cuirs en malaxant les peaux avec
des cervelles d'animaux bouillies dans l'eau, jusqu'à ce que ces peaux
soient pénétrées de la graisse contenue dans la cervelle.

Pour fabriquer le *parchemin* on étend les peaux, ramollies et
amincies par le raclage, sur un châssis où on les frotte, pendant
leur dessiccation, avec de la pierre ponce jusqu'à ce que leur surface
soit bien unie. Pour l'obtenir blanc, on le frotte ensuite avec de la

craie en poudre, et, quand on le destine à recevoir de l'écriture, on
le recouvre d'une couche de blanc de céruse et de vernis.

Avant de soumettre les peaux au tannage ou au corroyage, on
leur enlève généralement les *poils* qui les recouvrent. On y parvient
d'une manière très-simple en raclant la peau, après en avoir fait
décomposer la surface par une immersion dans l'eau ou dans l'eau
de chaux. On emploie souvent, dans le même but, de l'oxysulfure de
calcium (405) ou un mélange de chaux et d'orpiment.

TISSUS CORNÉS.

651. **Tissus cornés.** Les *poils*, la *laine*, les *crins*, les *plumes*, la
baleine, l'*écaille*, les *griffes*, les *sabots*, les *ongles*, les *cornes*, les
écailles, etc., qui protégent la peau de beaucoup d'animaux, ou qui
en sont un prolongement, sont formés, en majeure partie, de la
substance qui constitue l'épiderme de la peau (646). Cette substance
est aussi riche en azote que les matières protéiques; elle en contient
de 14 à 16 pour 100, et, de plus, des proportions très-notables de
soufre (1 à 5 pour 100). C'est au soufre contenu dans les cheveux,
les poils, les plumes, etc., qu'il faut attribuer la couleur noire qu'ils
contractent quand on les chauffe avec une solution plombique : elle
est due à une certaine quantité de sulfure de plomb. Sous le rapport des propriétés chimiques, le tissu corné a une grande analogie
avec les substances protéiques coagulées; il est insoluble dans les
dissolvants ordinaires; il se dissout avec formation d'ammoniaque
et de sulfure de potassium quand on le chauffe avec une lessive de
potasse. Une ébullition prolongée dans l'acide sulfurique dilué détermine dans le tissu corné la formation de plusieurs produits, dont
l'un, la *tyrosine*, est cristallisable; on la retire également de l'albumine. Les déchets des matières cornées fournissent une matière
première précieuse pour la production des corps azotés, tels que
les sels ammoniacaux, les cyanures, l'acide azotique; aussi les emploie-t-on fréquemment pour la préparation de ces divers produits.
Ils constituent pour l'agriculture un engrais puissant et très-re-
cherché (râpures de cornes, déchets de tanneurs, chiffons de laine,
déchets des fabriques de draps, etc.).

Chitine. La matière cornée, ou analogue au parchemin, qui forme
les élytres et les enveloppes des *insectes* a reçu le nom de *chitine*;
elle jouit de propriétés toutes différentes de celles de la substance
cornée. Elle est insoluble, même dans les lessives caustiques les
plus concentrées, et contient une proportion d'azote plus faible,
mais qu'on n'a pas encore pu déterminer avec exactitude.

652. **Laine et soie**. La laine est formée de tubes allongés, creux, dont la surface, enduite d'une couche huileuse (suint), paraît, au microscope, couverte d'écailles. La figure 221 représente un poil de la laine d'un mouton ordinaire, et la figure 222 un poil de mérinos, vus sous un même grossissement. La soie, vue au microscope (fig. 223), présente un fil lisse et *plein;* il porte à certains endroits une substance d'apparence albumineuse qui le rend inégal. Si l'on compare ces matières avec les fibres végétales, représentées figures 171 et 172, on voit qu'il serait facile de les distinguer dans un tissu à l'aide du microscope. La laine et la soie, corps très-azotés,

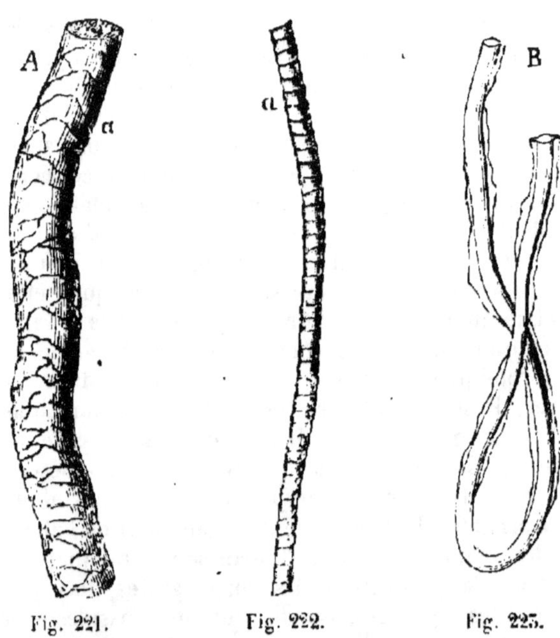

Fig. 221.   Fig. 222.   Fig. 223.

jaunissent dans l'acide azotique, ce que ne font ni le lin ni le coton. Pour travailler la laine, il faut la dégraisser; on emploie à cet effet, dans les filatures de laine et dans les fabriques de draps, de l'urine putréfiée qui agit par le carbonate d'ammoniaque qu'elle contient, ou des solutions faibles de savon ou de soude. Il faut éviter de faire usage d'alcalis caustiques pour le dégraissage des tissus de laine, car la laine s'y dissout. Le blanchiment de la laine et de la soie se fait avec l'acide sulfureux; on ne peut employer le chlore à ce même usage, car il détruit ces deux substances. La laine et la soie ont beaucoup plus d'affinité pour les matières colorantes que la fibre végétale; aussi les tissus de laine et de soie se colorent-ils, en général, plus facilement et d'une manière plus durable que les tissus de lin et de coton.

VII. — OS.

653. Os. Les os, qui constituent la charpente animale, sont composés, à l'état sec, de $\frac{1}{3}$ d'une substance susceptible de se convertir en gélatine et de $\frac{2}{3}$ de matières minérales (phosphate de chaux); ils se distinguent des autres parties du corps par leur richesse en matières inorganiques : principalement de la *chaux* et de l'*acide phosphorique*. La partie organique et la partie minérale sont intimement unies dans les os, qui renferment, en outre, de petites cavités ou pores visibles au microscope, et remplis d'une *matière grasse*. Dans les os des jeunes animaux, ces pores sont plus grands (fig. 224) que dans les os à texture plus compacte des animaux adultes (fig. 225), où ces cavités, ainsi que leurs petites ramifications, sont presque obstruées par la partie osseuse.

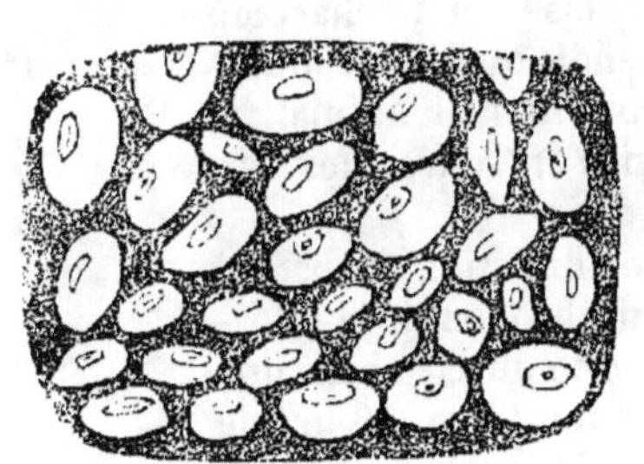
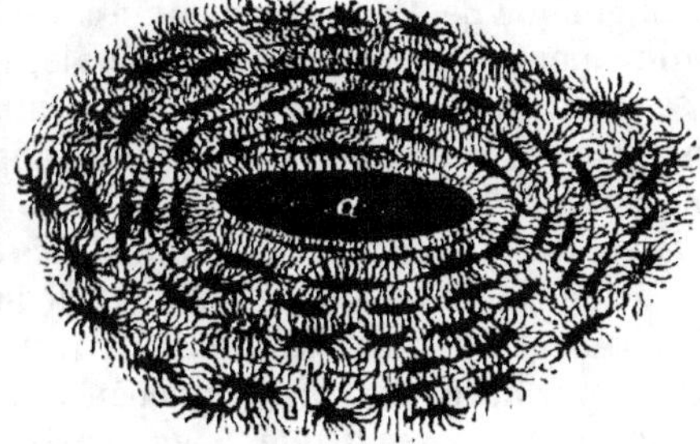

Fig. 224.   Fig. 225.

Les mêmes substances se trouvent, presque dans le même rapport, dans les *cornes* ou *bois du cerf.* Cette corne, bien divisée par le râpage et bouillie dans l'eau, abandonne à celle-ci sa matière organique, qui se transforme en gélatine, se dissout, et communique au liquide la propriété de se prendre en gelée par le refroidissement. La corne de cerf incinérée laisse, comme les os, des cendres composées principalement de phosphate de chaux.

Les dents et l'ivoire ont une composition analogue à celle des os; ils contiennent cependant près de 70 pour 100 de phosphate de chaux; l'émail dentaire même en contient 90 pour 100.

La matière minérale sécrétée par certains animaux des classes inférieures, non plus à l'intérieur, mais à l'extérieur de leur corps,
qu'elle est destinée à protéger, a une composition toute différente de
celle des os. Ainsi les *coquillages*, les *coquilles d'huîtres*, les *rameaux
de corail*, sont principalement formés, comme la coquille d'œuf (624),
de *carbonate de chaux* avec une petite quantité de matière organique. L'acide phosphorique ne s'y trouve en général qu'en proportion très-faible, et quelquefois pas du tout.

654. Partie minérale des os. EXPÉRIENCE. Un os de bœuf sec que
l'on met dans le feu, et qu'on y laisse jusqu'à ce qu'il soit redevenu
blanc, perd environ $\frac{1}{3}$ de son poids par la combustion de la gélatine.
La matière blanche qui reste est composée principalement de phosphate de chaux mêlé avec $\frac{1}{10}$ environ de carbonate de chaux, de phosphate de magnésie, de fluorure de calcium et de sel marin. Le rapport entre la partie organique et la partie minérale de l'os n'est pas
constant ; il varie d'un animal à l'autre, et avec l'âge chez le même
animal.

655. Charbon d'os. EXPÉRIENCE. Si l'on chauffe un os en vase clos,
dans un creuset muni de son couvercle, cet os se transforme en une
matière noire, le *charbon d'os* ou *noir animal*; à l'abri de l'air, la
matière organique de l'os seulement est carbonisée et le charbon
reste intimement mêlé à la partie minérale, tandis que les produits
gazeux se volatilisent (228). Dans la fabrication du noir animal, il
est avantageux de condenser ces vapeurs, afin d'en retirer des sels
ammoniacaux.

Noir lavé. EXPÉRIENCE. Du noir animal mis en digestion ou bouilli
avec de l'acide chlorhydrique étendu d'eau lui abandonne le phosphate de chaux et les autres sels, et il ne reste que du charbon, que
l'on obtient pur après des lavages répétés sur un filtre. 50 gr. de
noir animal ne fournissent que 5 gr. environ de charbon, qui, en
raison de son grand état de division et de sa porosité, possède un
pouvoir absorbant et décolorant plus grand que 10 fois son poids de
charbon de bois. Le liquide acide, où la matière minérale s'est dissoute, forme avec l'ammoniaque un précipité blanc de *phosphate de
chaux*, parce que l'acide qui le tenait en dissolution est neutralisé
par l'ammoniaque. Le carbonate de chaux, que l'acide chlorhydrique
aura transformé en chlorure de calcium, ne sera pas précipité par
l'ammoniaque; on pourra le précipiter par l'acide oxalique dans le
liquide dont on aura séparé le phosphate de chaux (197).

656. Matière cartilagineuse des os. *Osséine.* Si l'on immerge
un os dans l'*acide chlorhydrique étendu d'eau*, cet os perd peu à
peu sa dureté, et il ne reste à la fin qu'une matière translucide

cartilagineuse. L'acide chlorhydrique agit ici comme avec le noir animal : il dissout la matière minérale et laisse intacte la partie organique, l'*osséine*, qui est insoluble dans l'eau et dans les acides. Le cartilage des os, lavé, puis bouilli pendant quelque temps dans l'eau, s'y dissout en se transformant en gélatine, et le liquide se prend en gelée par le refroidissement. Ce procédé est quelquefois employé pour la préparation de la gélatine; le liquide où s'est dissoute la partie minérale constitue un excellent engrais : tout le phosphate de chaux des os s'y trouve; l'on en constate facilement la présence à l'aide de l'ammoniaque (655).

657. Superphosphate de chaux. EXPÉRIENCE**.** On mêle 3 parties d'os en petits fragments ou en poudre avec 1 partie d'acide sulfurique et 1 partie d'eau, et on abandonne le mélange pendant quelque temps en l'agitant de temps à autre. L'acide sulfurique transforme le phosphate basique des os en phosphate acide, en se combinant avec une partie de la chaux; le sulfate et le phosphate acide de chaux restent mêlés avec la substance cartilagineuse, qui entre facilement en putréfaction, et la matière, qui d'abord était pâteuse, devient pulvérulente. Les os traités par l'acide sulfurique de la manière que nous venons d'indiquer constituent un engrais très-estimé connu sous le nom de *superphosphate;* il est d'autant plus énergique que toutes ses parties sont dans un état facilement assimilable.

658. Extraction de la gélatine et de la graisse des os. L'ébullition dans l'eau en vase ouvert n'enlève aux os que la graisse et la gélatine contenues dans la partie externe; mais, quand l'ébullition a lieu sous une forte pression, l'eau enlève aux os la presque totalité de leur graisse et de leur matière organique. La vapeur d'eau à haute pression agit sur les os comme le liquide lui-même, et les deux procédés sont employés pour l'extraction de la graisse d'os et la fabrication de la gélatine. Quand l'action n'est pas prolongée, on n'obtient que peu de gélatine, mais presque toute la graisse, qui est très-propre à la fabrication du savon et surtout au graissage des machines. Les os dégraissés par la vapeur sont mous et flexibles tant qu'ils sont humides; par la dessiccation, ils deviennent durs et cassants et peuvent être facilement réduits en poudre, ce qui ne se pratique que difficilement avec les os frais. La poudre d'os dégraissés est fréquemment employée comme engrais en agriculture.

659. Poudre d'os. Les os, divisés en petits fragments, constituent la *poudre d'os ordinaire* du commerce. Enfouie dans le sol, elle entre en putréfaction, et la matière organique se transforme en *ammoniaque;* en même temps une partie du phosphate de chaux entre en

dissolution et passe dans les plantes, où il est surtout indispensable
pour la formation de la graine. Quand les os sont en fragments trop
volumineux, leur décomposition est très-lente, et ils n'agissent guère
que la troisième ou la quatrième année. Les os entiers peuvent rester en terre pendant des siècles sans que leur matière organique
soit détruite en totalité : ainsi on découvre des os fossiles qui contiennent encore 10 à 15 pour 100 de matière organique. Réduits en
poudre fine, par exemple après avoir été traités à la vapeur, et surtout quand ils ont subi l'action de l'acide sulfurique, les os deviennent facilement solubles et assimilables par les plantes.

Dans beaucoup de localités, principalement dans le voisinage des
raffineries de sucre, on emploie comme engrais le noir d'os ou noir
des raffineries. Comme ce produit est peu riche en azote, il est bon
de l'associer à un engrais très-azoté, comme l'urine, le guano, le
tourteau, les sels ammoniacaux ou les nitrates.

VIII. — DÉJECTIONS ANIMALES.

660. **Déjections.** Les matières qui n'ont pas été assimilées pendant la digestion et celles qui sont éliminées par le travail incessant
de renouvellement qu'entretient la vie, sont rejetées au dehors sous
forme gazeuse par la *respiration* et la *transpiration,* sous forme liquide dans les *urines,* enfin sous forme solide dans les *excréments.*
Les deux derniers produits peuvent avoir de l'importance en médecine, où leur composition indique quelquefois le genre des maladies;
mais ils en ont surtout en agriculture, où on les emploie, avec raison, comme engrais. Il va sans dire que leur qualité sous ce rapport
doit varier avec celle des aliments que l'animal a consommés. Ainsi
les animaux nourris avec des aliments très-substantiels (grains, tourteaux, etc.) fournissent un engrais d'une plus grande valeur que celui qui proviendrait d'animaux nourris avec parcimonie ou avec des
aliments peu substantiels (paille, etc.).

661. **Excréments.** Les excréments sont formés, pour la plus grande
partie, d'aliments qui n'ont pas été digérés. Ceux de l'homme contiennent les aliments non digérés, de la matière mucilagineuse, de
la bile, de la graisse, de la matière extractive, du phosphate de chaux
et environ 75 pour 100 d'eau. Les excréments des herbivores sont
formés de cellulose, de chlorophylle, de cire, de matières mucilagineuses, de sels insolubles, principalement de phosphates terreux et
de silice. Ceux des carnassiers, du chien, par exemple, sont formés
quelquefois presque exclusivement de substances minérales, telles
que phosphates de chaux et de magnésie, mêlées seulement à une

petite quantité de matière organique. L'action de ces excréments sur la végétation est due alors principalement aux substances minérales, c'est-à-dire aux *phosphates* qu'ils contiennent, et en partie aussi à une faible quantité de matières azotées, qui, du reste, entrent *très-lentement* en putréfaction.

662. Urine. L'urine, que les reins sécrètent en la séparant du sang artériel, sert de véhicule pour l'expulsion des matières minérales solubles, en excès, et des *matières azotées* altérées qui sont devenues impropres aux besoins de la vie. La composition de l'urine dépend en grande partie de celle des aliments : quand ceux-ci sont riches en sels solubles, les urines le sont de même ; dans le cas contraire, elles n'en contiennent qu'une petite quantité. Les urines alcalines, par exemple celles des ruminants, du cheval, des herbivores en général, contiennent principalement des *bicarbonates*, des sulfates et des chlorures alcalins (potasse, soude et ammoniaque), et point de phosphates, tandis que les urines acides de l'homme et des carnassiers ne renferment pas de carbonates, mais des *phosphates* alcalins et surtout du phosphate de soude. Dans certaines maladies, les urines subissent des altérations : ainsi l'urine de l'homme devient neutre, quelquefois même alcaline ; d'autres fois elle contient de l'albumine (albuminurie) ou du glucose (diabète). Souvent il s'y dépose, sous forme de grains ou de calculs, des matières peu solubles composées principalement d'acide urique, d'urate d'ammoniaque, de phosphate ammoniaco-magnésien (251) ou d'oxalate de chaux (197).

663. Urée. L'azote se trouve dans l'urine principalement à l'état d'urée, d'acide urique ou d'acide hippurique ; l'urine contient en outre de petites quantités de créatine et de créatinine (644), de mucus de la vessie, et quelques matières organiques encore peu connues.

C'est dans l'urine de l'homme et dans celle des mammifères qu'on trouve l'*urée* en plus grande abondance. Pour l'en extraire, on concentre l'urine, puis on y ajoute de l'acide azotique, qui y forme un précipité cristallin d'*azotate d'urée*. L'*urée pure* cristallise en aiguilles et en prismes incolores, très-solubles dans l'eau. Ce corps a une grande importance en chimie, au point de vue scientifique, car c'est le premier composé organique qu'on est parvenu à produire artificiellement. L'urée artificielle se prépare avec le *cyanate d'ammoniaque*, qui se transforme en urée par la chaleur, sans perdre aucun de ses éléments et sans en fixer de nouveaux.

L'acide cyanique = carbone, oxygène, azote,
et l'ammoniaque = azote, hydrogène,
forment : l'urée.

Quand l'urine est abandonnée à elle-même, elle entre en putréfaction ; l'urée subit alors une transformation importante, surtout
pour les applications pratiques : elle se transforme en *carbonate d'ammoniaque* en fixant 2 équivalents d'eau.

Ainsi l'urée $=$ carbone, oxygène,   azote, hydrogène,
et l'eau $=$ oxygène,   hydrogène,

forment :   de l'acide carbonique   et de l'ammoniaque.
Représentée avec les équivalents, la réaction est la suivante :

$$1 \text{ équivalent d'urée} = C^2 \, O^2 \quad Az^2 \quad H^4$$
$$\text{et } 2 \text{ équivalents d'eau} = \quad\quad O^2 \quad\quad H^2$$

forment : 2 équivalents d'acide carbonique $2CO^2$
et 2 équivalents d'ammoniaque $2AzH^3$

664. Acide urique. L'acide urique se rencontre principalement
dans l'urine des animaux des classes inférieures. La partie blanche
des déjections d'oiseaux ou de serpents (ces déjections sont un mélange d'excréments et d'urine) est formée principalement d'urate
d'ammoniaque. Cette matière, bouillie avec une lessive de potasse
très-étendue, forme de l'urate de potasse très-soluble ; ce sel est
décomposé par l'acide sulfurique étendu, qui en précipite l'acide
urique sous forme de poudre cristalline blanche très-peu soluble
dans l'eau et qu'on purifie par lavage. Le peu de solubilité de l'a-
cide urique fait qu'il se dépose souvent sous forme de grains ou de
calculs dans les voies urinaires. En faisant subir à l'acide urique certaines transformations chimiques, on peut en tirer des produits nombreux dont nous nous bornerons à citer quelques-uns des plus connus : l'alloxane, l'acide alloxanique, l'acide oxalurique, l'alloxantine,
l'uramile, la murexide, la murexane, etc. L'acide urique contenu
dans les déjections exposées à l'air se transforme peu à peu en *oxalate
d'ammoniaque* ; il ne faut donc pas s'étonner si l'on ne trouve plus
que des traces d'acide urique dans certains guanos qui, en revanche,
sont riches en oxalate d'ammoniaque.

665. Guano. Le guano, que l'on emploie de nos jours en si
grande quantité comme engrais, doit principalement son action à
l'*acide urique* et aux *sels ammoniacaux* qui en dérivent ; il renferme
en outre une forte proportion de *phosphate de chaux* dans un grand
état de division. Il offre donc aux plantes les deux substances qui
leur sont le plus indispensables, l'azote et l'acide phosphorique, dans
un état facilement assimilable. Les guanos aujourd'hui en usage ont
diverses provenances ; les meilleurs viennent des îles Chinchas, sur

les côtes du Pérou. Il est très-important pour l'agriculteur de savoir apprécier la valeur du guano qu'il achète ; les trois expériences qui suivent lui fourniront un procédé facile et suffisamment approximatif.

Expérience *a*. Le guano, broyé, humecté avec du vinaigre fort, ne doit point produire d'effervescence ou ne doit en produire que très-peu ; si l'effervescence est forte, elle est due à du carbonate de chaux mêlé au guano.

Expérience *b*. On incinère 10 gr. de guano dans un creuset, ou, à défaut de creuset, dans une cuiller en fer, sur la lampe à alcool, jusqu'à ce qu'il ne reste qu'une cendre blanche ou grisâtre ; si le guano est de bonne qualité, il ne laisse que 25 à 40 pour 100 de cendres. En épuisant ces cendres par l'eau et en pesant le résidu insoluble et sec formé de sels terreux (phosphates de chaux et de magnésie), on a, par différence, les sels alcalins. Les guanos de qualité inférieure laissent quelquefois jusqu'à 75 pour 100 de cendres ; si ce résidu a pour cause une falsification avec du sable ou de l'argile, les cendres ont une couleur rouge.

Expérience *c*. On épuise 20 gr. de guano bien broyé par l'eau bouillante jusqu'à ce que celle-ci ne se colore plus : le résidu insoluble, qu'on laisse déposer chaque fois avant de décanter le liquide, ne doit pas, une fois bien séché, peser plus de 10 gr. environ.

On substitue souvent au guano l'*engrais de poissons*, préparé avec la chair, séchée et moulue, des poissons qui ont servi à la production des huiles. L'engrais de poissons est très-riche en azote et en phosphates facilement assimilables et constitue un engrais très-énergique.

666. Acide hippurique. Cet acide, très-azoté, se trouve surtout en abondance dans l'urine des herbivores ; il cristallise en longues aiguilles incolores peu solubles dans l'eau. On l'extrait facilement de l'urine de vache ou de cheval ; il suffit pour cela de concentrer cette urine, puis d'y ajouter de l'acide chlorhydrique : l'acide hippurique se dépose alors en petits cristaux. Pendant la putréfaction de l'urine, l'acide hippurique se transforme en acide benzoïque et en ammoniaque.

Dans l'urine de l'homme on trouve de l'urée, de l'acide urique et de l'acide hippurique ; mais c'est l'urée qui y prédomine.

667. Putréfaction de l'urine. L'*urine*, abandonnée à elle-même, se trouble après un certain temps et émet une très-mauvaise odeur due à des matières volatiles qui se sont formées : elle se *putréfie*. Le produit principal de cette transformation est le *carbonate d'ammoniaque* (l'urine putréfiée contient encore de la créatinine) ; aussi emploie-t-on souvent l'urine putrifiée au dégraissage des laines, à la fabrication des sels ammoniacaux (234), etc. Ces transformations s'opèrent dans les urines (purin) recueillies dans les fosses à fumier; on avait proposé d'y ajouter du plâtre, de l'acide sulfurique ou du sulfate de fer, afin d'empêcher la volatilisation du carbonate d'ammoniaque, que l'on transformait en sulfate. Cette pratique, qui paraît très-avantageuse au premier abord, a été généralement abandonnée, parce qu'en même temps que le carbonate d'ammoniaque on transforme aussi en sulfate le carbonate de potasse, qui est d'une grande valeur. On ajoute quelquefois au purin, toujours dans le but de retenir l'ammoniaque, des matières absorbantes, comme le noir animal, le lignite, la tourbe, qui la retiennent mécaniquement. Les matières minérales n'éprouvent aucune altération pendant la putréfaction : elles restent dans l'urine, qui, en raison de la forte proportion de matières azotées et de *sels de potasse* qu'elle contient, constitue un engrais d'une grande valeur, souvent trop peu apprécié par les agriculteurs.

RÉSUMÉ DES MATIÈRES ANIMALES.

(1) Chez les animaux, comme dans les plantes, la matière subit un mouvement constant d'absorption (manger, boire, respirer), de transformation (digérer, assimiler), et de séparation (sécrétion, excrétion), de substances gazeuses, liquides ou solides.

(2) Au point de vue chimique, la différence principale entre les animaux et les végétaux consiste en ce que : les *animaux* absorbent constamment de l'oxygène et exhalent de l'acide carbonique et de l'eau, tandis que les plantes absorbent de l'acide carbonique et de l'eau et mettent l'oxygène en liberté. (Parmi les infusoires il est quelques espèces qui paraissent émettre de l'oxygène).

(3) L'eau, l'air et quelques sels exceptés, les animaux se nourrissent exclusivement de substances élaborées par les plantes, et quelquefois assimilées déjà par d'autres animaux. La plante absorbe, comme élément non azoté, de l'acide carbonique; les animaux, de la cellulose, du sucre, de la gomme, des matières grasses, etc.; comme élément azoté, les plantes absorbent de l'ammoniaque, les animaux des matières protéiques, telles que le gluten, l'albumine, la caséine, la viande, le sang, etc.

(4) Les aliments non azotés, riches en carbone ou en hydrogène, sont brûlés pendant la respiration; leur combustion produit la chaleur propre aux animaux : ils ont reçu le nom d'aliments respiratoires. Les aliments azotés servent à l'entretien des organes et des forces : ils ont reçu le nom d'aliments plastiques.

(5) Les substances animales peuvent se subdiviser :

I. D'après leur composition :
> *a*) En matières non azotées (graisse, sucre de lait, etc.);
> *b*) En matières azotées protéiques (albumine, caséine, viande, fibrine, etc.);
> *c*) En matières azotées gélatinisables (osséine, tendons, tissu cellulaire, cartilages, etc.);
> *d*) En matières azotées excrémentitielles (urée, acide urique, acide hippurique, etc.).

II. D'après leur *état* et leur *origine* dans le corps des animaux :
> *a*) En produits de la digestion;
> *b*) »   »   de la respiration;
> *c*) En principes constitutifs du sang;
> *d*) »   »   »   de la lymphe;
> *e*) »   »   »   de la viande;
> *f*) »   »   »   des os;
> *g*) »   »   »   de la peau, des cheveux, etc.;
> *h*) »   »   »   des sécrétions et des excrétions (bile, lait, urine, etc.).

(6) Les *transformations des matières animales* sous l'influence de la chaleur, de l'eau, de l'air, des acides, des bases, etc., surpassent en nombre celles qu'on fait subir aux matières végétales, dont la composition moins complexe se prête moins aux transformations; elles sont les mêmes, pour la plupart, que celles des matières végétales azotées et sulfurées.

(7) La décomposition spontanée des matières végétales et animales peut être empêchée ou retardée :
> *a*) Par la *dessiccation;*
> *b*) En empêchant l'accès de l'air (procédé Appert, conservation de la bière, du vin en bouteilles, etc.);
> *c*) Par l'abaissement de la *température* au point de congélation ou au-dessous (conservation dans les glacières);
> *d*) A l'aide de matières antiseptiques : le sel marin, le salpêtre (salaison), l'acide pyroligneux, la créosote (fumée), l'alcool, le sucre, le charbon, les combinaisons arsenicales, mercurielles, ou celles d'autres métaux.

TABLEAU

DES PRINCIPALES RÉACTIONS A L'AIDE DESQUELLES ON DISTINGUE, GÉNÉRA-
LEMENT, DANS LEURS SOLUTIONS, LES COMPOSÉS CHIMIQUES LES PLUS
CONNUS.

1. — ALCALIS ET LEURS SELS.

Ces corps ne sont précipités ni par l'acide sulfhydrique, ni par le sulfhydrate d'ammoniaque.

2. — SELS DE POTASSE.

Acide tartrique en excès : précipité blanc cristallin de bitartrate de potasse (194), quand les solutions sont concentrées; on favorise la réaction
en agitant fortement le liquide avec une baguette en verre.

Chlorure de platine : précipité jaune cristallin (chlorure double de platine et de potassium) (394); quand les solutions sont alcalines, on y ajoute
d'abord de l'acide chlorhydrique en excès.

Chauffés au *chalumeau*, au bout d'un fil de platine, les sels de potasse
colorent la flamme extérieure de l'alcool en violet.

3. — SELS DE SOUDE.

Antimoniate de potasse : précipité blanc d'antimoniate de soude (404)
dans les solutions neutres ou alcalines;

Chauffés au *chalumeau*, au bout d'un fil de platine, les sels de soude
colorent la flamme extérieure en jaune intense.

4. — SELS AMMONIACAUX.

La *chaux* ou les *alcalis caustiques*, mêlés avec les sels ammoniacaux, en
dégagent l'ammoniaque, que l'on reconnaît aisément à son odeur. Une
baguette en verre, humectée d'acide chlorhydrique et maintenue au-dessus du mélange, produit d'abondantes vapeurs blanches.

Chauffés sur une lame de platine, les sels ammoniacaux se volatilisent
rapidement (229).

Chlorure de platine : précipité jaune comme avec les sels de potasse
(392); ils se comportent de même avec l'acide tartrique.

5. — OXYDES ALCALINO-TERREUX.

Ces oxydes sont précipités, directement ou seulement à l'ébullition, par
les *carbonates alcalins*, à l'état de carbonates blancs; les sels ammoniacaux empêchent la précipitation des sels de magnésie.

Phosphates alcalins : précipité blanc de phosphates insolubles.

Acide sulfhydrique et *sulfhydrate d'ammoniaque :* pas de précipité.

6. — SELS DE BARYTE ET DE STRONTIANE.

Acide sulfurique et *sulfates :* précipités blancs insolubles dans les acides (sulfate de baryte ou de strontiane).

Les sels de baryte colorent la flamme de l'alcool en jaune, les sels de strontiane la colorent en rouge (247).

7. — SELS DE CHAUX.

Acide sulfurique : précipité blanc (sulfate de chaux) quand les solutions sont concentrées : le précipité est soluble dans une grande quantité d'eau (241); dans les solutions étendues, il ne se forme qu'après l'addition de l'alcool.

Acide oxalique ou *oxalate d'ammoniaque :* précipité blanc; ils troublent les solutions quand elles ne contiennent que des traces de chaux (oxalate de chaux) (197).

8. — SELS DE MAGNÉSIE.

Acide sulfurique : pas de précipité (249).

Phosphate de soude et *ammoniaque :* précipité blanc, cristallin (phosphate ammoniaco-magnésien) (251); quand les solutions sont très-étendues, le précipité ne se forme qu'après quelque temps.

9. — SELS D'ALUMINE.

. *Ammoniaque, carbonate d'ammoniaque* ou *sulfhydrate d'ammoniaque :* précipité blanc d'hydrate d'alumine. La *potasse* en excès redissout le précipité, qui se forme de nouveau par une addition de *sel ammoniac* (260); une solution de cobalt chauffée au chalumeau avec un sel d'alumine colore l'alumine en bleu (262).

10. — SELS FORMÉS PAR LES AUTRES OXYDES MÉTALLIQUES.

L'ammoniaque précipite les autres oxydes métalliques à l'état d'hydrates; ces oxydes sont de même précipités par le *carbonate d'ammoniaque* (tantôt à l'état de carbonates, tantôt à l'état d'oxydes hydratés).

L'acide sulfhydrique précipite, dans les solutions légèrement acides, les métaux suivants à l'état de sulfures :

a) En noir : le plomb, le bismuth, le cuivre, l'argent, le mercure, le platine, l'or;

b) En brun foncé : l'étain (des sels de protoxyde);

c) En orange : l'antimoine;

d) En jaune : l'étain (de l'acide stannique), le cadmium, l'arsenic. (Quand les solutions contiennent du sesquioxyde de fer ou des chromates, le précipité est blanchâtre, il se sépare du soufre).

Parmi ces sulfures, ceux de platine, d'or, d'étain, d'antimoine et d'arsenic sont solubles dans le sulfhydrate d'ammoniaque.

Le *sulfhydrate d'ammoniaque,* outre les métaux qui précèdent, précipite

les métaux suivants, qui ne sont pas précipités par l'acide sulfhydrique
dans les solutions acides :
  a) En noir : le fer, le cobalt, le nickel;
  b) En couleur de chair : le manganèse;
  c) En blanc : le zinc (de plus, l'alumine à l'état d'hydrate blanc, le ses-
      quioxyde de chrome à l'état d'hydrate bleu verdâtre; de même aussi
      les phosphates et les oxalates terreux en blanc).

11. — Sels de protoxyde de fer.

Ammoniaque : précipité blanc verdâtre d'hydrate de protoxyde de fer;
il devient rapidement noir verdâtre et enfin rouge brun (hydrate de sesquioxyde de fer) (285). Les sels ammoniacaux empêchent la formation du
précipité.
  Prussiate jaune de potasse : précipité blanc bleuâtre qui passe rapidement au bleu (292). *Prussiate rouge* : précipité bleu (bleu de Prusse) (293).
  Teinture de noix de galle : ne forme d'abord pas de précipité; la solution devient violette à l'air, puis il se forme un précipité noir bleuâtre.

12. — Sels de sesquioxyde de fer.

Ammoniaque : précipité rouge-brun (sesquioxyde de fer hydraté) (285).
  Prussiate jaune de potasse : précipité bleu (bleu de Prusse) (292).
Prussiate rouge : pas de précipité.
  Sulfocyanure de potassium : coloration d'un rouge de sang.
  Teinture de noix de galle : précipité noir (tannate de sesquioxyde de
fer) (285).

13. — Sels de manganèse.

Ammoniaque : précipité blanc, qui brunit, puis devient noir à l'air; les
sels ammoniacaux empêchent la formation du précipité.
  Sulfhydrate d'ammoniaque : précipité couleur de chair (sulfure de manganèse) (300).
  Chauffés au *chalumeau*, sur une lame ou un fil de platine, avec de la
soude ou un peu d'azotate de potasse, ils colorent le globule en vert
pendant qu'il est chaud, et en bleu verdâtre quand il est froid (manganate
de soude).

14. — Sels de cobalt.

Potasse : précipité bleu qui verdit ensuite (307).
  Fondus au *chalumeau* avec du borax, ils forment un globule bleu (verre
de cobalt) (304).

15. — Sels de nickel.

Potasse : précipité vert-pomme (protoxyde de nickel hydraté) (307).

16. — Sels de zinc.

Ammoniaque : précipité blanc gélatineux (oxyde de zinc hydraté) soluble dans un excès de réactif. Le *sulfhydrate d'ammoniaque* le précipite en blanc de cette solution (312).

Si on les chauffe au *chalumeau*, sur un charbon, avec de la soude, il se forme de l'oxyde jaune qui blanchit par le refroidissement (310); une solution de cobalt les colore en vert par la chaleur.

17. — Sels d'étain.

Chlorure d'or : précipité pourpre avec le protoxyde (pourpre de Cassius) (322).

Acide sulfhydrique : précipité brun foncé avec le protoxyde (protosulfure); précipité jaune avec l'acide stannique (bisulfure d'étain) (325).

18. — Sels de plomb.

Acide sulfurique : précipité blanc, insoluble dans les acides étendus (sulfate de plomb). Le sulfhydrate d'ammoniaque colore le précipité en noir (335).

Chromate de potasse : précipité jaune (chromate de plomb) (399).

En les chauffant au *chalumeau* avec de la soude, on obtient des globules métalliques très-malléables; il se forme sur le charbon un dépôt jaune d'oxyde de plomb (331).

19. — Sels de bismuth.

L'eau ajoutée en grand excès à la solution d'un sel de bismuth le décompose; il se précipite un sel blanc basique (347).

En les chauffant au *chalumeau* avec de la soude, on obtient des globules métalliques cassants; le charbon se couvre d'une petite quantité d'oxyde jaune (345).

20. — Sels de cuivre.

Ammoniaque : précipité bleu verdâtre qui se dissout dans un excès du réactif; la solution est d'un bleu intense (353).

Prussiate jaune de potasse : précipité brun-rouge (ferrocyanure de cuivre) (292).

Fer : précipite le cuivre à l'état métallique (152).

En les chauffant au *chalumeau*, sur un charbon, avec de la soude, on obtient du cuivre métallique que l'on sépare par le lavage (355).

21. — Sels de mercure.

Potasse : précipité noir de protoxyde de mercure (368) dans les sels de protoxyde; précipité jaune rougeâtre de bioxyde hydraté dans les sels de bioxyde.

Acide chlorhydrique ou *sel marin* : précipité blanc de protochlorure qui noircit par l'ammoniaque (370); ne précipite pas les sels de bioxyde.

Protochlorure d'étain : précipité de mercure métallique par l'ébullition (375).

Cuivre : frotté avec une solution d'un sel de mercure, il devient d'un blanc d'argent (369).

22. — Sels d'argent.

Acide chlorhydrique ou *sel marin :* précipité blanc, cailleboté, insoluble dans l'acide azotique, mais soluble dans l'ammoniaque; la lumière le colore en violet, puis en noir (chlorure d'argent) (381).

Si on les chauffe au *chalumeau*, sur un charbon, avec de la soude, on obtient des globules brillants et malléables d'argent métallique (381).

23. — Sels d'or.

Protochlorure d'étain : précipité pourpre (pourpre de Cassius) (388).

Sulfate de protoxyde de fer : précipité d'or métallique (387).

24. — Sels de platine.

Potasse ou *ammoniaque :* précipité jaune, cristallin (chlorure double de platine et de potassium (394) ou de platine et d'ammoniaque) (392).

Chauffés au *chalumeau*, ils se transforment en platine métallique (393).

25. — Sels de sesquioxyde de chrome.

Potasse : précipité bleu verdâtre soluble dans un excès du réactif; la solution est vert foncé (400).

Chauffés au *chalumeau* avec du borax, ils forment un globule jaunâtre quand il est chaud, vert foncé après le refroidissement.

26. — Chromates.

Acétate de plomb : précipité jaune (chromate de plomb) (399).

Acide sulfurique et *alcool :* transforment par la chaleur la couleur rouge en vert (400).

27. — Combinaisons de l'antimoine.

Acide sulfhydrique : précipité orange (sulfure d'antimoine) (407).

Chauffés au *chalumeau* avec de la soude, ils forment des globules métalliques cassants; il se produit une fumée blanche qui se dépose en partie sur le charbon (403).

Appareil de Marsh (417).

28. — Combinaisons arsenicales.

Acide sufhydrique : précipité jaune (sulfure d'arsenic) (415).

Réduction par le charbon (412).

Appareil de Marsh (417).

29. — SULFATES.

Chlorure de barium : précipité blanc, insoluble dans les acides chlorhydrique et azotique (sulfate de baryte) (171).

Acétate de plomb : précipité blanc, insoluble dans les acides étendus (sulfate de plomb) (335).

30. — SULFITES.

Acide sulfurique : dégagement d'acide sulfureux reconnaissable à l'odeur (64, 174).

31. — PHOSPHATES.

Chlorure de barium : précipité blanc soluble dans les acides chlorhydrique et azotique.

Azotate d'argent : précipité jaune (phosphate d'argent) (176), soluble dans l'acide azotique et dans l'ammoniaque.

Sels de magnésie et *ammoniaque :* précipité blanc (phosphate ammoniaco-magnésien).

Molybdate d'ammoniaque : précipité jaune par la chaleur, en présence de l'acide azotique.

32. — BORATES.

Chlorure de barium : précipité blanc soluble dans les acides chlorhydrique et azotique.

Décomposés par l'*acide sulfurique*, ils communiquent à la flamme de l'*alcool* une teinte verte (182).

Fondent au *chalumeau* en globule vitreux transparent.

33. — AZOTATES.

Bouillis avec l'*acide chlorhydrique*, ils décolorent l'*indigo*. La réaction a lieu à froid avec l'acide sulfurique.

Un cristal de *sulfate de protoxyde de fer* prend une teinte brune quand on l'introduit dans la solution additionnée d'acide sulfurique et froide (285, *b*).

Ils *fusent* sur les charbons ardents (207).

34. — CHLORATES.

Ils se comportent avec l'*indigo* comme les azotates; on les distingue à l'odeur de *chlore* qu'ils répandent quand on y ajoute de l'acide chlorhydrique (150).

35. — CHLORURES.

Azotate d'argent : précipité blanc caillebotté de chlorure d'argent, insoluble dans l'acide azotique, soluble dans l'ammoniaque; il se colore en violet, puis en noir à la lumière (186). Quand la solution est alcaline, on la rend acide par l'acide azotique avant d'y ajouter le sel d'argent.

Chauffés avec le *bioxyde de manganèse* et l'*acide sulfurique*, ils dégagent du chlore.

36. — IODURES.

Azotate d'argent : précipité jaune peu soluble dans l'ammoniaque.

Chauffés avec le *bioxyde de manganèse* et l'*acide sulfurique*, ils dégagent des vapeurs violettes d'iode (210).

Ils produisent avec l'*empois d'amidon* et l'*acide azotique* une coloration bleu intense (iodure d'amidon) (155).

37. — SULFURES.

L'*acide chlorhydrique* dégage de la plupart d'entre eux de l'acide sulfhydrique facilement reconnaissable à l'odeur d'œufs pourris (132, 213); une trace de cet acide suffit pour noircir le papier imbibé d'acétate de plomb (sulfure de plomb).

Chauffés au *chalumeau*, ils émettent presque tous une odeur d'acide sulfureux (130, 174).

38. — CARBONATES.

L'*acide chlorhydrique* les décompose avec effervescence; l'acide carbonique qui se dégage est sans odeur (202, 237).

Ils troublent l'eau de chaux (carbonate de chaux) (115).

39. — OXALATES.

Sulfate de chaux dissous : précipité blanc (oxalate de chaux) (197).

Chauffés sur une lame de platine, ils se transforment en carbonates sans se carboniser (197).

40. — TARTRATES.

Potasse : précipité cristallin peu soluble de bitartrate de potasse (194).

Chauffés sur une lame de platine, ils se carbonisent et émettent une odeur de caramel (194).

41. — ACÉTATES.

Si on les chauffe avec de l'*acide sulfurique*, l'acide acétique est mis en liberté; on le reconnaît à l'odeur de vinaigre. Si on les chauffe avec l'*acide sulfurique* et l'*alcool*, il se forme de l'éther acétique.

Chauffés, ils se décomposent en se carbonisant et émettent une odeur analogue à celle du vinaigre (198).

FIN

TABLE DES MATIÈRES

Préface.   1

PREMIÈRE PARTIE. — CHIMIE INORGANIQUE

RÉACTIONS CHIMIQUES

Détermination des poids et des volumes.   10
Densité.   12
Les anciens éléments.   17

L'EAU ET LA CHALEUR

Dilatation par la chaleur. Thermomètre.   19
Fusion des solides par la chaleur. Chaleur latente..   26
Ébullition, évaporation et distillation.   28
Diffusion de la chaleur.   36
Dissolution et cristallisation.   40
Composition de l'eau.   46

MÉTALLOÏDES

PREMIER GROUPE.

Oxygène (oxydes, acides, bases, sels, neutralisation).   48
Hydrogène (briquet à hydrogène, gaz détonant, synthèse de l'eau).   60
Air atmosphérique (baromètre, courant d'air, gaz, vapeurs). . . .   69
Azote.   80
Carbone (charbon de bois, noir de fumée, coke, graphite, diamant).   81
Combustion (conditions de la combustion, flamme).   89
Résumé. 102

DEUXIÈME GROUPE.

Soufre (acide sulfhydrique, sélénium, tellure). 104
Phosphore (hydrogène phosphoré). 115
Résumé. 122

TROISIÈME GROUPE.

Chlore (blanchiment). 125

510   TABLE DES MATIÈRES.

Iode, brome, fluor, cyanogène. 129
Résumé. 131

QUATRIÈME GROUPE.

Bore et silicium. 132
Résumé des métalloïdes. 132

ACIDES

PREMIER GROUPE : OXACIDES.

Acide azotique , acide azoteux, etc. 133
Acide carbonique (diffusion des gaz, eaux minérales). 139
Acide sulfurique, acide sulfureux. 145
Acide phosphorique, acide phosphoreux. 154
Acide chlorique , acide hypochloreux, etc. 156
Acide cyanique, acide fulminique. 157
Acide borique (verre, chalumeau, volatilisation des corps fixes). . . 157
Acide silicique. 159
Résumé. 161

DEUXIÈME GROUPE : HYDRACIDES.

Acide chlorhydrique (sels haloïdes). 162
Eau régale. 166
Acides iodhydrique, bromhydrique, cyanhydrique, fluorhydrique (gra-
    vure sur verre). 167
Résumé. 168
Considérations sur les combinaisons formées par les métalloïdes
    avec l'oxygène et l'hydrogène. 169

TROISIÈME GROUPE : ACIDES ORGANIQUES.

Acide tartrique (tartre, formation des acides organiques). 170
Acide oxalique (sel d'oseille). 172
Acide acétique. 175
Résumé. 177
Radicaux, point de saturation. 177

MÉTAUX LÉGERS

PREMIER GROUPE : MÉTAUX ALCALINS.

Potassium (potasse, lessive, salpêtre, poudre à canon, etc.). . . . 179
Sodium (sel marin, sel de Glauber, soude, borax, soudure, verre, etc.). 193
Ammoniaque. 204
Lithium. 211
Résumé. 211

DEUXIÈME GROUPE : MÉTAUX ALCALINO-TERREUX.

Calcium (craie, chaux vive, mortiers, plâtre, etc.). 212
Barium et strontium (sulfate de baryte, etc.). 222
Magnésium (sel amer, magnésie blanche, etc.). 223
Résumé. 225

TROISIÈME GROUPE : MÉTAUX TERREUX.

Aluminium (argile, puits artésiens, terre arable, yttrium, zirconium, etc.).   225
Résumé.   236
Résumé des métaux légers.   236
Lois des combinaisons chimiques.   237

MÉTAUX PESANTS

PREMIER GROUPE.

Fer et ses combinaisons.   245
Manganèse et ses combinaisons.   265
Cobalt et nickel (smalt, maillechort, etc.).   268
Zinc (sels de zinc, grenaille, etc.).   270
Cadmium.   274
Étain (émail, étamage, sels d'étain, or mussif, etc.).   274
Uranium, cerium, lanthane, etc.   280
Résumé.   280

DEUXIÈME GROUPE.

Plomb (litharge, minium, acétate de plomb, céruse, arbre de Saturne, etc.).   281
Bismuth (sa fusibilité, oxyde de bismuth).   287
Cuivre (oxydes et sels de cuivre, laiton, etc.).   288
Mercure (oxydes et sels de mercure).   296
Argent (alliages, pierre infernale, titrage, etc.).   300
Or (alliages, sels d'or, dorure, etc.).   305
Platine (sels de platine, éponge de platine, etc.).   307
Palladium, iridium, rhodium, osmium, ruthenium.   309
Résumé.   309

TROISIÈME GROUPE.

Tungstène, molybdène, titane, vanadium, etc..   310
Chrome (chromates, jaune de chrome, acide chromique, etc.). . .   310
Antimoine (émétique, caractères d'imprimerie, etc.).   313
Arsenic (mort-aux-mouches, acide arsénieux, vert de Schweinfurt, etc.).   316
Résumé.   322
Résumé général des métaux.   322
Groupement des corps simples.   324

DEUXIÈME PARTIE. — CHIMIE ORGANIQUE

MATIÈRES VÉGÉTALES

Vie des végétaux.   326
I. Cellulose (germination, bois, fibres textiles, etc.).   331
Transformations de la cellulose par les acides, etc., par la combustion et la carbonisation.   336
Transformation de la cellulose par la putréfaction.   343

II. Amidon et fécule. 349
Transformation de l'amidon en dextrine et en glucose. . . 354
III. Gommes et mucilages. 358
IV. Sucres (glucose, sucre de canne, mannite, sucre de lait, etc.). 360
Résumé de la cellulose, de l'amidon, de la gomme et des
sucres. 365
V. Matières albuminoïdes (albumine, légumine, gluten). . . . 366
Résumé. 369
VI. Transformation du sucre en alcool (fermentation alcoolique). 370
Vin, bière, eau-de-vie, alcool. 372
VII. Transformation de l'alcool en éther. 384
Radicaux organiques (éthyle). 388
VIII. Transformation de l'alcool en acide acétique. 389
Transformation du sucre en acide lactique, etc. Panification. 395
Résumé des transformations du sucre et de l'alcool. . . . 400
IX. Matières grasses (huiles, beurres, suif, émulsion, etc.). . . . 401
Savons. 410
X. Huiles volatiles ou essences. 416
XI. Résines et gommes-résines (térébenthines, baumes, caout-
chouc, etc.). 425
Résumé des corps gras, des essences et des résines. 438
XII. Matières extractives. 439
XIII. Matières colorantes. 443
XIV. Bases organiques ou alcaloïdes. 448
Résumé. 452
XV. Acides organiques. 452
XVI. Matières minérales des végétaux (cendres), terre arable, etc.. 456
XVII. Développement et nutrition des végétaux (endosmose, etc.). . 460
Résumé des matières végétales. 467

MATIÈRES ANIMALES

Vie animale. 470
I. Œuf (albumine, jaune d'œuf, coquille). 471
II. Lait (beurre, caséine, sucre de lait, aliments, digestion, etc.). 473
III. Sang (fibrine, hématosine, albumine, lymphe, etc.). 481
Respiration et chaleur animale. 483
IV. Chair musculaire (fibre musculaire, bouillon, etc.). 484
V. Bile. 487
VI. Peau et tissus cornés et gélatinisables. 487
VII. Os (phosphate de chaux, noir animal, poudre d'os, etc.). . . 493
VIII. Excrétions (excréments et urines). 496
Résumé des matières animales. 500
Tableau des principales réactions. 502

FIN DE LA TABLE DES MATIÈRES.

TABLE ALPHABÉTIQUE DES MATIÈRES

Absinthine. 441
Acétate de cuivre. 294
— de fer. 259
Acétates de plomb. 283
Acétomètre.. 394
Acétone. 393
Acétyle.. 393
Acier. 254
— corroyé. 255
— damassé. 255
— de cémentation.. 255
— fondu. 255
Aconitine.. 450
Action vitale. 6
Acroléine.. 414
Acide acétique.. . . . . . 175, 389
— — (Distillation de l'). . 175
— — (Préparation de l'). . 175
— — (Propriétés de l'). . . 176
— antimonieux. 314
— antimonique. 314
— apocrénique. 345
— arsénieux. 318
— arsénique. 320
— azoteux. 138
— azotique. 133
— — (Composition de l'). . 134
— — (Préparation de l'). . 133
— — (Propriétés de l'). . . 135
— benzoïque. 455
— borique. 157
— — (Volatilisation de l').. 159
— bromhydrique. 167
— butyrique. 395
— carbonique. 87, 139

Acide carbonique (Décomposition
de l'). 145
— — (Propriétés de l').. . 140
— — (Solubilité de l'). . . 141
— — (Sources d'). 145
— cérotique.. 410
— chloreux. 156
— chlorhydrique. 162
— — (Préparation de l'). . 162
— — (Propriétés de l'). . . 164
— chlorique. 156
— chromique.. 312
— cinnamique. 455
— citrique. 453
— crénique.. 345
— cyanhydrique. 168
— cyanique.. 157
— eugénique. 455
— ferrique. 249
— fluorhydrique. 167
— formique.. 398
— fulminique. 157
— fumarique.. 456
— gallique. 454
— glycocholique. 487
— hippurique.. 499
— humique.. 345
— hypoazotique.. 137
— hypochloreux. 156
— hypochlorique. 156
— hypophosphoreux.. . . . 156
— iodhydrique. 167
— lactique. 354, 395, 474
— malique. 453
— manganique. 267

Acide métastannique. 278
— mucique. 359
— oléique. 413
— oxalique (Préparation de l'). 172
— — (Propriétés de l') . . . 173
— perchlorique. 156
— permanganique. 267
— plombique. 282
— phosphoreux. 156
— phosphorique. 154
— pyrogallique. 454
— pyroligneux. 340
— racémique. 455
— stannique. 275
— stéarique. 413
— subérique. 455
— succinique. 455
— sulfindigotique. 446
— sulfhydrique. 110
— — (Propriétés de l') . . 111
— — (Composition de l'). . 114
— sulfoéthylique. 385
— sulfovinique. 385
— sulfureux. 151
— sulfurique. 145
— — anhydre. 145
— — dilué. 62
— — fumant. 146
— — monohydraté. . . . 147
— — (Fabrication de l'). . 147
— — (Propriétés de l'). . . 149
— — (Décomposition de l'). 153
— tannique. 453
— tartrique. 170
— taurocholique. 487
— ulmique. 345
— urique. 498
Acides. 54
— (Degré d'oxydation des). . 58
— bruns. 345
— gras. 412
— organiques. 170
— — (Formation des). . . 172
Affinage de la fonte. 255
— de l'or. 305
Affinité. 7
— des métalloïdes pour l'oxygène et l'hydrogène. . . 169
— prédisposante. 69, 120
Agate. 159
Air. 69
— (Composition de l'). . . . 79
— vital. 59
Albâtre. 218
Albumine. 472

Albumine végétale. 355, 366
— du lait. 473
Alcali volatil. 208
Alcaloïdes. 448
Alcool. 381
— (Propriétés de l'). 383
— absolu. 381
— amylique. . . . 388, 390, 399
— éthylique. . . . 388, 390, 398
— méthylique. 381
Alcoomètre. 382
Aldéhyde. 392
Aliments. 477
— des plantes. 461
— plastiques. 478
— respiratoires. 478
Alizarine. 443
Alliages d'antimoine. 316
— d'argent. 301
— de cuivre. 295
— de Darcet. 288
— de Rose. 288
— d'or. 305
— fusibles. 287
Allotropie. 86
Allumettes. 117
Aloès. 454
Alumine. 233
— (Diffusion de l'). 235
Aluminium. 225, 232
Alun. 233
— (Dimorphisme de l'). . . . 235
— (Fabrication de l'). 234
— calciné. 234
Amalgamation. 501
Amalgame. 500
Amandine. 366
Ambre. 428
Amide. 211
Amidon. 349
— (Propriétés de l'). 353
— brûlé. 355
— du blé. 352
— des légumineuses. 351
Ammoniaque. 204
— (Composition de l'). . . . 205
— (Production de l'). 209
— caustique. 208
Ammonium. 211
Amyduline. 355
Amygdaline. 441
Amyle. 399
Analyse. 8
— élémentaire. 358
— physique du sol arable. . . 228

Aniline. 342, 451
Antichlore. 151
Antimoine. 313
   — (Métallurgie de l'). 316
Apatite. 219
Appareil de Marsh. 321
   — de Woolf. 164
Applications de la chimie. . . . 9
Aréomètres. 13
Arbre de Saturne. 285
Arcanson. 430
Argentan. 269
Argent. 300
   — (Métallurgie de l'). 303
   — battu faux. 280
   — corné. 302
   — fulminant. 302
Argile. 225
   — (Composition de l'). . . . 231
   — (Propriétés de l'). 226
Argiles cuites. 231
Arragonite. 212
Arrak. 380
Arrow-root. 353
Arsenic. 316
   — (Extraction de l'). 320
Arsénites. 319
Asparagine. 442
Asphalte. 343, 429
Assa-fœtida. 434
Atmosphère. 69
   — (Pression de l'). 70
Atomes. 242
Atropine. 450
Aubier. 333
Axonge. 401
Azote. 80
   — (Affinité de l'). 210
Azotate d'argent. 301
   — de baryte. 222
   — de bismuth. 288
   — de chaux. 219
   — de cuivre. 294
   — de fer. 259
   — de plomb. 283
   — de potasse. 185
   — de soude. 201
   — de strontiane. 223
   — d'urée. 497
Azurite. 289

Bain-marie. 124
Balance. 10
Baratte. 475
Barium. 227

Baromètre. 72
Bases. 55
   — (Degrés d'oxydation des). . 58
Bâtiments de graduation. . . . 194
Baumes. 425
Benjoin. 428
Benzine. 342
Beurre. 476
   — d'antimoine. 314
   — de cacao. 409
   — de coco. 408
   — de muscade. 409
   — de zinc. 273
Beurres. 401
Bicarbonate de potasse. 181
   — de soude. 199
Bichlorure d'étain. 277
Bière. 374
   — blanche. 374
   — de Bavière. 373
Bile. 487
Bioxalate de potasse. 191
Bioxyde d'azote. 138
   — de manganèse. 265
   — de plomb. 282
Bisulfate d'oxyde d'éthyle. . . . 385
   — de potasse. 185
Bismuth. 287
Bitartrate de potasse. 190
Bitume de Judée. 429
Blanc de baleine. 409
   — d'œuf. 471
   — de Hambourg. 285
   — de Venise. 285
   — de zinc. 272
Blanchiment. 220, 354
   — par l'acide sulfureux. . . . 152
Blende. 275
Bleu céleste. 291
   — de montagne. 289
   — de Prusse. 260
Bocardage. 278
Bois de Brésil. 443
   — de campêche. 447
   — de cœur. 333
   — jaune. 444
Borate de soude. 201
Borax. 201
Bore. 152
Bouillon. 486
Bouquet des vins. 373
Briques. 231
Brome. 150
Bronze. 296
Butyrine. 476

Cachou. 455	Charbon (Absorption des gaz et des
Cacodyle. 393	couleurs par le). 83
Cadmie. 274	— animal. 85
Cadmium. 274	— de bois. 82
Caféine. 450	— d'os. 85, 494
Calamine. 273	Chaudière à vapeur. 76
Calcédoine. 159	Chaux. 214
Calcium. 212	— comme engrais. 217
Calomel. 298	— éteinte. 27, 215
Caméléon minéral. 267	— grasse. 215
Caoutchouc. 435	— hydraulique. 216
Capillarité. 84	— vive. 214
Caractères d'imprimerie. 316	Chélidonine. 450
Caramel. 364	Chimie (Utilité de la). 7
Carbonate d'ammoniaque. . . . 209	Chitine. 491
— de chaux. 212	Chlorate de potasse. 188
— de cuivre. 289	Chlore (sa préparation). 123
— de fer. 248	— (Propriétés du). 125
— de magnésie. 224	Chlorhydrate d'ammoniaque. . . 206
— de plomb. 284	Chloroforme. 398
— de potasse. 179	Chlorophylle. 445
— de soude. 197	Chloruration. 128
— de zinc. 273	Chlorure d'antimoine. 314
Carbone. 81	— d'argent. 302
Carmin. 444	— de barium. 222
— bleu. 446	— de calcium. 221
Carthame. 444	— de chaux. 219
Caséine du lait. 473	— de magnésium. 224
— végétale. 352	— de manganèse. 266
Catalyse. 356	— d'or. 306
Cellulose. 331	— de platine. 308
— pure 335	— de plomb. 283
— (Transformations diverses de	— de potassium. 190
la). 336	— de sodium. 193
Cendres du lait. 477	— de zinc. 273
— d'os. 154, 494	Chlorures de cuivre. 293
— des plantes. 456	— doubles. 309
— du sang. 482	— de fer. 260
Centaurine. 442	— de mercure. 298
Cérats. 410	Chondrine. 490
Cérasine. 360	Chromate de plomb. 311
Cérium. 280	Chromates de potasse. 310
Céruse. 284	Chrome. 310
Cétrarine. 412	Chrysoprase. 269
Chair musculaire. 484	Chyle. 479
Chaleur (Conducteurs de la). . . 37	Chyme. 479
— (Conductibilité de la). . . 36	Cinabre. 300
— apparente. 28	Cinchonine. 450
— dégagée par les combinai-	Cire. 410
sons. 65	— à cacheter. 431
— latente. 27	— du Japon. 410
— rayonnante. 38	Cobalt. 268
Chalumeau. 158	Cochenille. 444
Chambres de plomb. 148	Cognac. 374
Chapiteau. 36	Cohésion. 17

Coke.. 85
Colchicine. 450
Colcothar. 247
Colle de poisson. 488
Collodion. 337
Colombine. 442
Colophane. 430
Combinaisons (Influence de la cha-
      leur sur les). 50
— chimiques (Lois des). . 56, 257
— du fer. 264
— des gaz. 242
Combustion. 89
— (Conditions de la). . . . 89, 92
— (Ordre de la). 99
— dans le chlore. 128
— dans l'oxygène.. . . . . . 50, 53
— dans le soufre. 108
— du phosphore. 116, 118
— du soufre. 108
— incomplète du bois. . . . 339
— — de la houille. . . . 342
— lente.. . . . . 92, 343
— vive. 92
Conine.. 451
Copal. 427
Coprolithes.. 219
Copules. 357
Coquille d'œuf. 472
Corne de cerf.. 488
Corps gras. 403
— poreux (Propriétés des). . . 85
Corroyage. 490
Coton. 334
Coton-poudre. 336
Coupellation. 303
Couperose bleue. 294
— verte. 256
Courant d'air.. 77
Créatine. 485
Créatinine. 485
Crème. 474
Crémomètre. 475
Créosote. 340
Creuset brasqué. 265
Cristal. 203
— de roche.. 159
Cristallisation. 43, 45
— (Influence de la tempéra-
      ture sur la).. 193
— par voie de fusion. . . . 104
— troublée. 44
Crown glass. 203
Cubilot. 252
Cucurbite. 36

Cuivre. 288
— (Métallurgie du). 295
Curcuma.. 445
Cuve à eau.. 51
Cyanogène. 131
Cyanures de fer.. 260

Daturine.. 450
Décapage.. 279
Déflagration. 137
Déjections. 496
Déliquescence. 180
Densité des liquides et des solides. 13
— (Influence de la température
      sur la).. 16
Densités (Tableau des).. 16
Dents. 493
Dextrine. 354
Diamant. 86
Diastase. 356
Didyme. 280
Digestion. 479
Dilatation de l'air. 76
— des liquides. 19
— des solides. 22
— par le refroidissement. . . 24
Dimorphisme. 86
Dissolution.. 40
Distillation.. 35
— sèche. 99
— — du bois. 340
Dolomie. 224
Dorure.. 306
Double pesée. 11

Eau (Composition de l'). 46
— (Décomposition de l'). . . 60
— (Synthèse de l'). 67
— blanche. 284
— de Cologne. 384, 424
— de combinaison. 45
— de cristallisation. 46
— de Goulard.. 284
— de Javelle. 221
— de Labaraque. 221
— -de-vie. 373, 376
— régale. 166
Eaux dures.. 213
— gazeuses. 142
— médicinales. 423
— minérales. 347
Ébullition. 28
— (Influence de l'air sur l'). . 75
Efflorescence. 195
Élaoptène. 421

Élaïne. 406
Électrophore. 432
Éléments (Anciens). 17
Éméline. 450
Émétique. 315
Empâtage. 410
Empois. 354
Encens. 435
Encre d'imprimerie. 405
Endosmose. 480
Engrais. 466
    — de poissons. 499
Éponge de platine. 308
Équivalents. 239
    — des corps composés. . . . 240
    — (Tableau des). 238
Erbine. 236
Erbium. 236
Esculine. 441
Esprit de bois. 341, 399
Essais d'argent. 302
Essence de cognac. 399
    — de cumin. 417
    — de mirbane. 419
    — de poire. 399
    — de pomme. 399
Essences. 416, 418
    — (Action de l'iode sur les). . 424
    — (Composition des). 421
    — (Odeur des). 425
    — (Propriétés des). 421
    — tirées des feuilles ou des
        tiges. 419
    — tirées des fleurs. 418
    — tirées des fruits et des graines 418
    — tirées des racines. 420
Étain. 274
    — (Métallurgie de l'). 278
Étamage. 207, 279
État des corps. 17
État naissant. 124
Éthal. 409
Éther. 385
    — (Propriétés de l'). 387
    — acétique. 388
    — amylacétique. 399
    — amylbutyrique. 399
    — amylvalérique. 399
    — azoteux. 388
    — butyrique. 388
    — chlorhydrique. 388
    — œnanthique. 388
    — sulfurique. 388
Éthers composés. 388
Éthyle. 389

Euphorbe. 454
Évaporation. 50
    — (Accélération de l'). . . . 34
    — (Froid produit par l'). . . 54
    — lente. 32
Excréments. 496
Expériences chimiques. 8
    — de Franklin. 78

Faïence. 231
Farine. 396
Fécule. 350
Feldspath. 235
Fer. 245
    — (Métallurgie du). 249
    — forgé. 252
    — galvanisé. 270
    — oligiste. 247
    — spathique. 249
    — et oxygène. 55
Fermentation alcoolique. 370
    — de dépôt. 375
    — tumultueuse. 374
    — visqueuse. 395
Ferments. 369
Ferrocyanide de potassium. . . . 263
Ferrocyanure de potassium. . . . 261
Fibrilles. 484
Fibrine du sang. 481
    — musculaire. 483
    — végétale. 352
Filtres. 42
Flamme. 100
    — oxydante. 159
    — réduisante. 159
Flint glass. 203
Fluor. 130
Fluorure de calcium. 222
Foie de soufre. 191
Fonte. 252
    — grise. 252
    — blanche. 252
    — malléable. 252
Force vitale. 526
Forces. 18
Formules chimiques. 68
Four à chaux. 214
    — à puddler. 253
    — de finerie. 253
Fourneau d'affinage. 253
Fromage gras. 474
    — maigre. 476
Fusion. 26
Furfurine. 451
Fulminate de mercure. 299

Galbanum. 435
Galène. 286
Galipot. 426
Gallate de fer. 259
Galvanosplatie. 293
Gangue. 250
Garance. 443
Gaude. 444
Gaz. 78
— (Diffusion des). 141
— à éclairage. 96
— détonant. 65
— de résine. 431
— oléfiant. 384
— permanents. 78
Gazomètre. 51
Gélatine. 489, 495
Gelée. 39
Gentianine. 442
Germination. 331
Glace. 25
Globules du sang. 481
Globuline. 482
Glu marine. 457
Glucine. 236
Glucinium. 236
Glucose. 555, 560
Gluten. 352, 366
Glycérine. 413
Glycocolle. 489
Glycyrrhizine. 442
Gomme. 358
— adragante. 359
— ammoniaque. 434
— -gutte. 435
— laque. 428
— Sénégal. 359
Gommes-résines. 434
Goudron. 429
— de bois. 98, 341
— de houille. 342
Gouttes d'Hoffmann. 387
Graine de Perse. 444
Graisses d'os. 495
— (Propriétés des). 402
Graphite. 86
Grès. 231
Groupement atomique. 328
Groupement des corps simples. . 324
Guano. 498
— (Essai du). 499
Gueuses. 231
Gutta-percha. 457

Haut-fourneau. 250

Hématine. 482
Hématite. 247
Hématoxyline. 447
Houille. 548
Huile. 401
— (Épuration de l'). 408
— d'amande. 408
— d'ananas. 388
— de betterave. 380, 398
— de chénevis. 407
— de colza. 407
— de laurier. 409
— de lin. 407
— — cuite. 407
— de naphte. 343, 421
— de noix de coco. 408
— d'œillette. 407
— d'olive. 408
— de palme. 409
— de pétrole. 343, 421
— de poisson. 409
— de pomme de terre. . 380, 398
— de ricin. 407
Huiles de fermentation. 420
— essentielles. 416
— -gaz. 423
— grasses. 405, 407
— minérales. 420
— siccatives. 405, 407
Humine. 545
Humus. 544
Hydracides. 161
Hydrate de soude. 199
Hydrogène. 60
— (Briquet à gaz). 64
— (Propriétés de l'). 62
— antimonié. 321
— arsenié. 320
— bicarboné. 98, 384
— phosphoré. 120
— protocarboné. 97
— sulfuré. 110
Hygromètre. 34
Hyosciamine. 450
Hypochlorite de chaux. 219
— (Propriétés de l'). 220

Impératorine. 442
Indigo. 445
Inflammation spontanée du char-
bon. 85
Inflammation spontanée des corps
gras. 403
Inquartation. 306
Inuline. 358

Iode. 129
Iodure d'amidon. 354
— de cadmium. 274
— de plomb. 283
— de potassium. 190
Iridium. 309
Ivoire. 493

Jaspe. 159
Jaune de Cassel. 285
— d'œuf. 472
— de Paris. 283
— de Vérone. 283
— minéral. 283
— Turner.. 285

Kermès. 316
Kino. 455
Kumyss. 477

Lactine. 363, 474
Lactucarium. 435
Lagoni. 158
Laine. 492
Lait. 475
— (Coagulation du). . . . 474, 476
— (Fermentation du). . . . 476
Laiton. 296
Lampes à double courant. 91
Lanthane. 280
Laque-laque. 444
Laques. 234, 448
Légumine. 352, 566
Léiocome. 355
Leucine. 355
Leucoline. 542
Lessive de potasse. 182
— de soude. 199
Levûre. 570
Liber. 335
Lichénine. 558
Lie de vin. 372
Ligneux. 332
Lignite. 348
Lin. 354
Liniment. 411
Liquation. 287, 504
Liqueur de Cadet. 393
— de Felhing. 563
— de Libavius. 277
Liqueurs. 423
— fermentées. 372
Litharge. 282
Lithine. 211
Lithium. 211

Lois des combinaisons chimiq. 121, 257
Lupuline. 442

Magnésie. 224
— blanche. 224
— calcinée. 224
Magnésium. 223
Maillechort. 269, 296
Malachite. 289
Malt. 356
Manganate de potasse. 267
Manganèse 265
Mannite. 563
Marais salants. 195
Margarine. 406
Marmite de Papin. 76
Massicot. 282
Mastic. 428
— Sorel.. 273
Matières colorantes.. 443
— extractives.. 439
Mattes. 295
Méconine.. 442
Mercure. 296
— (Métallurgie du). 300
— précipité.. 299
Métalloïdes.. 48
Métaux alcalins.. 179
— alcalino-terreux. 212
— légers. 179
— pesants. 245
— terreux. 225
Méthyle. 398
Minerais de fer. 249
Minium. 282
Moiré métallique. 279
Molécules. 242
Molybdène. 310
Montgolfières.. 78
Mordants.. 234
Morphine. 450
Mortiers. 215
Mucilages. 559
Myrrhe.. 455

Naphtaline.. 342
Neutralisation. 56
Nickel.. 268
Nicotine. 451
Niobium. 310
Nitre cubique 201
Nitrières artificielles. 183
Nitrification. 187, 568
Noir animal. 85, 494
— de fumée.. . . . . 85, 431

Noir de lampe. 96
— de platine. 509
— lavé. 494
Noix de Chine. 454
— de galle. 454
Nutrition des végétaux. 460

Ocre rouge.. 247
Œuf. 471
Oléine. 405
Oliban. 435
Opale. 159
Opium. 435, 440
Opodeldoch.. 415
Opoponax. 435
Or.. 305
— de Judée. 278
— jaune-vert. 305
— mussif. 278
Orpiment. 320
Orseille. 447
Os. 493
— fossiles. 496
— (Poudre d'). 495
Osmium. 494
Osséine. 494
Outremer. 234
— de cobalt. 234
Oxychlorure d'antimoine. . . . 315
— de plomb. 285
Oxydation (Degrés d'). 57
Oxyde de bismuth.. 287
— de carbone.. 88
— de cuivre ammoniacal. . 291
— d'éthyle. 385
Oxydes d'antimoine. 313
— de cobalt.. 269
— de cuivre.. 289
— de fer. 246
— de manganèse. 266
— de mercure. 297
— de nickel. 269
— d'or. 307
— de plomb. 281
— d'uranium. 280
— singuliers. 266
Oxygène. 48
— (Préparation de l'). . . . 51
Oxymuriate d'étain. 277
Ozone. 57

Pain.. 597
Palmitine. 406
Panification. 396
Paraffine.. 342

Parchemin. 490
Parfums. 423
Pastel. 447
Pâte de farine. 396
Peau.. 487
Pechblende.. 280
Pectine. 360
Pepsine. 479
Peroxyde de manganèse.. . . . 265
Petit-lait.. 474
Phosphate de chaux. 219
Phosphates de fer. 260
— de soude.. 199
Phosphore. 115
— (Préparation du). 119
— (Propriétés du).. 115
— rouge. 116
Phosphorescence. 116
Photogène. 343
Picoline. 342
Picrotoxine.. 442
Pierre à chaux. 212
— de touche. 306
— infernale.. 302
— lithographique. 213
Pile. 46
Pipérine. 451
Pissette. 74
Plantes (Composition des).. . . 327
Plaques de sûreté.. 288
Platine.. 307
Plâtre. 217
Plomb. 281
— (altération sous l'eau).. . . 281
— corné. 283
— de chasse. 286
— (Métallurgie du). 288
Poids absolu. 11
— spécifique. 12
Poix. 341, 429, 431
Polymorphisme. 86
Populine 442
Porcelaine. 231
Potasse. 181
— (Préparation de la).. . 181, 187
— (Sels de). 185
et la soude (Principales com-
binaisons formées par la). 203
Potasses (Essais des). 180
Potassium. 179, 184
Potée d'étain. 275, 277
Poudre d'Algaroth. 315
— de chasse. 186
Pourpre de Cassius.. 277
Pourriture blanche du bois. . . 348

Principe d'Archimède. 14
Principes immédiats. 327
Produits de la combustion. . . .*. 94
Proportions multiples. 241
Protochlorure d'étain.. 276
Protoxyde d'azote.. 159
— d'étain. 277
Prussiate jaune de potasse. . . . 261
— rouge de potasse. 263
Ptyaline. 479
Puits artésiens. 226
Purin. 500
Putréfaction. 345
Pyrite. 265
Pyromètres. 22
Pyrophore. 281
Pyroxiline. 556

Quassine.. 442
Quercitron. 444
Quinine. 450
Quinquina. 450

Racine d'alcanna. 444
Radicaux. . . . . : 177
— organiques.. 388
Rak. 380
Réactions chimiques. 3
— (Tableau des principales). . 502
Réalgar. 520
Recherches microscopiques et chi-
miques. 527
Rectification double. 377
— par condensation partielle. 378
— simple. 377
Réduction de l'oxyde de cuivre par
le glucose. 291
— du cuivre. 291
Régule d'antimoine.. 315
Résine courbaril. 427
— dammar ou cowdie. . . . 427
— de gaïac. 428
— de jalap. 428
Résines. 426
— (Composition des). 454
— (Propriétés des). 429
Respiration. 485
Rhodium.. 309
Richesses alcooliques des boissons
fermentées. 580
Rocou. 445
Rosée. 39
— (Point de). 33
Rotation des récoltes. 467
Rouge d'Angleterre.. 247

Rouge de chrome. 511
— de cochenille. 519
Rouille.. 248
Ruthénium.. 309

Saccharification. 357
Safran. 445
Sagapenum.. 455
Sagou. 355
Salaison de la viande. 486
Salicine. 442
Salpêtre. 185
Sang.. 481
Sang-dragon. 428
Sanguine.. 247
Santal. 444
Santonine. 442
Saponification. 411
Saponine.. 442
Saturation. 43
— (Point de). 177
Saumure.. 486
Savon (Propriétés du).. 415
— dur. 410
— de chaux.. 415
— de Marseille. 211
— de résine.. 455
— de plomb. 410
— des verriers. 265
— mou. 411
— transparent. 415
Scammonée.. 455
Schlot. 194
Scillitine. 442
Sel ammoniac. 206
— de Glauber. 195
— gemme. 194
— marin. 193
— (Diffusion du). 195
Sels. 56
— ammoniacaux comme en-
grais. 210
— de fer. 256
— de mercure.. 207
— de plomb. 282
— de potasse comme engrais.. 192
— haloïdes. 165
Sélénium.. 115
Sénégine. 442
Serai. 474
Séries homologues. 414
Serpentin. 56
Sérum du sang. 481
Sesquioxyde de chrome. 311
Silicate de potasse. 190

Silicate de soude. 202
Silice. 159
Silicium. 132
Similor. 296
Sinamine. 452
Sirop de glucose. 357
Smalt. 268
Smilacine. 443
Sodium. 193, 199
— et oxygène. 54
Soie. 492
Sol arable. 228
— (Composition du). 459
Solanine. 451
Solubilité des corps. 41, 45
Soudure. 201, 275
Soude. 199
Soufre. 104
— allotropique. . . " 106
— amorphe. 106
— (Dimorphisme du). . . . 105
— en canon. 107
— (Fleur de). 106
— précipité. . . . . v . . . 107
Spath d'Islande. 212
— -fluor. 222
— pesant. 222
Speise. 269
Spermaceti. 409
Sprudelstein. 213
Stalactites. 213
Stalagmites. 213
Stéarine. 405
Stéaroptène. 421
Strontiane. 222
Strontium. 222
Strychnine. 452
Sublimation. 107
Sublimé corrosif. 299
Substances albuminoïdes. . . . 366
Suc gastrique. 479
Succin. 428
Sucrates. 365
Sucre candi. 361
— de canne. 361
— de gélatine. 489
— de lait. 363, 474
— d'orge. 363
— de raisin. 360
— incristallisable. 365
Sucres (Essais des). 362
Suffioni. 158
Suif. 401
Suint. 492
Sulfate d'alumine. 252

Sulfate d'ammoniaque. 208
— de baryte. 222
— de chaux. 217
— de cuivre. 294
— de magnésie. 223
— de manganèse. 266
— de plomb. 283
— de potasse. 185
— de protoxyde de fer. 256
— de sesquioxyde de fer. . . 257
— de soude. 195
— de zinc. 272
Sulfhydrate d'ammoniaque. . . . 208
Sulfure d'argent. 303
— de cadmium. 274
— de carbone. 114
— de cuivre. 195
— de mercure. 299
— d'or. 307
— de plomb. 286
— de sodium. 196
— de zinc. 273
Sulfures d'antimoine. 315
— d'arsenic. 320
— d'étain. 278
— de fer. 109, 263
— de potassium. 191
Sumac. 455
Superphosphate de chaux. 495
Symboles chimiques. 68
Synthèse. 9

Tannage. 490
Tannate de fer. 259
Tannin. 453
Tantale. 310
Tartrate neutre de potasse. . . . 190
— de plomb. 284
— de potasse et d'antimoine. . 315
Tartre stibié. 315
Teinture. 384, 447
Tellure. 115
Terbine. 236
Terbium. 236
Térébenthine. 425
Texture cristalline. 105
Théine. 450
Théobromine. 451
Théorie atomique. 242
— chimique. 10
Thermomètre. 20
Thorine. 236
Thorium. 236
Tissus cornés. 491
Titane. 310

Toluol. 342
Tombac. 296
Tourbe. 347
Tournesol. 41
— (Papiers de). 43
Tourteaux. 408
Transformations chimiques. . . . 6
— des substances organiques. 331
Trempe. 254
Tube de sûreté. 71, 164
Tubes effilés. 65
Tuiles. 231
Tungstène. 310
Tyrosine. 472

Ulmine. 345
Urane. 280
Uranium. 280
Uranpecherz. 280
Urée. 497
Urine. 497

Vanadium. 310
Vapeurs. 78
Vaporisation. 30
Vératrine. 451
Vermillon. 300
Vernis. 384, 452

Vernis d'huile de lin. 405
Verre. 202
— de Bohême. 203
Vert -de-gris. 289, 294
— de Scheele. 319
— de Schweinfurt. 319
— de vessie. 445
— minéral. 319
Viande (Cuisson de la). 486
Vie animale. 470
Vin. 372
Vinaigre. 591
— de bois. 98, 340
Vinaigres de toilette. 424
Vitriol blanc. 272
— bleu. 294
— vert. 256

Yttria. 236
Yttrium. 236

Zinc. 270
— en grenaille. 271
— (Métallurgie du). 273
Zircone. 236
Zirconium. 236

FIN DE LA TABLE ALPHABÉTIQUE DES MATIÈRES.

ERRATA

Page   19, ligne 22, *au lieu de:* flacon, *lisez:* ballon.
—   68,   —   53, *au lieu de:* électro-négatif, *lisez :* électro-positif.
— 111,   —   4, *au lieu de:* sulfureux, *lisez:* sulfuré.
— 130,   —   2, *au lieu de:* 1200, *lisez:* 1000.
— 148, fig. 93, *au lieu de:* $\frac{SO^2}{(HO)^2}$ *lisez:* $\frac{2SO^2}{(HO)^2}$
— 175,   —   7, *au lieu de:* $C^4H^4O^6$, *lisez:* $C^4H^4O^4$.
— 191,   —   12, *au lieu de:* $KO,2HO,C^2O^3$, *lisez:* $KO,3HO,2C^2O^3$.
— 211,   —   12, *au lieu de:* ammonium, *lisez:* ammoniaque.

PARIS. — IMP. SIMON RAÇON ET COMP., RUE D'ERFURTH, 1.

EXTRAIT DU CATALOGUE DE LA LIBRAIRIE AGRICOLE

AGRICULTURE (Cours d'), par DE GASPARIN. 6 vol. in-8 et 255 gravures.... 39 50
AMENDEMENTS (Traité des), par PUVIS, 2ᵉ édit. 1 vol. in-12 de 448 pages. . 3 50
BÊTES BOVINES (Laiterie, fromagerie), par WECKERLIN, 550 pages..... 5 50
BON FERMIER (Le), par BARRAL. 1 vol. in-12 de 1.200 pages et 231 gravures.. 7 »
BON JARDINIER (Le), almanach horticole, par MM. POITEAU, VILMORIN, BAILLY,
   NAUDIN, NEUMANN, PÉPIN. 1 vol. in-12 de 1,600 pages et 15 gravures..... 7 »
CALENDRIER AGRICOLE, par VICTOR BORIE, 1 vol. in-8 de 380 pages et 80 gr. 3 50
CHEVAUX (Manuel de l'éleveur de), par VILLEROY, 2 vol. in-8 avec 121 grav. 12 »
CHIMIE AGRICOLE, par le Dʳ SACC, 2ᵉ édit. 1 vol. in-12 de 454 pages. . . 3 50
CHIMIE USUELLE, appliquée à l'agriculture et à l'industrie, par STOCKHARDT,
   traduite par BRUSTLEIN. 1 vol. in-18 de 524 pages et 225 gravures..... 4 50
CULTURE AMÉLIORANTE (Principes de la), par LECOUTEUX. 1 v. de 380 p. 3 50
DRAINAGE, IRRIGATIONS ET ENGRAIS LIQUIDES, par BARRAL, quatre vol.
   in-12. et 600 gravures............ 25 »
FLORE DES JARDINS ET DES CHAMPS, par LEMAOUT et DECAISNE. 2 v. in-8.. 9 »
HORTICULTURE (Encyclopédie d'), 2ᵉ édition. 1 vol. in-4 de 500 pages avec
   500 gravures (forme le tome V de la *Maison rustique*)............ 9 »
IRRIGATEUR (Manuel de l'), et *Code*, par VILLEROY, 584 p. in-8 et 121 grav. 5 »
JOURNAL D'AGRICULTURE PRATIQUE, sous la direction de M. BARRAL, par
   MM. BOUSSINGAULT, GASPARIN, LAVERGNE, MOLL, PAYEN, VILLEROY, etc. — Une li-
   vraison de 64 pages in-4, paraissant les 5 et 20 du mois, avec de nombreuses
   gravures noires et 24 gravures coloriées (une par livraison). — Un an. 19 »
MAISON RUSTIQUE DU 19ᵉ SIÈCLE. Cinq vol. in-4 et 2.500 gravures. . . 59 50
MAISON RUSTIQUE DES DAMES. 2 v. in-12, ensemble 1,400 pag. et 231 gr. 7 75
MANUEL GÉNÉRAL DES PLANTES, ARBRES ET ARBUSTES. Des-
   cription, culture de 25,000 plantes indigènes ou de serre. 4 vol. à 2 colonnes. 56 »
POULAILLER (Le), par CHARLES JACQUE. 1 vol. in-12 et 120 gravures. . . 3 50
REVUE HORTICOLE, publiée sous la direction de M. BARRAL, par MM. BAILLY,
   BONCENNE, CARRIÈRE, DU BREUIL, HARDY, MARTINS, PÉPIN, VILMORIN, etc. — Un nᵒ
   de 32 pages in-8, les 1ᵉʳ et 16 du mois, et nombreuses gravures. — Un an. . . 9 »
VERS A SOIE (L'Éducateur de), par ROBINET. 1 vol. in-8 et 51 gravures. . 3 50
VIGNE et VINIFICATION, par J. GUYOT, 2ᵉ édit. 452 pages in-12 et 30 grav. . 3 50

BIBLIOTHÈQUE DU CULTIVATEUR, publiée avec le concours du Ministre de l'Agriculture.

EN VENTE : 18 VOLUMES IN-12, A 1 FR. 25 LE VOLUME, SAVOIR :

Travaux des champs, par BORIE. 250 pages et 150 gravures.......... 1 25
Fermage (estimation, plans d'améliorations, bail), par GASPARIN, 3ᵉ éd., 584 pag. 1 25
Métayage (contrats, effets, améliorations), par GASPARIN, 2ᵉ édition, 166 pages. 1 25
Engrais et Amendements, par FOUQUET. 2ᵉ édition, 274 pages. 1 25
Fumiers de ferme et Composts, par FOUQUET. 2ᵉ édit., 270 pages et 19 grav. . 1 25
Noir animal, par BOBIÈRE. 156 pages et 7 gravures............ 1 25
Plantes-Racines, par LEDOCTE, 1 vol. de 250 pages et 24 gravures....... 1 25
Prairies, par DE MOOR, 212 pages et 77 gravures............ 1 25
Houblon, par ERATH, traduit de l'allemand par NICKLÈS, 128 pages et 22 grav. 1 25
Choix des Vaches laitières, par MAGNE, 3ᵉ édit., 144 pages et 30 gravures. . 1 25
Races bovines, par le marquis DE DAMPIERRE. 2ᵉ édition, 196 pages et 28 grav.. 1 25
Bêtes à cornes, par VILLEROY, 500 pages et 60 gravures.......... 1 25
Cheval (Choix du), par MAGNE, 150 pages et 5 planches.......... 1 25
Basse-cour, Pigeons et Lapins, par Mᵐᵉ MILLET-ROBINET. 4ᵉ éd., 180 pag., 31 gr. 1 25
Médecine vétérinaire, par VERHEYEN, 2ᵉ édition. 2 volumes.......... 2 50
Économie domestique, par Mᵐᵉ MILLET-ROBINET. 2ᵉ édit., 524 pages et 106 grav. 1 25
Biens-Fonds (Manuel de l'Estimateur de), par NOIROT, 560 pages........ 1 25

CHACUN DE CES VOLUMES EST VENDU SÉPARÉMENT

BIBLIOTHÈQUE DU JARDINIER, publiée avec le concours du Ministre de l'Agriculture.

EN VENTE : 12 VOLUMES IN-12 A 1 FR. 25 LE VOLUME, SAVOIR :

Jardins (Tracé et Ornementation des), par BONA, 172 pages et 104 gravures. . . 1 25
Arbres fruitiers (taille et mise à fruit), par PUVIS, 2ᵉ édit., 220 pages...... 1 25
Pépinières, par CARRIÈRE, 144 pages et 16 gravures........... 1 25
Potager (Le), par CHARLES NAUDIN, 188 pages et 34 gravures....... 1 25
Légumes et Fruits, par JOIGNEAUX, 100 pages et 12 grands tableaux...... 1 25
Asperge (culture naturelle et artificielle), par LOISEL, 2ᵉ édit., 108 pag. et 6 grav. 1 25
Melon (culture sous cloche, sur butte et sur couche), par LOISEL, 3ᵉ édit., 112 pag. 1 25
Dahlia, par PÉPIN, 2ᵉ édit., 156 pages et 56 gravures.......... 1 25
Pélargonium, par THIBAULT, 108 pages et 10 gravures.......... 1 25
Plantes de Serres froides, par DE PUYDT, 158 pages et 15 gravures...... 1 25
**Rosier, Violette, Pensée, Primevère, Auricule, Balsamine, Pétunia
   et Pivoine,** Espèces, Culture, Variétés, par MARX-LEPELLETIER, 108 pages. . . 1 25
Chimie et Physique horticoles, par DEHÉRAIN, 120 pages et 11 gravures.. . . 1 25

CHACUN DE CES VOLUMES EST VENDU SÉPARÉMENT